Susanne Müller-Wolff

Ein Landschaftsgarten im Ilmtal

Schriftenreihe des Freundeskreises Goethe-Nationalmuseum e. V.

Band 3

Susanne Müller-Wolff

Ein Landschaftsgarten im Ilmtal

Die Geschichte des herzoglichen Parks in Weimar

2007

BÖHLAU VERLAG KÖLN WEIMAR WIEN

Gedruckt mit freundlicher Unterstützung durch
die Klassik Stiftung Weimar

KLASSIK
STIFTUNG
WEIMAR

sowie durch die Sparkassen-Kulturstiftung Hessen-Thüringen

Sparkassen-Kulturstiftung
Hessen-Thüringen

Bibliografische Information der Deutschen Nationalbibliothek:
Die Deutsche Nationalbibliothek verzeichnet diese Publikation in der Deutschen Nationalbibliografie; detaillierte bibliografische Daten sind im Internet über http://dnb.ddb.de abrufbar.

Umschlagabbildung:
Johann Wolfgang Goethe: Das Römische Haus im Park, um 1794. Feder mit Tusche, Tuschlavierung, 105 x 167 mm. KSW GNM Graphische Sammlung, Inv.-Nr. GGz/1166. Corpus IVa, 266.

Ursulaplatz 1, D-50668 Köln, www.boehlau.de

Druck und Bindung: Freiburger Graphische Betriebe
Gedruckt auf chlor- und säurefreiem Papier
Printed in Germany

ISBN 978-3-412-20057-2

Vorbemerkung

Die vorliegende Arbeit entstand im Rahmen des Teilprojekts „Ästhetische Weltsicht“ im Sonderforschungsbereich „Ereignis Weimar-Jena. Kultur um 1800“ der Friedrich-Schiller-Universität Jena. Sie wurde unter dem Titel „Ein Landschaftsgarten im Ilmtal. Die Geschichte des herzoglichen Parks in Weimar im Spiegel der kunsttheoretischen Diskussion um 1800“ im Sommersemester 2004 von der Philosophischen Fakultät dieser Universität als Dissertation angenommen. Angeregt wurde das Projekt von PD Dr. Ulrich Müller und Prof. Dr. Franz-Joachim Verspohl, der auch als Zweitgutachter zur Verfügung stand. Die wissenschaftliche Betreuung und das erste Gutachten übernahm Prof. Dr. Reinhard Wegner, dem ich für seine Unterstützung danke.

Die Studie ist als komplementäres Unternehmen zu der ebenfalls an der Universität Jena eingereichten Dissertation von Dr. Igor J. Polianski entstanden, der die Geschichte des 1794 maßgeblich von Goethe initiierten Jenaer Botanischen Gartens im Zusammenhang der Ästhetisierung der Pflanzenkunde untersucht hat und in konstruktivem Austausch wertvolle Anregungen gab.

Weitere Förderung wurde dem Projekt durch ein Graduiertenstipendium der Friedrich-Schiller-Universität Jena sowie ein Forschungsstipendium der Klassik Stiftung Weimar zuteil.

Angelika Schneider von der Abteilung Gärten der Klassik Stiftung Weimar danke ich für vielfältige Hinweise und förderndes Engagement.

Danken möchte ich auch Dr. Michael Knoche und den Bibliothekarinnen und Bibliothekaren der Herzogin Anna Amalia Bibliothek, ebenso den Mitarbeiterinnen und Mitarbeitern des Thüringischen Hauptstaatsarchivs, des Goethe-Schiller-Archivs, des Goethe-Nationalmuseums und der Kunstsammlungen zu Weimar.

Ganz besonders habe ich schließlich Dieter Höhnl, dem Vorsitzenden des Freundeskreises Goethe-Nationalmuseum e.V., zu danken, der mit großem Einsatz die Finanzierung des Buches bewerkstelligte. Dr. Julia Glesner setzte sich für eine Unterstützung der Publikation durch die Klassik Stiftung Weimar ein, wofür auch ihr mein Dank gilt. Harald Liehr vom Böhlau Verlag Weimar danke ich für die engagierte verlegerische Betreuung des Bandes.

„So eine Arbeit wird eigentlich nie fertig, man muss sie für fertig erklären, wenn man nach Zeit und Umständen das möglichste getan hat.“ (Johann Wolfgang Goethe, 1787)

Daß ich die vorliegende Studie eines Tages für fertig erklären konnte, verdanke ich meinen Freunden, die mir mit Rat, Ermutigung und praktischer Hilfe zur Seite standen. Der größte Dank aber gilt meinen Eltern für Ihren bedingungslosen Rückhalt. Ihnen ist dieses Buch gewidmet.

Berlin, im Juli 2007
Susanne Müller-Wolff

Inhalt

Einleitung 11

1. *Zur Vorgeschichte des Parks an der Ilm* 18

1.1. Die Anfänge der englischen Gartenkunst in Weimar. Belvedere und Ettersburg 19
1.2. Der Garten Anna Amalias am Wittumspalais 24
1.3. Die Lustgärten der Residenz. Barocke Anlagen im Ilmtal 26

2. Die Anfänge des Parks. „Ästhetische Bilder" zu beiden Seiten der Ilm (1775–1780) 31

2.1. Goethes Garten am Stern 31
2.2. Goethe und Carl August. Beginn einer ästhetischen Erziehung 34
2.3. Präludium zum Park. Neue Formen höfischer Geselligkeit 36
2.4. Erste Gartenszenen im Ilmtal 41

2.4.1. Die Felsentreppe 41
2.4.2. Goethe und Carl August in Wörlitz. Empfindsame Gartenlust 42
2.4.3. Die Hofgesellschaft in den Gartenanlagen 46
2.4.4. Das Luisenkloster 49

2.5. „Dichterische Visionen" 57
2.6. Der „Stein des guten Glücks" 60
2.7. Kritik an der Gartenmode. *Der Triumph der Empfindsamkeit* 64
2.8. Goethe und Carl August in der Schweiz. Ende der Empfindsamkeit 68

2.8.1. Naturerlebnis und ästhetischer Blick 68
2.8.2. Zurück in Weimar. Getrennte Wege 76

3. Die Anlegung „englischer Parthien" (1780–1782) 81

3.1. Ein erster Blick aufs Ganze. Frühe Parkpläne um 1780 81
3.2. Parallele Entwicklung. Die Anfänge des Tiefurter Parks 87

3.2.1. Knebels Gartenschöpfung 87
3.2.2. Anna Amalia in Tiefurt 94

3.3. Gartenkunst und Liebhabertheater 98
3.4. Hirschfeld in Weimar. Zur Gartentheorie und -geschichte 103
3.4.1. Die Anfänge des Landschaftsgartens in England 104
3.4.2. Theoriebildung bei Hirschfeld. Ästhetische Prämissen 114
3.4.3. Der Garten im Wettstreit der Kunstgattungen 119
3.4.4. Heitere und melancholische Partien. Der Charakter der Landschaft 122

3.5. Fürsten als Gartenschöpfer. Carl August unter Gleichgesinnten 128
3.6. Der Große Stein 132
3.7. Goethes Rückzug aus dem Landschaftsgarten 138

4. Die Entwicklung des Parks in den 1780er Jahren 143

4.1. Carl August „in seinen Gärten und Gebüschen“ 143
4.2. Politische Bestrebungen. Der Fürstenbund 148
4.3. Die Einbeziehung der barocken Lustgärten 150
4.4. Der Park wächst in die Landschaft. Grundstücksankäufe 154
4.5. Gotik und Klassik. Monumente und Architekturen 158

4.5.1. *Genio huius loci.* Der Schlangenstein 158
4.5.2. Ritter vom Tempelorden. Der Gotische Salon 162
4.5.3. Blick nach Rom. Die drei Säulen 168

4.6. Friedrich Justin Bertuch und der Weimarer Park 175

4.6.1. Bertuch als Parkverwalter und Parkgestalter 175
4.6.2. Bertuch als Vermittler gartenkünstlerischer Ideen 182

4.7. Reisen nach Gotha und Wörlitz. Der Weimarer Landschaftsgarten im Vergleich 186

4.7.1. Frühe Anregungen aus England. Der Gothaer Park 187
4.7.2. Reiseeindrücke und Bildungsprogramm. Die Wörlitzer Anlagen . . . 191

5. Ein Park für das Publikum (1788–1805) 204

5.1. *Beschreibung und Gemälde.* Der Park in Text und Bild 204

5.1.1. Georg Melchior Kraus und Wilhelm Schumann 205
5.1.2. „O! süßer Aufenthalt der Ruh!“ Der Park im Gedicht 213
5.1.3. „Die Natur ist republikanisch.“ Beschreibung eines Volksgartens . . . 214
5.1.4. Grohmanns *Ideenmagazin.* Der Park als Musterbuch 218

5.2. Grundriß versus Vedute. Die Parkpläne der 1790er Jahre . . . 221
5.3. Kritik der Wirkungsästhetik. Kraus und Goethe . . . 223
5.4. Vauxhall. Der Park als Vergnügungsort . . . 226

6. Die Gartenkunst in der Krise. Klassizistische Ästhetik und Landschaftsgarten (1788–1800) . . . 230

6.1. Goethes Kunstauffassung nach der Italienreise . . . 230
6.2. Bezüge zur Antike. Denkmäler für den Park . . . 241

6.2.1. Der Ildefonsobrunnen . . . 241
6.2.2. Das Euphrosyne-Denkmal . . . 246
6.2.3. Die Pompejanische Bank . . . 250

6.3. Goethe und Meyer. Die *Propyläen* . . . 254
6.4. Goethe und Schiller. *Über den Dilettantismus* . . . 259
6.5. Grohmanns Erneuerung der Gartentheorie . . . 265

7. Ein Landschaftsgarten im Ilmtal. Der Park um 1800 . . . 271

7.1. Gartenkunst als ästhetische Botanik . . . 271
7.2. Das Römische Haus . . . 282

7.2.1. Ein Sommerhaus für den Herzog. Zur Entwurfs- und Baugeschichte . . . 283
7.2.2. Dorisch und Ionisch. Zur architektonischen Gestalt . . . 288
7.2.3. Repräsentation und Privatheit. Carl August im Römischen Haus . . . 301

7.3. Architektur und Landschaft. Das Römische Haus und das Ilmtal . . . 308
7.4. Das Residenzschloß. Ein Festsaal öffnet sich zum Park . . . 314

Schluß . . . 320

Anhang . . . 325

Ausgewählte Quellen
aus dem Thüringischen Hauptstaatsarchiv Weimar . . . 326
und dem *Journal des Luxus und der Moden* . . . 342

Gedruckte Quellen (bis 1850) 344
Literatur (nach 1850). 351
Abbildungsverzeichnis 370
Verzeichnis der benutzten Archive 378
Abkürzungen und Siglen. 379
Register 380

Einleitung

> „Was ist denn das, dieses sonderbare Streben
> von der Kunst zur Natur, von der Natur
> zur Kunst zurück?"
>
> Goethe, Briefe aus der Schweiz[1]

In seiner 1789 erschienenen Abhandlung über die *Einfache Nachahmung der Natur, Manier, Stil* bemerkt Goethe, auch die als einfache Nachahmung der Natur gekennzeichnete Art der Nachbildung schließe ihrem Wesen nach „eine hohe Vollkommenheit nicht aus".[2] Wie nebenbei läßt er damit erkennen, daß zwischen Kunst und Natur auch im unspektakulärsten Fall niemals einfache Verhältnisse herzustellen sind.[3] Diese Einsicht muß in hohem Maße auf einen Gegenstand wie den Landschaftsgarten zutreffen, in dem Natur im Medium der Kunst entdeckt, gesehen und dargestellt wird.[4] Um die ästhetische Natursicht Goethes in ihrem Wandel und zuweilen in ihren Widersprüchen zu analysieren, erweist sich die Gartenkunst als überaus geeignete Kunstgattung. Dies ist nicht nur dem Umstand zu verdanken, daß Goethe als Initiator der landschaftlichen Gartenanlagen im Weimarer Ilmtal selbst gestalterische Maßstäbe setzte. Gerade seine spätere Distanzierung von der naturnachahmenden Gartenkunst erhellt in ihrer kunsttheoretischen und naturwissenschaftlichen Begründung zugleich Goethes klassizistische Ästhetik, die in der Studie über die *Einfache Nachahmung der Natur, Manier, Stil* eines ihrer konstituierenden Momente besaß. Die vorliegende Untersuchung über den Weimarer Park an der Ilm fokussiert Goethes gartenkünstlerisches Engagement ebenso wie seine theoretische Positionierung zum Verhältnis von Natur und Kunst.

Als eigentlicher Schöpfer des Landschaftsgartens im Ilmtal muß jedoch der Weimarer Herzog Carl August gelten. Für den deutschen Sprachraum im 18. Jahrhundert gilt es als üblich, den – meist fürstlichen – Besitzer eines Gartens als dessen Schöpfer zu bezeichnen.[5] Carl August kann darüber hinaus im direkten Sinn als Gartenschöpfer namhaft gemacht werden, da er die landschaftsgärtnerische Gestaltung der Ilmaue weitgehend selbst plante und ihre Ausführung stetig überwachte. Es gilt zunächst festzuhalten, daß der Weimarer Park insofern als das Werk Goethes und Carl Augusts anzusehen ist, als dort – mit Ausnahme des Römischen Hauses – keine professionellen Architekten oder Landschaftsgärtner verpflichtet wurden, wie dies etwa in Wörlitz mit Friedrich Wilhelm von Erdmannsdorff und

---

1 Goethe, *Briefe aus der Schweiz*, Erste Abteilung; FA 16, S. 19. Goethe hat die auf der Schweizreise 1779 verfaßten Briefe überarbeitet und 1796 in den von Schiller herausgegebenen *Horen* veröffentlicht (8. Stück). Das Zitat gehört zu den Hinzufügungen von 1796.

2 Goethe, *Einfache Nachahmung der Natur, Manier, Stil*; MA 3.2, S. 186–191, hier S. 187.

3 Vgl. Baßler 1997, S. 1.

4 Vgl. U. Müller 1997, S. 85.

5 Vgl. Gamper 1998, S. 129. Die Gartenkünstler selbst standen erst ab Anfang des 19. Jahrhunderts im Vordergrund, wie etwa Sckell, Lenné und Pückler.

Johann Friedrich Eyserbeck der Fall war. Dem Entstehen des Parks lag überdies keine künstlerische Grundkonzeption, kein übergreifender landschaftsgärtnerischer Entwurf zugrunde. Dieser Umstand erweist sich letztlich als Qualität, da der Geschmackswandel von einer kleinräumigen, der bildhaften Wahrnehmung einzelner Gartenszenen verpflichteten Darstellungsweise zu einer großzügigen, der eigenen Ausdruckskraft der Natur vertrauenden Überblickslandschaft auf diese Weise mühelos zu vollziehen war.[6] Der untersuchte Entstehungszeitraum des Parks von 1778 bis 1803 umfaßt mit dem angedeuteten Wandel in der Landschaftsauffassung nicht nur den Paradigmenwechsel vom emblematischen zum expressiven Gartenkunstwerk.[7] Er spiegelt auch eine gattungsübergreifende kunsttheoretische Diskussion, die angesichts der schwindenden Verbindlichkeit tradierter Bildwelten den Entwurf einer aus sich selbst heraus verständlichen Kunst generiert.[8] Die vorliegende Arbeit unternimmt den Versuch, die Entwicklung des Weimarer Ilmparks über die Analyse seiner konkreten inhaltlichen und formalen Bezüge hinaus in den vielschichtigen Prozeß der Herausbildung von ästhetischer Modernität einzubetten bzw. diesen Prozeß an der Gestalt des Parks zu veranschaulichen.

Die Studie ist in sieben Kapitel gegliedert und chronologisch aufgebaut. In einem einleitenden Abschnitt sucht sie die Voraussetzungen für das landschaftsgärtnerische Wirken im Ilmtal zunächst aus der besonderen Situation des sachsen-weimarischen Hofes zu erklären, der infolge des Schloßbrandes von 1774 seine Residenz verloren hatte und daraufhin nicht nur einen Großteil des höfischen Lebens in die vormaligen Lust- und Jagdschlösser um Weimar verlegte, sondern dort auch erste Versuche landschaftlicher Gartenkunst ins Werk setzte. Überdies suchte der seit 1775 in Weimar ansässige Goethe neue Formen höfischer Geselligkeit zu etablieren, zu denen das winterliche Schlittschuhlaufen ebenso zählte wie theatralische Inszenierungen in den Gärten von Tiefurt und Ettersburg.

Der im zweiten Kapitel untersuchten höfischen Spiel- und Festkultur im Weimar der späten 1770er Jahre kommt eine wesentliche Rolle in der Herausbildung einer bewußten Naturwahrnehmung vor allem des jungen Herzogs Carl August zu. Erste Gartenszenen im Ilmtal, wie die von Goethe initiierte Felsentreppe, lenken den Blick auf die landschaftlichen Formationen der Flußaue, die ab 1778 zu einem der bevorzugten Schauplätze höfischer Geselligkeit avanciert. Inszenierungen wie

6 Vgl. Buttlar 1982, der in seiner wegweisenden Studie zur Genese des englischen Landschaftsgartens auch die unterschiedlichen Darstellungsmodi und den der gartenkünstlerischen Entwicklung zugrundeliegenden Wandel in der Landschaftsauffassung beschreibt. Auf die grundlegenden Arbeiten Buttlars und U. Müllers zum Landschaftsgarten greift die vorliegende Untersuchung immer wieder zurück.

7 Der englische Gartentheoretiker Thomas Whately prägte das Begriffspaar *emblematical* und *expressive* in seiner 1770 publizierten Schrift *Observations on Modern Gardening*. Er kennzeichnete damit die tableauhaft komponierten, mit mythologischen, historischen und philosophischen Bezügen aufgeladenen Gartenbilder des frühen englischen Landschaftsgartens, für deren Ablösung durch einen vorwiegend aus den Elementen der Landschaft komponierten, weiträumigen Garten er vehement eintrat.

8 Vgl. grundlegend Busch 1993.

die des Luisenfestes am westlichen Steilufer der Ilm erschlossen buchstäblich neue Wege nicht nur in bis dahin ungestaltetes landschaftliches Terrain jenseits der überlieferten barocken Lustgärten, sondern auch zu einem emphatischen Naturerlebnis, das nicht zuletzt für die gartenkünstlerischen Ambitionen Carl Augusts prägend war. Die frühen Gartenszenen im Ilmtal lehren den Betrachter die für den Landschaftsgarten konstitutive bildhafte Sehweise, ohne daß implizite literarische oder ikonographische Verweise entschlüsselt werden müssen. Auf Goethe und Carl August bezogen deutet sich hier der Prozeß einer ästhetischen Erziehung des Herzogs an, die weniger auf das Verständnis emblematischer Szenen als auf eine „Schule des Sehens" in der Natur abzielt. Carl Augusts um 1780 einsetzendes gartenkünstlerisches Engagement fußt denn auch kaum auf der Kenntnis bedeutender Gärten, sondern vielmehr auf einer beispielsweise in den Wäldern um Ilmenau angeeigneten ästhetischen Sicht auf die Natur. Spätestens auf der von Goethe und Carl August 1779 gemeinsam unternommenen Schweizreise verschiebt sich der Schwerpunkt des Naturverhältnisses vom empfindsamen Erlebnis hin zur naturkundlichen Beobachtung.

Daß sich die ersten Schritte landschaftsgärtnerischer Entwicklung im Ilmtal nicht allein in spontanen Inszenierungen anläßlich höfischer Fest- oder Gedenktage und der Schaffung einzelner „ästhetischer Bilder"[9] erschöpften, belegen die im dritten Kapitel vorgestellten Pläne, welche den landschaftlichen Zug der Weimarer Ilmaue bereits um 1780 in seiner ganzen Ausdehnung wiedergeben. Diese bislang vernachlässigten Dokumente verraten keine künstlerische Konzeption zur Anlage eines Gartens, wohl aber, und das ist entscheidend, einen übergreifenden Blick auf den gesamten Umriß der künftigen Parklandschaft. Den Anfängen des Weimarer Landschaftsgartens nicht nur räumlich aufs engste verbunden ist dabei der Tiefurter Park. Seine Entstehung vermittelte der Weimarer Gartenschöpfung nachhaltige Impulse, die am nicht unproblematischen Zusammenwirken Goethes mit dem Leipziger Künstler Adam Friedrich Oeser exemplifiziert werden.

Daß die frühen landschaftsgärtnerischen Bestrebungen im Ilmtal kunsttheoretisch legitimiert sind, erweist sich an den Schriften Christian Cay Lorenz Hirschfelds, der den Weimarer Anlagen 1782 eine Beschreibung in seiner *Theorie der Gartenkunst* gewidmet hat.[10] Das Bestreben Hirschfelds, die Gartenkunst nicht nur auf gleicher Höhe neben den tradierten Gattungen zu etablieren, sondern ihr einen übergeordneten Rang zuzuweisen, zieht die Notwendigkeit einer fundierten ästhetischen Begründung ihrer formalen und inhaltlichen Prämissen nach sich. Eine Analyse der Theoriebildung Hirschfelds versucht zugleich die Spezifik der von ihm propagierten sensualistischen Wirkungsästhetik auszuloten, welche die Rezeption landschaftlicher Gartenkunst bis in die 1790er Jahre prägt. Es ist dieses ästhetische Konzept, das Goethe zu einer zunehmend kritischen Sicht auf die Gartenkunst ver-

9 Goethe selbst bezeichnete die am Ilmhang geschaffenen Gartenszenen im 1830 rückblickend verfaßten Text über *Das Louisenfest* als „ästhetische Bilder". MA 18.2, S. 333–339, hier S. 333.

10 Vgl. Hirschfeld, *Theorie*, Bd. 4, 1782, S. 238.

anlaßt. Nachdem er sich bereits mit seiner 1778 uraufgeführten Satire *Der Triumph der Empfindsamkeit* – mit selbstkritischem Impetus – von den Auswüchsen sentimentaler Gartenszenen distanziert hatte, zog er sich 1782 gänzlich von der gartenkünstlerischen Gestaltung zurück.[11] An ihre Stelle trat ein zunehmend objektiver Blick auf die Natur, mit dem Goethe den in den 1790er Jahren auch in der Gartenkunst vollzogenen Paradigmenwechsel von der ästhetischen zur naturwissenschaftlichen Sichtweise vorwegnimmt.

Der Park an der Ilm gewinnt in den 1780er Jahren unter der Ägide Carl Augusts seinen bleibenden Umriß. Denkmäler und Architekturen wie der Schlangenstein, der Gotische Salon, der dem Dessauer Fürsten zugeeignete Große Stein oder die drei Säulen am östlichen Ilmhang verdichten sich zu einer ästhetischen Gesamttopographie, die den aufgeklärten, wirklichkeitsverbundenen Anspruch des Fürsten erkennen läßt. An dieser Stelle soll die These vorweggenommen werden, daß die gotischen und klassisch-klassizistischen Monumente des Weimarer Parks der Intention Carl Augusts zufolge keine Flucht in ferne Wunschwelten evozieren, sondern für ein gegenwärtiges Miteinander verschiedener Stilformen stehen, die als „Konfigurationen der *einen* ästhetischen Moderne" aufzufassen sind.[12]

Um den Blick auf die Gartenschöpfung des Herzogs in ihrem formalen und funktionalen Profil weiter zu schärfen, unternimmt die Studie einen Vergleich des Weimarer Parks mit den Landschaftsgärten in Gotha und Wörlitz, deren Urhebern Carl August nicht zuletzt durch gemeinsame politische Ambitionen verbunden war. Obgleich gerade die Wörlitzer Anlagen als beispielgebend für den Weimarer Park gelten, werden bei genauerer Analyse vor allem die Unterschiede augenfällig. Während der Dessauer Fürst eine an Denkmälern und Architekturen reiche Erinnerungs- und Bildungslandschaft inszenierte, vertraute Carl August von Beginn an wesentlich stärker auf die Ausdruckskraft der Natur. Vor allem aber wird in den 1790er Jahren im Weimarer Park eine Antikenauffassung anschaulich, die italienische Reiseeindrücke in wesentlich avancierterer Weise umsetzt, als dies in Wörlitz zu beobachten ist.

Der über den gesamten Zeitraum der Parkentwicklung betrachtete Wandel in der Denkmalauffassung, dem Architekturverständnis und dem Blick auf landschaftliche Formationen gipfelt in einer klassizistischen Ästhetik, die über gartentheoretische Debatten hinaus das Verhältnis von Natur und Kunst grundlegend zu bestimmen sucht. Nach seiner Rückkehr aus Italien im Jahre 1788 entwickelte Goethe eine differenzierte Sicht, die dem Landschaftsgarten seine Theoriefähigkeit endgültig abspricht. Das Vorgehen des Gartenkünstlers empfand er als regellos und willkürlich; auch Carl August blieb von heftiger Kritik nicht verschont. Im Sinne Karl Philipp Moritz' plädiert Goethe für die Eigengesetzlichkeit und autonome Form des Kunstwerks und formuliert Anforderungen an Kunst und Künstler, denen die Gartenkunst nicht entsprechen kann. Ihren prägnantesten Ausdruck fanden die kunst-

11 Goethe, *Der Triumph der Empfindsamkeit*; MA 2.1, S. 165–212.
12 Vgl. S. Schneider 2002.

theoretischen und zeitkritischen Intentionen des Weimarer Klassizismus nicht zufällig in der grundlegenden Auseinandersetzung mit dem Dilettantismus, in der die Gartenkunst vorwiegend negativ bewertet wurde.

Die von den Weimarer Klassizisten vorgetragene Kritik stellt indessen kein isoliertes Phänomen dar, da die Gartentheorie nach 1790 generell in eine Krise geraten war. Unter dem Eindruck von Kants 1790 erschienener *Kritik der Urteilskraft* nahmen verschiedene Autoren den Vergleich des Landschaftsgartens mit den anderen Gattungen wieder auf, indem sie unter anderem das Verhältnis von Subjekt und Objekt im Sinne des Königsberger Philosophen neu zu bestimmen suchten. Der 1797 publizierte Versuch einer *Neuen Theorie der Gartenkunst* von Johann Christian August Grohmann wird in diesem Zusammenhang genauer analysiert.

Mit dem Bau des Römischen Hauses erreicht die Parkentwicklung im Weimarer Ilmtal in den 1790er Jahren ihren ideellen und formalen Höhepunkt. Die von Goethe formulierten klassizistischen Maximen erbringen mit der maßgeblich von ihm verantworteten Lage und Gestalt des herzoglichen Sommerhauses den Beweis ihrer Anschaulichkeit. Zudem kehrt Goethe mit dem Bau des Römischen Hauses gewissermaßen ins Ilmtal zurück: nicht als Gartenkünstler, sondern um sein neues Verständnis von Architektur und Landschaft, von Natur und Kunst zu visualisieren. Der Betrachtungszeitraum endet mit dem Einzug in das wiederhergestellte Residenzschloß im Jahre 1803. Zu diesem Zeitpunkt hat der Park seine endgültige Ausdehnung, seine eigentliche Funktion und seinen künstlerischen Gesamtplan erhalten und eine qualitativ neue Phase der landschaftsgärtnerischen Entwicklung setzt ein.[13]

Die Geschichte des Weimarer Parks spiegelt die kunsttheoretischen Auseinandersetzungen des Weimarer Klassizismus, mithin die ästhetischen Diskussionen der Zeit ebenso wie gesellschaftliche Veränderungs- und politische Profilierungsprozesse. Das vielfältige Spannungsfeld von Gartentheorie und Parkpraxis, künstlerischem Ideal und höfischem Anspruch bildet zugleich die grundlegende Matrix der vorliegenden Untersuchung. Diese folgt einem dialektischen Ansatz, indem sie die formalen und funktionalen Aspekte der gartenkünstlerischen Praxis, kunsttheoretische Überlegungen und politische Rahmenbedingungen mit den sie jeweils prägenden Persönlichkeiten in ihren Übereinstimmungen und Widersprüchen zu erfassen sucht. Die Studie hat es sich zur Aufgabe gemacht, die Parkentwicklung in einer prospektiven Sicht zu analysieren, nicht, wie in der bisherigen Forschung üblich, aus einem retrospektiven Blickwinkel.[14] Es gilt deshalb, komplexe theoretische und praktische Prozesse inhaltlich und terminologisch zu fassen, die von den beteiligten Protagonisten selbst in einem allmählichen, nicht selten widersprüchlichen Prozeß der Begriffs- und Formfindung generiert wurden. Der Landschaftsgarten im

13 Zur späteren Parkentwicklung vgl. etwa Thimm 1994.

14 Aus diesem Grund geht Goethes Roman *Wahlverwandtschaften* (1809), der in der Forschungsliteratur über Goethes Verhältnis zur Gartenkunst ein immer wiederkehrender Gegenstand ist, nicht in die Untersuchung ein.

Ilmtal verdeutlicht, wie das Große im Kleinen beginnt, seien es – in der Parkpraxis – Nuancen in der höfischen Geselligkeit, die eine neue Naturerfahrung möglich machen, oder seien es – im kunsttheoretischen System Goethes – jene Denkfiguren, die er selbst erst nach und nach zum Begriff bringt. Dies trifft in besonderer Weise auf Goethes Auseinandersetzung mit den komplexen Bezugssystemen „Kunst" und „Natur" zu. Der Begriff „Natur" ist „Goethes Schlüsselwort, das abschlußhaft zu definieren er sich stets gehütet hat", wie Alfred Schmidt herausstellt.[15] Für den Weimarer Park bedeutet dies, daß gerade hinsichtlich der Auseinandersetzungen Goethes häufig nur Analogien aufgezeigt werden können, wo seine Schriften nicht eindeutig auf die Gartenthematik bezogen sind. Goethes kritische Haltung zur Gartenkunst wird deshalb aus seiner klassizistischen Ästhetik hergeleitet, wo er sie nicht selbst explizit thematisiert. In den gemeinsam mit Schiller 1799 erarbeiteten Schemata *Über den Dilettantismus* wird diese Haltung schließlich konkretisiert und begründet.[16]

Das Spannungsfeld zwischen Theorie und Praxis ergibt sich wesentlich aus dem Charakter der Quellen, die dieser Untersuchung zugrunde liegen. Sie stützt sich zum einen auf die archivalischen Quellen, die im wesentlichen aus Rechnungen und Arbeitsmemoranden den Fortgang der Parkentwicklung nachvollziehen lassen. Die gartenkünstlerischen Intentionen Goethes und Carl Augusts lassen sich hingegen zumindest andeutungsweise aus veröffentlichten und unveröffentlichten Briefen und Tagebuchaufzeichnungen erschließen. Eine wesentliche Rolle spielen Pläne und Parkveduten, und zwar sowohl hinsichtlich der Parkgenese als auch in ihrer Funktion als mediale Vermittlungsinstanzen, die den Park einem breiteren Publikum vorstellen. Sodann wurde die zeitgenössische Gartenliteratur vergleichend herangezogen, die gleichsam den ästhetischen Bezugsrahmen gerade für die frühe gartenkünstlerische Entwicklungsphase im Weimarer Ilmtal liefert. Die Schriften Hirschfelds spielen hier eine ebenso große Rolle wie eine Fülle von Periodika, unter denen Friedrich Justin Bertuchs *Journal des Luxus und der Moden* wegen seines konkreten lokalen Bezugs exemplarisch genannt sei. Neben der gartentheoretischen Literatur lieferten die ästhetischen Schriften Goethes im Zeitraum der Parkentwicklung eine weitere Quelle für die Untersuchung. Während in den frühen Jahren des Parks, als es die Landschaftsgärtnerei zunächst als Kunstform zu etablieren galt, der Fokus theoretischer Kontextualisierung auf der zeitgenössischen Gartenliteratur liegt, bildet in den 1790er Jahren die klassizistische Ästhetik Goethes den Hauptgegenstand der theoretischen Reflexion. Um die diskursive Dynamik der Parkentwicklung zu veranschaulichen, gliedert sich auch die vorliegende Arbeit in einander abwechselnde Kapitel über Theorie und Praxis, um schließlich den Versuch einer Synthese von gartenkünstlerischem Engagement und kunsttheoretischem Diskurs zu wagen.

15 Schmidt 1984, S. 19.
16 Goethe, *Über den Dilettantismus*; MA 6.2, S. 151–176.

Aus der bisherigen Forschung über den Weimarer Park ist die 1951 erschienene Monographie von Wolfgang Huschke hervorzuheben, welche die Geschichte des Landschaftsgartens erstmals aus den archivalischen Quellen beschrieb. Huschke zeichnet zwar den Verlauf der Parkarbeiten nach, ohne jedoch kunsttheoretische Aspekte einzubeziehen. Seine Untersuchung ist gleichwohl die einzige umfassende Arbeit zum Park geblieben. Goethes Beziehung zur Gartenkunst wurde wiederholt thematisiert, meist jedoch aus dem erwähnten retrospektiven Blickwinkel, der durch die zahlreichen rückblickend verfaßten Äußerungen Goethes allerdings von diesem selbst vorgeprägt ist. In jüngster Zeit wurden in mehreren Publikationen einzelne Aspekte der Parkgeschichte herausgearbeitet,[17] und nicht zuletzt wurde der Park unter denkmalpflegerischem Gesichtspunkt betrachtet.[18]

Auf die von Goethe eingangs gestellte komplexe Frage, was es denn sei, „dieses sonderbare Streben von der Kunst zur Natur, von der Natur zur Kunst zurück", versucht die vorliegende Arbeit aus dem Blickwinkel des Weimarer Ilmparks einige erhellende Antworten zu geben.

17 Zu nennen sind hier vor allem die von Andreas Beyer 2001 herausgegebene Monographie über das Römische Haus und die Beiträge von Ulrich Müller und Angelika Schneider über Friedrich Justin Bertuch und dessen vielfältige Beziehungen zur Gartenkunst. Beyer 2001; U. Müller 2000a; A. Schneider 2000. Siehe auch Ahrendt 2007 und U. Müller 1999.

18 Hierfür stehen vor allem die Arbeiten von Jürgen Jäger. Siehe Jäger 1978; ders. 2001.

1. Zur Vorgeschichte des Parks an der Ilm

„Weimar liegt in einem angenehmen ruhigen Tale an der Ilm, ohnweit des hohen Ettersberges, der sich mit seinem waldichten Haupte nordwärts majestätisch erhebt. Auch von der Mittags- und Morgen-Seite wird der Blick durch kleine Berge beschränkt. – Eine schöne nahe Aussicht gewährt Belvedere der Stadt gegenüber auf seiner romantischen Höhe. – Im Frühling und Sommer erscheint Weimar rings im Grünen von Bäumen und blühendem Gesträuch, wie von einem Kranze, rings umgeben. Die Natur umher neigt sich mehr zum Schönen als zum Großen. Doch triffst du auch hier und da auf erhabene Partien."[1]

Mit diesen Worten führt der Autor Joseph Rückert den Leser seiner *Bemerkungen über Weimar 1799* in die Residenzstadt ein. Als hervorragendes Merkmal der Stadt für den langsam näherkommenden Reisenden beschreibt Rückert ihre Lage im Grünen, um sich dann – gleichsam unmittelbar nach seiner Ankunft – dem Park an der Ilm zuzuwenden: „Der Stolz Weimars [...] ist ohne Zweifel der berühmte Park an der Mittagsseite der Stadt, welcher schon von Ferne mit einem Teil seiner Schönheiten und Reize in die Augen fällt. Wer staunt nicht in der Nähe über diese herrliche Schöpfung von Natur und Kunst? Wer bewundert nicht die große glückliche Anlage derselben im Ganzen und Einzelnen?"

Keiner der zahlreichen Reisenden, die um 1800 die Residenzstadt Weimar besuchten und über ihren Aufenthalt schriftlich Zeugnis ablegten, versäumte es, über die Parkanlagen im Ilmtal zu berichten und diese meist in einiger Ausführlichkeit zu beschreiben oder lobend hervorzuheben. Wer als Gast am Hofe weilte, lenkte seine Schritte fast immer auch in den Park, der durch seine Lage in unmittelbarer Nähe der Stadt und des Schlosses mühelos auch für kurze Aufenthalte zu Fuß erreichbar war. Innerhalb von zwanzig Jahren war das Tal der Ilm mit den angrenzenden Hängen unter Einbeziehung früherer barocker Gärten in einen kunstgerechten Landschaftspark verwandelt worden. Auf seinem Weg durch den Park trifft der Betrachter um 1800 auf zwei markante Gebäude, die unmittelbar auf die beiden maßgeblichen Initiatoren der Anlage verweisen: Goethes Gartenhaus und der Sommersitz des Herzogs Carl August, das Römische Haus.

Als Antwort auf die Frage, woher die Anregungen zur Anlage eines Landschaftsgartens im Ilmtal rührten, wurde in der Forschungsliteratur immer wieder auf den Wörlitzer Park verwiesen.[2] Nicht nur Carl Augusts von jeher gute Beziehungen zum Dessauer Fürsten mögen dafür den Ausschlag gegeben haben, auch Goethe selbst erinnerte sich aus dem Abstand mehrerer Jahrzehnte an die Anfänge der landschaftlichen Gartenkunst in Weimar mit dem Verweis auf Wörlitz: „Der Park in Dessau, als einer der ersten und vorzüglichsten berühmt und besucht, erweckte Lust der Nacheiferung [...]."[3] Der vielzitierte Blick in den Wörlitzer Land-

1 Rückert 1969 (1800), S. 11f.

2 Vgl. Kießmann 1934, S. 5; Niedermeier 1993, S. 14; Vulpius 1962, S. 24f.

schaftsgarten verstellte jedoch die Sicht auf die gartenkünstlerischen Bestrebungen, die der junge Herzog in seiner unmittelbaren Umgebung beobachten konnte. Unter der Ägide der Herzogin Anna Amalia und noch während ihrer Regierungszeit in den 1770er Jahren waren zumindest einige Partien der barocken Lustgärten in Weimars nächster Umgebung im naturnachahmenden Stil umgestaltet worden. Aber auch in der Stadt unternahm man noch vor dem Regierungsantritt Carl Augusts erste Versuche, das Muster der streng geometrisch angelegten Gärten zu durchbrechen und den Einfluß der neuen englischen Gartenmode zuzulassen.

1.1. Die Anfänge der englischen Gartenkunst in Weimar. Belvedere und Ettersburg

Das von Joseph Rückert in seiner Beschreibung Weimars erwähnte Belvedere ist ein südlich vor der Stadt auf einer bewaldeten Anhöhe gelegenes barockes Lustschloß. Es hatte dem jungen Herzog Ernst August II. Constantin (1737–1758) und seiner Gemahlin Anna Amalia (1739–1807) nach deren Hochzeit 1756 als sommerliches Domizil gedient.[4] Nach dem frühen Tod des Herzogs zwei Jahre später behielt seine Witwe mit ihren Söhnen Carl August (1757–1828) und Constantin (1758–1793) samt der Hofgesellschaft dieses beliebte Sommerquartier bei. Das Schloß hatte der für seine Jagd-, vor allem aber für seine Bauleidenschaft bekannte Herzog Ernst August I. (1688–1748) nach Entwürfen der Baumeister Johann Adolph Richter (1682–1768) und Gottfried Heinrich Krohne (1703–1756) ab 1724 errichten lassen. In den Jahren bis ca. 1750 wurde der Bau zu einer repräsentativen Sommerresidenz nach französischem Muster erweitert. In seinem Umkreis entstanden außer verschiedenen Nebengebäuden auch ausgedehnte Gärten nach barocken Formprinzipien: Ein radiales System von Wegeachsen umgab das im Schnittpunkt der Alleen gelegene Schloß. In den dazwischen liegenden Segmentfeldern wurden zahlreiche Bosketts und Parterres angelegt; das Zentrum der Quartiere akzentuierte man an mehreren Stellen durch Brunnen und Fontänen.[5] Schon Ernst August nutzte Belvedere vornehmlich als höfischen Sommeraufenthalt, auch kultivierte er dort Orangenbäume und andere exotische Pflanzen. Zum Zeitpunkt seines Todes im Jahre 1748 hatte Belvedere seine höchste Blüte erreicht.[6]

Herzogin Anna Amalia ließ bereits ab Mitte der 1760er Jahre erste Veränderungen im Belvederer Park vornehmen, welche die strenge Symmetrie des Achsensystems auflockerten (Abb. 1).[7] Mehrere neue Alleen, die schräg zu den Achsen des

3 Goethe, *Schema zu einem Aufsatze die Pflanzencultur im Großherzogthum Weimar darzustellen* [1822]; MA 12, S. 238–243, hier S. 238.

4 Zu Belvedere vgl. Laß/Schmidt 1999.

5 Vgl. Dorothee Ahrendt: *Die Schmuckplätze des Schloßparkes Belvedere. Geschichte und Wiederherstellung*, in: *Weimarer Klassikerstätten*, S. 175–191, hier S. 175f.

6 Vgl. *Weimarer Klassikerstätten*, S. 324ff.

7 Vgl. ebd.; Sckell 1928, S. 27ff.

Barockgartens verliefen, wurden angelegt und ihre Kreuzungs- und Endpunkte durch kleine Plätze und Rondelle hervorgehoben. Auch einige noch unbeholfen geschlängelte Pfade sind zwischen den Alleen auszumachen. Vor allem aber veranlaßte Anna Amalia, den gartenkünstlerisch geformten Bereich in südlicher Richtung zu erweitern. Der im Talgrund gelegene Possenbach wurde zwischen 1767 und 1770 zu einem Teich in länglicher, unregelmäßiger Form aufgestaut, auf dem man gondeln konnte. In einer persönlichen Verfügung hatte die Herzogin am 8. November 1766 diesbezüglich konkrete Schritte angewiesen:

> Schon seit verschiedenen Jahren her hat man um deßwillen die Intention geheget, daß Fürstliche Lust-Schloß Belvedere und dessen Umgebung vor gnädigste Landes-Herrschaft und die öfters dahin kommenden Vornehmen Fremde, mehr angenehm zu machen, weil es der Fürstlichen Residenz allhier an dieser guten Aussicht gar sehr ermangelt. Wir hielten also davor zu dem ersten Vieles beyzutragen, wann der hinter Belvedere weg gehende sogenannte Bosenbach mit einem Damm gefaßt, folglich zu einem Canal oder Teich aptiret würde, worauf man sich mit Gondeln und sonsten divertirn könnte.[8]

Eine Lindenallee begrenzte im Norden den Teich und folgte seiner leicht geschwungenen Uferlinie. Durch den waldigen Hang, der die regelmäßigen Gartenanlagen nach Süden hin ablöste, führte ein geschlängelter Weg, welcher die Alleen verband und den Spaziergänger zu Ruheplätzen und Grotten leitete. Außer einer Auflockerung des barocken geometrischen Gefüges strebte man die Einbeziehung der umgebenden Landschaft in die Gartenanlagen an. Die bisherigen Parkgrenzen wurden überwunden, womit bereits zu diesem frühen Zeitpunkt ein zentrales Merkmal der englischen Gartenkunst in seiner praktischen Umsetzung zu beobachten ist.

Der „immerfeiernde und immerfrierende Adel, der hier wie überall der Langweile und Kälte seiner Lebensart zu entlaufen sucht"[9], dürstete nach vielfältigen Vergnügungsformen, wofür ein Kegel- und ein Trou-Madame-Spiel, ein Karussell, mehrere Schaukeln sowie Anlagen zum Vogel- und zum Scheibenschießen aufgestellt wurden. Auch an einer Wasserkaskade, der „Hohen Theatrie", und einer Grotte mit versteckten Wasserspielen fehlte es nicht. Auf dem Boden der Grotte waren laut dem Bericht eines Hofgärtners

> kleine Fontainen verborgen [...] Aus diesen fuhr ein Wasserstrahl, wie ein starker Strohhalm 5 Fuß hoch in die Kreuz und Quere nach der Mitte. Die darin Anwesenden liefen bunt durcheinander und suchten sich während dem Gelächter der Außenstehenden zu retten.[10]

Die Grotte war mit allerlei künstlichen Wassertieren ausgeschmückt, und „in der Ecke der Grotte stand Schilfrohr, woraus ebenfals Wasser sprang." Die archivalischen Quellen belegen ferner eine sogenannte Riesengrotte und eine Riesenal-

8 Zitiert nach Sckell 1928, S. 28.
9 Rückert 1969 (1800), S. 19.
10 ThHStAW: HA A XXII Nr. 468, Bl. 19f.; vgl. auch Ahrendt, wie Anm. 5, S. 176f.; Sckell 1928, S. 26ff.

lee „zu beiden Seiten mit sechs Riesen, wovon nur einer ganz fertig ausgehauen war".[11]

Für den Erbprinzen Carl August und seinen Bruder Constantin legte man nahe der Schloßallee den sogenannten Prinzengarten an, in dem sich die Söhne der Herzogin mit gärtnerischer Arbeit spielerisch vertraut machen sollten: Es gab Spaten, Schaufeln, Gießkannen und Rechen in Miniaturausführung; sogar eine Walze zum Planieren von Wegen war vorhanden.[12] Das Areal umfaßte mehrere mit farbigem Glas und Muscheln verzierte Blumenbeete, die zu beiden Seiten eines Bogenganges angelegt waren, desweiteren eine Wiese mit Obstbäumen; eine Buchenhecke bildete die äußere Umgrenzung. Die Anlage eines solchen Lehrgartens erfolgte nach dem Muster aufklärerischer didaktischer Literatur, wie sie etwa Johann Bernhard Basedow, der Begründer des Dessauer Philanthropins, mit seinem 1771 erschienenen *Agathokrator: oder von der Erziehung künftiger Regenten* verfaßt hatte.[13] In diesem Fürstenspiegel unterbreitet Basedow zahlreiche Vorschläge zum Unterricht junger Prinzen, die auf dem Prinzip der Anschauung von den Dingen gründen. Der Gartenkunst kommt dabei eine nicht geringe Bedeutung zu: Basedow empfahl die Anlage von Gärten als didaktische Einrichtung, darüber hinaus vermitteln die beigefügten Kupfer Chodowieckis eine bildliche Vorstellung seiner Ideen.[14]

Die höfische Gesellschaft verbrachte von 1758 bis 1775 den Sommer somit alljährlich in einem Park, der, obzwar er noch deutlich die Handschrift barocker Gartengestaltung trug, sich langsam aus der strengen Regelmäßigkeit der Wege und Achsen zu lösen begann und einem ungezwungeneren Verhalten den angemessenen Raum bot. Als Carl August im September 1775 volljährig wurde und die Regierung übernahm, bewohnte er zwar für einige Monate mit der ihm frisch angetrauten Herzogin Luise das Schloß, und auch im darauffolgenden Jahr diente Belvedere dem jungen Paar als Sommersitz – weiteres Interesse für den weitläufigen Park vermochten diese Aufenthalte in Carl August jedoch offenbar nicht zu wecken. Zum einen dürften die Schloß- und Gartenanlagen in Belvedere aus der Sicht des jungen Souveräns dem überlebten Zeitalter seines Großvaters angehört und deshalb wenig Reiz auf sein tatendurstiges Wesen ausgeübt haben. Zum anderen sollte es weiterer äußerer Impulse bedürfen, um das Interesse Carl Augusts nicht nur für den Aufenthalt in der freien Natur, sondern vor allem für die Gestaltung landschaftlicher Gartenpartien zu wecken.

Zunächst wurde Belvedere mit seinen allmählich verfallenden Bildwerken und Architekturen auch für den im November 1775 in Weimar eingetroffenen Goethe

---

11 ThHStAW: HA A XXII Nr. 468, Bl. 18f.

12 Ebd., Bl. 16. Zur Erziehung der Prinzen in Belvedere vgl. Knoche 1999, S. 38.

13 Daß Basedows *Agathokrator* am Weimarer Hof rezipiert wurde, beweist die Reaktion des Grafen Görtz, Erzieher Carl Augusts, der die Vorschläge des Philantropen in seinen 1771 erschienenen *Briefe[n] eines Printzen Hofmeisters über Basedows Printzen Erziehung* einer kritischen Betrachtung aus der Kenntnis eines erfahrenen Hofmannes unterzog.

14 Vgl. dazu Többicke 1983, S. 44f. Zur Rolle der Gartenkunst im Fürstenspiegel vgl. Uerscheln/Kalusok 2001, S. 117.

zum Schauplatz übermütigen Spiels. Schon im Dezember des gleichen Jahres besucht er Schloß und Park zum ersten Mal, und am 26. Mai 1777 konstatiert er im Tagebuch: „Nach Belvedere. Die Ruinen ruiniert."[15] Es waren wohl die brüchig gewordenen Statuen der Riesenallee, denen man ausgelassen zu Leibe rückte. Doch auch sentimentalen Regungen konnte Goethe in den Belvederer Anlagen nach seinen Vorstellungen Ausdruck verleihen: „[...] ich ritt um eilf nach dem Lustschloss Belvedere wo ich hinten im Garten eine Einsiedeley anlege, allerley Pläzgen drinn für arme Krancke und bekümmerte Herzen", schrieb er im Mai 1776 an Auguste Gräfin zu Stolberg.[16] Für beide, den regierenden Herzog und Goethe, stellte der Belvederer Park dennoch ein Relikt der vorherigen Generationen dar, das zu erhalten oder neu zu gestalten sie zu diesem Zeitpunkt nicht erwogen. Ihre eigenen gartenkünstlerischen Aktivitäten sollten sie mit ersten vereinzelten Parkszenen in unmittelbarer Nähe der Stadt und des Residenzschlosses entfalten – in der Auenlandschaft des Ilmtals.

Anna Amalia richtete ihren Sommersitz ab 1776 in Ettersburg ein, einem wenige Kilometer nordwestlich von Weimar am Rande eines dichtbewaldeten Höhenzuges gelegenen Dorf.[17] Herzog Wilhelm Ernst hatte dort bereits von 1706 bis 1712 auf den Grundmauern eines ehemaligen Augustiner-Chorherrenstifts ein Jagdschloß errichten lassen.[18] Unter der Regierung Ernst Augusts war zwischen 1728 und 1740 an der Südseite der Dreiflügelanlage das Corps de Logis entstanden, das sogenannte Neue Schloß, welches dem gesamten Gebäudekomplex einen harmonischen Abschluß gab (Abb. 2). Es grenzt an das weitläufige Waldgebiet des Ettersberges und diente dem Herzog vornehmlich als Aufenthaltsort bei großen Jagden. Ab 1728 wurde die Umgebung des Neuen Schlosses gartenkünstlerisch gestaltet: Auf den Terrassenflächen zu beiden Seiten des Gebäudes entstanden barocke Parterres, die man in regelmäßige, mit Buchsbaum eingefaßte Quartiere aufteilte und mit Traillagebauten umgab.[19] Allerdings gab man Schloß- und Gartenanlage nach dem Tod Ernst Augusts im Jahre 1748 dem Verfall preis.

Erst Anna Amalias sommerliche Hoflager in Ettersburg belebten das Schloß aufs Neue. Nach der Übergabe der Regierungsgeschäfte an Carl August konnte sich die Herzogin hier, frei von Verpflichtungen und Zwängen, vor allem ihren künstlerischen Interessen widmen. Gleich nach ihrer Inbesitznahme von Schloß und Park 1776 begann die Herzogin, den Park nach ihren Vorstellungen zu gestalten.[20] Sie ließ aus Leipzig unter anderem siebzehn große Platanen, fast hundert

15 Goethe, *Tagebücher*, Bd. I/1, S. 42.

16 Johann Wolfgang Goethe an Auguste Gräfin zu Stolberg, Weimar 17.–24. Mai 1776; WA IV/3, S. 64–70, hier S. 65.

17 Zu Ettersburg vgl. Deetjen 1993 (1924).

18 ThHStAW: HA A XXII 473, fol. 34f. Vgl. *Weimarer Klassikerstätten*, S. 333ff.

19 Vgl. *Weimarer Klassikerstätten*, S. 344ff.

20 Vgl. ebd. Zu den gartenkünstlerischen Ambitionen Anna Amalias siehe auch Berger 2003, S. 377–381. Berger datiert die Anfänge landschaftsgärtnerischen Wirkens in Ettersburg auf 1777. Ebd., S. 378.

Akazien und einen Tulpenbaum kommen, um damit die neugeschaffenen Wege und Plätze zu bepflanzen. Erste landschaftliche Partien entstanden, eine Einsiedelei wurde errichtet, mehrere Gedenksteine akzentuierten die Wegränder und Ruheplätze. Die in diesen Jahren verwirklichten Anlagen standen im Zeichen empfindsamen Naturerlebens, das sich den musischen Neigungen der Herzogsmutter verband und nicht zuletzt die von ihr geförderte höfische Geselligkeit prägte.[21] Die weitgehend unberührte Wiesen- und Waldlandschaft in nächster Nähe des Schlosses bot sich einer naturnachahmenden Gestaltung förmlich an, da anders als in Belvedere die barocken Strukturen hier nicht in einer weiträumigen Gartenanlage, sondern nur in unmittelbarer Nachbarschaft des Neuen Schlosses ausgebildet waren. Im Jahre 1777 ließ Anna Amalia einen Aussichtspunkt am Westrand des Ettersberges errichten, von dem aus man den Blick weit über den Thüringer Wald schweifen lassen konnte. Das zweistöckige Lusthaus auf der sogenannten Hottelstedter Ecke besaß eine umlaufende hölzerne Galerie, die den Genuß der Aussicht in alle Himmelsrichtungen ermöglichte.[22] Der einflußreiche zeitgenössische Gartentheoretiker Christian Cay Lorenz Hirschfeld (1742–1792) nahm in den 1782 erschienenen vierten Band seiner *Theorie der Gartenkunst* eine Beschreibung der Ettersburger Anlagen auf, die nicht nur diesen Aussichtspunkt würdigt:

> [...] von den Annehmlichkeiten des Ettersbergs, des Sommeraufenthalts der verwittweten Herzoginn, kann ich Sie als Augenzeuge unterhalten. Stellen Sie sich einen Wald vor, durch welchen Gänge, im Geschmack der englischen Parks, gehauen sind, so haben Sie eine Idee vom Ganzen, und von dem Reichthum an immer neuen, immer abwechselnden Scenen und Schönheiten, die schon aus der Natur einer solchen Anlage entspringen, und die keine Kunst nachzuschaffen im Stande ist. An den meisten Stellen sind die Wege eine fortlaufende, für Sonnenstral und Regen undurchdringbare Laube. Bänke, oder alte Baumstämme zu Sitzen ausgehöhlt, winken überall den Wanderer in ihre Schattenplätze, oder machen ihn aufmerksam auf schöne Aussichten; die vorzüglichste darunter ist wohl die, welche man vom Pavillon und der einen Ecke des Waldes über eine Strecke von mehr als hundert Quadratmeilen hat.

---

21 Die geistige Strömung der Empfindsamkeit spiegelt sich vor allem in Literatur und Gartenkunst wider. Sie setzte – eingebettet in die Epoche der Aufklärung – in den späten 1760er Jahren ein, erreichte Mitte der 1770er Jahre ihren Höhepunkt und dauerte mit allen Ausläufern und Auswirkungen bis in die späten 1790er Jahre. Der Begriff „empfindsam" wurde in seiner psychologisch-pädagogischen Konnotation zuerst von Lessing gebraucht, der den Titel von Laurence Sternes *Sentimental Journey* (1768) mit *Empfindsame Reise* übersetzte. Empfindung bedeutet hier eine umfassende und aktive Rezeption aller Erscheinungen von Kunst und Natur, und zwar über die nüchterne Bewältigung durch den Verstand hinaus. Natur avancierte in diesem Zusammenhang zum Schlüsselwort. Die Betonung lag ganz auf dem subjektiven Gefühl des Naturbetrachters, der sein Naturerlebnis stark verinnerlichte. Die Naturerfahrung verbindet sich mit der Wahrnehmung des eigenen Selbst. Charakteristisch für diesen Prozeß ist seine betonte Unmittelbarkeit. Scheinbar distanzlos genießt der Empfindsame sich im Einklang mit der Natur. Vgl. Krüger 1972, S. 9f. u. 29f.; Wegmann 1988, S. 90–97, hier S. 94. – Die Begriffe „empfindsam" und „sentimental", mitunter in ihrer Bedeutung fein nuanciert, werden in diesem Buch synonym verwendet. – Über sensualistische Einflüsse aus England, die Aufwertung von Empfindungsvermögen und Einbildungskraft im Zuge der Aufklärung und deren Einfluß auf die zeitgenössische Gartentheorie siehe Kapitel 3.4.2.

22 Vgl. *Weimarer Klassikerstätten*, S. 345, Anm. 7.

> [...] Folgt man den Gängen, so kommt man hier zu einem Bad, kühl, wie das Bad der Nymphen, dort zu Teichen in Gebüschen; hier überrascht einen eine Laube von Gitterwerk, dort bleibt man vor einem Tisch von weißem Marmor im antiken Geschmack stehen, um dessen Füße sich Schlangen winden. Oeser ist der Meister, der ihn verfertigt hat. [...] Eine Hütte, oder Haus von Baumrinde, simpel wie sein Äußerliches, mit hölzernen Geräthen und Binsenmatten möblirt, liegt in einer der romantischen Wildnissen des Waldes. Nicht weit davon zeigte man mir einen großen gesäuberten Halbkreis, der zum Schauplatz mancher Lustbarkeit dient. Ich sah im Zimmer der Herzoginn ein Gemälde von Kraus, das einen Auftritt aus einem Schauspiel, ‚Die Zigeuner', von Einsiedel, vorstellte, welches hier bey Nachtzeit gespielt worden war.[23]

Tatsächlich investierte die Herzogin in den Jahren 1776–1780 nicht nur beträchtliche Summen aus ihrer Schatulle in das Schloß und die neuen Gartenanlagen. Anna Amalias Ettersburger Sommerlager war in den späten 1770er Jahren vor allem ein beliebter Anziehungspunkt der Weimarer Gesellschaft. Die Schatullrechnungen für das Ettersburger Hoflager verweisen auf einen beträchtlichen finanziellen Aufwand zugunsten des Theaters.[24] Der große Saal im westlichen Seitenflügel des Alten Schlosses wurde für Aufführungen des Liebhabertheaters hergerichtet. Auch geeignete Plätze im Freien zwischen Bäumen und Buschwerk nutzte man zum Theaterspiel.[25] Außerhalb der Sommermonate bewohnte die Herzogsmutter ein Palais in der Stadt, das durch seine geselligen Runden berühmt wurde, hier aber wiederum unter gartenkünstlerischem Gesichtspunkt von Interesse ist.

1.2. Der Garten Anna Amalias am Wittumspalais

Nach dem Ende ihrer vormundschaftlichen Regierung bezog Anna Amalia 1775 das inmitten der Stadt, am nördlichen Ende der „Esplanade"[26] gelegene sogenannte Palais, das für den sachsen-weimarischen Minister und Geheimrat Jakob Friedrich von Fritsch in den Jahren 1767 bis 1769 erbaut worden war.[27] Die Wahl dieses Domizils ist nicht ohne Bedeutung, da eine verwitwete Herzogin ihren Sitz gewöhnlich abseits der Residenzstadt nahm, etwa in Eisenach oder Allstedt, in einem eigens dafür vorgesehenen Wittumsschloß[28]. Anna Amalia residierte weiterhin in Weimar, um auf diese Weise die am regierenden Hof gebotenen Möglichkeiten der Geselligkeit und Kunstliebhaberei nicht entbehren zu müssen.

---

23 Hirschfeld, *Theorie*, Bd. 4, 1782, S. 239.

24 ThHStAW: A 926; A 927a.

25 Siehe dazu ausführlich Kapitel 3.3.

26 Bei der „Esplanade" handelte es sich um eine 1765 neu angelegte Promenade mit zwei Baumreihen, Boscagen, einem Goldfischteich und einem Pavillon in der Mitte. Vgl. *Weimarer Klassikerstätten*, S. 233.

27 Vgl. Christiane Oehmig: Der Rote Turm im Schloßpark Belvedere bei Weimar, in: *Weimarer Klassikerstätten*, S. 144–152, hier S. 144ff.

28 Vgl. Berger 2001, S. 137f.

Hinter dem repräsentativen Palais erstreckte sich entlang der Stadtmauer mit dem in ihrer Mitte sich erhebenden Wehrturm der sogenannte Zwingergarten, den Fritsch erworben hatte, um einen barocken Hausgarten anzulegen. Anna Amalia pachtete 1776 neben diesem Garten ein weiteres Stück Land, ein schmales langgezogenes Grundstück, das jenseits der Stadtmauer lag.[29] Der Gärtner Carl Heinrich Gentzsch (1735–1805) wurde damit beauftragt, die hinzugekommene Fläche gartenkünstlerisch zu gestalten, das heißt einen kleinen englischen Garten anzulegen: Er pflanzte niedrige Gehölze und führte einen geschwungenen Weg durch das Grundstück (Abb. 3).[30] Der teilweise abgetragene alte Wehrturm aus dem 16. Jahrhundert fungierte nun als architektonischer Akzent inmitten der beiden Gartenpartien.

Die Herzogin ließ den Turm bereits ab 1775 so ausbauen, daß sie ihren Besuchern einen mit chinoisen Ornamenten und spitzem Kegeldach versehenen Gartensalon vorstellen konnte. Eine aquarellierte Zeichnung aus dem Jahr 1785, vermutlich von der Hand der Herzogin selbst, gibt die Gestalt des Pavillons mit feinem Strich wieder (Abb. 4).[31] Die ab ca. 1760 zu beobachtende, dem aufklärerischen Interesse an der ethnographischen Wirklichkeit verpflichtete Chinamode hat bei der Umgestaltung des Turms Pate gestanden. Anna Amalia hatte mit dem Pavillon aber auch eine geradezu vorbildliche Staffagearchitektur im Sinne der englischen landschaftlichen Gartenkunst anlegen lassen. Möglicherweise kam die Anregung zum chinesischen Stil von dem Leipziger Maler Adam Friedrich Oeser (1717–1799), der sein Interesse für die Chinamode mehrfach bekundet hatte und die Herzogin in künstlerischen Fragen beriet.[32] Oeser wurde mit der Ausmalung der Wandflächen und des Plafonds im Innern des Turms beauftragt. Auf sechs hochformatigen Bildern entwarf er ein Panorama illusionistischer Malerei: Gemäß dem Charakter des Bauwerks stellte er chinesische Figuren dar, welche, jeweils von Scheinarchitekturen gerahmt, im Vordergrund der Gemälde agieren und den Betrachter gleichsam ins Bild und die im Hintergrund sich öffnende Landschaft hineinziehen. Die Zeichnung Anna Amalias zeigt – neben dem chinesischen Pavillon – verschiedene niedrige Gehölze sowie Einzelbäume und Baumgruppen in abgestufter Anordnung und verdeutlicht damit noch einmal die Intention, hier einen kunstgerechten englischen Landschaftsgarten *en miniature* anzulegen. Das Aquarell vermittelt allerdings, schon durch seinen ausschnitthaften Charakter und die Höhe

29 ThHStAW: B 8527a.

30 ThHStAW: B 8521.

31 Daß die Zeichnung tatsächlich die reale Gestalt des Pavillons wiedergibt, beweist ein Inventar desselben aus dem Jahre 1808. Vgl. Oehmig, wie Anm. 27, S. 147, Anm. 10. Zu Zeichnungen Anna Amalias vgl. Berger 2003, S. 365–372.

32 Vgl. T. John 1999, S. 291. Siehe auch Oehmig, wie Anm. 27, S. 147, Anm. 11: Eine eindeutige Datierung der Malereien von Oeser ist bis jetzt nicht möglich. Der Maler schuf 1775 das Dekkengemälde im Festsaal des Wittumspalais, was eine Datierung der Wandbilder im Turm auf 1775/76 nahelegt. Die Gemälde befinden sich heute im Roten Turm in Belvedere.

der dargestellten Bäume, den Eindruck einer weitläufigeren, tatsächlich parkähnlichen Anlage.

Erst im Jahre 1793 ermöglichte der Weimarer Stadtrat, weitere Pläne der Herzogin in die Wirklichkeit umzusetzen: Sie konnte nun die Reste der alten Stadtmauer niederreißen lassen, um den barock gestalteten Teil des Gartens mit der neuen englischen Anlage zu verbinden und so das ungezwungene Umhergehen zwischen beiden Partien zu ermöglichen.[33] Die regelmäßigen Kompartimente des früheren Zwingergartens wurden von der landschaftlich gestalteten Partie gleichsam umfangen, wie dies auch in zahlreichen weiträumigen Gartenanlagen, die sich vom Wohngebäude und den angrenzenden geometrischen Anlagen aus in die Landschaft und zum landschaftlichen Stil hin entwickelten, zu beobachten ist.[34] Der Garten am Wittumspalais gehört zu den frühesten englischen Anlagen in Weimar und legt vor allem vom wachen Interesse seiner Besitzerin für die zeitgenössische landschaftliche Gartenkunst ein beredtes Zeugnis ab.

1.3. Die Lustgärten der Residenz. Barocke Anlagen im Ilmtal

Die ersten Schritte zur Umgestaltung barocker Anlagen im Sinne der neuen englischen Gartenmode während oder unmittelbar nach der Regierungszeit Anna Amalias betrafen die Lust- und Jagdschlösser vor den Toren der Residenzstadt sowie den privaten Garten der Herzogin. Die herrschaftlichen Gärten im Umkreis des Residenzschlosses, der sogenannten Wilhelmsburg, behielten in den Jahren der obervormundschaftlichen Regierung ihr barockes Antlitz.

Das die Stadt Weimar und den Schloßkomplex unmittelbar berührende Ilmtal war bereits seit dem 14. Jahrhundert gartenkünstlerisch geformt worden. Im Jahre 1373 findet ein Baumgarten am flachen östlichen Flußufer nahe der Weimarer Burg Erwähnung, der später bei einer großen Überschwemmung verwüstet wurde.[35] Johann Moritz Richter (1620–1667), Baumeister der ab 1651 entstandenen dreiflügeligen Schloßanlage, bezog diese landschaftliche Partie bewußt in seine architektonischen Entwürfe ein. Der hölzerne Steg, welcher bis dahin über die Ilm geführt hatte, wurde 1653/54 durch eine massive steinerne Brücke ersetzt. Unmittelbar angrenzend war anstelle des alten Baumgartens der sogenannte Stern entstanden, ein von Bäumen und Büschen flankiertes Wegenetz in radialer Anordnung, das der Anlage ihren Namen gab: 1685 wurde der „Sterngarten" erstmals erwähnt.[36]

Diesem unteren, von Floßgraben und Ilm umschlossenenen Gartenteil korrespondierte auf der anderen Seite des Flusses der oberhalb des Steilhangs nahe der

33 ThHStAW: B 9158.

34 Vgl. zum Beispiel die gartenkünstlerische Entwicklung in Schwetzingen und Nymphenburg.

35 Vgl. Bechstein 1936, S. 66–77, mit leicht abweichenden Jahreszahlen; Heß 2001, S. 50; Huschke 1951, S. 13ff.; Huschke/Vulpius 1955, S. 25f.

36 Zum Sterngarten vgl. Biedrzynski 1992, S. 435; Huschke 1951, S. 47; Huschke/Vulpius 1955, S. 28.

Stadt und dem Fürstenhaus gelegene „Welsche Garten", dessen Bezeichnung auf die italienisch-französischen Vorbilder des geometrischen Gartenstils verweist.[37] Die von einer Mauer umgebene Anlage aus der zweiten Hälfte des 17. Jahrhunderts gliederte sich in einen Nutz- und einen Lustgartenbereich, wobei letzterer nur ungefähr ein Drittel der Fläche bedeckte. Während der Nutzgartenbereich verpachtet wurde und das dort angebaute Obst und Gemüse vorwiegend der Hofküche und -konditorei zugute kamen, war der Lustgarten vor allem wegen seiner Lage nahe der Stadt äußerst beliebt und diente Mitte der 1770er Jahre „der gnädigsten Herrschaft zu weilen so wie dem Publico zur angenehmen Promenade."[38] Auf zwanzig rechteckigen Kompartimenten waren Beete angelegt, deren Blumenschmuck sich zu geometrischen Ornamenten verband. Hölzerne Bogengänge spendeten Schatten auf schnurgeraden Wegen, welche die Spaziergänger ins Innere des Gartens leiteten, wo Statuen, Springbrunnen und in Kübeln gepflanzte Zitronen- und Orangenbäume die Wege zierten. Im Mittelpunkt des Lustgartenbezirks befand sich seit 1650 die sogenannte „Schnecke", eine mit verschnittenen Linden umkleidete Holzkonstruktion, in der man über zwei in schneckenförmigen Windungen aufsteigende Gänge zu einem Aussichtsplateau gelangte (Abb. 5).

Bis zur Regierungsübernahme Carl Augusts war Anna Amalia, wie aus zahlreichen Aktennotizen beispielsweise über die Beschäftigung von Gärtnern hervorgeht, um die Erhaltung der Gartenanlagen in ihrem überlieferten Zustand bemüht.[39] Traditionellerweise hatte man den Welschen Garten für höfische Festlichkeiten genutzt – bei gutem Wetter war die herzogliche Tafel nicht selten im Lustgarten aufgestellt worden, während die „Schnecke" den Aufenthaltsort für die Musiker bot, die zur fürstlichen Speisenfolge in nicht geringer Zahl aufspielten. So bildete der Garten eine sich im Rhythmus der Jahreszeiten wandelnde Kulisse für die verfeinerte höfische Kultur. Zur Zeit Anna Amalias dienten die Wege und Plätze mit ihren Statuen, Fontänen und beschnittenen Buchsbäumchen vorwiegend dem öffentlichen Spaziergang. Die Herzogin hatte auch hier im wahrsten Sinne für Ordnung zu sorgen: Im Mai 1775 beklagt Kammerpräsident von Kalb, es sei von dem dort angestellten Gärtner

> darüber häufige Beschwerde geführt worden, daß so viele Einwohner hiesiger Residenz Stadt Kinder und Domestiquen in dem ihm übergebenen Garten eindringen, darin wider alle in einem Herrschaftl. Garten zu beobachtende Wohlanständigkeit ihre Hunde mitnehmen, die Hecken durchstreichen, die Schnecke verunreinigen, den Nachtigallen nachstellen, und durch allerley Unfug dasjenige, was er in guten Stand zu setzen bemüht sey, freventlich wiederum ruiniren, und ein gleiches geschiehet auch öfters in dem so genannten Stern [...].[40]

37 Zum Welschen Garten vgl. Heß 2001, S. 50f.; Huschke 1951, S. 20, 42ff., 47; Huschke/Vulpius 1955, S. 26f.

38 ThHStAW: B 26362, Bl. 64v.

39 Vgl. ebd.

40 Ebd., Bl. 69r./v.

Kalb empfiehlt der Herzogin, „der mindern Claße hiesiger Einwohner vorzüglich aber den Kindern“ den Zugang zu beiden Gärten künftig zu untersagen.[41] Obgleich es sich hier um ein Verbot handelt, verdeutlicht der Vorgang wie nebenbei, mit welcher Selbstverständlichkeit man der Öffentlichkeit in Weimar den freien Zugang zu den herrschaftlichen Gartenanlagen gewährte, da erst nach gröberem Fehlverhalten diese Freiheit vorübergehend eingeschränkt wurde.

Neue gartenkünstlerische Impulse in unmittelbarer Nähe der Residenz konnte die Herzogin bei aller Offenheit, die sie in dieser Hinsicht bereits in Belvedere gezeigt hatte, jedoch nicht zulassen. Der bereits im September 1774 vom Gärtner Ernst August Baum vorgelegte Entwurf zur Umgestaltung eines Teils des Welschen Gartens wurde nicht umgesetzt (Abb. 6). Der Überschrift seines Plans zufolge wollte Baum einen Englischen Garten nebst Orangerie und Gewächshaus anlegen; weiterhin hatte der ambitionierte Sohn des Hofgärtners an „die Grotte, das Wasserwerck, die selbstwachsende Hütte, die Eremitage, Felsenwerck, Bassins und Nieches“ gedacht und mehrere Zeichnungen dazu geliefert.[42] Der Grundriß der geplanten Anlage läßt erkennen, daß auch Baum seinem Englischen Garten zunächst das vorhandene regelmäßige Wegesystem zugrunde legte. So blieben die dominierende Längs- und Querachse erhalten, an deren Schnittpunkt die Grotte aus groben Natursteinen errichtet werden sollte. Bei den zahlreichen kleineren Wegen jedoch, die im geometrisch abgezirkelten Garten wie ein Netz über den einzelnen Kompartimenten zu liegen schienen, versuchte sich Baum an gekrümmter Wegeführung, um die barocke Symmetrie zu überwinden. Noch recht unbeholfen zeichnet er in das begrenzte Terrain gewundene Pfade ein, die auf kleine kreisrunde Plätze führen. Mit einem englischen Landschaftsgarten hat diese Anlage noch nicht viel gemein. Aber ein Anfang ist gewagt und das Bemühen, die Strenge der tradierten Achsensymmetrie aufzubrechen, unverkennbar. Anna Amalia konnte dem Ansinnen Baums nicht stattgeben. Genau ein Jahr vor Übergabe der Regierungsverantwortung an ihren ältesten Sohn und im Bewußtsein ihrer nicht nur zeitlich begrenzten Rolle als Souveränin, mochte sie eine grundlegende Umgestaltung der herrschaftlichen Gärten wohl nicht veranlassen.[43] Diese Aufgabe sollte Carl August als zukünftigem Herzog vorbehalten bleiben.

Herzog Wilhelm IV. (1626–1662) hatte bereits Mitte des 17. Jahrhunderts den Plan gefaßt, den einstigen Baumgarten im Ilmtal mit dem Welschen Garten auf der anderen Seite des Flusses und dem zwischen beiden gelegenen Steilhang zu einem großen, durch Terrassen abgestuften Gartenkunstwerk zu verbinden.[44] Das auf-

---

41 Eine entsprechende Verordnung erging am 24. Mai 1775 in den *Weimarischen Wöchentlichen Anzeigen.*

42 Ernst August Baum: *Entwurf zur Gestaltung des Welschen Gartens*, 1774; KSW, GNM, Graphische Sammlung.

43 Vgl. Berger 2003, S. 378.

44 Bildlich dargestellt wurden die Pläne Wilhelms IV. in einer Zeichnung, die vermutlich von der Hand Johann Moritz Richters stammt und von Caspar Merian gestochen wurde, der *Delineatio deß Canals und fürstlichen Lustgartens zu Weimar.* Auf die Details der großartigen Konzep-

wendige Projekt, das sich an bedeutenden französischen und italienischen Villengärten der Renaissance und des Barock orientierte, konnte nicht realisiert werden. Erst 150 Jahre später wurde im Zuge der Gestaltung des Landschaftsgartens im Ilmtal auch die Idee einer übergreifenden, die verschiedenen landschaftlichen Partien integrierenden Parkanlage verwirklicht. Was den entstehenden Ilmpark als eines seiner herausragenden Merkmale kennzeichnete, trifft auch schon auf die Planung der barocken Anlagen zu: Es handelt sich hier um eine Konzeption, die sich nicht, wie für geometrische Gartenanlagen charakteristisch, in erster Linie auf die Architektur eines Schloßkomplexes bezog und dessen Grundlinien quasi ins Freie verlängerte. Vielmehr lassen auch die ehrgeizigen gartenkünstlerischen Planungen unter Herzog Wilhelm IV. eine konsequente Orientierung an markanten Punkten bereits vorhandener Gärten, wie zum Beispiel der zentralen Achse des alten Baumgartens und der „Schnecke" im Welschen Garten, erkennen. Unabhängig vom jeweiligen Stand des Baugeschehens an der Wilhelmsburg lud die sich nach Süden erstreckende Ilmaue dazu ein, ausgedehnte Gartenanlagen zu schaffen, die nicht an die architektonischen Gegebenheiten des Residenzschlosses gebunden waren.

Am 6. Mai 1774 wurde das Weimarer Schloß durch einen mehrtägigen Brand infolge eines nächtlichen Gewitters bis auf die Grundmauern zerstört. Die Hofgesellschaft mußte auf längere Sicht ohne zentrale Wohnstatt auskommen. In den folgenden Jahren entstanden mehrere kleine Hofhaltungen für die einzelnen Mitglieder der fürstlichen Familie, die den Blick vom Schloß als repräsentativem Mittelpunkt höfischen Lebens ablenkten. Die Herzogsmutter Anna Amalia bewohnte das Wittumspalais an der „Esplanade" und im Sommer Schloß Ettersburg, Prinz Constantin bezog gemeinsam mit seinem Erzieher Karl Ludwig von Knebel das ehemalige Gutspächterhaus in Tiefurt, und der regierende Herzog Carl August nahm seinen Wohnsitz in dem stattlichen, eben fertiggestellten Gebäude der Landstände neben dem sogenannten Grünen Schloß. Die barocke Pracht der Residenz war – im wahrsten Sinne – in Schutt und Asche gefallen. Vom Zentrum des Weimarer Hoflebens, dem Theater, der fürstlichen Kunstsammlung, dem Festsaal und der Schloßkirche war nichts als eine rauchgeschwärzte Ruine geblieben. Mit dem Schloß kam der Residenzstadt nicht nur die bauliche Mitte, sondern auch der zentrale Ort höfischen Lebens abhanden. Zugleich eröffneten sich damit aber auch bis dahin unvorhergesehene Möglichkeiten.

Das Schloßgebäude war unbewohnbar geworden, aber die ersten kunstgerechten Anlagen nach dem Vorbild der neuen englischen Gartenmode entstanden wenig später dennoch im unmittelbaren Zentrum der Residenz, wozu keine herrschaftliche Architektur, sondern ebenso weiträumige wie abwechslungsreiche landschaftliche Gegebenheiten einluden:

---

tion kann hier nicht näher eingegangen werden. Siehe dazu Kunst 1993; Huschke/Vulpius 1955, S. 26. Der Stand von Planung und Realisierung wird in der Literatur häufig verwischt. Klärende Informationen hierzu vermittelte Angelika Schneider in einem Vortrag zur frühen Weimarer Gartenkunst am Kunstgeschichtlichen Seminar der FSU Jena im Februar 2001.

> Die höchsten Herrschaften, einer bequemen und ihrem Zustande gemäßen Wohnung beraubt, in kaum schicklichen Räumen einen interimistischen Aufenthalt findend, wandten sich gegen das Freie, wozu die verschiedenen wohleingerichteten Lustschlösser, besonders auch das heitere Ilmthal bei Weimar und dessen ältere Zier- und Nutzgarten-Anlagen die schönste Gelegenheit darboten,

so Goethe in seiner 1822 verfaßten Abhandlung über die Pflanzenkultur im Weimarer Herzogtum.[45] Seine Äußerung unterstreicht, daß die Geschichte des Parks an der Ilm unmittelbar mit dem Schloßbrand von 1774 in Verbindung zu bringen ist. Der Umstand, daß die Anfänge naturnachahmender Gartenkunst im Ilmtal direkt mit der Zerstörung einer barocken Residenz zusammenhängen, scheint im Hinblick auf die nach 1770 einsetzende kunsttheoretische Debatte um den Rang der Kunstgattungen symptomatisch, da der Paradigmenwechsel vom geometrisch angelegten zum „natürlichen“ Garten vor allem am Verhältnis der Gartenkunst zur Architektur ablesbar ist.[46] Zugleich realisierte man den Landschaftsgarten auf einem Terrain, das schon Jahrhunderte zuvor Künstler zu umfangreichen gartenkünstlerischen Projekten jenseits der vorgegebenen Achsen einer Schloßarchitektur inspiriert hatte.

45 Goethe, *Schema zu einem Aufsatze die Pflanzencultur im Großherzogtum Weimar darzustellen*; MA 12, S. 238–243, hier S. 238.
46 Siehe dazu ausführlich Kapitel 3.4.3.

2. Die Anfänge des Parks. „Ästhetische Bilder“[1] zu beiden Seiten der Ilm (1775–1780)

2.1. Goethes Garten am Stern

Das Eintreffen des 26jährigen Dichters Goethe in Weimar im November 1775 stellt den – in zahllosen Schriften gewürdigten – Beginn einer neuen Epoche nicht nur im geistigen Leben der Residenzstadt dar. Auch für die gartenkünstlerische Erschließung des Ilmtals sollte dieses Ereignis den entscheidenden Impuls liefern. Bereits fünf Monate nach seiner Ankunft notierte Goethe am 21. April 1776 in aller Knappheit in sein Tagebuch: „Den Garten in besiz genommen.“[2] Diesem lapidaren Satz war das nachdrückliche Bemühen Carl Augusts um den Kauf eines kleinen Anwesens vorausgegangen, das „auf dem Horn neben Herrn Hofrat Schmidts und Meister Beschors Garten“ gelegen war und „samt dem darinnen befindlichen Gartenhause und Brunnen“ seit September 1775 zum Verkauf gestanden hatte.[3] Goethe hatte offensichtlich lebhaftes Interesse für den Garten bekundet, den der Herzog schließlich für 600 Taler erwarb und ihm zum Geschenk machte. „Göthe bleibt nun wohl hier, so lange Carl August lebt, und möchte das bis zu Nestors Alter währen! [...] Er ist auch im Begriff einen Garten zu kauffen [...]“, läßt Wieland im März 1776 den Freund Johann Heinrich Merck in Darmstadt wissen, wobei er zugleich den tieferen Grund der Bemühungen Carl Augusts andeutet: den neugewonnenen Freund dauerhaft an Weimar zu binden.[4] Tatsächlich fällt im April 1776 die Entscheidung für Goethes längerfristiges Verbleiben in der Stadt, da ihm mit dem Erwerb eines Grundstücks zugleich das Weimarer Bürgerrecht verliehen wurde.

Das sogenannte Horn, an dem der Garten lag, ist ein langgestreckter Hügel, der das Ilmtal in östlicher Richtung begrenzt. Aus den Fenstern des Gartenhauses konnte Goethe das Flußtal überblicken, gegen Norden erstreckten sich die Alleen des nahen Stern, nach Süden flankierten die Herrschaftlichen Wiesen das mäan-

1 Goethe, *Das Louisenfest*; MA 18.2, S. 333–339, hier S. 333.

2 Goethe, *Tagebücher*, Bd. I/1, S. 17.

3 Bekanntmachung des Stadtrates; *Weimarer Wöchentliche Anzeigen*, 30.09.1775. Siehe auch ebd., 14.2., 20., 23., und 27.3.1776 zum Kauf des Gartens. Ausführlich zu den Kaufverhandlungen, den Instandsetzungsarbeiten und den ersten Wochen in Goethes Garten vgl. Ahrendt/Aepfler 1994, S. 10ff.; Balzer 1966, S. 14ff.; Huschke 1951, S. 53.

4 Christoph Martin Wieland an Johann Heinrich Merck, Weimar 23. März 1776; *Briefwechsel Wieland*, Bd. 5, S. 488. Bereits im Januar 1776 hatte Wieland an Merck geschrieben: „Göthe kömt nicht wieder von hier loß. Carl August kan nicht mehr ohne ihn schwimmen noch watten (sic!).“ Ebd., S. 466. Wieland selbst hatte zur gleichen Zeit ebenfalls einen Garten vor der Stadt erworben und auf diese Weise das Weimarer Bürgerrecht erlangt. Siehe seinen Brief an Friedrich Heinrich Jacobi vom 10. Mai 1776; ebd., S. 503. – Zu Carl Augusts Interesse vgl. Friedrich Sengle, der davon ausgeht, „daß Carl August vor allem den berühmten Dichter in Weimar haben wollte, im Wettstreit mit seiner Mutter Anna Amalia, die Wieland nach Weimar berufen und dort festgehalten hatte.“ Sengle 1993, S. 6.

drierende Band der Ilm. „Hab ein liebes Gärtgen vorm Thore an der Ilm schönen Wiesen in einem Thale. ist ein altes Häusgen drinne, das ich mir repariren lasse“, schrieb er an Auguste Gräfin zu Stolberg am 17. Mai 1776.[5] Tatsächlich hatte er den Garten stark verwildert und das Haus in verfallenem Zustand vorgefunden. Mit Unterstützung des Herzogs, der die Arbeiter zur Instandsetzung des Hauses anwies und den Hofgärtner Johann Friedrich Reichert mit der Gestaltung des Gartens betraute, wurden Haus und Garten innerhalb weniger Wochen bewohnbar gemacht. Goethe selbst interessierte sich vor allem für die Anlage des Gartens: „12 Uhr in meinem Garten. da lass ich mir von den Vögeln was vorsingen, und zeichne Rasenbänke die ich will anlegen lassen“, ließ er Auguste zu Stolberg wissen. Und im gleichen Brief, der über mehrere Tage hin entstand und die ersten Eindrücke im neuen Domizil unmittelbar wiedergibt:

> Sonnabends Nachts 10 in meinem Garten. Ich habe meinen Philipp nach Hause geschickt und will allein hir zum erstenmal schlafen. [...] Die Maurer haben gearbeit biss Nacht ich wollt sie aus dem Haus haben. [...] Es geht gegen eilf ich hab noch gesessen und einen englischen Garten gezeichnet. Es ist eine herrliche Empfindung dahausen im Feld allein zu sizzen.[6]

Die unteren Partien seines am Hang gelegenen Gartens ließ Goethe mit Blumenbeeten und -rabatten versehen, während im höhergelegenen Bereich geschlängelte Wege durch eine mit Baumgruppen bepflanzte Rasenfläche hügelaufwärts führten: der von Goethe entworfene „englische Garten“. Die Anlage wurde überdies mit kleinen Ruheplätzen ausgestattet, die zum Verweilen entlang der Wege auf dem terrassierten Gelände einluden. Die Pflanzung der Bäume und Sträucher übernahm Goethe größtenteils selbst. „Linden gepflanzt“, heißt es am 1. November 1776 in gewohnter Kürze im Tagebuch. „Gebaut und gepflanzt. Die Weymuthsfichten“, notierte er am 5. April 1777.[7] Einmal verfaßte er einen Brief an Charlotte von Stein „mit beschmierten Baumwachsfingern.“[8]

In ähnlicher Weise bezeugen zahlreiche Sätze in Briefen und im Tagebuch Goethes gärtnerisches wie gartenkünstlerisches Engagement. Zudem sind es immer wieder die Topoi sentimentalen Naturerlebens, in denen Goethe sich mitteilt: „Die Gegend um meinen Garten wird aufs Frühjahr unendlich schön, ich hab einige seltsam romantische Fleckchen ge- und erfunden“, schreibt er an Merck.[9] Sinnlichen Eindrücken äußerst aufgeschlossen, findet er „die Bäume voll blinckenden

5 Johann Wolfgang Goethe an Auguste Gräfin zu Stolberg, Weimar 17.–24. Mai 1776; WA IV/3, S. 64–70, hier S. 64f. Zu Goethes Leben im Garten siehe ausführlich Ahrendt/Aepfler 1994, S. 13–35.

6 Ebd., S. 65ff. Philipp Seidel war Goethes Diener und Sekretär, der mit ihm im Gartenhaus wohnte.

7 Goethe, *Tagebücher*, Bd. I/1, S. 40. Siehe auch Eintrag vom 3. April 1777: „Die Hecken gepflanzt. Den ganzen Tag mit Bau und Garten Arbeit zu gebr.“ Ebd.

8 Johann Wolfgang Goethe an Charlotte von Stein, Weimar 12. Juni 1777; WA IV/3, S. 159.

9 Johann Wolfgang Goethe an Johann Heinrich Merck, Weimar 11. Januar 1778; WA IV/3, S. 206.

Dufts im Mondschein“, als er eines Abends spät in den Garten zurückkommt.[10] Auch weiß er von Bädern im Fluß zu berichten, die er in klaren Mondnächten in der Nähe des Gartens, wo die Ilm durch die Wiesen fließt, genossen hat.[11] Um sein Naturerlebnis noch zu intensivieren, schlägt er nicht selten das Nachtlager im Freien auf dem neuerrichteten Altan an der Südseite des Gartenhauses auf. Einmal überrascht ihn nachts ein „herrliches Gewitter“, das er „auf dem Altan abgewartet“ hat.[12] Sich den Naturereignissen unmittelbar auszusetzen, sie auf das Gemüt wirken zu lassen, um den Zwang und die Künstlichkeit sorgsam reglementierten Lebens abzustreifen und ganz im Einklang mit der Natur zu stehen, gehört zu den Erfahrungen, die Goethe in Übereinstimmung mit der geistigen Strömung dieser Zeit auf vielfältige Weise sucht.[13] Auch die Stille in seinem Garten nimmt er sehr bewußt wahr – sie bildet einen unentbehrlichen Gegenpol zur höfischen Betriebsamkeit und seinen wachsenden Amtsverpflichtungen. Ein empfindsamer Gestus prägt nicht zuletzt die zahlreichen Zeichnungen Goethes, die in diesen frühen Weimarer Jahren entstanden: Sie zeigen Baumgruppen und Buschwerk, oder sie geben den Blick auf das Ilmtal, zumeist von dichtem Nebel verhangen oder von Mondlicht beschienen, wieder. Wieland, der in einem Brief an Merck wie so oft auf Goethe zu sprechen kommt, erwähnt auch, daß „Zeichnen [...] ausser'm Pflanzen izt sein Lieblingsgeschäft [ist]“.[14]

Das Leben im Gartenhaus ist indessen nicht nur von zurückgezogener Naturbetrachtung bestimmt, sondern auch von heiterer, bisweilen übermütiger Geselligkeit. Bereits wenige Tage nach seiner Inbesitznahme von Haus und Garten trägt Goethe am 25. April 1776 ins Tagebuch ein, daß er „mit der Stein, Schardt, Wieland und den Grasaffen im garten“ gewesen sei, an einem Septembertag des gleichen Jahres wurde „nach Tische gefürstenkindert“ und eine „Jagt im Garten“ verzeichnet, und schon tags darauf fanden sich „nach Tische alle in meinem Garten“ ein, um „die Sternscheibe abzuschiessen.“[15] Die Herzogsmutter Anna Amalia, noch immer geselliger Mittelpunkt der Weimarer Hofgesellschaft, zählte mit Prinz Constantin zu den ersten Besuchern des neuen Anwesens, der Herzog erschien des öfteren zum gemeinsamen Mahl, und auch Herzogin Luise ließ sich nebst höfischem

---

10 Goethe, *Tagebücher*, Bd. I/1, S. 38.

11 Siehe Johann Wolfgang Goethe an Auguste Gräfin zu Stolberg, Weimar 17. Juli 1777; WA IV/3, S. 166. Der Mondschein mit seinen optischen und das Wasser eines Flusses mit seinen akustischen Assoziationen gehören zu den Leitbildern der Empfindsamkeit. Statisch beschaulich der eine, lebendig und aufgewühlt das andere, werden sie häufig in Verbindung von Einsamkeit und starken Emotionen zitiert. Beide Elemente, stiller Mond und rauschender Fluß, finden in Goethes Gedicht *An den Mond* (1776–1778) zur gleichen Zeit einen empfindsam-lyrischen Ausdruck. Vgl. Krüger 1972, S. 36.

12 Goethe, *Tagebücher*, Bd. I/1, S. 41.

13 Vgl. Krüger 1972, S. 83f.; Wegmann 1988, S. 94.

14 Christoph Martin Wieland an Johann Heinrich Merck, Weimar 4. April 1777; *Briefwechsel Wieland*, Bd. 5, S. 606. Vgl. Maisak 2001, S. 11.

15 Goethe, *Tagebücher*, Bd. I/1, S. 17 u. S. 25. Die „Grasaffen“ sind die Söhne Charlotte von Steins.

Gefolge in Goethes Garten bewirten. Von ausgelassenem Treiben, wozu sicher das vielzitierte Eiersuchen mit den Kindern zu zählen ist, künden Goethes Aufzeichnungen ebenso wie von Zusammenkünften mit dem Herzog und dem Kammerpräsidenten von Kalb – wohl in Angelegenheiten des Geheimen Consiliums, dem Goethe seit Juni 1776 angehörte.[16] Das schindelgedeckte Haus und der Garten am östlichen Ufer der Ilm sollten dem Dichter bis zum Sommer 1782 als ständige Wohnung dienen, die er nur bei ungünstiger Witterung gegen ein gemietetes Quartier in der Stadt eintauschte.

Goethes Garten am Stern, wie er später häufig genannt wird, führte die Hofgesellschaft über die bisher vertrauten Spazierwege in den überlieferten barocken Alleen hinaus ins Ilmtal. Sowohl Goethes gartenkünstlerisches Wirken in dem kleinen Anwesen als auch seine Einladung zu heiterer Geselligkeit bildeten – gleichsam als formale und funktionale Vorwegnahme der schon bald am Hofe einsetzenden „Leidenschaft eine Gegend zu verschönern"[17] – den Ausgangspunkt für die ersten landschaftsgärtnerisch gestalteten Anlagen auf der anderen Seite des Flusses.

2.2. Goethe und Carl August. Beginn einer ästhetischen Erziehung

Die ersten Monate nach Goethes Ankunft in Weimar sind die intensivsten in der Freundschaft zwischen dem Dichter und dem Herzog.[18] Die in der Literatur immer wieder kolportierten Geschichten von gemeinsamen Unternehmungen zum Schrecken der konservativen Weimarer Kreise – die Rede ist von wilden Ausritten, Peitschenknall und Tanzfesten auf den Dörfern – dürfen jedoch nicht darüber hinwegtäuschen, daß Goethe frühzeitig begann, auf Carl August erzieherisch einzuwirken, damit dieser sich zu einer umgänglichen Persönlichkeit und einem maßvollen Regenten entwickle.[19] Der gerade 18jährige Souverän besaß bekanntlich ein ungestümes Temperament: „Ein Herzogtum geerbt zu haben war ihm nichts, aber hätte er sich eins erringen, erjagen und erstürmen können, das wär ihm etwas gewesen", urteilte Goethe Jahrzehnte später.[20] In dem acht Jahre älteren Dichter hatte Carl August einen behutsam lenkenden Mentor seiner eigenen Wahl und sei-

16 Ebd.; Bd I/1, S. 27 u. 39.

17 Goethe, *Das Louisenfest*; MA 18.2, S. 333–339, hier S. 333.

18 Vgl. Sengle 1993, S. 13f. Sengle zufolge ist der Begriff der Freundschaft eigentlich ungeeignet, weil er die sozialen Unterschiede verwischt, zumal sich Carl August in allen Lebensphasen seines hohen Standes bewußt war. Für die Monate um 1775/76 hält er den Begriff jedoch für zutreffend.

19 Zu den gemeinsamen Unternehmungen und der einsetzenden Erzieherrolle Goethes vgl. Borchmeyer 1994, S. 69f.; Conrady 1988, Bd. 1, S. 315; Tümmler 1978, S. 22f.; Wachsmuth 1844, S. 33–42.

20 Eckermann, *Gespräche mit Goethe*, S. 602f.

ner eigenen Generation gewonnen.[21] Für Goethe wiederum gehörte die Möglichkeit, in unmittelbarer Verbindung mit dem Fürsten zu leben, zweifellos zu den Verlockungen eines längerfristigen Aufenthalts in der Residenzstadt.

Carl August mangelte es nicht an Klugheit, Ehrgeiz und Leidenschaft, wohl aber fehlten ihm Besonnenheit und Ruhe des Denkens.[22]

> Hernach hab ich noch eine Lecktion für Sie! – da ich so auf dem Weeg über Ihre allzugrose Hizze bey solchen Gelegenheiten dachte, dadurch Sie immer im Fall sind, wo nicht was unrechts doch was unnötigs zu thun und Ihre eignen Kräffte und die Kräffte der Ihrigen vergebens anzuspannen,

schreibt Goethe an den Herzog im Mai 1776 anläßlich eines Brandes, bei dessen Bekämpfung fürstliche Hilfe vonnöten war.[23] Das Bild großer Hitze metaphorisch aufgreifend, tadelt Goethe den jugendlichen Übereifer Carl Augusts. Die Briefstelle verrät viel über die Aufrichtigkeit, mit der Goethe dem Herzog begegnen konnte und die in diesen frühen Jahren die Grundlage ihrer Beziehung bildete.[24] Für eine begrenzte Zeitspanne lebten beide den utopischen Versuch einer Gemeinschaft jenseits von gesellschaftlichem Rang und politischer Macht.

Auf den ersten Blick stellte beispielsweise die 1776 begonnene Neubelebung des Ilmenauer Bergwerks eine rein amtliche Aufgabe dar. Doch trug das Ereignis für den Herzog eher den Charakter eines Abenteuers, da er hier zusammen mit dem Gefährten ein ungebundeneres Leben erproben konnte.[25] In den Briefen, die Carl August aus Ilmenau an seine Mutter schrieb, zeigt er sich erstmals jenem intensiven Naturerleben aufgeschlossen, das Goethe in den folgenden Jahren nachdrücklich fördern sollte: „Ich bin hier ganz in Wald u. Berg getaucht. Wir sind alle Bergleute, alles in Gruben Kittel, ich trage gar keine andere Kleidung mehr", teilt er Anna Amalia am 21. Juli 1776 mit, um wenige Tage darauf zu verkünden: „Ich tauche mich hier alle Tage in die Natur bis über die Ohren. [...] Wolte Gott Ihnen jetz so ein frohes Naturgefühl geben, als er mir es hier giebt. Leben Sie wohl, grüßen Sie meinen Bruder, Knebeln, u. Wielanden."[26] Auch Goethe widmete sich während der ersten Ilmenauer Aufenthalte durch die Anschauung von „Klüfften, Höhlen, Wäldern, in Teichen, unter Wasserfällen"[27] vor allem dem empfindsamen Naturer-

---

21 Vgl. Boyle 1995, S. 282. Goethe hat 1797 fast alle frühen Briefe des Herzogs vernichtet, so daß dessen Entwicklung bzw. beider Beziehung nur anhand der Äußerungen Goethes nachzuvollziehen ist.

22 Zu Carl August vgl. grundlegend Andreas 1953; Ebersbach 1998; Sengle 1993; Tümmler 1978.

23 Johann Wolfgang Goethe an Carl August, Ilmenau 4. Mai 1776; *Briefwechsel Carl August – Goethe*, Bd. 1, S. 9.

24 Vgl. Sengle 1993, S. 15f.

25 Vgl. Conrady 1988, Bd. 1, S. 366ff.

26 Carl August an Anna Amalia, Ilmenau 21.–27. Juli 1776; *Briefwechsel Carl August – Anna Amalia*, S. 21f.

27 Johann Wolfgang Goethe an Johann Gottfried Herder, Ilmenau 9. August 1776; WA IV/3, S. 95.

leben; erst in den folgenden Jahren wurden durch sein Engagement für das Bergwerk auch mineralogische und geologische Interessen geweckt.

Der Begriff „Natur" war im Laufe des 18. Jahrhunderts zu einer Art revolutionärem Kennwort avanciert.[28] Die Schriften von Jean-Jacques Rousseau (1712–1778), die in Deutschland begeisterten Zuspruch fanden, hat auch Carl August enthusiastisch aufgenommen. Speziell die autobiographischen *Confessions*, in denen Rousseau beschreibt, wie er sich von der Gesellschaft ab- und der Natur zuwendet, und deren Schilderungen der Landschaft und des Landlebens zu den Höhepunkten der literarischen Genredarstellung zählen, erregten das Interesse des Herzogs.[29] Nicht zuletzt nach dem Vorbild Rousseaus suchten Goethe und Carl August eine vom Regelzwang so weit wie möglich befreite Lebensart mit jenem auf unmittelbarer Erfahrung beruhenden Naturgefühl zu verbinden.

2.3. Präludium zum Park. Neue Formen höfischer Geselligkeit

Im Januar 1777 bat Goethe seinen früheren Leipziger Zeichenlehrer Oeser um dessen Unterstützung bei der Vorbereitung einer festlichen Aufführung am Hofe: „Wir wollen der Herzogin Louise auf ihren Geburtstag auf unsern Brettern ein neu Stück geben und bedürfen dazu eines hintersten Vorhanges zum Wald. Wir mögten auf diesem Prospeckt gern eine herrliche Gegend vorstellen mit Haynen Teichen, wenigen Architeckturstücken pp. denn es soll einen Parck bedeuten."[30] Mit diesen Zeilen stellt sich Goethe nicht nur als Inszenator höfischer Feste vor, sondern er skizziert auch in wenigen Worten die charakteristischen Merkmale eines englischen Landschaftsgartens. Vor allem aber verbindet er in einem Satz die verschiedenen Komponenten, welche in der folgenden Zeit die Keimzelle des Parks an der Ilm bilden sollten: In neuen, ungezwungeneren Formen höfischer Geselligkeit verstand Goethe unterhaltsame oder belehrende Theaterinszenierungen mit dem bewußten Erleben der Natur zu vereinen.

In seinem Brief an Oeser fährt Goethe fort: „Hätten Sie so was vorräthig so schicken Sies doch aber mit nächster Post, allenfalls ein Kupfer von Poussin, oder sonst eine Idee, wir bitten recht sehr drum."[31] Mit dem erbetenen „Kupfer von Poussin", das als Vorlage für die Bemalung des Theatervorhangs dienen sollte, verweist Goethe auf die klassische Landschaftsmalerei des 17. Jahrhunderts, in der gleichsam das Ideal einer Landschaft anschaulich geworden war und deren Kompositionsprinzipien die Gestaltung der frühen Landschaftsgärten maßgeblich be-

---

28 Vgl. Schmidt 1998, S. 759f.

29 Vgl. Andreas 1953, S. 495.

30 Johann Wolfgang Goethe an Adam Friedrich Oeser, Weimar 7.1.1777; WA IV/3, S. 129. Am 30. Januar 1777, dem Geburtstag der Herzogin, kam das Singspiel *Lila* zur Aufführung.

31 Ebd.

einflussten.[32] Oeser selbst war nicht nur als Landschaftsmaler tätig, sondern trat als gefragter Ratgeber bei der Anlage von Gärten und nicht zuletzt als Gartenkünstler in Erscheinung.[33] Goethe aber scheint, da er der Hofgesellschaft „gern eine herrliche Gegend vorstellen" möchte, hier sein eigenes gartenkünstlerisches Wirken im Ilmtal vorwegzunehmen.

Der sachsen-weimarische Hof des späten 18. Jahrhunderts stand der Aufklärung und dem daraus resultierenden gesellschaftlichen Wandlungsprozeß aufgeschlossen gegenüber.[34] Eine „aufgeklärte" Herrschaft wies sich vor allem durch ihr Engagement für umfassende Bildung aus, was auf die Gestaltung des höfischen Lebens nicht ohne Einfluß blieb. Dabei kennzeichnete den „aufgeklärten" Hof, daß er Personen an sich zu binden vermochte, deren Namen für die neuen literarischen, wissenschaftlichen und philosophischen Bestrebungen standen – auf die exemplarische Bedeutung Weimars ist in diesem Zusammenhang oft verwiesen worden[35]. Um seine aufklärerische Gesinnung zu demonstrieren, mußte ein Souverän Akademien, Kunstanstalten und Bibliotheken, vor allem aber das Theater fördern. Carl August unterstützte in Weimar nicht allein künstlerische Institutionen wie die Freie Zeichenschule und das Liebhabertheater, sondern hatte bereits 1776 mit der Berufung des jungen Bürgerlichen Goethe in hohe politische Ämter erkennen lassen, daß seine Regierung von den herkömmlichen Vorstellungen und Standesinteressen der Aristokratie deutlich abweichen würde.[36]

Goethe wiederum betrachtete die adlige Lebensform in vielerlei Hinsicht als vorbildlich und engagierte sich im Sinne einer hofnahen ästhetischen Geselligkeit.[37] Die Barriere zwischen der bürgerlichen und der höfischen Sphäre überwand er im Bereich des Ästhetischen vor allem durch das Theater. Zugleich wußte er einige bürgerliche Gepflogenheiten ins höfische Leben zu integrieren, was durch die infolge des Schloßbrandes veränderten Lebensumstände am Weimarer Hof erleichtert wurde. Daß die Etikette sich sukzessive zu lockern begann, liegt nicht zu-

32 Zu Voraussetzungen und Gestaltungsprinzipien der landschaftlichen Gartenkunst siehe ausführlich Kapitel 3.4.1.

33 Zu Oeser siehe ausführlich Kapitel 3.2. Vgl. auch T. John 1999, passim.

34 Vgl. Marcus Ventzke: *Hofkultur und aufklärerische Reformen – ein neuer Blick auf die Höfe des späten 18. Jahrhunderts*, in: Ventzke 2002, S. 1–10. Der Autor erläutert den Begriff „aufgeklärter Hof" in Abgrenzung zu den überholten Formeln vom „aufgeklärten Absolutismus" und der „bürgerlichen Aufklärung", da vor allem kleinere Höfe die gesellschaftlichen Veränderungen selbst mitgestalteten. Siehe auch Ute Daniel: *Höfe und Aufklärung in Deutschland – Plädoyer für eine Begegnung der dritten Art*, in: Ventzke 2002, S. 11–31. Daniel beschreibt das Verhältnis zwischen der Aufklärung und den Höfen eher als kongenial denn als antagonistisch. Zu den gesellschaftlichen Wandlungsprozessen und der sich entwickelnden bürgerlichen Öffentlichkeit vgl. grundlegend Balet 1936; Habermas 1962; Koselleck 1987.

35 Siehe beispielhaft Elias 1969, der die Kultur von Weimar als die einzige bedeutende höfische Kultur in Deutschland in der neueren Zeit bezeichnet und eigens auf den beinahe bürgerlichen Charakter des Weimarer Hofes verweist. Ebd., S. 171. Vgl. auch Bruford 1936, S. 30ff.

36 Vgl. Borchmeyer 1994, S. 69.

37 Vgl. Manfred Riedel: Stichwort *Bürger, Staatsbürger, Bürgertum*, in: *Geschichtliche Grundbegriffe*, S. 672–725, hier S. 700; Ventzke, wie Anm. 34, S. 7.

letzt im unkonventionellen Wesen des jungen Herzogs begründet.[38] In vielen Facetten entfaltete sich in den ersten Regierungsjahren Carl Augusts in Weimar der *Sturm und Drang*, den Goethe Jahrzehnte später als „ein unbedingtes Bestreben, alle Begrenzungen zu durchbrechen" charakterisieren wird.[39] Ursprünglich die Bezeichnung für eine bürgerliche Bewegung, charakterisiert *Sturm und Drang* ebenso treffend das Geschehen bei Hofe im Weimar der späten 1770er Jahre.

Ein bürgerliches Vergnügen, das Goethe am Hof etablierte, war das Schlittschuhlaufen. Während übermütige Schlittenfahrten schon unter Anna Amalias Regierung zu den winterlichen Attraktionen des Hofes gehört hatten, hatte man das Schlittschuhlaufen bisher nur als Plaisir der untersten Kreise toleriert.[40] Nun begannen sich der Herzog, beinahe der gesamte Hof und die Weimarer Gesellschaft für das Eislaufen zu begeistern:

> Auf Goethes Veranlassung wurde hierzu ein Teich im sogenannten Baumgarten [...] erwählt. Es wurde ein transportabel Bretterhäuschen mit einem Windofen ans Ufer gebauet, mehrere Schlittenstühle angeschafft, Damen auf dem Eise spazieren zu fahren. Die Herzoginnen kamen mit ihren Damen hinaus, und viele Herren, selbst Damen, lerneten Schlittschuh laufen.[41]

Die lange Folge der Eislauffeste begann mit einem Picknick auf dem Eis am 16. Januar 1776. Der gefrorene Teich hatte sich in eine winterliche Tafel verwandelt, abends wurde er zum Ballsaal im Freien. Carl August überraschte die Gesellschaft mit nächtlichen Konzerten, bei denen Illuminationen und Feuerwerk nicht fehlten, und in der zwischen Licht und Schatten schwankenden Kulisse glitten silhouettenhaft die Damen und Herren hin und her. Während der Fastnachtszeit lief man zur Steigerung des Amüsements in Verkleidungen und Masken über das Eis. Von Karl

---

38 Die gelockerten höfischen Verhaltensnormen treffen vor allem auf die Hofhaltung Anna Amalias in Ettersburg und Tiefurt zu. Herzogin Luise hielt hingegen an strengerer Etikette fest, auf die Carl August bekanntlich wenig Wert legte. Der junge Herzog entschied sich bewußt für Unterhaltungs- und Umgangsformen, die abseits des offiziellen Hoflebens standen oder dieses gar geringschätzten, wie beispielsweise die Gestaltung seiner zahlreichen Jagdausflüge zeigt. Vgl. Berger 2003, S. 467; Conrady 1988, Bd. 1, S. 359; Güntzel 2001, S. 59ff. Das Weimarer Hofleben beschreibt ausführlich Bruford 1936, S. 73–90.

39 Goethe, *Tag- und Jahreshefte von 1769 bis 1775*; MA 14, S. 10. – Gelegentlich wurde es für problematisch gehalten, den literaturgeschichtlichen Begriff des *Sturm und Drang* auf das Politische zu verschieben, zumal die literarische Epoche, die Klingers gleichnamigem Stück den Namen verdankte, mit Goethes Ankunft in Weimar eigentlich zu Ende war. Wenn hier dennoch von *Sturm und Drang* die Rede ist, so vor allem deshalb, weil kaum ein anderer Begriff die sittengeschichtliche Zäsur am Weimarer Hof nach 1775 so anschaulich erfaßt. Da diese Zäsur durch das literarische Werk Goethes – hier spielt nicht zuletzt das Liebhabertheater eine große Rolle – mit vorangetrieben wurde, möge die Adaption des Begriffs an dieser Stelle erlaubt sein. Vgl. Andreas 1953, S. 246ff.; Ebersbach 1998, S. 98; Sengle 1993, S. 14; Tümmler 1978, S. 22.

40 Noch im Jahr 1770 hatte die Schulordnung des *Gymnasiums illustre* ihren Zöglingen das Schlittschuhlaufen verboten. Siehe Gassner 1990, S. 35ff.

41 Carl von Stein, *Erinnerungen*, in: *Goethes Gespräche*, Bd. I, S. 177. Siehe auch Goethe, *Tagebücher*, Bd. I/1, S. 36.

Wilhelm von Lyncker, der zu dieser Zeit Hofpage war, ist eine anschauliche Schilderung des ausgelassenen Treibens überliefert:

> Als aber später hier die Schwanseewiesen überschwemmt wurden, gab der Herzog dort größere Feste, sogar Eis-Maskeraden und Illuminationen, denen die Durchlauchtigsten Damen und der Adel beiwohnten [...] Der Herzog, sowie Goethe, ließen uns Kunststücke erlernen. Wir mußten nämlich in vollem Schlittschuh-Fahren Äpfel mit bloßen Degenspitzen aufspießen, über Stangen springen [...] Bei einer nächtlichen Maskerade [...] erhielten wir Teufelsmasken und mußten die Damen, welche nicht selbst Schlittschuh fuhren, auf den Schlitten zwischen den erleuchteten Pyramiden und feuerspeienden Raketen und Schwärmern herumkutschieren. Auf unsern mit Teufelshörnern versehenen Mützen waren Schwärmer angebracht, welche die vorbeifahrenden Herren mit brennenden Lunten anzündeten und somit ein fortlaufendes Feuer bewirkten.[42]

Lynckers detaillierter Bericht verdeutlicht, wie sich aus zwei sehr unterschiedlichen Traditionen der spezielle Charakter der winterlichen Eisfeste in Weimar gebildet hat. Der Herzog griff mit Schlittenfahrten, festlichen Aufzügen und Maskierungen, Illuminationen und natürlich dem Feuerwerk auf den tradierten Kanon höfischer Vergnügungen zurück.[43] Zugleich aber verband er das Repertoire barocker Festkonzepte mit der von Goethe initiierten, bis dahin ausschließlich bürgerlichen Gepflogenheit des Schlittschuhlaufens. Diese Praxis der Verschmelzung überlieferter Formen höfischer Geselligkeit mit neuen, oft temperamentvoll eingeführten Usancen kennzeichnet die Weimarer Hofkultur in mehreren Bereichen, nicht zuletzt in der Gartenkunst.

Im Winter vergnügte man sich bei Schlittenfahrten oder auf dem Eis, an den ersten warmen Tagen im Frühling wurde die fürstliche Tafel nebst weiterer Lustbarkeiten in den Stern oder den Welschen Garten verlegt, während der Sommer dem traditionellen Aufenthalt in den Lustschlössern der Umgebung vorbehalten blieb. Dem jahreszeitlichen Kontext gleichsam übergeordnet spielte außerdem die Theaterleidenschaft eine große Rolle. Da beim Schloßbrand 1774 auch der Theatersaal der Wilhelmsburg zerstört worden war und infolgedessen die in Weimar ansässige Seylersche Schauspieltruppe die Stadt verlassen hatte, fehlte es jahrelang an einem Berufstheater. Diesen Mangel glich ein reges Liebhabertheater aus, zu dessen Ensemble neben dem Herzog und Prinz Constantin auch zuweilen Anna Amalia, Carl Ludwig von Knebel und Charlotte von Stein gehörten. Durch das gemeinsame Spiel wurde der Zwang der Etikette weiter gelockert. Goethe wirkte ab 1776 als Schauspieler mit und war anfangs der einzige Bürgerliche in dem illustren Kreis.[44] Auf Wunsch Carl Augusts leitete er ab Oktober 1776 die Aufführungen, zumal nun auch seine eigenen Stücke auf der Liebhaberbühne gespielt wurden, darunter *Erwin und Elmire* – wozu Anna Amalia die Musik komponiert hatte – und, in den fol-

42 Karl Wilhelm von Lyncker, *Erinnerungen aus der Zeit um 1780*, in: Pleticha (Hrsg.) 1983, S. 85f. Vgl. Bruford 1936, S. 83.

43 Vgl. Lauterbach 1993, S. 66.

44 Vgl. Borchmeyer 1994, S. 95ff.; Bruford 1936, S. 90f.; Conrady 1988, Bd. 1, S. 359ff.; Ebersbach 1998, S. 84f.

genden Jahren, *Die Laune der Verliebten* und *Das Jahrmarktsfest zu Plundersweilern*. Eigens für das fürstliche Liebhabertheater verfaßte Goethe sowohl Farcen, Schwänke und Lustspiele als auch ernste Dramen, überwiegend Gelegenheitsarbeiten für die verschiedenen Anlässe höfischer Unterhaltung, die unter seiner Regie in Szene gesetzt wurden.

Auch die Rokoko-Kultur war eine Welt des Theaters mit einem Zug zum Leichten, Witzigen, Anmutigen gewesen.[45] Die höfische Gesellschaft liebte die Selbstdarstellung in Kostüm und Maske. Hirtenspiele und galante Feste wurden auf den größtmöglichen Effekt hin ausgerichtet, und sooft ein Hecken- oder Gartentheater die Kulisse bildete, war diese nur scheinbar natürlich, sondern stattdessen – ebenso wie die Darsteller – aufs Höchste stilisiert. Auch in Weimar trug das Liebhabertheater der späten 1770er Jahre teilweise noch den Charakter dieser aristokratischen Spiel- und Komplementärwelt. Doch ist gerade der Federführung Goethes bei den Stücken und deren Ausstattung ein neuer Ton im Sinne der bürgerlichen Kultur zu verdanken. Die „künstliche Natürlichkeit“ des Rokoko-Theaters wich einer ungezwungeneren Bühnenpraxis, die sich nicht zuletzt an den zahlreichen improvisierten Aufführungsorten ablesen läßt. Bis zum Höhepunkt des Weimarer Liebhabertheaters im Sommer 1782 wird der Dichter seine Stücke und deren Inszenierungen zunehmend in den Kontext der landschaftlichen Gartenkunst stellen und schließlich der Natur selbst einen Teil der Handlung übertragen.

Den Januar 1778 beschreibt der frühere Hofpage Lyncker in seinen Erinnerungen als „jene Zeit“, in der „fast tägliche Proben von Theaterspielen und Balletten die jungen Herren und Damen in Anspruch nahmen. Dergleichen Übungen wurden gewöhnlich unter Goethes und Siegmund Seckendorffs Direktorium in einem Saale der Wohnung der Frau v. Stein gehalten.“ Zu den Tänzerinnen gehörte, wie Lyncker weiter ausführt, auch die junge Adlige Christiane Henriette von Laßberg, die zu einer der Proben erwartet wurde, aber nicht erschien. „Man sendete nach ihrem Haus, aus welchem sie sich bereits entfernt hatte. Nach mancherlei Forschen und Suchen wurde sie ertrunken in der Ilm gefunden, und alle Wiederbelebungsversuche blieben fruchtlos.“[46] Goethe notierte den Vorfall in gewohnter Knappheit ins Tagebuch:

45 Vgl. Maisak 1981, S. 195–203.

46 Lyncker, *Erinnerungen*, S. 65f. Zum Tod des Mädchens siehe auch, mit etwas abweichenden Angaben, den Brief der Herzogin Luise an ihren Bruder, Prinz Christian von Hessen, vom 3. April 1778: „Sie war die Tochter des Obersten von Laßberg, eine hübsche, junge Person, die des Lebens überdrüssig war. An dem Abend eines Picknicks, als ihre Eltern nicht zu Hause waren, suchte sie eine der hiesigen Promenaden, ‚der Stern‘ genannt, auf, um welche sich rings der Fluß hinzieht; dort warf sie sich ins Wasser; [...] und am anderen Morgen bemerkte ein Vorübergehender im Stern etwas im Wasser; er rief Menschen herbei und man zog sie heraus. Doch es war zu spät; sie war über 14 Stunden im Wasser gewesen; man versuchte vergebens alle Mittel, um sie ins Leben zurückzurufen. Man sagt, sie wäre nicht sowohl ertrunken als an der Kälte erstarrt.“ In: Bojanowski 1903, S. 102f.

> Ward Cristel v. Lasberg in der Ilm vor der Flosbrücke unter dem Wehr von meinen Leuten gefunden. sie war Abends vorher ertruncken. Ich war mit Jupiter [d.i. Carl August] auf dem Eis. Nachmittags beschäfftigt mit der Todten die sie herauf zu Frau von Stein gebracht hatten. Abends zu den Eltern.[47]

Der Freitod des Mädchens aus enttäuschter Liebe erschütterte ihn mehr, als diese Zeilen zunächst vermuten lassen. Immer wieder wurde berichtet, sie habe ein Exemplar der *Leiden des jungen Werther* bei sich getragen, als sie ihrem Leben an der Floßbrücke, nicht weit von Goethes Gartenhaus, ein Ende setzte.[48] Nicht nur der Dichter, auch die gesamte Hofgesellschaft blieb nachdenklich zurück: „Mit Jupiter ausgeritten, ein Stündgen aufs Eis. an Hof zu Tisch [...] Nachts mit Jupiter. Knebeln herüber. Knebel blieb bey mir die Nacht. Viel über der Cristel Todt. Dies ganze Wesen dabey ihre lezten Pfade pp.", vermerkte er einen Tag nach dem Ereignis, das ihn noch weiter beschäftigen sollte.[49]

2.4. Erste Gartenszenen im Ilmtal

2.4.1. Die Felsentreppe

Am Abend nach dem Tod Christiane von Laßbergs begann Goethe zusammen mit dem Hofgärtner Gentzsch und weiteren Gehilfen, am westlichen Ilmufer eine Art Grotte in den felsigen Abhang zu graben. Der Vertrauten Charlotte von Stein schreibt Goethe am 19. Januar 1778:

> Es waren Arbeiter unten, und ich erfand ein seltsam Pläzgen wo das Andencken der armen Cristel verborgen stehn wird. [...] Ich hab mit Jentschen ein gut Stück Felsen ausgehölt, man übersieht von da, in höchster Abgeschiedenheit, ihre lezte Pfade und den Ort ihres Tods. Wir haben bis in die Nacht gearbeitet, zulezt noch ich allein bis in ihre Todtes Stunde, es war eben so ein Abend.[50]

Einige Zeilen weiter nimmt er das Thema nochmals auf: „Gute Nacht Engel, schonen Sie sich und gehn nicht herunter. Diese einladende Trauer hat was gefährlich anziehendes wie das Wasser selbst, und der Abglanz der Sterne des Himmels der aus beyden leuchtet lockt uns." Wieder bietet Goethe das Vokabular empfindsamer Naturbeschreibung auf, um die Szene und seinen Gemütszustand zu schildern; seine Zeilen verraten neben dem Gefühl der Trauer vor allem die eigene Neigung zum

47 Goethe, *Tagebücher*, Bd. I/1, S. 60.

48 Dieser Umstand wird in der Literatur häufig erwähnt, ob er zutreffend ist oder in das Reich der Legenden um die Selbstmorde junger Leser des *Werther* gehört, kann nicht zweifelsfrei belegt werden. Vgl. Biedrzynski 1992, S. 267; Thimm 1992, S. 134; Sengle 1993, S. 25; Vulpius 1962, S. 16.

49 Goethe, *Tagebücher*, Bd. I/1, S. 60.

50 Johann Wolfgang Goethe an Charlotte von Stein, Weimar 19. Januar 1778; WA IV/3, S. 207f.

emotional aufgeladenen Bild.[51] So entbehrt es nicht einer gewissen Ironie, daß die Tanzprobe im Steinschen Haus, zu der Christiane von Laßberg nach Lynckers Bekunden erwartet worden war, dem von Goethe anläßlich des bevorstehenden Geburtstages der Herzogin verfaßten Drama mit dem bezeichnenden Titel *Der Triumph der Empfindsamkeit* galt. Was für die Bühne geschrieben worden war, erfuhr hier eine vom Dichter nicht intendierte Entsprechung in der Realität: Der Freitod des Mädchens, die Mutmaßungen über ihr Schicksal und die Reaktion der höfischen Gesellschaft kamen tatsächlich einem düsteren Triumph der Empfindsamkeit gleich. Goethe selbst war nach eigenem Bekunden „in stiller Trauer einige Tage beschäfftigt um die Scene des Todts", sah sich jedoch „nachher wieder gezwungen zu theatralischem Leichtsinn", damit das neue Stück zum Geburtstag der Herzogin aufgeführt werden konnte.[52]

In den folgenden Wochen des beginnenden Frühjahrs gestaltete Goethe die Felsentreppe weiter aus. Unter seiner Aufsicht wurde der Kalkfelsen am Uferhang der Ilm, wo sich einmal ein inzwischen verlassener Steinbruch befunden hatte, tiefer ausgehöhlt. „Diese Zeit viel an dem Felsenwerck arbeiten lassen", lautet der Tagebucheintrag vom 23. März. Wenig später war „die Felsen- und Uferarbeit sehr vorgerückt", nicht ohne Goethes eigene Mitwirkung: „Wühlte [...] still an Felsen und Ufer fort."[53] Aus dem spontan initiierten Denkmal für ein lebensmüdes adliges Fräulein war die erste Gartenszene des späteren Landschaftsparks im Ilmtal entstanden. Eine eigenhändige, wohl 1778 entstandene Zeichnung Goethes zeigt den unteren Teil der Felsentreppe (Abb. 7).[54] Auffällig sind der dichte Bewuchs des Uferhangs mit Nadel- und Laubgehölzen sowie die massiven Felsformationen, zwischen denen sich die schmale Treppe ungewöhnlich steil erhebt. Das Blatt gibt die Treppe noch ohne das wenig später errichtete charakteristische Felsentor wieder, zu dessen Anlage Goethe wahrscheinlich während seines Aufenthalts in Wörlitz im Mai 1778 inspiriert worden ist.

2.4.2. Goethe und Carl August in Wörlitz. Empfindsame Gartenlust

Während der erste Besuch Goethes und Carl Augusts bei dem befreundeten Fürsten Leopold III. Friedrich Franz von Anhalt-Dessau (1740–1817) im Dezember

51 Der Begriff „Bild" wird hier und im folgenden in seiner ganzen Mehrdeutigkeit verwendet: als materielles und ideelles Bild – letzteres ein Sammelbegriff für sinnliche Wahrnehmungen und Vorstellungen. Häufig ist die Vermittlung eines ideellen Bildes durch ein materielles möglich. Das Bild wird als etwas Gestaltetes verstanden, sei es instrumental als gestaltete Nachahmung (Mimesis) oder generativ als schöpferische Zeugung (Kreation). Vgl. Buttlar 1990, S. 7; Herzog 1989, S. 123; *Historisches Wörterbuch der Philosophie*, Bd. 1, Sp. 913–921, hier 915.

52 Goethe, *Tagebücher*, Bd. I/1, S. 60.

53 Ebd., S. 62.

54 Siehe *Corpus der Goethezeichnungen*, Bd. I, Nr. 178. Für die stilistische Analyse siehe Maisak 2001, S. 96f. Femmel datiert das Blatt auf 1777, Maisak um 1778/79. Dem Entstehungsprozeß der Felsentreppe zufolge müßte es in der ersten Jahreshälfte 1778 entstanden sein.

1776 vornehmlich einem ausgedehnten Jagdvergnügen gewidmet war, bot sich im Frühjahr 1778 endlich Gelegenheit, die schon von den Zeitgenossen weithin gerühmte Parkschöpfung in Wörlitz näher kennenzulernen.[55] „Hier ists iezt unendlich schön", schreibt Goethe an Charlotte von Stein,

> mich hats gestern Abend wie wir durch die Seen Canäle und Wäldgen schlichen sehr gerührt wie die Götter dem Fürsten erlaubt haben einen Traum um sich herum zu schaffen. Es ist wenn man so durchzieht wie ein Mährgen das einem vorgetragen wird und hat ganz den Charackter der Elisischen Felder in der sachtesten Manigfaltigkeit fliest eins in das andre, keine Höhe zieht das Aug und das Verlangen auf einen einzigen Punckt, man streicht herum ohne zu fragen wo man ausgegangen ist und hinkommt. Das Buschwerck ist in seiner schönsten Jugend, und das ganze hat die reinste Lieblichkeit.[56]

Diese Zeilen lassen den empfindsamen Geist, der die frühen landschaftlichen Gartenanlagen prägte, abermals deutlich faßbar werden. Goethes Brief erweist sich auch als symptomatisch für den Einfluß des Wörlitzer Parks auf die um 1778 in Weimar geschaffenen Anlagen: Mehr noch als die konkreten künstlerischen Formen der vom Dessauer Fürsten initiierten Parkschöpfung wirkten die in der Landschaft inszenierten Stimmungsbilder auf die Gäste aus Weimar.

Goethe spricht davon, wie gerührt er sei, auch vergleicht er das Erlebnis des Gartens mit einem Traum, mit einem Märchen und nicht zuletzt mit den elysischen Feldern, dem Reich der Seligen am westlichen Ende der Welt. Seine Sprache impliziert das Assoziative, Umherschweifende, Unwirkliche, Entrückte, das sich von der wenig zielgerichteten äußeren Bewegung des Betrachters auf dessen Gemütsbewegung, auf die frei fließenden Gedanken und Empfindungen überträgt. Auch wo er für sich selbst schreibt, im Tagebuch, behält Goethe diesen Duktus bei: „Nach Tische die Tour vom Parck im Regen. Wie das Vorüberschweben eines leisen Traumbilds."[57] Den einzelnen Landschaftsmotiven – Seen, Wiesen und geschlossenen Baumpflanzungen – verbanden sich verschiedene Gefühlswerte, die nicht selten auf engstem Raum als Gegensatzpaare angelegt wurden. Die Wörlitzer Gartenschöpfung bot mit ihren ruhenden und fließenden Gewässern, den weiten Ausblicken sowie den schmalen, baumbestandenen Wegen und Kanälen, den heiteren Fluren und den abgeschiedenen, schattigen Plätzen einen gestalteten Mikrokosmos zur Entfaltung verschiedenster menschlicher Empfindungen.

Von Wörlitz reisten der Herzog und Goethe nach Berlin und Potsdam weiter, aber schon auf der Rückreise verweilten sie erneut im Gartenreich des Dessauer Fürsten. „Die übrige Zeit haben wir sehr friedlich in Wörlitz zugebracht wo ich Ihnen auch etwas gezeichnet habe", bekundete Goethe gegenüber Charlotte von Stein.[58] Die erwähnte Zeichnung zeigt eine großzügig gepflanzte Allee glattstäm-

---

55 Goethe, *Tagebücher*, Bd. I/1, S. 30. Vgl. auch den Brief Goethes an Charlotte von Stein vom 5. Dezember 1776; WA IV/3, S. 126. Zu Wörlitz siehe ausführlich Kapitel 4.7.2.
56 Johann Wolfgang Goethe an Charlotte von Stein, Wörlitz 14. Mai 1778; WA IV/3, S. 222f.
57 Goethe, *Tagebücher*, Bd. I/1, S. 63. Vgl. Sedlmayr 1948, S. 22f.
58 Johann Wolfgang Goethe an Charlotte von Stein, Wörlitz 28. Mai 1778; WA IV/3, S. 227.

miger Bäume, deren ineinander verwobene Kronen das Licht durchscheinen lassen (Abb. 8).[59] Schmale Sonnenstreifen auf dem kurzgeschnittenen Rasen bilden einen Kontrast zu den senkrechten Baumstämmen, während halb verborgen hinter den Bäumen das Wörlitzer Schloß sichtbar wird. Das 1773 vollendete Gebäude begründete den Ruf seines Architekten Friedrich Wilhelm von Erdmannsdorff (1736–1800) als Wegbereiter des Klassizismus in Deutschland.[60] Beim Neubau des Schlosses hatte man die regelmäßige Lindenallee der vormaligen barocken Anlage erhalten. Den hohen Fenstern und vorgelagerten Säulen des neuen Schlosses läßt Goethe nun die Baumstämme im Vordergrund seiner Zeichnung korrespondieren. Doch auch hier lenkt er den Blick nicht so sehr auf das bedeutende Werk der Architektur, dessen klare Formen hinter die üppige, aber dennoch lichte Baumkulisse zurücktreten und gleichsam mit dieser verschmelzen. Sein Augenmerk gilt eher der Natur, die aus Licht und Schatten eines der sensualistischen „Traumbilder" formt, die Goethes Wahrnehmung des Wörlitzer Gartenreichs vor allem prägten.

Goethe überließ sich bei seinem Besuch in Wörlitz nicht ausschließlich den unterschiedlichen Stimmungsbildern, sondern nahm auch einzelne Parkmonumente als Anregung auf, wie die Vollendung des Felsentors im Weimarer Ilmtal im Sommer 1778 nahelegt. Der zu den frühesten, ab 1764 entstandenen Wörlitzer Anlagen gehörende Neumarksche Garten birgt ein sogenanntes Labyrinth, das der anhalt-dessauische Kabinettsrat August Rode (1751–1837) in seiner Beschreibung des Gartens von 1798 folgendermaßen schildert:

> Das Labyrinth stellt sich gleich einem tiefen, waldigen Felsenthale dar, durch welches sich enge, unebne Wege schlingen, welche nur stellenweise von ungetrübtem Tageslichte beleuchtet sind. [...] Hier steht uns ein öder Fels entgegen; dort öffnet sich eine erheiternde Aussicht. [...] Bald wird er [der Weg] zur Seite durch sich erhebende Felsenwände verengt, bis er gleichsam einen hohlen Weg bildet, über welchen sich ein Bogen wölbt [...].[61]

Treppen aus Natursteinen und Felsentore zählen zu den verbreiteten Motiven in frühen englischen und deutschen Landschaftsgärten, da sich die Gartengestalter mittels der Ästhetisierung vorgefundener Naturformen vehement von der barokken Vorliebe für streng abgemessene Körper distanzieren konnten.[62] An anderer Stelle charakterisiert Rode das Labyrinth und das ihm zugeordnete sogenannte Elysium – eine helle Wiesenpartie – als „Allegorie des menschlichen Lebens mit

59 Vgl. Maisak 2001, S. 92.

60 Vgl. Alex/Kühn 1995, S. 127ff.; Eisold 2000, S. 126; Maier-Solgk 1997, S. 68.

61 Rode 1798, S. 128f.

62 Das Wörlitzer Felsentor geht auf eine ähnliche Anlage in Stourhead zurück. Auch in dem bereits um 1745 entstandenen Felsenpark von Sanspareil bei Bayreuth findet sich ein solches Tor. Die Felsentore orientieren sich an manieristischen Felsengärten – wie z.B. im mittelitalienischen Bomarzo – oder an chinesischen Grottenmotiven, die bereits im Rokoko im Zusammenhang mit der China-Mode wieder aufgelebt waren. Der chinesische Garten galt vielen Zeitgenossen als vorbildhaft für die Gestaltungsmaximen der neuen Gartenkunst. Federführend für diese Tendenz war William Chambers mit seiner *Dissertation on Oriental Gardening* (1772). Vgl. auch Hartmann 1981, S. 84f. Zu Bomarzo siehe grundlegend Bredekamp 1985.

einiger Rücksicht auf das individuelle Leben des Fürsten selbst."[63] In dieser Allegorie des Lebenspfades entspricht die sichtbare äußere Natur jeweils der inneren Lebensverfassung. Die solcherart symbolisch aufgeladene Anlage könnte Goethe zur Erweiterung der Weimarer Felsentreppe angeregt haben, und zwar in doppelter Hinsicht: Nicht nur das Felsentor selbst, sondern auch seine vom Individuellen zunehmend ins Allgemeingültige abstrahierte Bedeutung findet in Wörlitz ein prominentes Vorbild.

Im Sommer 1778 läßt Goethe Charlotte von Stein wissen, Georg Melchior Kraus (1737–1806), der seit 1776 als Direktor der Weimarer Zeichenschule und zugleich als Ratgeber in allen künstlerischen Fragen fungierte, habe ihn „beredt noch an dem Felsen werck die lezte Hand anzulegen."[64] Dem Freund Merck berichtet er zur gleichen Zeit, daß er „einen alten Steinbruch wieder aufgerührt" hat, denn „in den Stein läßt sich mit der höchsten Delicatesse arbeiten".[65] Die sich zu beiden Seiten der Treppe erhebenden Felsmassive wurden, wo der Durchgang besonders schmal ist, durch einen schweren Natursteinblock nach oben abschließend verbunden. Vom Flußufer wand sich der Weg den Steilhang hinauf nun durch ein Felsentor – das sogenannte „Nadelöhr".

Betrat der Spaziergänger von der Stadt her kommend die Treppe zum Abstieg ins Ilmtal, durchschritt er mit dem Felsentor zugleich symbolisch die Pforte zum Totenreich; der zum Denkmal erhobene Ort des Freitods einer jungen Adligen wurde zur Darstellung des Todes allgemein stilisiert. Nachdem er aber das dunkle Tor passiert hat, gelangt der Spaziergänger über den Fluß in die helle Ilmaue und kann den Blick über die Wiesenlandschaft, die in diesem Kontext ans Elysium oder den Garten Eden erinnert, schweifen lassen.[66] Goethe wußte hier eine der hervorragenden rezeptionsästhetischen Qualitäten des Landschaftsgartens, deren Erfahrung ihn in Wörlitz so beeindruckt hatte, geschickt für die eigene Gartenschöpfung zu nutzen: Während der sukzessiven Bewegung durch die einzelnen landschaftlichen Partien sieht sich der Betrachter verschiedenen Stimmungsbildern gegenüber, die ihn zuerst in eine nachdenkliche, dann jedoch in eine heitere Gemütslage versetzen.

Beim Betrachter angenehme, melancholische oder feierliche Empfindungen zu wecken, war entsprechend der sensualistischen Wirkungsästhetik das erklärte Ziel jüngst entstandener Gartenszenen wie der Felsentreppe. Der Gartentheoretiker Hirschfeld gibt in seiner ab 1775 veröffentlichten *Theorie der Gartenkunst* nicht nur eine Anleitung zur Gestaltung naturnachahmender Gärten, sondern zugleich eine Einführung in deren angemessene Rezeption. Bereits in seinem 1776 im *Gothaischen Magazin für Künste und Wissenschaften* erschienenen Aufsatz *Ueber die Ver-*

63 Zitiert nach Hartmann 1981, S. 50.
64 Johann Wolfgang Goethe an Charlotte von Stein, Weimar 6. August 1778; WA IV/3, S. 241.
65 Johann Wolfgang Goethe an Johann Heinrich Merck, Weimar 5. August 1778; WA IV/3, S. 240.
66 Vgl. Hartmann 1981, S. 49ff.

wandtschaft der Gartenkunst und der Malerey hatte er sich mit der Wirkung der Gartenkunst auf den Besucher und dem richtigen Gehen und Sehen im Garten auseinandergesetzt.[67] Das Moment der fortschreitenden Bewegung charakterisiert Hirschfeld wiederholt als Vorzug der Gartenkunst vor allen anderen Kunstgattungen: „Der Gartenkünstler will nach und nach mit einer allmähligen Fortschreitung unterhalten", konstatiert er, denn „die allmählige Darstellung der Gartenscenen gibt einen weit längern, unterhaltendern Genuß, als das schönste und ausführlichste Landschaftsgemälde."[68] Schon in den 1773 erstmals erschienenen *Anmerkungen über die Landhäuser und die Gartenkunst* hatte Hirschfeld seine grundlegende Maxime über die Aufgabe der Gartenkunst kundgetan und sich den verschiedenen Affekten gewidmet, die beim Gartenbesucher in unmittelbarem Erleben geweckt werden sollen: „Es wird also die Erregung angenehmer Empfindungen die eigentliche Bestimmung der Gartenkunst seyn; aber sie kann die Empfindungen hinzufügen, welche einsiedlerische, melancholische, finstre Gegenden erwecken."[69] Mit dem Weg des Spaziergängers über die Felsentreppe ins Tal evoziert der Gartengestalter nicht allein vom Nachdenklichen ins Heitere wechselnde Gemütslagen. Die Anlage verknüpft darüberhinaus in geradezu vorbildlicher Weise die landschaftlichen Gegebenheiten des Ilmtals mit dem ikonographischen Konzept von Totengedenken und Paradieseshoffnung, von Tod und Elysium, wobei die stetige Bewegung des Betrachters den Fortgang des Lebens symbolisiert.

2.4.3. Die Hofgesellschaft in den Gartenanlagen

Das Felsentor kann als Grundstein des künftigen Parks an der Ilm betrachtet werden. Im Frühsommer 1778 berichtet Wieland in einem Brief an Merck über die jüngsten Geschehnisse in Weimar und bezeugt das allgemeine Interesse an dem Monument:

> Abends gieng ich [...] über den (nach Göthens Plan und Ideen, seinem Garten gegenüber) neuangelegten ExercierPlaz, um von da nach dem sogenannten Stern zu gehen, und meiner Frau die neuen Poemata zu zeigen, die der Herzog nach Göthens Invention und Zeichnung dort am Wasser hat anlegen lassen, und die eine wunderbar Künstlich Kunstlose anmuthig wilde, einsiedlerische und doch nicht abgeschiedene Art von Felsen und Grottenwerk vorstellten, wo Göthe, der Herzog und Wedel oft selbdrey zu Mittag essen, oder in Gesellschaft einer oder der andern Göttin oder Halbgöttin den Abend passieren.[70]

Der von Wieland erwähnte Exerzierplatz für das weimarische Militär grenzte in östlicher Richtung an den Welschen Garten und erstreckte sich bis zum Rand des

67 Siehe Hirschfeld 1776, S. 44f.
68 Ebd., S. 57.
69 Hirschfeld 1779, S. 81f.
70 Christoph Martin Wieland an Johann Heinrich Merck, Weimar 3. Juni 1778; *Briefwechsel Wieland*, Bd. 7.1, S. 74.

Steilhangs. Man belegte den Platz mit Sand, weshalb Goethe im August 1778 gegenüber Charlotte von Stein, die seit kurzem das ehemalige Stiedenvorwerk nahe des Welschen Gartens bewohnte, klagte, es sei „so heis daß ich die Sandwüste zu Ihnen nicht durchwaten kann".[71] Als Goethe nach der Anlage seines eigenen Gartens dessen unmittelbare Umgebung im Ilmtal mit gestalterischer Intention in den Blick zu nehmen begann, geschah dies zunächst entlang des Weges, der ihn täglich vom Gartenhaus in die Stadt bzw. zum Steinschen Hause führte. An der Floßbrükke die Ilm überquerend, stieg er die Felsentreppe hinan und gelangte auf den „Sand", wie der Exerzierplatz, eine ehemals vernachlässigte Holzlagerstätte, auch genannt wurde. Von hier waren es nur noch wenige Schritte zum Fürstenhaus oder der Wohnung Charlotte von Steins. Die östliche Begrenzung des noch in seinen barocken Strukturen erhaltenen Welschen Gartens hatte Goethe, wie im Tagebuch festgehalten, bereits im Sommer des Vorjahres abbrechen lassen: „Die Mauer vom Welschen Garten eingeworfen."[72] Bis diesem richtungsweisenden, für die Ablösung der barocken Gartenkunst geradezu symbolischen Satz konkrete landschaftsgärtnerische Schritte folgten, sollte jedoch noch einige Zeit vergehen. Die Überformung des geometrisch angelegten Gartens nach den Prinzipien naturnachahmender Gartenkunst hätte eine programmatische Vorgehensweise erfordert, von der zu diesem Zeitpunkt, im Sommer 1778, noch keine Rede sein konnte.

Stattdessen nutzten der Herzog und Goethe den neugeschaffenen schattigen Ruheplatz am Felsenhang Wielands Bericht zufolge für ihre Zusammenkünfte, was sich als symptomatisch erweist: Goethes Engagement bei der Gestaltung des „Felsen- und Grottenwerk[s]", zunächst einem empfindsamen Impetus geschuldet, bringt schließlich einen Ort angenehmer Geselligkeit hervor, den auch Carl August zu schätzen weiß. Bei aller Unmittelbarkeit, die das Entstehen gerade dieser Anlage kennzeichnet, nimmt Goethe hier – wie im Liebhabertheater – zunehmend die Rolle des Regisseurs ein, der sich des Materials der Natur bedient und gestaltend in die natürlichen Gegebenheiten eingreift, um die von ihm so genannten „ästhetischen Bilder"[73] bewußt in Szene zu setzen. Diese Bilder fungierten dann nicht selten als eine Art Bühne, auf der sich das gesellige Leben des Hofes abspielte, sei es in vertraulichen Verabredungen mit dem Herzog oder bei ausgelassenen Festen. Die ersten Schritte, die zur Entstehung des Parks an der Ilm führten, sind somit nicht allein im gartengeschichtlichen Kontext zu verorten, sondern vielmehr aus Goethes speziellen Funktionen am Hof erklärbar, wobei seiner Leitung des Liebhabertheaters und der Ausgestaltung der verschiedensten höfischen Anlässe eine besondere Bedeutung zukommt.

Am Ende des oben zitierten Briefes an Merck faßt Wieland in einem Satz zusammen, was der Darmstädter Freund bei einem Besuch in Weimar alles mit eigenen Augen sehen müßte:

---

71 Johann Wolfgang Goethe an Charlotte von Stein, Weimar 6. August 1778; WA IV/3, S. 241.
72 Goethe, *Tagebücher*, Bd. I/1, S. 45.
73 Goethe, *Das Louisenfest*; MA 18.2, S. 333.

> [...] den Herzog, Göthen [...] in vorbesagter Felsenscene an der Ilm, die dort einen Fall hat, dem Stern (einem Bosquet) Göthens Garten und einem lieblichen bis nach Belvedere sich hinabziehenden Wiesenthal gegenüber [...].[74]

Diese Briefstelle verdeutlicht noch einmal, welchen Stand der gartenkünstlerischen Entwicklung ein Spaziergänger, der seine Schritte ins Ilmtal lenkte, Anfang Juni 1778 dort vorgefunden hat.

Die archivalischen Quellen belegen für die darauffolgenden Wochen zahlreiche Ausflüge der Hofgesellschaft in den Stern und den Welschen Garten, aber auch zu den umliegenden Lustschlössern, um dort die mittägliche Tafel abzuhalten.[75] Da, wie Nicholas Boyle treffend bemerkt, „der Hof [...] seine Existenz vorzugsweise durch die Mahlzeiten zum Ausdruck [brachte]“, wurde also der gewichtigste Teil des höfischen Lebens ins Freie, in die fürstlichen Gärten verlagert.[76]

> Heute als den 11. Juni wurde das Abfeuern der hiesigen Infanterie gehalten auf dem Felde vor dem Jacobs Thor, und Mittags speißten Durchl. Herrschaften mit Sämtl. Gh. Officiers unter einem Zeldt bey dem Welschen Garten, nach Tafel wurde Ball gehalten und Abends wurde wieder allda gespeißet,

vermerkte man im Fourierbuch des Jahres 1778, und tags darauf: „Heute wurde im Stern gespeißet, nach Tafel war wiederum Ball, und Abends war wieder Tafel unterm Zelte!“[77] Am 13. Juni „speißte Durchl. Herrschaft mit sämtl. Dames und Cavaliers bey Durchl. Prinz Constantin in Tiefurth.“ Der Juli gestaltete sich bezüglich des herzoglichen Mittagslokals nicht weniger abwechslungsreich.

> Donnerstag Mittag den 2. Juli Fürstl. Tafel zu Belvedere [...] Heute speißten Durchl. Herrschaften auf Belvedere, nach der Tafel wurde ein Sternscheibenschießen gehalten, nach dem Schießen war Ball und Abends war wieder Tafel, nach aufgehobener Tafel ging alles wieder nach der Stadt zurück und war also dieser Tag vergnügt beschlossen![78]

All diese Mahlzeiten und anschließenden Bälle vor wechselnder Kulisse im Freien sind zunächst der tradierten höfischen Festkultur im stilisierten Rahmen geometrischer Gärten entlehnt. Das Mahlhalten an festlicher Tafel war in der Mitte des 18. Jahrhunderts an vielen Höfen ein repräsentatives Ereignis, das auf die seit dem späten Mittelalter in europäischen Residenzen veranstalteten Schauessen vor Publikum zurückging, wobei weniger das eigentliche Mahl, als vielmehr die Repräsentation des betreffenden Hofes samt seiner Geschichte und Kultur intendiert war. Häufig wurden solche Schauessen in garten- oder parkmäßig gestalteter Umgebung angerichtet, die man zu diesem Anlaß mit zusätzlichen Requisiten wie Tem-

---

74 Christoph Martin Wieland an Johann Heinrich Merck, Weimar 3. Juni 1778; *Briefwechsel Wieland*, Bd. 7.1, S. 75.

75 ThHStAW: HA E Nr. 27, *Fourierbuch auf das Jahr 1778*. Vgl. auch Carl August Hugo Burkhardt: *Aus den Weimarer Fourierbüchern 1775–1784*, in: *Goethe-Jahrbuch*, Bd. 6, Frankfurt/M. 1885, S. 148ff.

76 Boyle 1995, S. 277.

77 ThHStAW: HA E Nr. 27, Bl. 52f. Siehe Anhang: Ausgewählte Quellen.

78 Ebd., Bl. 60ff. Siehe Anhang: Ausgewählte Quellen.

peln, Grotten und Fontänen ausgestattet hatte.[79] Die ins Freie verlagerte fürstliche Tafel am Weimarer Hof läßt diese Tradition gewiß noch anklingen, deutet aber ebenso auf neue Formen höfischer Geselligkeit hin. Durch einen beträchtlichen Erfindungsreichtum bei der Inszenierung höfischer Bankette glich die fürstliche Familie den Verlust eines angemessenen Festsaals im Schloß aus. Man suchte reihum die kleinen Hofhaltungen der einzelnen Familienmitglieder auf, was sich trefflich mit der vielzitierten „Neigung [...] zum Leben, Verweilen und Genießen in freier Luft" in Einklang bringen ließ.[80] Die Hofgesellschaft war beweglicher geworden; sie befand sich gleichsam auf der Wegscheide zwischen den überlieferten höfischen Sitten und der Erkundung neuer Räume – seien es ungewöhnliche Lokalitäten für die fürstliche Tafel oder sei es die zunehmende ästhetische Wahrnehmung der unmittelbaren landschaftlichen Umgebung, die für die künstlerische Gestaltung einzelner Partien und die allmähliche Entstehung des Landschaftsgartens im Ilmtal die maßgebliche Voraussetzung bildete.

2.4.4. Das Luisenkloster

Für den 9. Juli 1778 verzeichnet das Fourierbuch in ungewohnter Ausführlichkeit ein Fest zum Namenstag der Herzogin Luise. Es ist gelegentlich angemerkt worden, daß die Feier des Namenstages eigentlich ein katholischer Brauch ist, dem protestantischen Weimarer Hof aber jeder festlich auszuschmückende Anlaß willkommen gewesen sei.[81] Diese Beobachtung trifft sicher zu, darüberhinaus rückt aber wiederum die Rolle Goethes ins Blickfeld, der hier eine weitere bürgerliche Gepflogenheit nachhaltig ins höfische Leben zu integrieren wußte. Geburts- oder Namenstage innerhalb der herzoglichen Familie feierlich zu begehen, das heißt unter Verzicht auf jede nach außen gerichtete repräsentative Funktion, ist in ihrem personalisierten, fast schon individuellen Charakter eine der bürgerlichen Lebenswelt entlehnte Tradition.[82] Für den Charakter des Festes zeichnete Goethe als Inszenator aller fürstlichen Fest- und Gedenktage verantwortlich. Daß er selbst diesem Anlaß eine nicht geringe Bedeutung beimaß, beweist sein aus dem Rückblick mehrerer Jahrzehnte verfaßter Text *Das Louisenfest*.[83]

Eigentlich hatte man den Namenstag mit einer Festtafel im Stern zelebrieren wollen. Goethe beschrieb die Situation ausführlich:

79 Zur höfischen Tafel und Festen im Barockgarten vgl. Bursche 2000, S. 149; Lauterbach 1993, S. 67ff.

80 Goethe, *Das Louisenfest*; MA 18.2, S. 333.

81 Vgl. Conrady 1988, Bd. 1, S. 387.

82 Vgl. Boyle 1995, S. 278.

83 Goethe, *Das Louisenfest*; MA 18.2, S. 333–339. Der Text entstand im Juni 1830. Am 29. Juni vermerkt Goethe im Tagebuch: „Abgeschlossenes Manuscript des Louisenfestes und weitere Disposition deßhalb." WA III/12, S. 265.

> In der Nähe von Weimar war damals nur der mit Bäumen und Büschen wohl ausgestattete Raum, der Stern genannt, das Einzige was man jenen Forderungen analog nennen und wegen Nähe der herrschaftlichen Wohnung als angenehm geachtetes Local schätzen konnte. Es fanden sich daselbst uralte gradlinige Gänge und Anlagen, hoch in die Luft sich erhebende stämmige Bäume, daher entspringende mannichfaltige Alleen, breite Plätze zur Versammlung und Unterhaltung.[84]

Ein sommerliches Unwetter brachte so viel Regen, daß die Ilm über die Ufer trat und die dortigen Alleen und Plätze überschwemmte. So wurde der Plan einer feierlichen Tafel im Stern vereitelt, aber Goethe wußte Rat, indem er das seit Tagen im Verborgenen vorbereitete Fest in den höher gelegenen Bereich auf der anderen Seite des Flusses verlegte. Aus der Erinnerung beschreibt er die Gegend folgendermaßen:

> Damals führte schon, von dem Fürstenhause her, ein etwas erhöhter Weg, den die Fluth nicht erreichte, an dem linken Ufer der Ilm unter der Höhe weg; man bediente sich aber desselben nur um an den schon eingerichteten Felsenplatz, sodann über die damalige Floßbrücke [...] in den Stern zu gelangen.[85]

Das Fest sollte nun, wenige Schritte von der Felsentreppe entfernt, auf einem kleinen ebenen Platz am felsigen Uferhang stattfinden, wo ein unbenutztes Pulvertürmchen den Ausgangspunkt für die zu errichtende Festarchitektur bildete. Der Turm grenzte an die verlängerte Südmauer des Welschen Gartens, die sich hangabwärts bis zum Flußufer hinzog, während die obere Hangkante von der rückwärtigen Mauer des Schießhausgartens begrenzt wurde. Auf diese Weise gliederte sich das felsige Terrain in getrennte, an zwei Seiten ummauerte Räume, die sich einer architektonischen Gestaltung geradezu anboten.

Eine 1777/78 entstandene aquarellierte Federzeichnung von Georg Melchior Kraus gibt den Blick ins Ilmtal und die beschriebene Situation am westlichen Uferhang wieder (Abb. 9).[86] Im Vordergrund führt die Floßbrücke, zu diesem Zeitpunkt noch ein einfacher Steg, über die Ilm, dahinter breitet sich die Wiesenlandschaft nach Süden aus, das Ufer des sich windenden Flusses ist von Bäumen bestanden. Jenseits der Wiese liegt Goethes Gartenhaus und das Haus des Hofrats Schmidt, im Hintergrund erhebt sich eine sanfte Hügelkette, auf der die Allee nach Belvede-

---

84 Goethe, *Das Louisenfest*; MA 18.2, S. 333.

85 Ebd., S. 334. Auf dem geschilderten Weg hatte Wieland jenen Spaziergang unternommen, über den er in seinem bereits zitierten Brief an Merck begeistert berichtet hatte. Siehe Anm. 70.

86 Der aquarellierten Federzeichnung folgte eine ähnliche Darstellung Kraus', die er in einer 1778 erschienenen ersten Folge von radierten Landschaftsdarstellungen unter dem Titel *Landschaften nach der Natur gezeichnet und geätzt von G.M.Kraus. Erstes Heft. Weimar 1778. Blatt I–XVIII.* veröffentlicht hat. In dieser Serie findet sich die Darstellung der frühesten Anlagen im Ilmtal zwischen Ansichten verschiedener Orte des Herzogtums, darunter Jena, Ilmenau und Eisenach. Im Anschluß an eine Weimar-Vedute richtet Kraus gleichsam den Fokus auf einen speziellen Punkt nahe der Stadt, hier bezeichnet *Am Stern*. Die topographische Zuordnung erfolgte mittels dieses tradierten Begriffs, wo vom Park im Ilmtal noch keine Rede sein konnte.

re und das barocke Schloß selbst am Horizont erkennbar sind. Die rechte Bildhälfte zeigt die felsige Uferpartie mit dem Pulvertürmchen, hinter dem eine Gruppe hoher Bäume aufragt, weiterhin die am Hang entlangführende Mauer und als oberen Abschluß die steil aufragende Rückwand des Schießhausgartens, die den Schützen als Kugelfang diente. Davor ist überdies jene Holzlagerstätte erkennbar, die auf Goethes Veranlassung zum Exerzierplatz umgestaltet wurde. Kraus' Zeichnung eröffnet den Blick in die Ilmaue kurz vor dem Beginn ihrer landschaftsgärtnerischen Gestaltung und bildet damit zugleich einen Vorläufer der zahlreichen Veduten, in denen der Künstler in späteren Jahren den Park darstellen und dessen Wahrnehmung durch den Betrachter maßgeblich prägen sollte.

Auch von Goethe ist eine Zeichnung des Ilmtals mit der Floßbrücke überliefert (Abb. 10). Das vermutlich ebenfalls 1777/78 entstandene Blatt zeigt die winterliche Flußaue an der Abzweigung des Floßgrabens, darüber die schlichte hölzerne Brükke und zu beiden Seiten der Ilm kahle Laubbäume, während im Hintergrund Goethes Gartenhaus zu erkennen ist.[87] Vor der zart angedeuteten, beinahe verschwimmenden Landschaft des Ilmtals geben die horizontal ausgerichtete Brückenkonstruktion und die vertikal aufragenden Baumstämme der Darstellung eine besondere graphische Prägnanz. Markante Linien gliedern die Komposition in einzelne Bildräume, die das Auge des Betrachters auf die – wenn auch flüchtig erfaßten – Details der Naturdarstellung lenken.

Aus Anlaß des Festes für die Herzogin formte der Hofgärtner Gentzsch innerhalb von drei Tagen den verwahrlosten Platz um den Pulverturm zu einem bescheidenen architektonischen Ensemble: Er errichtete eine hölzerne Hütte an der den Hang hinabführenden Mauer, die mit Moos verkleidet und mit Stroh gedeckt wurde. Ein Teil der Mauer erhielt die Gestalt einer gotischen Ruine, während der Turm mit einer Glocke und einem Dachreiter versehen wurde. Etwas oberhalb dieser Anlage ebnete man einen nur durch die Hütte zugänglichen Platz, der sich durch eine Gruppe alter, im Oval angeordneter Eschen auszeichnete. Alles zusammen ergab die Kulisse für ein Schauspiel zu Ehren der Herzogin, in der man „etwas ganz Unerwartetes [...] veranstalten" konnte.[88] Der Eintrag im Fourierbuch geht weit über die sonst sehr knapp gehaltenen Angaben zu den fürstlichen Mahlzeiten hinaus:

> Heute wurde der Höchsterfräul. Nahmenstag unserer Durchl. Herzogin folgendermaßen celleberiret, [...] es war Durchl. Herzogin zum Vergnügen ins Geheim bey dem Pulffer-Turm eine Anlage eines alten Closters verfertiget, darneben ein Platz alwo Fürstl. Tafel gehalten wurde, [...] Durchl. Herzogin wußten nicht anders es würde im Stern gespeißet! Da Durchl. Herzogin aber an die Schloß-Brücke kahmen wurde Sie von 6 Closter Brüdern empfangen. [...] Solche hielten eine Anrede an Durchl. Herzogin und führeten Sie ins Closter ein, darinnen war eine Tafel serviret mit 6 irdenen Tellern und dergl. Schüsseln benebst bleyernen Löffeln [...] und speißeten allda eine Bier Kalteschale, nun wurde die Closter Glocke geläutet, [...] die Thüre

87 Vgl. *Corpus der Goethezeichnungen*, Bd. I, Nr. 195; Maisak 2001, S. 80.
88 Goethe, *Das Louisenfest*; MA 18.2, S. 334.

wurde geöffnet und Durchl. Herzogin sahen mit Verstaunen eine schöne Fürstl. Tafel serviret wobey sich eine Music mit Trompeten und Pauken hören ließe.[89]

In der von Goethe erdachten Szene gaben unter anderen er selbst, der Herzog und Prinz Constantin – alle auch Schauspieler des Liebhabertheaters – die Klosterbrüder. Der Herzogin, vom Schauplatz und der Maskerade gleichermaßen überrascht, wurde dann ein vom Kammerherrn Siegmund von Seckendorff (1744–1785) verfaßtes Lustspiel geboten, in dem die vermeintlichen Mönche für ihre ursprüngliche, den Abläufen in der Natur folgende Lebensweise warben und diese mit der Langeweile und Vergnügungssucht bei Hofe kontrastierten:

Laßt ab zu verschwenden die köstlichen Tage
Mit quirlenden Sinnen und strebender Plage,
Mit schläfrigen Tänzen und schläfrigem Spiel,
In sinnlicher Trägheit und dumpfem Gefühl.
Bekehrt euch von Kolik, von Zahnweh und Flüssen,
Und lernet gesünder das Leben genießen!
Ihr gähnet im Glanze von festlicher Pracht,
Wir schätzen den Tag und benutzen die Nacht [...],

so die Verse, welche der Hofgesellschaft vorgetragen wurden.[90]

Diese Zeilen rufen unweigerlich die kulturkritischen Maximen des 1778 verstorbenen Rousseau ins Gedächtnis, mit denen er in seinem 1750 erschienenen *Discours* eindringlich den natürlichen und tugendhaften Menschen pries und die verfeinerten Sitten sowie die Höflichkeit der privilegierten Stände als verlogen anprangerte, da sie nur ihre tatsächliche Unsittlichkeit und Rohheit verdeckten.[91] Auf den ersten Blick läßt Goethes Festkonzept an die Maskeraden des Rokoko denken: feierlich inszenierte Umzüge mit deklamatorischen Einschüben und musikalischer Umrahmung, wobei die Kostümierung der Schauspieler und die architektonischen Staffagen einen betont einfachen, ländlichen oder frommen Charakter aufweisen und damit im Gegensatz zur festlich gekleideten Hofgesellschaft stehen.[92] Der durchweg

89 ThHStAW: HA E Nr. 27, Bl. 62f. Der gesamte Eintrag des Fourierbuches ist im Anhang wiedergegeben. – Im Kommentar zu Goethes *Louisenfest* (MA 18.2, S. 1186f.) findet sich eine abweichende Personenaufstellung für das Stück, wobei die im Fourierbuch verzeichnete glaubwürdig ist.

90 Goethe, *Das Louisenfest*; MA 18.2, S. 336f.

91 Jean-Jacques Rousseau: *Discours qui a remporté le prix à l'Académie de Dijon, en l'année de 1750. Sur cette question proposée par la meme Académie: « Si le rétablissement des sciences et des arts a contribué à épurer les moeurs. »*, dt.: *Abhandlung, die im Jahre 1750 von der Akademie in Dijon preisgekrönt wurde, über die von dieser Akademie gestellte Frage: «Hat die Wiederherstellung der Wissenschaften und der Künste zur Verfeinerung der Sitten beigetragen ?»* Dieses Traktat machte Rousseau im Jahre 1750 über Nacht berühmt.

92 Im Juni 1756 fand beispielsweise im Garten des Oranienburger Schlosses zu Ehren der Prinzessin Amalie ein ähnliches Fest statt, dessen Höhepunkt wie in Weimar vor der Kulisse einer künstlichen Einsiedelei inszeniert wurde. Die Hofgesellschaft begegnete dort einer Prozession als Priester verkleideter Pagen und Lakaien, gefolgt von ebenso kostümierten Musikern. Prinzessin Amalie wurde in einer Grotte von einem als heilige Mathilde verkleideten Höfling mit

ironische Ton des Dramoletts verrät jedoch deutliche Distanz zu den Rokoko-Maskeraden. Überdies werden beim *Louisenfest* die schauspielerischen Rollen nicht von Hofpagen, sondern von den Fürstlichen Durchlauchten selbst verkörpert, denen mit den zitierten Versen eine Kritik an der Lebensweise ihres eigenen Standes in den Mund gelegt worden ist. – Die Gesellschaft folgte den Mönchen in die hölzerne Hütte, wo sie auf klösterlich schlichte Weise bewirtet wurde. Natürlich führte man die Herzogin und ihr Gefolge nach kurzer Zeit wieder ins Freie, da auf dem Platz hinter der Klause in gewohnter Pracht und Üppigkeit die eigentliche fürstliche Tafel gedeckt war.

„Eine sogenannte Einsiedelei"[93] hatte man Goethes Schilderung zufolge errichtet. Ihre Lage und Gestalt entsprachen aufs Genaueste den Empfehlungen Hirschfelds für die Ausstattung neuer Gartenanlagen:

> Eine sehr glückliche Lage ist es, wenn sie [die Einsiedeleien, S.M.W.] sich an einen Berg oder an eine Felsenwand lehnen. [...] Die zunächst umliegende Gegend oder die Scene muß nichts Prächtiges, nichts Reizendes noch Geschmücktes haben; sondern nachläßig und bescheiden seyn [...]. Das Gebäude mag aus Stein oder Holz bestehen; nur muß die Zusammensetzung die höchste Einfalt und Nachläßigkeit zeigen. [...] Ein Dach von Stroh oder Schiefer, rohe Pfeiler, die es tragen, ein Gemäuer oder eine von leimigter Erde aufgeführte Wand, woran man die Spuren der Zeit und des Wetters, beschädigte Stellen und Ueberzüge von Moos wahrnimmt [...] – Alles dieses bezeichnet die äußere Gestalt der Einsiedeley.[94]

Auch zur Funktion solcher Bauten in Gärten äußert sich Hirschfeld wiederholt; es seien „Werke [...] nicht sowohl zur Bewohnung, als vielmehr zum kurzen Genuß der Ruhe und der Einsamkeit, [...] auf einen Einzelnen eingeschränkt, indem mit zwo Personen schon die Geselligkeit anfängt."[95] Daß man in Weimar eine Einsiedelei mit der genau entgegengesetzten Intention anlegte, nämlich als Ort für einen gesellschaftlichen Anlaß, verweist erneut auf den inszenatorischen Charakter der frühen Parkstaffagen im Ilmtal. Wieder ging es vor allem darum, die Bühne für ein Lustspiel zu schaffen, wobei man die dafür ausgewählte landschaftliche Partie mit kunsttheoretisch legitimierten Architekturformen versah – aber eben als Kulisse, vor der Carl August selbst in der passenden Verkleidung agieren konnte. Überdies ist die kontrastreiche Kombination aus betont schlichter Staffagearchitektur und dahinter verborgener prachtvoller Festtafel den Eremitagen und Hameaus aus fran-

---

einer Ansprache begrüßt. Später wurde auf dem Rasen unter einem Zelt ein festliches Mahl gehalten. Siehe Wilhelm Boeck: *Oranienburg. Geschichte eines preußischen Königsschlosses*, Berlin 1938, S. 126f.

93 Goethe, *Das Louisenfest*; MA 18.2, S. 334.

94 Hirschfeld, *Theorie*, Bd. 3, 1780, S. 103. Was Hirschfeld hier ausführlich formuliert, hatte er auch schon in seinen früheren Werken, vor allem in den *Anmerkungen über die Landhäuser und die Gartenkunst* (1773) und der einbändigen *Theorie der Gartenkunst* (1775) vermittelt. Vgl. Hirschfeld 1779, S. 140f.

95 Hirschfeld, *Theorie*, Bd. 3, 1780, S. 96f.

zösischen Gärten wie Trianon oder Chantilly nachempfunden.[96] Der Besichtigung von Versailles, das Reisende aus ganz Europa anzog, hatte auch der junge Carl August auf seiner Kavalierstour nach Paris 1774 einen ganzen Tag gewidmet, wobei ihn das Schloß und die Gartenanlage *Grand Trianon* besonders faszinierten.[97]

Hirschfeld forderte von einer Einsiedelei „ein armseliges Ansehen", das „eine Verachtung des Ueberflusses in der Welt" verrate, „wie es sich für den Bewohner einer solchen Einsiedeley schickt."[98] Diesem Anspruch wurde das Konzept des Luisenfestes formal und inhaltlich gerecht, zum einen durch die äußere Gestalt des vermeintlichen Klosters, zum anderen durch das von den zur Bescheidenheit mahnenden „Mönchen" vorgetragene Dramolett. Die Inszenierung muß sehr glaubwürdig gewesen sein, denn noch aus dem Abstand von Jahrzehnten erinnert sich Goethe, „daß man bei der Enge des Raumes und den kümmerlichen Anstalten nicht wußte was es heißen solle, auch die Frau Oberhofmeisterin, Gräfin Gianini, sonst eine heitere humoristische Dame, [konnte] ihr Mißbehagen nicht ganz verbergen."[99] Umso stärker erschien daraufhin der Kontrast zu der festlichen Kulisse hinter dem „Kloster", die den selbstironischen Charakter des Spiels endlich offenbart. Die „Mönche", eben noch Gastgeber in der kargen Klause, nahmen in ihrer Verkleidung die ihnen üblicherweise gebührenden Plätze an der fürstlichen Tafel ein, so daß das Rollenspiel mit der Rückkehr in die eigene Identität der Darsteller auf heitere Weise zusammenfloß. Die Bühne wird zur Festtafel, Schauspieler und Betrachter bewegen sich zugleich in derselben Szene bzw. verkörpern diese. Theater und höfische Geselligkeit gehen eine perfekte Symbiose ein. „Das Ganze war künstlerisch abgeschlossen", resümiert Goethe, „alles Gemeine durchaus beseitigt; man fühlte sich so nah und fern vom Hause, daß es fast einem Mährchen glich."[100] Anlagen wie das Luisenkloster bezeichnet Goethe als „ästhetische Bilder", deren darstellerischer Eigenwert aus zahlreichen, noch zu analysierenden zeitgenössischen Äußerungen hervorgeht.[101]

---

96 Vgl. dazu Lauterbach 1993, S. 77. Richard Alewyn beschreibt eines der berühmtesten Feste in Versailles im Sommer 1674, als z.B. im Garten des Trianon ein *Salon de Verdure* – eine Architektur aus nichts als Laub – errichtet wurde, in deren Nähe eine von Fackeln illuminierte Festtafel stand. Alewyn selbst stellt die Verbindung nach Weimar her, indem er darauf verweist, daß die großen Feste in Versailles von den ersten Künstlern des Landes wie Lully, Le Brun, Racine und Molière, ausgestattet wurden, und noch der Weimarer Goethe einen beträchtlichen Teil seiner Kraft solchen höchst vergänglichen Aufgaben gewidmet habe. Vgl. Alewyn 1985, S. 9ff.

97 Vgl. Andreas 1953, S. 202. Die Bedeutung des *Trianon* für die europäische Gartenkunst verdeutlicht ein Eintrag in Zedlers *Universallexikon* von 1734, wo der Begriff *Eremitage* mit dem *Trianon* gleichgesetzt wurde: „Eremitage, Einsiedelei, ein niedriges, im Schatten, in einem Busch oder Garten gelegenes Lust-Gebäude, mit rauhen Steinen, schlechtem Holtz-Werck, Moos- oder Baum-Rinden inwendig bekleidet und gleichsam wie wild zugerichtet, daß man darinnen der Einsamkeit pflegen und frische Lufft schöpfen möge. Es wird auch sonst Trianon genennet." Zedler 1734, Bd. 8, Sp. 1590.

98 Hirschfeld, *Theorie*, Bd. 3, 1780, S. 106.

99 Goethe, *Das Louisenfest*; MA 18.2, S. 337.

100 Ebd., S. 339.

101 Ebd., S. 333.

Die Festarchitektur sowie die künstlerische Gestaltung des vernachlässigten Platzes waren, wie bereits geschildert, von Goethe ins Werk gesetzt worden. Als „Pater Decorator“ erfährt er in Seckendorffs Lustspiel eine ausführliche Würdigung. „Und dieser hier Pater Decorator“, heißt es da,

> der all unsern Gärten und Bauwerk steht vor,
> Der hat nun beinahe drei Nacht nicht geschlafen,
> Um uns hier im Thal ein Paradies zu verschaffen.
> Denn wenn der was angreift so hat er nicht Ruh,
> Stopft Tag und Nacht die Löcher mit Heckenwerk zu,
> Macht Wiesen zu Felsen und Felsen zu Gänge,
> Bald gradaus, bald zickzack die Breit' und die Länge.
> Sogar auch den Ort, den sonst niemand ornirt,
> Hat er mit Lavendel und Rosen verziert.[102]

Hier wird nicht der Inszenator höfischer Feste gelobt, sondern ausdrücklich der Gartengestalter.

Goethe selbst hat die äußere Gestalt des Luisenklosters in mehreren Zeichnungen festgehalten (Abb. 11). Ein gewundener Weg führt direkt auf die strohgedeckte Holzhütte zu, deren einfache Tür eine runde Fensteröffnung besitzt. In die sich anschließende künstliche Ruinenmauer sind zwei spitzbogige Fenster eingearbeitet, die unterschiedliche Verfallsstadien aufweisen. Während am rechten Fenster die Maßwerkfüllung noch vorhanden und nur die Mittelsäule herausgebrochen ist, läßt das linke kaum noch die gotische Grundform erkennen, da auch der obere Teil des Fensters und der Mauer bereits zerstört sind. Der schindelgedeckte Pulverturm wurde mit einer Glocke versehen, über der ein Dachreiter mit aufgesetztem Kreuz die Assoziation des Klosters hervorruft. Hinter der Hütte führte eine hölzerne Stiege hangaufwärts zu dem mit Eschen bestandenen Plateau. Auf einer etwas später entstandenen Zeichnung stellt Goethe die Anlage aus größerer Distanz dar, wodurch auch ihr landschaftliches Umfeld sichtbar wird (Abb. 12).[103] Im Vordergrund ist nun die Floßbrücke über der zum Wehr aufgestauten Ilm zu sehen, während der geschlängelte Weg durch niedriges Felsen- und Buschwerk auf die Einsiedelei in der Bildmitte zuführt. Die Anlage wird von hohen Bäumen hinterfangen, zur Linken öffnet sich das Tal des Flusses, rechts steigt der Uferhang terrassenartig an. Die Lage des Luisenklosters am Uferhang der Ilm gibt schließlich auch Franz Ludwig Güssefeld in einer 1782 entstandenen Tuschzeichnung wieder (Abb. 13). Das Blatt ist zweigeteilt, es verdeutlicht in einem Grund- und einem Aufriß noch einmal die geschickte Nutzung der Hangsituation für die Inszenierung: Das vermeintliche Kloster liegt unterhalb des ebenen Platzes, auf dem die Festtafel errichtet wurde – im Grundriß ist die Ovalform der Eschenanlage erkennbar –, so daß die eigentliche fürstliche Feier auf dem höhergelegenen Plateau einen angemessenen Ort fand.

---

102 Goethe, *Das Louisenfest*; MA 18.2, S. 336.

103 *Corpus der Goethezeichnungen*, Bd. I, Nr. 204 u. 225 sowie Bd. VI b, Nr. 178. Zur stilistischen Analyse des Blattes Nr. 225 von 1780 siehe Maisak 2001, S. 98.

Auch die Wahl des gotischen Stils für die Umgestaltung der Mauer in eine künstliche Ruine war keineswegs zufällig erfolgt. In den zeitgenössischen gartentheoretischen Werken wurde für die Anlage von Einsiedeleien wiederholt auf mittelalterliche Sakralarchitektur verwiesen.[104] Die Assoziation monastischer Zurückgezogenheit und Frömmigkeit fand ihren Ausdruck in gotisierenden Bauformen, während natürliche Materialien wie Holz, Stroh und Moos den Aspekt der Einfachheit und Naturnähe ergänzten. Eine Illustration zum Kapitel über Einsiedeleien in Hirschfelds *Theorie der Gartenkunst* verbindet die verschiedenen Ansprüche an eine solche Behausung auf originelle Weise. Die einfache hölzerne Hütte versah man dort mit gotischen Spitzbögen, die gleichfalls aus natürlichem Material bestehen: Der Holzwand wurden knorrige Baumstämme, die sich im oberen Teil der Wand gabeln und zu Spitzbögen zusammenlaufen, lisenenartig vorgelegt (Abb. 14). In der Architekturtheorie war die Gotik auch aus der nördlichen Vegetation hergeleitet worden. Baumreihen bilden sich – wie in Hirschfelds Illustration – zu Spitzbögen, Baumgruppen zu Bündelpfeilern und Zweige zu Rippen.[105] Gerade weil man die Gotik als naturhaften, aus der Nachahmung lebender Bäume entstandenen Stil betrachtete, war ihre Wiederbelebung zunächst in England und seit den 1770er Jahren auch in Deutschland mit der Entwicklung des Landschaftsgartens eng verknüpft.

Beim kontemplativen Verweilen in der Einsiedelei sollte dem Besucher die Vergänglichkeit allen Menschenwerks vor Augen geführt werden, da sowohl die primitive Bauform einer solchen Hütte als auch die gotische Ruine von längst vergangenen Zeiten zeugen, vor allem aber eindrücklich den unabwendbaren Verfall aller Bauten versinnbildlichen.[106] Indem die Ruine für die Vergänglichkeit steht, mahnt sie zum sinnvollen Umgang mit der Zeit – gerade so, wie es die vermeintlichen Klosterbrüder in Seckendorffs Dramolett auch verbal getan hatten. Darüberhinaus wurde in gartentheoretischen Schriften empfohlen, künstliche Ruinen in eher unwegsamem Gelände zu errichten, damit sie schwer zugänglich seien und somit zur zeitlichen Distanz für den Betrachter verstärkend auch eine räumliche hinzukäme.[107] Daß das Luisenkloster in Weimar – wenn auch zunächst umständehalber wegen des Ilmhochwassers – an jenem „wüste[n], nie betretene[n] Platz“[108] in der „Kalten Küche“, so der alte Flurname für den Steilhang über dem westlichen Ilmufer, angelegt worden war, entspricht damit vollkommen den theoretischen Vorgaben zur landschaftlichen Gartenkunst.

Die Hofgesellschaft fand Gefallen an dem neuerschlossenen Aufenthaltsort: Das Fourierbuch verzeichnet in den auf das Luisenfest folgenden Tagen immer wieder, daß die „Fürstl. Tafel bey dem Closter“ stattgefunden habe.[109] Die bereits etablier-

104 Vgl. exemplarisch Hirschfeld, *Theorie*, Bd. 3, 1780, S. 96–108.
105 Vgl. Philipp 1997, S. 74.
106 Vgl. dazu ausführlich Hartmann 1981, S. 191ff.
107 Vgl. Hirschfeld, *Theorie*, Bd. 3, 1780, S. 96f.
108 Goethe, *Das Louisenfest*; MA 18.2, S. 334.
109 ThHStAW: HA E Nr. 27, Bl. 63ff.

ten Plätze für die herrschaftliche Tafel im Freien – erinnert sei an Belvedere und Tiefurt, aber auch an den Stern oder den Welschen Garten – wurden damit nicht einfach um einen weiteren angenehmen Aufenthaltsort bereichert. Zum ersten Mal verließ die höfische Gesellschaft die angestammten, teilweise noch in barocker Regelmäßigkeit gestalteten Festplätze in den überlieferten Gärten, um sich auf Goethes Veranlassung in gleichsam unberührtes landschaftliches Terrain zu begeben.

In mehrfacher, noch zu erläuternder Hinsicht sollte das auf der gegenüberliegenden Seite der Ilm ebenfalls am – bisher verwaisten – Hang gelegene „Kloster" ein Pendant zu Goethes Garten und den dortigen geselligen Zusammenkünften bilden. „Ferner und schließlich aber", so beendet Goethe seinen Text über *Das Louisenfest*,

> verdient dieser Lebenspunct unsre fortdauernde Aufmerksamkeit, indem die sämmtlichen Wege, an dem Abhange nach Ober-Weimar zu, von hier aus ihren Fortgang gewannen; wobei man die Epoche der übrigen Parkanlagen, auf der obern Fläche bis zur Belvederischen Chaussee, von diesem glücklich bestandenen Feste an zu rechnen billig befugt ist.[110]

Mit dem Verweis auf den westlichen Ilmhang, der mit der Anlage der Felsentreppe und des „Klosters" erstmals gestalterisch in den Blick genommen worden war, verbindet Goethe die weitere Parkentwicklung, die von hier ihren Ausgang genommen habe. Das diesen Zeilen innewohnende zielgerichtete Moment ist jedoch dem großen zeitlichen Abstand und der rückblickenden Position geschuldet, denn an die „übrigen Parkanlagen" war zum Zeitpunkt des Luisenfestes noch nicht zu denken. Bezeichnend ist vielmehr, daß Goethe in diesem Zusammenhang präzisierend von der „obern Fläche bis zur Belvederischen Chaussee" spricht. Diese Formulierung impliziert, daß der untere Parkteil auf eine andere, frühere Initiative zurückgeht: Hier hatte die Hofgesellschaft schon den Schritt über die schattigen Spazierwege im Stern hinaus ins Ilmtal gewagt und die Gestaltung von Goethes eigenem Garten mit lebhafter Anteilnahme begleitet. Goethe selbst hatte, bereits ehe er die ersten „ästhetischen Bilder" am westlichen Uferhang zu gestalten begann, mit seinem Garten auch das eigentliche Flußtal „in Besitz genommen".[111]

2.5. „Dichterische Visionen"[112]

„In meinem Thal", schreibt Goethe im August 1778 an Merck,

> wird's immer schöner, das heißt es wird mir näher und Andern und mir genießbarer, da ich die vernachläßigten Plätzchen alle mit Händen der Liebe polstre und putze, und jederzeit mit größter Sorgfalt die Fugen der Kunst der lieben immer bindenden Natur zu befestigen und zu decken übergebe.[113]

---

110 Goethe, *Das Louisenfest*; MA 18.2, S. 339.

111 Goethe, *Tagebücher*, Bd. I/1, S. 17.

112 Vgl. Christoph Martin Wieland an Johann Heinrich Merck, Weimar 27. August 1778; *Briefwechsel Wieland*, Bd. 7.1, S. 114.

113 Johann Wolfgang Goethe an Johann Heinrich Merck, Weimar 5. August 1778; WA IV/3, S. 237.

Als er dies dem Freund in Darmstadt berichtet, liegt die Inszenierung zum Namenstag der Herzogin in der neugeschaffenen Kulisse des Luisenklosters gerade wenige Wochen zurück. Soeben ist Goethe dabei, „an dem Felsen werck die lezte Hand anzulegen“[114], das heißt die Arbeit an der Felsentreppe mit dem dunklen Tor zum Fluß hin abzuschließen. Ihren Ausgangspunkt hatten beide Anlagen in der Würdigung eines konkreten festlichen oder tragischen Anlasses, über den hinaus sie sich zu häufig genutzten Aufenthaltsorten der höfischen Gesellschaft etablierten.

Goethe empfiehlt sich in seinem Brief nicht nur selbst als Gartenkünstler, sondern benutzt auch erstmals im Zusammenhang mit seinen landschaftsgärtnerischen Ambitionen das – in seiner späteren Auseinandersetzung mit der Gartenkunst so wesentliche – Begriffspaar „Natur“ und „Kunst“. Die „Fugen der Kunst“, formuliert er, könne er der „immer bindenden Natur zu befestigen und zu decken“ übergeben. Der Gartenkünstler weiß sich mit der Natur im Einklang, die vollenden und verbinden soll, was er selbst als vereinzeltes Monument oder als spontan ins Werk gesetzte Staffage begonnen hatte. Er integriert seine Gartenarchitekturen bewußt in die natürlichen Gegebenheiten der Landschaft und verknüpft beide im Sinne des jeweils intendierten ikonographischen Konzepts. Durch die Ästhetisierung vorgefundener Naturformen – so im Fall der Felsentreppe – übernimmt er selbst einen Teil der Funktion, die er der „immer bindenden Natur“ zuweist.

Goethe wird den ganzen Sommer 1778 über nicht müde, der Hofgesellschaft in „seinem Tal“ mit neuen theatralischen Inszenierungen aufzuwarten. Im August speiste Anna Amalia, die dem Luisenfest wegen einer Reise nach Frankfurt nicht hatte beiwohnen können, samt Gefolge im „Kloster“, und während man dort noch tafelte, wurde auf Goethes Anweisung die nächtliche Ilmpartie unterhalb der Einsiedelei durch lodernde Fackeln effektvoll illuminiert. In einem ausführlichen Bericht über die jüngsten Geschehnisse in Weimar schreibt Wieland begeistert an Merck:

> Verwichnen Sonnabend fuhren wir zu Göthen, der die Herzogin auf den Abend in seinen Garten eingeladen hatte, um sie mit allen den Poemen, die er in ihrer Abwesenheit an den Ufern der Ilm zu Stande gebracht, zu regalieren. Wir speiseten in einer gar holden kleinen Einsideley, [...] und wie wir nun aufgestanden waren und die Thüre öfneten, siehe, da stellte sich uns, durch geheime Anstalt des Archi-Magus, ein Anblik dar, der mehr einer realisierten dichterischen vision als einer Naturscene ähnlich sah. Das ganze Ufer der Ilm, ganz in Rembrands Geschmack, beleuchtet – ein wunderbares Zaubergemisch von Hell und Dunkel, das im Ganzen einen Effect machte der über allen Ausdruk geht. Die Herzogin war davon entzükt wie wir alle. Als wir die kleine Treppe der Einsiedley herabstiegen und zwischen den Felsenstükken und Buschwerken längs der Ilm gegen die Brücke, die diesen Plaz mit einer Ecke des Sterns verbindet, hingiengen, zerfiel die ganze vision nach und nach in eine Menge kleiner Rembrandtischen Nachtstücke die man ewig hätte vor sich sehen mögen, und die nun durch die dazwischen herumwandelnden Personen ein Leben und ein Wunderbares bekamen, das für meine Poetische Wenigkeit gar was herrliches war. Ich hätte Göthen vor Liebe fressen mögen.[115]

---

114 Johann Wolfgang Goethe an Charlotte von Stein, Weimar 6. August 1778; WA IV/3, S. 241.

115 Christoph Martin Wieland an Johann Heinrich Merck, Weimar 27. August 1778; *Briefwechsel Wieland*, Bd. 7.1, S. 113f.

Indem die Fackelträger während des Spektakels ihre Position wechselten, wurde das inszenierte „ästhetische Bild“ gleichsam zum Leben erweckt; es nahm die Bewegung der Betrachter auf und verteilte sich in eine Fülle einzelner Szenen. Mit der treffenden Formulierung der „dichterischen Vision“ lenkt Wieland den Blick auf das charakteristischste Merkmal der frühen gartenkünstlerischen Anlagen im Ilmtal: Sentimentales Naturerleben wird hier durch einen dichterischen Impuls evoziert, der, umgesetzt in effektvolles Spiel mit theatralischer Kulisse und Verkleidung, die Zuschauer stets aufs Neue zu überraschen und zu unterhalten vermag. Mit den „Rembrandtische[n] Nachtstücke[n]“ verweist Wieland zudem auf das malerische Moment der Inszenierung, deren betonte Hell-Dunkel-Kontraste zu den wirkmächtigsten Gestaltungsmitteln der Szene zählen. Dichtung, Malerei und Bühnenkunst gehen in der Fels- und Wiesenlandschaft der Ilmaue eine ideale Verbindung ein, aus der das Interesse an der gartenkünstlerischen Formung der Landschaft erst erwächst.

In seinen zahlreichen Briefen an Merck bedauert Wieland häufig, daß der Darmstädter Freund die Feste in Weimar nicht erleben könne und wiederholt beständig seine Einladung,

> wiewohl Göthe haben will daß du erst kommen sollst; wenn die Nachtigallen wieder singen – und das muß auch seyn, wenn du an allen den Poesien Freude haben sollst, die er diess und jenseits der Ilm geschaffen hat, und die der hochlöblichen Cammer zwar ein tüchtiges Geld kosten, dafür aber auch diese Seite von Weimar zu einem Tempe und Elysium machen.[116]

Mit Tempe, dem sagenumwobenen Tal des Flusses Peneus in Thessalien, verweist Wieland auf einen Sehnsuchtsort, der, ausgehend von den Beschreibungen antiker Dichter, Vorstellungsbilder einer erhabenen und zugleich idyllischen Landschaft hervorrief. Elysium, das als topische Wendung in Wielands Briefen häufiger wiederkehrt, bezeichnet das glückliche Jenseits der Griechen, die elysischen Gefilde an den Ufern des Styx.[117] Beide Begriffe verdeutlichen, daß sich die poetisch überhöhte Schilderung eines Landschaftsgartens an paradiesischen Urbildern und dem Gedanken eines Goldenen Zeitalters orientierte.

Wenn Wieland „auch diese Seite von Weimar“ anspricht, so deutet er auf die gleichzeitig entstehenden landschaftlichen Gartenanlagen in Tiefurt und den Sommersitz Anna Amalias in Ettersburg hin, die ebenfalls vielfältigen Raum für den Natur- und Kunstgenuß der höfischen Gesellschaft boten.[118] Der im Ilmtal bereits erprobte malerische Hell-Dunkel-Effekt der „Rembrandtische[n] Nachtstücke“ beispielsweise erfuhr eine verfeinerte Umsetzung in Goethes Inszenierungen des Singspiels *Die Fischerin* im Sommer 1782 in Tiefurt und von *Adolar und Hilaria* in

116 Christoph Martin Wieland an Johann Heinrich Merck, Weimar Mitte Oktober 1778; *Briefwechsel Wieland*, Bd. 7.1, S. 126. Bei den erwähnten Kosten übertreibt Wieland, denn den Schatull- und Kammerrechnungen zufolge erforderten die Arbeiten keinen besonderen finanziellen Aufwand. Vgl. dazu Huschke 1951, S. 58, Anm. 2.

117 Vgl. U. Müller 2000b, S. 27f.

118 Siehe dazu ausführlich Kapitel 3.3.

Ettersburg, welche durch Georg Melchior Kraus wiederum in Gemälden dargestellt wurden (Abb. 15).

An den „Poesien [...] dies- und jenseits der Ilm“ soll Merck sich bei seinem Besuch erfreuen, und wieder handelt es sich bei Wielands Ausdrucksweise wohl nicht nur um eine sprachliche Nuance. Er sieht, wenn er von Goethes Schöpfungen im Ilmtal spricht, stets den Dichter im Gartenkünstler. Goethes Garten, die Felsentreppe, das Luisenkloster und nicht zuletzt die ephemeren Inszenierungen am Ufer des Flusses bilden die Keimzelle des späteren Parks an der Ilm. Die Anfänge des Landschaftsgartens im Ilmtal lassen sich somit nicht allein aus gartenkünstlerischen Ambitionen erschließen, sondern wurzeln zugleich in der Theaterpraxis, dem Maskenspiel oder einer „dichterischen Vision“.

2.6. Der „Stein des guten Glücks“

Mit der Felsentreppe und dem „Kloster“ hatte Goethe im Frühjahr und Sommer 1778 die ersten gartenkünstlerischen Werke außerhalb seines Gartens im Ilmtal initiiert. Die Anlagen entsprachen in ihrem Entstehungskontext und ihrer Gestalt der empfindsamen Zeitströmung und wurden in dieser Weise von der höfischen Gesellschaft rezipiert. Bereits im Jahr zuvor war jedoch im Garten des Dichters ein Denkmal entstanden, das sich dem mühelosen Verständnis seiner Betrachter entzog.

„Agathe Tyche gegründet!“, heißt es am 5. April 1777, ein Jahr nach seinem Einzug ins Gartenhaus, in Goethes Tagebuch.[119] Dieser zunächst kryptisch anmutende Ausdruck bezieht sich auf ein Denkmal aus einem mächtigen Kubus von rötlichem Sandstein, auf dem eine schwere Kugel ruht: der „Stein des guten Glücks“. Goethe ließ hier zwei regelmäßige geometrische Körper beachtlichen Ausmaßes zu einer räumlichen Erscheinungsform zusammensetzen (Abb. 16).[120] Für das Denkmal hatte er erneut Adam Friedrich Oeser um einen Entwurf gebeten, den beide im Januar 1777 brieflich diskutierten. „Sie wollen ein sinnliches Bild des immerwehrenden Glücks mit Geschmack ausgedrückt haben“, schrieb der Leipziger Künstler am 16. Januar 1777 nach Weimar,

> da helfen die strengen Mathematischen Wahrheiten nichts, erdenken Sie lieber etwas mit ihrer strengen Mathematic daß die Kugel gantz frey in der Luft schwebet, so erreichen Sie das, was bey jedem Bilde die erste Pflicht seyn muß: den denkenden Geist zu beschäftigen, so erreichen Sie den höchsten Grat dieser Hyroklife. Suchen Sie ums Himmelswillen keine Schulfüchsereyen im Werden des Geschmacks, was dem Auge plump und schwerfällig erscheint, weg damit das ist dasjenige welches wie das Magere alles verderbet, bleiben Sie bey der kleinen Idee so ich entworfen, so wird ihr Bild gut ausfallen, und die Kugel ist nach ihrem Platz

---

119 Goethe, *Tagebücher*, Bd. I/1, S. 40.

120 Der Kubus hat eine Kantenlänge von 90 cm, die Kugel einen Umfang von 230 cm, d. h. sie mißt über 73 cm im Durchmesser. Siehe Weiland 1986, S. 345f. Zum Denkmal vgl. auch Balzer 1966, S. 25f.; Bode 1909, S. 115; Huschke/Vulpius 1955, S. 31; Kahler 1983, S. 20f.

> wo sie aufgestellet wird, groß genug, wenn sie 16 bis 18 Zoll im Durchschnitt ist, die Flügel bereichern das Bild genug, und vermuthlich sehen Sie warum ich die Wolke gemacht habe.[121]

Goethe hatte also nicht nur den Gegenstand des gewünschten Denkmals vorgegeben – ein steinernes Sinnbild des Glücks –, sondern war sich auch weitgehend über dessen Gestalt im Klaren, die sich auf geometrische Grundformen konzentrieren und ohne allegorisches Beiwerk auskommen sollte. „Ich [...] lege die weitere Überdenkung meiner Idee mit bey, der kleinste Kubus No. 2 gefällt mir am besten, zur Zugabe wünsche ich zu wißen, was Sie bey No. 3 empfinden", vermeldete Oeser schon Anfang Januar 1777. Doch befürchtete er, ein Denkmal nach Goethes Vorstellungen könne dem Auge „plump und schwerfällig erscheinen", weshalb er die Kugel in seinen Entwürfen auf eine Wolke bettete und mit Flügeln versah. Bereits in einem vor 1778 entstandenen Leipziger Deckengemälde hatte Oeser das Glück in ähnlicher Weise dargestellt, nämlich als „ein blühender Knabe, auf einer geflügelten Kugel. Er [...] wiegt sich auf seinem schwebenden Sitze, als wolle er dem ungewissen Fortschwunge der Kugel Sicherheit geben", wie es in einer zeitgenössischen Beschreibung der Gemälde Oesers heißt.[122] Der Maler griff im Fall des Deckengemäldes wie auch des Denkmals auf die tradierte Fortuna-Ikonographie zurück, nach der eine junge Frau auf einer Kugel balanciert.

Seit der Antike symbolisiert die Kugel die unbeständige Bewegung des Schicksals, während die Personifikation der Fortuna für die schicksalsentscheidende Macht steht. Die Flügel verstärken den Ausdruck der dem Glück eigenen Flüchtigkeit, und ihr Schweben – von Oeser durch die Wolken verbildlicht – unterstreicht den unsteten Charakter des Glücks. Für den Entwurf des Weimarer Denkmals verzichtet Oeser in Übereinstimmung mit Goethe auf eine Personifikation, während ihm die Attribute, Flügel und Wolken, zu dessen inhaltlichem Verständnis unerläßlich scheinen. Gegenstand seiner Briefe nach Weimar sind deshalb vor allem die Fragen der Ausführung, das heißt der künstlerischen Umsetzung eines aus der Malerei tradierten Motivs in plastische Form. Goethe hingegen setzte seine Vorstellungen von einem auf die geometrischen Körper des Würfels und der Kugel reduzierten Denkmal durch und schuf damit ein abstraktes Gleichnis für die gegensätzlichen Kräfte, die das Leben bestimmen. Auf dem mächtigen steinernen Kubus, der Festigkeit, Stärke und Ruhe versinnbildlicht, lagert die Kugel als Symbol des Veränderlichen, des Dynamischen, und damit zugleich als Sinnbild der Zeit. Die römische Glücks- und Schicksalsgöttin Fortuna, die diese Kugel in unberechenbarer Bewegung hält und so für Zufall, Geschick, Glück und Unglück sorgt, entsprach weitgehend der griechischen Göttin Tyche. „Agathe Tyche", nach der

121 Adam Friedrich Oeser an Johann Wolfgang Goethe, Leipzig 16. Januar 1777; SLBD, 325 Mscr. Dresd. App. 1190, Nr. 124. Zitiert nach T. John 1999, wo der Brief erstmals veröffentlicht ist. Ebd., S. 298.

122 Franz Wilhelm Kreuchauf: *Oesers neueste Allegoriegemälde* (1782), in: Gustav Wustmann: *Franz Wilhelm Kreuchaufs Schriften zur Leipziger Kunst 1768–1782*, Leipzig 1899, S. 68; zitiert nach T. John 2001, S. 160.

Goethe den „Stein des guten Glücks“ benannte, steht im Griechischen speziell für das *gütige* Geschick und damit für den günstigen Ausgang aller Dinge.

Bei der Verbindung von Kubus und Kugel handelt es sich um einen Tribut Goethes an die emblematische Tradition.[123] Die Antithese zwischen beiden geometrischen Körpern war von alters her überliefert; seit der Renaissance finden sie sich als vertraute Sinnbilder in den symbolisch-allegorischen Nachschlagewerken.[124] Eines der heute wenig bekannten Emblembücher des Otto van Veen (1556–1629), die *Emblemata sive symbola* (1624), zeigt einen Erdball, der auf einem mit QUIES beschrifteten Block ruht (Abb. 17). Das Motto des Emblems lautet *Mobile fit fixum*. Dem erläuternden Text zufolge soll damit verdeutlicht werden, daß unter einem guten Herrscher jeglicher Ausschweifung und Verirrung Einhalt geboten wird, eine Maxime, die zum tradierten Besitz der Fürstenspiegel zählt. In den berühmten *Emblemata* von Andrea Alciati (1492–1550) bewegt eine tänzelnde, ihrer Sehkraft beraubte Fortuna die Kugel unter ihren Füßen, während Merkur neben ihr auf dem Steinblock sitzt (Abb. 18).[125] Merkur, der in der schriftlichen und ikonographischen Überlieferung auch als Schutzpatron der Künste fungiert und die Bestrebungen der geistig schöpferischen Menschen behütet, scheint mit beschwichtigender Geste den unsteten Bewegungen der launischen Fortuna Einhalt gebieten zu wollen.[126] Im Gegensatz zu deren ständig rollender Kugel bedeutet der rechteckige Sockel, auf dem Merkur Platz genommen hat, auch hier Stabilität und Festigkeit. Daß der Würfel von alters her die Standfestigkeit und Schwerkraft der Erde symbolisiere, suchten die Platoniker der Renaissance nicht zuletzt mit Zitaten aus dem *Timaios* zu belegen.[127] Überdies war der Kubus bereits im pythagoräischen System der regelmäßigen Körper der Erde zugeordnet worden. Goethe besaß eine Ausgabe von Alciatis *Emblemata* aus dem Jahr 1580, die wohl auch die *Symbola* des Pythagoras enthielt, da diese den *Emblemata* nicht selten vorangestellt wurden.[128] Der Erdverbundenheit des Kubus korrespondiert die rotierende oder schwebende Kugel, welche die Affekte und Leidenschaften des menschlichen Lebens versinnbildlicht. Namentlich als Spielball der vier Leidenschaften (*passiones*) – Hoffnung, Furcht, Freude und Leid – war die Kugel zu einem Topos in der Bildsprache der Renaissance avanciert.

---

123 Vgl. Heckscher 1962, S. 38ff.

124 Zur Antithese zwischen Kubus und Kugel vgl. Panofsky 1939, S. 225.

125 Die erste vollständige Edition der *Emblemata* erschien 1550; die hier beschriebene Darstellung stammt aus der 1564 in Antwerpen veröffentlichten Ausgabe. Das lateinische Motto des Emblems lautet ARS NATURAM ADIUVANS: *Die Kunst hilft der Natur*. Das zugehörige Epigramm verweist auf die Nützlichkeit, sich mit den Künsten zu beschäftigen, da dies zu Glück und Erfolg verhelfe. Siehe Henkel/Schöne 1967, S. 1796f.

126 Zu Merkur als Schutzpatron der Künste und Wissenschaften vgl. Klibansky/Panofsky/Saxl 1992, S. 375 (Anm. 56), 470, 487.

127 Vgl. Wittkower 1983, S. 199f.

128 Vgl. Heckscher 1962, S. 44f.

Goethe wußte die altbekannten, gleichsam codifizierten Formen mit eigenen Inhalten zu erfüllen: Das Streben nach dem Ausgleich einander widerstrebender Mächte sollte ihn zeitlebens beschäftigen. Er betrachtete den Menschen als organische Einheit und sein Leben als naturgesetzliches Kräftespiel, worin Affekte und Leidenschaften eine maßgebliche Rolle spielen. Auf eine Personifikation der „Agathe Tyche" verzichtete Goethe zugunsten einfacher geometrischer Formen, die zu einem emblematischen Denkbild zusammengefügt wurden. Auf diese Vorgehensweise bezieht sich wohl seine Ergänzung zu dem bereits zitierten Tagebucheintrag „[Agathe Tyche] gegründet!", dem er hinzufügt: „Da [Mythos] erfunden wird, werden die Bilder durch die Sachen gros, wenns Mythologie wird, werden die Sachen durch die Bilder gros."[129] Da Goethe den „Stein des guten Glücks" in seinem eigenen Garten aufstellte, mußte er auf dessen allgemeine Verständlichkeit für den Betrachter keine Rücksicht nehmen; er konnte von einer Personifikation im Sinne des Mythos und von ikonographisch eindeutigem Beiwerk absehen und das Denkmal mit seiner persönlichen Sinngebung ausstatten. Oeser zollte diesem Anliegen wenig Verständnis und kritisierte in einem Brief an Knebel, in dem er seine Gedanken zur Gestalt und Funktion von Denkmälern ausführlich darlegt, das Auseinanderfallen von „Absicht und Wirkung". „Ich berufe mich auf Erfahrungen", schreibt er,

> die ich nur zu oft gemacht, daß gewiße Vorstellungen bey ihrer Ausführung keine Wirkung thaten. Hr. Ghr. Goethens Kugel und Würfel ist ein neuer Beweiß davon. Jedermann sieht es für eine Kugel von einem alten Thorweg an; wäre meine Idee, die nur Scherz war, ausgeführt worden, so wäre doch der Beobachter in so fern zum Nachdenken gereizt worden, was es wohl bedeuten sollte.[130]

Oeser fühlt sich beim Anblick des Goetheschen Denkmals an Torpfeiler erinnert, auf denen eine Kugel ruht, wie sie beispielsweise an der Weimarer Schloßbrücke zu finden sind: ein rein formaler Vergleich, der impliziert, daß Goethe die Bedeutung des Steins tatsächlich nur Eingeweihten nahebrachte. Nach Auffassung Oesers, der für eine breite bürgerliche und höfische Auftraggeberschicht arbeitete, war die allgemeine Verständlichkeit eines Bildwerks hingegen unabdingbar; seine Ablehnung des ausgeführten Denkmals und dessen abstrakter Symbolik deutet auf eine erste Fremdheit zwischen dem Leipziger Akademiedirektor und seinem früheren Schüler hin.[131] Um den Betrachter zum Nachdenken anzuregen, eine Zielsetzung, die in Oesers Briefen an Goethe und Knebel wiederkehrt, hält er die Verwendung eindeutig zuzuweisender Attribute für unverzichtbar. Sollte sich dennoch ein Denkmal dem Rezipienten nicht verstandesmäßig erschließen, muß zumindest

129 Goethe, *Tagebücher*, Bd. I/1, S. 40.

130 Adam Friedrich Oeser an Karl Ludwig von Knebel, Leipzig 9. Februar 1780; GSA 54/235, Bl. 12f. Teilweise abgedruckt in: *Briefe aus Knebels Nachlaß*, Bd. I, S. 69f.

131 Vgl. Wenzel 1999, S. 107f. T. John vertritt dagegen eine harmonisierende Sicht im Sinne Oesers, derzufolge die Vorstellungen des Schülers und des Lehrers Hand in Hand gingen und sich ergänzten. Siehe T. John 1999, S. 299.

sein Gefühl unmittelbar angesprochen werden, wie Oeser im Brief an Knebel weiter ausführt: „Nach unsern iezigen Sitten und Zeiten muß man Empfindungen erregen, und mit wenigem viel sagen."[132]

Zeigte sich Goethe bei den von ihm initiierten Anlagen im Ilmtal ebenfalls der gängigen empfindsamen Wirkungsästhetik verpflichtet, beweist er mit dem „Stein des guten Glücks", daß sich seine Intention nicht in den von sentimentalem Impetus durchdrungenen „ästhetischen Bildern" erschöpfte. Das Monument verweist auf tradierte Bildformeln der Renaissance- und Barockikonographie, die Goethe in eine moderne, abstrakte Ausdrucksweise überführt. Es handelt sich hierbei nicht nur um eines der ersten nichtfigürlichen Denkmäler in Deutschland. Der „Stein des guten Glücks" korrespondiert in seiner Formensprache auch mit den ehrgeizigen Entwürfen für eine Architektur, die streng auf die Grundformen geometrischer Körper – Kubus, Kugel, Pyramide und Zylinder – reduziert ist und die in den französischen Baumeistern Claude-Nicolas Ledoux (1736–1806) und Étienne-Louis Boullée (1728–1799) ihre radikalsten Vertreter fand.[133]

Noch während sich Goethes eigenes Naturerleben in empfindsamen Zeilen und Monumenten wie der Felsentreppe niederschlug, erkannte er, wie leicht die von Oeser geforderten Attribute zur ikonographischen Entschlüsselung eines Denkmals oder die stilistischen Merkmale einer Architektur auch Gefahr liefen, zu inhaltslosen, beliebig eingesetzten Versatzstücken degradiert zu werden, wie dies gerade in den neuen englischen Gartenanlagen häufig geschah. Goethes ambivalente Haltung zur empfindsamen Gartenkunst fand ihren beredtesten Ausdruck in der bereits erwähnten, gleichfalls 1777 entstandenen Farce *Der Triumph der Empfindsamkeit.*

2.7. Kritik an der Gartenmode. *Der Triumph der Empfindsamkeit*

Im September 1777 weilte Goethe mit dem Herzog in Eisenach, und während sich Carl August bei Wilhelmsthal auf der Jagd vergnügte, schrieb Goethe an Charlotte von Stein: „Eine Tollheit hab ich erfunden, eine komische Oper die Empfindsamen, so toll und grob als möglich." Weiter führte er aus: „Wenn Seckendorf sie komponiren will kan sie den Winter gespielt werden ich hab angefangen Philippen zu dicktiren."[134] Aus der „komische[n] Oper" wurde ein possenhaftes Lustspiel mit

132 Adam Friedrich Oeser an Karl Ludwig von Knebel, Leipzig 9. Februar 1780; GSA 54/235, Bl. 13.

133 Vgl. Kruft 1982, S. 288; Rosenblum 1969, S. 150f. Rosenblum hat den Abstraktionsgrad von Goethes Entwurf mit den Skulpturen Brancusis verglichen. Ebd., S. 171. Vgl. auch Adolf Max Vogt: *Boullées Newton-Denkmal. Sakralbau und Kugelidee*, Basel/Stuttgart 1969.

134 Johann Wolfgang Goethe an Charlotte von Stein, Eisenach 12. September 1777; WA IV/3, S. 174.

Musik- und Tanzeinlagen, das am 30. Januar 1778 anläßlich des Geburtstages der Herzogin Luise zur Aufführung kam.[135]

Um die in den siebziger und achtziger Jahren des 18. Jahrhunderts vorherrschende, von Naturschwärmerei, gefühlvoller Poesie und Freundschaftskult geprägte sentimentale Kultur in ihren mitunter lächerlichen Auswüchsen bloßzustellen, ersann Goethe eine märchenhafte Szenerie um den Prinzen Oronaro, der in einer künstlich-empfindsamen, vom Dichter satirisch überhöhten Traumsphäre lebt. Der überspannte Prinz ist in eine kostümierte Strohpuppe verliebt, deren Eingeweide aus verschiedenen Büchern der empfindsamen Strömung bestehen; nicht zuletzt finden sich dort Rousseaus Briefroman *Julie, ou La nouvelle Héloïse* und von Goethes eigener Hand *Die Leiden des jungen Werther* – schon hier verrät der Dichter sein Talent zur Selbstironie. Indem er den Prinzen in Leidenschaft zu einem künstlichen Wesen entbrennen und damit in eine Scheinwelt flüchten läßt, die der Komplexität wirklicher menschlicher Beziehungen entbehrt, überführt er seinen Helden des Götzendienstes.[136] Darüberhinaus verweist er auf eine Tendenz, welche die gesamte Kultur der Empfindsamkeit kennzeichnet: die wirkliche Natur durch eine gleichsam künstliche, eine „Scheinnatur" zu ersetzen. Vor allem die empfindsame Gartenmode mit ihren vielerorts inszenierten Staffagearchitekturen bot in diesem Zusammenhang reichlich Angriffsfläche. Die wahllose Anhäufung von Bauten und Monumenten verschiedener Stile im Garten entlarvt Goethe als oberflächlich, ja albern. Noch ehe er selbst begonnen hatte, im Ilmtal „einige seltsam romantische Fleckchen" zu erfinden und „die vernachläßigten Plätzchen alle mit Händen der Liebe"[137] zu verschönern, parodierte der Dichter im Prolog zum vierten Akt des Lustspiels in bissigen Spottversen die Auswirkungen des empfindsamen Geschmacks in der Gartenkunst:

> Was ich sagen wollte! Zum vollkommenen Park
> Wird uns wenig mehr abgehn.
> Wir haben Tiefen und Höhn,
> Eine Musterkarte von allem Gesträuche,
> Krumme Gänge, Wasserfälle, Teiche,
> Pagoden, Höhlen, Wieschen, Felsen und Klüfte,
> Eine Menge Reseda und andres Gedüfte,

---

135 Goethe, *Der Triumph der Empfindsamkeit*; MA 2.1, S. 165–212. Zunächst unter dem Titel *Die Empfindsamen, oder die geflickte Braut* konzipiert, hat Goethe das Stück 1786 überarbeitet und unter dem bekannten Titel bei Göschen in Leipzig in Druck gegeben. Der dabei ergänzte Untertitel *Dramatische Grille* weist das Spiel deutlich der possenhaft-satirischen Komik zu. Vgl. Kommentar in MA 2.1, S. 630ff.; Doktor 1975, S. 249ff. Bereits 1773 war von Justus Möser (1720–1794) unter dem Titel *Das englische Gärtgen* ebenfalls eine satirische Kritik an der empfindsamen Gartenmode erschienen (*Patriotische Phantasien*, Buch 2, Kap. 77). Bezeichnend ist hier schon das ironische Diminutiv im Titel. Goethe hat den Text gekannt, wie ihm überhaupt Möser und seine *Patriotischen Phantasien* ein Vorbild waren. Vgl. Borchmeyer 1994, S. 65f.; Doktor 1975, S. 419f.; Gerndt 1981, S. 82ff.

136 Zum idolatrischen Kult im *Triumph der Empfindsamkeit* vgl. U. Müller 1999, S. 278f.

137 Siehe oben, Anm. 9 u. 113.

Weimuthsfichten, babylonische Weiden, Ruinen,
Einsiedler in Löchern, Schäfer im Grünen,
Moscheen und Thürme mit Kabinetten,
Von Moos sehr unbequeme Betten,
Obelisken, Labyrinthe, Triumphbogen, Arkaden,
Fischerhütten, Pavillons zum Baden,
Chinesisch-gothische Grotten, Kiosken, Tings,
Maurische Tempel und Monumente,
Gräber, ob wir gleich niemand begraben,
Man muß es alles zum Ganzen haben.[138]

Während hier noch die Gestaltung eines Parks nach der neuesten Mode persifliert wird, mied der empfindsame Prinz Oronaro jeden unmittelbaren Kontakt zur Natur. In seiner „Reisenatur" führt er die „vorzüglichsten Glückseligkeiten empfindsamer Seelen", ja selbst „sprudelnde Quellen", den „Gesang der Vögel" und den „Mondschein" in verschiedenen „Kästen" mit sich.[139] Die Natur ist dem Empfindsamen kein Objekt neutraler Anschauung, sondern sie fungiert allein als Lieferant von „Effekten", welche dem vielfältigen Repertoire überfeinerter Sinneseindrücke entnommen und durch die Einbildungskraft noch gesteigert werden. Wie im Fall der ausgestopften Puppe, so führt Goethe auch am Beispiel dieser „Scheinnatur" die gefährliche Folge übertriebener Empfindsamkeit vor: die völlige Entfremdung des Prinzen von der lebendigen Umwelt.

Ebenfalls im Prolog zum vierten Akt der Satire wendet sich Goethe in weitaus derberem Ton gegen solche Gebäude in Landschaftsgärten, die mit dem Blendwerk der Staffagen ihren eigentlichen Kern zu verbergen suchen:

Denn, Notabene! in einem Park
Muß alles Ideal sein,
Und, Salva Venia, jeden Quark
Wickeln wir in eine schöne Schal' ein.
So verstecken wir zum Exempel,
Einen Schweinstall hinter einen Tempel;
Und wieder ein Stall, versteht mich schon,
Wird geradewegs ein Pantheon.
Die Sach' ist, wenn ein Fremder drin spaziert,
Daß alles wohl sich präsentirt;
Wenn's dem denn hyperbolisch dünkt,
Posaunt er's hyperbolisch weiter aus.
Freilich der Herr vom Haus
Weiß meistens wo es stinkt.[140]

Nicht nur sich selbst hält Goethe mit dieser beißenden Satire einen Spiegel vor, auch der Hofgesellschaft führt er die Künstlichkeit und Lächerlichkeit einer übersteigerten Empfindsamkeits-Kultur vor Augen. Das heitere Lustspiel enthält eine

138 Goethe, *Der Triumph der Empfindsamkeit*; MA 2.1, S. 188.
139 Ebd., S. 172f.
140 Ebd., S. 187f.

nachdrückliche Warnung, echtes Sentiment nicht verflachen, verfeinerten Geschmack nicht in laue Beliebigkeit abgleiten zu lassen oder in jener so häufig erprobten theatralischen Pose zu erstarren. Stattdessen galt es, die Gegenkräfte zum Produktiven, zur ständigen Erneuerung hin zu aktivieren: Die Umwendung von „Empfindsamkeit" in „Tätigkeit" ist zu Recht als Lebensthema der ersten Weimarer Jahre Goethes bezeichnet worden.[141]

Um diese Beobachtung zu unterstreichen, sollen noch einmal die unterschiedlichen Impulse exemplifiziert werden, die Goethes Haltung zur Gartenmode um 1777/78 bestimmten. Vom Freitod der jungen Christiane von Laßberg ergriffen, begann der Dichter im Januar 1778 mit der Anlage der Felsentreppe zu ihrem Gedenken; Briefstellen und Tagebucheinträge künden von seiner Auseinandersetzung mit dem Ereignis und seinem gartenkünstlerischen Engagement, das ihn nun über den eigenen Garten am Stern hinaus den felsigen Hang auf der anderen Seite des Flusses gestalten ließ. Die Fertigstellung des Felsentors beschäftigte ihn über mehrere Monate, während er inzwischen weitere „ästhetische Bilder" am westlichen Ilmufer inszenierte und damit gleichsam den Grundstein für einen Landschaftsgarten im Ilmtal legte. Von seinen intensiven Natureindrücken, namentlich der vom Mond beschienenen nächtlichen Flußaue, zeugen lyrische Verse und Zeichnungen, die zu sentimentaler Betrachtung einladen.

Im gleichen Moment besitzt Goethe die Fähigkeit, seinen Gegenstand aus der Distanz kritisch zu reflektieren. Die Felsentreppe ist trotz ihres empfindsamen Impetus ein Beweis dafür, daß er die künstliche Überhöhung vorgefundener Naturformen ablehnte, erst recht, wenn auf diese Weise dem Betrachter falsche Tatsachen vermittelt werden sollten. Bewußt verzichtete er auf eine Urne oder skulpturale Elemente, die jene Stelle eindeutig als Gedenkstätte für eine Verstorbene ausgewiesen hätten: „Gräber, ob wir gleich niemand begraben", an denen der Spaziergänger jedoch trauernd verharren sollte, waren ihm zuwider, weil sie den Anspruch der Wahrhaftigkeit verrieten und bloß die Einbildung anregen sollten. Die Schärfe seines Spotts im *Triumph der Empfindsamkeit* indiziert, daß Goethe die Grabessymbolik im Garten als formal und inhaltlich gleichermaßen deplaziert verwarf.

Mit der anläßlich des Luisenfestes im Sommer 1778 entstandenen Einsiedelei und der künstlichen Ruine entwarf Goethe erneut Anlagen nach empfindsamem Geschmack, wenngleich die entstandenen Festarchitekturen kein Blendwerk waren, das profanen Lebensfunktionen ein künstlerisch überhöhtes Ansehen zu geben suchte. Er selbst ersann immer wieder Inszenierungen im Sinne der sentimentalen Gartenmode, jedoch ohne die lächerlich anmutenden Übertreibungen zahlreicher ambitionierter Zeitgenossen. Mit dem *Triumph der Empfindsamkeit* beweist Goethe nicht nur die Fähigkeit zu Distanznahme und kritischer Reflexion des eigenen Handelns, sondern nimmt bereits in scharfer Zuspitzung Positionen vorweg, die in

141 Vgl. Hartmut Reinhardt: Kommentar zum *Triumph der Empfindsamkeit*, in: MA 2.1, S. 630ff.

der gartentheoretischen Literatur erst in den 1790er Jahren in breiterem Rahmen diskutiert werden sollten.[142]

Zwei Jahrzehnte später wird Goethe für die Vermittlung seiner ästhetischen Auffassungen und die entschiedene Kritik an der Kunstpraxis seiner Zeit zum Beispiel mit der Zeitschrift *Propyläen* ein eigenes Forum schaffen, in dem er in zahlreichen Aufsätzen dezidiert zu kunsttheoretischen Fragen Stellung bezieht. In seinen frühen Weimarer Jahren jedoch dient ihm zunächst die Bühne des Liebhabertheaters für die kritische Auseinandersetzung mit fragwürdigen Tendenzen des künstlerischen Zeitgeists. Über dieses Medium konnte er die Hofgesellschaft direkt ansprechen, wobei die Übertreibung als stilistisches Mittel der Satire den kritischen Grundton abschwächte und spielerisch bemäntelte.

Goethes Haltung zur empfindsamen Gartenkunst läßt sich mit dem Begriffspaar von „Engagement und Distanzierung", wie es Norbert Elias geprägt hat, treffend beschreiben.[143] Gerade sein eigenes sentimentales Naturerleben bedingte in den frühen Weimarer Jahren die Förderung und Teilnahme des Dichters an dieser von Werten der Innerlichkeit bestimmten Kultur und ihrer ästhetischen Umsetzung im gleichzeitig entstehenden englischen Landschaftsgarten. Aus diesem Verständnis heraus registrierte er mit wachem Blick die Gefahr der Lächerlichkeit und Vulgarität, die aus übertriebenem gestalterischen Willen und mangelnder Reflexion darüber erwächst, welche stilistischen Mittel für ein Denkmal oder eine Architektur im Garten angemessen sind. Goethes Engagement bildete folglich eine der Voraussetzungen für seine kritisch-distanzierte Sicht auf die empfindsame Kultur und speziell deren Auswirkungen auf die Gartenmode, wie sie im *Triumph der Empfindsamkeit* ebenso ironisch wie nachdrücklich formuliert wird.

2.8. Goethe und Carl August in der Schweiz. Ende der Empfindsamkeit

2.8.1. Naturerlebnis und ästhetischer Blick

Als Goethe im Herbst 1779 plante, mit Carl August zu einer längeren Reise in die Schweiz aufzubrechen, war er von der Idee geleitet, den Fürsten der Enge des Kleinstaats für einige Zeit zu entreißen, um mit ihm ein außergewöhnliches Naturerlebnis zu teilen. Er selbst war schon einige Jahre zuvor, im Juni 1775, erstmals in der Schweiz gewesen und hatte die Landschaft enthusiastisch aufgenommen. Der Reise Goethes mit dem Herzog wohnte gleichermaßen eine pädagogische wie

142 Vgl. De Lille 1796, S. 251–263; J. G. Grohmann 1792, S. 84f. u. 118f.

143 Siehe Elias 1990. In seiner soziologischen Studie plädiert Elias dafür, „Begriffe wie ‚engagiert' und ‚distanziert' anderen, gebräuchlicheren vorzuziehen, die uns – wie etwa die Begriffe ‚subjektiv' und ‚objektiv' – eine statische und unüberbrückbare Kluft zwischen zwei verschiedenen Wesenheiten, ‚Subjekt' und ‚Objekt', vorspiegeln." Ebd., S. 66, Anm. 1.

freundschaftliche Funktion inne. Goethes Tagebücher vermerken seine erzieherische Absicht, wie sie schon beim gemeinsamen Durchstreifen der Wälder um Ilmenau zum Ausdruck gekommen war. Von der gemeinsamen Reise erhoffte sich Goethe, daß die Persönlichkeit Carl Augusts weiter gefestigt würde, nicht zuletzt durch die Sensibilisierung für eine Landschaft[144], die als Inbegriff der erhabenen Natur galt – und für deren gewaltige Kraft, Unmittelbarkeit und Authentizität die empfindsamen Erlebnismuster keine adäquate Folie bieten konnten.

Die Schweiz stellte seit dem Ende des Siebenjährigen Krieges (1756–1763) für die gehobenen Stände das Reiseziel par excellence dar.[145] Was das Land so faszinierend erscheinen ließ, war die Tatsache, daß man dort auf engstem Raum alles vorfand, was die Natur an Gewaltigem und Lieblichem zu bieten hatte: schneebedeckte Berggipfel, tobende Wasserfälle, staunenswerte Gletscher, schreckliche Schluchten – mithin die Bestandteile der erhabenen Landschaft, aber auch ruhige Seen und klare Flüsse mit beschaulichen Ufern, fruchtbare Täler und sanfte grüne Ebenen, die zum Repertoire der idyllischen Landschaft zählen.[146] Der Dichter Friedrich von Matthisson verglich die Schweiz mit einem von der Natur unübertrefflich angelegten Park, der die Reisenden durch alle Kontraste der verschiedenen Naturerscheinungen zu faszinieren vermochte; die Reisebeschreibung Johann Gottfried Ebels rühmt das Land gar als „Garten von Europa"[147]. Auch wurde die Schweiz seit Albrecht von Hallers europaweit gerühmtem Gedicht *Die Alpen* (1732) als gleichsam arkadischer Ort verklärt, dessen Bewohner fern von allen zivilisatorischen Lastern naturverbunden, aber nicht ohne gesundes politisches Selbstbewußtsein, ihr freies Leben genießen. Hervorzuheben ist schließlich die epochale Wirkung von Rousseaus *Nouvelle Héloise* (1761), von der auch Goethe erfaßt worden war. Rousseau gelang hier eine ungewöhnlich farbige Schilderung der

---

144 Joachim Ritter hat in seiner Definition des Begriffes „Landschaft" gewissermaßen auch Motiv und Ziel des didaktischen Impetus ausgedrückt, den Goethe mit dieser Reise verfolgte: „Landschaft ist Natur, die im Anblick für einen fühlenden und empfindenden Betrachter ästhetisch gegenwärtig ist." Natur wird zur Landschaft, so Ritter weiter, wenn sich der Mensch ihr „ohne praktischen Zweck in ‚freier' genießender Anschauung zuwendet, um als er selbst in der Natur zu sein." Ritter 1974, S. 150. Zur Erfahrung der Natur als Landschaft vgl. auch Trotha 1999a, S. 35–40.

145 Von der Mode der Schweizreisen kündet eine Vielzahl zeitgenössischer Reiseberichte, siehe u.a. Christian Cay Lorenz Hirschfeld: *Briefe die Schweiz betreffend. Neue und vermehrte Ausgabe*, Leipzig 1776; Carl Gottlob Küttner: *Briefe eines Sachsen aus der Schweiz an seinen Freund in Leipzig*, 3 Theile, Leipzig 1785/86; Philippe S. Bridel: *Reise durch eine der romantischsten Gegenden der Schweiz 1788. Nebst einer Charte*, Gotha 1789; *Über das Reisen durch die Schweiz. Oder Kurze Anleitung für Auslaender, welche mit Zeit- und Kostensparung, einige der merkwürdigsten Alp-Gegenden bereisen wollen*, Zürich 1792; August Wilhelm Iffland: *Blick in die Schweiz*, Leipzig 1793.

146 Zu den Schweizreisen und dem verklärten Bild der Schweiz vgl. Niedermeier 1993, S. 17; Alexander Perrig: *Schweiz*, in: Beck 1999, S. 83f.; Piatti 2001, S. 69; Trotha 1999a, S. 33ff. Vgl. auch Georg Simmel: *Die Alpen*, in: Simmel 1998 [1911], S. 125–130.

147 Johann Gottfried Ebel: *Anleitung auf die nützlichste und genußvollste Art in der Schweiz zu reisen*, Zürich 1793, S. 11. Zu Friedrich von Matthisson siehe Piatti 2001, S. 69.

Alpenlandschaft, die er als moralisch läuternde, den Zwängen gesellschaftlicher Konvention enthobene Gegenwelt zu vermitteln weiß.[148] So hatte Goethe bereits während seiner ersten Schweizreise die Bergwelt erlebt; an dieser Erfahrung orientiert sich nun seine erzieherische Intention.

Im September 1779 traten Goethe und Carl August mit wenigen Begleitpersonen ihre Reise an. Zunächst besuchten sie Goethes Elternhaus in Frankfurt, dann führte ihr Weg sie nach Darmstadt, wo sie den Moserschen Garten besichtigten. Carl August beeilte sich, diese frühe, im empfindsamen Impetus entstandene Anlage in einem Grundriß festzuhalten, den er seinem Bruder Constantin nach Weimar schickte.[149] Zuvor hatten schon die Gartenanlagen am Weißenstein bei Kassel auf der fürstlichen Reiseroute gelegen.[150] Über Emmendingen erreichte die kleine Gesellschaft im Oktober die Schweiz. Goethe war daran gelegen, den Herzog mit der bürgerlichen Art des Reisens – der touristischen Bildungsreise – vertraut zu machen, weshalb sie in den Städten nicht Standespersonen, sondern zahlreiche gebildete Bürger aufsuchten. Der Besuch bei dem Schriftsteller Johann Caspar Lavater (1741–1801) in Zürich stellte diesbezüglich „Siegel und oberste Spizze der ganzen Reise" dar.[151] Goethe lobte die politische Verfassung der Schweiz als Vorbild, so zum Beispiel in seinen Ausführungen über die in Bern beobachtete „bürgerliche Gleichheit".[152] Der Hauptzweck des Unternehmens aber bestand in der Begegnung mit den gewaltigen Naturerscheinungen – auf ausgedehnten Ritten zu Pferd, auf Wagen- und Kahnfahrten, Fußwanderungen und Bergbesteigungen mit Trägern und Alpenführern erkundeten die beiden die Sehenswürdigkeiten des Landes. Die Wasserfälle von Staubbach und Schaffhausen, die Stätten Rousseaus am Genfer See und die Insel seiner späteren Zuflucht im Bieler See sowie der Gotthard als Scheidepunkt zwischen dem Norden und dem Süden Europas waren schon zu dieser Zeit typische Reisestationen, die auch Goethe und Carl August nicht versäumten.

148 Vgl. Schmidt 1998, S. 761.

149 Vgl. den Brief Carl Augusts an die Herzogin Luise, 29. September 1779; *Briefwechsel Carl August – Luise*, S. 113. Bei dem Darmstädter Garten handelt es sich um das Anwesen des hessischen Staatsmannes Friedrich Karl Ludwig von Moser, den der Herzog in Begleitung Mercks besuchte. Johann Heinrich Merck ist auch Autor der in Hirschfelds *Theorie der Gartenkunst* erschienenen Beschreibung des Gartens, in deren Resümee er die Anlage als „heitre[n] Ruheort für die Seele des empfindungsvollen Betrachters" charakterisiert (Bd. 2, 1780, S. 157–160: *Beschreibung der Gärten um Darmstadt*). Der Grundriß von der Hand Carl Augusts ist nicht mehr nachweisbar.

150 Johann Georg Forster an Friedrich Heinrich Jacobi, 10. Oktober 1779; *Carl August in Briefen und Tagebüchern*, S. 26. Vgl. auch Goethe, *Tagebücher*, Bd. I/1, S. 93. Der Weißenstein wurde später Wilhelmshöhe genannt.

151 Johann Wolfgang Goethe an Charlotte von Stein, November 1779; WA IV/4, S. 140. Über den Besuch Goethes und Carl Augusts bei Lavater vgl. auch Ebersbach 1998, S. 121–125.

152 Vgl. Sengle 1993, S. 37. Über Bern siehe Johann Wolfgang Goethe an Charlotte von Stein, 16. Oktober 1779; WA IV/4, S. 85.

Die vielgestaltigen Eindrücke der Reise hielt Goethe in seinen *Briefe[n] aus der Schweiz 1779* fest, für deren Niederschrift er sich unter anderem des herzoglichen Tagebuchs bedienen konnte.[153] Nicht nur Carl Augusts Reisenotizen, sondern auch seine unterwegs verfaßten Briefe an die Mutter Anna Amalia zeugen von einer vorzüglichen Beobachtungsgabe, mit welcher der Herzog die vielfältigen Landschaftsbilder wahrgenommen und beschrieben hat.[154] „Er hat gar eine gute Art von Aufpassen, Theilnehmen, und Neugier", gibt auch Goethe unumwunden zu, „beschämt mich offt wenn er da anhaltend oder dringend ist, etwas zu sehen oder zu erfahren, wenn ich offt am Flecke vergessen oder gleichgültig bin."[155] Die ungekünstelte, doch differenzierte Art, in der Carl August seine intensiven Eindrücke von Menschen und Natur im Reisetagebuch und den Briefen wiedergibt, verweist darauf, daß nicht erst Goethes Einfluß vonnöten war, um eine ästhetische Sicht[156] auf landschaftliche Gegebenheiten und Naturphänomene in ihm zu wecken. Wohl aber wird sein Begleiter ihn dazu ermuntert haben, die wechselnden Erscheinungen nicht nur so genau wie möglich zu erfassen, sondern auch nach deren übergeordneten Gesetzen zu fragen. „Man fühlt tief, hier ist nichts Willkürliches, hier wirkt ein Alles langsam bewegendes, ewiges Gesetz [...]", notierte Goethe gleich im ersten der *Briefe aus der Schweiz*.[157] Beider Aufzeichnungen sind nicht mehr in jenem subjektiv-empfindsamen Ton abgefaßt, der vor allem die verschiedenen Stim-

---

153 Goethe, *Briefe aus der Schweiz 1779*; MA 2.2, S. 595–647. Vgl. auch den dazugehörigen Kommentar, S. 919ff. Obgleich Goethe den Text unmittelbar nach der Rückkehr im Februar 1780 auszuarbeiten begann, erschien er vollständig erst 1808 in Bd. 11 der ersten Gesamtausgabe Goethes bei Cotta. Der erste Teil der *Briefe aus der Schweiz* entspricht beinahe unverändert den Berichten, die Goethe während der Reise an Charlotte von Stein schickte. Für den zweiten Teil verwendete er eigene Tagebuchaufzeichnungen sowie diejenigen Carl Augusts. Das nur fragmentarisch überlieferte Reisetagebuch des Herzogs befindet sich im GSA. Erhalten ist eine Handschrift von 27 fortlaufenden Seiten (69–96); Anfang und Schluß fehlen.

154 ThHStAW: HA A XVIII Nr. 22b; teilweise gedruckt in: *Briefwechsel Carl August – Anna Amalia*, S. 27–31.

155 Johann Wolfgang Goethe an Charlotte von Stein, 14. Oktober 1779; WA IV/4, S. 79.

156 Der Begriff „ästhetische Sicht" wird hier in Anlehnung an Wolfgang Welsch verwendet, der den Begriff des „ästhetischen Denkens" konstituiert und umfassend dargelegt hat. „Ästhetik" war seit 1750 der Titel einer philosophischen Disziplin, die ein Wissen vom Sinnenhaften anstrebte. Das Denken muß, damit von „ästhetischem Denken" gesprochen werden kann, in besonderer Weise mit Wahrnehmung verbunden sein. Die Wahrnehmungsgehalte einer Situation werden demnach forciert, so daß aus einer einzelnen Beobachtung ein Bild der Welt hervorgeht. Einzelne Beobachtungen oder Wahrnehmungen wirken dann als Nukleus imaginativer Prozesse, die zu weiterführenden Fragen, Einsichten und schließlich einer veränderten Grundhaltung führen. Schon im 18. Jahrhundert bestand der tiefere Sinn der Ausbildung der Ästhetik in einer Übersetzung von Kunstformen in Lebensformen. Eine erweiterte Wahrnehmung wird für das Denken selbst essenziell. Dafür steht der Terminus „ästhetisches Denken". Vgl. Welsch 1990, S. 46–52, 77f. Vgl. weiterhin Trotha 1999a, S. 40. – Im Falle des Weimarer Herzogs stellten die während der Schweizreise unternommenen Naturbeobachtungen nicht nur den Gegenstand eingehender Reflexion dar. Sie sind auch für das künftige „ästhetische Denken" Carl Augusts, hier bezogen auf seine Wahrnehmung von Landschaft und sein daraus folgendes gartenkünstlerisches Engagement, von nachhaltiger Bedeutung.

157 Goethe, *Briefe aus der Schweiz 1779*; MA 2.2, S. 597.

mungsbilder in der Natur wiedergab. Stattdessen ist namentlich aus Goethes *Briefen* zunehmendes naturwissenschaftliches, vor allem geologisches Interesse ablesbar. Einen Großteil seiner sinnlichen Aufmerksamkeit nutzte er für naturkundliche Beobachtungen, studierte Gesteins- und Wolkenbildungen. In Bern suchte er den Pfarrer Jakob Samuel Wyttenbach auf, der mehrere Alpenführer verfaßt hat und zudem Gesteine sammelte, folglich eine geologische Sicht auf die Gletscherwelt zu vermitteln wußte.[158] Auch Carl August reflektierte im Tagebuch gesteinskundliche Betrachtungen – gewissenhaft suchte er sich Rechenschaft über das zu geben, was er sah.[159]

Tatsächlich durchwanderte der Herzog in den Schweizer Bergen gewissermaßen eine Schule des Sehens: Zum einen legten die Reisenden ihren durch zahlreiche literarische Schilderungen vorgezeichneten Weg durch die Alpenlandschaft zielstrebig zurück, während sie andererseits immer wieder innehielten, um die bildhafte Wahrnehmung klar definierter Punkte in der Landschaft zu beschreiben. Goethe und Carl August sahen auch in den Schweizer Bergen eine Abfolge „ästhetischer Bilder“, die sie folgerichtig mittels der für die Beschreibung von Landschaftsgemälden eingeführten Topoi – der Gliederung in einzelne Bildebenen vom Vorder- zum Hintergrund – wiedergaben. Auch hier konnte Hirschfeld Vorbildwirkung entfalten, da er die Landschaft der Schweiz vor allem als Vorlage der zahlreichen, ab den 1770er Jahren entstandenen Gemälde betrachtet hatte, welche die elementaren Kräfte des Gebirges aus unmittelbarer Wahrnehmung veranschaulichten und die Berge und Gletscher der Alpen auch denjenigen vor Augen stellten, die selbst nie die Schweiz bereisten.[160] Im ersten Band seiner *Theorie der Gartenkunst* leitet Hirschfeld die Passage über die *Gärten in der Schweiz* mit einer entsprechenden Parallele ein:

> Wenn die Natur ein Land gebildet hat, das mit einer erstaunlichen Größe und Mannigfaltigkeit heroischer Gegenstände eine vorzügliche Annehmlichkeit der Aussichten vereinigt, so ist es die Schweiz. Es scheint, daß die Natur hier gleichsam ganz Original seyn wollen, so kühn, so seltsam und auffallend ist ihre malerische Manier; und auswärtige Landschaftmaler, die diese Gegenden nachbilden wollten, fühlten es bald zum Erstaunen, wie weit der Charakter dieser landschaftlichen Prospecte sich über andere erhebt.[161]

---

158 Zum Beginn der geologischen Interessen Goethes auf der Schweizreise 1779 vgl. Busch 1994, S. 490ff.

159 Vgl. Andreas 1953, S. 434.

160 Zu nennen ist hier vor allem Caspar Wolf (1735–1783), der die Alpenlandschaft in mehr als 150 Gemälden festhielt, die zugleich die neuen geologischen Erkenntnisse des Gesteinforschers Wyttenbach wiedergaben. Seine Bilder dienten den in Tafelwerken erschienenen kolorierten Umrißradierungen, wie den *Merkwürdigen Prospekten aus den Schweizer-Gebürgen und derselben Beschreibung* (1777), als Vorlage. Vgl. Busch 1994, S. 490f.; Alexander Perrig: *Schweiz*, in: Beck 1999, S. 84–99.

161 Hirschfeld, *Theorie*, Bd. 1, 1779, S. 33.

Daß die Landschaftsmalerei zu einem wichtigen Gradmesser des ästhetischen Urteils über die wirkliche Natur avanciert war, zeigt der Ausdruck „malerische Manier", mit der Hirschfeld noch die Naturerscheinungen selbst charakterisiert.

Die Ölskizzen und Gemälde des Landschaftsmalers Caspar Wolf – welche die Impression des Erhabenen mit präziser Naturbeobachtung vereinen – sowie die kolorierten Radierungen nach seinen Alpenbildern haben Goethe und Carl August auf ihrer Rundfahrt wahrscheinlich nicht gesehen.[162] Den herausragenden künstlerischen Eindruck der Reise stellten die Werke des Schweizers Johann Heinrich Füßli (1741–1825) dar, denen die Weimarer in Zürich durch Lavaters Vermittlung begegneten.[163] Beide bewunderten sein Schaffen, erbaten Zeichnungen des Künstlers und suchten die Sammlung seiner Werke später in Weimar zu erweitern, wodurch fast fünfzig Arbeiten Füßlis, darunter drei Gemälde, in die herzogliche Kunstsammlung gelangten.

Goethe hatte offenbar allen Grund, den erzieherischen Zweck der gemeinsamen Unternehmung als erfüllt zu betrachten, da er zufrieden an Charlotte von Stein schreibt: „Dem Herzog bekommts auch recht sehr, ich hoffe ihr sollt des alle geniessen."[164] Ausführlicher fällt sein Bericht an Lavater aus, dem er sich gegen Ende der Reise in einem langen Brief anvertraut, als wolle er das Projekt für sich selbst resümieren:

> Du weisst wie wichtig in vielem Betracht diese Reise dem Herzog gewesen ist und wie gewiss eine neue Epoche seines und unsers Lebens sich davon anfängt. Wenn wir nach Hause kommen lebt er wieder in seinen Gärten und Gebüschen fort, dorthin an einen schönen Plaz mögt ich ihm ein Monument dieser glüklich vollbrachten Reise sezen, das ihm in guten Augenbliken eine fröhliche Erinnerung wäre.[165]

Goethes Zeilen deuten an, daß Carl Augusts Interesse für die Gartengestaltung – über den geschilderten Aspekt der höfischen Geselligkeit im Freien hinaus – bereits vor der Reise kenntlich war. Von den neuerschlossenen Plätzen am Ilmufer hatte der Herzog ab 1778 das Luisenkloster als bevorzugten Rückzugsort gewählt; von dort sollten seine zukünftigen gartenkünstlerischen Ambitionen ihren Ausgang nehmen. Goethes Brief offenbart aber auch die Distanz, aus der er selbst dieses Engagement des Herzogs inzwischen betrachtet. Die landschaftliche Gartengestaltung wird er, wie hier bereits anklingt, diesem künftig ganz überlassen, während sein Interesse einem Denkmal gilt, das er Carl August in Erinnerung an die gemein-

162 Vgl. Busch 1994, S. 490f. Allerdings äußerte Goethe wenig später in einem Brief an Wyttenbach sein Interesse an den vom Verleger Wagner publizierten Ansichten: „ [...] ich nehme mir die Freiheit Sie an das versprochene Exemplar Wagnerischer Prospekte zu erinnern." Johann Wolfgang Goethe an Jakob Samuel Wyttenbach, Weimar 18. Februar 1780; WA IV/4, S. 177.

163 Goethe hatte bereits während seiner ersten Schweizreise 1775 bei Lavater erste Zeichnungen des Künstlers gesehen, die einen starken Eindruck hinterließen. Vgl. Maisak 1994, S. 228.

164 Johann Wolfgang Goethe an Charlotte von Stein, 21. Oktober 1779; WA IV/4, S. 92.

165 Johann Wolfgang Goethe an Johann Caspar Lavater, Ende November 1779; WA IV/4, S. 141–146.

same Reise widmen will. Noch einmal ist deutlich der ästhetische Erzieher vernehmbar: „Es sind auch Nebenabsichten dabei. Überall spielt man iezt mit Monumenten und Urnen deren leere Hülsen und Bäuche ihm immer fatal gewesen sind." Mit diesen Worten scheint Goethe einerseits auf den *Triumph der Empfindsamkeit*, andererseits auf den „Stein des guten Glücks" zu rekurrieren. Der scharfe Spott in seinem satirischen Lustspiel war auf das sinnentleerte Blendwerk der Staffagen, eben jene „leeren Hülsen und Bäuche" gerichtet gewesen, deren tändelndem Fassadenspiel offenbar auch der energisch realitätsbezogene Herzog kritisch gegenüberstand. Goethes „Nebenabsichten" umfassen den erzieherischen Einfluß sowohl der Natur als auch der Kunst.

Mit dem Monument in seinem eigenen Garten, dessen schlichte, auf geometrische Grundformen reduzierte Gestalt auf alles Gefällige verzichtete und stattdessen auf einen verborgenen, dem Kenner emblematischer Tradition vorbehaltenen Sinn verwies, hatte Goethe formal und inhaltlich ein Gegenstück zur empfindsamen Denkmalkultur geschaffen. Die Fortsetzung seines Briefes läßt nun endgültig Goethes gedankliche Parallele zum Denkmal im Garten am Stern erkennen:

> In den kleinen Anlagen die er gemacht hat, steht noch gar nichts dergleichen, dieses wär' das erste und wahrhaftig wahre denn wir haben unterwegs mancherlei Anlas gehabt, dem guten Glük einen Stein der Dankbarkeit zu widmen und das ex voto ist keine blose Phrase.

Bei den Anlagen Carl Augusts handelt es sich namentlich um die Gegend beim Luisenkloster. Was den Entwurf des geplanten Denkmals angeht, zeigt sich Goethe erneut sehr engagiert. „Zu diesem Monument", schreibt er weiter an Lavater,

> habe ich in meinem Kopf allerlei Gedancken und Bilder herum getrieben [...] Immer, seitdem mich der Gedancke beschäfftigt, habe ich gewünscht: du möchtest Füessli bereden können dass er aus seinem ungeheuren Reichthum etwas zu diesem guten Werke herüber gäbe!

Die von Carl August geteilte Begeisterung für die Werke des Schweizer Künstlers veranlasste Goethe, diesen für den Entwurf des geplanten Denkmals gewinnen zu wollen. „Seitdem ich aber bei dir Fuesslis lezte Sachen gesehen habe, kann ich dich nicht loslassen, du musst versuchen ob du ihn bewegen kannst eine Zeichnung dazu zu machen", schreibt er geradezu beschwörend an Lavater. Mit der Ausführung sollte der Weimarer Hofbildhauer Martin Gottlieb Klauer (1742–1801) betraut werden, der allerdings, so Goethe, in den gefürchteten „neuen leeren Decorations Gusto" verfallen würde, wenn man ihm auch die Konzeption des Werkes überließe. Über letztere besaß er selbst klare Vorstellungen, die er den Freund in Zürich wissen läßt: Ein steinerner Kubus sollte auf drei Seiten jeweils Personifikationen des Glücks, des Genius „Antreiber, Wegmacher, Wegweiser, Fakelträger mutigen Schrittes" und schließlich des „Terminus" als „der ruhige Gränzbeschreiber, der bedächtige mäßige Rathgeber" zeigen. Der vierten Seite des Kubus war eine Inschrift zugedacht, die den temperamentvoll voranstürmenden *Genius* und den nachdenklich innehaltenden *Terminus* als Söhne derselben Mutter vorstellt: *Fortuna*. Goethe erläutert Lavater, er selbst und der Herzog seien auf der Reise „diesen Gottheiten sehr zu Schuldnern geworden". Über die Erinnerung an die gemeinsame Unternehmung hinaus wird mit diesen Personifikationen aber zugleich eine Essenz seines erzieherischen Wirkens veranschaulicht. Daß gerade im Wesen des jungen Herzogs weitblickende Vernunft, Realitätssinn und psychologisches Gespür, aber auch Züge von Derbheit, Unmäßigkeit und Jähzorn zum Ausgleich gebracht werden mußten, hatte Goethe früh erkannt und einen günstigen Einfluß geltend zu machen gewußt. Nun scheint er jeglichen weiteren Bildungsprozeß dem „guten Geiste, der überall die Fackel vorträgt" zu überantworten.

Die Vorstellungen Goethes über das zu errichtende Denkmal erschöpfen sich nicht in den darzustellenden Figuren: „Im Beywesen und Verzierungen dacht ich manches anzubringen das eine Schweizerreise deren bester Theil zu Fus gemacht worden bezeichnete. Wanderstock mit Eisen beschlagen und mit Gemshorn zum Knopf", setzt er seine brieflichen Ausführungen fort.[166] Hier zeigt sich, daß Goethe, anders als im privaten Rahmen seines eigenen Gartens, für die herzoglichen Anlagen ein Monument mit allerlei illustrierendem Beiwerk vorsah; offensichtlich erschien ihm an dieser Stelle ein nur eingeweihten Betrachtern zugängliches Sinnbild nicht angebracht. – Obgleich der Dichter eine klare Konzeption für das Werk vorlegte und zur Eile drängte, konnte Füßli nicht zur Mitarbeit überredet werden. Das Denkmal wurde nicht verwirklicht.

Goethes Denkmalprojekt steht dennoch nicht nur für den Abschluß eines gelungenen Unternehmens und das Ende seiner erzieherischen Bemühungen um Carl August, sondern es bezeichnet auch eine Tendenz in seinem gartenkünstlerischen Wirken, für die sich in der Entwicklung des Weimarer Landschaftsparks eindrückliche Belege finden werden: Die eigentliche landschaftsgärtnerische Gestaltung der Ilmaue überläßt der Dichter von nun an ganz dem Fürsten. Was ihn auch weiterhin beschäftigen und sein Engagement wecken wird, sind einzelne Denkmäler und Architekturen für den Landschaftsgarten, in denen er seine zunehmend kompromißloseren ästhetischen Maßstäbe umzusetzen sucht. Der Entwurf für das der Schweizer Reise gewidmete Denkmal erscheint dabei weit gefälliger als das im eigenen Garten geschaffene Monument, was durch die inhaltliche Nähe beider Werke besonders augenfällig wird: Hier wie dort war mit dem Gedenkstein ein Tribut an die Glücksgöttin *Fortuna* intendiert. Die rigorose Durchsetzung seiner inhaltlichen Ideen in künstlerische Form behielt Goethe zumindest zu diesem Zeitpunkt dem privaten Rahmen vor.

Anfang Januar 1780 war die beinahe viermonatige Reise in die Schweiz beendet. Sie bildet nicht nur insofern eine Zäsur, als sie das Ende der empfindsamen Epoche in Weimar markiert, sondern sie leitet auch direkt in eine neue Etappe der gartenkünsterischen Entwicklung im Ilmtal über, die vor allem durch den Widerhall der starken Natureindrücke auf Carl August ausgelöst wurde und ganz unter dessen Ägide stand.

---

166 Alle Zitate ebenda.

2.8.2. Zurück in Weimar. Getrennte Wege

Für Goethe hatte sich bereits vor dem Antritt der Schweizer Reise mit Carl August eine Veränderung seiner Interessen am Weimarer Hof abgezeichnet. Im Sommer 1779, um seinen 30. Geburtstag, resümiert er im Tagebuch die zurückliegenden Jahre und erteilt der empfindsamen Zeitströmung eine endgültige Absage:

> Zu Hause aufgeraumt, meine Papiere durchgesehen und alle alten Schaalen verbrannt. [...] Stiller Rückblick aufs Leben, auf die Verworrenheit [...] der Jugend, wie sie überall herumschweift um etwas befriedigendes zu finden. Wie ich besonders in Geheimnissen, duncklen Imaginativen Verhaltnissen eine Wollust gefunden habe. Wie ich alles Wissenschafftliche nur halb angegriffen und bald wieder habe fahren lassen [...]. Wie des Thuns, auch des Zweckmäsigen Denkens und Dichtens so wenig, wie in zeitverderbender Empfindung und Schatten Leidenschafft gar viel Tage verthan [...].[167]

Goethe verabschiedete hier nicht nur eine Lebensphase – auch die mit ihr verbundene Ästhetik erschien ihm obsolet. Die rückblickende Betrachtung wies mit der Hinwendung zum „zweckmäßigen Denken" der Naturwissenschaft zugleich den künftig einzuschlagenden Weg. Emphatisches Naturerleben wich der ruhigen Anschauung ausgewählter Objekte aus der Natur. Maßgebliche Impulse verdankten Goethes wissenschaftliche Studien zweifellos den praktischen Aufgaben im Bergbau- und Forstwesen des Herzogtums, die sein Interesse auf mineralogische, geologische und botanische Gegenstände gelenkt hatten. Von nun an war sein Bemühen darauf gerichtet, diese Gegenstände auf dem rationalen Weg sorgfältiger Beobachtung empirisch zu erforschen. Im Zuge dieser Entwicklung zeigte Goethe kaum mehr landschaftsgärtnerische Ambitionen, da er fortan Natur- und künstlerische Formen voneinander schied, um deren jeweils eigenes Wesen mit wissenschaftlicher Methodik herausarbeiten zu können. Die Gartenkunst mit ihren auf subjektiver Empfindung basierenden „ästhetischen Bildern" betrachtete er nunmehr als Liebhaberei, die der Suche nach klaren Strukturgesetzen in Natur und Kunst nicht gerecht werden konnte.

Der Herzog widmete sich dieser Liebhaberei mit umso größerer Intensität. Den Ausgangspunkt seines gartenkünstlerischen Wirkens an der Ilm bildete das Luisenkloster, welches er sich bereits kurz nach dem Fest zum Namenstag der Herzogin als bevorzugten Platz, nicht allein für die gesellige Tafel, sondern auch für den zurückgezogenen Aufenthalt, erkoren hatte. Daß er die Einsiedelei umgehend nach seinen Vorstellungen herrichten ließ, belegen die Eintragungen im Tagebuch Goethes, der die weitere Ausgestaltung der von ihm erdachten Anlage im Sommer und Herbst 1778 detailliert verzeichnet hat. So wurde der Innenraum des „Klosters", wie man die hölzerne Hütte auch künftig nannte, mit einem Kamin versehen und im folgenden Frühjahr mit einigen Einrichtungsgegenständen möbliert. Über die Befestigung der eigentlichen Einsiedelei hinaus baute man den früheren Pulverturm als Nebengelaß für den Herzog um, auch wurde der Boden ringsum pla-

167 Goethe, *Tagebücher*, Bd. I/1, S. 85f.

niert.[168] Carl August, dem selbst ein überaus kritischer Geist wie Johann Heinrich Merck „das tiefste Gefühl für Schönheit der Natur in Bäumen und Menschen“ bescheinigt hatte, hielt sich in den Sommermonaten ab 1779 beinahe täglich im „Kloster“ auf.[169] Häufig nahm er dort ohne Begleitung seine Mahlzeiten ein, während die fürstliche Tafel in einem der umliegenden Lustschlösser abgehalten wurde, oder er ließ auf dem nahegelegenen Plateau einen kleinen Kreis von Gästen bewirten.[170] Der im Strauchwerk der „Kalten Küche“ verborgene Ort bedeutete ihm ein Refugium abseits des höfischen Getriebes, in dem er mit ausgewählten Vertrauten oder allein – nicht selten über Nacht – verweilen konnte. Der Rückzugsort Carl Augusts lag abseits der städtischen Residenz und der sommerlichen Lustschlösser, aber genau gegenüber Goethes Gartenhaus am jenseitigen Ufer der Ilm. Daß sich Dichter und Herzog Ende der 1770er Jahre während ihrer gemeinsamen Unternehmungen zuweilen auf gleicher Ebene begegnen konnten, manifestiert sich auch in der Lage ihrer Gartendomizile.

Nach der Schweizer Reise betrachtete Carl August die ihn unmittelbar umgebende Landschaft mit geschärftem ästhetischem Blick. Nun bot der Rückzug in sein „Kloster“ einen willkommenen Anknüpfungspunkt an das intensive Naturerleben in der Alpenlandschaft.[171] Bei Karl Ludwig von Knebel, der sich im Frühsommer 1780 ebenfalls auf eine Reise in die Schweiz begeben hatte, konnte sich der Herzog ungeteilter Zustimmung gewiß sein, als er ihm im Juli desselben Jahres schrieb:

> Guten Abend, lieber Knebel! Es hat neun Uhr geschlagen, und ich sitze hier in meinem Kloster mit einem Lichte am Fenster und schreibe Dir. Der Tag war ganz außerordentlich schön [...] Ich bin in den Eingängen der kalten Küche herumgeschlichen, und ich war so ganz in der Schöpfung und so weit von dem Erden-Treiben. Der Mensch ist doch nicht zu der elenden Philisterei des Geschäftslebens bestimmt; es ist einem ja nicht größer zu Muthe, als wenn man doch die Sonne so untergehen, die Sterne aufgehen, es kühl werden sieht und fühlt, und das Alles so für sich, so wenig der Menschen halber, und doch genießen sie's und so hoch, daß sie glauben, es sei für sie. Ich will mich baden mit dem Abendstern, und neu Leben schöpfen. Der erste Augenblick darauf sei Dein. Leb wohl so lange!

168 Siehe Goethe, *Tagebücher*, Bd. I/1, S. 64–79; vgl. auch Huschke 1951, S. 58.

169 Johann Heinrich Merck an Johann Caspar Lavater, Darmstadt 9. Januar 1778; *Carl August in Briefen und Tagebüchern*, S. 24.

170 Siehe ThHStAW: HA E Nr. 28, *Fourierbuch auf das Jahr 1779*, S. 101–152. Eintragungen über den sommerlichen Aufenthalt des Herzogs im „Kloster“ auch in den folgenden Fourierbüchern bis zum Sommer 1783. Vgl. Burkhardt: *Aus den Weimarer Fourierbüchern 1775-1784*, wie Anm. 75. Auch Goethes Tagebuch verzeichnet z. B. am 14. August 1779: „Mittags mit Jupiter [d.i. Carl August, S.M.W.] und Wedel in dem Kloster gessen.“ Goethe, *Tagebücher*, Bd. I/1, S. 87. In gleicher Runde hatte man in den Jahren zuvor in Goethes Garten gespeist. Siehe oben, Anm. 16.

171 Daß die fortgesetzte Nähe zwischen Goethe und Carl August an diesem Ort gepflegt wurde, geht aus Goethes Tagebuch hervor: 11. März 1780: „Eine sehr schöne Erklärung mit Jupiter abends im Kloster.“ 15. März 1780: „Abends mit Jupiter im Kloster.“ 28. März 1780: „mit Jupiter unter den Aschen viel gutes.“ Goethe, *Tagebücher*, Bd. I/1, S. 106ff. „Unter den Aschen“ bezeichnet das Eschenrund hinter der Einsiedelei.

Wenig später knüpft Carl August, die briefliche Konversation dem eigenen Tageslauf verwebend, wieder an:

> Ich komme daher. Das Wasser war kalt, denn Nacht lag schon in seinem Schooße. Es war, als tauchte man in die kühle Nacht. Als ich den ersten Gang hinunterging, war's so rein, so nächtlich dunkel; über den Berg hinter Oberweimar kam der volle rothe Mond. Es war so ganz stille. Wedels Waldhörner hörte man nur von weitem, und die stille Ferne machte mich reinere Töne hören, als vielleicht die Luft erreichten.[172]

Wieder sind Carl Augusts Sätze durch die Balance zwischen empfindsamen Topoi und der präzisen Wiedergabe sinnlicher Wahrnehmungen in der Natur gekennzeichnet. Darüberhinaus rekurriert der Herzog auf den aus der antiken Villenkultur tradierten Gegensatz von *otium* und *negotium*, von friedvollen, durch geistige Betätigung bereicherten Mußestunden – der *vita contemplativa* – als unabdingbarem Ausgleich zu den alltäglichen Geschäften – der *vita activa*.

Vergegenwärtigt man sich erneut die Charakteristika, welche Hirschfeld in seiner *Theorie der Gartenkunst* mit der Anlage einer Einsiedelei verbindet, so wird deutlich, daß Carl August nun den Vorstellungen des Gartentheoretikers vom Verweilen an einem solchen Ort vollständig gerecht wird. „Nicht sowohl zur Bewohnung, als vielmehr zum kurzen Genuß der Ruhe und Einsamkeit"[173] sei ein solcher Bau bestimmt, wozu das im Buschwerk verborgene „Kloster" dem Herzog ideale Voraussetzungen bot. Gemäß der tradierten Bestimmung einer Eremitage als Ort der Weltferne und Naturverbundenheit waren die kontemplativen Aufenthalte in der „Kalten Küche", einer „sanft melancholische[n] Gegend"[174] im Hirschfeldschen Sinne, von intensiven Natureindrücken erfüllt. Indem sie von Carl August zum Rückzugsort gewählt und sukzessive nach seinen Vorstellungen umgestaltet wurde, erlangte die Einsiedelei, die zunächst als Festarchitektur für einen konkreten Anlaß errichtet worden war, im nachhinein ihre ursprüngliche und in der zeitgenössischen Gartentheorie propagierte Bestimmung.

Zahlreiche Briefe der fürstlichen Protagonisten und weitere schriftliche Quellen überliefern die unterschiedlichen Funktionen einzelner Gartenplätze. Ästhetische Konzepte oder gestalterische Intentionen zur Anlage landschaftlicher Partien nach englischem Vorbild sind hingegen in den Archivalien kaum zu finden. Die sich allmählich entwickelnde Vorstellung eines zusammenhängenden Landschaftsgartens

---

172 Carl August an Karl Ludwig von Knebel, Weimar 17. Juli 1780; *Briefwechsel Carl August*, S. 53f.; *Briefwechsel Carl August – Knebel/Herder*, S. 17f. Knebel schrieb an Carl August von seiner Schweizer Reise am 6. September 1780; ThHStAW: HA A XIX Nr. 65, Bl. 6. Im Jahr zuvor, am 26. August 1779, hatte Carl August mittags in kleiner Runde im „Kloster", genauer „unter den Eschen" gespeist, wobei u. a. Goethe und Knebel anwesend waren. Siehe Goethe, *Tagebücher*, Bd. I/1, S. 88. Knebel hatte also den vom Herzog beschriebenen Ort genau vor Augen.

173 Hirschfeld, *Theorie*, Bd. 3, 1780, S. 96.

174 Ebd., S. 97.

im Ilmtal erschließt sich zunächst vor allem aus Aktenvermerken über die von Carl August verstärkt betriebene Akquisition nahegelegener Grundstücke aus bürgerlichem Besitz. Ehe er im September 1779 seine Reise in die Schweiz antrat, hatte sich der Herzog um den Erwerb „der zu neuen Anlagen hinter dem sogenannten Closter und sonst erforderlichen Acker-Stücke" bemüht; in seiner Abwesenheit verhandelte Kammerpräsident von Kalb mit den bisherigen Eigentümern, darunter der in Belvedere tätige Hofgärtner Johann Friedrich Reichert, über die Bedingungen der Abtretung.[175] In den folgenden Monaten brachte Carl August mehrere Grundstücke, in der Nähe des Schießhauses und weiter südlich an der Allee nach Belvedere gelegen, in seinen Besitz – darunter das zum Nonneschen Rittergut in Ehringsdorf gehörende „Nonnesche Hölzchen" und das benachbarte Ackerstück des Seilermeisters Wächter, das dem sogenannten „Wächterseck" seinen Namen gab.[176] Im Januar 1781 verhandelte der Herzog mit dem Weimarer Stadtrat die Überlassung eines Teils des Schießhausgartens „für seine in dieser Gegend angelegte Promenade". Alle Ratsmitglieder stimmten dem fürstlichen Anliegen zu, wenn sie damit „zu dem Vergnügen" des Herzogs beitragen könnten.[177] Nicht zuletzt aus dieser Korrespondenz wird deutlich, daß mit der Anlage neuer Wege in der Umgebung des „Klosters" bereits begonnen worden war. Die „Kalte Küche" hatte, mit Ausnahme der wenigen neuerdings von der Hofgesellschaft frequentierten Plätze, bis dahin den Charakter einer unwegsamen, von wild wachsendem Gesträuch verschlossenen Ödnis bewahrt.[178] Jetzt ließ Carl August den Steilhang durch Rodungen lichten und mit verschiedenen Hölzern neu bepflanzen. Aus Schwetzingen und Harbke waren ausländische Gewächse eingetroffen, die unter der gärtnerischen Leitung von Carl Heinrich Gentzsch entlang der neu geschaffenen Wege ins Erdreich gebracht wurden.[179] Im Zuge der enormen Anforderungen, denen sich Gentzsch in der folgenden Zeit gegenüber sah, ernannte Carl August ihn 1781 zum Hofgärtner.[180]

Das beginnende Engagement des Weimarer Fürsten für die ästhetische Gestaltung seiner unmittelbaren Umgebung nach den Prämissen der landschaftlichen Gartenkunst markiert eine deutliche Zäsur in der Entstehungsgeschichte des Parks

---

175 ThHStAW: B 8530, Bl. 1–2.

176 Vgl. Huschke 1951, S. 58f.

177 Stadtarchiv Weimar: HA I–7–8, Bl. 1–8. Der Korrespondenz war offensichtlich ein Grundriß der zu schaffenden Anlagen beigefügt, der nicht überliefert ist.

178 Huschke verweist auf eine alte Sage von Ilmnixen, die in dieser Gegend hausen sollten, sowie auf die Überlieferung einer Begebenheit, nach welcher die Herzogin Dorothea im Jahre 1617 an der Ilm entlang ritt und mit ihrem Pferd in den Fluß stürzte, da dieses von angeblichen Gespenstern erschreckt worden war. Siehe Huschke 1951, S. 59.

179 ThHStAW: A 1077, S. 54; A 1090, S. 61 u. 69; A 1097, S. 83; A 1107, S. 104. Seit 1745 wurden in Harbke nahe Helmstedt ausgedehnte Baumschulen angelegt, sogenannte Lustwälder, in denen aus England und Nordamerika stammende Gehölze heranwuchsen. Pflanzenlieferungen aus Harbke trugen zur Verbreitung fremdländischer Gehölze in zahlreichen Parkanlagen bei. Vgl. Günther 1993, S. 98f.

180 Vgl. Biedrzynski 1992, S. 103f.

an der Ilm. Bis zu diesem Zeitpunkt hatte Goethe, zumeist im Rahmen der Ausgestaltung höfischer Festlichkeiten, einzelne Plätze zu beiden Seiten des Flusses gleichsam als Bühne für seine Inszenierungen entworfen und diese mit kleinen Architekturen und gärtnerischen Anlagen ausgestattet. Das dem frühen Landschaftsgarten eigene Prinzip des bildhaften Sehens sorgte für die Transponierung von Raumstrukturen aus der Bühnenkunst in den Garten.[181] So entstand eine Reihe unverbundener Gartenszenen, in denen Architekturen wie das „Kloster" als Bühnenstaffage fungierten und die umliegende Landschaft – der felsige Steilhang, die hohen Bäume – als Bühnenprospekt wirksam wurde. Der Garten war aber nicht allein Bühne, sondern auch Rückzugs- und Lebensort. Inszenierungen wie die des Luisenfestes trugen temporären Charakter. Als die Festarchitektur des „Klosters" ihren Zweck erfüllt hatte, wurde sie von Carl August mit einer neuen Funktion für sein alltägliches Leben versehen, von der die zitierten Zeilen an Knebel beredtes Zeugnis ablegen. Der Herzog bestimmte den von Goethe initiierten Ort zu seinem persönlichen Refugium und dachte von hier aus erstmals über weiterführende Wege am Steilufer der Ilm nach. Damit legte er gewissermaßen den Grundstein für die Verknüpfung der bislang unverbundenen „ästhetischen Bilder" und die weitere gartenkünstlerische Erschließung der Flußaue: Erst jetzt nimmt die Entwicklung eines landschaftlichen Parks im Ilmtal wirklich ihren Anfang.

181 Siehe dazu ausführlich Kapitel 3.4.1. Vgl. auch Buttlar 1982, S. 64f.; Hartmann 1981, S. 18.

3. Die Anlegung „englischer Parthien“[1] (1780–1782)

3.1. Ein erster Blick aufs Ganze. Frühe Parkpläne um 1780

In den ersten Jahren seiner Geschichte wird der Weimarer Park durch eine Folge von Ereignissen charakterisiert, die der Hofgesellschaft, allen voran Goethe und Carl August, Anlaß zu temporären Inszenierungen an räumlich begrenzten Aufenthaltsorten im Ilmtal boten. Markante Naturgebilde oder staffageähnliche Architekturen akzentuierten die verschiedenen, dem Vergnügen oder dem nachdenklichen Verweilen dienenden Plätze am Steilufer der Ilm, die zunächst separat, ohne inneren und äußeren Zusammenhang angelegt wurden. Vor allem Goethe als federführender Organisator der fürstlichen Fest- und Gedenktage erdachte immer neue szenische Tableaus. Sein spontanes, vom konkreten Ereignis geleitetes Vorgehen kam ohne einen übergreifenden ästhetischen Entwurf aus; auch lag der Entstehung der einzelnen Anlagen keine gesamträumliche Konzeption zugrunde.

Die von Carl August ab 1779 getätigten Grundstücksankäufe verraten seine Intention, von dem als persönliches Refugium genutzten Luisenkloster ausgehend weitere Bereiche der Flußlandschaft gartenkünstlerisch erschließen zu lassen. In den folgenden Jahren wurden schrittweise erste zusammenhängende Partien nach den Prinzipien der landschaftlichen Gartenkunst angelegt, man tastete sich gleichsam den Talhang entlang, wobei nach und nach die älteren höfischen Gärten einbezogen und im englischen Geschmack umgestaltet wurden. Da sich jedoch in den schriftlichen Quellen keine Aussagen über ein diesbezügliches Konzept finden, fällt es schwer, den ästhetischen Gestaltungswillen des Herzogs konkret zu fassen. Daß Carl August bereits zu einem sehr frühen Zeitpunkt nicht nur die unmittelbare Umgebung seiner Retraite, sondern auch die sich weit nach Süden ausdehnende Wiesenlandschaft als zu gestaltendes Ganzes in den Blick nahm, beweisen mehrerere großformatige Pläne, die auf die Anfänge des Parks ein neues Licht werfen.

Im Juli 1778 zeichnete der Kartograph Franz Ludwig Güssefeld (1744–1808) einen Plan, den er *Das Webicht mit der anliegenden Gegend* betitelte (Abb. 20).[2] Diese Bezeichnung läßt zunächst nicht vermuten, daß der Plan auch die gesamte noch ungestaltete Ilmaue überblicken läßt. Während eine genaue Darstellung des Webicht, eines alten Jagdreviers der Weimarer Herzöge, das Zentrum des Plans bildet, bezieht dieser den Verlauf der Ilm vom Dörfchen Tiefurt in nordöstlicher Richtung bis nach Oberweimar im Südwesten mit ein, so daß die „anliegende Gegend“ sowohl die Anfänge des Tiefurter Parks als auch das Ilmtal bei Weimar umfaßt (Abb. 19). Über den in einem umfangreichen Waldgebiet liegenden Jagdstern hinaus verzeichnet Güssefeld den Verlauf der gesamten die Stadt Weimar flankierenden Ilm-

1 ThHStAW: B 8540, Bl. 25.

2 HAAB, Kartensammlung, 182/34. Handgezeichnete, kolorierte Karte, auf Leinen gezogen, gerollt.

landschaft. Mehrere durchgängige Wege verknüpfen die Landschaftsteile, so daß die Darstellung einer Vorwegnahme des erst mehrere Jahre später formulierten Gedankens an einen übergreifenden, von Belvedere über Weimar nach Tiefurt reichenden Grünzug gleichkommt. Das eigentliche Stadtgebiet spart Güssefeld aus, aber die dort unmittelbar angrenzenden alten Fürstlichen Gärten gibt er detailliert wieder. An die regelmäßige Anlage des Welschen Gartens mit der „Schnecke" schließen sich gen Süden der Schießhausgarten, Reicherts Garten und die Bürgeräcker an, die wiederum von der Chaussee nach Belvedere und dem bewaldeten Uferhang der „Kalten Küche" begrenzt werden. Auf der anderen Seite des Flusses wird der Stern vom Floßgraben umgeben. Südlich seiner Alleen erstrecken sich die sogenannten Herrschaftlichen Wiesen, durch die sich die Ilm schlängelt. Ihre Ufer sind von Bäumen bestanden, während das Flußtal sonst als Wiesenlandschaft gekennzeichnet ist und sich klar vom dunkel abgesetzten Hang der „Kalten Küche" unterscheidet. Die fürstlichen Ländereien wechseln an einigen Stellen mit bürgerlichen Gärten ab; auch Goethes Grundstück mit seinem Gartenhaus, das im Westen die Ilmaue begrenzt, ist deutlich auszumachen. Zwischen dem Stern und dem Welschen Garten, die neben dem Fluß auch der Paradeplatz trennt, hat Güssefeld am Beginn des Hügelzuges der „Kalten Küche" bereits das Luisenkloster verzeichnet, das im gleichen Monat, also nur wenige Tage vor der Entstehung des Plans, eingerichtet worden war. Der Betrachter erkennt die nach Osten verlängerte Schießhausmauer, an die sich das Pulvertürmchen und die Holzhütte lehnen, während sich auf der anderen Seite der Mauer der von Eschen umstandene Platz befindet.

Der Plan des Webicht von 1778 liefert damit eine präzise Bestandsaufnahme der landschaftlichen Gegebenheiten und der ersten gartenkünstlerisch gestalteten Anlagen im Ilmtal. Zu einem Zeitpunkt, als mit der Realisierung jener von Goethe als „ästhetische Bilder" bezeichneten, räumlich begrenzten Gartenszenen zunächst einzelne Plätze gartenkünstlerisch gestaltet wurden und weder der Dichter noch der Herzog den Gedanken an einen weitläufigen Landschaftsgarten zu hegen schienen, lenkte Güssefelds Plan den Blick bereits auf die Ilmaue in ihrer gesamten Ausdehnung und damit auf den landschaftlichen Zug, der in den folgenden Jahrzehnten zu einem kunstgerechten Park nach englischem Muster geformt werden sollte.

Die von Wieland im Oktober 1778 in einem Brief an Merck formulierte Einschätzung, daß nun „auch diese Seite von Weimar zu einem Tempe und Elysium" werde, erhält, wenn man Güssefelds drei Monate zuvor entstandenen Plan betrachtet, eine unvermutete Relevanz.[3] Auf der anderen Seite der Stadt lag der Park von Tiefurt, den Karl Ludwig von Knebel, der Erzieher des Prinzen Constantin, ab 1776 dort anzulegen begonnen hatte, und in dem Wieland häufig zu Gast gewesen ist.[4]

3 Christoph Martin Wieland an Johann Heinrich Merck, Oktober 1778; *Briefwechsel Wieland*, Bd. 7.1, S. 126.

4 Zu Tiefurt siehe ausführlich Kapitel 3.2.

Diesseits rückte das Ilmtal mit seinen Wiesen und Hängen zunehmend ins Blickfeld der gartenkünstlerischen Interessen Carl Augusts. Nicht nur Wieland verband die Konzeption des Landschaftsgartens mit dem Hinweis auf Tempe und Elysium und formulierte so die Sehnsucht nach den mythischen Urbildern einer sanften und heiteren Natur.[5] „Das Tempetal, ein Ideal schöner Landschaft im Sinne der Alten, vereinigt in seltener Weise den Charakter der Anmut eines Flußtals mit dem der Wildnis und Großartigkeit einer tiefen Felsschlucht", beschreibt Ludwig Friedländer das mythische Flußtal in Thessalien.[6] Wegen der herausragenden Schönheit des Ortes erlangte die Bezeichnung Tempe solche Berühmtheit, daß sie zum verbindlichen Begriff für ein von steilen Felsen begrenztes, anmutiges Tal wurde. Das heitere Flußtal war in Weimar mit der ausgedehnten Ilmaue ebenso gegeben wie das felsige Steilufer, welches zwar keine tiefe Schlucht formte, mit seinem dichten Bewuchs aber dennoch einen deutlichen Kontrast zur hellen Wiesenlandschaft des Tals bildete. Insofern griff Wieland mit seinem sprachlichen Bild der Entwicklung des Parks gar nicht so weit voraus, wie es die bisherige Sicht auf dessen Genese vermittelte.

Auf den Monat April 1782 datiert ein weiterer Plan von der Hand Güssefelds, der die *Gegend zwischen Weimar und Belvedere* wiedergibt (Abb. 21).[7] Auch dieser Titel läßt nicht unbedingt eine Darstellung der Ilmaue oder einen Plan der Gärten und Parkanlagen südlich von Weimar vermuten. Neben der langen, von Weimar nach Belvedere führenden Kastanien- und Lindenallee, die 1756 unter dem jungen Herzog Ernst August II., dem Vater Carl Augusts, angelegt worden war, nimmt die Karte zahlreiche zu Oberweimar und Ehringsdorf gehörende Flurstücke auf. An ihrem Beginn und Ende aber wird die Belvederer Chaussee jeweils von Garten- bzw. Parkanlagen flankiert, die Güssefeld nicht nur flächenmäßig umrissen, sondern präziser gezeichnet und grün koloriert hat, wodurch sie gegenüber den übrigen Feldern und Wegen abgesetzt sind. Im Norden werden unter mehreren, an die Weimarer „Esplanade" grenzenden Grünflächen wieder die regelmäßigen Kompartimente des Welschen Gartens betont, während das Schloß in Belvedere mit seiner radialen Parkanlage den südlichen Abschluß der Allee bildet. Das Ilmtal und den Uferhang der „Kalten Küche" hat Güssefeld ebenfalls durch stärkere Farbgebung akzentuiert, so daß die barocke Anlage in Belvedere, der Welsche Garten und die Ilmaue zwischen dem Stern und den Oberweimarischen Wiesen als markante Flächen den Plan bestimmen. Die Ländereien längs der Chaussee hat der Kartograph lediglich in ihrer jeweiligen Ausdehnung erfaßt und bezeichnet, wohingegen die barocken Gärten und das Flußtal gleichermaßen als ästhetisch gestaltete Bezirke erscheinen. Die geometrischen Anlagen in Belvedere und im Welschen Garten sind als Pendants aufeinander bezogen; zugleich läßt Güssefeld deren regelmäßige Struktur der landschaftlichen Partie des Ilmtals mit dem Schlängelband des Flusses

5 Vgl. Buttlar 1995, S. 80; Müller 2000b, S. 27f. und passim.
6 Ludwig Friedländer, *Darstellungen aus der Sittengeschichte Roms* I, Leipzig 1919, S. 469.
7 HAAB, Kartensammlung, 183.

korrespondieren. Die verbindende Achse zwischen Belvedere und der nur durch den Schloßturm gekennzeichneten Residenz in der Stadt verläuft, von Belvedere ausgehend, zunächst über die Chaussee, setzt sich aber dann im dunkelgrün gezeichneten Hügelzug der „Kalten Küche" bis nach Weimar fort. Anstelle des Schlosses, das, als die Karte entstand, noch immer eine Brandruine war, ist das Fürstenhaus als herzoglicher Wohnsitz eingetragen.

Vor allen anderen Beobachtungen aber erstaunt die Tatsache, daß Güssefeld den späteren Park an der Ilm in großen Teilen seiner künftigen Ausdehnung bereits im Frühjahr 1782 erfaßt hat. Zwar sind einige Bereiche ausgespart oder, wie das Gebiet südlich des Welschen Gartens, noch als Ackerfläche gekennzeichnet. Das landschaftlich so markante Widerspiel von hellem Flußtal und bewaldetem Steilufer aber – gleichsam der Kern des Landschaftsgartens – fällt umso stärker ins Auge, da die Zeichnung sowohl des Flusses als auch der Wiesenlandschaft jenseits der Umrisse des künftigen Parks nicht fortgeführt wird. Zum ersten Mal werden hier die Konturen des in den folgenden Jahren anzulegenden Parks gewissermaßen aus der Landschaft herausgelöst und damit konkret faßbar.

Auch im Detail ist Güssefelds Plan aufschlußreich. Der schmale baumbestandene Streifen der „Kalten Küche" ist nahezu in seiner gesamten Länge von einem geschlängelten Weg durchzogen. Ausgehend von der wiederum präzise gezeichneten Anlage des Luisenklosters erstreckt sich der Pfad in südlicher Richtung, bis er sich an einer breiteren Stelle des Steilufers in einen fast bis nach Oberweimar ausgedehnten Rundweg gabelt. Die Umgebung des „Klosters" mit dem durch frisch gepflanzte Gehölze führenden Weg wurde bereits 1783 als „Parc" bezeichnet.[8] Diesen Begriff ordnete man in den Rechnungsbüchern ausdrücklich jener nach den Prinzipien der landschaftlichen Gartenkunst geschaffenen Partie in der „Kalten Küche" zu, während die überlieferten Anlagen, wie beispielsweise der Stern und der Welsche Garten, weiterhin bei ihren tradierten Namen genannt wurden.

Im Juni 1782 erschien der ebenfalls von Güssefeld stammende *Plan von der Fürstl. Residenz-Stadt Weimar*, der den südöstlich des ummauerten Stadtkerns gelegenen Gärten und Ackerflächen einen beträchtlichen Raum widmet (Abb. 22). Auch hier sind neben dem Stern, dem Welschen Garten und den Herrschaftlichen Wiesen im Ilmtal die neuangelegten Wege in der „Kalten Küche" auszumachen. Ein weiterer, 1784 entstandener Plan von Wilhelm Zimmermann trägt den Titel *Situation einer Gegend nahe bei Weimar* (Abb. 23). Die Stadt wird hier mit dem Schloß und der „Esplanade" allenfalls angedeutet, da das Hauptaugenmerk des Zeichners auf dem Welschen Garten – mit der „Schnecke" im Zentrum des Plans – und dem Stern liegt, deren geometrische Strukturen er präzise erfaßt und durch

8 ThHStAW: B 8532, Bl. 2r. u. 10r. In der Forschungsliteratur wurde wiederholt festgestellt, daß der Begriff „Park" erst 1787 in den Quellen zu finden sei. Vgl. in jüngster Zeit Müller 2000b, S. 28; Schneider 2000, S. 634. Tatsächlich faßte man zu diesem Zeitpunkt die bis dahin bei ihrem jeweiligen Namen genannten Flurstücke oder Anlagen unter dem Oberbegriff „Park" zusammen. Für die frühesten englischen Anlagen um das „Kloster" verwendete man jedoch bereits 1783 die Bezeichnung „Parc".

die Kleinteiligkeit der einzelnen Kompartimente besonders hervorhebt. Die ungestaltete Ilmaue bildet hier nicht nur einen prägnanten Gegensatz zur Regelmäßigkeit der barocken Gärten, sondern ebenso zum gartenkünstlerisch geformten Hügelzug der „Kalten Küche", in den auch Zimmermann das „Kloster" mit dem Eschenrund und den dort beginnenden Wegen eingezeichnet hat. Einer führt hier bereits aus der „Kalten Küche" hinab ins Tal und, den Fluß überquerend, durch die Wiesen, womit die Entwicklung vom einzelnen, klar umrissenen Platz zum raumgreifenden landschaftlichen Kontinuum ebenfalls angedeutet wird. Den Titel seines Plans hat Zimmermann als Inschrift gestaltet, die in einen schweren Steinblock gemeißelt ist, hinter dem sich eine an Piranesis Stichwerke erinnernde überwachsene Ruine erhebt. Nicht zuletzt mit der Darstellung dieser Ruine scheint Zimmermann auf ein weiteres Gestaltungselement des zukünftigen Landschaftsgartens hinweisen zu wollen.

Ein 1830 von Louis Sckell erarbeiteter umfangreicher *Catalog der verschiedenen Plans* verzeichnet in der Rubrik *Garten-Risse* die hier betrachteten Pläne von Güssefeld neben anderen Parkplänen aus späteren Jahren.[9] Unter der Überschrift *Topographische Plans. Ilm-Gebieth* wird eine ganze Reihe von Plänen aufgelistet, die mit hoher Wahrscheinlichkeit nicht überliefert sind.[10] Neben einem *Plan von der Gegend zwischen dem Stern und den Ober-Weimarischen Wiesen, nebst den angrenzenden Aeckern* von einem Kartographen namens Becker wird hier auch ein Plan von Daniel Wilhelm Brunnquell erfaßt. Dessen 1780 gezeichnete *Charte über die Gegend an der Kalten Küche, Welschen Garten und Stern* ist ebenfalls nicht erhalten.[11] Ihr Titel verrät jedoch, daß man die drei verschiedenartigen Anlagen bereits zu diesem frühen Zeitpunkt als etwas Zusammengehöriges empfand.

Vor allem die beiden eingangs beschriebenen Pläne von Güssefeld wurden in der bisherigen Forschung zum Weimarer Park kaum beachtet, da ihre Titel auf eine andere Gegend verweisen oder bestenfalls Detailaufnahmen des künftigen Parkgeländes vermuten lassen, etwa um einzelne Flurstücke wegen geplanter Grundstücksankäufe genauer in Augenschein zu nehmen.[12] Diese großformatigen Pläne und die Liste der vermutlich verschollenen Exemplare verändern indes den Blick auf die Entstehungsjahre des Parks ab 1778 nachhaltig. Eine komplexe Sicht auf den gesamten zu gestaltenden Landschaftsbereich ist deutlich früher zu datie-

9 HAAB, Kartensammlung.

10 Die Kartensammlung der Herzogin Anna Amalia Bibliothek wird derzeit erschlossen. Die Weimarer Sammlung von Land-, See- und Militärkarten sowie Stadtplänen gehört zu den zehn größten Kartensammlungen in Deutschland. Im Jahre 2003 wurden die gedruckten Pläne bis 1850 der Forschung zugänglich gemacht. Eine große Menge von Handzeichnungen, darunter möglicherweise weitere Parkpläne oder Karten des Weimarer Ilmtals, konnte bisher noch nicht erschlossen werden. Der hier vorgestellte Befund muß möglicherweise nach der vollständigen Erschließung der Sammlung aktualisiert werden.

11 Zu dieser Karte siehe auch ThHStAW: A 1083, Bl. 35, Nr. 650; A 1088, Bl. 243.

12 Huschke liefert in einer Fußnote den einzigen Hinweis auf die Pläne, ohne näher auf sie einzugehen. Siehe Huschke 1951, S. 59, Anm. 4.

ren als bisher, auch wenn dieser zunächst noch nicht im Sinne großräumiger Parkgestaltung erschlossen wurde. Obgleich man in Weimar die explizite Formulierung eines grundlegenden Programms zur Parkgestaltung ebenso vermißt wie die federführende Tätigkeit eines erfahrenen Gartengestalters oder Architekten im Dienste des Herzogs – man denke an den Dessauer Fürsten Franz I. und seinen Architekten Erdmannsdorff –, lassen die frühen Pläne Güssefelds doch erkennen, daß Carl August bereits Ende der 1770er Jahre die gartenkünstlerisch zu gestaltende Landschaft im Ilmtal in ihrer ganzen Ausdehnung überblickte. Wo bisher ausschließlich von einer beinahe zufälligen Vorgehensweise bei der Anlage von Wegen und Monumenten im Sinne der englischen Gartenmode die Rede war, muß nun schon um 1780 von einer sich bewußt auf die landschaftlichen Gegebenheiten beziehenden Gestaltungsabsicht ausgegangen werden.[13]

Güssefelds frühe Pläne setzen auch unter forschungsgeschichtlichem Aspekt einen neuen Akzent für die Betrachtung des Weimarer Parks. Die den Park betreffende Literatur folgte durchgängig dem zur Zeit seiner Entstehung üblichen Rezeptionsmuster: dem bildhaften Sehen. Die ab 1788 veröffentlichten Parkveduten von Georg Melchior Kraus unterstützten diese Sichtweise und vermittelten den Park in der ausschnitthaften Wahrnehmung einzelner Partien.[14] Daß überdies die archivalischen Quellen ausschließlich Fakten, das heißt konkrete, etwa in Rechnungsbüchern und Gartenmemoranden vermerkte Stichpunkte zur Anlage einzelner Monumente enthalten, jedoch keine grundlegende Konzeption oder Intention der gartenkünstlerischen Gestaltung erkennen lassen, beförderte bis heute eine Sichtweise, die das Einzelne betont und – bis weit in die 1780er Jahre hinein – einen Gesamtzusammenhang weitgehend vernachlässigt. Wie die Zeitgenossen den entstehenden Park aufnehmen sollten, als eine Folge „ästhetischer Bilder", so wurde er auch von der Forschung rezipiert. Diese Auffassung klammert aber frühe landschaftsübergreifende Bestrebungen aus, wie sie das Studium der Güssefeldschen Pläne nun verdeutlicht.

Bereits im Juli 1777 hatte Goethe im Tagebuch notiert, er habe „die Mauer vom Welschen Garten eingeworfen", womit er sinnbildlich jegliche Umzäunung der barocken Gärten zugunsten einer freieren gartenkünstlerischen Gestaltung überwand. Im Juni 1783 bemerkte er anläßlich eines Besuchs am Gothaer Hof und der Besichtigung der dortigen Parkanlagen in einem Brief an Charlotte von Stein, daß

---

13 Zum schrittweisen Vorgehen vgl. Burkhardt 1907, S. 10f.; Huschke 1951, S. 58–65, besonders S. 64; Jäger 1978, S. 341; Thimm 1992, S. 134ff.; Vulpius 1962, S. 16–20. Nicht zuletzt hat wohl Goethes Text über *Das Louisenfest*, in dem er die Anfänge des Parks aus seiner Perspektive schildert und den Begriff der „ästhetischen Bilder" prägt, zur Dominanz dieser Sichtweise beigetragen. MA 18.2, S. 333–339, hier S. 333.

14 Georg Melchior Kraus: *Aussichten und Parthien des Herzogl. Parks bey Weimar*, erschienen als Folge kolorierter Radierungen zwischen 1788 und 1805. Eine andere Sicht vermittelt die frühe Federzeichnung Kraus' von 1777/78, die einen weiten Blick ins Ilmtal wiedergibt und noch nicht auf die Darstellung spezieller Parkszenen festgelegt ist. Siehe Abb. 9. Zu den Krausschen Parkveduten siehe ausführlich Kapitel 5.1.1.

– im Gegensatz zu den diesbezüglichen Gepflogenheiten in Gotha – „unser Herzog neuerdings alle Thüren und Brücken seiner Gärten und Anlagen eröffnet hat".[15] In gleichem Maße, wie Carl August das Ilmtal gartenkünstlerisch zu erschließen und bestehende Gärten mit den neuen Anlagen zu verbinden begann, hielt er solche Begrenzungen offensichtlich für überholt. Daß der entstehende Park infolgedessen nicht allein dem höfischen Publikum vorbehalten war, sondern eine breitere Öffentlichkeit Zugang zu den Anlagen erhielt, wird in der zeitgenössischen Reiseliteratur immer wieder hervorgehoben.[16]

Neben der bisher aufgezeigten Entwicklung des Parks aus einzelnen, zunächst unverbundenen Gartenszenen wie dem „Kloster" oder der Felsentreppe, die in festlichen Anlässen des Hofes oder spontanem naturschwärmerischen Wirken ihren Ursprung hatten, offenbart sich bereits um 1780 ein weiteres Bild: Die sprichwörtlich gewordenen eingerissenen Mauern und Zäune verbinden sich einer übergreifenden Ansicht des gesamten Ilmtals auf Güssefelds Plänen und nehmen das landschaftliche Kontinuum des Parks, wie es sich erst Ende der 1790er Jahre dem Betrachter dargeboten hat, gleichsam im Entwurfsstadium vorweg.

3.2. Parallele Entwicklung. Die Anfänge des Tiefurter Parks

3.2.1. Knebels Gartenschöpfung

Noch ehe Goethe und Carl August im Weimarer Ilmtal gartenkünstlerisch tätig wurden, war in Tiefurt, einem Dorf nordöstlich von Weimar, bereits eine landschaftliche Partie nach dem Muster der englischen Gartenmode geformt worden. Die Ilm durchfließt hier in einem langgezogenen geschwungenen Bogen das Tal. Ein auf einer Seite vom Hochufer des Flusses halbkreisförmig umschlossenes Wiesenstück bot geradezu ideale Voraussetzungen für die Anlage eines kunstgerechten Landschaftsgartens. Es grenzte an das zweigeschossige Gutspächterhaus des dortigen Kammergutes, welches man 1775 für den jüngeren Bruder Carl Augusts, den Prinzen Constantin, und dessen eigene Hofhaltung requiriert hatte.[17] Unter der Aufsicht seines Erziehers Karl Ludwig von Knebel (1744–1834) sollte Constantin hier im rousseauschen Sinne in natürlicher Umgebung heranwachsen.

---

15 Goethe, *Tagebücher*, Bd. I/1, S. 45. – Johann Wolfgang Goethe an Charlotte von Stein, Gotha 14. Juni 1783; WA IV/6, S. 171. In den Archivalien findet sich kein konkreter Hinweis auf eine etwaige Verordnung Carl Augusts. Zu den Türen und Brücken: Im April 1778 hatte sich Wieland bei Merck darüber beklagt, daß er Goethe nicht in seinem Gartenhaus besuchen könne, da alle dorthin führenden Brücken über die Ilm mit Türen versehen seien, die er regelmäßig verschlossen antreffen würde. Siehe *Briefwechsel Wieland*, Bd. 7.1, S. 50f.

16 Siehe [Dohna-Schlobitten] 1798, S. 61; [Küttner] 1801, S. 350; Rückert 1969 (1800), S. 18ff. Zur Schilderung des Parks in zeitgenössischen Reiseberichten siehe ausführlich Kapitel 5.1.

17 Vgl. *Weimarer Klassikerstätten*, S. 308; T. John 1999, S. 287ff.; Laue 2000; Saltzwedel 1999.

Schon kurz nach dem Einzug im Frühjahr 1776 begann Knebel seine Pläne für die „neuen Anlagen" in die Tat umzusetzen: Die *Schatullrechnungen* Constantins verzeichnen für Ende April 1776 umfangreiche Lieferungen des Hofgärtners Bleidorn an Bäumen und Sträuchern, die im Mai nach Knebels Anweisung in die Erde gebracht wurden.[18] Beträchtliche Fuhren von Sand und Steinen für die Anlage von Wegen erreichten das Anwesen; zugleich wurden Zimmerleute mit der Errichtung einer neuen Brücke über die Ilm beauftragt. Eine von einem schmalen Gehölzstreifen gesäumte Hauptallee führte, axial vom Schloß ausgehend, zwischen den angrenzenden Bauerngärten und Weideflächen zum Flußufer (Abb. 24). Dort, auf den sich in das Ilmknie schmiegenden Wiesen, ließ Knebel den eigentlichen Garten anlegen. Geschlängelte Wege, mit Kies belegt, begleiteten den Bogen des Flusses, gabelten sich in schmale Pfade und führten zu Ruheplätzen, die mit Bänken, Ziervasen und einem schlichten Gartenkabinett ausgestattet waren.[19] Ein kolorierter Plan, überschrieben *Grundriß über den herrschaftl. Garten und anliegende Fürstl. Grundstükke zu Tiefurth*, den wiederum Franz Ludwig Güssefeld im November 1777 gezeichnet hat, gibt Aufschluß über die Entstehung des Tiefurter Landschaftsparks. Dessen Nukleus am Ilmufer unterscheidet sich auf der Karte durch eine kräftige grüne Farbgebung von den umliegenden Gärten, während die Wege sowie die runden oder oval geformten Plätze präzise – und, so scheint es, im klaren Bewußtsein der ästhetischen Neuerung – eingetragen sind. Darüber hinaus dokumentiert der Plan die Erschließung weiterer Grundstücke, die dem Pachtgut in den Jahren 1776/77 abgerungen und in der folgenden Zeit sukzessive Teil der Knebelschen Gartenschöpfung wurden.[20] Güssefelds Plan des *Webicht mit der anliegenden Gegend*, im Jahr darauf entstanden, gibt ebenfalls den sogenannten Fürstlichen Garten in Tiefurt wieder und betont dabei den Kontrast zwischen den Wiesenflächen und dem waldigen Hang des Lohhölzchens auf der anderen Seite des Flusses (Abb. 20).

Das sogenannte Lohholz wurde im Sommer 1776 in die Parkkonzeption einbezogen, als Knebel den ebenfalls am Steilhang des Ilmufers gelegenen Hopfenberg terrassieren ließ, um dort einen Weinberg anzulegen.[21] Güssefelds Zeichnung von 1778 zeigt die drei Ebenen des Weinbergs, die an das Waldgebiet des Lohhölzchens anschließen. Den umfangreichen Erdbewegungen folgte die gärtnerische Erschließung des Terrassengeländes, geleitet vom Gärtner Carl Heinrich Gentzsch. Am Scheitelpunkt zwischen dem Nutz- und dem gartenkünstlerisch gestalteten Bereich, auf der höchsten Ebene des Uferhanges, ließ Knebel im Juli 1776 eine Felsengrotte errichten.[22] Damit schuf er nicht nur das früheste Denkmal des Tiefurter

18 ThHStAW: A 1417, Bl. 316ff. Sämtliche Arbeiten wurden aus der Kasse des Prinzen Constantin bezahlt.

19 Ebd., Bl. 360.

20 ThHStAW: B 8457a, Bl. 1–16. Der Kameralakte über die Grundstückssituation in Tiefurt und die neuen Gartenanlagen ist der Plan Güssefelds beigefügt (Bl. 7). Zu den frühen Anlagen Knebels vgl. Günther 1995, S. 7–10; Laue 2000, S. 34f. u. 49ff.

21 ThHStAW: B 8457a, Bl. 2 u. 8; A 1417, Bl. 344–354.

22 ThHStAW: A 1417, Bl. 365f.

Parks, sondern auch den topographischen und ideellen Kulminationspunkt seiner Gartenanlagen. Aus dem dunklen Grotteninneren offenbarte sich dem Besucher durch zwei Bogenöffnungen eine weite Aussicht über die verschiedenen Gartenbereiche, den Fluß und die Wiesen bis hinüber zum Schloß. Dieser Blick entsprach dem Prinzip des bildhaften Sehens, da sich die Aussicht durch die steinernen Bögen wie ein gerahmtes Bild präsentierte. Die Grotte galt allgemein als „das den Palästen entgegengesetzte Refugium eines Philosophen-Eremiten".[23] Die berühmteste, mit Muscheln und Kristallen inkrustierte Grotte befand sich in einer unterirdischen Passage der Villa des Dichters Alexander Pope (1688–1744) an der Themse in Twickenham.[24] Knebel assoziierte seine Tiefurter Grotte mit dem Grab des römischen Dichters Vergil.[25]

Der im fränkischen Ansbach aufgewachsene Knebel war acht Jahre lang Gardeleutnant im Regiment des preußischen Kronprinzen in Potsdam gewesen, ehe er 1773 seinen Dienst quittierte. Als literatur- und kunstbegeisterter Offizier hatte er in Preußen vielfältige Kontakte geknüpft, die ihn möglicherweise auch nach Rheinsberg führten: Unter der Ägide des Prinzen Heinrich, dem Friedrich II. das Schloß bei seiner Thronbesteigung geschenkt hatte, waren seit den 1750er Jahren die dortigen Gartenanlagen wesentlich umgestaltet und erweitert worden.[26] Rheinsberg bot dem Besucher ein Musterbeispiel für die stilistische Vielfalt des frühen Landschaftsgartens. Mehrere sogenannte englische Partien, die mit vielfältigen architektonischen und plastischen Staffagen ausgestattet waren, prägten seinen Charakter. Neben Einsiedeleien, Tempeln und künstlichen Ruinen fand der Besucher auf einer Anhöhe einen gewölbten Feldsteinbau mit Bogenöffnungen zum Wasser: ein Grab des Vergil.

---

23 Buttlar 1989, S. 27. Vgl. auch Hartmann 1981, S. 45.

24 Vgl. Hammerschmidt/Wilke 1990, S. 32ff.

25 Der junge Theologe G. Müller, 1780 zu Besuch in Tiefurt, vermerkte in seiner Reisebeschreibung: „[...] hinauf auf den Berg, den Knebels Phantasie ausgebildet hat, [...] zu einer Grotte, die Vergils Grab heißt." Zitat nach Laue 2000, S. 56, Anm. 146. Urbild dieses Denkmals ist das sogenannte Grab des Vergil auf dem Posilipp bei Neapel: ein durch zwei Eingänge begehbarer kubischer Bau, der von einem Kegelstumpf bekrönt wird. Es handelt sich dabei um eine traditionelle Form des antiken Grabbaues. Die Grabstätte, seit der Mitte des 14. Jahrhunderts mit dem Vergil-Grab identifiziert, wurde zum Wallfahrtsort für Dichter; zu den ersten überlieferten Besuchern gehörten Petrarca und Boccaccio. Die *Grand Touristen* des 18. Jahrhunderts trugen die Legende samt der zugehörigen Bilder nach Norden, wo sie mit einer sentimentalen Konnotation versehen wurden. Der Grabbau fand weite Verbreitung über Reisebeschreibungen und Stichwerke sowie zahlreiche Gemälde. Viele Darstellungen geben ihn in seiner romantisch-verwilderten Umgebung wieder. In der Gartenkunst tauchte das Grab ab ca. 1670 auf. William Shenstone (1714–1763) hatte auf seinem Landsitz *The Leasowes* um 1745 ein Vergil-Grab errichten lassen, allerdings ohne Grotte. Als Gartenmonument findet sich das Grab Vergils u. a. im Park von Wilhelmshöhe bei Kassel, wo es um 1775 ebenfalls als frühester Ruinenbau der Anlage errichtet wurde. Das Grabmal basiert auf einem Stich in Montfaucon V/I, Paris 1719, S. 131f., pl. CXIX. Hirschfeld nennt es in der *Theorie der Gartenkunst*, Bd. 5, 1785, S. 232f. – Vgl. Matsche-von Wicht 1979; Trapp 1984.

26 Vgl. Rave 1994b, S. 328f.

Knebel wird diese Grotte, wenn er sie gesehen hat, mühelos mit dem Grabbau des römischen Dichters identifiziert haben, nicht zuletzt, weil er sich selbst intensiv mit antiker Versdichtung befaßte. Seit 1773 übersetzte er Vergils *Georgica*, als wolle er mit dem Ende seiner Militärlaufbahn in das antike Lob des Landlebens einstimmen und sich zugleich Vergils Anweisungen zur Feldbestellung und Obstbaumzucht zu eigen machen.[27] Die Vergil-Grotte der Tiefurter Gartenschöpfung wurde, wenn nicht von ähnlichen Bauten, so doch zweifellos von der Antikenbegeisterung Knebels inspiriert.

Im Mai 1774 hatte der ehemalige Offizier die durch ein Empfehlungsschreiben des preußischen Kronprinzen vermittelte Einladung Anna Amalias erhalten, als Erzieher des Prinzen Constantin nach Weimar zu kommen. Die Herzogin dachte dabei vor allem an die Vorbereitung des Prinzen auf eine militärische Karriere, wofür Knebel dank seiner friderizianischen Erfahrung als geeigneter Lehrer galt.[28] Im Oktober 1774 trat Knebel als Gouverneur des Prinzen in den Dienst des Weimarer Hofes, um bereits wenige Wochen darauf Carl August und Constantin auf ihrer Kavaliersreise nach Paris zu begleiten. In Frankfurt am Main, wo sie unter anderem Station machten, stellte Knebel im Dezember 1774 den jungen Dichter des *Götz* und des *Werther* dem Erbprinzen vor – das Datum markiert außer der folgenreichen ersten Begegnung Carl Augusts mit Goethe zugleich den Beginn der lebenslangen freundschaftlichen Beziehung zwischen dem „alten Weimarischen Urfreund“ Knebel und dem Dichter.[29]

Ein erzieherisches Moment wohnte auch den ersten Schritten zur Gartengestaltung in Tiefurt inne, da neben dem kleinen Lustgartenbereich beträchtliche Nutzgartenflächen an der Ilm kultiviert wurden: Obstbäume und -sträucher zu pflanzen, Kräuterbeete und schließlich einen Weinberg anzulegen, bildete einen nicht zu vernachlässigenden Teil der Fürstenerziehung.[30] Daß die zum Pachtgut gehörenden Wiesen im Flußbogen weiterhin von Vieh beweidet wurden, komplettierte das Bild einer *ornamental farm*, welches der altphilologisch hochgebildete Knebel zweifellos mit dem legendären Landgut des Horaz in Verbindung zu bringen wußte.[31] Mit dem Weinberg, der Grotte, dem sich windenden Fluß, dem Wiesengarten und den

27 Die berühmten Verse Vergils vom Lob des Landmanns (2. Buch, Vers 458–542) erschienen im *Journal von Tiefurth*, 26. Stück. Zu Knebels Übersetzungsversuchen der *Georgica* und deren archivalischer Überlieferung sowie weiteren Übersetzungen lateinischer Dichter (vor allem Lukrez, Properz, Horaz) vgl. Otto/Rudnik 1996, S. 315 und passim.

28 Vgl. Biedrzynski 1992, S. 245; Otto/Rudnik 1996, S. 296ff.; Saltzwedel 1999.

29 Goethes Bezeichnung für Knebel leitet eine der *Aufklärende[n] Bemerkungen* ein, die er einigen persönlich adressierten Gedichten in der Ausgabe letzter Hand beigab. Siehe WA I/4, S. 83. Vgl. auch Otto/Rudnik 1996, S. 293.

30 Vgl. ThHStAW: A 1417, Bl. 317.

31 Joseph Addison hatte das Konzept der *ornamental farm* 1712 im *Spectator* (Nr. 414) eingeführt. Siehe unten, Kapitel 3.4.1. – Zur *ornamental farm* und dem Nützlichkeitsaspekt in englischen Landschaftsgärten, etwa denen von Alexander Pope und William Shenstone, vgl. Buttlar 1982, S. 79; Buttlar 1989, S. 51; Hammerschmidt/Wilke 1990, S. 24 u. 35. Buttlar definiert die

ästhetisch nobilitierten Nutzflächen hatte er eine Anlage geschaffen, die dem antiken Gartenideal durchaus entsprach.

Eine Würdigung des gartenkünstlerischen Engagements in Tiefurt ließ nicht lange auf sich warten und erfolgte von berufener Seite. Friedrich Wilhelm von Erdmannsdorff schrieb an Knebel im Dezember 1777 nach einem Besuch, den er den neuen Anlagen zusammen mit dem Dessauer Fürsten abgestattet hatte: „Wir sprechen oft von Ihnen und erinnern uns oft des reinen gefühlvollen Geschmacks, mit welchem Sie die natürliche Lage von Tieffurth so wohl zu nutzen gewußt haben."[32] Im Auftrag des Fürsten legte Erdmannsdorff seinem Brief mehrere Päckchen Sämereien bei, „um auch da einen kleinen Antheil dran zu haben".

Vor allem aber war es Adam Friedrich Oeser, der Knebels gartenkünstlerische Ambitionen teilte und die Entwicklung des Tiefurter Landschaftsgartens bereits in seiner frühesten Phase begleitete. Die Bekanntschaft Knebels mit Oeser geht auf das Jahr 1764 zurück, als Knebel an der Universität in Halle ein Jurastudium aufgenommen und zugleich in Leipzig Kontakte zur Förderung seiner künstlerischen Interessen geknüpft hatte.[33] Oeser gegenüber schwärmte Knebel ausgelassen von „Tieffurth oder Tibur" und pries „unser liebes Thal und unsre sanften Hügel".[34] Mit dieser – nicht nur sprachlichen – Analogie zum antiken Städtchen Tibur am Anio, dem heutigen Tivoli bei Rom, evozierte Knebel das römische Villenideal und zugleich die dem Landleben gewidmeten Gesänge von Horaz, Properz oder Catull.[35] Im gleichen Brief dankt er im Namen des Prinzen für ein „vegetabilisches Geschenk", und fügt hinzu: „Wir haben es sogleich auf der Anhöhe neben der Höhle gepflanzt." Drei Monate nach Anlage der Felsengrotte waren Knebel und sein Schützling also damit beschäftigt, deren nächste Umgebung gärtnerisch zu gestalten. Oeser sandte wiederholt seltene Pflanzen und Gehölze nach Weimar und gab überdies praktische Hinweise zum Umgang mit allerlei Gewächsen: „Epfeu zu legen ist in der Jahreszeit thulich. Doch würde ich unter aller Art Epfeu zu dem so genannten wilden Wein rathen."[36] Bezüglich der Garten- und Landschaftsgestaltung konsultierte Knebel den Leipziger in verschiedenen Fragen, auch ein entspre-

---

ornamental farm als „Verwandlung der ökonomischen Nutzfläche in eine parkartige Gartenlandschaft unter Beibehaltung der landwirtschaftlichen Funktionen." Buttlar 1989, S. 51.

32 Friedrich Wilhelm von Erdmannsdorff an Karl Ludwig von Knebel, Dessau 28. Dezember 1777; GSA 54/147, Bl. 1.

33 Vgl. *Briefe aus Knebels Nachlaß*, Bd. I, S. Vf.

34 Karl Ludwig von Knebel an Adam Friedrich Oeser, Tiefurt 17. Oktober 1776; UBL Rep. VI 25 zh 3.

35 Vgl. Berger 2001, S. 153. „In Tieburs Haynen", so beginnt die im Sommer 1776 verfaßte Sammelhandschrift *Eine Tiefurter Matineé* mit Beiträgen u.a. von Anna Amalia, Prinz Constantin und Knebel, die ähnlich der antiken Gesänge das Leben auf dem Landgut preist. Siehe Busch-Salmen u.a. 1998, S. 41 u. 170–173.

36 Adam Friedrich Oeser an Karl Ludwig von Knebel, Leipzig 17. Oktober 1777; GSA 54/235, Bl. 1. Siehe auch ThHStAW: A 1417, Bl. 318. Auf seinem Landgut in Dölitz bei Leipzig züchtete Oeser selbst fremdländische Gewächse. Auch traf er Händler exotischer Pflanzen auf der Leipziger Messe. Vgl. T. John 1999, S. 287 u. passim.

chendes Periodikum bestellte er bei Oeser, der sogleich reagierte und die *Gartenlust* schickte:

> [...] studieren sie diese, bey dieser Jahreszeit auf dem Papier, und machen Sie den Plan fürs ganze, aufs Frühjahr stecken Sie diesen Plan ab, und führen ein Stück nach dem andern gantz ruhig aus. Ich sehe schon wie Sie auf der Wiese eine regulaere Partie für den Garten wählen, und um der Mannigfaltigkeit willen auf beyden Seiten die schönsten Englischen Partien anzubringen wissen [...].

Desweiteren empfahl Oeser, „ein Lustgebäude anzubringen", und fährt fort: „[...] wenn ich was rathen sollte, so würde ich den Chinesischen Geschmack an unseren Orten anbringen."[37] Schließlich verweist Oeser auf die in Frage kommenden Musterbeispiele im beigefügten Gartenjournal und kündigt weitere Folgen desselben an. Daß Knebel den Rat des Leipzigers befolgte und den Nutzgartenbereich in regelmäßigem Grundriß gestaltete, an den die „englischen Partien" zur Flußbiegung hin anschlossen, ist Güssefelds Plan vom November desselben Jahres zu entnehmen (Abb. 24).

Nicht zuletzt sandte Oeser Gartenplastiken aus weißem sächsischen Marmor, nachdem er die Entwürfe Knebel und vor allem Anna Amalia brieflich vorgestellt hatte, zur Ausgestaltung der Gärten am Wittumspalais und in Tiefurt.[38] Voller Enthusiasmus schreibt er einmal:

> Ich war vor kurzem bey Sr. Durchl. dem fürtreflichen Fürsten von Dessau in Wörlitz, und alles schöne und unvermuthete was ich da fand, wünschte ich zu Ihren liebenswürdigsten Prinzen nach Tifurt, wann ich in Ihre Gegenden komme so wollen wir uns bemühen, alles, wenn es nicht schon ist, in ein Elisium zu verwandeln.[39]

Die letzte Formulierung verweist auf einen Anspruch, dessen Erfüllung – nimmt man die bereits erörterte Briefstelle Wielands über das Weimarer Ilmtal vom Oktober 1778 auf, wonach nun „auch diese Seite von Weimar zu einem Tempe und Elysium" werde – nicht lange auf sich warten ließ.[40] Oeser sollte dem Tiefurter Anwesen auch in den folgenden Jahren aufs engste verbunden bleiben und dessen landschaftsgärtnerische Konzeption, nicht zuletzt durch mehrere Denkmalentwürfe, maßgeblich prägen.

---

37 Adam Friedrich Oeser an Karl Ludwig von Knebel, Leipzig 16. Januar 1777; UBL Rep VI 25 zh 2. Um welche Zeitschrift es sich bei der *Gartenlust* handelt, konnte nicht ermittelt werden. Die spezielle Vorliebe Oesers für asiatische Kunst wird verschiedentlich deutlich; siehe oben, Kapitel 1.2. Oeser orientierte sich offenbar an dem Gartentypus des *Jardin Anglo-Chinois*. Mehrere Briefstellen verraten, daß er diesen Stil in Weimar zu etablieren suchte. Nach Oesers Anregungen wurden in den folgenden Jahren im Tiefurter Park verschiedene chinesische Dekorationen angebracht. Vgl. T. John 1999, S. 288–291.

38 Siehe Karl Ludwig von Knebel an Adam Friedrich Oeser, Tiefurt 17. Oktober 1776; UBL Rep. VI 25 zh 3. Vgl. T. John 1999, S. 288.

39 Adam Friedrich Oeser an Karl Ludwig von Knebel, Leipzig 10. November 1776; UBL Sammlung Hirzel, B 79.

40 Christoph Martin Wieland an Johann Heinrich Merck, Oktober 1778; *Briefwechsel Wieland*, Bd. 7.1, S. 126.

Knebel selbst resümierte die Tiefurter Zeit rückblickend in seinen Tagebuchnotizen:

> Für meinen Prinzen hatte ich in der Gegend von Weimar einen ländlichen Aufenthalt erwählt; denn da er etwas schwächlicher Constitution war [...], so war es ein Wunder, daß er sich noch so erhielt. [...] Wir wählten das kleine Gut Tiefurt bei Weimar zum Aufenthalt, vertrieben den Pachter aus seiner Wohnung, rissen die Bauergehege hinweg, und bereiteten nach und nach einen angenehmen Aufenthalt in der überaus günstigen Gegend. [...] Unser Garten stand Jedermann offen. Kamen Gäste, die nicht geladen waren, so mußten sie bis 1 Uhr verziehen, welches gemeinlich die Stunde unserer Erscheinung im Garten war. [...] Nachmittags und gegen Abend kam meist Besuch aus Weimar. [...] Goethe war Tage und Wochen bei uns, ingleichen der Herzog. Allen gefiel unsere ländliche Einrichtung. Zuweilen gaben wir Feste, Illuminationen, die sich an der beweglichen Ilm gar artig ausnahmen, u. dgl. [...] Alles war sehr einfach, doch anständig, und die Weimarer wußten sich den Aufenthalt nicht genug zu loben. Noch muß ich bemerken, daß Goethe einige dramatische Stücke für Tiefurt bereitete, die daselbst unter der sogenannten Mooshütte gegeben wurden. Corona Schröter spielte dabei eine Hauptrolle. Herder und Wieland waren häufig bei uns [...] Dieser Aufenthalt in Tiefurt währte drei Jahre, denn auch den Winter brachten wir daselbst zu und gaben Schlittenfahrtsfeste.[41]

Knebel ruft erneut gängige Topoi der antiken Villenkultur auf, indem er die Möglichkeit der Rekreation auf dem Land ebenso schildert wie die Vergnügungen fernab des städtischen Lebens, und dabei die Einfachheit aller Einrichtungen betont. Die zahlreichen Besuche aus Weimar illustrieren treffend den seit der Antike tradierten Dualismus von Stadt und Land, wobei die ländliche Umgebung einen ungezwungeneren Umgang erlaubt, als in der Stadt und bei Hofe üblich ist.

Prinz Constantin und Knebel lebten bis zum Beginn der zweijährigen Reise des Prinzen nach Italien, Frankreich und England im Juni 1781 in Tiefurt. Mit der Abreise Constantins endete auch das Wirken seines Erziehers, womit zugleich die erste Etappe der gartenkünstlerischen Entwicklung an diesem Ort ihren Abschluß fand. Knebel ersuchte indessen Carl August um ein neues Amt, worauf der Herzog dem pflichtbewußten Hauptmann in auffallend freundschaftlichem Ton riet, sich zunächst eine Zeit des freien Umherschweifens zu gönnen:

> Sind denn die, die sich deiner Freundschaft und Umgangs freuen, so sclavisch, so sinnlicher Bedürfniße voll, daß du nur durch Graben, Hacken, Ausmisten, und Aktenverschmieren Ihnen nützen kannst? [...] Ists deiner Natur gut sich zu verändern, so *reise* [...] gehe also deiner Phantasie, dem geistlichen und leiblichen Bedürfniß von Bewegung und Luftwechsel nach; kehre dann reconvalescirend wieder zu uns [...] und erzähle gleich Ulyssen dem Schweinehirten, beym Feuer [...], deine Abenteuer, und Begebenheiten. Warum sich immer Ersäufen wollen, wenns mit einem schönen Bade gethan ist.[42]

Die Arbeit im Garten, welche als sprachliches Bild häufiger Eingang in die Briefe Carl Augusts fand, wird hier zum Synonym für schrittweises, zuweilen auch mühsames Voranschreiten in einer Tätigkeit, die als Pendant immer den Blick in die

41 Zitiert nach *Briefwechsel Knebel*, Bd. 1, S. XXX–XXXII.

42 Carl August an Karl Ludwig von Knebel, Weimar 4. Oktober 1781; GSA 54/VII, 2, 3a. Gedruckt in *Briefwechsel Knebel*, Bd. 1, S. 126. Vgl. dazu auch Otto/Rudnik 1996, S. 299.

Weite der Natur, die Bewegung auf bisher unbekannten Wegen in freier Landschaft als inspirierendes Moment benötigt. Carl August mag hierbei seine eigene Reise in die Schweiz, welche seine ästhetische Wahrnehmung entscheidend geprägt hatte, vor Augen gestanden haben. Seine Zeilen bezeugen nicht nur die nachdrücklichen, auch in den folgenden Jahren anhaltenden Bemühungen um Knebel, sondern ebenso die für einen Herzog bemerkenswert unkonventionelle Denkungsart, die ihn nicht zuletzt bei der Gestaltung seines eigenen Landschaftsgartens leitete.

3.2.2. Anna Amalia in Tiefurt

Nachdem die Herzogsmutter Anna Amalia fünf Jahre lang die Sommermonate in Ettersburg verbracht und dort ein veritables Hoflager um sich versammelt hatte, wählte sie ab 1781 Tiefurt zu ihrem bevorzugten Quartier. Schon während der Anwesenheit ihres jüngeren Sohnes hatte sie das Schloß und den Garten im Ilmbogen gern besucht; nun schien ihr sein Aufbruch zur Kavalierstour gerade recht zu kommen, um sich längerfristig in Tiefurt einzurichten.[43] Anna Amalia fand in dem Landgut ihr ersehntes Refugium, das es ihr zugleich ermöglichte, in Schloß und Garten einen vom regierenden Hof unabhängigen Ort ästhetisch-literarischer Kommunikation und Praxis zu etablieren. In den folgenden Jahren sollte die Herzogsmutter hier einen *locus amoenus* gestalten, an dem sie „den Akzent weniger auf eine an Rousseauschen Maximen orientierte Ländlichkeit setzt, als ein von höfischer Etikette freies kulturelles Leben zur Geltung bringt.“[44] Bereits im Sommer 1782 veranlaßte Anna Amalia umfangreiche Arbeiten, um die von Knebel ins Werk gesetzte Gartenanlage nach ihren Vorstellungen umzugestalten und zu erweitern. „Nun bin ich, Gott sei's gedankt! ruhig in dem lieben Tiefurt“, ließ sie Knebel denn auch sogleich wissen, „und suche es auf alle Art zu verschönen. [...] Kommen Sie auf ein paar Tage zu mir, und sehen Sie selbst mit ihren eigenen Augen, ob ich ihrem schöpferischen Geist nachgekommen bin.“[45] Anna Amalia ließ den Park mit einem Gelehrtenkabinett ausstatten, in dem Büsten von Goethe, Herder und Wieland ihren Platz fanden, für die sie bei dem französischen Altertumsforscher Vil-

43 Vgl. Joachim Berger: *„Tieffurth“ oder „Tibur“? Herzogin Anna Amalias Rückzug auf ihren ‚Musensitz‘*, in: Berger 2001, S. 125–164. Vgl. Berger 2003, S. 406–413, zu den verschiedenen Hofhaltungen Anna Amalias; ebd., S. 377ff. zum gartenkünstlerischen Engagement der Herzogsmutter. Siehe auch *Musen, Genies und Dilettanten. Anna Amalia in Tiefurt*, in: *Ereignis Weimar* 2007, S. 101–113.

44 Caroline Gille: Artikel *Konrad Westermayr (1765–1834). Schloß Tiefurt bei Weimar*, in: Schuster/Gille 1999, S. 211.

45 Anna Amalia an Karl Ludwig von Knebel, Tiefurt 23. Juni 1782; *Briefwechsel Knebel*, Bd. 1, S. 190.

loison Inschriften in Auftrag gab.[46] Im August des gleichen Jahres besuchte sie die Wörlitzer Anlagen und hatte damit den denkbar günstigsten Zeitpunkt gewählt, um sich für die eigene Parkschöpfung weiter inspirieren zu lassen. Abermals schrieb sie an Knebel, daß

> meine Imagination etwas gelitten hat, denn ich ruhe und raste nicht, bis ich Tiefurt in einen – dürft' ich doch sagen! – beinahe ähnlichen Zustand gebracht habe. Kaum war ich wieder zurück, stürmte ich mit Projecten los; mein armes Tiefurt war ganz erstaunt über meine erhabenen Ideen; und in der That, die Hand wurde daran gelegt. Das Lohhölzchen wurde umgeschaffen, und in einen solchen Zustand gesetzt, daß Faunen und Nymphen sich nicht zu schämen brauchen, ihren Aufenthalt darinnen zu haben.[47]

Tatsächlich hatte sich Anna Amalia vor allem des Waldparks jenseits der Ilm angenommen und dort einen Uferweg sowie weitere Terrassen, Wege und Ruheplätze im Lohholz anlegen lassen.[48] Indem der bewaldete Hang stärker als zuvor in die Parkgestaltung einbezogen wurde, trat nicht zuletzt der charakteristische Gegensatz von Wald- und Wiesenpark, zwischen denen der Fluß als trennende Linie verlief, deutlicher in Erscheinung. In den folgenden Jahren ließ Anna Amalia zahlreiche Parkmonumente und Erinnerungsmale errichten, die sie – der sensualistischen Wirkungsästhetik entsprechend – der jeweiligen landschaftlichen Partie zuordnete: So entstanden erhabene Orte des Totengedenkens unter düster herabhängenden Bäumen, aber auch Pavillons für ausgelassene Vergnügungen auf den lichten Rasenflächen.[49]

Auch Goethe ließ es sich nicht nehmen, an der Gestaltung des Tiefurter Landschaftsgartens mitzuwirken, indem er bezeichnenderweise auch diesmal eine Mauer niederriß, um eine direkte und harmonische Verbindung zwischen Haus und Garten zu erreichen. „Die Herzogin Frau Mutter läßt den Tiefurtischen Garten nach dem Altan zu verlängern", weiß Anna Amalias Schatullier Johann August Ludecus in einem Brief an Knebel zu berichten, „und jetzo wird die Mauer vom Hause nach dem Garten abgebrochen, und von der Seite des Gartens breiter gemacht. Goethe hat die Idee angegeben."[50] Während Goethes Engagement im Tiefurter

---

46 Vgl. Berger 2001, S. 154; Laue 2000, S. 66f. Die Büsten schuf der Hofbildhauer Martin Gottlieb Klauer. Mit Villoison hatte Knebel bereits in Paris verkehrt. Der Philologe weilte 1782/83 am Weimarer Hof und auch in Tiefurt. Der erste Brief seiner 1783 veröffentlichten *Epistolae Vinariensis* war „ad Serenissimam Principem Annam Amaliam" gerichtet. Villoison feierte Anna Amalia als Mäzenin und erhob ihren Hof zum „Musensitz". Als Vorbild für das Gelehrtenkabinett könnte ein antiker Götterhain oder ein griechischer Philosophengarten, den die Gelehrten als Versammlungsort nutzten, gedient haben.

47 Anna Amalia an Karl Ludwig von Knebel, Weimar 8. November 1782; *Briefwechsel Knebel*, Bd. 1, S. 192f.

48 Vgl. Anna Amalia an Karl Ludwig von Knebel, Tiefurt 27. Oktober 1783; *Briefwechsel Knebel*, Bd. 1, S. 194.

49 Zur weiteren Gestaltung des Tiefurter Parks unter Anna Amalia siehe ausführlich Günther 1995; Laue 2000.

50 Johann August Ludecus an Karl Ludwig von Knebel, Weimar 25. November 1782; *Briefe aus Knebels Nachlaß*, Bd. I, S. 115.

Garten meist mit den Aufführungen des Liebhabertheaters am dortigen Ilmufer verbunden ist und somit wiederum einen vornehmlich inszenatorischen Charakter trägt, sorgt er im Herbst 1782 unmittelbar für ein klares, großräumigeres Verhältnis der Tiefurter Schloßarchitektur zu den sie umgebenden landschaftlichen Partien.

Knebel, der nach der Abreise des Prinzen und dem Ende seines Erziehungsauftrags vorerst nach Franken zurückgekehrt war, wünschte seinerseits der Herzogsmutter:

> unter Euer Durchlaucht und aller Musen Aufsicht, erwachse daselbst ein zweytes Tempe, wozu es auch die Natur schon bestimmt zu haben scheint. Die Art womit es Euer Durchlaucht verschönern, versichert ihm, daß es von nun an ein beständiger Musensitz bleiben werde.[51]

Mit diesen Worten beschwor Knebel einmal mehr den Tiefurter Garten als Sitz der Musen und die ihn bewohnende Fürstin als deren Beschützerin. Als wolle sie dieser Zuschreibung gerecht werden, ließ Anna Amalia im Juni 1784 einen Musentempel im Park errichten, der abermals an das antike Tibur erinnerte und Tiefurt zum heiligen Hain der Musen stilisierte.[52]

Bezog Anna Amalia im Sommer 1782 Anregungen aus der Wörlitzer Gartenschöpfung des Fürsten Franz, hatte sie, was die Entwicklung der landschaftlichen Gartenkunst in Weimar betrifft, selbst einige der frühesten Impulse gegeben. Es soll hier noch einmal vergegenwärtigt werden, daß – als Goethe 1778 in der Nähe seines Gartenhauses die ersten kunstgerechten Parkarchitekturen im Ilmtal initiierte – in Tiefurt und Ettersburg, aber auch an Anna Amalias Wittumspalais in Weimar bereits seit längerem kleinere Gartenpartien nach englischem Vorbild angelegt und mit Monumenten verschiedener Stile ausgestattet worden waren. Der Einrichtung und Vervollkommnung ihres „Ettersburger Hoflagers“ hatte Anna Amalia ab 1776 einen beträchtlichen Teil ihrer nach der Regierungsübernahme durch Carl August ganz auf schöngeistige Interessen gerichteten Aufmerksamkeit gewidmet.[53] Mit erheblichem Aufwand wurden in dem jenseits des Ettersberges gelegenen waldigen Hügelgelände mehrere Gartenszenen empfindsamen Charakters geschaffen, in denen eine Einsiedelei und ein Aussichtspavillon nicht fehlten.[54] Auch der kleine englische Garten am Wittumspalais mit seinem nach der Chinamode gestalteten Kabinett entstand bereits 1776 nach der Erweiterung des zum Palais gehörenden Grundstücks.[55] Zur gleichen Zeit setzte Knebel in Tiefurt seinen Ehrgeiz daran, geschlängelte Wege durch die Wiesen zu bahnen, den bewaldeten Flußhang des

---

51 Karl Ludwig von Knebel an Anna Amalia, Nürnberg 16. Juli 1782; ThHStAW: HA A XVIII 67, Bl. 14f.

52 Vgl. Berger 2001, S. 153f.; Laue 2000, S. 75.

53 ThHStAW: Schatullrechnungen Anna Amalia A 926, A 927a. Vgl. auch *Weimarer Klassikerstätten*, S. 337f.; Renate Müller-Krumbach: Artikel *Anna Amalia Herzogin von Sachsen-Weimar und Eisenach (1739–1807). Landschaft mit Haus und Baumgruppe*, in: Schuster/Gille 1999, S. 210.

54 Vgl. *Weimarer Klassikerstätten*, S. 344ff.

55 Vgl. ebd., S. 234; T. John 1999, S. 291.

Lohhölzchens gartenkünstlerisch zu erschließen und dort mit der Vergil-Grotte gleichsam seiner Antikenbegeisterung ein Denkmal zu errichten.

Der all diese Aktivitäten durch eigene Entwürfe oder fachkundigen Rat maßgeblich unterstützende Künstler war Adam Friedrich Oeser.[56] Die überlieferten Briefwechsel vermitteln zuweilen den Eindruck, zwischen Anna Amalia und Karl Ludwig von Knebel sei eine Art Wettbewerb in der Anlegung und kunstgerechten Ausstattung englischer Gartenszenen entbrannt, in dem Oeser die Rolle des künstlerischen Direktors zukam.

> Denn alles will von Ihrer Arbeit und von Ihrem Marmor, und ich hatt es der Herzogin kaum gesagt, daß Sie mir Athenienne von Marmor machen, so will sie schon solche für ihren kleinen englischen Garten haben, und fragt mich ohn Unterlaß, ob sie solche nicht bekommen könnte,

schreibt Knebel an Oeser im Herbst 1776, und fügt hinzu:

> Und hier in Tieffurth oder Tibur geht es nicht viel besser, und wir bilden uns ein, unser liebes Thal und unsre sanften Hügel könnten sich mit keinem grösseren Reize mehr schmücken, als wann noch hier und da in einem der ausgesuchtesten Winkel ein Oeser prangte.[57]

Immer wieder warben sowohl Anna Amalia als auch Knebel für Besuche des vielbeschäftigten Leipziger Akademiedirektors in Weimar; Oesers früherer Zeichenschüler Goethe stellte indessen den Kontakt zu Herzog Carl August her.

Goethe hatte bekanntlich 1776/77 seinen Garten am Stern angelegt und damit den Auftakt zu der wenig später von ihm selbst begonnenen gartenkünstlerischen Gestaltung am gegenüberliegenden Hang der Ilmaue gegeben. Als Oeser sich im Dezember 1776 in Weimar aufhielt, wohl um die Wandfelder und den Plafond in Anna Amalias Gartenkabinett am Wittumspalais mit illusionistischen Landschaftsmalereien auszustatten, traf er auch mit Goethe zusammen. Beide diskutierten den Entwurf für das Denkmal der „Agathe Tyche", den „Stein des guten Glücks", der im Frühjahr 1777 in Goethes Garten aufgestellt wurde. Daß Goethe für dieses Monument, das seine innersten Empfindungen widerspiegeln und zugleich die Hoffnung auf einen schützenden Geist für sein neugegründetes Hauswesen ausdrücken sollte, seinen ehemaligen Leipziger Lehrer zu Rate zog, verweist einmal mehr auf Oesers Funktion als bewährter Mentor in künstlerischen Fragen. Goethes Briefe beispielsweise an Auguste von Stolberg, in denen er von den anzulegenden „Rasenbänke[n]" in seinem „englischen Garten" berichtet, verraten ähnliche gartenkünstlerische Ambitionen, wie sie aus der Korrespondenz Knebels oder Anna Amalias mit Oeser deutlich werden – und sie treffen den gleichen empfindsamen

56 Vgl. T. John 1999, S. 286–299.

57 Karl Ludwig von Knebel an Adam Friedrich Oeser, Tiefurt 17. Oktober 1776; UBL Rep. VI 25 zh 3. Siehe auch Adam Friedrich Oeser an Karl Ludwig von Knebel, Leipzig 16. Januar 1777; UBL Rep. VI 25 zh 2. Oeser war seit ca. 1755 für den Grafen von Bünau in Oßmannstedt und Eisenach tätig. Seine erste Begegnung mit Anna Amalia hatte offensichtlich im Herbst 1775 stattgefunden, als er zur Ausgestaltung des großen Ballsaals im Wittumspalais nach Weimar gekommen war. Die Klassik Stiftung Weimar besitzt die umfangreichste und qualitätvollste Sammlung von Landschaftszeichnungen Oesers. Vgl. T. John 1999, S. 286 u. 305, Anm. 17.

Ton.[58] Doch indem er letztlich beim „Stein des guten Glücks“ seine Vorstellungen von einem nichtfigürlichen Denkmal durchsetzte, die Oeser ganz und gar nicht teilen konnte, weist Goethe bereits zu diesem frühen Zeitpunkt über die Monumente der empfindsamen Gartenmode, später von ihm als „leere Hülsen und Bäuche“ bezeichnet, hinaus.[59] Aus dem unmittelbaren Kontext der englischen Anlagen in Ettersburg, am Wittumspalais und vor allem in Tiefurt erschließt sich einerseits der Impuls zu Goethes eigenem Wirken im Ilmtal, während andererseits im gleichen Moment dessen weiterführende Intentionen in der Denkmalgestaltung umso deutlicher werden.

Die frühen Jahre in der Geschichte des Tiefurter Parks, insbesondere der Anteil Karl Ludwig von Knebels am Entstehen dieses Landschaftsgartens, wurden bisher weit unterschätzt.[60] In der Literatur über den Park wird – mit Hauptaugenmerk auf die Etablierung des sogenannten Musenhofes – meist das ausgelassene „Rustizieren“ und die Ausschmückung der Anlagen mit verschiedenen Parkarchitekturen unter der Ägide Anna Amalias ab 1781 fokussiert.[61] Die Position Knebels ist jedoch nicht allein um seines nachhaltigen gartenkünstlerischen Engagements willen zu stärken. Angesichts der engen Verbindung, die Goethe in seinen frühen Weimarer Jahren sowohl zu Knebel als auch zu Oeser unterhielt, ist überdies davon auszugehen, daß deren Wirken in Tiefurt den ersten Schritten landschaftsgärtnerischer Gestaltung in der Weimarer Ilmaue buchstäblich die Wege ebnete.[62]

3.3. Gartenkunst und Liebhabertheater

Mit der Uraufführung von Goethes Singspiel *Die Fischerin* am 22. Juli 1782 vor der nächtlichen Kulisse des Tiefurter Landschaftsgartens erreichten nicht nur die Inszenierungen des Weimarer Liebhabertheaters ihren Höhepunkt. Der Sommer 1782 markiert auch eine Zäsur in der zugleich höfisch und bürgerlich geprägten

58 Johann Wolfgang Goethe an Auguste Gräfin zu Stolberg, Weimar 17.–24. Mai 1776; WA IV/3, S. 65f. Im gleichen Brief schreibt Goethe über die Inbesitznahme des Tiefurter Pachtguts durch Prinz Constantin und über das Fest, das die Bauern aus diesem Anlaß veranstalteten. Auch er selbst weilte an diesem Tag in Tiefurt. Ebd., S. 68.

59 Johann Wolfgang Goethe an Johann Kaspar Lavater, Weimar Ende November 1779; WA IV/4, S. 142.

60 Siehe z.B. *Weimarer Klassikerstätten*, S. 312, wo auch die Entstehung der Vergil-Grotte Anna Amalias Wirken zugerechnet wird. Vgl. auch Günther 1995. In der Forschung wurde Knebel, wo er nicht in unmittelbarem Zusammenhang mit Goethe zu nennen ist, überhaupt vernachlässigt. Vgl. Otto/Rudnik 1996, passim.

61 Christoph Martin Wieland an Johann Heinrich Merck, Weimar 11. Juli 1781: „Unsre liebe gute Herzogin Amalia rusticiert seit des Prinzen Abreise zu Tiefurt, ganz allein mit Thusnelden und 2 Bedienten.“ In: *Briefwechsel Wieland*, Bd. 7.1, S. 376. Thusnelda war der Spitzname für die langjährige Hofdame Anna Amalias, Luise von Göchhausen.

62 Allein zwischen Mai 1776 und Juni 1781 bezeugen 50 Tagebucheinträge Goethes Aufenthalte in Tiefurt.

Geselligkeit und, damit verbunden, in der Entwicklung der landschaftlichen Gartenkunst in Weimar.

Anna Amalia, deren schöngeistige Interessen vornehmlich der Musik und der Bühnenkunst galten, hatte bereits in den Jahren zuvor auf ihrem Ettersburger Sommersitz alle künstlerischen Kräfte der Residenzstadt für die zahlreichen Theateraufführungen geschickt zu binden gewußt.[63] In Ettersburg, wo sich um 1778 der gesellige Mittelpunkt des höfischen Kulturlebens in Weimar etabliert hatte, wirkten auf der Liebhaberbühne neben Angehörigen der herzoglichen Familie und des Hofes außerdem bürgerliche Darsteller, wie zum Beispiel die Schauspielerin Corona Schröter und der angehende Verleger Friedrich Justin Bertuch.[64] Mitunter lud man auch Bedienstete und Dorfbewohner dazu ein, die Szene zu bereichern.[65] Für Orchestermusik wurde ebenso gesorgt wie für ein zuweilen aufwendiges Bühnenbild, dessen Realisierung meist in den Händen von Georg Melchior Kraus lag.

Die Aufführung von Goethes Bearbeitung der Komödie *Die Vögel* nach Aristophanes im August 1780 stattete indessen Oeser mit gemalten Prospekten und weiteren Staffagen aus.[66] Schon im Juni des gleichen Jahres hatte Goethe über die erneute Zusammenarbeit an Charlotte von Stein geschrieben: „Oeser ist hier und gar gut, schon hab ich seinen Rath in vielen Sachen genuzt er weis gleich wie's zu machen ist, das *Was* bin ich wohl eher glücklich zu finden. Er will in Ettersburg eine Dekoration mahlen und ich soll ein Stück machen."[67] Die zunehmende Emanzipation Goethes von seinem früheren Lehrer, welche bereits an anderer Stelle deutlich wurde, klingt auch in diesen Zeilen an. Doch bleibt der Grundton respektvoll, als Goethe Knebel wissen läßt: „Oeser [...] hat viel gutes veranlasst, alle Künste in denen wir sachte des Jahrs fortklempern hat er wieder um einige Grade weiter gerückt. [...] Den ersten Ackt der *Vögel*, aber ganz neu, werden wir ehstens in Etters-

63 Vgl. Berger 2001, S. 138; *Weimarer Klassikerstätten*, S. 337f.; Deetjen 1993 (1924), S. 25ff.

64 Corona Schröter (1751–1802) war die gefeierte Primadonna des Weimarer Liebhabertheaters, eine erfahrene Sängerin und Schauspielerin, die Goethe seit seinen Leipziger Studientagen kannte und 1776 als Kammersängerin nach Weimar geholt hatte. Ihren denkwürdigsten Auftritt hatte sie in der Titelrolle der *Iphigenie auf Tauris*, die in der ursprünglichen Prosaform im April 1779 im Park von Tiefurt zuerst aufgeführt wurde. In der Uraufführung der *Fischerin* brachte Schröter als Hauptdarstellerin erstmals die von ihr selbst vertonte Ballade vom *Erlkönig* zu Gehör. 1784 wurde ihr zu Ehren im Tiefurter Park das Amor-Denkmal errichtet; Oeser lieferte den Entwurf, Goethe verfaßte ein huldigendes Epigramm. Vgl. Conrady 1988, Bd. 1, S. 363f.; Caroline Gille: Artikel *Corona Schröter (1751–1802). Selbstportrait*, in: Schuster/Gille 1999, S. 228.

65 Wieland erwähnt in einem Brief an Merck, bei der Aufführung von Goethes *Jahrmarktsfest zu Plunderswweilern* im Herbst 1778 in Ettersburg würden „der halbe Hof und ein guter Theil der Stadt" mitspielen. Siehe *Briefwechsel Wieland*, Bd. 7.1, S. 126.

66 Goethe hatte sich seit 1778 mit dem Stoff befaßt und im Sommer 1780 seine Bearbeitung niedergeschrieben. Die Inszenierung enthielt viele inhaltliche Anklänge an die Schweizer Reise Goethes mit dem Herzog, von der sie im Januar 1780 zurückgekehrt waren. Vgl. Deetjen 1993 (1924), S. 69f.

67 Johann Wolfgang Goethe an Charlotte von Stein, Weimar 14. Juni 1780; WA IV/4, S. 235.

burg geben.“[68] Die Darbietung des Stückes wurde ein Erfolg und zog umgehend das nächste Projekt nach sich: „In Ettersburg floriren die Künste; künftige Woche wird auf's Neue das Walddrama vermehrt und verbessert herausgegeben“, schrieb Carl August an Knebel.[69] Bei dem „Walddrama“ handelt es sich um das Zigeunermelodram *Adolar und Hilaria* aus der Feder Friedrich Hildebrand von Einsiedels, das im gleichen Sommer im sogenannten Klosterholz, wo man vor der Eremitage eine Naturbühne errichtet hatte, bei einer nächtlichen Aufführung im Fackelschein großen Effekt erzeugte.[70] Kraus hielt die illuminierte Szene in einem Gemälde fest, das wiederum Hirschfeld in seinem 1782 erschienenen Bericht über die Ettersburger Anlagen erwähnt.[71]

Das Pendant zur Aufführung des Dramas *Adolar und Hilaria* im Ettersburger Park bildete die Tiefurter Inszenierung des Singspiels *Die Fischerin.* Goethe integrierte hier die Wirkung der nächtlichen Parkkulisse noch bewußter in die theatralische Handlung. Dem Titel des Werkes hatte er einen Zusatz beigefügt: „Auf dem natürlichen Schauplatz zu Tiefurth vorgestellt.“[72] Das Stück wurde direkt am Flußufer gegeben, wo die Wiese sich zum Wasser hin muldenartig absenkt und der terrassierte Hang dahinter dunkel emporragt.[73] Die Natur scheint sich hier selbst zum Bühnenraum zu formen. Goethe beschreibt das Spektakel in einem Brief an Knebel, der nur aus der Ferne miterlebte, wie auch der Tiefurter Park zur Bühne wurde:

> Für Tiefurt hab ich eine Operette gemacht, die sehr gut und glücklich aufgeführt worden. Da du das lokale so genau kennst, wirst du dir beym Lesen den schönen Effeckt dencken können. Die Zuschauer saßen in der Mooshütte wovon die Wand gegen das Wasser ausgehoben war. Der Kahn kam von unten herauf pp. Besonders war auf den Augenblick gerechnet wo in dem Chor die ganze Gegend von vielen Feuern erleuchtet und lebendig von Menschen wird.[74]

Am Höhepunkt der Handlung verwandelten unvermutet auflodernde Fackeln die nachtdunklen Bäume und Büsche am Fluß in schwankende Schattengestalten. Der Park wurde so gleichsam zum Hauptakteur der effektvollen Darbietung. Kraus gibt diese Aufführung in einem Aquarell wieder, das neben den Protagonisten und der mit einigen Staffagen versehenen Szene vor allem durch das markante Widerspiel heller und dunkler Partien lebendig wirkt, wobei der Schein des am Fluß entzün-

---

68 Johann Wolfgang Goethe an Karl Ludwig von Knebel, Weimar 24. Juni 1780; WA IV/4, S. 242.

69 Carl August an Karl Ludwig von Knebel, Belvedere 26. August 1780; *Briefwechsel Knebel*, Bd. 1, S. 123f.

70 Vgl. Deetjen 1993 (1924), S. 78; *Genius huius Loci* 1992, S. 55f.

71 Siehe Hirschfeld, *Theorie*, Bd. 4, 1782, S. 239; siehe oben, Kapitel 1.1. Zu Kraus' Gemälde vgl. Knorr 2003, S. 119f.

72 Vgl. Conrady 1988, Bd. 1, S. 399; Ulrike Müller-Harang: Artikel *[Johann Wolfgang Goethe (1749–1832)] Die Fischerinn ein Singspiel. Auf dem natürlichen Schauplatz zu Tiefurth vorgestellt. 1782.*, in: Schuster/Gille 1999, S. 229.

73 Edwin Redslob bezeichnet das Singspiel als einziges Stück, das einer Landschaft auf den Leib geschrieben wurde. Vgl. Redslob 1968, S. 9.

74 Johann Wolfgang Goethe an Karl Ludwig von Knebel, Weimar 27. Juli 1782; WA IV/6, S. 17.

deten Feuers nicht nur den Wald erhellt, sondern auch die theatralische Geste der jungen Hauptdarstellerin vollends zur Geltung bringt (Abb. 15).

Die Inszenierung erinnerte zweifellos an die nächtliche Illumination am Ufer der Ilm in Weimar, die Goethe im Sommer 1778 ebenfalls zu Ehren Anna Amalias ins Werk gesetzt hatte. Auf den Wiesen zwischen dem „Kloster" und seinem Gartenhaus verzichtete Goethe auf eine theatralische Handlung als Rahmen für das Spiel mit den organischen Massen der Bäume und Buschgruppen im schwankenden Helldunkel. Er veranstaltete das nächtliche Spektakel gänzlich um seiner selbst und des malerischen Effekts willen, was dem Ganzen einen elementaren Charakter verlieh. Wieland schwärmte, wie bereits zitiert, von einer „dichterischen Vision"[75], die der Maître de Plaisir des Weimarer Hofes in ein verblüffendes Fackelspiel umzusetzen wußte, wobei er intensive Natureindrücke mit der schöpferischen Phantasie des Künstlers verband.

Daß bei den zahlreichen Inszenierungen in Ettersburg, Tiefurt und dem Weimarer Ilmtal verschiedene Kunstgattungen eine geglückte Symbiose eingingen, das heißt die landschaftliche Gartenkunst, Theater und Literatur, aber auch Musik und Zeichenkunst aufs engste verflochten waren und einander inspirierten, ist häufig betont worden. Nicht zuletzt gründet auf der vielfältigen Kunstpraxis speziell im Umfeld Anna Amalias der Begriff des Weimarer „Musenhofs".[76] Bezüglich der Entwicklung der landschaftlichen Gartenkunst in Weimar läßt sich die Situation um das Jahr 1782 noch genauer konturieren.

Hans Sedlmayr hob hervor, daß die landschaftliche Gartenkunst sich um 1760 zur umfassendsten Form des Kunstwerks etabliert hatte, da sie vor allem Architektur und Skulptur räumlich in sich einzuschließen vermag und zugleich in engster Verbindung mit der Natur steht. Die Gartenkunst schaffe deshalb nicht nur ein Gesamt-, sondern ein „Übergesamtkunstwerk".[77] Sedlmayrs Definition berücksichtigt die seit der Renaissance im Wettstreit um die Rangfolge der Künste diskutierten Gattungen, wobei Malerei und Ornament von der Architektur räumlich eingeschlossen und so ebenfalls als Teil der Gartenkunst zu verstehen seien. Angesichts der reichen Konzentration künstlerischer Aktivitäten am Weimarer Hof kann der von Sedlmayr eingeführte Begriff für den hier dargestellten Zeitraum um eine entscheidende Komponente erweitert werden. Die Gartenkunst verband sich in Weimar nicht allein der Architektur, der Skulptur und der Malerei. Sie entwickelte sich vielmehr in engem Zusammenspiel mit den darstellenden Künsten – namentlich mit der Bühnenkunst. Die Theateraufführungen wurden wiederum nicht nur im natürlichen Umfeld der landschaftlichen Gegebenheiten veranstaltet, sondern sie ließen die Natur gleichsam zum Akteur werden, indem sie ihr die Handlung in we-

75 Siehe oben, Kapitel 2.5.

76 Kritisch betrachtet – vor allem unter dem Gesichtspunkt historiographischer Überhöhung – wird dieses Phänomen von Joachim Berger: *„Tieffurth" oder „Tibur"? Herzogin Anna Amalias Rückzug auf ihren ‚Musensitz'*, in: Berger 2001, S. 125–164, bes. S. 127ff.

77 Sedlmayr 1953, S. 20.

sentlichen Momenten übertrugen. Nicht die Bühne wurde in die Natur übertragen, sondern die Natur selbst wurde zur Bühne; sie bildete zugleich Kulisse und dramatisches Element. Rahmte üblicherweise bei Freilichtaufführungen eine reizvolle landschaftliche Partie die Handlung des Stücks, fungierte im Ettersburger oder Tiefurter Liebhabertheater, aber auch bei den Darbietungen am Weimarer Ilmufer, die Handlung eher als Rahmen für eine Inszenierung der Natur, welche für den Betrachter das eigentliche Erlebnis bot. Die Verbindung der Gartenkunst mit dem Drama eröffnete beiden Gattungen besondere, alle Sinne ansprechende Wirkungsmöglichkeiten: Ihr spezieller Realitätscharakter manifestierte sich in einer größtmöglichen Naturnähe, der zugleich eine größtmögliche illusionistische Wirkung gegenüberstand. Das für die landschaftliche Gartengestaltung konstitutive Denken in bildhaften Sequenzen wurde durch die Theateraufführungen um bewegte Bilder bereichert. Und nicht zuletzt verbildlichte Kraus die Aufführungen wiederum in Gemälden, Aquarellen und Radierungen.[78]

Sedlmayrs „Übergesamtkunstwerk“ bereicherte man am Weimarer Hof überdies um den Topos des Landlebens, welches nicht nur den tradierten Ritualen höfischer Geselligkeit im Freien entsprach, sondern künstlerisch überhöht und dem gartenkünstlerischen Gestaltungswillen assoziiert wurde: Gerade Knebels frühe Gartenschöpfung in Tiefurt vereinte die Elemente einer arkadischen Landschaft mit dem Ideal des tätigen Landlebens im Sinne Vergils.

Die Fischerin blieb Goethes letzter Beitrag zum Weimarer Liebhabertheater. „Die Herzogin Frau Mutter ist heute mit Wieland [...] nach Erfurt gereiset, um das dortige Liebhabertheater zu besuchen; hier scheint das Theater sein Glück nicht weiter zu machen“, schrieb Ludecus im Januar 1783 an Knebel.[79] Der intensive Austausch zwischen dem Tiefurter „Musensitz“ und dem regierenden Hof in Weimar hatte seinen Höhepunkt überschritten. Die in den ersten Jahren nach der Regierungsübernahme Carl Augusts gepflegten Formen der Geselligkeit verloren nach und nach ihre Ausstrahlungskraft.[80] Goethe selbst widmete sich der Natur zunehmend mit wissenschaftlichem Interesse. Von der kunstgerechten Gestaltung landschaftlicher Partien im Ilmtal zog er sich ab 1782 zurück.

Zunächst aber steht das Jahr 1782 für einen weiteren Entwicklungsschritt des Weimarer Landschaftsgartens: seine Verankerung in Hirschfelds *Theorie der Gartenkunst*, dem einflußreichsten gartentheoretischen Werk, das in Deutschland erschienen ist.

---

78 Zur Vermittlung der Parkszenen durch Kraus’ Radierungen siehe ausführlich Kapitel 5.1.1.

79 Johann August Ludecus an Karl Ludwig von Knebel, Weimar 3. Januar 1783; *Briefe aus Knebels Nachlaß*, Bd. I, S. 117.

80 Vgl. Berger 2001, S. 140f.

3.4. Hirschfeld in Weimar. Zur Gartentheorie und -geschichte

In den Anhang zum vierten Band seiner *Theorie der Gartenkunst* nahm Christian Cay Lorenz Hirschfeld neben anderen *Beschreibungen von Gärten* auch eine Schilderung der Anlagen im Weimarer Ilmtal auf:

> Das Kloster ist eine kleine Einsiedeley, mit einer Kapelle, am Ilma-Fluß. Man kommt durch Wege dahin, die sich durch Felsen schlängeln, bald Gewölbe sind, bald zu lichten Plätzen werden, und mit ihrem öden, wilden Anblick, hie und da angebrachten Höhlen und Sitzen, eine Vorstellung von den berühmten Felsengängen der sinesischen Gärten geben können. Unten schleicht der Ilm-Fluß in seinen schattigten Ufern, und oben erblickt man die künstlichen Ruinen eines weitläuftigten Gebäudes. Die Einsiedeley und Kapelle sind mit Moos und Baumrinden bekleidet, und werden durch das Wasser und eine Wiese von dem Stern, einem öffentlichen Spatziergange, und Göthens Garten geschieden, der sich terrassenweis hebt, und schöne Aussichten, z.B. über die Wiesen nach Belvedere, hat.[81]

Der Band, in dem Hirschfeld diese Beschreibung veröffentlichte, erschien 1782 in Leipzig. Die ersten nach landschaftsgärtnerischen Prinzipien gestalteten Partien der Weimarer Ilmaue hatten damit Eingang in das für Deutschland maßgebliche Werk der Gartentheorie gefunden. Sie konnten fortan gleichsam offiziell sowohl an den theoretischen Vorgaben Hirschfelds als auch an anderen Gartenschöpfungen gemessen werden.

Der Kieler Professor für Philosophie und Ästhetik legte mit seiner fünfbändigen *Theorie der Gartenkunst* nicht nur eine umfassende Bestandsaufnahme der gartenkünstlerischen Aktivitäten seiner Zeit vor, sondern führte seine Leser mit einer „an scholastische Systematik erinnernden Gründlichkeit“ in die historischen und ästhetischen Prämissen der neuen englischen Gartenmode ein.[82] Der eigentlichen Theoriebildung gehen umfangreiche Ausführungen zur Geschichte der Gartenkunst voraus, in denen Hirschfeld einen Bogen von der Beschreibung antiker Villengärten bis zu den jüngsten Schöpfungen nach dem „neuen Geschmack in den Gärten“ spannt.[83] Der „neue Geschmack“ kennzeichnet den englischen in Abgrenzung vom barocken französischen Garten, dessen streng geometrisch angelegte Alleen und Parterres mit ihren beschnittenen Bäumen und gestutzten Hecken von Hirschfeld zutreffend als „Architektur auf die Erdfläche angewandt“ charakterisiert und einem weitgehend überholten künstlerischen Ideal zugerechnet wurden.[84] Die grundlegende Erneuerung der Gartenkunst, welche die Voraussetzung für zahllose Landschaftsgärten zunächst in England und bald auch auf dem Kontinent schuf, bezeichnete Hirschfeld als „Gartenrevolution“.[85]

Dieser für den fundamentalen Stilwandel in der Gartenkunst fortan häufig verwendete Begriff wirft die Frage nach den Anfängen des Landschaftsgartens, nach

81 Hirschfeld, *Theorie*, Bd. 4, 1782, S. 234–240, hier S. 238.
82 Maier-Solgk 1997, S. 32. Vgl. auch Schepers 1978a; ders. 1980.
83 Hirschfeld, *Theorie*, Bd. 1, 1779, S. 3–144, hier S. 121.
84 Ebd., S. 120.
85 Ebd., S. 121.

den inhaltlichen Voraussetzungen und formalen Bedingungen seiner Entwicklung auf. Es gilt, zunächst den Blick nach England zu wenden, um die verschiedenen Etappen landschaftsgärtnerischen Schaffens an ihrem ursprünglichen Ort nachzuvollziehen. Erst von dort aus läßt sich das künstlerisch Neue der naturnachahmenden Gärten auf dem Kontinent und nicht zuletzt in Weimar erfassen und beurteilen. Der gelehrte Kunstkenner Horace Walpole (1717–1797) bemerkte in seinem 1771 verfaßten *Essay on Modern Gardening*: „Wir haben den Punkt der Vollkommenheit erreicht, wir haben der Welt ein Vorbild echter Gartenkunst gegeben.“[86] Aus diesem Satz spricht nicht nur Walpoles patriotische Überzeugung, sondern auch die Gewißheit einer regen Nachfolge in der Anlage englischer Gärten. Er sollte recht behalten.

Obgleich der Urheber des Ilmparks, Carl August, England erst 1814 bereist hat und kein unmittelbarer Einfluß englischer Landsitze auf die Weimarer Gartenschöpfung nachzuweisen ist, wird deren Genese erst nach einer Tour d'Horizon durch die Geschichte des englischen Landschaftsgartens und seine Gestaltungsprinzipien verständlich. Auch eine genaue Konturierung des Parks im Vergleich beispielsweise mit den Anlagen in Gotha und Wörlitz ist erhellend erst vor dem Hintergrund der ästhetischen Neuerungen, welche die englische Gartenkunst ausmachen. Und schließlich bezogen sich die maßgeblichen gartentheoretischen Werke des deutschen Sprachraums, allen voran Hirschfelds ab 1779 erschienene *Theorie der Gartenkunst*, nicht nur auf die landschaftsgärtnerische Praxis, sondern auch auf die weltanschaulichen Prämissen der „Gartenrevolution“ in England.

3.4.1. Die Anfänge des Landschaftsgartens in England

Die in den ersten Jahrzehnten des 18. Jahrhunderts aufkommende englische Gartenkunst wird mit einer konsequenten Rückkehr zur Natur und der Durchsetzung eines neuen Naturgefühls gleichgesetzt. Demnach ist das Wesen des Landschaftsparks in der sich selbst offenbarenden Natur zu erkennen. Die Natur, so scheint es, war zuvor aus den Gärten verbannt oder zumindest bis zur Unkenntlichkeit gestutzt und begradigt worden.

Zwar hat das nun für obsolet erklärte achsensymmetrische Gestaltungsprinzip der barocken Gartenkunst seine unmittelbare Anbindung an die herrschaftliche Palastarchitektur niemals verleugnet. Doch darf nicht übersehen werden, daß es trotzdem immer die Natur war, welche durch die Jahrhunderte hindurch, auch in den regelmäßigen Gärten des französischen Barock, die Grundlage gartenkünstleri-

86 Walpole 1994 (1771), S. 60. Walpoles *Essay on Modern Gardening* wurde von Hirschfeld für das *Taschenbuch für Gartenfreunde* 1789 erstmals ins Deutsche übertragen. Vgl. Buttlar 1989, S. 141. Die hier zitierten Abschnitte stammen aus der Übersetzung von August Wilhelm Schlegel aus dem Jahr 1800, die Frank Maier-Solgk 1994 neu herausgegeben hat. Vgl. auch Maier-Solgk 1997, S. 11.

scher Planungen bildete. Die geometrisch strukturierten Gärten in Frankreich und Holland waren aus dem italienischen Renaissancegarten entwickelt worden. Gerade in Italien hatte man bereits im frühen 16. Jahrhundert auch landschaftsgärtnerische Prinzipien diskutiert und zuweilen gegenüber der barocken Pracht deutlich favorisiert. Jacopo Sannazaro (1457–1530) schrieb im Vorwort zu seiner berühmten, 1504 veröffentlichten Hirtendichtung *Arcadia*:

> Die stolzen, dicht belaubten Bäume, die ganz natürlich, ohne Hilfe der Kunst, den Gipfel der furchterregenden Berge bedecken, sind im allgemeinen dem Auge angenehmer als die sorgfältig gezogenen und mit Kenntnis entwickelten Zierpflanzen der Gärten.[87]

Zweihundert Jahre später hatten die schnurgeraden Alleen und Rabatten, die abgezirkelten Bosketts und Terrassen barocker Gärten ihre Blütezeit überschritten und wurden in einem fulminanten Siegeszug von der landschaftlichen Gartenkunst abgelöst, die sich zunächst in England und von dort über ganz Europa verbreitete.

England war zu Beginn des 18. Jahrhunderts von tiefgreifenden politischen, ökonomischen und sozialen Veränderungen geprägt. Bis zur *glorious revolution* von 1688/89 hatte der Hof als Mittelpunkt einer absolutistischen Gesellschaft fungiert. Die „Glorreiche Revolution" stürzte das Regime der Stuarts und führte im Ergebnis zu einem Gleichgewicht zwischen Krone und Parlament, das heißt zu einer konstitutionellen Monarchie. Selbstbewußt gaben die Engländer dem neuen Zeitalter – in Anspielung auf die kulturelle Blütezeit unter dem römischen Kaiser Augustus – den Titel „augusteische Epoche". Da der Hof seiner zentralen Stellung beraubt war, fand das politische und gesellschaftliche Leben der Oberschicht jetzt im Spannungsfeld zwischen der wachsenden Metropole London und ihrem privaten Landsitz statt. Im reichen Londoner Bürgertum und Teilen der Aristokratie hatte sich eine neue individualistische Lebensform etabliert, die den Landsitz als ideelles und häufig auch lebenspraktisches Zentrum begriff.[88]

John Locke (1632–1704) hatte in der antiabsolutistischen Argumentation seines *Second Treatise of Government* zu einer politischen Neuinterpretation des Naturbegriffes gefunden, die in eine Gleichsetzung von Natur und politischer Freiheit mündete.[89] Gesellschafts- und Gartentheorie korrespondierten in ihrem Freiheitsbe-

---

87 Zitiert nach Kluckert 1997, S. 152.

88 Vgl. die grundlegende Studie von Adrian von Buttlar (1982), der die politischen, sozialen und ästhetischen Prämissen des englischen Landsitzes umfassend analysiert. Zu Voraussetzungen und Entwicklung des englischen Landschaftsgartens siehe auch Buttlar 1989; Coffin 1994; Hallbaum 1927; Hammerschmidt/Wilke 1990; Hunt 1988; Maier-Solgk 1994; U. Müller 1997; Trotha 1999b.

89 Vgl. Hammerschmidt/Wilke 1990, S. 9f. – Arthur O. Lovejoy hat im Zuge seiner ideengeschichtlichen Studien die Bedeutung des Begriffs „Natur" für das Verständnis komplexer Strömungen des Denkens hervorgehoben: „Ein Wort, ein Ausdruck, eine Formel, die Verbreitung oder Anerkennung finden, weil eine ihrer Bedeutungen oder einer der Gedanken, die sie auslösen, den herrschenden Überzeugungen, den Wertmaßstäben oder dem Geschmack einer Epoche entspricht, kann zu einem Wandel dieser Überzeugungen, Wertmaßstäbe und dieses Geschmacks beitragen, weil neue, beim Gebrauch bisher nicht deutlich bewußt gewordene Be-

streben und dem unbedingten Rückgriff auf die alles umfassende Natur, die man sich als harmonisches System dachte, in das der Mensch gestaltend, nicht aber deformierend eingreifen durfte. Dem regelmäßigen Garten, dessen zentralistische Anordnung und geometrische Großflächigkeit Francis Bacon bereits 1624 als ästhetisches Pendant und Sinnbild der absolutistischen Gesellschaftsordnung verstanden hatte, wurde eine vehemente Absage erteilt.[90] Die Anfänge des englischen Gartens waren von einer literarischen und philosophischen Kritik am Absolutismus begleitet, welche den Garten immer auch als Symbol der staatlichen Ordnung begriff und „gegen die Allegorie der Macht nun die der Freiheit buchstäblich ins Felde führte".[91]

Anthony Ashley Cooper, der 3. Earl of Shaftesbury (1671–1713), von Locke erzogener aristokratischer Individualist und einer der wichtigsten Vertreter der englischen Aufklärung, propagierte die unverfälschte Wildheit der Natur, *the wildness pleases*, gegen den Zwang des geometrischen Parkstils.[92] So bildete sich vor den Toren Londons der Landschaftsgarten als spezifisch englische Antwort auf die Barockgärten in Frankreich und Holland heraus. Sein irregulärer Stil formte sich zunächst aus der Negation barocker Strukturprinzipien: Anstelle der Wiederholung trat die Vielfalt, anstelle symmetrischen Gleichklangs die Asymmetrie, anstelle der geraden die geschlängelte Linie, anstelle der tektonischen Form die Naturform. Die mäandrierende Linie wird als Ausdruck naturkonformer Bewegung dem barocken Achsenraster in bewußtem Kontrast gegenübergestellt und bestimmt in den 1720er Jahren zunehmend die Wegführung und die Wasserläufe. Unberührte, das heißt unbeschnittene Naturformen symbolisieren einen freien, unbezwungenen Willen, und stehen zugleich für die unendliche Vielfalt ihrer Erscheinungen, die mit der ästhetischen Kategorie der Mannigfaltigkeit erfaßt wurde.

Arthur O. Lovejoy erkannte im englischen Landschaftsgarten den Beginn eines grundlegenden Geschmackswandels „in allen Künsten und selbst in der Auffassung vom Kosmos", und griff noch weiter voraus:

> Jene vielschichtige Erscheinung, die man Romantik nennt, kann teilweise, und nicht ohne Berechtigung, als die Überzeugung verstanden werden, daß die Welt ein großer englischer Garten ist. Der Gott des siebzehnten Jahrhunderts dachte, wie seine Gärtner, stets in geometrischen Formen, der Gott der Romantik dagegen war ein Gott, in dessen Universum alles wild und unbeschnitten und in der ganzen reichen Mannigfaltigkeit seiner natürlichen Formen wuchs. Die Vorliebe für das Unregelmäßige, die Abneigung gegen das durch und durch Rationale, das Verlangen nach einer Flucht in unbestimmte Fernen, diese Geisteshaltungen, welche schließlich das geistige Leben Europas auf ganzer Breite erobern sollten, machten sich

deutungen oder Folgerungen nach und nach dominant werden. Es bedarf kaum einer Erwähnung, daß das Wort ‚Natur' das herausragendste Beispiel für solche Entwicklungen und daher der fruchtbarste Gegenstand für die philosophische Semantik ist." Lovejoy 1985 (1936), S. 25.

90 Vgl. Maurer 1987, S. 82.

91 Maier-Solgk 1994, S. 80.

92 Vgl. Sühnel 1978, S. 11.

zum ersten Male in großem Stil im frühen 18. Jahrhundert, und zwar in Form einer neuen Mode der Lustgärtnerei bemerkbar.[93]

In England waren es zunächst Schriftsteller, die auch im Bereich der Gartenkunst meinungs- und geschmacksbildend wirkten. Vor allem der Essayist Joseph Addison (1672–1719), Herausgeber des *Spectator*, und Alexander Pope, der mit seinem Garten in Twickenham selbst einen beispielgebenden Landsitz geschaffen hatte, traten als engagierte Vorkämpfer der landschaftlichen Gartenkunst in Erscheinung.[94] Addison suchte den Blick seiner Leser für die ästhetischen Qualitäten der englischen Landschaft zu schärfen. Er empfahl schon 1712 die Erhöhung der agrarischen Nutzlandschaft zum malerischen Landschaftsbild und inaugurierte damit das Konzept der *ornamental farm*, das in den 1770er Jahren bei der Anlegung des Landschaftsgartens in Tiefurt und später auch im Weimarer Ilmtal aufgegriffen wurde.[95]

Pope gab schließlich den entscheidenden Impuls für eine Gartenkunst, welche die natürlichen Vorzüge eines Geländes nicht nur zu vervollkommnen, sondern die Natur selbst nachzuahmen bestrebt war.[96] Der Landschaftsgarten verlangte nach einer neuen künstlerischen Ordnungsform, in der die zu ihrer eigenen Individualität befreiten Naturelemente zusammengefaßt werden konnten. Als Vorbild empfahl Pope den in seinem Umfeld wirkenden Künstlern die italienische Landschaftsmalerei. Mit seinem Ausspruch „All gardening is landscape-painting" gab er in Abwandlung des horazischen Diktums *ut pictura poesis* sowohl die Darstellungsweise als auch das Wahrnehmungsmuster vor, nach welchen landschaftliche Szenen künftig angelegt und rezipiert werden sollten: als dreidimensionales Gemälde.[97]

Nach dem Zerfall der barocken Raumauffassung hatte sich der irreguläre Gartenstil der 1720er Jahre zunächst an spätbarocke Bühnenszenerien angelehnt, so daß gewissermaßen in einem Zwischenschritt unverbundene „Bühnenbilder" in der Natur geschaffen wurden.[98] Solche Gartenszenen, in denen Architektur als Bühnenstaffage und der freie Durchblick in die Landschaft gleichsam als Bühnenprospekt fungierten, bildeten bekanntlich auch in Weimar den Anfang des Parks. Anlagen wie das „Kloster" und die Felsentreppe stehen exemplarisch für die der Bühnenkunst entlehnten Gestaltungsprinzipien im frühen Landschaftsgarten auch auf dem Kontinent.

Den Architekturstaffagen kam, wie auf der Bühne, eine über sich selbst hinausweisende darstellerische Funktion zu, indem sie auf die Zeit und Stimmung der Handlung verwiesen. In rascher Folge entwickelten sich verschiedene Stilfärbungen in den Staffagen. Ausgehend von antikisierenden Gartentempeln entstanden

---

93 Lovejoy 1985 (1936), S. 26f.

94 Vgl. U. Müller 1998, S. 64; Sühnel 1978, S. 11ff.; Trotha 1999a, S. 180f. Zur Rezeption englischer Literatur in Weimar vgl. Juranek 1995.

95 Zu Addison vgl. Buttlar 1982, S. 79.

96 Vgl. U. Müller 1997, S. 84.

97 Zitat Pope nach Buttlar 1982, S. 80; Hammerschmidt/Wilke 1990, S. 35; Hunt 1992, S. 106. Vgl. auch U. Müller 1998, S. 121f.

98 Vgl. Buttlar 1982, S. 64ff.; ders. 1990, S. 8.

bald mittelalterlich-gotische und chinesische Bauten, die in einem programmatischen Pluralismus nebeneinander bestanden: So beruft sich beispielsweise der Architekt und Verfechter der chinesischen Gartenkunst, William Chambers (1723–1796), in seinen *Designs of Chinese Buildings* (1757) ausdrücklich auf die Villa Hadriana bei Rom, die ebenfalls Kleinbauten heterogener Stile aufzuweisen hatte.[99] Dieser Stilpluralismus war nicht zuletzt von der Bühnentradition vorgegeben, die ihrerseits auch die Theorie der Landschaftsmalerei wesentlich beeinflußt hat.[100]

Neben barocken Bühnenbildern kam vor allem der in Rom entstandenen idealistischen Landschaftsmalerei eines Nicolas Poussin (1594–1665), Claude Lorrain (1600–1682) und Salvator Rosa (1615–1673) maßgebliche Bedeutung für die Gestaltung landschaftlicher Gartenszenen zu. Nachdem die Idee einer zu sich selbst befreiten Natur durch die poetischen Schilderungen in der antiken und zeitgenössischen Dichtung vorgeprägt worden war, ließen die gefeierten Gemälde der Wahlrömer das neue Naturideal unmittelbar anschaulich werden. Ihre antikisierenden Landschaften beeindruckten durch das Repertoire arkadischer Szenen, die sich dem Betrachter in einem vielschichtig komponierten Raumgefüge und diaphanem Licht präsentieren. Die Werke vermittelten konkrete gestalterische Inspiration und gaben die bildhafte Struktur der ab 1730 entstehenden Landschaftsgärten vor.

Das bildhafte Sehen, welches sich als grundlegendes Prinzip im gartenkünstlerischen Gestaltungsprozeß durchsetzte, ist das Ergebnis einer gewandelten Sicht auf die Landschaft. Bereits die Ästhetisierung der Natur zur Landschaft, das heißt die bewußt zweckfreie, vom Aspekt des Nützlichen losgelöste Betrachtung eines Naturausschnitts, hatte beim Betrachter ein auf Distanz beruhendes Rezeptionsverhalten vorausgesetzt, das sich nun zu einer bildhaften Wahrnehmung konkretisierte.[101] Für den Weimarer Parkschöpfer Carl August ist die Herausbildung einer ästhetisch fundierten Sehweise gleichsam von den Wäldern um Ilmenau ausgehend bis zu seiner Reise in die Schweiz nachvollzogen worden.

William Kent (1685–1748), der selbst ursprünglich Maler war, leitete in den 1730er Jahren die zweite, eigentlich erst landschaftliche Phase der naturnachahmenden Gartenkunst ein.[102] Kent hatte zehn Jahre in Italien gelebt, Kunstsammlungen und Gärten aufgesucht und sich die Kulturlandschaft des Mittelmeeres während ausgedehnter Besichtigungstouren erschlossen. Nach seiner Rückkehr gehörte er – wie auch Alexander Pope – dem Kreis um den kunstsinnigen Lord

---

99 Vgl. Buttlar 1982, S. 69.

100 Siehe Roger de Piles' *Cours de Peinture* (1708; engl. 1743), wo die Landschaftsmalerei entsprechend der Szeneneinteilung bei Serlio in die Hauptcharaktere „heroische“ und „pastorale“ Szene unterschieden wird. Zur pastoralen Szene gehört de Piles zufolge die idyllische Landschaft mit ihren eremitagehaften Naturbauten, die als Ort der Weltferne und Naturverbundenheit zum festen Bestandteil der Landschaftsgärten werden. Die heroische Szene wird hingegen von antiken Tempeln, Grabmälern, Pyramiden sowie mittelalterlichen Bauten und Ruinen geprägt. Vgl. Buttlar 1982, S. 69.

101 Vgl. Ritter 1974, passim.

102 Vgl. Buttlar 1982, S. 75f.

Burlington an und avancierte zum ersten Gartenkünstler Englands. In den folgenden Jahren verwirklichte er mehrere großangelegte Parkentwürfe, indem er „den Garten zu einem der Landschaft eingeschriebenen Gemälde, zu einer Sequenz ‚gerahmter Bilder' formte".[103] Dem Rezipienten werden in mitunter beträchtlicher räumlicher Distanz einzelne Gartenveduten vor Augen gestellt, die in die bildhafte Struktur des gesamten landschaftlichen Prospekts integriert sind, und deren Erschließung mittels wechselseitig verschränkter Wegenetze und Sichtachsengeflechte dem Betrachter obliegt.[104] In Weimar entspricht diesem Entwicklungsstadium die Anlegung erster geschlängelter Wege durch die „Kalte Küche", welche die zuvor unverbundenen Gartenszenen erschlossen und zugleich die Sichtweise auf dieselben bestimmten. Im Laufe der 1780er Jahre weitete sich dann allmählich der Blick in den gesamten Darstellungsraum des Ilmtals, bis auch entfernt liegende Punkte mittels Sichtachsen in die Parklandschaft einbezogen wurden.

Im Zuge seiner Auseinandersetzung mit der räumlichen Dimension lehrte Kent alle künftigen Gartenschöpfer, mit Baumgruppen zu arbeiten, die als *clumps*, das heißt als positive körperhafte Formen, den ungegliederten Raum akzentuieren. Kents oberster Grundsatz, daß die Natur vor jeder Geraden zurückschreckt und nur die gekrümmten Linien liebt, schlug sich nicht nur bei der Anlage von Gartenwegen nieder, sondern auch bei der Wasserführung und der Geländemodellierung.[105] Symmetrien und feste Begrenzungen verschwanden zugunsten malerischer Gestaltungsprinzipien, zu denen die Komposition von Terrain, Gewässern, Wiesenflächen, Baumgruppen, Buschwerk und Architekturelementen im Sinne der Massenverteilung in einem Gemälde ebenso gehörte wie der Einsatz kontrastierender Schatten- und Lichtwirkungen, Pflanzungen in malerischer Farbperspektive, Präsentation der Architektur in bildhaftem Ausschnitt und berechneter Schrägsicht sowie die Einteilung des Blickfeldes in bewußt arrangierte Bildgründe.[106] Die autonome Naturform verband sich mit der Architektur zu einer bildhaften Einheit. Parallel zur künstlerischen Ausarbeitung der dreidimensionalen Gartenveduten wurde die Wegführung so strukturiert, daß die einzelnen Partien durch die Bewegung des Betrachters verbunden und von optimalen Standpunkten aus im Sinne eines fließenden Kontinuums erlebt werden konnten. Die idealen Landschaften im Stil einer arkadischen Antike entsprachen überwiegend dem Vorbild der Gemälde Claude Lorrains und appellierten an das klassische Verständnis solcher Bildwelten beim Betrachter. Zugleich veranschaulichten sie in ihrer naturnachahmenden Formensprache die zeitgenössischen Ideen von Freiheit und Natürlichkeit.

Auf seinem Landsitz in Stowe ließ Sir Richard Temple, Viscount Cobham, ab 1715 ein umfangreiches ikonographisches Programm ins Werk setzen, dessen selbstbewußte politisch-moralische Aussagen in den 1730er Jahren durch eine dem

103 U. Müller 1998, S. 12, und passim über Kent und den Zirkel um Lord Burlington.

104 Vgl. U. Müller 1997, S. 99.

105 Vgl. Hammerschmidt/Wilke 1990, S. 68.

106 Vgl. Buttlar 1982, S. 80.

neuen Freiheitsideal entsprechende gartenkünstlerische Gestaltung noch gesteigert wurden. Kent löste die formale Struktur des Gartens zugunsten geschwungener Linien auf und ließ die äußere Begrenzung der Anlage gleichsam verschwinden, indem er den Kunstgriff des *Haha* als eines der dominierenden Gestaltungsmittel einsetzte: die den Garten umschließende Mauer zu versenken und in einem Graben in die Tiefe zu bauen, so daß die Anlage auf unsichtbare Weise von ihrer Umgebung separiert wurde. In der Wahrnehmung des Besuchers weitet sich der Garten nun ungeachtet seiner wirklichen Ausdehnung ins Unendliche. Nicht nur Horace Walpole, der in seinem *Essay on Modern Gardening* die gartenkünstlerische Leistung Kents bereits differenziert zu würdigen wußte, maß dieser Art der Einhegung größte Bedeutung bei:

> Allein der Hauptpunkt, der entscheidende Schritt, der alle folgenden nach sich zog [...], war die Abschaffung der Mauern zur Begrenzung und die Erfindung der Gräben: ein Unternehmen, welches damals so erstaunlich schien, daß die gemeinen Leute sie Haha's nannten, um ihre Verwunderung auszudrücken.[107]

Walpoles Studie ist die Anlehnung der Landschaftsgartenkunst an die Malerei als unausgesprochene Voraussetzung eingeschrieben, wie in seiner selbstverständlichen Bezugnahme zu Claude Lorrain, aber auch generell in der sprachlichen Metaphorik augenfällig wird.

Kaum eine Szene im Garten von Stowe verzichtet auf eine aktuelle politische Botschaft, sei es – um nur zwei Beispiele zu nennen – der massive klassische Tempelbau, welcher der Eintracht und dem Sieg gewidmet ist und vor dessen Stufen sich ein ausgedehntes Wiesental, das *Grecian Valley* erstreckt, oder sei es das gotische Gebäude mit Zinnen, Spitzbogenfenstern und Fialen, das sich, von freistehenden Bäumen umgeben, auf einem Hügel erhebt, und das auf die lange Tradition von Freiheit und Gerechtigkeit auf der britischen Insel hinweist.[108] Die Wiederentdeckung der eigenen Geschichte fand auch auf anderen Landsitzen in der Errichtung gotischer Türme und Kapellen ihren sinnfälligen Ausdruck. Die Tatsache, daß Kent, ehe er zum Gartenkünstler avancierte, Historien-, und nicht Landschaftsmaler gewesen ist, korrespondiert mit dieser Tendenz zur historischen Allusion. Insofern läßt sich in den betreffenden, von Kent geschaffenen Gartenszenen ein Einfluß gleich zweier Genres der Malerei ausmachen.

Auf dem Kontinent sind speziell die ab 1764 entstandenen Wörlitzer Parkanlagen stark vom Garten in Stowe inspiriert worden. Die dominante Antithese klassischer und gotischer Stilformen charakterisiert fortan die Bauten und Monumente zahlreicher Landschaftsgärten. Auch im Weimarer Park wird Carl August beide Baustile aufgreifen und damit einerseits auf die eigene Genealogie und andererseits auf antikes Gedankengut als Grundlage aufgeklärten politischen Handelns verweisen.

---

107 Walpole 1994 (1771), S. 42. Zur Würdigung Kents durch Walpole vgl. U. Müller 1997, S. 85, 100.

108 Vgl. Trotha 1999b, S. 109.

In Stowe war der Betrachter mit seinem ganzen Assoziations- und Imaginationsvermögen, seinen literatur- und kunstgeschichtlichen Kenntnissen gefordert, um die tableauartig komponierten Szenen einschließlich ihrer gotischen oder klassischen Architektur, den Skulpturen, Gemälden und Inschriften historisch einzuordnen und ihren Sinn im Kontext des gesamten Programms zu entschlüsseln.[109] Zahlreiche Reisebeschreibungen und Stiche zeugen von der frühen öffentlichen Rezeption des Gartens, zumal Pope den Landsitz bereits 1731 in seiner *Epistle to Lord Burlington* zum Maßstab des guten Geschmacks in der Gartenkunst erhoben hatte.[110] Der erste überhaupt gedruckte Gartenführer erschien 1742 und leitete den Besucher zu den in der Landschaft inszenierten Veduten von Stowe – nicht zuletzt aus diesem Grund spielte der Landsitz Sir Richard Temples für die Verbreitung der naturnachahmenden Gartenkunst auf dem Kontinent eine maßgebliche Rolle.[111]

Der durch mythologische Anspielungen, politische Botschaften und philosophische Maximen geprägte Garten zählt zu den Anlagen, die Thomas Whately (gest. 1772) in seiner 1770 erschienenen gartentheoretischen Schrift *Observations on Modern Gardening* in der Kategorie des emblematischen Gartens erfaßte. Whately übte entschiedene Kritik an den im Übermaß aufgeladenen, mit zahlreichen Gebäuden und Monumenten ausgestatteten Gärten, die, weil ihre Bedeutung immer erst nach und nach entschlüsselt werden müsse, kaum mehr eine direkte und unvermittelte Wirkung zu erzielen imstande seien:

> Man hat [...] Statuen, Inschriften, und sogar Gemälde, Vorstellungen aus der Geschichte und Fabellehre, und eine unzählbare Menge von Sinnbildern eingeführt. [...] Alle diese Erfindungen sind vielmehr Sinnbilder, als Ausdrücke [*rather emblematical than expressive*]. Sie können als witzige Einfälle angesehen werden, um abwesende Vorstellungen in das Gedächtnis zurück zu führen: allein sie machen keinen unmittelbaren Eindruck. Denn sie müssen untersucht, verglichen, ja auch wohl gar erklärt werden, ehe man ihre ganze Absicht recht verstehen kann.[112]

Zwar könne, so Whately weiter, zuweilen „eine Anspielung auf ein beliebtes oder wohl bekanntes Stück aus der Geschichte, Dichtkunst oder mündlichen Überlieferung" eine Szene durchaus beleben, doch wandte sich der Theoretiker nachdrücklich dagegen, eine solche Anspielung zum Hauptthema eines Gartens zu stilisieren; sie sollte eher

> in einem beyläufigen Bilde bestehen, das nothwendig dahin gehörte; das nicht mühsam gesucht, nicht mit Fleiß dahin gesetzt wäre. Sie sollte die Stärke einer Metapher haben, ohne die umständliche Weitläufigkeit einer Allegorie zu verrathen.[113]

109 Vgl. Buttlar 1982, S. 79; U. Müller 1998, S. 124.

110 Vgl. Hammerschmidt/Wilke 1990, S. 54.

111 Vgl. Trotha 1999b, S. 105.

112 Whatelys *Observations* wurden 1771 von Johann Ernst Zeiher ins Deutsche übersetzt. Whately 1771, S. 184f. Vgl. auch Wimmer 1989, S. 168–181.

113 Whately 1771, S. 185f.

Gegenüber dem emblematischen zeichnet sich der expressive Garten dadurch aus, daß hier weder Bildelemente noch Inschriften die Bedeutung einer Szene vorgeben, sondern eine vorwiegend durch ihre eigenen Ausdrucksmittel bestimmte landschaftliche Partie ihre Wirkung auf den Betrachter unmittelbar entfaltet, ohne daß der Umweg gelehrter Dechiffrierung bemüht werden muß.[114] Die beiden Begriffe stehen paradigmatisch für einen sich allmählich vollziehenden Wandel in der Landschaftsauffassung, der sich als kennzeichnend nicht zuletzt für den Weimarer Park erweisen wird.

In England verankerte Whately nun in der Theorie, was seit der Jahrhundertmitte bereits praktisch zu beobachten war: die Entwicklung von einer assoziativen zu einer mehr sensualistischen Rezeption der Gärten. Whatelys Ausführungen entsprach in der Praxis das Wirken Lancelot Browns (1716–1783), der als erster professioneller Landschaftsgärtner in den 1740er Jahren die Nachfolge Kents antrat und dessen Werk vollendete.[115] Brown befreite die Gartenkunst aus ihren programmatischen Bindungen zu völliger Selbständigkeit, indem er mit den Elementen der Landschaft selbst arbeitete; Staffagebauten zählten kaum mehr zu seinem Repertoire. Allerdings integrierte er ältere Architekturen in seine modernen Anlagen: Ruinen wurden mit Rasen umgeben und so zu einer gesteigerten ästhetischen Wirkung gebracht, die vom historischen Kontext völlig abstrahiert war. Brown komponierte weiträumige Parklandschaften, in denen einzeln stehende Bäume und malerische Baumgruppen die Rasenflächen akzentuieren, weiche Schwünge im Gelände dem Auge zusätzliche Abwechslung bieten und langgezogene Seen mit gewundenen Uferpartien die Bewegung der Wolken spiegeln. Statt der intellektuellen Anspielungen ausgefeilter Figuren- und Architekturprogramme spricht hier die Natur selbst zum Betrachter. Meist vermitteln Browns Landschaften eine ruhige, elegische Stimmung – der rein emotional erfaßbare Ausdruck seiner landschaftlichen Gestaltungsweise sorgte nicht zuletzt für den überwältigenden Erfolg der Brownschen Parkentwürfe. Auch Brown hatte zunächst in Stowe gewirkt und die verschiedenen von Kent geschaffenen Partien zu einem großen Ganzen verschmolzen, ehe er ab 1751 als eigenständiger Gartenkünstler eine große Zahl englischer Landsitze gleichsam zu Ideallandschaften umformte.

Daß die Gartenschöpfungen Browns auf theoretischer Ebene mit Whatelys *Observations* (1770) korrelieren, wurde bereits erwähnt. Da die ersten großen Praktiker des Landschaftsgartens, William Kent und Lancelot Brown, keine theoretischen Ausführungen hinterließen, stellt Whatelys Studie die erste umfangreiche Theorie der landschaftlichen Gartenkunst dar.[116] Horace Walpole, der es sich in seinem *Essay* (1771) zur Aufgabe gemacht hat, „nicht [...] Vorschriften für Gärten zu erteilen,

114 Zur Theorie Whatelys vgl. Buttlar 1990, S. 12f. und ausführlich U. Müller 1998, hier S. 138f. Siehe auch John Dixon Hunt: *Emblem and Expression in the Eighteenth-Century Landscape Garden*, in: Hunt 1992, S. 75–102.

115 Vgl. Hammerschmidt/Wilke 1990, S. 81–97; U. Müller 1998, S. 137ff.; Trotha 1999b, S. 104f.

116 Vgl. Wimmer 1989, S. 180.

sondern ihre Geschichte zu erzählen", würdigt Brown in seiner komprimierten Darstellung als Nachfolger von Kent, erlaubt sich dafür jedoch nur einen einzigen Satz, weil er nicht über lebende Künstler schreiben, sondern dies einem anderen Autor überlassen wolle.[117] Hier wird augenfällig, daß die naturnachahmende Gartenkunst genau zu dem Zeitpunkt, als sie sich auf dem Kontinent durchzusetzen beginnt, in England unter Walpoles Feder bereits ins Stadium ihrer Historisierung getreten ist.[118] Als Walpole das Erreichte resümiert, lesen sich seine Worte aber doch wie eine versteckte Eloge auf den Zeitgenossen, zumal es Browns Gestaltungsprinzipien sind, die er hier explizit hervorhebt:

> Wir haben den Punkt der Vollkommenheit erreicht, wir haben der Welt ein Vorbild echter Gartenkunst gegeben: Mögen nun andere Nationen unseren Geschmack nachäffen oder verfälschen; hier herrsche er auf seinem grünenden Thron, originell durch seine gewählte Einfachheit und stolz auf keine andere Kunst, als die Härten der Natur zu mildern und ihre anmutigen Züge nachzubilden.[119]

Der abfällige Ton, den Walpole anschlägt, als er auf die Verbreitung des neuen Gartenstils in anderen Nationen zu sprechen kommt, verflüchtigt sich, sobald er seine Prognose auf den letzten Seiten des *Essay* präzisiert:

> Am ersten ist es wohl von den kleinen Fürsten Deutschlands, welche keinen Aufwand bei ihren Palästen und Landhäusern schonen, zu erwarten, daß sie unsere Nachahmer sein werden, vorzüglich da ihr Land und Klima in vielen Stücken dem unsrigen ähnlich ist.[120]

Während sich in England die naturnachahmende Gartenkunst zuerst in zahlreichen praktischen Beispielen durchgesetzt hatte, ehe sie in theoretischen Schriften reflektiert wurde, verlief die Entwicklung in Deutschland im allgemeinen umgekehrt: Hier folgte die Praxis auf die Theorie, oder zumindest entwickelten sich beide zeitlich nahezu parallel. Das berühmteste Werk landschaftlicher Gartenkunst in Deutschland, der Park von Wörlitz, wurde unter der Ägide des anglophilen Fürsten Franz von Anhalt-Dessau ab 1764, mit größerer Zielstrebigkeit aber ab 1770/71 angelegt, wobei sich der Dessauer Fürst während ausgedehnter Englandreisen direkt von den Gartenschöpfungen auf der Insel hatte anregen lassen. Auch im Park Wilhelmshöhe bei Kassel begann man im Jahr 1763, die barocke Grundkonzeption der Anlage um emblematische Gartenszenen nach dem Vorbild von Stowe zu bereichern, doch erfolgten wesentliche landschaftliche Umgestaltungen erst ab 1785. In Gotha wurde 1769 vom späteren Herzog Ernst II. ein Engländer namens Haverfield damit betraut, neuerworbene Grundstücke rings um das Residenzschloß zu einem aus natürlichen Elementen komponierten Garten zu verbinden. Auf das Jahr

117 Walpole 1994 (1771), S. 55, 64.

118 Walpoles Text erschien 1780 folgerichtig unter dem Titel *The History of the Modern Taste in Gardening*.

119 Walpole 1994 (1771), S. 60.

120 Ebd., S. 65.

1777 geht ein unweit eines kleinen Sees errichteter dorischer Tempel zurück, den Hirschfeld 1782 erwähnt, als er im vierten Band seiner *Theorie der Gartenkunst* eine ausführliche Beschreibung des Gothaer Parks liefert.[121] Dieser Schilderung läßt Hirschfeld die bereits zitierte Passage über die frühen Anlagen im Weimarer Ilmtal folgen.

Diese wenigen Beispiele früher landschaftlicher Gartenkunst in Deutschland mögen veranschaulichen, daß zwar seit den 1760er Jahren damit begonnen wurde, in England aufgenommene Impulse des neuen Gartenstils auch hierzulande umzusetzen, jedoch erst in den 1770er Jahren von einer unwiderruflichen Durchsetzung der naturnachahmenden Gestaltungsprinzipien im Garten gesprochen werden kann. Es waren, wie Walpole richtig prognostiziert hatte, Erbprinzen oder junge Fürsten, die auf ihren Bildungsreisen nach Italien und England die Gelegenheit hatten, sich mit alter Villenkultur und landschaftlicher Gartenkunst vertraut zu machen und überdies den Lebensstil der verbürgerlichten englischen Adligen auf deren Landsitzen kennenzulernen. Die Begeisterung für die englischen Gärten ging auch bei einigen deutschen Fürsten mit einer aufklärerischen Gesinnung und dem Bekenntnis zu humanistischen Idealen einher, wovon nach ihrer Rückkehr nicht zuletzt ambitionierte Parkschöpfungen auf unterschiedliche Weise Zeugnis ablegten.[122]

Als Hirschfeld in den 1770er Jahren nach und nach seine theoretischen Schriften veröffentlichte, die im Abschluß der fünfbändigen Gartentheorie 1785 ihren Höhepunkt fanden, konnte er den Beschreibungen jüngst entstandener Landschaftsgärten immer mehr Raum widmen.[123] In den 1780er Jahren strebte die landschaftliche Gartenkunst in Deutschland einem ersten Höhepunkt zu, der außer von Hirschfelds Werken vor allem von Gartenkalendern und Zeitschriften publizistisch begleitet wurde und sich somit nicht nur in den Anlagen selbst, sondern auch in den zahlreichen Schilderungen neuer Gärten manifestiert.[124]

3.4.2. Theoriebildung bei Hirschfeld. Ästhetische Prämissen

Im Jahr 1775 erschien Hirschfelds *Theorie der Gartenkunst* in einem Band, der als Vorläufer zu dem ab 1779 publizierten mehrbändigen Opus betrachtet werden kann. Bereits auf den ersten Seiten apostrophiert Hirschfeld die Werke der beiden

---

121 Hirschfeld, *Theorie*, Bd. 4, 1782, S. 234–238. Zu den Landschaftsgärten in Wörlitz und Gotha siehe Kapitel 4.7.

122 Zu den Äußerungen fortschrittlichen Gedankenguts und zum ideologisch ambivalenten Gehalt des Landschaftsgartens in Deutschland siehe die Kapitel 5.1.3 und 5.4.

123 Die wichtigsten Schriften Hirschfelds in chronologischer Folge: *Das Landleben*, 1768; *Anmerkungen über die Landhäuser und die Gartenkunst*, 1773; *Theorie der Gartenkunst*, 1775; *Ueber die Verwandtschaft der Gartenkunst und der Malerey*, 1776; *Theorie der Gartenkunst*, Bd. 1–5, 1779–1785; *Beschreibungen von Gärten zur Ehre deutscher Kunst und deutschen Geschmacks*, 1785.

124 Siehe dazu ausführlich Kapitel 4.6.2 und 5.1.

englischen Autoren, die seine eigene Theoriebildung maßgeblich beeinflussten: Thomas Whatelys *Observations on Modern Gardening* (1770) und die *Elements of Criticism* (1762–1765) von Henry Home (1696–1782), in denen ein Kapitel dem Gartenbau gewidmet ist.[125] Über die praktischen Hinweise zur Anlage eines Gartens hinaus wies der schottische Philosoph Home den Gartenbau erstmals als theoriefähige Kunst aus und verankerte diese in einer wirkungspsychologischen Ästhetik: Die Gegenstände der äußeren Natur verbinden sich dem menschlichen Empfindungsvermögen zu einer ästhetischen Landschaftserfahrung, welche die sinnliche Rezeption ebenso einschließt wie die gedankliche Reflexion der Wahrnehmungen.[126] Daß die Gartenkunst so unterschiedliche Affekte wie Heiterkeit oder Wehmut in direktem Erleben auslösen kann, begründet Home nicht zuletzt mit ihrem einzigartigen Verhältnis zur Natur, denn die Gartenkunst sei „nicht eine erfindende Kunst, sondern eine Nachahmung der Natur, oder vielmehr die Natur selbst, nur verschönert".[127] Die mit der Entfaltung einer neuen Ästhetik einhergehende Neuordnung des Verhältnisses von Natur und Kunst räumte der undomestizierten Natur wegen ihrer besonderen Fähigkeit zur Bewegung des Gemüts eine bevorzugte Stellung ein, was die Etablierung der landschaftlichen Gartenkunst entscheidend vorantrieb.[128]

In Anlehnung an Home führt Hirschfeld in seiner *Theorie* von 1775 aus:

> Weil die Gartenkunst so genau mit der Natur verbunden ist, daß sie selbst nichts anderes als die Natur in einer abgeänderten Gestalt zu seyn scheint; so ist ihr erster und vornehmster Be-

---

125 Vgl. Hirschfeld 1775, S. 77 u. 81. Nach dem Kapitel *Vorläufige Anmerkungen über die Gärten der Alten und der Neuern* (S. 1–76) stellt Hirschfeld dann seine eigentliche *Theorie der Gartenkunst* vor (S. 77–238). Bereits seit Beginn der 1770er Jahre hatte Hirschfeld die Überlegungen, welche ab 1779 sein umfassendes Hauptwerk über die formalen und inhaltlichen Bedingungen des Landschaftsgartens konstituierten, in verschiedenen Studien formuliert. Schon in den 1773 erschienenen *Anmerkungen über die Landhäuser und die Gartenkunst* betonte er im Kapitel über Gärten in England die geschmacksbildende Wirkung Popes und Addisons; weiter benannte er den Einfluß von Home und Chambers und würdigte Kent als Gartenkünstler. Siehe Hirschfeld 1779, S. 57. – Whately wurde rezensiert in: *Gartenkalender auf das Jahr 1782*, S. 79–81. Zur Bedeutung Whatelys für Hirschfeld vgl. Schepers 1980, S. 67–104. – Homes *Elements of Criticism* wurde 1763–1766 von Johann Nikolaus Meinhard ins Deutsche übersetzt.

126 Vgl. Gamper 1998, S. 32ff.; Kehn 1995 passim, hier S. 6ff. Zur Bedeutung Homes für Hirschfeld vgl. Schepers 1980, S. 139–167. Joachim Ritter verweist ebenfalls auf Home, als er in Auseinandersetzung mit den Begriffen „Landschaft", „Natur" und „Landschaftsgarten" formuliert: „Das Neue und qualitativ Andere des Landschaftsgartens aber in der Einheit der ästhetischen Vermittlung der Natur liegt darin, daß mit ihm die Natur durch den verändernden und gestaltenden Eingriff des Menschen zur Landschaft geformt und so dazu gebracht wird, selbst ihre ästhetische Präsentation zu vermitteln. In diesem Sinne nennt Home Landschaft ‚nature itself ornamented'. Was so als freie und gar als wilde Natur dem Anblick sich als Landschaft darstellt, ist von der Gartenkunst *zur Landschaft gestaltete Natur*." Ritter 1974, Anm. 61, S. 189. Hervorhebung im Original.

127 Home 1775, Bd. 2, S. 487.

128 Das Verhältnis von Natur und Kunst wurde u. a. von Joseph Addison in seinem *Essay on the Pleasures of the Imagination* (1720) neu definiert. Siehe dazu Gamper 1998, S. 38f.

> ruf, sich mit Gegenständen der schönen Natur zu beschäfftigen. Diese [...] liegen vor dem Menschen ausgebreitet; sie haben mannigfaltige Kräfte und Eigenschaften, wodurch sie ihn rühren können; und die Werkzeuge seiner Sinne sind dazu harmonisch gebildet, ihre Eindrükke aufzufangen und dadurch eine weitere Fortpflanzung derselben die Einbildungskraft in Bewegung zu setzen, und durch die Erscheinung angenehmer Bilder die Empfindung zu beleben.[129]

Die Natur selbst ist es demnach, die jene Emotionen hervorruft, welche offensichtlich auf den Betrachter stärker wirken, als die Kunst es vermag. Die Gartenkunst soll sich, wie Hirschfeld fast formelhaft repetiert, über die subjektive Gefühlsreaktion erschließen. Das Gemüt des Betrachters durch unterschiedlichste Empfindungen in Bewegung zu versetzen, war gemäß der sensualistischen Wirkungsästhetik das erklärte Ziel der landschaftlichen Gartenszenen. Die Bedeutung eines Parks, so Hirschfeld, bemißt sich nach dem Grad und der Überzeugungskraft seiner Wirkung auf den Rezipienten: „Bewege durch den Garten stark die Einbildungskraft und die Empfindung, stärker als eine blos natürlich schöne Gegend bewegen kann."[130] Dieser Gedanke zieht sich leitmotivisch durch alle gartentheoretischen Schriften Hirschfelds und bildet gewissermaßen das ästhetische Credo des Verfassers.

Hirschfelds Argumentation stützt sich darin erneut auf seinen Gewährsmann Whately, der eine unmittelbare sinnliche Wirkung der Gartenszenen auf das Gemüt des Rezipienten gefordert hatte. Auch William Chambers, der als entscheidender Wegbereiter des sentimentalen Landschaftsgartens gilt, blieb mit seiner 1772 veröffentlichten *Dissertation on Oriental Gardening* nicht ohne Einfluß auf den Kieler Professor.[131] Seine emphatisch vorgetragene Forderung an die Gartenkunst, nicht den Verstand, sondern umso intensiver das Gefühl anzusprechen, prägte die Sichtweise Hirschfelds. Daß Chambers zur Erreichung dieses Ziels den chinesischen Gartenstil favorisierte, behagte Hirschfeld weniger. Vor allem Gartenszenen von wildem und fürchterlichem Charakter, wie sie Chambers in seiner Schrift genüßlich ausmalt, stießen bei Hirschfeld auf deutliche Ablehnung. Seine 1777 in Gotha erschienene *Widerlegung des herrschenden Begriffs von den chinesischen Gärten* ist als Polemik gegen Chambers aufzufassen: Die historische Herleitung der landschaftli-

---

129 Hirschfeld 1775, S. 86f.

130 Hirschfeld 1775, S. 84; Hirschfeld, *Theorie*, Bd. 1, 1779, S. 155f.

131 Chambers' *Dissertation* erschien 1775 in deutscher Übersetzung. Über die Wirkung der Gartenkunst auf die Empfindungen siehe Chambers 1775, Vorrede, S. 4. Hirschfeld würdigte Chambers zunächst in den 1773 veröffentlichten *Anmerkungen über die Landhäuser und die Gartenkunst*, wobei er sich auf dessen *Designs of Chinese Buildings* (1757) bezog. Siehe Hirschfeld 1779, S. 52–57. Die Werke des Engländers fanden generell auf dem Kontinent eine vielfältige Resonanz. In England wirkte Chambers ab 1756 als Architekt der Prinzessin Augusta, für die er die Kew Gardens bei London anlegte und mit exotischen Bauten ausstattete. Chambers hatte China bereist und galt als Kenner chinesischer Architektur. Vgl. Hammerschmidt/Wilke 1990, S. 130; Wimmer 1989, S. 189.

chen Gartenkunst von den chinesischen Gärten wird darin ebenso in Frage gestellt wie die verbreitete Chinamode.[132]

Bei der Formulierung seiner Theorie konnte Hirschfeld an eine ästhetische Diskussion anknüpfen, die, angeregt durch die sensualistischen Einflüsse aus England und Frankreich, seit Anfang der 1770er Jahre auch in Deutschland das Naturschöne thematisierte und den sinnlichen Qualitäten der Natur einen eigenen Wirkungsraum zuwies. Nach der verstandesorientierten Haltung der frühen Aufklärung, die den sogenannten unteren Erkenntnisvermögen – der Einbildungskraft und der Empfindung – skeptisch gegenübergestanden hatte, wurde die sinnliche Rezeption nun entscheidend aufgewertet.[133] Auf diesem gewandelten Verständnis basiert Hirschfelds *Theorie*, deren zentrale wirkungspsychologische Begriffe „Empfindungskraft“ und „Einbildungskraft“ ohne Rekurs auf die Erkenntnistheorie von Gottfried Wilhelm Leibniz (1646–1716) und Christian Wolff (1679–1754) nicht zu verstehen sind. Hirschfelds Werk will den Menschen anregen, die „mannigfaltige[n] Kräfte“ der Natur mit allen Sinnen aufzunehmen und seine Eindrücke durch die eigene Phantasie noch zu bereichern. Die Fülle der wahrgenommenen und imaginierten Eindrücke soll letztlich in eine allumfassende Empfindung integriert werden, welche die ästhetische Landschaftserfahrung begründet. Indem er neben der subjektiven Empfindung auch auf die Beobachtung verweist, mahnt Hirschfeld überdies einen Ausgleich zwischen unteren und oberen Erkenntnisvermögen, eine Verbindung aus Sinnengenuß und Verstandeserkenntnis für das neue Naturerleben an.

Neben Henry Home, der als einer der vehementesten Vertreter der sensualistischen Ästhetik in England gilt, konnte sich Hirschfeld in Deutschland vor allem auf Johann Georg Sulzer (1720–1779) berufen, der mit seiner *Allgemeine[n] Theorie der Schönen Künste* (1771–1774) ein umfassendes gefühlsästhetisches Konzept etabliert hatte.[134] Unter dem Stichwort „Natur“ bemerkt Sulzer:

> Wir müssen nun auch die Natur als das allgemeine Magazin betrachten, in welchem der Künstler den Stoff zu seinem Werk, oder doch etwas findet, nach dessen Aehnlichkeit er sich selbst seine Materie bildet. Der allgemeine Zwek aller schönen Künste ist, [...] vermittelst lebhafter Vorstellung gewisser mit ästhetischer Kraft versehener Gegenstände, auf eine vortheilhafte Weise auf die Gemüther der Menschen zu würken.[135]

132 Umfangreiche Ausführungen zu Chambers auch in: Hirschfeld, *Theorie*, Bd. 1, 1779, S. 83–98. Zur Auseinandersetzung Hirschfelds mit Chambers siehe Schepers 1980, S. 53–67.

133 Zu der für die vorkantische Theorie des Ästhetischen überaus wichtigen Unterscheidung der unteren von den oberen Erkenntnisvermögen vgl. Gottfried Wilhelm Leibniz: *Meditationes de cognitione, veritate et ideis. Betrachtungen über die Erkenntnis, die Wahrheit und die Ideen*, in: ders.: *Kleine Schriften zur Metaphysik*, hrsg. v. Hans Heinz Holz, Darmstadt 1965, S. 32ff. Siehe dazu Kehn 1995, S. 14ff.; vgl. auch Gamper 1998, S. 34ff.

134 Daß Sulzer die ästhetische Diskussion um den Naturbegriff in Deutschland maßgeblich förderte, beweisen weitere Schriften, vgl. z.B. seine bereits 1750 in Berlin erschienenen *Unterredungen über die Schönheit der Natur nebst desselben moralischen Betrachtungen über besondere Gegenstände der Naturlehre.*

135 Sulzer, 3. Theil, 1787, S. 409.

Eine Kunsttheorie, welche die Natur als vorbildgebend begriff, schuf für den Landschaftsgarten günstige Voraussetzungen. Hirschfeld wandte Sulzers Grundsätze denn auch strikt auf die Gartenkunst an und formulierte entsprechend:

> Der Garten soll also auf die Einbildungskraft und auf das Empfindungsvermögen vortheilhaft einwürken; und dieses soll der Gartenkünstler mittelst der Gegenstände veranstalten, die ihm eigenthümlich zugehören. [...] Er muß daher zuförderst solche Gegenstände der schönen Natur sammeln und auswählen, die eine vorzügliche Kraft haben, die angegebenen Wirkungen hervorzubringen; er muß diesen Gegenständen eine solche Ausbildung geben, und sie in eine solche Verbindung und Anordnung bringen, daß dadurch ihr Eindruck verstärket werde.[136]

Während Hirschfeld in der oben zitierten Passage die rezeptionsästhetische Komponente der *Gartenkunst* betont und von der Wirkung der Natur auf den Betrachter spricht, wendet er sich hier an den *Gartenkünstler*, dessen Aufgabe er darin sieht, diese Wirkung durch eine bewußte Auswahl und Zusammenstellung der Naturgegenstände zu erhöhen. Sulzer hatte die Natur allgemein als Reservoir betrachtet, in dem der Künstler den Stoff zu seinem Werk aufspüren könne; Hirschfeld sieht in den veränderlichen Formen der Natur selbst das Material des *Garten*künstlers. Hier manifestiert sich der gewandelte Naturbegriff, dem eine Akzentverschiebung von der *natura naturans*, hinter der Gott steht, dessen Werk nicht zu verbessern oder zu übertreffen ist, zur *natura naturata*, das heißt dem Umgang mit der Natur in ihren konkreten Formen, zugrunde liegt.[137] Hirschfeld formuliert diesen Unterschied explizit in seiner Definition der Gartenkunst, in die er zudem seine Bestimmung des Verhältnisses von Natur und Kunst einschließt:

> Ich muß hier zuvörderst durch eine Anmerkung, die man in diesem ganzen Werke nicht aus dem Gesichte verlieren darf, einem Irrthum vorbeugen, den der Ausdruck Gartenkunst leicht veranlassen könnte. Man darf darunter kein Bestreben verstehen, ohne Rücksicht auf die Anleitung der Natur zu verschönern, sie übertreffen zu wollen, sie künstlichen Formen und Anlagen zu unterwerfen, von ihr Wirkungen zu verlangen, die sie nicht kennt, u.s.w. Kunst bedeutet hier, dasjenige, was die Natur Angenehmes und Interessantes hat, auf eben die Art, durch eben die Mittel, deren sie sich bedient, vereinigen, und die Schönheiten, die sie in ihren Landschaften verstreuet, auf Einen Platz sammlen zu wissen; ein neues Ganzes, dem weder Harmonie noch Einheit fehlt, hervorzubringen; durch Verbindung und Anordnung zu schaffen, und doch nicht von der Natur abzuweichen; durch Bepflanzung, durch Ausbildung, durch Stellung, durch Contrast die Charaktere natürlicher Gegenden zu verstärken und die Wirkungen zu vervielfältigen; durch harmonische Vereinigung mit Gegenständen, die der Kunst gehören, die Eindrücke der Natur zu erhöhen. Der Ausdruck Gartenkunst ist freylich nicht ganz bequem; allein die Ausdrücke Gartenbau, Gartenbaumeister können noch weit eher zum Misverstande verleiten.[138]

Die Natur – hier die *natura naturans* – wird von Hirschfeld gleichsam als höchste Instanz eingeführt, die in künstliche Formen zu zwingen sich niemand anmaßen kann: Hier spielt der Gartentheoretiker auf die streng geometrischen Anlagen der

136 Hirschfeld 1775, S. 83.
137 Vgl. Gamper 1998, S. 11.
138 Hirschfeld, *Theorie*, Bd. 1, 1779, S. 145.

französischen Gärten an, von denen er sich einmal mehr distanziert. Die Kunst bestehe hingegen darin, die angenehmen oder interessanten Partien der Natur zu „vereinigen“, zu „sammeln“, zu „verbinden“, „anzuordnen“ und deren Wirkung zu „verstärken“ und zu „vervielfältigen“, das heißt die Natur – diesmal die *natura naturata* – als Material künstlerischer Gestaltung zu nutzen. Hirschfeld zögert zunächst, an dieser Stelle tatsächlich von einer *Kunst* zu sprechen. Offensichtlich ist ihm bewußt, daß der schöpferische Aspekt der Kunst in dieser Argumentation keinen Platz findet.[139] Doch geht es ihm neben der didaktischen Komponente seiner Ausführungen, der Anleitung des Gartenkünstlers, um die Etablierung der Gartenkunst in der Hierarchie der Künste. Die Termini „Gartenbau“ oder „Gartenbaumeister“ evozieren eher den Gedanken an ein Werk der Architektur – überdies die Gattung, welcher der französische Garten rigoros untergeordnet worden war. Durch den bedachten Umgang mit den konkreten Formen der Natur soll „ein neues Ganzes, dem weder Harmonie noch Einheit fehlt“ hervorgebracht werden, eine Aufgabe, deren Erfüllung gemäß der neuen ästhetischen Grundsätze dem Garten*künstler* obliegt.

3.4.3. Der Garten im Wettstreit der Kunstgattungen

Um die Gartenkunst gleichberechtigt neben den anderen Künsten plazieren zu können, verglich Hirschfeld ihre Arbeitsweise mit denen der Malerei – vornehmlich der Landschaftsmalerei – und der Baukunst. In seinem 1776 erschienenen Aufsatz *Ueber die Verwandtschaft der Gartenkunst und der Malerey* griff Hirschfeld auf die Argumente Whatelys zurück, der in seinen *Observations* als erster den Vergleich von Landschaftsmalerei und Gartenkunst in der Theoriebildung verankert hatte.[140] Der Verfasser baut die vergleichende Betrachtung weiter aus, wobei er sich zunächst der Baukunst widmet, als wolle er abermals den Garten aus seiner lange währenden Umklammerung durch die Architektur befreien:

> Der Architect will auf einmal das Auge befriedigen, es auf einmal die ganze harmonische Einrichtung seines Werks umfassen lassen; der Gartenkünstler will nach und nach mit einer allmähligen Fortschreitung unterhalten. Jener muß seinen Plan so einfach anlegen, daß er ohne Verwirrung, ohne Mühe sich übersehen läßt [...] Der Gartenkünstler hingegen [...] muß seinen Plan zu verbergen suchen, eine gewisse anmuthige Verwickelung in seine Anlagen bringen, Ungleichheiten und regellose Zufälligkeiten liegen lassen, kurz, so verfahren, daß der Zuschauer nicht auf einmal befriedigt, sondern nach und nach beschäftigt und lange unterhalten werde.[141]

Indem er einen wesentlichen Unterschied zwischen der Vorgehensweise des Architekten und des Gartenkünstlers beschreibt, führt Hirschfeld zugleich in die an-

139 Vgl. Gamper 1998, S. 39.
140 Zur Argumentation Whatelys siehe Gamper 1998, S. 47f.; Wimmer 1989, S. 171f.
141 Hirschfeld 1776, S. 44f.

gemessene Rezeption des Landschaftsgartens ein. Erst durch das richtige „Gehen und Sehen“ im Garten erschließen sich dem Betrachter die verschiedenen landschaftlichen Partien und charakteristischen Naturgebilde, welche wiederum mannigfaltige Affekte in unmittelbarem Erleben auslösen, so daß die innere Bewegung des Gartenbesuchers der äußeren korrespondiert.

Das Vorgehen des Gartenkünstlers und des Landschaftsmalers schildert Hirschfeld hingegen als weitgehend identisch. Beide müssen nach eingehender Beobachtung der Landschaft zunächst einen geeigneten Naturausschnitt wählen, um dann an dieser Stelle ein Bild zu komponieren:

> Die Composition gibt einen neuen Standpunkt an, wo er [der Gartenkünstler] neben dem Landschaftmaler hintritt. Sie verstattet zuvörderst beyden eine vollkommene Freyheit, in ihren Zusammensetzungen, in der Ausdehnung der Flächen und Fernen, in der Mischung und Bildung der Bäume, der Rasen, des Wassers, in der Bepflanzung und Verzierung, in offenen oder eingeschränkten, hügelichten oder ebenen, heitern oder öden Lagen – [...] Aber sie verlangt auch von beyden eine gleiche Fertigkeit, die Verhältnisse wahrzunehmen, die Lagen und Gegenstände mit ihren Beziehungen und Entgegenstellungen, mit ihren allmähligen Fortschreitungen und Abweichungen zu bestimmen; Kenntnis der Gesetze der Perspectiv, um die Vorwürfe so zu ordnen, daß sie so wohl durch Gestalt als Farbe in verhältnismäßigen Erscheinungen eine vortheilhafte Würkung auf das Auge thun; eine weise Anordnung, die so wohl der Ermüdung als der Zerstreuung des Auges vorbeugt [...]; endlich harmonische Zusammenstimmung aller Theile zu einem harmonischen Ganzen, bey aller Mannigfaltigkeit, bey allen Ungleichheiten und Zufälligkeiten.[142]

Zunächst betont Hirschfeld die Ebenbürtigkeit des Gartenkünstlers mit dem Landschaftsmaler, ehe er erklärt, daß die Gartenkunst der Landschaftsmalerei nicht nur gleichrangig, sondern überlegen sei. Wo der Landschaftsmaler die Naturgegenstände in sein eigenes Material – auf die Leinwand – übertrage, arbeite der Landschaftsgärtner mit dem Material der Natur selbst: „Keine der nachahmenden Künste ist in die Natur selbst mehr verwebt, oder gleichsam mehr Natur, als die Kunst der Gärten. Alles geht hier in eine würkliche Darstellung über.“[143] Um seinen Werken Bewegung und Leben zu verleihen, staffiere der Maler seine Landschaften „mit Viehtriften, mit Brunnen, Gebäuden und Ruinen“ aus. Auch im Garten träfe man all diese Dinge an, allerdings mit dem entscheidenden Vorzug, daß sie dort nicht nur nachgeahmt, sondern wirklich vorhanden seien. Gelegentlich, räumt Hirschfeld ein, stoße der Gartenkünstler jedoch an seine Grenzen, da beispielsweise die Bewegung der Wolken „allein dem Eigensinn der Natur überlassen“ bleibe.[144] Die Bewegung des Wassers hingegen könne er auf vielfältige Weise modifizieren. Wieder triumphiert an dieser Stelle das unmittelbare Erleben der Natur im Garten über die Betrachtung eines Landschaftsbildes: „Das Wasser, das im Landschaftgemälde

142 Ebd., S. 51f.

143 Ebd., S. 57. Diese Differenzierung wurde am Beispiel der Gartenkunst und der Landschaftsmalerei zum festen Bestandteil der Gartenliteratur. Vgl. Gamper 1998, S. 40, Anm. 121.

144 Hirschfeld 1776, S. 53f.

nur durch den Widerschein lebendig wird, gibt durch sein Ansehen und Geräusch den Genuß seiner Gegenwart." Überhaupt, resümiert Hirschfeld, ermöglicht

> die allmählige Darstellung der Gartenscenen [...] einen weit längern, unterhaltendern Genuß, als das schönste und ausführlichste Landschaftgemälde, welches das Auge bald umfasst; fortschreitende Bewegungen sind mehr die Würkung der Gärten, als der Malerey.[145]

Hier münden die Ausführungen des Gartentheoretikers erneut in den Verweis auf das „Gehen und Sehen", das den größten Vorzug des Gartens vor allen anderen Künsten ausmacht: Der Besucher des Gartens bewegt sich allmählich durch eine ganze Folge in der Landschaft inszenierter Bilder, wohingegen der Betrachter eines Landschaftsgemäldes das Dargestellte mit einem einzigen Blick erfaßt. Der *Blick* auf ein *Bild* ist in jedem Fall die im Garten wie beim Landschaftsgemälde intendierte Rezeptionsweise, wobei die besondere Beanspruchung der visuellen Fähigkeiten durch die nicht nur von Hirschfeld propagierte Orientierung der Gartenkunst an der Landschaftsmalerei zu erklären ist. Im Vergleich beider Gattungen verbindet Hirschfeld die zentralen Anliegen seiner gartentheoretischen Schriften: die Positionierung der Gartenkunst an herausragender Stelle in der Hierarchie der Künste, die Anleitung des Gartenkünstlers zur richtigen Vorgehensweise sowie die Einführung in eine angemessene Rezeption der neuen landschaftlichen Gartenanlagen gemäß der sensualistischen Wirkungsästhetik.

Zusammenfassend läßt sich zu der für sämtliche frühen gartentheoretischen Schriften signifikanten Gattungsdebatte festhalten: In dem immer wieder erneuerten Wettstreit um die Rangfolge der Künste hatte im Barock die Architektur den ersten Platz für sich beansprucht und der Gartenkunst eine untergeordnete Position zugewiesen. Mit dem neuen, zunächst in England etablierten Naturideal verband sich die Forderung nach der Autonomie aller Kunstgattungen, die künftig ausschließlich ihren jeweils eigenen Gesetzen folgen sollten. Die naturnachahmende Gartenkunst orientierte sich zunächst stark an der Landschaftsmalerei, so daß die frühen Landschaftsgärten als dreidimensionale, begehbare *Bilder* erscheinen. Das Bildhafte wurde in der zweiten Hälfte des 18. Jahrhunderts zum alle Gattungen dominierenden Organisationsprinzip der Kunst und löste damit die Architektur als herrschende Ordnungsmacht ab. Im Zuge einer grundlegenden Verschiebung der Kunstgattungen hatte sich das Verhältnis von Architektur und Garten innerhalb weniger Jahrzehnte umgekehrt. Für die Zeit nach 1760 apostrophiert Sedlmayr den Garten als das bereits zitierte „Übergesamtkunstwerk", welches alle anderen Künste in sich einschloß. Die Gartenkunst beanspruchte nun für sich den höchsten Rang unter allen Künsten.[146]

---

145 Ebd., S. 57.

146 Vgl. Buttlar 1989, S. 14ff.; Herzog 1989, S. 124f.

3.4.4. Heitere und melancholische Partien. Der Charakter der Landschaft

Eine wesentliche Komponente der Gartentheorie Hirschfelds besteht in der Unterscheidung natürlicher landschaftlicher Partien nach ihrem jeweiligen Charakter. Der Theoretiker differenziert zwischen vier verschiedenen Landschaftsformen: der heiteren, der melancholischen, der romantischen und der feierlichen Gegend.[147] Dabei sei die heitere Landschaft, deren Charakterisierung sich bei Hirschfeld wie die Beschreibung des klassischen *locus amoenus* ausnimmt, am besten für die Anlage von Gärten geeignet:

> Sie [die heiteren Gegenden, S.M.W.] bestehen überhaupt aus Abwechselungen von kleinen Vertiefungen und Anhöhen, aus unmerklichen Krümmungen und mancherley Ungleichheiten des Bodens, aus leichten, freyen und anmuthigen Zusammensetzungen von Wiesen, Buschwerk und Hainen, Blumen, Wasser und niedrigen Hügeln. [...] Das Frische und Lebhafte des Grüns auf den Rasen und an den Bäumen, die Klarheit des Wassers, sein stiller heller Spiegel, oder sein rieselnder Lauf [...] bestimmen den Charakter solcher Gegenden in verschiedenen Graden, die von dem blos Angenehmen zum Muntern, und von dem Muntern zum Heitern hinaufsteigen.[148]

Die melancholische Landschaft sei zwar, so Hirschfeld, seltener anzutreffen als die geschilderte heitere Gegend, wirke dafür aber weitaus stärker und nachhaltiger auf den Betrachter:

> Eine *sanftmelancholische* Gegend bildet sich durch Versperrung aller Aussicht; durch Tiefen und Niedrigungen; durch dickes Gebüsch und Gehölz, oft schon durch bloße Gruppen von hohen starkbelaubten nahe an einander gedrängten Bäumen, in deren Gipfel ein hohles Geräusch schwebt; [...] durch Laubwerk von einem dunkeln oder schwärzlichen Grün [...]. In einer solchen Gegend fallen sparsame Lichter nur durch, um den Einfluß der Dunkelheit vor dem Traurigen oder Fürchterlichen zu beschützen. Die Stille und die Einsamkeit haben hier ihre Heimath.

Eine solche Gegend, so zerstreut Hirschfeld mögliche aufkommende Bedenken seiner Leser angesichts der beschriebenen Düsternis, sei

> für gewisse Bedürfnisse des Herzens und des Geistes überaus erwünscht. Sie giebt den süßen Genuß der Ruhe und der Einsamkeit; eine schmeichelhafte Vorstellung von Selbstgenügsamkeit [...]. Sie lockt und labt die Seele, die, aus den Sorgen und Geschäften der Welt zurückgekehrt, sich einmal selbst genießen will.[149]

Dem Gartenkünstler legt Hirschfeld gewissermaßen als landschaftsgärtnerisches Ideal eine Verbindung der beiden bisher beschriebenen Landschaftsformen nahe.

---

147 Die Differenzierung der Landschaftsgärten nach verschiedenen Gesichtspunkten hatten sich zahlreiche zeitgenössische Gartentraktate zur Aufgabe gemacht. Der Franzose Claude-Henri Watelet unterschied 1774 in seinem *Essai sur les jardins* beispielsweise nach Gattungskriterien in malerische (pittoresques), poetische (poétiques) und literarisch-romantische (romanesques) Gärten. Vgl. Buttlar 1989, S. 16.

148 Hirschfeld, *Theorie*, Bd. 1, 1779, S. 210.

149 Ebd., S. 211f. Hervorhebung im Original.

Die romantische Gegend schildert er hingegen als weniger zugänglich für gestalterische Absichten:

> Das *Romantische* oder *Bezaubernde* in der Landschaft entspringt aus dem Außerordentlichen und Seltsamen der Formen, der Gegenstellungen und der Verbindungen. Man findet es am meisten in gebirgigen und felsigen Gegenden, in versperrten Wildnissen, wohin die geschäftige Hand des Menschen noch nicht gedrungen ist. Zur Bildung dieses Charakters tragen Felsen, [...] nicht weniger Wasserfälle, vorzüglich bey.[150]

Hier stand Hirschfeld speziell die Schweizer Alpenlandschaft vor Augen, deren erhabener Gebirgszug durch enorme Höhen und schmale Täler, bizarre Felsformationen oder herabstürzende Wasserfälle jene von ihm geschilderten effektvollen Gegensätze hervorbringt.[151] Diese Szenen, so resümiert Hirschfeld, würden von der Natur nur selten gebildet und verweigerten sich überdies „den Nachbildungen der Kunst".[152]

Auch die vierte Landschaftsform, die von Hirschfeld so genannte feierliche Gegend, entzieht sich jedem mimetischen Anspruch. Größe, Dunkelheit und Stille zeichnen diese landschaftliche Partie aus; ihr erhabener Charakter übertrifft noch den der zuvor dargestellten romantischen Gegend:

> Gebirge, Felsen, zumal wenn sie kahl oder dunkel und schwarz da liegen, hohe Waldungen und Baumgruppen, reißende Ströme, stürmende Wasserfälle, Aussichten auf das Weltmeer, auf Schneeberge, auf Vulcane, in unermeßliche Abgründe hinab – [...] Finsterniß der Nacht überall ausgebreitet, oder durch sparsame Blicke des hinter wandelnden Wolken hervorschimmernden Mondes beleuchtet [...] – dies alles mehr oder weniger macht die feyerliche Gegend.[153]

Ebensowenig wie die vorherige eignet sich diese Landschaft für den Gestaltungswillen des Gartenkünstlers, der jedoch an den erhabenen Naturszenen seinen ästhetischen Blick für die gegensätzlichen landschaftlichen Formationen ausbilden soll.

Bereits die Anfänge des Landschaftsgartens im Weimarer Ilmtal verbinden die beiden dem Gartenkünstler besonders empfohlenen Charaktere landschaftlicher Partien: Während die Ilmaue selbst mit ihrem sich durch die Wiesen windenden Fluß eine anmutige und heitere Gegend im Sinne Hirschfelds darstellt, die durch Baumgruppen und kleinere Gärten am östlichen Hang akzentuiert wird, trägt das felsige, von Buschwerk gesäumte Steilufer auf der anderen Seite der Ilm eher den Charakter einer melancholischen Gegend. Dem lichten Flußtal kontrastiert der dunkle, weil baum- und strauchbestandene schmale Weg durch die „Kalte Küche",

150 Hirschfeld, *Theorie*, Bd. 1, 1779, S. 214. Hervorhebungen im Original.

151 Siehe ebd., S. 216ff. Bereits in seiner erstmals 1768 erschienenen Schrift *Das Landleben*, die auf die Erfahrung einer 1765 unternommenen Schweizreise zurückgeht, hatte Hirschfeld das ländliche Leben und die Alpenlandschaft in empfindsamem Duktus ausführlich beschrieben. Vgl. Schepers 1980, S. 20ff.

152 Hirschfeld, *Theorie*, Bd. 1, 1779, S. 220.

153 Ebd., S. 220f.

der nur hin und wieder einen Ausblick auf die Wiesenlandschaft erlaubt. Nicht von ungefähr hatte Carl August in jenem Brief an Knebel über seine abendlichen Aufenthalte in der „Kalten Küche“ bemerkt, daß er dort „so ganz in der Schöpfung und so weit von dem Erdentreiben“ verweilen könne: Als der Herzog das „Kloster“ zum gelegentlichen Refugium wählte, lag der Ort abgeschieden genug, um dem von Hirschfeld für eine solche Gegend empfohlenen nachdenklich-melancholischen Rückzug eine vorzügliche Möglichkeit zu bieten.[154]

Mit den wenig später von Carl August veranlaßten, vom „Kloster“ ausgehenden geschlängelten Wegen entlang des Steilhangs wurde auf kunstgerechte Weise die Bewegung des Betrachters angeleitet. Hirschfeld hatte für die Gestaltung der Wege die von William Hogarth (1697–1764) in seiner 1753 erschienenen kunsttheoretischen Abhandlung *Analysis of Beauty* gepriesene wellenförmige *line of beauty* nachdrücklich als Vorbild empfohlen, da diese „Schönheitslinie“ dem Gartenkünstler „von der Natur gelehrt“ würde.[155] Hogarth hatte – im Gegensatz zu den zeitgenössischen Sensualisten – die Schönheit nicht aus den Empfindungen und dem daraus resultierenden Werturteil abgeleitet, sondern ihre objektive Form zu bestimmen versucht. Diese Sichtweise fokussiert naturgemäß vielmehr die Ursache als die bisher im Vordergrund stehende Wirkung eines Phänomens. Hogarth suchte die objektive Schönheit der bewegten Form im Duktus der Linie zu erfassen.[156] Mit Verweis auf gewundene Wege oder Flußläufe, aber auch auf Locken oder Perücken führt er aus, daß die sanft geschlängelte Wellenlinie Geist und Auge am stärksten herausfordert und fasziniert.

Tatsächlich scheint der Weg durch die „Kalte Küche“ die Windungen des Flusses aufzunehmen und damit die geschwungene Linie aus dem Ilmtal in die felsige Uferlandschaft zu übertragen. Die Augen des Betrachters sollten so in harmonischer Abfolge auf die tableauhaft komponierten Gartenszenen gelenkt werden, die der Landschaft – unmittelbar am Wegesrand oder als Aussicht in weitere Ferne – sukzessive eingeschrieben wurden. Während die Anfänge des Weimarer Parks zunächst inhaltlich und formal der Bühnentradition aufs engste verbunden waren, setzte sich spätestens mit der Gestaltung des ersten geschlängelten Weges durch die „Kalte Küche“ eine gartenkünstlerische Dramaturgie durch, die der bildhaften Sehweise aufeinanderfolgender landschaftlicher Szenen unmittelbar entsprach.

Für den günstigen Fall, daß sich, wie in der Weimarer Ilmaue, eine heitere und eine melancholische Gegend in direkter Nachbarschaft befinden, hob Hirschfeld den Reiz des mühelosen Übergangs von einem in den anderen Gemütszustand hervor:

---

154 Carl August an Karl Ludwig von Knebel, Weimar 17. Juli 1780; *Briefwechsel Carl August*, S. 53f.

155 Hirschfeld 1776, S. 53; ders., *Theorie*, Bd. 1, 1779, S. 149f. Hogarths Schrift erschien in deutscher Übersetzung 1754 unter dem Titel *Zergliederung der Schönheit, die schwankenden Begriffe von dem Geschmack festzusetzen*.

156 Vgl. Pochat 1986, S. 388ff. Die Schönheitslinie geht auf die *figura serpentinata* als eine allgemeingültige Form der Schönheit zurück. Die Linie soll diese Form zum Ausdruck bringen.

> Eine melancholische Gegend z. B. kann in eine heitre übergehen. Die Aussicht darf nur Eröffnung, das Gehölz helle Durchschnitte, das Wasser Fortlauf und springendes Geräusch, der Schatten Aufhellung empfangen; die Stille darf nur durch das Geblök einer nahe umhergrasenden Heerde, oder durch den Gesang einiger Vögel verdrängt werden – sogleich hört mit dieser Abänderung die melancholische Scene auf, um der heitern Platz zu machen.[157]

Mit dem Ausblick aus dem schattigen Halbdunkel der „Kalten Küche“ auf das helle Flußtal und der Anlegung von Sichtachsen zu weiter entfernt liegenden Blickpunkten sollte Carl August in den folgenden Jahren den Landschaftsgarten im Ilmtal vervollkommnen. Schon jetzt aber verraten seine in der Zurückgezogenheit des „Klosters“ verfaßten Briefe, daß er selbst bei der Nutzung seines Refugiums die verschiedenen von Hirschfeld beschriebenen Stimmungslagen miteinander zu verbinden wußte: Der nachdenklichen Naturbetrachtung folgt das belebende Bad im kühlen Fluß, während die nächtliche Stille durch den Klang der Waldhörner unterbrochen wird. „In so ferne die Landschaft eine Mischung verschiedener Gegenden ist“, führt Hirschfeld in diesem Sinne aus, „gewinnt sie an Mannigfaltigkeit. Demnach wird ein Garten, der aus mehrern Gegenden von einem bestimmten Charakter zusammengesetzt ist, auch mehr Wirkungen in sich vereinigen.“[158]

Die bisher analysierten Ausführungen Hirschfelds betrafen den Umgang mit dem Material der Natur entsprechend dem natürlichen Charakter der Landschaft. Um diesen Charakter zu stärken und damit die Wirkung einer landschaftlichen Partie auf den Betrachter zu erhöhen, rät der Theoretiker dem Gartenkünstler, er solle „den Eindruck der Gegenstände der Natur [...] dadurch zu heben suchen, daß er übereinstimmende Gegenstände der Kunst darunter mische und mit dem Ganzen verknüpfe“.[159] Hierzu zählen Denkmäler, künstliche Ruinen, Schäferhütten oder gotische Kapellen, Grabmale, Einsiedeleien, Grotten und griechische Tempel ebenso wie Inschriften, Ruhesitze, Wasserkünste und Brücken.[160] Diese Monumente und Bauten soll der Besucher aus weiter Ferne erspähen oder wie zufällig am Wege liegend finden – sich aber in jedem Fall rückhaltlos den Empfindungen hingeben, die der jeweilige Anblick auslöst. Die bloße Aufzählung der „künstlichen Gegenstände“ verdeutlicht bereits, daß der Gartentheoretiker einen nahezu uneingeschränkten Stilpluralismus förderte, da sein gefühlsästhetisches Konzept in der geglückten Verbindung einer landschaftlichen Partie mit dem ihr angemessenen Gartenmonument gipfelte. „So kann eine muntre Gegend durch eine Schäferhütte oder ein Landhaus, eine melancholische durch ein Kloster oder eine Urne, eine romantische durch *gothische* Ruinen, eine feyerliche durch Tempel [...] sehr viel an Einwirkung gewinnen“, präzisiert Hirschfeld seine Anleitung, um schließlich zu folgern:

---

157 Hirschfeld, *Theorie*, Bd. 1, 1779, S. 228.
158 Ebd.
159 Ebd., S. 155.
160 Hirschfeld 1775, S. 209; ders., *Theorie*, Bd. 3, 1780: *Von den Werken der Kunst in Gärten.*

> Wenn diese Gebäude und Monumente mit den Gegenden, für welche sie sich ihrer Natur nach schicken, in Verbindung gebracht werden: so theilen Gebäude und Gegenden einander ihre Kräfte mit, ihre Charaktere werden deutlicher, und es entsteht eine Vereinigung von Begriffen und Bildern, die mit einem völlig bestimmten und mächtigen Eindruck auf die Seele wirken.[161]

Wieder erweist sich die frühe landschaftsgärtnerische Praxis im Weimarer Ilmtal als durchaus kunsttheoretisch legitimiert. Goethes Gartenhaus, dem sich der Besucher von der Stadt aus über die Floßbrücke nähert, akzentuiert die heitere Wiesenlandschaft, während das Felsentor und das nahegelegene „Kloster“ den eher melancholischen Grundton des bewaldeten Steilufers auf der anderen Seite des Flusses unterstreichen. Obgleich der Entstehung der einzelnen Anlagen keine gesamträumliche Konzeption zugrunde lag und obgleich, wie an anderer Stelle geschildert, die Ortswahl für manche Parkarchitektur vielmehr durch spontanes Improvisieren begründet war, entsprechen die realisierten Bauten und Monumente dem von Hirschfeld so nachdrücklich betonten natürlichen Charakter der jeweiligen Gegend. Die Beschreibung der „neuen Anlagen um Weimar“, die Hirschfeld in den vierten Band seiner *Theorie der Gartenkunst* aufnahm, scheint denn auch zuerst die kunstgerechte Umsetzung seiner theoretischen Vorgaben in die landschaftsgärtnerische Praxis exemplarisch verdeutlichen und damit zu erneuter Nachahmung anregen zu wollen. Der zum „Kloster“ führende Weg schlängele sich durch Felsen oder sei derart überwachsen, daß er zuweilen einen „öden, wilden Anblick“ biete: eine Formulierung, welche die von Hirschfeld eingeführten Topoi einer melancholischen Gegend weit eher vergegenwärtigt als die reale Situation an der Ilm. Zweifellos ist es die Felsentreppe, die der Verfasser mit den „berühmten Felsengängen der sinesischen Gärten“ vergleicht. Auch aus dieser Allusion läßt sich vor allem die Bezugnahme Hirschfelds auf die übergeordnete gartentheoretische Diskussion – in diesem Fall auf die Schriften Chambers' und den *jardin anglo-chinois* – ablesen. Schließlich unterstreicht die nochmalige spezielle Erwähnung der „mit Moos und Baumrinden bekleidet[en]“ Einsiedelei in der „Kalten Küche“ sowie der vielzitierten „schöne[n] Aussichten“ auf der anderen Seite des Flusses die Anlehnung an Hirschfelds theoretische Ausführungen. Überdies bringt eine solche, von nunmehr topischen Wendungen getragene Beschreibung die sich gegenseitig bedingende Entwicklung von gartenkünstlerischer Praxis und Theorie paradigmatisch zum Ausdruck.[162]

Für die landschaftlichen Szenen im Ilmtal bedeutete die Schilderung in Hirschfelds *Theorie* 1782 das erste Beispiel einer relevanten Wahrnehmung von außen – zudem im für Deutschland maßgeblichen Werk der Gartentheorie. Die kurze Passage findet sich zwischen den Beschreibungen des Gothaer Parks und der von

161 Hirschfeld, *Theorie*, Bd. 1, 1779, S. 227f. Hervorhebung im Original.

162 Hirschfeld, *Theorie*, Bd. 4, 1782, S. 238. Zur Wechselwirkung von Parkpraxis und medialer Vermittlung siehe ausführlich Kapitel 5.

Anna Amalia veranlaßten landschaftlichen Gartenpartien in Ettersburg.[163] Die Weimarer Anlagen treten somit in den Kontext anderer Gärten, vor allem aber in den der gartentheoretischen Ausführungen Hirschfelds. Darüberhinaus werden sie dem didaktischen Anspruch des Theoretikers entsprechend als nachahmenswertes Beispiel eines Landschaftsgartens vorgestellt.

Die Weimarer wiederum hatten Hirschfeld gelesen. Schon seine frühen Werke, *Das Landleben* (1768), die *Anmerkungen* (1773) und die *Theorie* (1775) finden sich in der herzoglichen Bibliothek. Wieland widmete der *Theorie* gleich nach ihrem Erscheinen eine lobende Rezension im *Teutschen Merkur*.[164] Die Grundlagen zu seiner Gartentheorie hatte Hirschfeld in der Schrift *Das Landleben* gelegt.[165] Dieses Werk muß Goethe bereits in seiner ersten Ausgabe rezipiert haben, da er im April 1769 an Friederike Oeser, die Tochter seines Leipziger Zeichenlehrers, schrieb:

> Ihre Bäume in Delis fangen nun bald an auszuschlagen, und solang sie grün sind, hoffe ich auf keinen Brief von Ihnen. Unterdessen will ich Sie schon zwingen, manchmal an mich zu dencken; [...] und meine Briefe sollen Sie auf die Reitze des Landlebens, in Prosa und Versen aufmercksamer machen, trutz Hirschfelden dem Anatomicker der Natur; wenn keine andre Materie vorkommen sollte.[166]

Der übermütige Ton des Briefes vermag die in leisen Spott gekleidete Kritik an Hirschfeld kaum zu verdecken. In Prosa und Versen wolle er, Goethe, das Landleben besingen – gleichsam im Gegensatz und in Konkurrenz zu Hirschfeld, dem „Anatomiker" der Natur. Der demonstrativen Absicht des Theoretikers, seiner philosophisch-psychologischen Analyse des Naturschönen, setzt der Dichter bewußt die poetische Vergegenwärtigung des Schönen entgegen.[167] Die moralisch intendierte Herangehensweise Hirschfelds erscheint Goethe zu analytisch und vor allem zu didaktisch. Gleichwohl wird Goethe, als er 1776 in Weimar seinen eigenen Garten anzulegen beginnt, den von Hirschfeld empfohlenen Prinzipien landschaftsgärtnerischer Gestaltung folgen. Die Kritik am Stilpluralismus im Garten, die mit gezielter Schärfe in das 1777 entstandene Lustspiel *Der Triumph der Empfindsamkeit* eingeschrieben ist, betrifft wiederum auch Hirschfeld, der einer Verwendung verschiedener architektonischer Stile in den jeweils geeigneten landschaftlichen Partien überzeugt das Wort geredet hatte.[168] Hier zeigt sich abermals Goethes differenzierte Aneignung der gartenkünstlerischen Ideale in seinen frühen Weimarer Jahren, die ihn einen zunehmend von eigenen kunsttheoretischen Auffassungen geprägten Weg zwischen „Engagement und Distanzierung" wählen ließ.

---

163 Hirschfeld, *Theorie*, Bd. 4, 1782, S. 234–240. Die Beschreibung der Anlagen in Ettersburg siehe in Kapitel 1.

164 Siehe Wieland, *Gesammelte Schriften*, Bd. 21, Berlin 1993, S. 186f.

165 Zur Grundlegung der Gartentheorie Hirschfelds in *Das Landleben* siehe Breckwoldt 1995.

166 Johann Wolfgang Goethe an Friederike Oeser, Frankfurt 8. April 1769; WA IV/1, S. 209.

167 Vgl. Kehn 1992, S. 52.

168 Zum *Triumph der Empfindsamkeit* siehe oben, Kapitel 2.7.

In seiner Rezension zu Sulzers Schrift *Die schönen Künste in ihrem Ursprung, ihrer wahren Natur und besten Anwendung*, die im Dezember 1772 in den *Frankfurter Gelehrten Anzeigen* erschienen war, übt Goethe auch an Sulzer unverhohlene Kritik: „Er will das unbestimmte Principium: Nachahmung der Natur, verdrängen, und gibt uns ein gleiches unbedeutendes dafür: Die Verschönerung der Dinge. Er will, nach hergebrachter Weise, von Natur auf Kunst herüberschließen.“[169] Goethe orientiert sich schon zu dieser Zeit an einer Naturauffassung, die neben der schöpferischen und friedlichen auch die gewaltige, unharmonische, zerstörerische Seite der in der Natur waltenden Kräfte erkennt.[170] Aus dieser Sichtweise kann Kunst nicht allein als bloße Nachahmung oder Verschönerung verstanden werden. Wie der Natur, wohnt auch ihr eine eigene schöpferische Kraft inne. „Die Kunst ist“, so Goethe in Bezug auf die Natur, „gerade das Widerspiel; sie entspringt aus den Bemühungen des Individuums, sich gegen die zerstörende Kraft des Ganzen zu erhalten.“[171] Indem Goethe die Kunst als Widerspiel der Natur bezeichnet, formuliert er zum ersten Mal einen Gegensatz, der Ende der 1780er Jahre im Zusammenhang dezidierterer Äußerungen über den objektiven Charakter der Kunst, für den er leidenschaftlich plädierte, und ihr Verhältnis zur Natur erneut thematisiert werden wird. Das von Sulzer formulierte und von Hirschfeld auf die Gartenkunst angewandte gefühlsästhetische Konzept erfuhr in Weimar sowohl Befürwortung als auch Ablehnung – eine Ambivalenz, die sich für die Gestaltung des Parks an der Ilm als signifikant erweisen sollte.

3.5. Fürsten als Gartenschöpfer. Carl August unter Gleichgesinnten

Die bisher geschilderte Entwicklung der landschaftlichen Gartenkunst im Weimarer Ilmtal wurde 1782 durch die zitierte Beschreibung in Hirschfelds *Theorie der Gartenkunst* im für Deutschland maßgeblichen gartentheoretischen Werk verankert. Das Jahr 1782 bildet auch darüber hinaus einen der Kristallisationspunkte in der Weimarer Parkgeschichte.

Das Fourierbuch des Weimarer Hofes verzeichnet für den Sommer 1782 ungewöhnlich zahlreiche Besuche befreundeter Regenten aus den umliegenden Fürstentümern, die zu einem erneuten Höhepunkt höfischer Geselligkeit in den neuen Anlagen Carl Augusts führten. Anfang Juni reiste der soeben mit den Regierungsgeschäften betraute Herzog Georg I. aus Meiningen an, unter dessen Ägide dort im gleichen Jahr mit der Anlegung des Meininger Englischen Gartens begonnen wur-

169 Goethe, *Aus den Frankfurter Gelehrten Anzeigen*; MA 1.2, S. 397–402, hier S. 399.
170 Siehe ebd., S. 400.
171 Ebd.

de.[172] Georg von Meiningen war es auch, der bereits im Jahr zuvor das gesellige Leben der Weimarer bereichert hatte, indem er die Hofgesellschaft mit den *Ombres Chinoises* bekannt machte, beliebten chinesischen Schattenspielen, die im August 1781 anläßlich Goethes Geburtstag in Tiefurt vorgeführt worden waren.[173]

Wenige Tage nach dem Meininger Herzog traf Franz von Anhalt-Dessau in Weimar ein, über den Carl August anläßlich eines Besuches in Wörlitz begeistert geäußert hatte: „Unsere Zeit geht sehr angenehm hin; der Fürst ist vertraulicher und freundschaftlicher gegen mich als jemals. Es ist doch eine der schönsten Seelen, die ich kenne."[174] Nachdem Carl August bereits Anfang März begonnen hatte, sich wieder in seinem „Kloster" aufzuhalten und dort mittags zu speisen, lud er nun die Herzöge aus Meiningen und Dessau in das Refugium, wo die fürstliche Tafel durch Konzerte bereichert wurde.[175] Während sich der Weimarer Souverän und seine Gäste im Juni fast täglich zum abendlichen Mahl im Eschenrund nahe dem „Kloster" einfanden, traf mittags nicht selten die ganze Hofgesellschaft in Tiefurt zusammen, um an der Tafel Anna Amalias bewirtet zu werden und die dortige Parkschöpfung in Augenschein zu nehmen. Das Schloß stand noch immer als Brandruine, doch erweist sich hier wieder, daß die nahegelegenen Landsitze ebenso wie der in der Weimarer Flußaue entstehende Landschaftsgarten mit dem „Kloster", den Wegen entlang des Steilufers und dem Wiesental vortrefflich als „Festsaal" fungierten. Aber auch zum vertraulichen Gespräch bot die Retraite Carl Augusts beste Gelegenheit: Die vom Geheimen Conseil bereits im Februar 1779 entwickelte Idee eines Bundes der kleineren Fürstentümer, die sich gegen die Übermacht Preußens und Österreichs zusammenschließen sollten, mag Carl August dort mit den befreundeten Herzögen diskutiert haben.[176] Gartenbauten wie das „Kloster" boten einen überaus geeigneten Rahmen für solche Unterredungen, da sich hier der empfindsame, dem sentimentalen Freundschaftskult verbundene Impetus der frühen landschaftlichen Gartenkunst mit politischen Absichten verband, über die man sich fernab repräsentativer Räume und im geheimen verständigte. Bei dem geschilderten Zusammentreffen wurde auch das gartenkünstlerische Wirken der beteiligten Fürsten thematisiert, wovon Carl August in einem Brief an Knebel Zeugnis ablegt: „Der Fürst von Dessau ist sehr zufrieden mit unsern Anlagen; sie

---

172 ThHStAW: HA E Nr. 31: *Fourierbuch auf das Jahr 1782*, S. 110ff. Siehe auch Carl August Hugo Burkhardt: *Aus den Weimarer Fourierbüchern 1775–1784*, in: *Goethe-Jahrbuch*, Bd. 6, Frankfurt/M. 1885, S. 160f. – Siehe Günther Thimm: *Der Englische Garten in Meiningen*, in: Günther 1993, S. 193ff. Vgl. hierzu Goethe, der am 12. April 1782 an Charlotte von Stein aus Meiningen schrieb: „Die Herzöge wenden Erde und alte Mauern um, und machen Thorheiten, die ich gerne verzeihe, weil ich mich meiner eigenen erinnere." WA IV/5, S. 306.

173 Siehe Goethe, *Tagebücher*, Bd. I/1, S. 124: „Abends in Tiefurt wo man die Ombres Chinois gab." Vgl. dazu auch Hummel 1988.

174 Carl August an Karl Ludwig von Knebel, Wörlitz 7. Juni 1780; *Briefwechsel Knebel*, Bd. 1, S. 111.

175 Siehe ThHStAW: HA E Nr. 31, S. 41 u. 115.

176 Vgl. Umbach 1998, S. 683. Zum Fürstenbund siehe ausführlicher Kapitel 4.2.

haben seine Erwartung sehr übertroffen.“[177] Auch als Carl August wenige Tage später dem Meininger Herzog einen Gegenbesuch abstattete, widmete er sich in einem Brief an die Herzogin Luise fast ausschließlich dem Garten, welchen Georg I. dort anzulegen begonnen hatte:

> Ich schreibe dir aus des Hertzog Georgs seinem Garten, liebe Frau, wo ich heute deinen Brief erhielt. Ich schlafe hier alle Nacht, nur um wenigstens des Nachts keine Schloßluft zu athmen. [...] Der Garten in dem ich wohne, ist das häßlichste, u. unverständigste was ich je gesehn habe. Wir schlafen in einem Hause, das einen Holtzstoß vorstellt, welcher kaum so groß als der 4. Theil des Klosters ist. Es ist alles so schlecht gepflantzt, daß von hundert Stück, gewiß kaum 3 fortkommen u. um auch diese loß zu werden, hat er einen Hirsch, u. 2 Rehe, die frey herum laufen, u. alles was auf dem kleinen Fleck steht, abfressen. Um dem Garten rechte Freyheit zu geben, hat er ihn mit einer hohen bretternen Wand einfaßen laßen, welche so weiß angestrichen ist, daß sie überall durchschimmert. Es ist wircklich seltsam zu sehn ein Fleck von etwa 12 Ackern, welcher gantz und gar mitten im heisesten Sommer den Winter trägt. Denn wie im stärcksten Winter sehn die Bäume kahl [...] auß. Loben muß ich ihn doch, denn nicht eintzelne Fehler sind zu verbeßern, sondern um den Schaden auß dem Grund zu heben, daß gantze Ding zu verbrennen. Dabey ist der Hirsch schon so ungezogen, daß man in manchen Klei dungen die ihm mißfallen, nicht alleine spatzieren gehn darf, ohne eine Schlacht mit ihm zu wagen.[178]

Aus dieser höchst kritischen, wenn auch voller Ironie vorgetragenen Sicht auf die Anfänge des Meininger Englischen Gartens lassen sich sowohl gärtnerisches Verständnis als auch ein gereiftes ästhetisches Urteilsvermögen ablesen. Der Ton seines Briefes verrät viel von dem Engagement, mit welchem Carl August sich im gleichen Sommer der weiteren Gestaltung seiner Anlagen im Ilmtal widmete. „Tiefurt leidet einige Verschönerungen“, schrieb er abermals an Knebel, „im Stern sind auch neue Gänge, in denen buschichte Quartiere gemacht werden.“[179] Neben dem felsigen Steilufer der „Kalten Küche“ nahm Carl August nun wieder die tradierten Gartenbereiche in den Blick, um auch hier Umgestaltungen im Sinne der naturnachahmenden Gartenkunst zu veranlassen. Wenige Monate später, im Dezember 1782, konnte der Herzog in einem weiteren Brief an Knebel berichten:

> Der Stern ist sehr geändert, das Geländer um die Fischhälter ist weg und einer von den Teichen zugeworfen; dieser soll mit Weymouthsfichten bepflanzt werden. Über die Ilm am Floßplatz, wo das Waschbrünnchen ist, soll eine Brücke geschlagen werden, das Floßholz um den Brunnen bis an den Weg, der durchs Schallthor führt, wegkommen, und der ganze Platz bepflanzt werden. Der Brunnen soll aufs schönste verziert werden.[180]

177 Carl August an Karl Ludwig von Knebel, Weimar 11. Juni 1782; *Briefwechsel Carl August – Knebel/Herder*, S. 40.

178 Carl August an Luise, Meiningen 21. Juni 1782; ThHStAW: HA A XIX Nr. 74, Bl. 32f.

179 Carl August an Karl Ludwig von Knebel, Weimar 11. Juni 1782; *Briefwechsel Carl August – Knebel/Herder*, S. 40.

180 Carl August an Karl Ludwig von Knebel, Weimar 10. Dezember 1782; *Briefwechsel Carl August – Knebel/Herder*, S. 45; auch abgedruckt in *Briefwechsel Knebel*, Bd. 1, S. 139, mit falscher Datierung. Diese Arbeiten können über die Briefe Carl Augusts hinaus durch archivalische Quellen kaum belegt werden, da erst ab Dezember 1783 die Einrichtung einer separaten Gartenkasse und damit die detaillierte Auflistung aller diesbezüglichen Unternehmungen erfolgte.

Nahe der Schloßbrücke hatten sich vier kleine Fischteiche befunden, von denen nun einer zugeschüttet und, gleich dem bisher zur Holzlagerung genutzten nahegelegenen Floßplatz, mit neuen Gehölzen bepflanzt worden war. Die grundsätzliche Vorgehensweise Carl Augusts wird aus diesen wenigen Zeilen deutlich: Der Herzog war zunächst darauf bedacht, bislang vernachlässigte oder bestimmten Nutzfunktionen vorbehaltene Plätze zu bereinigen und kunstgerecht zu gestalten. Ausgewählte Bäume und Sträucher sorgten für ein verändertes Vegetationsbild, Wege und Brücken wurden angelegt und legten neue Sichten frei, und nicht zuletzt erhielten die ortsansässigen Künstler zunehmend Aufträge zur Verzierung einzelner Gartenpartien. Das barocke Wegenetz, welches dem Stern seinen Namen gegeben hatte, blieb in seinen Grundzügen erhalten, doch gestaltete man die unmittelbar angrenzenden Flächen nach den neuen gartenkünstlerischen Prinzipien und bezog so immer größere Teile des noch ungestalteten Talgrunds in das entstehende Gartenkunstwerk ein. „Der Herzog pflanzt viel und möchte auch schon, daß es gewachsen wäre", kommentiert Goethe lakonisch den ungeduldigen Eifer seines Fürsten.[181] Tatsächlich ist die praktische Herangehensweise Carl Augusts, die mehr von energischem Unternehmungsgeist als von künstlerischer Inspiration getragen ist und dabei des unabdingbaren ästhetischen Blicks dennoch nicht ermangelt, aus seinen Briefen jederzeit herauszulesen.

Zum Dessauer Fürsten Franz entwickelte Carl August in dieser Zeit eine intensive Freundschaft, die sich in den folgenden Jahren vor allem in beider Engagement für den Fürstenbund manifestieren sollte. Die gegenseitigen Besuche sind zahlreich: Schon im September 1782 weilte Carl August wieder in Wörlitz; die mitreisende Herzogsmutter empfing bei dieser Gelegenheit die bereits zitierten Anregungen für ihre Tiefurter Gartenschöpfung.[182] Bei aller politischen Brisanz ließen die Besuche, wie die Korrespondenz der Herzöge immer wieder belegt, genügend Raum für ungezwungene Zusammenkünfte in den jeweiligen Parkanlagen. Ein reger Austausch verband den Weimarer Souverän auch mit dem benachbarten Fürstentum in Gotha – vor allem der Bruder des regierenden Herzogs Ernst II., Prinz August, hielt sich häufig als Gast am Weimarer Hof auf.[183] Es gilt hier noch einmal zu vergegenwärtigen, daß die benannten Herzöge und Prinzen, zu denen Carl August rege Verbindungen unterhielt, in ihren jeweiligen Residenzen allesamt ambitionierte Projekte landschaftlicher Gartenkunst ins Werk setzten, von denen einige zu den ältesten und bedeutendsten Landschaftsparks auf dem Kontinent zählen. Die Prognose Horace Walpoles, derzufolge vor allem die Souveräne kleinerer deut-

181 Johann Wolfgang Goethe an Karl Ludwig von Knebel, Weimar 21. April 1783; WA IV/6, S. 154.

182 Carl August ist insgesamt 31 Mal im Gästebuch des Dessauer Fürsten verzeichnet. Vgl. Trauzettel 1999, S. 51. Siehe auch Hosäus 1877, passim.

183 Mit einem ausführlichen Vergleich der Landschaftsgärten in Gotha, Wörlitz und Weimar befaßt sich Kapitel 4.7. Zur Verbindung der genannten Fürsten vgl. auch Niedermeier 2001, passim.

scher Fürstentümer dem neuen englischen Gartenstil nacheifern würden, läßt sich am unmittelbaren Umfeld Carl Augusts bestens veranschaulichen.

3.6. Der Große Stein

Im Spätsommer 1782 begann man unweit des „Klosters" am Steilufer der Ilm mit den Vorarbeiten zu einem Denkmal, dessen Errichtung offenbar für die Weimarer Hofgesellschaft mehrere Monate lang eine Attraktion besonderer Art darstellte. „Heute war der Grund zu dem großen Stein hinter dem Closter geleget wo bey sämtl. Herrschaften mit zu gegen waren, auch war dabey Dejeuner gegeben", meldet das Fourierbuch für den 13. August 1782.[184] Diese Notiz gibt nicht nur Auskunft über ein neu zu errichtendes Denkmal, sondern verrät auch, daß bereits die ersten Arbeiten am dafür ausgewählten Ort einen willkommenen Anlaß boten, die höfische Gesellschaft in den neuen herzoglichen Parkanlagen zu bewirten und direkt an dem Geschehen teilhaben zu lassen. Ob diese Tatsache mehr über das dauernde Verlangen der Hofgesellschaft nach Zerstreuung oder über die allgemeine Beliebtheit der englischen Gartenmode aussagt, sei dahingestellt. Schon einige Tage zuvor war allenthalben von dem sogenannten Großen Stein die Rede, als man nämlich damit begonnen hatte, einen beträchtlichen Tuffsteinbrocken, der einem jenseits der Allee nach Belvedere gelegenen Steinbruch entstammte, in Richtung der Stadt und des Parks in Bewegung zu setzen. In dem ihm eigenen ironischen Ton berichtet Wieland dem Darmstädter Freund Merck über das Ereignis:

> Die Geschichte von dem Famosen Stein, der den Herzog seit 8 Tagen so glüklich gemacht hat, wiewohl es nur ein armer Toffstein von höchstens 50 Centnern ist, wird Dir Se. Durchlaucht vermuthlich selbst und in seiner eignen Manier beschreiben. Wohl Ihm, daß ihn doch etwas, und si peu de chose, so mächtig interessieren kann. Ich sehe bloß an der Kälte, womit ich gestern Abend diesen Stein, zu dem ganz Weimar seit 8 Tagen täglich wallfahrtet, angesehen habe, wie sehr die verwünschte Poeterey den Menschen den Genuß am Würklichen verderbt. Kannst Du denken, daß dieser Stein, von dem ich nun so lange so viel Aufhebens machen gehört hatte, mir da ich ihn mit eignen Augen sah, gegen die Steine welche die Titanen über einander wälzten da sie den lieben Gott in seiner Himmelsburg escaladiren wollten, nur wie ein armes Gassensteinchen vorkam?[185]

Ob der enthusiasmierte Herzog, als er dem Tuffsteinbrocken seine künftige Bestimmung zuwies und den aufwendigen Transport veranlaßte, sich bereits darüber im klaren war, wem er das neue Denkmal zueignen wollte, ist nicht genau zu ermitteln. Goethe jedenfalls brachte in einem Brief an den sachsen-weimarischen Minister Jakob Friedrich von Fritsch den Adressaten der später angebrachten Widmung durchaus mit dem aktuellen Ereignis in Verbindung:

184 ThHStAW: HA E Nr. 31, S. 150.

185 Christoph Martin Wieland an Johann Heinrich Merck, Weimar 5. August 1782; *Briefwechsel Wieland*, Bd. 8.1, S. 25.

> Der Fürst von Dessau war auf seinem Weege nach Hause einige Stunden hier, und Durchlaucht der Herzog fuhren mit ihm bis Naumburg. Seit einigen Tagen wird ein großer Stein im Rathsbruche in Bewegung gesetzt der irgendwo zur Verzierung eines Platzes aufgestellt werden soll.[186]

Zunächst aber beanspruchte die Beförderung des Steinbrockens mehrere Wochen, in denen dieser mühevollen Arbeit weiterhin der Rang eines gesellschaftlichen Ereignisses zugemessen wurde. „Heute wird das titanische Werk von neuem angegriffen, der Stein dem Jägerhaus gegenüber fortgewälzt und auf seinen Platz gebracht", ließ Carl August in einem Brief an Knebel Mitte Oktober verlauten.[187] Goethe schreibt ebenfalls an den „Urfreund" im fränkischen Ansbach: „Hat man dir schon von einem großen Stein gemeldet der nach den neuen Anlagen zum Point de vue und Monument transportirt wird?"[188] Auch sein eigenes Interesse an dem Ereignis war nicht erloschen, da er sich am folgenden Tag bei Charlotte von Stein erkundigt: „Wollen wir heute wieder reisen und die Vulkanischen Gebürge besuchen."[189] Und noch Ende November des gleichen Jahres verspricht Goethe in einem weiteren Brief an Knebel: „Wenn der große Stein in seinem Glanze steht und seine Bestimmung offenbaar ist sollst du eine Zeichnung davon haben."[190]

Erneut hatte Adam Friedrich Oeser die Entwürfe für das zu errichtende Monument geliefert. Er fertigte zwei Zeichnungen an, die in skizzenhaftem Duktus den massiven Steinblock wiedergeben. Ein mit schwarzer Kreide ausgeführtes Blatt zeigt das Monument auf einem Sockel aus Steinquadern, der von einer massiven Platte abgeschlossen wird. Auf dem zweiten Entwurf in Kreide und Rötel gab Oeser den kantigen Tuffsteinblock in der Vorder- und einer Seitenansicht wieder (Abb. 25). Auf einen Sockel verzichtete er diesmal, stattdessen betont er den Denkmalcharakter durch eine Inschriftentafel und einen über den Stein gelegten Lorbeerkranz. Der Große Stein stellt das erste Monument dar, welches Carl August in den neugeschaffenen Parkanlagen über dem westlichen Ilmufer errichten ließ. Zugleich ist es Oesers letzte Arbeit für Weimar, der überdies kein weiteres künstlerisches Zusammenwirken mit Goethe mehr folgen sollte.[191] Anfang November 1782 war es endlich gelungen, den schweren Steinblock an einer Wegbiegung in der „Kalten Küche" aufzurichten. Zu Füßen des etwas erhöht aufgestellten Monuments wurden weitere unbehauene Tuffsteine angelagert, die gleichsam für einen harmo-

---

186 Johann Wolfgang Goethe an Jakob Friedrich von Fritsch, Weimar 5. August 1782; WA IV/6, S. 30.

187 Carl August an Karl Ludwig von Knebel, Weimar 14. Oktober 1782; *Briefwechsel Carl August – Knebel/Herder*, S. 43. Auch abgedruckt in *Briefwechsel Knebel*, Bd. 1, S. 138.

188 Johann Wolfgang Goethe an Karl Ludwig von Knebel, Weimar 20. Oktober 1782; WA IV/6, S. 72.

189 Johann Wolfgang Goethe an Charlotte von Stein, Weimar 21. Oktober 1782; WA IV/6, S. 72f.

190 Johann Wolfgang Goethe an Karl Ludwig von Knebel, Weimar 21. November 1782; WA IV/6, S. 98.

191 Vgl. T. John 1999, S. 292–299. Dies trifft nicht auf Tiefurt zu; für Anna Amalia verwirklichte Oeser auch in den folgenden Jahren mehrere Entwürfe.

nischen Übergang von dem Monolith zum Erdboden sorgen. Daß dieser Vorschlag auf Oeser zurückgeht, beweist ein Brief Goethes, in dem er dem Leipziger mitteilt: „Große Steine sind auch zu dem berühmten Felsen hinzugeschaft und warten nur auf Ihre schöpferischen Befehle um sich zu einem schönen Ganzen zu bilden."[192] Durch den Verzicht auf einen denkmalhaften Sockel unterstrich Oeser die enge Verbindung des Monuments zur Natur. Der Große Stein korrespondiert durch seine Form, sein Material und die Art seiner Anbringung unmittelbar mit der felsigen Gestalt des Ilmhanges. Schon die Bezeichnung *Großer Stein* impliziert als hervorstechendes Merkmal des Monuments seine Naturwüchsigkeit.

Im Jahre 1777 hatten sich Goethe und Oeser bekanntlich nicht auf einen Entwurf für das Denkmal der Agathe Tyche in Goethes Garten einigen können. Goethe hatte seine Vorstellungen eines abstrakten Denkmals durchgesetzt, während Oeser das ausgeführte Monument mit Hinweis auf die mangelnde Verständlichkeit der symbolischen Form – Kugel auf Kubus – heftig kritisierte. Diesmal, beim 1782 entstandenen Großen Stein, scheint Oeser sein früheres Festhalten an tradierten Allegorien und Attributen aufgegeben zu haben. Bereits im Januar 1780 hatte er in einem Brief an Knebel seinen jüngsten Entwurf für ein Denkmal vorgestellt, das die Weimarer Herzogin Luise für ihre 1774 verstorbene Mutter, Landgräfin Karoline von Hessen-Darmstadt, bei ihm in Auftrag gegeben hatte: Es handelt sich dabei um eine Urne auf massivem Sockel, die sich auf einem Grabhügel erhebt.

> Das Grab selbst ist hier nicht ganz sichtbar, stellen Sie sich aber die Fortsetzung des Haines vor, so leidet es keineswegs Abbruch. Auf dem Hügel selbst würde ich den Fürstenhuth und Mantel legen, um den Standt der Durchl. Verstorbenen anzuzeigen.[193]

Der Entwurf gelangte nicht zur Ausführung, wurde aber von Oeser 1785 wieder aufgegriffen, als Anna Amalia ihn mit einem Erinnerungsmal für ihren bei Rettungsarbeiten während eines Oderhochwassers tödlich verunglückten Bruder, Herzog Leopold von Braunschweig, beauftragte. Klauer führte das Monument nach Oesers Anweisungen im Tiefurter Park aus, wobei seine Lage direkt am Flußufer auf die Todesursache des Fürsten anspielt. Das Denkmal erhebt sich auf einem mit Natursteinen aufgefüllten Hügel, der den Hain fortsetzt, wie Oeser formuliert. Der sarkophagähnliche Sockel ist mit einem Reliefmedaillon Leopolds in Profilansicht versehen, während an seiner Basis die militärischen Insignien des Herzogs – Helm und Degen – lagern. Sie zeigen gemäß der Forderung Oesers den Stand des Verstorbenen an. Der Sockel trägt eine steinerne Urne, welche von Efeu und Schlangen – dem Symbol der Ewigkeit – umwunden ist. Eine schlichte Tafel mit der Inschrift DEM VEREWIGTEN LEOPOLD ANNA AMALIA ließ Oeser auf einem der aufgeschütteten Felsblöcke anbringen. Georg Melchior Kraus gab das Denkmal 1787 in einer kolorierten Radierung wieder (Abb. 26). Obgleich das Zen-

---

192 Johann Wolfgang Goethe an Adam Friedrich Oeser, Weimar 30. Januar 1783; WA IV/6, S. 124.

193 Adam Friedrich Oeser an Karl Ludwig von Knebel, Leipzig 25. Januar 1780; GSA 54/235, Bl. 7r.

trum des Blattes von dem stattlichen Monument bestimmt wird, fällt der Blick des Betrachters zuerst auf die beiden Frauenfiguren links unten im Bild, deren eine die Gefährtin – und damit auch den Betrachter – mit lebhafter Geste auf das Denkmal hinweist.

Das Tiefurter Erinnerungsmal für den Braunschweiger Herzog Leopold nahm den früheren Entwurf Oesers für Herzogin Luise auf und verband ihn mit den naturwüchsigen Elementen des Großen Steins.[194] Während Oeser in seinen frühen Denkmälern mit figürlichen Kompositionen gearbeitet hatte – auch für das Memorialdenkmal der Landgräfin von Hessen-Darmstadt sah er noch eine allegorische Personifikation vor –, gewinnen nun zunehmend charakteristische Attribute und symbolische Zeichen an Bedeutung für seine plastischen Werke, wofür Helm und Degen beispielhaft zu nennen sind.[195] Oesers gewandelte künstlerische Auffassung äußert sich jedoch im Großen Stein noch weit rigoroser als im Leopold-Denkmal. Es handelt sich hier nicht, wie meist im plastischen Schaffen des Leipzigers, um ein Grab- oder Memorialdenkmal, das, um seinem Anspruch gemäß allgemein verständlich zu sein, entsprechende ikonographische Verweise nicht entbehren konnte. In zahlreichen Zeichnungen, wie der *Parklandschaft mit Monument und Urne* sowie einer *Waldlichtung mit Urne auf künstlichem Felsen*, hatte sich Oeser intensiv mit dieser Thematik auseinandergesetzt.[196] In mehreren Briefen an Knebel hatte er sei-

194 Wilhelm Schumann, der 1797 sowohl die Weimarer als auch die Tiefurter Parkanlagen ausführlich beschrieb, bemerkte zum Großen Stein, dieser stünde „auf einem Postement von unordentlich auf einander geworfenen Felsenstücken". Wenig später schrieb er über das Tiefurter Leopold-Denkmal, „das Fundament besteht aus einem Haufen unordentlich über einander geworfener Steine". [Schumann] 1797, S. 24 u. 58. Bei Schumann fungieren die verbindenden Merkmale beider Denkmäler als topische Versatzstücke, d. h. im direkten und übertragenen Sinn als Fundament für das jeweils genauer zu schildernde Ehrenmal. Hirschfeld sprach von „Denkmälern, die aus bloßen rohen, zusammengehäuften Feldsteinen bestehen", und meinte damit ebenfalls das Fundament, nämlich die historischen Vorgänger der von Schumann beschriebenen Monumente. Hirschfeld, *Theorie*, Bd. 3, 1780, S. 140. Zu Schumanns Schilderung siehe ausführlich Kapitel 5.1.1. Zu Oesers Denkmalauffassung und seinen plastischen Entwürfen für Weimar vgl. Wenzel 1999, S. 101–109.

195 In seiner Erläuterung des Entwurfs für das von Herzogin Luise in Auftrag gegebene Denkmal schrieb Oeser: „Die hier gezeichnete Figur (als die Dankbarkeit) die dieses Monument erbauet, würde ich von Marmor machen [...] Die andern Figuren die auf diesem Entwurfe befindlich, gehören nicht zum Monumente; es sind Menschen, die in diesen Hainen herumgehen, ich zeige nur, wie sie sich ausnehmen würden." Adam Friedrich Oeser an Karl Ludwig von Knebel, Leipzig 25. Januar 1780; GSA 54/235, Bl. 7v./8. Oeser versah seinen Entwurf bereits mit Staffagefiguren, wie sie auch Kraus in seiner Radierung des Tiefurter Leopold-Denkmals darstellt.

196 Landschaftszeichnungen von Oesers Hand wurden von seinen Zeitgenossen sehr geschätzt und am Weimarer Hof begeistert gesammelt. Insofern als Oeser sich in Weimar sowohl als Landschaftsmaler als auch – vornehmlich in Tiefurt – in seiner Funktion als Landschaftsgärtner einen Namen machte, entsprach er dem Idealbild des Gartenkünstlers im 18. Jahrhundert. Die Klassik Stiftung Weimar verwahrt heute die umfangreichste und qualitätvollste Sammlung von Landschaftszeichnungen Adam Friedrich Oesers. Vgl. T. John 1999, S. 286 u. 305, Anm. 17.

ne Gedanken zur Wirkungsästhetik von Denkmälern unter Berücksichtigung ihrer jeweiligen Funktion zudem präzise formuliert.[197] Der Kontext des öffentlichen, zumal des Parkdenkmals mag ihn dazu ermutigt haben, die Ideale der Empfindsamkeit, zu denen emphatische Naturverbundenheit und sentimentaler Freundschafts- bzw. Erinnerungskult ganz wesentlich gehören, in seine plastischen Werke einfließen zu lassen.

Bei den hier betrachteten Monumenten sind jedoch vor allem die unterschiedlichen Auftraggeber zu beachten: Goethes Denkmalauffassung duldete bekanntlich keine „leere[n] Hülsen und Bäuche“, keine Tugendallegorien, Gedenkvasen oder Trauerurnen.[198] Schon bei der 1778 im Gedenken an die verstorbene Adlige Christiane von Laßberg angelegten Felsentreppe hatte Goethe auf jedes allegorische Beiwerk verzichtet und die Memorialfunktion allein dem symbolischen Gehalt der prägnanten Naturformen übertragen. Nun hatte er Oeser im Namen des Herzogs mit der Gestaltung des Großen Steins beauftragt, und beider Zusammenwirken zeitigte ein ähnliches Ergebnis: Über den zusammengetragenen Felsbrocken erhebt sich kein Sockel, keine Urne, keine Figur, kein Bildnis, sondern ein weiterer unbehauener Stein – ein abstraktes Denkmal, das seine Wirkung auf den Betrachter durch monumentale Schlichtheit und Naturwüchsigkeit entfaltet.

Im Juli 1783 schreibt Goethe an Oeser über den Großen Stein, das Denkmal nehme sich recht schön aus,

> nur ist die Platte zu schmal. Sie ist eine Elle breit angegeben, hier schicke ich eine Zeile, daraus sich die Ohnmöglichkeit offenbaren wird die Schrift darauf zu bringen. Denn kleiner dürfen wir die Buchstaben nicht machen, es wäre eher zu wünschen daß sie wegen der Höhe und Ferne größer werden könnten.[199]

Ein Jahr nach der ersten Idee zu diesem Monument verhandelt Goethe mit Oeser die Details einer Inschriftentafel, was darauf schließen läßt, daß die Widmung des Denkmals an den Dessauer Fürsten Franz nur noch eine Frage der praktischen Ausführung war. Doch sollte, wohl nicht zuletzt wegen der erlahmenden Zusammenarbeit zwischen Goethe und seinem früheren Lehrer, besagte Inschrift erst im Jahre 1787 angebracht werden. Dann endlich wurde der Monolith als Denkstein dem Fürsten Franz III. von Anhalt-Dessau zugeeignet, wobei die Ehre hier wohl dem Schöpfer des Wörlitzer Gartenreiches gilt, der auch die Weimarer Parkanlagen Carl Augusts durch anhaltenden Rat und Zuspruch befördert hat (Abb. 27).[200]

---

197 Vgl. Adam Friedrich Oeser an Karl Ludwig von Knebel, Leipzig 9. Februar 1780; GSA 54 / 235, Bl. 12–14; siehe oben, Kapitel 2.6.

198 Johann Wolfgang Goethe an Johann Caspar Lavater, Weimar Ende November 1779; WA IV/ 4, S. 142.

199 Johann Wolfgang Goethe an Adam Friedrich Oeser, Weimar 24. Juli 1783; UBL Rep VI 25 zh 3. Es handelt sich um den vermutlich letzten Brief Goethes an Oeser.

200 Michael Niedermeier deutet den Großen Stein als Zitat eines altdeutschen Heldenmals, mit dem Carl August dem Dessauer Fürsten als einem der führenden Köpfe des Fürstenbundprojektes ein nur für Eingeweihte verständliches Denkmal setzen wollte. Das Steinmonument führt der Autor auf altgermanische Steinkreise zurück; das Denkmal diene somit der

„In unsern Gartenrevieren ist Raum und Macht, uns selbst zu ehren“, schreibt Hirschfeld 1780 im dritten Band seiner *Theorie der Gartenkunst*, „indem wir zur Ehre unserer verdientesten Männer Denkmäler setzen. Welcher Fürst, welcher Große, oder welcher Privatmann will den Anfang machen?“[201]

Ein 1787 entstandenes Aquarell von Georg Melchior Kraus zeigt den Großen Stein samt Widmungsinschrift: In den Monolith ist nun eine schlichte Steinplatte eingelassen, auf der die Worte FRANCISCO DESSAVIAE PRINCIPI prangen (Abb. 28). Der Vordergrund des Blattes wird von dem massiven Stein sowie den darum gelagerten großen Felsenstücken ausgefüllt, vor denen ein Weg verläuft, an dem eine Gruppe von vier Personen sich zur Rast niedergelassen hat – Staffagefiguren, welche die monumentalen Ausmaße des Tuffsteinbrockens verdeutlichen sollen. Der Mittelgrund des Bildes gibt einen Blick auf das Tal und die Ilm frei, die an ihren Ufern von Bäumen bestanden ist und sich schließlich vor dem Auge des Betrachters in den weiten Wiesenflächen verliert. Auf dem Fluß ist überdies ein Boot mit einem Fährmann zu sehen, der mittels einer Fährleine das Gewässer überquert. Am Horizont erheben sich die Hügelketten des Umlands, über denen ein heller Himmel in Kontrast zu dem bräunlich-grauen, schrundigen Stein tritt. Ganz im Sinne Hirschfelds trennt der hoch aufragende Stein im Bild die beiden Bereiche des Parks: die sich auf der linken Seite ausbreitende heitere Tallandschaft und die sich rechts erstreckende melancholische Partie.

Eine weitere Zeichnung gibt ebenfalls den Großen Stein wieder, jedoch aus einer anderen Perspektive (Abb. 29). Der Weimarer Maler und Kupferstecher Conrad Horny (1764–1807) tuschte mit leichter Hand auf die Rückseite eines Zeichenblattes einige Szenen „Nach Natur und dem Parc 1787“, wie er die kleinformatigen Studien wohl selbst betitelte. Die obere der beiden Zeichnungen zeigt den Großen Stein nicht in der felsigen Umgebung des Steilhangs, sondern versetzt ihn in die lichtdurchflutete Ebene oberhalb der Hangkante, welche im Westen von der Chaussee nach Belvedere begrenzt wird. Horny blickt gewissermaßen auf den Weg, den der Steinbrocken in mühevollem Transport zurückgelegt hat; auf die genaue topographische Wiedergabe seines Aufstellungsortes kam es ihm offenbar weniger an. Gleichwohl erfaßt er das Monument für den Dessauer Fürsten in dessen charakteristischen Merkmalen und liefert überdies eine veritable kompositorische Studie. Horny ordnet den Stein im Mittelpunkt seiner Zeichnung an, während er den Bildraum durch Baum- und Buschgruppen staffelt, so daß der durch die Chaussee angedeutete Tiefenzug der Landschaft zurückgenommen wird und der

geistigen Genealogisierung mit den askanischen Vorfahren. Siehe Niedermeier 2001, S. 144ff. Vgl. auch Niedermeier 2002, S. 85. Ob sich Carl August tatsächlich von den angeführten historischen Werken zu dem Denkmal inspirieren ließ und welche Bedeutung die von Niedermeier erwähnten konspirativen Verhandlungen für das Monument besitzen, wird nicht eindeutig geklärt. Im Rahmen der Recherchen zur vorliegenden Studie konnte diese These nicht belegt werden.

201 Hirschfeld, *Theorie*, Bd. 3, 1780, S. 148.

Blick des Betrachters gleichsam auf dem Denkmal verweilt. Im Bildhintergrund ist, als Kulminationspunkt der Fernsicht, das Belvederer Schloß angedeutet. Auf demselben Blatt unten entwirft Horny eine gegensätzliche Situation: Eine Wiesenlandschaft, die links und rechts von Bäumen und Büschen gerahmt wird, breitet sich vor dem Auge des Betrachters weit in die Tiefe des Raumes aus.

3.7. Goethes Rückzug aus dem Landschaftsgarten

Wie unter einem Brennglas scheinen im Jahr 1782 in Weimar verschiedene Tendenzen, gleichsam die Grundlinien künftiger Wirkungsbereiche der maßgeblichen Protagonisten höfischen Lebens auf: Anna Amalia, die sich in Tiefurt ihr dauerndes Refugium einrichtet, Carl August, der sich in bewußt gewählte Bündnisse begibt und als regierender Herzog ebenso deutlich an Profil gewinnt wie als ästhetisch denkender Mensch – und Goethe, der mitten im ereignisreich-geselligen Sommer 1782 eine persönliche Zäsur vornimmt, die im folgenden näher betrachtet werden soll. Wie das Wirken der beiden fürstlichen Personen hängen auch die Veränderungen in Goethes Leben mit der weiteren Entwicklung der landschaftlichen Gartenkunst in Weimar eng zusammen.

Anfang Juni 1782 gab Goethe das Gartenhaus im Ilmtal als ständigen Wohnsitz auf und zog in das geräumige Haus am Frauenplan.[202] Am Tag nach dem Umzug empfing er durch Kaiser Joseph II. sein Adelsdiplom; kurz darauf übernahm er das Amt des Kammerpräsidenten. Der repräsentativen Wohnung und der gehobenen politischen Position korrespondierte – wie mehrfach in seiner Biographie – das Bestreben Goethes, alle ihn betreffenden Dinge in Ordnung zu bringen, was konkret dazu führte, daß er fortan einzelne Lebensbereiche klarer als bisher voneinander trennte. Der Garten fungierte jetzt ausschließlich als Ort für den Rückzug ins Private, während amtliches Wirken und gesellschaftliches Leben, dichterische Arbeit und die ständig wachsenden Sammlungen von Naturgegenständen und Kunstwerken in der Stadt ihren Platz hatten. Mitte Juni 1782 bricht Goethe seine Tagebuchaufzeichnungen ab. Im Juli findet in Tiefurt die Uraufführung des Singspiels *Die Fischerin* statt, mit dem Goethe seine Arbeit für das Liebhabertheater beendet. Eine Epoche seines Lebens findet nun ihren Abschluß: die der empfindsamen Gartenlust, der im Freien inszenierten „dichterischen Visionen", die Zeit der engen Verknüpfung von Leben und Wirken im Park überhaupt.

Noch im Sommer 1782 wird am südlichen Ende der neuen herzoglichen Parkanlagen, am Fuße des Felsens in der „Kalten Küche", eine steinerne Tafel angebracht, auf der ein Epigramm von Goethe zu lesen ist:

> Die ihr Felsen und Bäume bewohnet, o heilsame Nymphen,
> Gebet jeglichem gern, was er im stillen begehrt.

---

202 Siehe Goethe, *Tagebücher*, Bd. I/1, S. 138. Vgl. auch Ahrendt/Aepfler 1994, S. 74ff.; Balzer 1966, S. 45ff.; Boyle 1995, S. 392; *Goethes Gartenhaus* 1996, S. 10; Kahler 1983, S. 27.

Schaffet dem Traurigen Muth, dem Zweifelhaften Belehrung
Und dem Liebenden gönnet, daß ihm begegne sein Glück.
Denn euch gaben die Götter, was sie dem Menschen versagten.
Jedem der euch vertraut, hülfreich und tröstend zu seyn.[203]

Die Inschrift bezieht sich auf eine Legende, wonach die vormals verwilderte, düstere Gegend am Steilufer der Ilm als Wohnort geheimnisvoller Nymphen galt, die jedem Menschen, der sich in das unwirtliche Gebiet verirrte, die Erfüllung eines Wunsches gewährten. Nymphen sind überdies in der Literatur häufig in den poetischen Schilderungen des *locus amoenus* anzutreffen, da sie als integraler Bestandteil des Ortes unmittelbar mit der Quelle verbunden sind.[204] Goethes Inschrift zufolge hausen die Nymphen hier in der Uferlandschaft über dem Fluß, die sich in ihrer Undurchdringlichkeit als Bewahrerin geheimnisvoller Mythen empfiehlt. Die Anbringung von Inschriften dieser Art hatte Hirschfeld wiederholt angeregt. „Allein sie halten doch oft den flüchtigen Lustwandler an", führt er aus,

> sie reizen das Nachdenken zu einer Zeit, da man sich blos den sinnlichen Bewegungen überläßt, sie unterhalten in der Einsamkeit, beleben die Einbildungskraft, wecken die Empfindlichkeit, oder streuen nützliche Erinnerungen über den Pfad des Vergnügens oder über den Sitz der Ruhe aus; und fast immer sind sie doch wichtig als Veranlassung zu einer Folge von Ideen und Empfindungen, [...] die dem eigenthümlichen Charakter des Ortes angemessen [...] sind.[205]

Auch Goethes Epigramm fungiert als Anleitung zur richtigen Erfahrung des Ortes, die das Naturerlebnis der „Felsen und Bäume" um die Reflexion eines Mythos erweitert, der seinerseits unmittelbar mit dem Charakter der landschaftlichen Partie zusammenhängt. Das ureigene Wesen dieser Landschaft erschließt sich nicht allein aus der sinnlichen Anschauung, sondern auch durch den dichterischen Vers. Zugleich kommt der Inschriftentafel am Steilufer der Ilm eine Art Memorialcharakter für das eigene gartenkünstlerische Wirken des Dichters zu. Als habe er die Koordinaten des zukünftigen Landschaftsgartens im Ilmtal vorzeichnen wollen, begann Goethes gartenkünstlerisches Engagement 1776 in seinem Garten am östlichen Ilmufer, setzte sich wenig später am Steilhang auf der anderen Seite des Flusses fort, um nun am südlichen Ende der sogenannten „Kalten Küche" ein vorerst letztes Zeugnis im Park zu hinterlassen. An der gleichen Stelle am Felshang wird Goethe genau zehn Jahre später noch einmal einen nachhaltigen Akzent in der Parkentwicklung setzen, indem er auf die künftige Gestalt des Römischen Hauses entscheidenden Einfluß nimmt.

Goethes Weggang aus seinem Garten, die Distanzierung vom Park im Jahre 1782 bedeuten nicht nur eine räumliche Entfernung. Sie stehen auch für seinen Ab-

203 Unter dem Titel *Einsamkeit* in: MA 2.1, S. 76. Siehe den Brief Goethes an Knebel vom 5. Mai 1782, in dem Goethe dem Freund mehrere offenbar jüngst entstandene Verse, die als Inschriften fungieren sollten, vorstellte. WA IV/5, S. 319.

204 Vgl. Maisak 1981, S. 21.

205 Hirschfeld, *Theorie*, Bd. 3, 1780, S. 154f.

schied von der bisherigen Form höfischer Geselligkeit und für die Abwendung von seinem landschaftsgärtnerischen Engagement. Deutliche Ermüdungserscheinungen lassen ihn zugleich Abstand vom höfischen Leben – auch von Carl August – suchen. Der Zäsur in seinem Leben und Wirken war sich Goethe bewußt. Im November 1782, nachdem er noch einmal sein Gartenhaus aufgesucht hatte, vertraute er Charlotte von Stein an:

> Ich strich um mein verlassen Häusgen, wie Melusine um das ihrige wohin sie nicht zurückkehren sollte, und dachte an die Vergangenheit von der ich nichts verstehe, und an die Zukunft von der ich nichts weis. Wie viel hab ich verlohren da ich ienen stillen Aufenthalt verlassen mußte!

Weiter gesteht er der Freundin, er fühle „ein unendliches Bedürfniß einsam zu seyn".[206] Ein wenige Tage darauf verfaßter Brief an Knebel gibt eine gänzlich gewandelte Stimmungslage wieder:

> Ich sehe fast niemand, ausser wer mich in Geschäfften zu sprechen hat, ich habe mein politisches und gesellschafftliches Leben ganz von meinem moralischen und poetischen getrennt (äusserlich versteht sich) und so befinde ich mich am besten. [...] Und so fange ich an mir selber wieder zu leben, und mich wieder zu erkennen. [...] Die Cosmogonie und die neusten Entdeckungen darüber, die Mineralogie, und neustens der Beruf mich der Oekonomie zu nähern, die ganze Naturgeschichte, umgiebt mich wie Bakons großes Salomonisches Haus.[207]

Tatsächlich stehen die frühen 1780er Jahre auch für einen intellektuellen Neuanfang Goethes auf dem Gebiet der Naturwissenschaften.[208] In dem Maße, wie Goethe sich wissenschaftlich mit der Natur zu beschäftigen begann, hatte er sich vom ästhetischen Umgang mit der Natur distanziert. Für die phänomenologische Betrachtung der ihn interessierenden Gegenstände erwies sich diese nun auch lebensweltlich vollzogene Distanzierung als unabdingbar. Goethes intensive Beschäftigung mit Mineralogie und Geologie hängt zunächst unmittelbar mit seiner Tätigkeit in der Bergwerkskommission zusammen. Auch sein botanisches Interesse, das durch die Berührung mit der vielfältigen Pflanzenwelt im eigenen Garten und den neuen Parkanlagen im Ilmtal geweckt worden war, erfuhr durch die Betrachtung der Gebirge und ihrer Vegetation weitere Anregungen. Nachdem sich Goethe zunächst mit der Natur im Medium der Kunst beschäftigt, das heißt aus empfindsamem Naturerleben die frühen landschaftsgärtnerischen Anlagen an der Ilm geschaffen hatte, wandte er seinen Blick nun gleichsam auf die Fülle der konkreten Erscheinungen der physischen Welt.

---

206 Johann Wolfgang Goethe an Charlotte von Stein, Weimar 17. November 1782; WA IV/6, S. 90f.

207 Johann Wolfgang Goethe an Karl Ludwig von Knebel, Weimar 21. November 1782; WA IV/6, S. 96ff. Goethe spielt hier auf Francis Bacon an, in dessen 1624 erschienener Schrift *Neu-Atlantis* das Haus Salomons für eine vorbildliche Institution zur Erforschung der Natur steht.

208 Vgl. Boyle 1995, S. 386ff.; Schmidt 1998, S. 757f. u. 766.

In einem aphoristischen Prosafragment aus der Feder des Schweizer Gelehrten Georg Christoph Tobler, das Goethe gebilligt und 1783 unter dem Titel *Die Natur* anonym veröffentlicht hat, wird die natürliche Welt als biologischer Organismus, als Ansammlung von lauter isolierten Einzelwesen erfaßt.[209] Deren Vielfalt und der allgegenwärtige Widerstreit ihrer Kräfte erfordern ebenso zahlreiche verschiedene Blickwinkel, um erkannt und entschlüsselt zu werden. Von der Erkennbarkeit der Natur ist Goethe zu diesem Zeitpunkt – anders als Tobler – längst überzeugt, und wonach er strebt, ist, den Schritt vom Naturgefühl zum Naturwissen zu vollziehen. „Hatte er früher versucht, die Wahrheit gleich der ganzen Natur durch Gefühlsstärke zu antizipieren, so ist er jetzt darauf bedacht, sich jene Wahrheit schrittweise anzueignen: über das (prinzipiell unabschließbare) Studium einzelner Tatsachen", umreißt Alfred Schmidt treffend Goethes gewandelte Sicht auf die Natur.[210] Goethes sachliches Interesse gilt einem beachtlichen Ausschnitt der Wirklichkeit: Neben Botanik, Mineralogie und Geologie widmet er sich dem Studium der Anatomie, der Meteorologie und der Farbenlehre, wobei er sich die Natur weiterhin eher von der sinnlichen Anschauung als vom theoretischen Denken her erschließt. Empfindung und Sinne sind das Fundament von Goethes empirischer Forschung, da ihm aus den 1770er Jahren die Überzeugung von der „lebendigen Natur" und dem sympathetischen Bezug auf sie erhalten geblieben ist.[211]

Zu einem wissenschaftlichen Botanikstudium kam es, als Goethe im April 1785 Samen mikroskopisch zu untersuchen begann.[212] Die Fülle und Vielgestaltigkeit, die Wachstumsprozesse und Veränderungen der Pflanzen gehörten in den folgenden Jahren zu seinen bevorzugten Forschungsgegenständen.[213] Neben der Erfassung, Registrierung und begrifflichen Ordnung des einzelnen bewegte ihn die Frage, ob in der Fülle und Vielgestaltigkeit ein inneres Gesetz, eine allgemeingültige Strukturformel für den Bau aller Pflanzen erkennbar sei. „Das Pflanzenreich raßt

---

209 Das 1782/83 verfaßte Fragment erschien im 32. Stück des handschriftlich vervielfältigten *Tiefurter Journal* und war fälschlich Goethe selbst zugesprochen worden. Daß es seinen Vorstellungen entsprach, bekannte Goethe in einer Erläuterung zu dem Text aus dem Jahre 1828. Siehe MA 2.2, S. 477–479 (Text); MA 18.2, S. 358–360 (Erläuterung). Der Theologe Tobler stammte aus dem Zürcher Lavater-Kreis und hatte im Sommer 1781 einige Zeit als Gast Knebels in Tiefurt verbracht. Goethe hatte Tobler wahrscheinlich schon während der Schweizer Reise 1779 persönlich kennengelernt. Vgl. Boyle 1995, S. 388; Schmidt 1998, S. 764.

210 Schmidt 1998, S. 766.

211 Vgl. Hartmut Böhme: Artikel *Natürlich/Natur*, in: *Ästhetische Grundbegriffe*, Bd. 4, S. 432–498, hier S. 490f.

212 Neben der Lektüre von Linné und Rousseau wurde Goethes konkretes botanisches Interesse maßgeblich durch seine Bekanntschaft mit dem späteren Hofgärtner Friedrich Gottlieb Dietrich (1765–1850) befördert, die 1785 zufällig erfolgte, als der Junge bei Jena botanisierte. Auch mit dem späteren Direktor des Jenaer Botanischen Gartens, August Karl Batsch (1761–1802), kam Goethe 1785 in Verbindung. Zu Goethe und der Botanik siehe Kapitel 7.1. und ausführlich Müller/Polianski 2003. Vgl. auch Kahler/Maul 1991, S. 8ff.; MA 2.2, *Naturwissenschaftliche Schriften*, Kommentar, S. 867f.

213 Vgl. Balzer 1966, S. 42f.; Conrady 1988, Bd. 1, S. 418; Schmidt 1998, S. 767f.

einmal wieder in meinem Gemüthe, ich kann es nicht einen Augenblick loswerden, mache aber auch schöne Fortschritte“, schreibt Goethe im Juli 1786 an Charlotte von Stein, und fährt begeistert fort:

> Wenn ich nur jemanden den Blick und die Freude mittheilen könnte, es ist aber nicht möglich. Und es ist kein Traum keine Phantasie; es ist ein Gewahrwerden der wesentlichen Form, mit der die Natur gleichsam nur immer spielt und spielend das manigfaltige Leben hervorbringt. Hätt ich Zeit in dem kurzen Lebensraum; so getraut ich mich es auf alle Reiche der Natur – auf ihr ganzes Reich – auszudehnen.[214]

Seine Suche nach einer Pflanzengestalt, die als Urform für alle anderen dienen könnte, wird der Botaniker Goethe während seiner im Herbst 1786 angetretenen Reise nach Italien fortsetzen. Die explizite terminologische Gegenüberstellung von „Traum“ und dem „Gewahrwerden der wesentlichen Form“ verdeutlicht noch einmal die gewandelte Naturauffassung Goethes.[215] In der Phase sentimentaler Naturbetrachtung hatte er die Traum-Metapher als Ausweis höchster Qualität verwendet: Dem Dessauer Fürsten war es vergönnt, so Goethe im Mai 1778 in jenem berühmten Brief aus Wörlitz, mit dem dortigen Park einen Traum um sich herum zu schaffen.[216] Jetzt aber ist dieses empfindsame Erleben der Natur einem empirischen Erkenntnisinteresse gewichen, das in Goethes Streben nach der „wesentlichen Form“ gipfelt. Diesen Weg wird Goethe künftig nicht nur in seinen naturwissenschaftlichen Studien beschreiten: „Daß ich in der letzten Zeit die Natur so eifrig und gründlich studirte hilft mir auch jetzt in der Kunst“, läßt er abermals Charlotte von Stein wissen.[217] Nicht zuletzt wird sein Streben – im Bereich der Kunst – mit dem Römischen Haus im Park an der Ilm einen bleibenden Ausdruck finden. Im Herbst 1782 bestellte Goethe zunächst für die Weimarer Bibliothek den neuesten Katalog der Werke Andrea Palladios, dessen architektonische Formensprache ihm in der folgenden Zeit den Weg zur antiken Baukunst wies. In vielerlei Hinsicht stellen die Ereignisse des Jahres 1782 für Goethe nicht nur eine lebensgeschichtliche Zäsur, sondern bereits die ersten Schritte zu einer Entwicklung dar, die ihn vier Jahre später nach Italien führte.

---

214 Johann Wolfgang Goethe an Charlotte von Stein, Weimar 9./10. Juli 1786; WA IV/7, S. 242.

215 Goethes Formulierung spricht für eine spinozistische Naturauffassung. Zu seiner naturwissenschaftlichen Terminologie und der diesbezüglichen Anlehnung an Spinoza, speziell beim Begriff der „wesentlichen Form“, siehe Boyle 1995, S. 443; Schmidt 1998, S. 769ff.

216 Siehe oben, Kapitel 2.4.2.

217 Johann Wolfgang Goethe an Charlotte von Stein, Rom 29. Dezember 1786; WA IV/8, S. 105.

4. Die Entwicklung des Parks in den 1780er Jahren

4.1. Carl August „in seinen Gärten und Gebüschen"

Das 1778 entstandene Luisenkloster ist von Goethe rückblickend als Ausgangspunkt der Parkentwicklung beschrieben worden, „als von dieser Epoche sich die sämtlichen Anlagen auf dem linken Ufer der Ilm [...] datieren und herschreiben".[1] Aus dem glättenden Abstand mehrerer Jahrzehnte hielt er es für angebracht, die Geburtsstunde des Weimarer Landschaftsgartens mit dem Anlaß und der Ausrichtung eines fürstlichen Festes korrelieren zu lassen, obgleich er selbst schon einige Zeit vorher seine landschaftsgärtnerischen Ambitionen vom eigenen Garten auf das Ilmtal und den Steilhang ausgedehnt und dort die Felsentreppe geschaffen hatte. Zweifellos aber stellt das von Carl August bald nach dem Luisenfest in Besitz genommene „Kloster" tatsächlich die Keimzelle des Parks dar, insofern als dem Herzog die geschätzte Retraite immer wieder als Basis für die weitere gartenkünstlerische Erschließung des Ilmtals diente.

Nachdem auf Veranlassung Carl Augusts um 1780 die unmittelbare Umgebung des „Klosters" in eine Parkanlage mit geschlängelten Wegen umgewandelt worden war, widmete sich der Herzog nun zunächst dem weiteren Ausbau seines Refugiums. Das kleine architektonische Ensemble aus hölzerner Hütte, früherer Begrenzungsmauer und Glockenturm war nach 1778 den Bedürfnissen des Herzogs angepaßt worden, ohne daß man die grundlegenden Gegebenheiten dieser eher zufällig, ursprünglich für einen ephemeren Anlaß hergerichteten Anlage angetastet hatte. Franz Ludwig Güssefeld hat im November 1782 die landschaftliche und bauliche Situation am „Kloster" einschließlich der angrenzenden Grundstücke in einem Grundriß und einem Längsschnitt durch den Ilmhang wiedergegeben (Abb. 13). Im oberen Teil der Zeichnung führt von der Schießhausmauer an der oberen Hangkante (A) eine weitere Begrenzungsmauer den Hang hinab bis zur Einsiedelei und dem Glockenturm (B). Der Grundriß im unteren Bild zeigt dieses Ensemble im Zusammenhang der „Kalten Küche", daneben die oberhalb des Uferhangs gelegenen Gärten.

Im Frühjahr 1784 ließ Carl August seine Einsiedelei nicht nur befestigen, sondern zugleich maßgebliche Veränderungen an deren baulicher Gestalt vornehmen. Die inzwischen gängige Bezeichnung „Kloster" für den herzoglichen Rückzugsort blieb zwar erhalten, doch verschwand das mit der gotisierenden Mauer und dem Glockentürmchen angedeutete monastische Element aus der Parkarchitektur, die zu einer rustikalen, mit Baumrinde verkleideten Waldhütte umgestaltet wurde. „Die Garderobe und Thurm am Kloster wegzureißen haben die Tagelöhner gearbeitet", heißt es im März 1784 in den Rechnungsbüchern, während die Arbeiter

1 Goethe, *Das Louisenfest*; MA 18.2, S. 333–339, hier S. 333. Diese Sichtweise wurde zuweilen in die Forschungsliteratur übernommen, vgl. Burkhardt 1907; Facius 1958.

Ende Mai damit beschäftigt sind, die Wände des „Klosters“ mit Baumrinde zu beschlagen, eine umlaufende hölzerne Galerie anzubringen und den Dachüberstand mit Ölfarbe und Firniß zu behandeln.[2] Den ganzen Sommer über wird am „Kloster“ und in den angrenzenden Anlagen gearbeitet, wobei man es an neuen Wegen und Treppen nicht fehlen läßt. Zimmerleute, Schlosser, Glaser und Maler lösen einander ab, bis man im Herbst 1784 im Inneren der Hütte einen marmornen Kamin anbringt und die Behausung dem Herzog winterfest übergibt.[3] Die durchgeführten Arbeiten verdeutlichen nicht zuletzt, daß das „Kloster“ den Charakter eines empfindsamen Stimmungsträgers, einer bloßen Staffagearchitektur endgültig überwunden hatte und von Carl August einer dauernden Funktion und dem realen Leben zugeführt worden war.

Oberhalb der Einsiedelei, an der Hangkante nahe des Welschen Gartens, erhob sich noch immer die vormalige Rückwand des Schießhausgartens. Parallel zu den Arbeiten am „Kloster“ gestaltete man diese Mauer in eine künstliche Ruine um. Aus der Brandruine des Schlosses schafften die Tagelöhner Steine, Tür- und Fenstergewände, einen Torpfeiler und das Fragment eines Spitzbogens heran, die als Spolien in diese und die angrenzende, hangabwärts führende Mauer eingearbeitet wurden.[4] Eine neu angelegte Treppe verbindet die frühere Schießmauer mit der Anlage des „Klosters“, von dem aus der Betrachter nun die Überreste eines verfallenen Kastells zu erblicken meint (Abb. 30 und 31). Zu guter Letzt brachte man einen aus dem Jahre 1577 stammenden Wappenstein des Grafen Ludwig von Gleichen an, welcher zuvor das Gleichensche Haus in Weimar als Besitz der altgräflichen Familie kenntlich gemacht hatte (Abb. 32).[5] Fast zehn Jahre vor Errichtung der künstlichen Ruine, im ersten Winter nach seiner Ankunft in Weimar, hatte Goethe aus Waldeck an den jungen Herzog Carl August geschrieben: „Gleich hinter dem Hausgarten führt ein wilder Pfad nach einem Felsen worauf ein altes Schloss der Grafen v. Gleichen stund mitten im Fichtenthal.“[6] Nicht nur die Allusion einer mittelalterlichen Burg derer von Gleichen, sondern auch die von Goethe geschilderte Lage – die direkte Verbindung des eigenen Anwesens mit dem steinernen Zeugnis der Vorfahren – scheint den Herzog bei der Gestaltung seiner künstlichen Ruine inspiriert zu haben.

Das stattliche Spitzbogenfragment, welches in die hangabwärts verlaufende Mauer eingefügt wurde, vermittelt den Anschein eines im Verlauf von Jahrhunderten in die Erde gesunkenen Portals. Es wird zu beiden Seiten von Kragsteinen flankiert, die jeweils mit einem Löwenkopf verziert sind (Abb. 33). Daß in die Wölbung des Spitzbogens ebenfalls Mitte der 1780er Jahre ein Sockel mit einer darauf lagernden Kugel eingestellt wurde, belegt eine Zeichnung Conrad Hornys aus dem Jahr

---

2 ThHStAW: B 8533, Bl. 41 u. 45.
3 ThHStAW: B 8532, Bl. 11v.–12v.; B 8533, Bl. 28ff., 43.
4 ThHStAW: B 8532, Bl. 15v., 16v.; B 8533, Bl. 101–109.
5 Vgl. Bechstein 1936, S. 17; Niedermeier 2001, S. 150f.
6 Johann Wolfgang Goethe an Carl August, Waldeck 24.–26. Dezember 1775; WA IV/3, S. 10.

1786 (Abb. 34). Hornys Zeichnung zeigt überdies die Funktion der steinernen Kugel: Umgeben von einem hölzernen Staket befand sich hier offenbar eine Sonnenuhr. Allerdings überhöhte Horny seine Zeichnung ins Groteske, was nicht nur aus dem mit einer menschlichen Fratze versehenen Schlußstein und der Karikatur eines buckligen, mit einer überdimensionalen Kopfbedeckung versehenen Mannes, sondern auch aus den ins Monumentale gesteigerten Größenverhältnissen der Anlage ablesbar ist. Gleichwohl vermittelt die am Hang hinter jungen Gehölzen aufragende Ruinenmauer mit ihren gotischen Fenstern auch in Hornys Darstellung den Eindruck eines nunmehr brüchigen Zeugnisses aus vergangener Zeit. Eine weitere Zeichnung Hornys gibt die Ansicht der künstlichen Ruine von Westen wieder (Abb. 35). Von dieser Seite oberhalb des Hanges war die Mauer direkt zugänglich, zumal hier eine Brüstung und aufgemauerte Sitze an den Fenstern zu einer buchstäblichen Inbesitznahme durch den Betrachter einluden.[7]

Ihre eigentliche Hauptansicht wandte die künstliche Ruine dem Ilmtal zu, mit dessen felsigem Steilufer sie sich zu einer architektonischen Einheit verband. Der gleichsam fließende Übergang von landschaftlichen und baukünstlerischen Elementen, von natürlichem Felsen und gotischen Architekturfragmenten, war nicht zuletzt durch die Schriften Hirschfelds zum wichtigen Bestandteil des landschaftsgärtnerischen Repertoires avanciert. Die Lage einer Ruine müsse, so Hirschfeld, deren Charakter und damit zugleich ihre Wirkung auf den Betrachter unterstreichen: „In öden Vertiefungen, an dürren felsichten Anhöhen, scheinen sie am meisten natürlich."[8] Die 1782 in Hirschfelds *Theorie* veröffentlichte Beschreibung der Weimarer Anlagen hob den „öden, wilden Anblick" der Felsenlandschaft über der Ilm nachdrücklich hervor und betonte damit die besondere Eignung dieser Gegend für die Gestaltung einer künstlichen Ruine.[9] Bereits in seinen 1773 erschienenen *Anmerkungen* hatte sich Hirschfeld mit der Wirkung nachgeahmter Ruinen auseinandergesetzt:

> Nach steilen oder verwilderten Wegen unerwartet erblickte Trümmer und Gemäuer beschäftigen die Phantasie auf eine fühlbare und nützliche Art. Zurückerinnerung an die vergangenen Zeiten, und ein gewisses mit Melancholie vermischtes Gefühl des Bedauerns, das diese Zurückerinnerung begleitet, sind die allgemeinen Würkungen der Ruinen.[10]

Entsprechend der sensualistischen Wirkungsästhetik sollten sich die landschaftliche Partie melancholischen Charakters und die baulichen Überreste aus vergangener Zeit zu gesteigerter Empfindung und meditativer Reflexion der Vergangenheit synthetisieren.

7 ThHStAW: B 8533, Bl. 107.

8 Hirschfeld, *Theorie*, Bd. 3, 1780, S. 114.

9 Hirschfeld, *Theorie*, Bd. 4, 1782, S. 238.

10 Hirschfeld 1779, S. 154. Zur Verbindung von Felsen und gotischer Ruine im Landschaftsgarten vgl. auch Trotha, der vor allem die von beiden Elementen ausgehende Wirkungsästhetik des angenehmen Schauers hervorhebt. Trotha 1999a, S. 101.

> So erwecken die Ruinen eines Bergschlosses, eines Klosters, eines alten Landsitzes [...] die Betrachtung der Zeit und anderer Umstände, die an sich so vielfältig unterschieden seyn können. Man kehrt in Zeiten zurück, die nicht mehr sind.[11]

Hirschfelds Ausführungen verdeutlichen zunächst, daß sich Carl August bei der gartenkünstlerischen Formung seiner Anlagen in geradezu wörtlicher Übereinstimmung mit der maßgeblichen gartentheoretischen Literatur befand. Der Herzog verband die neu befestigte Architektur seiner Einsiedelei, die jüngst angelegten geschlängelten Wege und die dort gepflanzten Gehölze mit der nachgeahmten Ruine eines alten Schlosses zu einem kunstgerechten Ensemble landschaftlicher Gartengestaltung. Auch die verwendeten gotischen Architekturteile entsprachen den ästhetischen Forderungen Hirschfelds, der gotische Ruinen wegen ihrer historischen Wahrscheinlichkeit in nordischen Landschaftsgärten den nachgeahmten antiken Tempelruinen südlicher Gefilde entschieden vorzog.[12]

Doch sollte durch die Symbiose natürlicher Landschaftselemente und verfallener gotischer Architektur nicht nur eine historische Entwicklungslinie angedeutet werden. Der ruinöse Zustand der vermeintlichen mittelalterlichen Burg verwies auf die wesentliche Rolle der Natur als gestaltende Kraft, die, wie scheinbar halb in die Erde eingesunkene steinerne Portale besonders eindrucksvoll veranschaulichen, unablässig am Werk ist und auch die mächtigste Architektur den ihr immanenten Gesetzen der fortwährenden Bewegung und Formveränderung unterwirft.[13] „Die Natur scheint die Plätze, die ihr die Baukunst geraubt hatte, mit einer Art von Triumph sich wieder zuzueignen, so bald sie, verlassen von dem Bewohner, veröden", konstatiert Hirschfeld.[14] Die Ruine im Garten steht sinnbildlich für die Rücknahme des vom Menschen Geschaffenen durch die Natur und verkörpert einen häufig inszenierten Topos der landschaftlichen Gartenkunst. Ihre Lage in unwegsamem Gelände ließ sie schwer zugänglich erscheinen, wodurch den Betrachter neben der zeitlichen Distanz verstärkend auch der räumliche Abstand von den verfallenen Mauern trennte. Hirschfeld empfahl überdies die Gegenüberstellung betont schlichter Architektur mit großartigen Resten einer scheinbar stolzen Vergangenheit, das heißt die Verbindung der Ruine mit einer Einsiedelei.[15] Gemäß der von ihm propagierten Wirkungsästhetik löste diese Szene eine schwermütige Stimmung aus, weil eine Ruine vergangene Größe symbolisiert, während die Gegenwart als Zeugen ihrer Kultur nur eine armselige Hütte entgegenzustellen vermochte.[16] Die Synthese aus gotischer Ruine und einfacher, vornehmlich mit Moos und Baumrinde verkleideter Hütte stellte den Kontrast zwischen der Holzbauweise und der vermeintlich alten, steinernen Architektur deutlich heraus. Wer die Einsiedler-

11 Hirschfeld, *Theorie*, Bd. 3, 1780, S. 111.
12 Siehe Hirschfeld, *Theorie*, Bd. 3, 1780, S. 114.
13 Vgl. Hartmann 1981, S. 143; Lovejoy 1932. Siehe auch Georg Simmel: *Die Ruine*, in: Simmel 1998 [1911], S. 118–124.
14 Hirschfeld, *Theorie*, Bd. 3, 1780, S. 112.
15 Siehe Hirschfeld, *Theorie*, Bd. 4, 1782, S. 161.
16 Vgl. Hartmann 1981, S. 185ff.; Zimmermann 1989, S. 177.

hütte bewohnt, führt sich angesichts der nahen Ruine jederzeit die Vergänglichkeit des einst so prächtigen Bauwerks vor Augen. Nicht zuletzt weist die Architektur der Hütte somit auf die philosophische Lebenshaltung ihres Bewohners hin – zumindest eine solche Tendenz ist aus den Briefen Carl Augusts, die er während der abendlichen Aufenthalte in seinem „Kloster“ verfaßte, abzulesen.[17]

Die von Hirschfeld intendierte melancholische Erinnerung an vergangene Zeiten erhielt in Carl Augusts Park durch die Spolien aus dem Residenzschloß und das Wappen des alten Grafengeschlechts eine konkrete Gestalt. Der in Gartenarchitekturen häufig anzutreffende gotische Stil wurde auch mit einer Flucht des jeweiligen Auftraggebers in die verklärte Wunschwelt einer vergangenen Epoche begründet.[18] Dieses Motiv entspricht kaum der pragmatischen, realitätsbezogenen Wesensart des Weimarer Herzogs. Auch als Vorbild realpolitischer Zielsetzung bleibt das gotische Mittelalter fragwürdig. Gleichwohl begann Carl August Mitte der 1780er Jahre im Zusammenhang des reichspolitischen Geschehens, sich der eigenen Geschichte und namhafter Vorfahren rückblickend zu vergewissern. Mit der Gestaltung der Ruinenmauer legte er Spuren einer Gedächtniskultur, der in den folgenden Jahren weitere Verweise auf die genealogische Tradition und historische Kontinuität des sachsen-weimarischen Fürstenhauses folgen würden. Die Ruinenmauer vermittelt dabei einen durchaus ambivalenten Sinngehalt: Die jeder Ruine immanente Mahnung an die Vergänglichkeit aller vom Menschen geschaffenen Werke wird hier durch den Gedanken an die Zerstörung des alten Schlosses faktisch – im wahrsten Sinne – untermauert. Die Spolien in der Ruinenmauer scheinen ein letztes Mal auf die alte Residenz zu verweisen und den überkommenen Bau gleichsam historisch und stilistisch zu überwinden, ehe man ab 1789 beginnen wird, zumindest einen Teil des Schlosses im Sinne einer modernen Architekturauffassung wiederzuerrichten. Auch das Wappen in der Ruinenmauer deutet in dieser Lesart vor allem auf den Untergang des Geschlechtes der Grafen von Gleichen hin. So bewirkt die Ruine im Garten beim Betrachter einerseits die Erinnerung an eine vergangene Epoche, während andererseits aufgrund der historischen Distanz, die der Verfall des Gebäudes anzeigt, zugleich der realistische Bezug der signalisierten Epoche zur Gegenwart wiederhergestellt wird.

---

17 Siehe oben, Kapitel 2.8.2.

18 Vgl. Hartmann 1981, S. 185. Hartmann geht von einer romantisch geprägten Rezeption historischer Architektur aus und interpretiert die gotischen Formen als Flucht in ferne Wunschzeiten und Wunschräume. Diese Sichtweise wird den Intentionen des Weimarer Herzogs nicht gerecht.

4.2. Politische Bestrebungen. Der Fürstenbund

Die Gegenwart des sachsen-weimarischen Fürstentums wurde ab 1784 zunehmend von den außenpolitischen Bestrebungen Carl Augusts geprägt.[19] Seit 1781/82 hatte sich der Herzog mit erhöhter Ernsthaftigkeit seinen Regierungsgeschäften gewidmet; nicht wenige Reformbestrebungen – so zur Neuordnung des Militärs, der Finanzen und des Kammerwesens – sind in diese Zeit zu datieren. Aber die meisten innenpolitischen Reformen scheiterten, und Carl August, im Innersten nicht selten gelangweilt und enttäuscht vom zähen Gang der heimischen Geschäfte, engagierte sich nun mit großem Enthusiasmus für den Fürstenbund. Die kleineren Fürstentümer sollten ein Bündnis eingehen, um nicht zwischen den Interessenkonflikten der Großmächte Preußen und Österreich zerrieben zu werden. Die hergebrachten Verbindungen der ernestinischen Häuser untereinander wurden auf Carl Augusts Betreiben um neue Beziehungen zu anderen verbündeten Fürsten, wie Franz von Anhalt-Dessau und Karl Friedrich von Baden, erweitert. Unablässig reiste der Weimarer Herzog im Sommer und Herbst 1784 zwischen Potsdam, Dessau, Mainz und Braunschweig hin und her, um den Verbund der Fürsten voranzutreiben. Bald erwiesen sich diese emanzipatorischen Bestrebungen als illusionär, da Friedrich der Große die Bündnispläne nachträglich für sich reklamierte und seinerseits den Fürstenbund organisierte, dem das sachsen-weimarische Herzogtum kurz nach der Gründung im August 1785 beitrat.

Die außenpolitischen Aktivitäten Carl Augusts sind letztlich gescheitert, da der Fürstenbund mit seiner Anlehnung an Preußen dessen Großmachtstellung noch verstärkte. Dennoch hatten die Fürsten Anfang der 1780er Jahre ein patriotisch gestimmtes Selbstbewußtsein entfaltet, das nicht zuletzt in ihren Landschaftsgärten einen bleibenden Ausdruck fand. Erneut ist hier an die von Horace Walpole formulierte Prognose zu erinnern, welche für die landschaftliche Gartenkunst auf dem Kontinent eine Zukunft vor allem bei den kleineren deutschen Fürsten gesehen hatte: Schon in England war das künstlerisch Neue des Landschaftsgartens als Ausweis selbstbewußter Darstellung seiner Besitzer verstanden worden.

Wie in England fungierten auch die Gärten in Wörlitz, Gotha und Weimar als Projektionsräume des politischen und kulturellen Selbstverständnisses ihrer Erbauer.[20] In hohem Maße trifft dies auf Franz von Anhalt-Dessau zu, der sich mit dem

---

19 Zu Carl Augusts politischen Bestrebungen vgl. Andreas 1953, S. 559; Borchmeyer 1994, S. 48f. u. passim; Crämer 1961, passim; Sengle 1993, S. 65–70; Tümmler 1978, S. 47–92. Siehe auch *Große Politik. Carl August und der Fürstenbund*, in: *Ereignis Weimar* 2007, S. 135–143.

20 Vgl. Niedermeier 2001, S. 124ff., der den Stilpluralismus im Landschaftsgarten eher soziologisch und politisch-genealogisch als kunsthistorisch erklärt. Speziell die gotischen Architekturen werden dabei mit den geheimen Fürstenbundverhandlungen in Zusammenhang gebracht: „Das Gotische wurde ein geheimer Code für die im Fürstenbund vereinigten Fürsten.“ Ebd., S. 149. Trotz aller erkennbaren patriotischen Vorstellungen auch auf seiten Carl Augusts greift diese Sichtweise hier zu kurz, da sie ein zuerst in England und in der Folge auch auf dem Kontinent etabliertes, breitgefächertes stilgeschichtliches Phänomen auf den Aspekt des Geheimen, Konspirativen reduziert.

ab 1773 entstandenen Gotischen Haus in Wörlitz erklärtermaßen einen Ort geschaffen hatte, um „sich aus [der Mitwelt, S.M.W.] gleichsam zurückzuziehen, und in der Mitte seiner ruhmvollen Vorfahren mit der Vorwelt sich selbst zu leben", wie August Rode die Intention des Bauherren formuliert.[21] Die Beschäftigung mit der eigenen Genealogie ist auch in der baulichen Gestalt des Gotischen Hauses konkret zu fassen. Fürst Franz hatte Teile der um 1750 abgerissenen Flügel des Dessauer Stadtschlosses gerettet und im Gotischen Haus einfügen lassen.[22] So stellt beispielsweise die um 1685 entstandene Decke, mit der Franz einen Saal in dem ab 1785 errichteten Gartenflügel des Gotischen Hauses ausgestalten ließ, unter anderem die Apotheose des Fürsten Johann Georg II. von Anhalt-Dessau dar. Beide Fürsten, der Dessauer und der Weimarer, stärkten demzufolge die Legitimation ihrer politischen Bestrebungen, indem sie in den gotischen Monumenten ihrer Landschaftsgärten zugleich ihre genealogische Tradition evozierten. Fürst Franz konnte sich dabei auf die Vorbilder englischer Landsitze beziehen; sein Gotisches Haus wird wiederum auf den 1787 im Weimarer Park errichteten Gotischen Salon vorbildhaft gewirkt haben.[23] Beide Fürsten waren in der Anfangsphase des entstehenden Fürstenbundes dessen maßgebliche Initiatoren.

Auch ihre persönliche Freundschaft hatte Mitte der 1780er Jahre einen Höhepunkt erreicht, wie die Korrespondenz der beiden Souveräne bezeugt: „Mein Verlangen Sie wieder zu sehen ist unbeschreiblich groß, denn es ist würcklich eine meiner größten Freuden, mit Ihnen zu leben", schreibt Franz im Dezember 1784 aus Dessau, wobei der Ton seiner Briefe durchgängig eher von empfindsamem Freundschaftskult, derjenige Carl Augusts hingegen deutlicher von politischem Pragmatismus geprägt ist.[24] Maiken Umbach hat nachgewiesen, daß die politischen Vorstellungen des Weimarer Herzogs bei aller altdeutsch-patriotischen Gesinnung doch unübersehbar an einem griechischen bzw. römischen Modell orientiert sind, was sie auf das spezielle kulturelle Klima der Weimarer Residenz zurückführt.[25] In einer Art kosmopolitischem Patriotismus propagierte Carl August eine umsichtige und moralisch integre Regierung von Fürsten, die freundschaftlich miteinander verbunden sind und zudem auf der Basis verbindlicher rechtlicher Grundsätze agieren. Besonders in der vertraulichen Kommunikation Carl Augusts mit dem Dessauer Fürsten verband sich das Freundschaftsideal mit den politischen Emanzipationsbestrebungen, während die neuen englischen Parkanlagen in Wörlitz und Weimar nicht nur einen ungezwungenen Rahmen für die persönlichen Zusammenkünfte boten, sondern, da ihre künstlerischen Formen dem Ideal der unge-

---

21 Rode 1814, S. 74. Zum Gotischen Haus in Wörlitz siehe auch Kapitel 4.7.2.

22 Vgl. Eisold 2000, S. 137.

23 Siehe dazu ausführlich Kapitel 4.5.2.

24 Franz von Anhalt-Dessau an Carl August, Dessau 22. Dezember 1784; ThHStAW: D 1653, Bl. 153v. Zu den unterschiedlichen Tendenzen im Briefwechsel der Fürsten vgl. Umbach 1998, S. 689ff.

25 Vgl. Umbach 1998, S. 684ff.

bändigten Natur nachgeahmt sind und sie überdies identifikationsstiftende Monumente beherbergen, gleichsam Teil der politischen Aussage wurden.

In Vorbereitung des geplanten politischen Bündnisses pflegte Carl August auch intensive Beziehungen zum Gothaer Herzog Ernst II., in dessen Landschaftsgarten ebenfalls sinnstiftende Momente einer Erinnerungskultur aufscheinen. Eine Sichtachse vom Gothaer Garten lenkte den Blick auf die mittelalterliche Burg des Grafen von Gleichen, so daß eine direkte Verbindung einst großer Thüringer Geschlechter in den nach modernsten gartenkünstlerischen Maximen gestalteten Park herüberreicht. Im Übrigen hatte auch Ernst II. in dem der Herzogin zugeeigneten Teil des Gartens Ende der 1770er Jahre ein Gebäude im gotischen Stil errichten lassen, das unter anderem auf die genealogisch-politischen Ambitionen des herzoglichen Paares verweist.[26]

4.3. Die Einbeziehung der barocken Lustgärten

Seit 1783 wird die Intention Carl Augusts, die Weimarer Ilmaue in einen zusammenhängenden Landschaftsgarten zu verwandeln, immer deutlicher erkennbar. Nach der Umgestaltung des vormaligen „Klosters", der Errichtung der künstlichen Ruine und den landschaftsgärtnerischen Arbeiten am westlichen Ilmufer sollte nun auch der oberhalb des Steilhangs gelegene Welsche Garten mit dem angrenzenden Exerzierplatz in die neuen englischen Anlagen einbezogen werden. Zu diesem Zweck hatte der Herzog im Frühjahr 1784 dem Pächter des Welschen Gartens, Hofgärtner Bleidorn, die Bewirtschaftung der Fläche aufgekündigt.[27] Der Hofgärtner Johann Christoph Carl Gentzsch zeichnete 1785 einen Entwurf zur Neugestaltung der Anlage, welcher veranschaulicht, wie sich die geschlängelten Wege des Landschaftsgartens gleichsam in die regelmäßigen Kompartimente des barocken Gartens vorschoben (Abb. 36). Dem jungen Gentzsch übertrug Carl August auch die Aufsicht über alle Arbeiten im Welschen Garten.[28] Seinem Entwurf folgend wurden von der Oberkante des Steilhangs neue, mehrfach gewundene Wege zu den runden, mit Brunnen versehenen Plätzen der überlieferten Anlage geführt, so daß die Grenze zwischen dem Garten und dem ehemaligen Exerzierplatz vollständig verwischte. Die geometrische Struktur des Gartens wurde aufgelöst und seine Flächen wurden mit Bäumen und niedrigen Gehölzen neu bepflanzt.[29] So gliederte man den vormaligen, inzwischen vernachlässigten barocken Lustgarten mit der sogenannten „Schnecke" im Zentrum dem Landschaftsgarten an, während der westliche Teil des Welschen Gartens in seiner überkommenen Gestalt belassen und als

26 Vgl. Niedermeier 2001, S. 140. Siehe unten, Kapitel 4.7.1.

27 ThHStAW: B 26362, Bl. 82–87.

28 ThHStAW: B 8535, Bl. 121.

29 ThHStAW: B 8535, Bl. 126. Die Rechnungsbücher der Jahre 1785/86 weisen durchgängig zahlreiche Arbeiten in den „neuen Anlagen am Welschen Garten, bei dem Sandplatz", d.i. der Exerzierplatz, nach. Siehe auch ThHStAW: B 8537, Bl. 100ff.

Nutzfläche bewirtschaftet wurde. Die barocken Brunnen wurden ebenso wie die „Schnecke" erhalten und mit viel Aufwand instandgesetzt, so daß Altes und Neues sich überlagerte: Während Aussichtsturm und Bassins an die frühere Identität der fürstlichen Lustgartenanlage erinnerten, präsentierte sich der Garten im übrigen in zeitgemäßen, der Natur nachgeahmten künstlerischen Formen und verband den im Ilmtal entstehenden Landschaftspark über die Flußaue hinaus mit der angrenzenden städtischen Bebauung.[30] Das Beispiel des Welschen Gartens ist besonders geeignet, die sukzessive Auflösung der barocken Raumauffassung nachzuvollziehen. Schon Goethes Notiz von der eingeworfenen Mauer war als symptomatische Äußerung für die Überwindung des Alten zu verstehen.[31] Nun wurde das von Hekken umschlossene, geometrisch angelegte Lustgartenareal durch geschlängelte Wege und neue Anpflanzungen überformt, ohne daß die Insignien barocker Gartengestaltung völlig aus diesem Bereich verschwanden. Letztere integrierte man vielmehr in das räumliche Gefüge der neugestalteten Partien, so daß sie, wie im Fall der „Schnecke", bisweilen sogar als markante Blickpunkte des Landschaftsgartens fungierten.

Auch den alten Baumgarten jenseits der Ilm, den Stern, ließ Carl August ab Mitte der 1780er Jahre in den entstehenden Landschaftsgarten einbeziehen. Das barocke Wegenetz, das der Anlage ihren Namen gegeben hatte, blieb in seinen Grundzügen erhalten, wurde jedoch nach und nach von Parkpartien im englischen Geschmack umgeben, die den überlieferten Baumgarten gleichsam mit sanft geschwungenen Linien umspielten, damit die Strenge seiner geometrischen Konturen abmilderten und in den folgenden Jahren schließlich den gesamten Stern dem Landschaftsgarten einverleibten. Im Frühjahr 1784 veranlaßte Carl August zunächst umfangreiche Erdarbeiten, mit denen zahlreiche Tagelöhner monatelang beschäftigt waren.[32] Der Floßgraben, welcher für die inselartige Lage des Sterns verantwortlich ist, wurde befestigt und von zwei hölzernen Brücken, einer chinesische Bogenbrücke und einer Drehbrücke, überspannt.[33] Eine Fähre sorgte für eine weitere Verbindung zwischen dem Stern und den englischen Anlagen am westlichen Ilmufer. Daß er begonnen hatte, die nahe der Sternbrücke gelegenen Fischteiche zuzuschütten und die gewonnene Fläche mit verschiedenen Gehölzen zu bepflanzen, wußte Carl August bereits im Dezember 1782 in einem Brief an Knebel

30 ThHStAW: B 8537, Bl. 100ff.

31 Siehe oben, Kapitel 2.4.3.

32 ThHStAW: B 8533, Bl. 140–210 u. Bl. 262. Die Zahl der in den Gartenanlagen beschäftigten Tagelöhner betrug 70–80 im Frühjahr und Frühsommer der Jahre 1784–1787; insgesamt dürften einschließlich der Handwerker und zuweilen eingesetzter Fronbauern aus den umliegenden Dörfern zeitweise bis zu 150 Arbeiter an der Entstehung des Parks mitgewirkt haben. Vgl. Huschke 1951, S. 72. Die Rechnungsbücher über den Park verraten überdies zahlreiche Details, so z.B. über „Waldbußen und Pfandgelder", die von den „Verbrechern in den Fürstl. Garten Anlagen als Tagelohn abgearbeitet worden sind." ThHStAW: B 8540, Bl. 15.

33 ThHStAW: B 8532, Bl. 29v., 31r./v.; B 8533, Bl. 184; B 8537, Bl. 177.

zu berichten.[34] Nun ließ er auch den benachbarten Platz des sogenannten Waschbrünnchens durchforsten und neu bepflanzen. Geschlängelte Pfade wurden angelegt und der Brunnen selbst zu einer Quelle mit kleinem Wasserfall umgestaltet, der als sogenannter Läuterbach den Floßgraben speiste.[35] Zimmermanns Plan aus dem Jahre 1784 gibt ein frühes Stadium der Arbeiten wieder (Abb. 23). Welscher Garten und Stern tragen dort noch ihre ursprüngliche Gestalt, auch die vier unterschiedlich großen Fischteiche nahe der Schloßbrücke sind zu erkennen, doch auf der den Teichen benachbarten Fläche hat Zimmermann bereits erste „Neue Anlagen" eingezeichnet.

Am Hang unweit der Läuterquelle wurden im November 1784 „Tuffsteine von der alten Schanze für die Grotte an der Läuter angefahren" und „sogleich dort vermauert".[36] In der schattigen Wölbung dieser neuen, aus groben Steinen gefügten Grotte fand im Frühjahr 1786 die vom Hofbildhauer Martin Gottlieb Klauer geschaffene Skulptur einer Sphinx ihren Platz (Abb. 37).[37] Die Sphinx geht auf einen Entwurf von Georg Melchior Kraus zurück und evoziert noch einmal das Repertoire des empfindsamen Landschaftsgartens, dessen Denkmäler bekanntlich zuerst als Stimmungsträger fungierten.[38] Derzufolge sollte sich angesichts der felsigen Grotte, die inmitten dunkler Gehölze liegt und von zwei schweren Findlingsbrokken gewissermaßen beschwert wird, beim Betrachter eine nachdenklich-melancholische Gemütslage einstellen, die durch die Darstellung der Sphinx noch verstärkt wurde: Das geheimnisvolle Mischwesen bewacht bei den Ägyptern den Tempel, der das Heiligste birgt; es verfügt daher über den Schlüssel zu verborgenem Wissen. Als mythologische Figur gibt die Sphinx, auf einem Felsen oder einer Säule hockend, ein Rätsel zu lösen auf und bestraft jeden mit dem Tod, der es nicht errät. Neben der Sphäre des Todes – nicht selten wurden Sphingen vor Mausoleen angebracht – markierte sie an Tempeln und Grotten die Schwelle mystischer Initiation.[39] Zwar verbanden die Weimarer Parkgestalter mit der Sphinx keinen mystischen Ritus, doch evozierte die Skulptur in der Grotte jene vieldeutigen Überlieferungen, die den Spaziergänger zum nachdenklichen Innehalten mahnten.

Der düster-geheimnisvolle Charakter der Grotte im Stern wurde noch forciert durch einen künstlichen Wasserfall, der sich vor ihrer rundbogigen Öffnung von oben herab in ein steinernes Becken ergoß und die dahinter thronende Sphinx gleichsam verschleierte. Kraus lieferte nicht nur den Entwurf für die Skulptur, son-

34 Siehe oben, Kapitel 3.5.

35 ThHStAW: B 8535, Bl. 83ff. Der Name „Läuter" geht vermutlich auf das Läutern, das Spülen der Wäsche in diesem Bach bzw. im Brunnen zurück. Vgl. Vulpius 1962, S. 27.

36 ThHStAW: B 8533, Bl. 255f.; siehe auch B 8531, Bl. 12v.; B 8532, Bl. 28; B 8535, Bl. 137f.

37 ThHStAW: B 8537, Bl. 192ff.

38 ThHStAW: A 1127, Bl. 65; A 1135, Bl. 632.

39 Vgl. Buttlar 1995, S. 88ff. Buttlar bringt die Sphinxgrotte mit den freimaurerischen Aktivitäten Goethes und Carl Augusts in Verbindung. Dies ist eher unwahrscheinlich, zumal die Weimarer Freimaurerloge ihre Arbeit bereits 1782 eingestellt hatte. Zur Logenzugehörigkeit Goethes und Carl Augusts siehe Kapitel 4.5.2.

dern gab die effektvolle Darstellung auch in einer seiner Radierungen zum Park wieder (Abb. 38). Die von der Grotte hinterfangene Sphinx und der herabstürzende Wasserfall bilden das Zentrum des Blattes, während links und rechts der Grotte jeweils Staffagefiguren plaziert sind, die den Blick des Betrachters lenken und zugleich in ihrer respektvoll erstarrten Haltung die angemessene Rezeptionsweise der Anlage vorzugeben scheinen.

In der Umgebung der Grotte hatte Carl August hohe Zypressen und Lärchen anpflanzen lassen, was seine Intention, dieser Gegend einen melancholischen Charakter im Sinne Hirschfelds zu verleihen, unterstreicht. Neben der wasserfallartig gestalteten Mündung der Läuter in den Floßgraben wurde 1788 ein ebenfalls von Klauer skulptiertes Triton- und Nymphenrelief angebracht, und am südlichen Wegekreuz des Stern fand noch 1791 eine von Kraus entworfene, vom Gothaer Hofbildhauer Friedrich Wilhelm Döll in Gips geformte und von Klauer in Ton gebrannte Faun- oder Panstatue Aufstellung.[40] Die durch mehrere skulpturale Werke akzentuierte, von hohen Bäumen und kleineren Gewässern geprägte Partie trägt in den 1780er Jahren deutlich emblematische Züge – eine Tendenz, die man wenige Jahre später mit Blick auf den großen landschaftlichen Zusammenhang des Ilmtals und eine eher expressive Ausdrucksform wieder zurücknehmen wird. Zunächst aber vertraut der Herzog weiterhin auf die Aussagekraft verschiedener Bildwerke, mittels derer beim Betrachter eine bestimmte Stimmungs- und Gedankenwelt hervorgerufen werden soll. Die wald- und wasserreiche Gegend wird nicht allein um ihrer eigenständigen Wirkung willen gartenkünstlerisch gestaltet, sondern als Wohnort mythologischer Figuren in Szene gesetzt.

Die Rechnungsbücher über die Parkanlagen unterscheiden in diesen Jahren deutlich zwischen dem alten Baumgarten und dem „neuen Englischen Garten im Stern".[41] Zwar betraf ein Großteil der aufwendigeren Arbeiten besagte neue Anlagen, doch wurde der barocke Garten darüber keineswegs vernachlässigt. Carl August ließ hier eine ganze Reihe von Veränderungen vornehmen, deren Aufzählung schlaglichtartig die wichtigste Funktion dieses Parkteils erhellt: Die Zusammenfassung der für die Gartenanlagen aufgewendeten finanziellen Mittel erfaßt für den Stern einen Steintisch, Stühle und Bänke, eine neu angelegte Trou Madam – eine Art Kegelspiel – und einen eisernen Vogel zum Scheibenwerfen.[42] Die aus dem Barock überlieferten Wege und Plätze des Sterns blieben demnach weiterhin der höfischen Geselligkeit und den verschiedensten Vergnügungen vorbehalten. Die neu gestaltete Anlage mit dem „Kloster" auf der anderen Seite des Flusses – die Keimzelle des Landschaftsgartens – stand dagegen in der Tradition der Eremitagen und Einsiedeleien; sie entsprach eher den persönlichen Ambitionen des Herzogs und seinem Bedürfnis nach zeitweiligem Rückzug aus dem Getriebe des höfischen Lebens. Die Fourierbücher der 1780er Jahre belegen diese Tendenz, da sie den Stern

40 ThHStAW: B 8540, Bl. 28; B 8548, Bl. 46; B 8543a, Bl. 43. Vgl. auch Huschke 1951, S. 66f.
41 ThHStAW: B 8532, Bl. 2v.–4r.; B 8534, Bl. 2v./3r.; B 8535, Bl. 62. Siehe Anhang.
42 ThHStAW: B 8532, Bl. 2v.–4r.; B 8533, Bl. 140–150 und passim.

in den Sommermonaten ebenso wie die Gärten in Belvedere, Tiefurt und Ettersburg häufig als Schauplatz ausgedehnter Festtafeln für die gesamte Hofgesellschaft ausweisen, während im „Kloster“ meist Carl August allein oder im kleinsten Kreis bewirtet wurde.[43]

4.4. Der Park wächst in die Landschaft. Grundstücksankäufe

Wertet man die archivalischen Quellen aus, so ergibt für die Mitte der 1780er Jahre ein Bild lebhafter gartenkünstlerischer Aktivitäten an vielen Stellen des Ilmtals zwischen Weimar und Oberweimar. Die von Carl August veranlaßten Arbeiten, anfangs auf wenige Bereiche konzentriert, wurden nun systematisch ausgedehnt, da der Herzog neben den überlieferten Gärten auch die sich nach Süden erstreckende Flußaue sowie die umliegenden Hänge in die Planung einbezog. Im Oktober 1785 schrieb Carl August an Knebel über seine Vorhaben:

> Das erbärmliche Wetter hält mich doch nicht ab, Hirsche zu schießen, Hasen par force zu jagen und Entwürfe zu Winterarbeiten in meinen Anlagen zu machen. Diesen Winter lass' ich ein Stück Arbeit machen, welches dem Ganzen ein viel anderes Ansehen geben wird, indem es die Spaziergänge der kalten Küche mit dem Webicht verbindet, die Wiesen genießbarer macht und dem Exercierplatz die Unannehmlichkeit nimmt, die er bisher gehabt hat, und ihn dafür zu einem Orte verändern wird, wo man sich künftighin gern aufhalten wird. Viele Menschenhände werden beschäftigt und mehrere Klumpen Erde umgekehrt werden. Die Hölzer, welche ich nun zwei Jahre hinter einander aus England bekommen habe, wachsen in Belvedere vortrefflich; ich hoffe sie füglich fortpflanzen zu können.[44]

Zum ersten Mal äußert Carl August hier den Gedanken, die verschiedenen Landschaftsteile der Ilmaue mit dem angrenzenden Waldgebiet des Webicht zu verbinden. Zunächst dachte er dabei an die neuen Wege und Brücken, die für eine Verbindung des westlichen Ilmufers – der „Kalten Küche“ – mit den neuen Anlagen im Stern sorgten, und vom Stern aus nahm er das nordöstlich sich anschließende Waldgebiet in den Blick. Damit ließ der Herzog ab Mitte der 1780er Jahre eine Vorstellung in die gartenkünstlerische Praxis übertragen, die bereits in den frühen Plänen von Güssefeld zum Ausdruck gekommen war. Speziell der 1778 gezeichnete Plan des Webicht hatte die von Carl August erwähnte Verbindung der „Kalten Küche“ mit dem einstigen Jagdrevier gewissermaßen vorformuliert (Abb. 20). Wiederholt finden sich nun in den herzoglichen Annalen Hinweise auf neu zu erwerbende Gärten, die Carl August aus privater Hand kaufte, um die einzelnen Partien zu einem landschaftlichen Kontinuum zusammenschließen zu können.[45] Noch ehe

43 Siehe beispielsweise das *Fourierbuch des Jahres 1783*; ThHStAW: HA E Nr. 32, S. 86–117.

44 Carl August an Karl Ludwig von Knebel, Weimar 9. Oktober 1785; *Briefwechsel Carl August – Knebel/Herder*, S. 55f.

45 Mehrere von Goethe verfaßte Aktennotizen behandeln die topographische Vermessung des ganzen Landes, auch einzelner Güter und Grundstücke, die der Herzog im Frühjahr 1785 vornehmen ließ. Siehe dazu *Briefwechsel Carl August – Goethe*, S. 56ff.

eine großräumige landschaftliche Gestaltung des eigentlichen Ilmtals in Angriff genommen wurde, entwickelte Carl August den ehrgeizigen Plan eines durchgehenden Grünzugs, der die neuen Parkanlagen in die umliegenden Wiesen und Wälder einbinden sollte. Die Idee eines solchen Grünzugs wird in den folgenden Jahren weiter an Kontur gewinnen. Im Mai 1789 ordnet Carl August schließlich an, die durch das Webicht führende Allee künftig dem Park zuzurechnen und die Erhaltung der Wege im gesamten Waldgebiet nicht länger der Straßenbaukommission, sondern der Parkverwaltung und damit den Hofgärtnern zu unterstellen.[46]

Betrachtet man eine Ansicht Weimars von der Hand des ambitionierten jungen Gärtners Johann Christoph Carl Gentzsch aus dem Jahre 1784, so erscheinen die von Carl August beschlossenen Schritte von der Garten- zur übergreifenden Landschaftsgestaltung naheliegend (Abb. 39). Das Aquarell zeigt die Stadt eingebettet in eine sanfte Hügellandschaft und von Gärten umgeben. Einige dieser Gärten brachte der Herzog nun in seinen Besitz, um seinen Park in die Landschaft auszudehnen, oder, anders formuliert, ihn in den landschaftlichen Kontext gleichsam einzuweben.

Mauern sollten niedergerissen und Tore geöffnet werden, um dem Park eine kontinuierliche Gestalt zu geben, die schließlich ins offene Land übergeht. Ein Beispiel für diese Vorgehensweise stellt das Rothäuser Gut dar, ein umfangreicher Grundbesitz, der sich östlich der Ilm auf dem ansteigenden Gelände zwischen der Schloß- und der Kegelbrücke erstreckte.[47] Das sogenannte Rote Haus auf dem ehemaligen Bauernhof war im April 1785 niedergebrannt, und bereits im Monat darauf wurde von seiten Carl Augusts über den Kauf des Anwesens verhandelt.[48] Neben mehreren kleineren Gebäuden, die sogleich abgetragen wurden, befanden sich dort ausgedehnte Gärten – zudem hatte man den Hang einst als Weinberg genutzt. Mit der Erwerbung des Rothäuser Gartens sollte der Park auf das Gebiet nördlich der Schloßbrücke ausgedehnt werden. Vom Schloß selbst ging, da man sich noch nicht an den Wiederaufbau der Brandruine gewagt hatte, keinerlei Orientierung für die Gestaltung der Parkanlagen aus. Der Landschaftsgarten im Ilmtal besitzt somit keinen architektonischen Ausgangspunkt, sondern folgt als Grundmotiv dem Lauf des Flusses. Seine Wege und Pflanzungen ziehen gleichsam an dem barocken Bau des Schlosses vorüber und verbinden anstelle einer Bezugnahme auf die Architektur mehrere die Residenzstadt umgebende Landschaftsteile miteinander. Durch das neugewonnene Gelände des Rothäuser Guts beabsichtigte Carl August eine weitere Verbindung zwischen Stern und Webicht zu schaffen. Durch das Webicht führte der Weg weiter nach Tiefurt, so daß der dortige Landschaftsgarten dem Weimarer Park durch das Engagement des Herzogs buchstäblich näher rückte.

46 ThHStAW: B 8543b, Bl. 1–3.

47 Die bereits 1430 erwähnte Kegelbrücke – nördlich der Schloßbrücke gelegen – war 1749 aus Stein erbaut worden. Siehe *Das Weimarische Sommer-Vergnügen über die Anno 1749 neu verfertigte Ilmen-Brükke in das daran liegende Lust-Hölzgen [...], entworffen von Johann Sebastian Brunner*, Weimar 1749.

48 ThHStAW: B 8506, Bl. 1–12.

Im Brief Carl Augusts an Knebel ist auch von den Wiesen die Rede, die neben dem Floßplatz nahe des Sterns beginnen und in südöstlicher Richtung den Weg der oberweimarischen Straße säumen. Unter dem Datum des 10. Oktober 1785 verzeichnen die Rechnungsbücher, daß der Gärtner Gentzsch im Begriff sei, „einen Weg von der Jenaischen Chaussee an bis auf die Ober Weimarische Wiese bey des Geheimen Assistenz Rath Schmidts Garten [...] zu fertigen und zu planniren.“[49] Carl August ließ die gärtnerischen Arbeiten damit auf den östlich der Ilm gelegenen Hang ausdehnen, der sich als sogenanntes Horn bis nach Oberweimar erstreckt.[50] Der von Gentzsch anzulegende Weg bildete fortan die äußere östliche Begrenzung des für die Eingliederung in den Park vorgesehenen Geländes; er läßt somit die Ausdehnung des künftigen Landschaftsgartens in dieser Richtung erkennen. Einige der innerhalb des Umfassungsweges gelegenen Ackerstücke gingen zu dieser Zeit in herzoglichen Besitz über und wurden durch systematische Rodungen und Pflanzungen in die Parkgestaltung einbezogen.

Vom Garten des Geheimen Assistenzrats Johann Christoph Schmidt, der südlich an Goethes Garten grenzte, führte man einen Weg ins Ilmtal, der bis zum ehemaligen Duxgarten reichte. Der Duxgarten erstreckte sich im Tal in einem Bogen des Flusses und war bereits im Jahr zuvor den herzoglichen Ländereien zugeschlagen worden. Anstelle eines alten Steges entstand hier eine neue hölzerne Bogenbrücke über die Ilm, während ganz in der Nähe ein Badehaus für den Herzog eingerichtet wurde.[51] Eine Fähre verband ab April 1786 die Gegend des Duxgartens mit dem jenseitigen Flußufer und den Wegen im südlichen Teil der „Kalten Küche“.[52] Daß, wie schon geschildert, der an den Welschen Garten grenzende Exerzierplatz in den Landschaftsgarten einbezogen und damit eine zuvor durch das Militär genutzte Fläche nun der Obhut von Gärtnern überantwortet wurde, erscheint symptomatisch für den gartenkünstlerischen Enthusiasmus eines Herzogs, der in diesen Jahren neben allen außenpolitischen Bestrebungen die Parkgestaltung zu seinen vordringlichen Interessen zählt.

Über die aus England eingetroffenen Gehölze, von denen Carl August in seinem Brief an Knebel spricht, geben die archivalischen Quellen wiederholt Auskunft. Umfangreiche Listen dokumentieren die Lieferung verschiedener Pflanzen aus London, darunter Zypressen, Wacholder, Magnolien, Azaleen, Gleditschien und Rhododendren.[53] Teilweise handelt es sich bei den Baumlieferungen um nordamerikanische Gewächse wie Weymouthskiefern und Virginische Zedern, die wegen ihrer zahlreichen Verwendung in den Landschaftsgärten Englands unter dem Be-

49 ThHStAW: B 8535, Bl. 154. Vgl. auch Huschke 1951, S. 68.

50 Die Bezeichnung „Horn“ für den Höhenzug östlich der Ilm ist bereits seit 1378 überliefert. Das Weimarer Schloß trug im Mittelalter den Namen Hornstein. Vgl. Bechstein 1936, S. 89.

51 ThHStAW: B 8532, Bl. 32 r./v.; B 8533, Bl. 289ff.; B 8534, Bl. 2v./3r.; B 8535, Bl. 52. Siehe Anhang: Ausgewählte Quellen.

52 ThHStAW: B 8537, Bl. 177.

53 ThHStAW: B 8537, Bl. 83–98.

griff „englische Hölzer" zusammengefaßt wurden.[54] Auch aus Leipzig und Harbke trafen mehrmals ausländische Gehölze und Sämereien in Weimar ein, so beispielsweise eine große Anzahl lombardischer Pappeln sowie Samen für Akazien- und Lärchenbäume.[55] Der Belvederer Hofgärtner Reichert zog und hegte sämtliche Gewächse in seiner 1776 südlich des Schießhausgartens angelegten Baumschule oder in Belvedere, bis sie ihren endgültigen Platz in den Parkanlagen fanden.[56] Eine weitere Baumschule, die sogenannte Jäger-Plantage, entstand im Sommer 1786 westlich des Welschen Gartens, und auch der dortige Nutzgarten wurde 1788 in eine Baumschule umgewandelt.[57]

In den ersten Jahren der Parkentwicklung, als die von Carl August veranlaßten Arbeiten vorwiegend auf die Gegend der „Kalten Küche" beschränkt blieben, hatte man fast ausschließlich heimische Bäume und Sträucher angepflanzt, so etwa Fichten aus dem Berkaer Forst und Laubgehölze, die im Webicht herangewachsen waren.[58] Die ab Mitte der 1780er Jahre deutlich wachsende Pflanzenvielfalt zeugt vom zunehmenden botanischen Interesse des Herzogs, steht aber auch für differenziertere Gestaltungsabsichten im Park, dessen einzelne Partien nun ihrem jeweiligen Charakter entsprechend bepflanzt werden sollten. Reicherts Baumschule in Belvedere wuchs in den folgenden Jahren zu einer umfangreichen eigenen Plantage auch für seltenere Gewächse an. Nicht zuletzt schickte der Dessauer Herzog mehrmals Körbe mit jungen Bäumen nach Weimar, so beispielsweise im April 1787, als aus Wörlitz ein Präsent mit ausländischen Pflanzen und Sämereien eintraf.[59] Carl August ließ auch Teile der neu erworbenen Grundstücke zwischenzeitlich für die Aufzucht von Gehölzen nutzen, ehe er die Ländereien nach ästhetischen Maßstäben zu gestalten begann. Im Jahr 1787 werden in den herzoglichen Rechnungsbüchern erstmals sämtliche Gartenanlagen im Ilmtal zwischen Weimar und Oberweimar unter dem Begriff „Park" zusammengefaßt.[60] Zuvor hatte man diese Bezeichnung ausschließlich für die erste nach englischem Geschmack gestaltete Partie im Gelände der „Kalten Küche" verwendet. Nun bewirkten die unter der Ägide Carl Augusts vorangetriebenen Arbeiten im Flußtal und an den umliegenden Hängen, daß der landschaftliche Zug des Ilmtals als zusammenhängende Parkanlage aufgefaßt werden konnte.

54 Vgl. Huschke 1951, S. 72.

55 ThHStAW: B 8539, Bd. 2, Bl. 101 u. 129; B 8540, Bl. 18, 24 u. 51.

56 ThHStAW: B 8544, Bl. 19r., sowie zahlreiche weitere Nachweise in der Abteilung *Baumschulen und Pflanzungen* der betreffenden Rechnungsbücher von 1784–1790.

57 ThHStAW: B 8537, Bl. 259ff.; B 8539, Bd. 2, Bl. 87 u. 108; B 8544, Bl. 23v.

58 Vgl. Jäger 1978, S. 342.

59 Vgl. ebd., S. 346.

60 ThHStAW: B 8538. Siehe Anhang: Ausgewählte Quellen.

4.5. Gotik und Klassik. Monumente und Architekturen

4.5.1. *Genio huius loci.* Der Schlangenstein

Nicht allein wegen der Etablierung des „Park"begriffes für sämtliche gartenkünstlerischen Anlagen im Ilmtal stellt das Jahr 1787 einen herausragenden Moment in der Entwicklung des Landschaftsgartens dar. Die Hofgärtner setzten ihre Arbeiten an den zahlreichen Schauplätzen landschaftsgärtnerischer Gestaltung mit offenbar noch erhöhter Intensität fort. Der Große Stein in der „Kalten Küche" wurde durch eine Inschrifttafel dem Dessauer Fürsten Franz zugeeignet.[61] Unweit dieses Monuments entstanden zur gleichen Zeit ein Denkmal und eine Parkarchitektur, die auf jeweils eigene Weise zu den markantesten Punkten in der Gesamttopographie des Parks zählen.

Im April 1787 verzeichnen die archivalischen Quellen, daß der Hofbildhauer Martin Gottlieb Klauer mit der Arbeit an einem „antiquen Altar in der Kalten Küche" beschäftigt ist.[62] Bei dem Monument handelt es sich um den sogenannten Schlangenstein, der an einer schattigen, sich zu einem kleinen Platz weitenden Wegbiegung in den neugeschaffenen Anlagen wenige Schritte südwärts vom „Kloster" errichtet wurde.[63] Die Form des Denkmals ist einem antiken Rundaltar nachempfunden: Über einer attischen Basis erhebt sich ein zylindrischer Körper, der in einer Wulst und einer darauf lagernden kreisrunden Platte seinen oberen Abschluß findet.[64] Der kräftige Leib einer Schlange windet sich spiralförmig um den Altar, bis der Kopf des Tieres neben den auf der Platte dargebrachten Brotlaiben erscheint; die Schlange ist offensichtlich im Begriff, eines der Brote zu verschlingen (Abb. 40). Sie ringelt sich so um den Stein, daß auf dessen Rückseite zwei und vorne eine Windung ihres mächtigen Leibes sichtbar werden. Der Schlangenkörper teilt auf der Vorderseite den Zylinder der Trommel ungefähr in der Mitte, so daß im oberen Segment ausreichend Raum bleibt für die in Majuskeln eingetiefte zweizeilige lateinische Inschrift GENIO HUIUS LOCI.

Das Motiv der Schlange an einem Opferaltar verweist zunächst auf eine literarische Vorlage. In seiner *Aeneis* schildert der römische Dichter Vergil eine eindrückliche Szene, in der Aeneas am Grab seines Vaters innehält, um den großen Anchises zu ehren und seine Seele anzurufen, während auf den Altären Tiere und Schalen mit Wein geopfert werden.[65] Mitten in dieser Zeremonie erscheint eine Schlange, die sich über die Altäre windet und von den dargebrachten Speisen ko-

61 ThHStAW: B 8538, Bl. 11v./12r.; B 8539, Bl. 114–117.

62 ThHStAW: B 8538, Bl. 9v.; B 8539, Bl. 55; B 8540, Bl. 7.

63 Vgl. Dorothee Ahrendt: Artikel *Martin Gottlieb Klauer (1742–1801). „Schlangenstein"*, in: Schuster/Gille 1999, S. 282f.; Neutsch 1975, S. 321–324; Trunz 1983; Walther 1897.

64 Das Original des Schlangensteins befindet sich heute in der ständigen Ausstellung des GNM, während im Park eine Kopie in originaler Farbgebung Aufstellung gefunden hat. Höhe 1140 mm, Dm 740 mm (ohne Plinthe).

65 Vergil, *Aeneis V*, 84–96.

stet. Aeneas aber setzt die Ehrung des Alten fort, „ungewiß, ob ihm ein Schutzgeist der Gegend oder ein Helfer / Seines Vaters erschienen."[66] Berichten des Plinius zufolge wurden Schlangen im antiken Rom als Haustiere gehalten und als häuslicher Schutzgeist sowie als Symbol der Fruchtbarkeit, Heilkraft und Erneuerung verehrt.[67] Mit der Gabe der Weissagung ausgestattet, galt die Schlange als Symbol der nahen, schützenden und segnenden Gottheit. Die Verbindung von Ara und Schlange war in der hellenistischen Plastik vorgebildet worden und setzte sich in römischen Bildwerken fort. Ein Blatt aus den berühmten *Vedute di Roma* des italienischen Kupferstechers und Archäologen Giovanni Battista Piranesi (1720–1778) zeigt inmitten eines antiken Bacchustempels einen Rundaltar, um den sich eine Schlange windet (Abb. 41).

Auch auf einem Wandgemälde aus Herculaneum, das man 1749 im Zuge der Ausgrabung der Stadt gefunden hatte, ist ein schlangenumwundener Opferaltar zu sehen, dem sich von links ein nackter Knabe mit einem Ölzweig nähert.[68] Das Motiv wurde in Kupfer gestochen und in den ersten Band der ab 1757 in Neapel erschienenen *Pitture Antiche D'Ercolano* aufgenommen (Abb. 42). Dieses achtbändige Stichwerk, das die antiken Bildfunde aus der verschütteten Stadt nahe des Vesuv einem breiten Publikum bekanntmachte, wurde kurz nach seinem Erscheinen für die Weimarer herzogliche Bibliothek angekauft. Die Kupfertafel, welche Carl August als unmittelbare Vorlage zur Gestaltung eines neuen Denkmals in der Kalten Küche diente, gibt das kleinformatige Gemälde aus Herculaneum präzise wieder. Die mächtige Schlange schickt sich an, eine der auf dem Opferaltar dargebrachten Früchte zu verschlingen. Auf dem Bildgrund rechts neben der zentral positionierten Ara ist der Schriftzug GENIUS HUIUS LOCI MONTIS zu lesen, der auf dem Originalgemälde kaum mehr zu entziffern war. Das lateinische Epigramm identifiziert die Schlange als Schutzgeist dieses Ortes, dieses Berges – womit zweifellos der nahegelegene Vesuv gemeint ist.[69]

Daß Schlangen als autochthone Wesen sich meist im Inneren der Erde verborgen halten und an ihren angestammten Platz stets zurückkehren, prädestinierte sie als Schutzgeister speziell wald- und felsreicher Gegenden. Sie kriechen aus Erdlöchern und unterirdischen Höhlen hervor und verschwinden ebenso unbemerkt wieder darin, um ihre Nester anzulegen, weshalb man ihnen eine die Erde behütende Kraft zusprach. Der Knabe mit dem bekränzten Haupt in der linken Bildhälfte blickt den Betrachter an und führt einen Zeigefinger zum Schweigegebot an die Lippen, eine Geste, die für Harpokrates und den Isis-Kult der Vesuvstätte charakteristisch ist, in dem wiederum der Schlange eine wesentliche Bedeutung zu-

66 Vergil, *Aeneis V*, 95f., hier: deutsch von Emil Staiger, Zürich/München 1981, S. 115f.

67 Plinius Secundus d.Ä., *Naturkunde*, Buch X, 207f. Vgl. auch Stichwort *Schlange*, in: Der Kleine Pauly, Bd. 5, Sp. 15f.

68 Vgl. *Le Pitture Antiche D'Ercolano*, Tome I, S. 202, Anm. 12.

69 Über den Genius als Schutzgeist und die häufig vorkommende Schlangengestalt des *Genius loci* vgl. Stichwort *Genius*, in: Der Kleine Pauly, Bd. 2, Sp. 741f.

kommt.[70] Der Autor der ebenfalls für die herzogliche Bibliothek angekauften, 1781 erschienenen französischen Ausgabe des Stichwerkes bemerkt zudem, daß die Schlange den Altar mit den Windungen ihres Körpers in einer Weise umklammert, welche an die sich um den Stab des Gottes Aesculap windende Schlange denken läßt.[71]

Die plastische Gestalt des Rundaltars auf der Kupfertafel ließ eine Rückführung des Motivs in ein skulptiertes Bildwerk naheliegend erscheinen. Das Epigramm liefert das sichere Indiz dafür, daß Carl August tatsächlich durch die Stichvorlage zu dem Weimarer Denkmal des Schlangensteins inspiriert worden ist. Für das von Klauer geschaffene Monument wurde die Inschrift um das Wort MONTIS gekürzt und durch die Kasusänderung von *Genius* zu *Genio* in eine Votivinschrift umgewandelt. Auf diese Version des Epigramms wird in den *Pitture Antiche D'Ercolano* selbst als gebräuchliche Variante verwiesen.[72] Der Stein wurde somit dem durch die Schlange symbolisierten *Genius loci* gewidmet: Carl August wollte ihn offensichtlich als Huldigung an den Geist des Ortes – der den landschaftlichen Charakter des felsigen Ilmhangs ebenso einschließt wie die nach englischem Geschmack gestalteten Parkanlagen – verstanden wissen. Die Schutz- und Lebensgeister des Waldes, des Tals und des Flusses zu beschwören, dies bedeutet, in die Sprache der zeitgenössischen Gartentheorie übersetzt, den jeweils eigenen Charakter der landschaftlichen Partien zu achten und deren Vorzüge durch eine den Prinzipien der Natur verpflichtete gartenkünstlerische Gestaltung zu unterstreichen. Auf diese Weise verbindet das schlichte Monument des Schlangensteins die antike Gedankenwelt mit der ästhetischen Auffassung des späten 18. Jahrhunderts.

Die Huldigung an den Geist des Ortes korrespondiert inhaltlich mit Goethes Epigramm am südlichen Ende der „Kalten Küche", in dem der Dichter mit den Nymphen gleichsam die mythischen Bewohnerinnen der quell- und waldreichen Gegend anruft. Der von Carl August in Auftrag gegebene Schlangenstein ist aber noch in anderer Hinsicht mit Goethe verbunden. Direkt gegenüber des Denkmals auf der anderen Seite der Ilm liegt Goethes Garten, der den zehn Jahre zuvor geschaffenen „Stein des guten Glücks" beherbergt. Als Pendant zu diesem Monument plante der Dichter bekanntlich 1780 nach dem Ende der gemeinsam mit Carl August unternommenen Schweizreise, am dichtbewachsenen Steilufer – den „Gärten und Gebüschen" des Herzogs – ein Denkmal zur Erinnerung an den glücklichen Verlauf der Reise errichten zu lassen. Eine der vier Seiten des in kubischer Form geplanten Monuments sollte die Inschrift *Fortunae Duci reduci natisque Genio et Termino ex Voto* tragen, welche nach Goethes Bekunden „keine blose Phrase" sei.[73] Sei-

70 Vgl. *Le Pitture Antiche D'Ercolano*, Tome I, S. 205, Anm. 23; siehe auch ebd., S. 203f., Anm. 17.

71 Vgl. *Antiquitées d'Herculaneum gravées par F. A. David, avec leurs explications par L. Sylvain M.*, Tome I, Paris 1781, Tav. 108. Autor des umfangreichen Begleittextes zu den – aus der italienischen Ausgabe übernommenen – Kupferstichen ist der Schriftsteller Pierre Sylvain Maréchal (1750–1803). Vgl. dazu Trunz 1983, S. 130–135.

72 *Le Pitture Antiche D'Ercolano*, Tome I, S. 204, Anm. 18: „Molte sono le iscrizioni, in cui si trova nominato il *Genio del luogo* con queste parole istesse di *Genio hujus loci*."

ne Pläne gelangten bekanntermaßen nicht zur Ausführung, doch nahm Carl August den Gedanken an eine Skulptur in den westlichen Uferpartien der Ilm im Frühjahr 1787 wieder auf. Anstelle des personifizierten Genius, von Goethe als „Antreiber, Wegmacher, Wegweiser, Fakelträger mutigen Schrittes" bezeichnet, wurde in dem von Klauer geschaffenen Monument dem Schutzgeist der Landschaft gehuldigt, die Aussage also hinsichtlich des Aufstellungsorts in den vom Herzog initiierten englischen Gartenanlagen konkretisiert.[74] Die Verneigung vor dem Geist des Ortes entsprach gleichzeitig mythisch-religiösen Vorstellungen, wie sie in der römischen Dichtung überliefert sind, und der Naturreligiosität des 18. Jahrhunderts. Diese Naturreligiosität verlangte nicht nur den Glauben an einen universellen Geist, sondern an dessen Vervielfachung, so daß jedes Wesen, jeder Ort und eben auch die Natur von einem eigenen Schutzgeist behütet wird, den es zu verehren gilt. Somit spiegelt der Schlangenstein nicht zuletzt den Geist der spinozistischen Naturlehre, mit der sich unter anderen Goethe und Herder intensiv auseinandergesetzt hatten.[75]

Es ist aber auch vermutet worden, daß Carl August mit dem *Genius huius loci* nicht zuletzt Goethe selbst gemeint hat.[76] Daß der Dichter in seinen frühen Weimarer Jahren den Anstoß zur landschaftlichen Gartenkunst und damit zur sukzessiven Parkgestaltung im Ilmtal gegeben hatte, daß er überdies seine eigene ästhetische Sicht auf die Natur – nicht zuletzt während der gemeinsamen Schweizreise – entscheidend gefördert hatte, war dem Herzog wohl bewußt. Insofern lag der Gedanke nahe, in Goethe den Genius des Ortes zu erkennen und auch ihm mit dem Denkmal ein Zeichen der Huldigung zu setzen. Eine solche inhaltliche Ambivalenz mag vom Auftraggeber des Steins durchaus intendiert gewesen sein, wofür auch der Zeitpunkt seiner Errichtung spricht. Goethe weilte im Frühjahr 1787 in Italien; am Tag der Rechnungslegung Klauers für das vollendete Monument bestieg er in Sizilien den Ätna.[77] Aus Goethes Briefen wußte Carl August um dessen enthusiastisch gefeierte Begegnung mit den Werken der antiken Kunst. Daß der Herzog dem neuen Denkmal mit dem Herculaner Wandbild ein Motiv zugrunde legte, das in seiner ursprünglichen Fassung dem Schutzgeist eines anderen süditalienischen Vulkans, des Vesuvs, gewidmet ist, korrespondiert freilich nur zufällig mit Goethes Vulkanbesteigung genau in diesen Tagen. Während Goethe durch Italien reiste, veranlaßte der Herzog in Weimar die Schaffung des ersten Parkdenkmals, das in

73 Johann Wolfgang Goethe an Johann Caspar Lavater, Ende November 1779; WA IV/4, S. 141–146, hier S. 142f.

74 Ebd., S. 143.

75 In den Jahren 1784/85 las Goethe mit Charlotte von Stein Spinozas *Ethik* und diktierte ihr seine *Studie nach Spinoza*. 1785 erschien Jacobis Schrift *Über die Lehre des Spinoza*, die ihrerseits heftig diskutiert wurde. Schließlich schrieb Herder das Buch *Gott. Einige Gespräche über das System des Spinoza*, das Goethe 1787 in Rom kennenlernte und freudig begrüßte.

76 Vgl. Huschke 1951, S. 75; Neutsch 1975, S. 325. Für die gegenteilige Auffassung vgl. Vulpius 1962, S. 27.

77 ThHStAW: B 8539, Bl. 55. Vgl. Goethe, *Italienische Reise*; MA 15, S. 357–362.

seiner Anlehnung an die Antike formal und inhaltlich ein klassisch-klassizistisches Bildwerk darstellt. Die Skulptur scheint damit vorausweisen zu wollen auf jene künstlerischen Impulse, die Goethe in Italien erfuhr und die er nach Weimar mitbringen würde, wo sie nicht zuletzt im Ilmtal konkrete architektonische Gestalt erlangen sollten. Die Entwicklung des Parks steht mit dem Schlangenstein gleichsam an einem Wendepunkt zur klassischen Form, was sowohl an der landschaftlichen Gestaltung als auch an weiteren Denkmälern und Architekturen im Park abzulesen sein wird.

Beinahe zehn Jahre später sollte Goethe das Motiv der Schlange dichterisch verarbeiten. In seinem 1795 im Zyklus der *Unterhaltungen deutscher Ausgewanderten* erschienenen, von geheimnisvoller Symbolik getragenen *Märchen* bildet eine Schlange das Zentrum des Geschehens.[78] Der Leser wird in eine Flußlandschaft versetzt, in der jene Schlange sich durch Gebüsch und Felsritzen windet, Goldstükke verschlingt und davon zum Leuchten gebracht wird, und schließlich die von Anbeginn herrschende Getrenntheit der Flußufer überbrückt, indem sie sich über den vom Regen angeschwollenen Strom wölbt. Die moralisch-politische Tendenz des Märchens legt hier den Gedanken an eine Brücke in die Vergangenheit, zum „Reich unserer Väter" nahe. „Gedenke der Schlange in Ehren!", heißt es am Ende der gleichnishaften Erzählung, in der das uralte Bild-Motiv des sich windenden Schlangenkörpers von allgemeiner Erlösung kündet.[79]

4.5.2. Ritter vom Tempelorden. Der Gotische Salon

Das Engagement Carl Augusts für die Entstehung des Weimarer Parks wurde, wie die Genese der bisher analysierten Parkmonumente und -architekturen verdeutlicht, von unterschiedlichen Funktionen und Interessen geprägt, die – legitimiert durch die zeitgenössische Gartentheorie – in verschiedenen Stilen ihren Ausdruck fanden. Mit dem Schlangenstein hatte Martin Gottlieb Klauer im Frühjahr 1787 das erste klassizistische Denkmal in den neuen englischen Anlagen des Herzogs geschaffen. Zur gleichen Zeit ließ Carl August oberhalb der „Kalten Küche", wo der Welsche Garten in den Landschaftspark einbezogen worden war, ein Gebäude im gotischen Stil errichten – den sogenannten Gotischen Salon. Analog zu der von Sabine Schneider am Beispiel von Klassizismus und Romantik dargelegten komplexen diskursiven Konstellation um 1800 können hier auch gotische und klassische Formen als „zwei Konfigurationen der *einen* ästhetischen Moderne" aufgefaßt werden.[80]

An seiner südlichen Umfassungsmauer, wo der Welsche Garten an den vormaligen Schießhausgarten grenzte, befand sich ein Bauwerk, welches bereits um 1670

78 Goethe, *Das Märchen*; MA 4.1, S. 519–550. Vgl. auch Borchmeyer 1994, S. 252f.
79 Ebd., S. 547.
80 Vgl. S. Schneider 2002.

entstanden war und zunächst als Gewächshaus, später als Orangenhaus gedient hatte.[81] In der barocken Anlage hatte das Gebäude den südlichen Abschluß der wichtigsten Querachse des Gartens, in deren Mittelpunkt die „Schnecke" lag, gebildet. Diesem Standort entsprechend fungierte das Orangenhaus zugleich als *point de vue*, Architekturstaffage und Zielpunkt der lustwandelnden Gartenbesucher (Abb. 5). Nach geringfügigen baulichen Veränderungen begann man den Bau nach dem Schloßbrand Mitte der 1770er Jahre als gelegentlichen Treffpunkt für die höfische Gesellschaft zu nutzen – in diesen Zusammenhang ist wohl auch der frühe, von Ernst August Baum im September 1774 vorgelegte Plan für die Neugestaltung der südlichen Gartenpartie um das Orangenhaus einzuordnen (Abb. 6).

Aus dem Jahr 1781 sind indessen zwei Zeichnungen des herzoglichen Baukontrolleurs Johann Friedrich Rudolf Steiner (1742–1804) überliefert, die ebenfalls Entwürfe für einen Umbau des alten Orangenhauses darstellen. Der erste Entwurf ist noch gänzlich von barockem Formwillen bestimmt: Ein pavillonartiger, mit Walmdach versehener Hauptbau, dessen Mittelachse unter anderem durch Dreiecksgiebel, bekrönende Vasen und von Festons umrahmte Reliefmedaillons stark betont ist, wird beidseitig von niedrigeren Gebäudeflügeln flankiert, welche gleichsam an die Stelle der barocken Gartenmauer treten. Das zweite Blatt gibt nur die Südfassade des Gebäudes wieder, nun aber in deutlich schlichterem klassizistischen Gepräge. Steiners Entwürfe wurden nicht ausgeführt.

Obwohl man das Orangenhaus bereits jahrelang provisorisch als Salon für die Hofgesellschaft genutzt hatte, veranlaßte Carl August seine bauliche Umgestaltung erst im Februar 1786, nachdem die östlichen Partien des Welschen Gartens in den entstehenden Landschaftspark einbezogen worden waren. Auch den gesamten angrenzenden Schießhausgarten hatte der Herzog im Frühjahr 1786 übernommen und damit die neuen Parkanlagen weiter nach Süden ausgedehnt; die Mauer zwischen beiden Gärten war teilweise abgebrochen worden.[82] So konnte bis zum Herbst 1787 auf den Grundmauern des ehemaligen Gewächshauses eine Gartenarchitektur entstehen, die inmitten der sanft geschwungenen Linien neuer Wege, Baumgruppen und Wiesenflächen lag.[83]

Unter der Leitung Steiners ließ Carl August einen Sommersalon in gotischen Architekturformen errichten: einen Saalbau über rechteckigem Grundriß, dessen Südfassade fünf hohe Spitzbogenfenster gliederten, während auf der Nordseite ebensolche Fenster aufgemalt wurden (Abb. 43).[84] Umlaufende Zinnen bildeten

81 Vgl. A. Schneider 2002.

82 Stadtarchiv Weimar: HA I-7–8, Bl. 16 u. 18ff.

83 ThHStAW: B 8538, Bl. 11ff.; B 8539, Bl. 112f. Vgl. auch *Weimarer Klassikerstätten*, S. 281.

84 Schon die Fensterfront des Orangenhauses war den Bedürfnissen der Pflanzen entsprechend nach Süden ausgerichtet. Die Nordseite wurde im Sinne einer Gartenschaufassade gestalterisch aufgewertet; diese „Scheinfassade" blieb auch für den Nachfolgebau charakteristisch. Vgl. A. Schneider 2002, S. 98. – Die Radierung von Kraus läßt an der Westseite des Gebäudes einen Anbau erkennen, der 1792 errichtet und als Raum für das Orchester, welches bei Hofbällen aufspielte, genutzt wurde.

den oberen Abschluß der Umfassungsmauern, deren Schmalseiten mit spitz zulaufenden kreuzgeschmückten Treppengiebeln versehen wurden. In der Mittelachse des Gebäudes brachte man an beiden Seiten gläserne Eingangstüren an, die jeweils über eine Freitreppe zu erreichen waren und zu einem einfach ausgestatteten Saal im Inneren führten. Ende Mai 1788 sorgte Martin Gottlieb Klauer – derselbe Künstler also, der den klassizistischen Schlangenstein geschaffen hatte – für die Bekrönung der Eckzinnen mit vier lebensgroßen hölzernen Figuren. Ihre farbige Fassung, namentlich das weiße Gewand mit dem deutlich erkennbaren roten Kreuz an der überlieferten Skulptur, weist die Figuren als Ritter vom Tempelorden aus (Abb. 44).[85] Neben den Bauformen ist wohl auch den vier Tempelherren, wie die Statuen bereits zum Zeitpunkt ihrer Aufstellung genannt wurden, die Bezeichnung des Gartensalons als „Gotische Kapelle" zu verdanken.[86] Daneben waren die Begriffe „Gotisches Gebäude" und „Salon" gebräuchlich, während ab 1797 die Bezeichnung „Tempelherrenkirche" belegt ist.[87] Genutzt wurde der Bau während der warmen Jahreszeit für nachmittägliche Teegesellschaften, zu denen sich das höfische Publikum nach dem Spazieren durch die neuen englischen Parkanlagen einfand; gelegentlich fanden auch Festtafeln, Spielabende und Hofbälle im Salon statt.[88]

Daß die Architektur des Gotischen Salons durch den engen Kontakt Carl Augusts zum Dessauer Fürsten und das 1773 eingeweihte, 1784 bis 1786 maßgeblich erweiterte Gotische Haus in Wörlitz inspiriert wurde, ist in der Forschungsliteratur immer wieder betont worden.[89] Fürst Franz von Dessau hatte auf seinen ausgedehnten Englandreisen verschiedene neogotische Parkarchitekturen besichtigt. Als Vorbild für das Wörlitzer Gotische Haus wählte er den Wohnsitz von Horace Walpole in Strawberry Hill, der ab 1753 errichtet worden war und in malerischer Landschaft an der Themse lag.[90] Beide Gebäude ähneln sich bezüglich des Anspruchs und der Dimensionen, indem sie sich als Wohnhaus in bürgerlichen Ausmaßen

85 ThHStAW: B 8538, Bl. 12v.; B 8539, Bl. 136; B 8540, Bl. 30. Die Abbildung zeigt vermutlich den auf der nordwestlichen Ecke des Gebäudes plazierten Tempelritter: Die Armhaltung der Statue an jener Stelle auf der Radierung von Kraus (Abb. 43) entspricht in etwa einer gedanklichen Ergänzung des Fragments. Diese Holzskulpturen sind ungewöhnlich in Klauers Œuvre, da die bevorzugten Materialien des Künstlers Gips, Stein und Ton sind. Aus statischen Gründen kamen Standbilder aus Stein auf dem Gotischen Salon wohl nicht in Frage. Nach weiteren baulichen Veränderungen des Gebäudes wurden Klauers Holzskulpturen aufgrund materialbedingter Verwitterung 1829 durch Kopien aus Sandstein ersetzt. Vgl. Stephan Wengler, Artikel *Martin Gottlieb Klauer (1742–1801). Ritter vom Tempelorden*, in: Schuster/Gille 1999, S. 462.

86 ThHStAW: B 8540, Bl. 30; B 8547, Bl. 2f.

87 Siehe Morgenstern 1797/98, S. 63.

88 ThHStAW: HA E Nr. 46, S. 101 u. 193.

89 Vgl. Huschke 1940, S. 279; Huschke/Vulpius 1955, S. 43; Geburtig 1996, S. 137; Heß 2001, S. 55; A. Schneider 2002, S. 103.

90 Vgl. Hubertus Günther: *Anglo-Klassizismus, Antikenrezeption, Neugotik in Wörlitz*, in: Bechtoldt/Weiss 1996, S. 131–161, hier S. 153ff. Vgl. auch Michael Rüffer: „*Grand Tour*". *Die Reisen Leopolds III. Friedrich Franz von Anhalt-Dessau und Friedrich Wilhelm von Erdmannsdorffs*, in: Bechtoldt/Weiss 1996, S. 117–130; Günther 1999, S. 23f.

präsentieren, die ihren Besitzern zugleich als Museum dienten. Fürst Franz erkor das Gotische Haus in Wörlitz zum Zentrum seines privaten Lebens, ein Rückzugsort, an dem sich der Souverän ungestört der Beschäftigung mit der eigenen Genealogie und mittelalterlicher Kunst widmen konnte. Wie Walpole hatte es auch der Dessauer Fürst nicht bei der Fassade belassen, sondern ebenso das Innere seines Hauses gotisch gestaltet, unter anderem mit einem Ensemble bedeutender Schweizer Glasmalerei aus dem 16. Jahrhundert und Spolien aus dem alten Dessauer Schloß. Vor allem aber beherbergte das Gebäude eine umfangreiche Sammlung altdeutscher und altniederländischer Malerei, ferner Bücher, Möbel und Porzellan. Auch wurde ein Rittersaal mit Wappen und Rüstungen eingerichtet. Während die dem Wolfskanal zugewandte, 1773 gestaltete Hauptfassade des Gotischen Hauses die Fassade von S. Maria dell'Orto in Venedig imitiert, wurde der 1784 bis 1786 angefügte Gartenflügel der englischen Tudor-Gotik nachempfunden. Insgesamt ähnelte der Bau weniger in der Form als in den dort vereinigten Funktionen seinen englischen Vorbildern, zu denen auch der Gotische Tempel von Stowe aus dem Jahr 1741 zu zählen ist.

Franz von Anhalt-Dessau war sich der Erfahrungen, die er während der eingehenden Besichtigung englischer Landsitze erworben hatte und dann zusammen mit seinem Architekten Erdmannsdorff in Wörlitz unter anderem im Gotischen Haus umsetzte, wohl bewußt. Über Goethe sagte Franz einmal: „Was die Gothische Baukunst und die schöne Gartenkunst anlangt, da mußte er mir den Preis zugestehen und vor mir die Segel streichen. Er hatte ja England nicht gesehen [...].“[91] Dieser Satz läßt nicht nur die zuweilen beobachtete Fremdheit zwischen dem Dessauer Fürsten und Goethe anklingen, sondern zugleich auch die Distanz, mit welcher Goethe in diesen Jahren der gotisierenden Architektur begegnete.[92]

Bei Carl August, der bekanntlich Mitte der 1780er Jahre im Hinblick auf den geplanten Fürstenbund häufig in Wörlitz zu Gast war, hinterließen Architektur und Ausstattung des Gotischen Hauses einen nachhaltigen Eindruck. Eine prächtige, aus Medici-Besitz stammende Rüstung Bernhards von Weimar machte er dem befreundeten Dessauer Fürsten für das Gotische Haus zum Geschenk.[93] Das gemeinsame politische Engagement beider Herzöge hatte deren Besinnung auf die eigene Genealogie nachdrücklich gefördert, wie schon an der von Carl August veranlaßten Gestaltung der Ruinenmauer mit gotischen Architekturfragmenten deutlich geworden ist. Angesichts dieser Tendenz und des Wörlitzer Vorbilds lag es nahe, für die neue Parkarchitektur in den Weimarer Anlagen ebenfalls gotische Bauformen zu wählen. Tatsächlich ließ Carl August auch einen äußerlichen Zusammen-

91 Zitiert nach Reil 1845, S. 282.

92 Nach seiner frühen Auseinandersetzung mit gotischer Architektur, hervorgerufen durch die Begegnung mit dem Straßburger Münster und formuliert in der Schrift *Von deutscher Baukunst* (1772), gewann Goethe erst im Alter – im Umgang mit Sulpiz Boisserée – ein neues Verständnis für die Gotik. Im Jahre 1823 zeichnete Goethe für einen erneuten Umbau des Gotischen Salons im Ilmpark mehrere Entwürfe.

93 Vgl. Niedermeier 2001, S. 149.

hang zwischen dem Gotischen Salon und der nahegelegenen künstlichen Ruine herstellen. Teile von Spolien und steinerne Überreste aus den abgetragenen barokken Gartenmauern wurden im Frühjahr 1788 gewissermaßen in Erweiterung der Ruine auf der Wiesenfläche zwischen beiden Bauwerken verteilt, um so den Anschein einer einst zusammenhängenden Bebauung zu erwecken.[94] Zugleich verwies Carl August mit der Wiederaufnahme des gotischen Stils auf die historische Kontinuität sachsen-weimarischer Regierung.

Über eine mögliche Nutzung des Gotischen Salons für freimaurerische Zusammenkünfte ist in Anbetracht der Tempelherrenstatuen wiederholt nachgedacht worden.[95] Die in Weimar ansässige Freimaurerloge *Anna Amalia zu den drei Rosen* gehörte dem 1764 gegründeten Orden der *Strikten Observanz* an, seinem Selbstverständnis nach ein die Freimaurerei überwölbender Ritterorden, der sich auf den alten, 1308 untergegangenen Templerorden berief.[96] Die Angehörigen der Rittergrade definierten sich nicht allein als Freimaurer, sondern darüber hinaus als Tempelherren. Die Reminiszenz an das mittelalterliche Ordensrittertum entsprang einer gesellschaftlichen und politischen Situation, die – zum Beispiel im wachsenden Selbstbewußtsein der Stände – durchaus Bezüge zur Hochphase der Tempelritter aufwies. Infolge überregionaler, zermürbender Konflikte zwischen Rationalisten und Mystikern in der Ordenspolitik verlor die *Strikte Observanz* in Weimar ihre Existenzgrundlage.[97] Die letzte dokumentierte Zusammenkunft der Weimarer Loge fand im Dezember 1782 statt.

Als Klauer den Gotischen Salon im Mai 1788 mit den vier Statuen der Tempelritter bekrönte, hatte der Orden, welcher sich auf diese Ritter berief, seine Arbeit in Weimar bereits seit mehreren Jahren eingestellt. Erst im Jahre 1820 wird erstmals die Bezeichnung „Tempelherrenhaus“ für den Gotischen Salon verwendet, zu diesem Zeitpunkt war die Erinnerung an das Ritterwesen der *Strikten Observanz* längst

---

94 ThHStAW: B 8543a, Bl. 44ff.; vgl. auch Huschke 1951, S. 71f.

95 Burkhardt geht von einer freimaurerischen Nutzung aus, in jüngerer Zeit haben Buttlar, Hartmann und Hüttel für diese These plädiert. Huschke und Niedermeier sprechen sich dagegen aus. Vgl. Burkhardt 1907, S. 22; Huschke 1940, S. 284f.; Hartmann 1981, S. 328; Buttlar 1989, S. 163; Hüttel 1996, S. 145ff.; Niedermeier 2001, S. 151.

96 Zur Freimaurerei in Weimar siehe den 2002 erschienenen Katalog zur Ausstellung *Geheime Gesellschaft. Weimar und die deutsche Freimaurerei*, hrsg. v. Joachim Berger u. Klaus-Jürgen Grün. Siehe darin speziell den Beitrag von Gerhard Müller, S. 169f. Vgl. auch Bauer/Müller 2000, S. 24–54. – Zur Skepsis Carl Augusts und Goethes gegenüber der Freimaurerei und den Gründen für ihre Logenzugehörigkeit siehe Bauer/Müller 2000, S. 7–23, 76f. u. 89–127; Ebersbach 1998, S. 129f.

97 Auf dem Wilhelmsbader Freimaurerkonvent 1782 wurde die Abkehr vom Templersystem vollzogen, womit die *Strikte Observanz* ihre ursprüngliche Bedeutung verlor. Man hatte auf dem Konvent endgültig festgestellt, daß die Freimaurerei keinerlei Verbindung zum Templerorden besitzt, daß der Templerorden vielmehr seit Jahrhunderten nicht mehr existierte. Vgl. Niedermeier 2001, S. 151 und ausführlich Bauer/Müller 2000, S. 109–119. Siehe auch Friedrich Nicolai: *Versuch über die Beschuldigungen welche dem Tempelherrenorden gemacht worden, und über dessen Geheimniß. Nebst einem Anhange über das Entstehen der Freymaurergesellschaft*, Erster Theil, Berlin und Stettin 1782.

verblaßt.[98] Die Benennung bezog sich ausschließlich auf die vier markanten Skulpturen, die das Gebäude stärker noch als seine gotischen Bauformen charakterisierten. Somit stellen weder die von Klauer geschaffenen Statuen noch die spätere Bezeichnung einen Hinweis auf die Nutzung des Gebäudes für freimaurerische Zusammenkünfte dar.[99] Die Tempelherren sind vielmehr als historisches Zitat zu verstehen, als bewußte Bezugnahme des Herzogs auf die einst in der *Strikten Observanz* festgeschriebene Rittertradition, die er mit der Tradition und Geschichte seiner eigenen Familie verband: Carl August führte den Ritternamen *Eques a falcone albo*, mit dem er offensichtlich an den von seinem Großvater Ernst August gestifteten Weimarer Hausorden *Vom Weißen Falken* anknüpfte.[100]

Jene Spuren einer Gedächtniskultur, die der Herzog bereits mit der Gestaltung der Ruinenmauer angedeutet hatte, ließ er nun bei der Ausstattung des Gotischen Salons vertiefen, indem er sich auch in dieser Gartenarchitektur seiner eigenen Geschichte und namhafter Vorfahren rückblickend vergewisserte. Während die Ruinenmauer trotz der verwendeten Spolien und dem eingearbeiteten Gleichen-Wappen den Betrachter eher durch eine assoziative Evokation des Vergangenen in ihren Bann gezogen hatte, vermittelten die Skulpturen auf den Eckzinnen des Gotischen Hauses einen konkreteren geschichtlichen Bezug. Carl August ging es hier nicht um die romantisch gefärbte Flucht in eine ferne Wunschwelt, sondern um den selbstbewußten Ausdruck von Tradition und Kontinuität fürstlicher Herrschaft. Damit legitimierte der Herzog jene politischen und kulturellen Vorstellungen, die er auf reichspolitischer Ebene in einem Zusammenschluß mehrerer verbündeter Landesherren umzusetzen suchte. Nach dem Beitritt des Herzogtums zu dem schließlich von Friedrich II. vereinnahmten Fürstenbund im August 1785 versuchte Carl August, den Bund zur Basis einer Reichsreform zu machen – und dabei zugleich eigene dynastische Interessen zu befördern. Sein Anspruch, im Konzert großmächtiger Interessen eine souveräne Position zu behaupten und die Libertät der kleineren Fürstentümer unter dem Dach einer stabilen Reichsverfassung zu sichern, wurde von dem politisch erfahrenen Dessauer Fürsten bekanntlich ohne Einschränkung geteilt.

Franz von Anhalt-Dessau begab sich in seinem Gotischen Haus – erinnert sei an die Darstellung der Apotheose einiger seiner Vorfahren – gleichsam in die Gemeinschaft seiner Ahnherren. Mit dem altdeutsch geprägten Interieur des Gebäudes, das er zum Mittelpunkt seines privaten Lebens machte, formulierte Franz ein

98 Vgl. Huschke 1940, S. 282.

99 Auch die von Burkhardt geäußerte und mehrfach, u.a. von Hartmann wieder aufgenommene Behauptung, daß Carl August sich das Tempelherrenhaus als Grabkapelle ausersehen hatte, um sich dort in Ordenstracht beisetzen zu lassen, wird bereits von Huschke stichhaltig widerlegt. Vgl. Burkhardt 1907, S. 22; Huschke 1940, S. 285f.; Hartmann 1981, S. 308.

100 Vgl. Bauer/Müller 2000, S. 118; Müller-Wolff 2002.

politisches und künstlerisches Ideal.[101] Carl August ist bei der Gestaltung des Gotischen Salons in Weimar trotz der Anspielung auf die Rittertradition weniger von identifikatorischen Momenten geleitet, wie die Funktion des Salons verdeutlicht. Hier handelt es sich um einen Vergnügungsort für die höfische Gesellschaft, der zuweilen den Festsaal des niedergebrannten Schlosses ersetzt und das gesellige Leben stattdessen in den Landschaftsgarten verlegt. Der Gotische Salon besitzt somit eine klare Bestimmung in der Gegenwart, wohingegen sich in Wörlitz hinter den gotischen Mauern ein persönliches Refugium verbirgt, in dem die Evokation von Vergangenem eine zentrale Rolle spielt. Letzteres entspricht – trotz der stilistischen Vorbildhaftigkeit – nicht Carl Augusts Intention. Bei aller Traditionspflege bleiben die mittelalterlichen Insignien im Weimarer Park historische Zitate, mit denen der Herzog seine pragmatische politische Handlungsweise stützt. Das eigentliche Denkmal seiner Freundschaft zu dem Dessauer Fürsten hatte Carl August im Sommer 1787 mit der ihm gewidmeten Inschrift am Großen Stein unweit des Gotischen Salons gesetzt.

4.5.3. Blick nach Rom. Die drei Säulen

Die vier Statuen der Tempelritter hatten soeben ihren Platz auf den Eckzinnen des Gotischen Salons eingenommen, als Carl August im Mai 1788 auf der östlichen Anhöhe des Parks, im ehemaligen Rothäuser Garten, ein weiteres Parkmonument errichten ließ. Wie bei der Ruinenmauer dienten auch hier Spolien aus der nahegelegenen Schloßruine als Material, diesmal für ein Denkmal in klassischer Gestalt.[102] Drei Säulen, auf denen der Überrest eines schweren Architravs lagert, fügten sich zu einer antikisierenden Ruine, die den Relikten des Dioskurentempels auf dem Campo Vaccino in Rom nachgebildet war (Abb. 45).

---

101 Vgl. Niedermeier 2001, S. 149. Für die unmittelbare Vergegenwärtigung mittelalterlicher Ideale stehen auch die gotische Turmruine im Landschaftsgarten des Grafen von Lindenau in Machern (1795) und die sogenannte Löwenburg (1793–1795) in Wilhelmshöhe bei Kassel. In Machern manifestiert sich die Idealisierung der Rittergestalt in einem in Stein gehauenen betenden Ritter, welcher in der dem Turm vorgelagerten Grottenarchitektur seinen Platz hat. Von hier aus führte ein unterirdischer Gang, der als freimaurerischer Initiationsweg gestaltet wurde, vom Dunkel zum Licht des Turmes. – Die Löwenburg fungierte als Rückzugsort des Landgrafen Wilhelm IX. von Hessen-Kassel, der es dort an Gräben, Türmen, Fallgattern, Zwinger und Zugbrücken nicht fehlen ließ. Nach seinem Tod 1821 wurde er in der Löwenburg beigesetzt. Die restaurative Wiederbelebung mittelalterlicher Hofhaltung und die Verklärung des Rittertums sind Ausdruck jener Flucht in ferne Wunschwelten, die dem Weimarer Herzog fremd ist und für die auch der Gotische Salon samt der Tempelherrenstatuen im Weimarer Park keinen Anhaltspunkt liefern. Zu den Landschaftsgärten in Machern und Wilhelmshöhe bei Kassel siehe Kathrin Franz: *Der Macherner Garten*, in: Günther 1993, S. 187–191; Hartmann 1981, S. 278ff.; Bernd Modrow: *Der Park von Wilhelmshöhe bei Kassel*, in: Günther 1993, S. 103–113.

102 ThHStAW: B 8540, Bl. 27; B 8543, Bl. 8v.; B 8543a, Bl. 31ff.

Georg Melchior Kraus hat auch dieses Parkmonument in einem Aquarell festgehalten (Abb. 46). Die mit leichtem Pinselstrich wiedergegebene Vegetation in der Umgebung der Säulen läßt eine südliche Landschaft assoziieren. Zwei Staffagefiguren, die in einem der beiden Interkolumnien einander zugewandt stehen, sollen eine Vorstellung von den Ausmaßen der nachempfundenen Tempelruine vermitteln. Daß Kraus in seinen Arbeiten auch die eigene Phantasie walten ließ, beweist eine zweite Darstellung der drei Säulen von seiner Hand, die das Monument aus größerem Abstand zeigt (Abb. 47). Während an den verbliebenen Säulen des römischen Originals korinthische Kapitelle erhalten sind, geben Kraus' Aquarelle die Säulen in ionischer bzw. toskanischer Ordnung wieder. Der Vedutist vernachlässigte hier die archäologische Genauigkeit zugunsten wirkungsästhetischer Aspekte: Ihm ging es darum, die Säulen in ihrem landschaftlichen Umfeld darzustellen, wobei er überdies ihre Mehransichtigkeit betont.

Am Wegrand unterhalb der Säulen hat sich ein Schafhirte mit einigen Tieren seiner Herde niedergelassen. Kraus scheint nicht zufällig einen Hirten als Staffagefigur für seine Darstellung gewählt zu haben, da das vorbildgebende Säulenfragment in Rom auf dem Campo Vaccino, also ebenfalls auf einer Viehweide zu finden war, die sich auf dem früheren Zentrum des römischen Imperiums erstreckte. Die Säulen, deren Schäfte in den Erdboden eingesunken sind, deuten den Untergang ehemaliger gebauter Größe an und verkörpern gleichzeitig Elemente einer Landschaft agrarisch-pastoraler Kultur. Im Zuge der Evokation einer antiken Welt ist die künstliche Ruine nicht mehr – wie die gotische Ruinenmauer – von dunklem Gehölz umgeben, sondern liegt inmitten grüner Wiesen und fruchttragender Akkerstücke. Die drei Säulen erheben sich auf einer Anhöhe unweit der Schloßbrücke über niedrigen Gehölzen und sind in ihren klaren Konturen auch aus der Ferne wirksam. Dieses Charakteristikum unterscheidet die Säulen grundlegend von allen bisher entstandenen Parkdenkmälern in der Weimarer Ilmaue.

Vor allem in der „Kalten Küche“ war der Betrachter hinter Wegbiegungen und zwischen dichtem Bewuchs überraschend den Monumenten und Architekturen des herzoglichen Parks begegnet, deren Form – nicht zuletzt durch die Inschriften – den kleinräumigen Anlagen am Uferhang entsprach. Nun wurde der Blick des Betrachters bereits aus größerer Entfernung auf die antikisierende Tempelruine gelenkt, während sich die umliegenden Partien zu einem weiträumigen Landschaftsprospekt fügten. Die Errichtung der drei Säulen markiert somit den Beginn einer neuen Etappe in der landschaftsgärtnerischen Gestaltung des Ilmtals, das am Ende der 1780er Jahre das Gepräge eines großzügig komponierten Landschaftsparks anzunehmen beginnt.[103] Carl August hatte sein gartenkünstlerisches Engagement zunächst auf die kunstgerechte Formung einzelner Partien nach englischem Geschmack konzentriert und sich wenig später die Schaffung einer ausgedehnten Parklandschaft über die Hänge des Ilmtals hinaus zum Ziel gesetzt. Jetzt lenkte er gleichsam den Blick zurück in die weitläufige Landschaft der Flußaue, deren ästhe-

103 Die drei Säulen sind bereits 1823 eingestürzt. Vgl. Huschke/Vulpius 1955, S. 44.

tische Qualitäten dem Betrachter in den folgenden Jahren verstärkt erschlossen werden sollten. Dabei galt es, die natürliche Wirkung der Landschaft durch wenige, bewußt plazierte Monumente oder Architekturen im Sinne einer klassischen Ideallandschaft zu erhöhen. Die drei Säulen am Weimarer Ilmhang evozierten unmittelbar den Gedanken an die antikisierenden Landschaften Roms und der römischen Campagna, wie sie die gefeierten Gemälde Lorrains und Poussins auch all jenen vermittelten, die Rom nicht mit eigenen Augen gesehen hatten. Nicht zuletzt verraten auch die Krausschen Aquarelle mit dem Motiv der drei Säulen das Vorbild idealistischer Landschaftsmalerei, deren Atmosphäre er durch eine betont weiche Pinselführung wiederzugeben suchte, während die meisten seiner Parkveduten in der schärfer konturierenden Radiertechnik ausgeführt sind.

Die in der herzoglichen Bibliothek verwahrten Stichwerke boten für die Gestaltung der antikisierenden Tempelruine mehrere Vorlagen. Eine präzise Darstellung der Überreste des Tempels der Dioskuren Castor und Pollux gibt Montfaucon 1719 im zweiten Band seiner *Antiquité expliquée et representée en figures* wieder (Abb. 48). Auf Plinthen und attischen Basen erheben sich drei kannelierte Säulenschäfte, die jeweils ein Akanthus-Volutenkapitell tragen. Das reiche Gebälk wurde von einem ausladenden, auf Volutenkonsolen ruhenden Kranzgesims bekrönt, von dem nur noch ein schmales Stück erhalten ist. Zu beiden Seiten des Gebälks wachsen Grasbüschel aus den Ritzen der Steinblöcke hervor, welche die kantigen Bruchstellen des Architekturfragments weicher erscheinen lassen. In *Les plus beaux Monuments de Rome Ancienne* von 1761 findet sich eine weitere Abbildung der drei majestätisch aufragenden Säulen auf dem Campo Vaccino, die hier ohne Basen dargestellt sind, während ihre Höhe die der umstehenden Gebäude und Tempel weit zu übertreffen scheint.

Neben diesen Kupferstichen wirkte mit großer Wahrscheinlichkeit auch das von Georg Wenzeslaus von Knobelsdorff bereits 1748 errichtete antikisierende Tempelfragment auf dem Ruinenberg in Sanssouci vorbildhaft auf das Weimarer Monument (Abb. 49). Der Baumeister Friedrichs des Großen gestaltete die auf einem breiten Postament stehenden drei Säulen in ionischer Ordnung, wohingegen das Gebälk mit dem markanten Kranzgesims wieder auf den Dioskurentempel in Rom verweist. Carl August hatte sich im Zuge der Fürstenbundverhandlungen wiederholt in Potsdam aufgehalten, nicht zuletzt weilte er im Sommer 1787 mehrere Wochen am preußischen Hof.[104] Daß der Ruinenberg in Sanssouci den Weimarer Herzog zu einer eigenen Parkarchitektur inspiriert hat, läßt sich vor allem wegen seiner Lage vermuten: In Potsdam blickt man vom Ehrenhof und den nördlich gelegenen Fenstern des Schlosses über ein Tal hinweg zu einer Anhöhe, auf der sich die vermeintlichen Relikte des römischen Tempels erheben (Abb. 50). Auch in Weimar wurden die drei Säulen auf einem dem Schloß gegenüber liegen-

---

104 Vgl. Crämer 1961, S. 42, 57ff. u. 70f. Bereits im Frühjahr 1778 hatte der Herzog zwei Tage in Potsdam verbracht und sich von Sanssouci beeindruckt gezeigt. Es war die gleiche Reise, die Carl August und Goethe auch nach Wörlitz geführt hatte, wo sie die Parkanlagen des Dessauer Fürsten besichtigten. Vgl. Düntzer 1888, S. 72; siehe auch oben, Kapitel 2.4.2.

den Hügel errichtet; zwischen der Residenz und der Tempelruine erstreckte sich das Tal der Ilm. Bezeichnend für die Weimarer Parkentwicklung ist indes die Tatsache, daß man die Säulen im Frühjahr 1788 aufstellte, während der Wiederaufbau des Schlosses erst im darauffolgenden Jahr beschlossen wurde. Als Carl August die Gestaltung des Säulenmonuments veranlaßte, mag ihm sein Anblick aus den Fenstern des Schlosses bereits vor Augen gestanden haben. Noch ehe der Hamburger Architekt Johann August Arens im Jahre 1792 für die Ostfassade der Residenz eine Kolonnade toskanischer Säulen plante und damit an prominenter Stelle das neue Verständnis römischer Antike veranschaulichte, war auf der anderen Seite des Flusses gleichsam vorauseilend ein Parkdenkmal entstanden, das einem berühmten römischen Antikenfragment nachgebildet war und künftig mit der dem Park zugewandten Schloßfassade korrespondieren sollte.

Außer den in großformatigen Antikenpublikationen abgebildeten römischen Altertümern und der gebauten Ruinenarchitektur in Potsdam lenkte möglicherweise eine Zeichnung Franz Kobells (1749–1822) den Blick Carl Augusts auf das Motiv der drei Säulen (Abb. 51). Der aus Mannheim stammende Maler und Radierer hatte sich mehrere Jahre in Rom aufgehalten und seine künstlerische Handschrift an der antikisierenden Landschaftsmalerei Lorrains und Poussins geschult. In zahlreichen Federzeichnungen entwarf er idealisierte Landschaften meist heroischen Charakters, in denen anthropogene Hinterlassenschaften – antike Bauwerke und die Überreste mächtiger Skulpturen – bereits in den Prozeß der allmählichen Rückeroberung durch die Natur eingetreten sind. Seit Mitte der 1780er Jahre lebte Franz Kobell in München, wo Knebel seine Bekanntschaft machte und die Verbindung zum Weimarer Hof herstellte. Im April 1787 lieferte der Maler, wie der Briefwechsel Knebels mit Carl Augusts bezeugt, einige offensichtlich für Parkarchitekturen bestimmte Entwürfe, die jedoch nicht zur Ausführung gelangten. Die Umsetzung der Pläne würde, so Knebel, „nur eine etwas weitläuftigere u. elegantere Wiederhohlung des neuen Gartensaals" hervorbringen.[105] Bereits einige Jahre zuvor waren auf Betreiben Goethes mehrere Landschaftszeichnungen Kobells in Weimar eingetroffen, die der Herzog für seine Kunstsammlung erwarb. In einem Brief an den Maler Ferdinand Kobell (1740–1799) hatte Goethe gebeten: „Bestellen Sie doch ein Duzend Zeichnungen von Ihrem Bruder in Rom [...]. Er soll sie aber ja, wenigstens zum Theil nach der Natur nehmen, und sie dann ausführen, wie er will."[106] Das Blatt mit dem Titel *Italienische Landschaft mit Sonnenaufgang* löst diesen Anspruch auf gelungene Weise ein: Franz Kobell zeigt neben den Relikten des Dioskurentempels auch die Grabpyramide des Caius Cestius und weitere antike Grab-

105 Karl Ludwig von Knebel an Carl August, Jena 3. April 1787; ThHStAW: HA A XIX, Nr. 65, Bl. 92v. Siehe auch die Antwort Carl Augusts vom 6. April 1787, in: *Briefwechsel Carl August – Knebel/Herder*, S. 78.

106 Johann Wolfgang Goethe an Ferdinand Kobell, 3. Dezember 1780; WA IV/5, S. 11f. Siehe auch Schuster 1999, S. 180–184.

bauten – mithin reale Monumente „nach der Natur“, die aber in einen fiktiven topographischen Zusammenhang gebracht wurden.

Die Reihe der möglichen Vorbilder für das antikisierende Säulenmonument im Weimarer Park soll durch eine Zeichnung von der Hand Goethes vervollständigt werden, die 1787 in Italien entstanden ist (Abb. 52).[107] Die Säulenstellung mit dem Gebälk zitiert ebenfalls den Castor- und Pollux-Tempel in Rom, wenngleich die Tempelruine in eine südliche Ideallandschaft versetzt wurde, in deren Hintergrund sich ein vulkanischer Bergkegel erhebt. Goethe setzte hier nicht nur die Eindrücke seiner Reise nach Süditalien, die ihn im Frühjahr 1787 unter anderem zu den Tempeln von Paestum und Segesta geführt hatte, zeichnerisch um. Mit der evokativen Zusammenstellung von Architekturfragment und Vulkan zog er auch ein gleichnishaftes Fazit seiner in Italien geschärften Natur- und Kunstauffassung. Im Mai 1788, als die drei Säulen auf dem Rothäuser Berg aufgestellt wurden, weilte Goethe noch immer in Italien. Er scheine dort so glücklich zu sein, daß ihn wohl nichts außer einem Zauberwort des Herzogs zurückbeordern könne, hatte Knebel im Januar 1788 in einem Brief an Carl August geäußert.[108] Erst im Juni desselben Jahres kehrte Goethe nach Weimar zurück, doch ist ihm seine Zeichnung möglicherweise vorausgeeilt und schon mehrere Monate zuvor in Weimar eingetroffen.

Das Beispiel der nachgeahmten Tempelruine im Weimarer Park verdeutlicht eine Problematik, die dem gesamten Unterfangen, die Entstehung des Parks nachzeichnen zu wollen, innewohnt. Zum einen klafft zwischen den möglichen Inspirationsquellen des Auftraggebers bzw. des ausführenden Künstlers und dem eigentlichen, aus archivalischen Quellen zu rekonstruierenden Werkprozeß nicht selten eine merkliche Lücke, da es an künstlerischen Absichtserklärungen nur allzu oft fehlt. Um diese Lücke zu schließen gilt es, die Entstehungszusammenhänge eines Kunstwerks so weit wie möglich zu erhellen. Zum anderen ist mitunter kaum auszumachen, welche der in Frage kommenden Vermittlungsinstanzen – von der eigenen Anschauung gebauter Architektur bis zur Rezeption von Stichwerken – für die Genese eines Parkmonuments fruchtbar gemacht worden ist.[109] Gerade die Übertragung verschiedener Einflüsse in die speziellen Gegebenheiten des betreffenden Ortes läßt aber erkennen, daß häufig die Verknüpfung mehrerer Vorbilder ein neues Monument hervorgebracht hat.

Im Fall der drei Säulen im Weimarer Park ergaben wohl die Kupferstiche aus den großen Antikenpublikationen zusammen mit dem Tempelfragment auf dem Ruinenberg in Sanssouci einen anschaulichen Gesamteindruck, der Carl August zu einem Auftrag für das konkrete Bauvorhaben veranlaßte. Die Errichtung der drei Säulen schloß die architektonische Form des Monuments ebenso ein wie seine Pla-

107 Vgl. Petra Maisak: Artikel *Ideallandschaft mit Tempelruine und vulkanischem Bergkegel*, in: Schulze 1994, S. 135; Maisak 2001, S. 167f.

108 Karl Ludwig von Knebel an Carl August, Januar 1788; ThHStAW: HA A XIX, Nr. 65, Bl. 110–113.

109 Vgl. Weidner 2002, S. 341f.

zierung und die Gestaltung der unmittelbaren landschaftlichen Umgebung. Lieferten die Stichwerke präzisen Aufschluß über Säulenordnung und Gebälkverzierungen der vorbildgebenden Tempelruine, so vermittelte der Potsdamer Ruinenberg wiederum die Anregung, die Säulen auf einer Anhöhe in direkter Sichtbeziehung zum Schloss aufstellen zu lassen. Zugleich vermochten die Zeichnungen Kobells oder Goethes das Ideal südlicher Landschaft zu transportieren, in dem die antikisierenden Architekturen ihre eigentliche Geltung erlangen. Dieses Ideal scheint nicht zuletzt in den Krausschen Aquarellen auf, die das ausgeführte Weimarer Monument wiedergeben. Die Zusammenführung verschiedener Vorlagen bei der Ausführung des Säulenmonuments nahm eine neue Interpretation der Antike vorweg, wie sie wenige Jahre später mit der Errichtung des Römischen Hauses und dem Wiederaufbau des Schlosses Gestalt gewinnen sollte.[110] Gleichsam als Vorgeschmack auf die kommende architektonische Erneuerung der Weimarer Residenz wurden mit den drei Säulen zunächst Spolien aus dem alten Bau in den antiken Formenkanon zurückgebunden. Die klassizistische Auffassung einer optimierten Antike äußerte sich in Weimar zuerst im Landschaftsgarten, wofür dessen weitere Entwicklung eindrückliche Belege liefern wird.

Die Aufstellung der drei Säulen am Rothäuser Berg erfolgte unmittelbar nach der Fertigstellung des Gotischen Salons auf der anderen Seite der Ilm. Mit dem Sommerhaus in gotisierenden Formen und dem nachgeahmten römischen Tempelfragment trug der Weimarer Herzog zunächst der von zeitgenössischen Gartentheoretikern geforderten stilistischen Vielfalt im Landschaftsgarten Rechnung. Über die ästhetische Wirkung des Stilpluralismus hinaus gilt es aber vor allem, die politischen Implikationen des neuen Denkmals näher zu beleuchten. Günter Hartmann interpretierte die in zahlreichen Landschaftsgärten anzutreffenden antikisierenden Ruinen „als Ziel einer realitätsfremden Gegenwartsflucht und Kulisse elitärer Lebensführung“.[111] Diese Sichtweise wird den drei Säulen im Weimarer Park keineswegs gerecht. Wie im Fall der gotischen Architektursprache assoziierte Carl August mit der römischen Tempelruine keine rückwärtsgewandte Flucht in eine ferne Wunschwelt. Stattdessen verbindet sich auch das antikisierende Säulenmonument mit den überaus gegenwartsbezogenen politischen Bestrebungen des Herzogs in den 1780er Jahren. So verraten beispielsweise einige schriftliche Äußerungen Carl Augusts zum Fortgang der Fürstenbundpolitik einen Grundton, der auf einen an klassischen Vorbildern orientierten Patriotismus schließen läßt.[112] Im März 1788 formulierte der Herzog die Hoffnung,

> daß alter deutscher Sinn und Denkungsart noch unter uns zu erwecken sei [...] Vorzüglich hoffte ich, es würde ein engeres Band der Freundschaft unter den ersten Fürsten Deutschlands

110 Vgl. Tausch 2000, der die neue Interpretation der Antike im Prozeß der Autonomisierung der Kunst um 1800 beschreibt. Zur klassizistischen Kunstauffassung siehe ausführlich unten, Kapitel 6.1 u. 6.3.

111 Hartmann 1981, S. 324.

112 Vgl. Umbach 1998, S. 684ff.

> die mancherlei zerteilten Absichten, Interessen und Kräfte in unserm Reichssystem mehr vereinigen und solche auf einen Punkt regerer und zugleich zuverlässigerer Wirksamkeit bringen.

Alle von ihm zu diesem Zweck unterbreiteten Vorschläge, so Carl August weiter,

> waren nur zu einer Vorstellung gerichtet, nämlich zur Vereinigung der verschieden wirkenden Kräfte auf einen Punkt, um das ohngefähr im Ganzen auszurichten, was jeder einzelne Fürst in seinem eigenen Lande zu bezwecken suchen muß, nämlich angemessene und weise Einrichtung der Dinge, ohne welche kein Staat bestehen und kein Fürst einen Anspruch auf die Ehre seines Jahrhunderts erhalten kann.[113]

Die Freundschaft zwischen den Fürsten, welche einer weisen und umsichtigen Regierung förderlich ist, erscheint hier als eines der politischen Leitmotive Carl Augusts. Im Kontext der politischen Verständigung hatte schon Cicero die Freundschaft zwischen Herrschenden als notwendigen Bestandteil eines funktionierenden Gemeinwesens propagiert, eine Idee, die zu einem Grundpfeiler staatsphilosophischer Klugheit wurde.[114] Auch Carl Augusts nachdrückliche Bemühungen um eine Reform der Reichsjustiz, über die er im gleichen Brief konkrete Gedanken äußerte, verraten einen Pragmatismus römischen Zuschnitts.[115] Eine verbindliche Rechtsordnung hatte zu den tragenden Säulen des antiken Staatswesens gehört. Die politische Weitsicht Carl Augusts resultierte zu einem beträchtlichen Teil aus dem kulturellen Klima der Residenzstadt, da nicht zuletzt Goethe den Herzog auf literarischer Ebene mit antikem Gedankengut vertraut gemacht hatte. Maiken Umbach konstatiert im Zusammenhang der Fürstenbundpolitik in den späten 1780er Jahren eine enge Verbindung zwischen literarischer Kultur und politischer Praxis in Weimar.[116] Mit dem Säulenmonument am Rothäuser Berg wurde die antike Welt evoziert, zugleich aber durch die Ruine an den Untergang des römischen Imperiums und die Zerstörung seiner großartigen Bauten durch die Zeit gemahnt. Mit dieser Evokation verband sich die Mahnung, in der Gegenwart eine bedachtsame und weise Regierung auszuüben. Die verwendeten Spolien stammten aus dem alten Weimarer Schloß und verweisen damit erneut auf die dynastische Tradition des Fürstenhauses. Sie wurden bewußt in einen neuen architektonischen Zusammenhang integriert und verdeutlichen nicht zuletzt den Doppelcharakter von Würdigung und Überwindung einer geschichtlichen Epoche, in die auch die Vergangenheit der eigenen Familie eingebettet ist.

Ähnlich der gotischen fungiert auch die antikisierende Ruine als Zeichen der Vergänglichkeit und zugleich als kontinuitätsstiftendes Element. Während die gotisierende Ruinenmauer mit ihrer im Gehölz verborgenen, der Einsiedelei zugeord-

113 Carl August an Otto Ferdinand Freiherr von Loeben, Weimar 30. März 1788; *Politischer Briefwechsel Carl August*, S. 465f. Leopold von Ranke bezeichnete diesen Brief Carl Augusts als „eines der besten Produkte seines Geistes". Ebd., S. 465, Anm. 2.

114 Auf Marcus Tullius Cicero, *Lealius de amicitia*, verweist Umbach 1998, S. 685, Anm. 29.

115 Vgl. *Politischer Briefwechsel Carl August*, S. 467.

116 Vgl. Umbach 1998, S. 686f.

neten Lage eher frühen gartentheoretischen Vorgaben folgt, läßt die künstliche antike Ruine vor allem als Pendant zur neu entstehenden östlichen Schloßfassade eine deutlichere politische Konnotation erkennen.[117] Die Weitsicht aber, von der in diesem Zusammenhang die Rede war, erfährt – im eigentlichen Sinn des Wortes – im Frühjahr 1788 mit dem Blick auf das Säulenmonument eine konkrete Umsetzung in die landschaftsgärtnerische Praxis.

4.6. Friedrich Justin Bertuch und der Weimarer Park

4.6.1. Bertuch als Parkverwalter und Parkgestalter

Im Oktober 1787 hatte Carl August eine ganze Reihe von Anweisungen zur weiteren Gestaltung des Parks erteilt, die in ungewohnter Ausführlichkeit festgehalten wurden. Gewöhnlich sind den archivalischen Quellen nur die bereits ausgeführten Arbeiten zu entnehmen, die man – vorwiegend im Zusammenhang der Rechnungslegung – in knapper Form vermerkte. Nun aber findet sich in einer *Acta privata die Herzogl. Plantagen betr. 1787/1788* eine Vielzahl konkreter Instruktionen, mittels derer Carl August zahlreiche Schritte zur Schaffung eines weiträumigen Landschaftsgartens im Ilmtal veranlaßte.[118] Der Grund für die dezidierte Vorausplanung liegt in der häufigen, dem außenpolitischen Engagement geschuldeten Abwesenheit des Herzogs. Carl August war 1787 in den preußischen Militärdienst eingetreten und bekleidete dort den Rang eines Generalmajors, was zur Folge hatte, daß er sich fortan über noch längere Zeiträume außerhalb der Landesgrenzen aufhalten mußte.

Um den Fortgang der Arbeiten im Park trotz seiner Abwesenheit zu sichern, hatte der Herzog im Oktober 1787 seinem Geheimsekretär und Schatullverwalter Friedrich Justin Bertuch (1747–1822)

> außer Führung der Plantagen Cassa [...] auch die specielle Aufsicht über den ganzen fürstl. Parck und die darinn zu machenden Arbeiten, Baue und Anlagen gnädigst aufgetragen; jedoch mit zugleich beygefügtem gnäd. Befehle, daß bey Bau und andern Kunstarbeiten darinnen der Hzl. Rath Kraus mit zu Rathe gezogen werden solle.[119]

Bertuch war somit zum Oberverwalter aller die Parkanlagen betreffenden Arbeiten ernannt worden, wobei ihn Kraus vor allem in künstlerischen Fragen unterstützen sollte. Obgleich die Begriffe „Oberaufsicht“ und „Parkverwaltung“ nicht gerade einen bedeutenden gestalterischen Einfluß vermuten lassen, darf der Anteil Bertuchs

117 Vgl. Zimmermann 1989, S. 175.

118 ThHStAW: B 8541. Siehe Anhang: Ausgewählte Quellen.

119 Ebd., Bl. 9. Bereits im April 1787 hatte Bertuch die Parkkasse übernommen und führte seither die Rechnungsbücher. ThHStAW: B 8541, Bl. 1. Zu Bertuch und dem Weimarer Park vgl. A. Schneider 2000, S. 629–639; Steiner/Kühn-Stillmark 2001, S. 146–150.

an der entscheidenden Entwicklungsphase des Parks zu einem das Ilmtal durchziehenden englischen Landschaftsgarten nicht unterschätzt werden.

Goethe hatte zehn Jahre zuvor die ersten Impulse zur Gestaltung einzelner gartenkünstlerischer Anlagen gegeben; später begleitete er die Entstehung des Parks kritisch, nicht ohne selbst weiterhin wichtige künstlerische Akzente in der Ilmaue zu setzen. Carl August hatte Goethes anfängliches Engagement für die landschaftliche Gartenkunst seit den frühen 1780er Jahren fortgeführt und suchte mit weitreichendem ästhetischen Gestaltungswillen die verschiedenen tradierten und neu geschaffenen Gartenpartien über die Flußaue hinaus zu verbinden. Doch weilte der Herzog, wie gesagt, wegen seiner außenpolitischen Missionen oft monatelang nicht in Weimar, so daß die Arbeiten im Park nicht kontinuierlich vonstatten gingen. Erst während Bertuchs neunjährigem Wirken entwickelte sich der Park tatsächlich zu einem zusammenhängenden landschaftlichen Gebilde und erlangte seine im wesentlichen bis heute überlieferte Gestalt. Daß Bertuch kraft seines Amtes die gärtnerischen Aktivitäten im Ilmtal nicht nur langfristig zu bündeln vermochte, sondern dabei auch äußerst umsichtig und planvoll zu Werke ging, belegen die ab 1790 von ihm minutiös geführten *Garten-Arbeits-Memoranden*, in denen wöchentlich sämtliche im Park auszuführenden Arbeiten notiert wurden.
Praktische gartenkünstlerische Erfahrungen hatte Bertuch bereits in jungen Jahren gesammelt, als er im Waldecker Forst bei Bürgel kleine Anlagen empfindsamen Charakters schuf, die Goethe im Dezember 1775 in Augenschein genommen hatte: „Bertuch hat mit seinem Mägdlein Rasen und Moos Bäncke und Hüttgen und Pläzzgen angelegt, die sehr romantisch sind, die Felsen hinab sind wilde Blicke, und ein offner, freundlicher über die Fichtentiefen nach Bürgel hin.“[120] In Weimar nahm Bertuch 1777 den ehemals fürstlichen Baumgarten in Erbpacht, erweiterte das Grundstück sukzessive und setzte hier seine gestalterischen Vorstellungen im Sinne der neuen englischen Gartenmode um. Ein beträchtlicher Teil der Fläche wurde darüber hinaus als Nutzgarten kultiviert, da speziell der Obstbaumzucht Bertuchs lebhaftes Interesse galt. Gleichermaßen mit hohem ästhetischen Anspruch und wirtschaftlichem Geschick ausgestattet, den Blick ebenso auf das Schöne wie auf das Nützliche gerichtet, erschien Bertuch dem Herzog als geeigneter Statthalter seiner landschaftsgärtnerischen Ambitionen.[121] Einen Tag nachdem er seinem Schatullverwalter die Oberaufsicht über die Parkanlagen anvertraut hatte,

120 Johann Wolfgang Goethe an Carl August, Waldeck 24.–26. Dezember 1775; WA IV/3, S. 10.

121 Bertuchs Engagement für Nützliches und Schönes im Garten belegt auch das Ausleihjournal der herzoglichen Bibliothek, das für September und Oktober 1786 unter Bertuchs Namen sowohl die Entleihung von Reichards *Land- und Gartenschatz* in sechs Bänden als auch die fünf Bände von Hirschfelds *Theorie der Gartenkunst*, deren letzter Band im Jahr zuvor erschienen war, verzeichnet. Reichard widmet sich ausschließlich gartenpraktischen Fragen, Hirschfelds Werk liefert das Pendant der ästhetischen Gartenkunst. Vgl. HAAB, *Verzeichniß der ausgeliehenen Bücher vom Jahr 1792 an* (rückwirkende Einträge). – Zu Bertuchs Einsatz für das Nützliche, Schöne und Wahre auf dem Gebiet der Botanik und der landschaftlichen Gartenkunst vgl. auch Polianski 2004, S. 100f.

unternahm es Carl August im Oktober 1787, mit Bertuch, Kraus und dem Hofgärtner Gentzsch „den Englischen Garten zu durchgehen, und folgende Befehle für höchstdero Abwesenheit in diesem Winter und kommendem Frühjahre zu ertheilen."[122] Hier schließt sich eine umfangreiche Liste der vorzunehmenden Pflanzungen, Baumaßnahmen und Erdarbeiten an, die sämtliche Partien des Parks erfaßt und damit erneut deren Zusammenklang unterstreicht. Bekanntlich wurde im gleichen Jahr erstmals übergreifend die Bezeichnung „Park" für die gesamten herzoglichen Anlagen verwendet.

Ein Punkt der Liste gibt an, daß „die 4 bewußten Aussichten am Kloster [...] immer offen erhalten werden [sollen]". Und, so fügt der Herzog an, „desgl. die aus dem Sterne nach der Kloster Treppe". Diese Anweisung Carl Augusts betrifft mehrere Sichtachsen, deren markanteste von der Holzhütte des „Klosters" den Blick weit nach Süden zum Oberweimarer Kirchturm lenkt. Kraus hat 1788 in der wohl bekanntesten seiner Parkradierungen sowohl das neu gestaltete „Kloster" als auch die Sichtachse nach Oberweimar festgehalten (Abb. 53). Ein anderer dieser Durch- und Fernblicke führte zur Kuppel des Schlosses Belvedere, das, vom Ilmtal aus gesehen, im selben Park zu liegen scheint.

Das bildhafte Sehen, bekanntlich eines der wesentlichen Grundprinzipien bei der Gestaltung englischer Landschaftsgärten, wird durch die neuen Sichtbeziehungen gleichsam um eine Dimension erweitert: Bisher war der Blick des Betrachters auf einzelne Denkmäler oder Gartenarchitekturen wie den Schlangenstein oder das „Kloster" gelenkt worden, welche die geschlängelten Wege säumten und sich allmählich zu einer fließenden Abfolge der Bilder, einem vom Betrachter im Gehen aufzunehmenden Kontinuum fügten. Mit den drei Säulen auf dem Rothäuser Berg entstand 1788 ein Parkmonument, das seine Wirkung aufgrund der erhöhten Lage und seiner signifikanten architektonischen Gestalt am besten aus einiger Entfernung entfaltete. Nun veranlaßte Carl August die Schaffung neuer Gartenbilder, denen der Betrachter in großer ästhetischer Distanz gegenüberstand und für deren Erschließung es einer verfeinerten Blickregie bedurfte.[123] Bildausschnitte wie der Oberweimarer Kirchturm oder die Kuppel des Schlosses Belvedere werden durch rahmende Bäume und Baumgruppen definiert, wobei der Fluß und die weiten Wiesenflächen den Bildgrund staffeln und damit Distanzschranken zwischen dem Betrachter und der Bildwelt errichten. Mitunter dichte Gehölzwände führen dann kulissenartig auf den fernen architektonischen Blickpunkt hin. Im Gegensatz zu den auf unmittelbare Nahsicht angelegten Gartenszenen der früheren Jahre wurden Blick- und Wegeführung jetzt deutlich voneinander geschieden, so daß der künstlerische Darstellungsraum und der Existenzraum des Betrachters jeweils eigene

122 ThHStAW: B 8541, Bl. 10f. Eine Transkription der gesamten Aktennotiz findet sich im Anhang: Ausgewählte Quellen. Erstmals publiziert wurde die Akte in: A. Schneider 2000, S. 650.

123 Vgl. Buttlar 1990, S. 9f.; U. Müller 1997, S. 99.

Gebiete behaupteten.[124] Wege und Sichtachsen tangierten oder kreuzten sich und bildeten eine Art Koordinatensystem, das sich der Betrachter durch die eigene Bewegung sowie durch Blickbeziehungen zu erschließen vermochte. So soll der Parkbesucher beispielsweise auf seinem Weg entlang des Ilmufers zwischen der Felsentreppe und dem „Kloster" einen Perspektivwechsel vornehmen, um über die einzelnen Gartenveduten hinaus den Blick ins Flußtal und weiter zu dem in der Ferne aufragenden Kirchturm zu lenken.

Die Kraussche Radierung gibt die Tiefenstaffelung des Raumes präzise wieder: Während im Vordergrund mehrere Staffagefiguren den Nahraum um das „Kloster" markieren, rahmen die hohen Bäume in der linken Bildhälfte einen Durchblick auf die Ilmwiesen mit der neu angelegten Bogenbrücke am Duxgarten. Dahinter geben abermals stattliche Bäume die Sicht auf den schiefergedeckten Kirchturm frei. Sowohl dem Gartenkünstler als auch dem Zeichner und Radierer oblag es, die Komposition der Massen sowie die Wirkung von Licht und Schatten in der Landschaft genau auszubalancieren. Die Sichtachsen wiesen nicht zuletzt über die gartenkünstlerisch gestalteten Partien im Ilmtal hinaus und bezogen die unmittelbare Umgebung in den Landschaftsgarten ein.

Kontinuierlich und pragmatisch trieb Bertuch die vielfältigen Arbeiten im Park voran. Aus dem März 1788 ist eine von Carl August eigenhändig verfaßte Instruktion überliefert, die zur Neuordnung des Gartenwesens in den herzoglichen Anlagen führte.[125] Demnach wurde dem Geheimsekretär Bertuch die Oberaufsicht über die Hofgärtner Reichert, Gentzsch und Bleidorn übertragen und jedem der drei Gärtner in einer eigenen Anweisung die jeweilige Zuständigkeit mitgeteilt: Carl Heinrich Gentzsch (1735–1805), der über die meisten gartenkünstlerischen Erfahrungen verfügte, wurden die landschaftlichen Anlagen im Welschen Garten, dem Stern, der „Kalten Küche", den Oberweimarischen Wiesen mit dem Duxgarten und dem Rothäuser Garten unterstellt.[126] Johann Gottlieb Bleidorn (1749–1792), bis 1784 Pächter des Welschen Gartens, sollte die in dessen westlichem Teil befindliche Parkgärtnerei einschließlich der Gewächshäuser bewirtschaften und dort eine Baumschule einrichten. Johann Friedrich Reichert (1738–1797), der hervorragende botanische Kenntnisse und zahlreiche Verbindungen zu auswärtigen Gärtnereien besaß, war Hofgärtner in Belvedere, während er im herzoglichen Park die „Spe-

124 Vgl. Buttlar und U. Müller, die dies als grundlegendes Gestaltungsmerkmal des Landschaftsgartens herausgearbeitet haben. Buttlar 1990; U. Müller 1998, S. 12.

125 ThHStAW: B 8541, Bl. 12f. Siehe Anhang: Ausgewählte Quellen.

126 Gentzsch war seit 1769 Gärtner in weimarischen Diensten, sein Name begegnete bereits bei der Gestaltung der Felsentreppe und des Luisenklosters durch Goethe 1778. In Tiefurt hatte Gentzsch mit Knebel an der dortigen Gartenschöpfung gearbeitet, zuvor war er bereits bei der Anlage des Gartens von Anna Amalia am Wittumspalais in Erscheinung getreten. Seit Anfang der 1780er Jahre hatte Carl August den inzwischen zum Hofgärtner ernannten Gentzsch mit zahlreichen landschaftsgärtnerischen Arbeiten im Ilmtal betraut. Vgl. Huschke 1951, S. 83; A. Schneider 2000, S. 631, Anm. 7.

cial-Aufsicht" über die Arbeit Bleidorns zu führen hatte.[127] Den Gärtnern wurden wiederum die „Gartenknechte, Gartenjungen, Tagelöhner und Fröhner" unterstellt, hinzu kamen verschiedene Handwerker.[128] Allein in Gentzschs Wirkungsbereich waren zeitweilig ca. 100 Arbeiter tätig. Auf die oberhalb der „Kalten Küche" gelegenen Baumschulen richtete Carl August sein spezielles Augenmerk, da er bestrebt war, die zur Anpflanzung im Park vorgesehenen nordamerikanischen Gehölze – nicht zuletzt aus Kostengründen – selbst heranziehen zu lassen. Die Auswahl und Anordnung der einzelnen Gehölze bei den Pflanzungen blieb weitestgehend Bertuch überlassen, der hier auf seine eigenen gartenkünstlerischen Erfahrungen zurückgreifen konnte. Das erste Gartenarbeitsmemorandum von 1790 informiert ausführlich über neuangelegte Wege und Pflanzungen: „An der neuen Chaussee engl. Hölzer nach des Hrn. Leg. Rath Bertuch Angabe zu pflanzen", heißt es da beispielsweise. An anderer Stelle geht es um „das große Boullèngreen in den neuen Anlagen", wobei vom Welschen Garten die Rede ist.[129] Die Bezeichnung *Bowling green* für einen größeren Rasenplatz findet sich von nun an häufiger in den schriftlichen Quellen zur Parkentwicklung; auch hier wird Bertuch, der mit der zeitgenössischen englischen Gartenliteratur bestens vertraut war, seinen Einfluß geltend gemacht haben. Während der östliche Ilmhang am Horn vorwiegend mit einheimischen Gehölzen bepflanzt wurde, sollten im Gebiet oberhalb der „Kalten Küche" „englische Hölzer", das heißt ausländische Gewächse dominieren. In der Ilmaue selbst wurden Ulmen und Pappeln gepflanzt und am Flußufer Erlen und Weiden in die Erde gebracht, so daß die deutlich kontrastierenden Umrisse der Bäume an südliche Landschaften mit ihren Pinien und Zypressen erinnern.[130] Der landschaftliche Charakter des Auengeländes mit seinen Wiesen und dem von Baumgruppen, Einzelbäumen und Büschen flankierten Mäanderband der Ilm wurde durch die leicht und schlank wirkenden Pappeln, Erlen und Ulmen in ihrem hellen, zuweilen fast silbrigen Grün noch unterstrichen.

Bertuchs besonderes Engagement aber galt den Partien oberhalb des westlichen Ilmufers und der „Kalten Küche", dem an den Welschen Garten und vormaligen Schießhausgarten im Süden angrenzenden Bereich. Hier lag zuerst Reicherts Baumschulengarten, der mit den Plantagen im westlichen Teil des Welschen Gartens verbunden wurde. Daß Bertuch sich nicht darauf beschränkte, die von Carl August angewiesenen Arbeiten im Park zu überwachen, beweist seine im Frühjahr 1789 verfaßte Denkschrift über die Frage, wie die sogenannten „Tabaks- und Bürgeräcker" in herzogliches Eigentum übergehen könnten.[131] Bei diesen Äckern handelt es sich um die an Reicherts Garten anschließenden Grundstücke zwischen der

127 ThHStAW: B 8541, Bl. 16ff. Siehe Anhang: Ausgewählte Quellen. – Vgl. auch Tille 1930.
128 ThHStAW: B 8547, Bl. 47v.
129 Ebd., Bl. 43 u. 47.
130 ThHStAW: B 8551, Bl. 16 u. 45. Vgl. Jäger 1978, S. 343; A. Schneider 2001, S. 116.
131 Die Schrift ist nicht erhalten. Vgl. Huschke 1951, S. 84f.; A. Schneider 2000, S. 636; Steiner/Kühn-Stillmark 2001, S. 146ff. Die Tabaksäcker verdanken ihren Namen den 1779 von Carl

Oberkante des westlichen Ilmhangs und der Chaussee nach Belvedere, mit deren Erwerb aus Privatbesitz Bertuch die weitere Ausdehnung der Gartenlandschaft nach Süden vorantreiben wollte.[132] Indem diese Ackerstücke 1789/90 der gartenkünstlerisch gestalteten Fläche angegliedert wurden, erfuhr der Park – abgesehen von einigen späteren Abrundungen – seine letzte große Erweiterung. Dem Schwerpunkt der bisherigen Parkentwicklung im Norden bzw. Osten, wo sich Welscher Garten, Stern sowie Rothäuser Berg und das Horn erstreckten, korrespondierte nun der neugeschaffene Parkteil im Süden, der von der „Kalten Küche", einst Keimzelle des Parks, und der bereits in den 1750er Jahren gepflanzten Allee nach Belvedere flankiert wurde.

Der neue Parkteil unterscheidet sich von den zuvor entstandenen zunächst durch eine bis dahin unbekannte Pflanzenvielfalt. Die größtenteils aus England importierten nordamerikanischen Gehölze wuchsen in Reicherts Baumschule in Belvedere und in der Plantage im westlichen Teil des Welschen Gartens, teilweise auch in fremden Baumschulen heran.[133] So lieferte Reichert im Februar 1790 unter anderem 55 große Hemlockstannen (*Pinus canadensis*), 28 große Weymouthskiefern (*Pinus strobus*) und eine große Virginische Zeder (*Juniperus Virginiana*).[134] Im Gegensatz zur lichten Auenlandschaft am Fluß entstanden oberhalb des Uferhangs geschlossene Pflanzungen, die als „Lustwälder" bezeichnet und von Wiesenflächen, Obstbäumen sowie wegbegleitenden Blumenrabatten kontrastiert wurden. Die „englischen Hölzer" ergänzte man durch einheimische Nadelgehölze, aber auch durch Linden, Birken und Blutbuchen aus den umliegenden Forstgebieten sowie durch die sogenannten Lombardischen oder Pyramidenpappeln, die zu dieser Zeit äußerst beliebt waren.[135] Diese „italiänischen" Pappeln wurden zum Rondell gruppiert oder längs der geschwungenen Wege alleenartig gepflanzt.[136] Zur gleichen Zeit begannen die Arbeiten am Breiten Weg, der am Welschen Garten nahe des Hauses der Charlotte von Stein seinen Anfang nahm und von dort durch den

---

August unternommenen – allerdings wenig erfolgreichen – Versuchen, auf der an den Reichertschen Garten angrenzenden Fläche Tabak anzubauen.

133 Die erste Pflanzenlieferung für den herzoglichen Park gelangte 1786 aus dem Botanischen Garten in Kew bei London nach Weimar. Vgl. A. Schneider 2001, S. 116, Anm. 19.

134 Vgl. Jäger 1978, S. 346.

135 Die Blutbuchen zählen zu den frühesten in einem Park gepflanzten Vertretern ihrer Art in Deutschland. Die Setzlinge waren ein Geschenk des Sondershausener Fürsten und wurden aus dem dortigen Forst, wo es ein äußerst seltenes natürliches Vorkommen gab, von Tagelöhnern zu Fuß nach Weimar getragen. – Die Bezeichnungen Lombardische Pappel, Pyramiden- oder Schwarzpappel stehen für *Populus nigra*. Sie wurde wahrscheinlich in der zweiten Hälfte des 18. Jahrhunderts in der Lombardei gefunden und seit dieser Zeit in Nordeuropa verbreitet. Mit ihrem pyramidalen Wuchs diente die Pappel in den nördlichen Regionen als Ersatz für die nicht winterharten Zypressen. Vgl. A. Schneider 2001, S. 116 u. Anm. 18.

136 ThHStAW: B 8540, Bl. 74; B 8547, Bl. 9.

ehemaligen Reichertschen Garten nach Süden bis zum Ende der Tabaksäcker an der Belvederer Allee geführt wurde.[137] Daß dieser Weg somit den gesamten oberen Parkteil erschloß, zeigt ein Ausschnitt aus dem 1790 gezeichneten Parkplan von Johann Friedrich Lossius (Abb. 54). Der in großzügigen Schwüngen verlaufende Weg unterschied sich von den früheren Schlängelpfaden, wie sie beispielsweise die „Kalte Küche" durchzogen, und korrespondierte so mit den zusammenhängenden Wald- und Wiesenflächen des neuen Parkbereichs, in denen man die kleinräumige Gestaltungsweise ebenfalls aufgegeben hatte. Der bereits am Beispiel der drei Säulen angedeutete Wandel in der Landschaftsauffassung hatte sich um 1790 weitgehend durchgesetzt. Die von Bildwerken und Inschrifttafeln geprägte emblematische Form der Gartengestaltung wurde durch einen expressiven Gestus ersetzt, der in seiner Wirkungsabsicht vor allem auf die der Landschaft eigenen Elemente, auf den Wechsel von Baumgruppen, Solitären und Wiesenflächen, vertraute.[138]

Neue Wege verbanden den oberen Parkteil mit den frühen englischen Anlagen in der „Kalten Küche". Die künstliche Ruine wurde nach Süden erweitert und durch ein Türgewände samt Bogensegment abgeschlossen (Abb. 55). Von hier aus führte jetzt ein Weg hinab zum „Kloster", das Carl August kaum mehr benutzte, weshalb sich die Parkbesucher nun direkt der vormals etwas abgeschirmt gelegenen Einsiedelei nähern durften. Neben den zahlreichen Erdarbeiten und Pflanzungen sowie der Anlegung von Wegen und Sichtachsen wurden 1790/91 in der „Kalten Küche" eine Chaumière, in der Plantage des Welschen Gartens das sogenannte Meridianhaus, außerdem eine weitere Brücke und ein Badehaus am Ostufer der Ilm errichtet.[139] Diese Architekturen bestanden aber zum Teil nur wenige Jahre und ordneten sich der gewandelten Landschaftsauffassung gewissermaßen unter: Sie standen zumeist im Dienst einer praktischen Funktion und bildeten kaum Blickpunkte im Park. Ab dem Sommer 1791 nehmen die im Memorandum festgehaltenen Arbeiten „zu dem neuen Gebäude über der Kalten Küche" einen immer größeren Raum ein.[140] Große Mengen Steine werden herbeigeschafft und das Fundament für jenes Gebäude gemauert, das im Frühjahr 1792 erstmals bei seinem künftigen Namen genannt wird: das Römische Haus.[141]

137 ThHStAW: B 8547, Bl. 3 u. 17–20; B 8551, Bl. 46; B 8555, Bl. 2; B 8560, Bl. 14. Siehe Anhang: Ausgewählte Quellen.

138 Vgl. U. Müller 1999, S. 277f.

139 Bei der Chaumière, auch Schweizer Hütte genannt, handelt es sich um eine offene Holzhütte, deren Inneres mit geflochtenem Stroh ausgekleidet wurde. Sie entstand nach einer Zeichnung des Hamburger Architekten Johann August Arens, der sich für Entwurfsarbeiten zum Schloß und zum Römischen Haus in Weimar aufhielt. Mit dem Meridianhaus ließ sich Carl August eine Sternwarte für seine astronomischen Studien erbauen. Das Gebäude beherbergte ein „Passagen-Instrument" zur Beobachtung des Durchgangs der Sterne durch den Meridian. Bereits 1798 wurde es wieder abgerissen. ThHStAW: B 8553, Bl. 26–29, 86, 460–465. Vgl. Huschke 1951, S. 85, 89, 94; A. Schneider 2000, S. 636f.; dies. 2001, S. 113, Anm. 7.

140 ThHStAW: B 8551, Bl. 32f.

141 „Steine zu den römischen neuen Hause und den Erdbogen im Grund heraus zu mauern [...] wird continuirt." ThHStAW: B 8555, Bl. 17ff., hier Bl. 17. Siehe auch Anhang.

Unter Bertuchs Leitung wurde in den 1790er Jahren nicht nur der obere Parkteil zwischen dem Welschen Garten und den Wiesen und Feldern an der Belvederer Chaussee gestaltet. Durch die zahlreichen erweiternden und erhaltenden Arbeiten im Ilmtal und an den angrenzenden Hängen verschmolzen die einzelnen landschaftlichen Partien mit den überlieferten Gartenbereichen zu einem harmonischen Ganzen, das seinen unverwechselbaren Charakter im Zusammenspiel von heiterer Flußaue und felsig-düsteren oder bewaldeten Gegenden ausprägte. Der Park hatte jetzt seine im wesentlichen endgültige räumliche Ausdehnung erreicht.

4.6.2. Bertuch als Vermittler gartenkünstlerischer Ideen

Das gartenkünstlerische Engagement Bertuchs beschränkte sich nicht allein auf sein vom Herzog übertragenes Amt im Weimarer Park. Dem vielseitigen Unternehmer und Verleger ging es darüber hinaus um eine breite Vermittlung seiner theoretischen Auffassung vom Landschaftsgarten. Im März 1792 erläuterte Bertuch im Kreis des *Weimarischen Gelehrten-Vereins* seine Sicht auf *Alter und Ursprung der englischen Gärten.*[142] An den Beginn seiner Ausführungen stellte er eine Würdigung des 1792 verstorbenen Hirschfeld: „Die jüngste Schwester der schönen Künste, die Gartenkunst, hat einen großen Verlust durch Hirschfelds Tod erlitten", referierte er, „da er, für Teutschland wenigstens, ihr erster Lehrer, ja beynahe ihr Schöpfer war." Nach dieser pietätvollen Einführung aber widersprach Bertuch der Auffassung Hirschfelds, daß die landschaftliche Gartenkunst aus den Werken der englischen Naturdichter inspiriert wurde – seiner Ansicht nach lägen deren eigentliche Wurzeln in den unregelmäßig angelegten Gärten der Chinesen, eine These, für die er William Chambers als Gewährsmann anführen konnte. In Anlehnung an Chambers unterstützte Bertuch den Stilpluralismus im Landschaftsgarten wesentlich stärker als Hirschfeld, der in seinen Schriften bekanntlich immer wieder angemahnt hatte, daß bei aller stilistischen Vielfalt der Gartenarchitektur deren historische und topographische Wahrscheinlichkeit zu berücksichtigen sei.[143]

Bertuchs Vortrag verdeutlicht ebenso wie seine zahlreichen Publikationen zur Gartenkunst, daß der Verleger neben der Erfüllung seines Auftrags im Herzoglichen Park eigentlich ein anderes Publikum in den Blick genommen hatte: Sein editorisches Interesse galt der Etablierung einer bürgerlichen Lebensweise, zu deren

142 Der *Weimarische Gelehrten-Verein*, auch *Freitagsgesellschaft* genannt, war ein 1791 von Goethe gegründeter geselliger Kreis, zu dem auch Bertuch gehörte. Die Teilnehmer waren aufgefordert, eigene Beiträge aus Wissenschaft, Kunst und Geschichte sowie Demonstrationen chemischer und physikalischer Experimente vorzustellen. Zu Bertuchs Vortrag siehe Böttiger 1998 (1838), S. 60ff. Bertuch veröffentlichte seinen Beitrag im Februar bzw. April 1793 in dem von ihm selbst herausgegebenen *Journal des Luxus und der Moden.* Siehe *Journal des Luxus und der Moden*, 8.1793, H. 2, S. 61–72 bzw. 8.1793, H. 4, S. 193–197. Zu Bertuchs theoretischer Position vgl. U. Müller 2000a.

143 Vgl. Hirschfeld, *Theorie*, Bd. 3, 1780, S. 82f.

Bestandteilen möglichst die Anlage eines eigenen englischen Gartens gehören sollte. Das seit Januar 1786 regelmäßig erscheinende, von Bertuch und Kraus herausgegebene *Journal des Luxus und der Moden* enthält zahlreiche Artikel, die einen breiten Leserkreis mittels der Beschreibungen verschiedener europäischer Gärten mit den grundlegenden Prinzipien landschaftlicher Gartenkunst vertraut machten.[144] Darüber hinaus wurden in einer Reihe von Beiträgen einzelne Elemente gartenkünstlerischer Gestaltung vorgestellt, die dem Leser konkrete Anregungen zur Anlage eines eigenen Gartens nach englischem Vorbild lieferten. Die beigefügten Kupfertafeln informierten nach Art eines Musterbuchs über die modernen Ausführungen von Gartenbänken, Brücken, chinesischen Kabinetten, Einsiedeleien und Gartenskulpturen. Der Autor des umfangreichen Artikels *Ueber Englische Garten-Anlagen auf beschränkten Plätzen* entwirft gleichsam die Fläche, auf der die zuvor einzeln dargestellten Gegenstände zu höchstmöglicher Geltung gelangen. Er unternimmt den Versuch, einige der Vorschriften Hirschfelds zur Anlage naturnachahmender Gärten so zu modifizieren, daß sie auch auf räumlich sehr beschränkten, ebenen und auf allen Seiten eingezäunten Flächen, also den üblichen Privatgärten, Anwendung finden können.[145] Der Leser wird hier nicht mehr wie ein staunender Spaziergänger durch einen mannigfaltig ausgestatteten Park geführt, sondern vielmehr als selbständiger Gartenkünstler angesprochen. Lag der Hauptakzent der Beiträge zur Gartenkunst anfangs vor allem in der Geschmacksbildung der Leser, tritt nun zunehmend die präzise Anleitung zur Nachahmung in den Vordergrund.

Bertuchs Plädoyer für einen uneingeschränkten Stilpluralismus erfährt in den praktischen Hinweisen zur Ausgestaltung der bürgerlichen Gärten eine konkrete Umsetzung. Mit dieser Tendenz tritt Bertuch um der titelgebenden Mode willen in Widerspruch zur landschaftsgärtnerischen Praxis im Weimarer Park, wo Gartenarchitekturen und Monumente von Beginn an bewußt und vergleichsweise sparsam eingesetzt wurden. Gerade der unter Bertuchs Ägide entstandene obere Parkteil wurde von einer großräumigen Gestaltungsweise nach dem Vorbild Lancelot Browns, das heißt vom Zusammenspiel der Baumgruppen, Wiesenflächen und Blumenrabatten dominiert. Auf kleinteilige Bildwerke, wie sie mit Klauers Tritonenrelief beispielsweise noch Ende der 1780er Jahre im Stern entstanden waren, verzichtete man hier weitgehend. Durch die Lektüre der Artikel zur Gartenkunst im *Journal* werden auch die divergierenden Ansichten Goethes und Bertuchs augenfällig, da Goethe nicht nur die Auswüchse des Stilpluralismus in der empfindsamen Gartenmode frühzeitig kritisiert hatte, sondern auch der von Bertuch ausdrücklich geförderten massenhaften Verbreitung kunsthandwerklicher Produkte, so zum Beispiel der Toreutika aus der „Kunstbackstein-Fabrik" Martin Gottlieb Klauers, ablehnend gegenüberstand.[146]

---

144 Vgl. Müller-Wolff 2004.

145 *Journal des Luxus und der Moden*, 5.1790, H. 6, S. 300–322 u. Tafel 18.

146 Im *Journal des Luxus und der Moden* erschienen mehrere Artikel über die künstlerischen Tonwaren aus der Fabrik Klauers, siehe ebd., 5.1790, H. 10, S. 565–569; 6.1791, H. 5, S. 300f. Um

Auffällig ist, daß während der gesamten Zeitspanne, in der Bertuch das *Journal* herausgab und gleichzeitig die Funktion des Parkverwalters innehatte, der herzogliche Park in der Zeitschrift mit keinem Wort erwähnt wird. Bertuchs unternehmerische Intention läßt vermuten, daß er nicht nur seine beiden Wirkungsbereiche, den höfischen und den bürgerlichen, strikt voneinander trennte, sondern nicht zuletzt durch das *Journal* eine vielfältige bürgerliche Kultur in Abgrenzung zur höfischen Kunst etablieren wollte. Der Weimarer Park war trotz seiner freien Zugänglichkeit für Bürger zuallererst der Park des Fürsten, in dessen Auftrag Bertuch dort tätig war. Sein konsequent an den Idealen der Aufklärung orientiertes publizistisches Engagement sah im Landschaftsgarten des eigenen Souveräns offensichtlich kein vermittelnswertes Beispiel für die Leserschaft des *Journals*. Durch die Aufsicht über alle Arbeiten im Park und gärtnerische sowie künstlerische Anregungen haben Bertuch und Kraus einen wichtigen Anteil an der Entstehung des Landschaftsgartens im Ilmtal. Diese Erfahrung mündet – bei völliger Parallelität der Entwicklungen – jedoch nicht in die Zeitschrift ein.[147]

Dabei wurde die Vermittlung gartenkünstlerischer Ideen von Bertuch in den folgenden Jahren sogar noch intensiviert: Ab 1804 gab er das *Allgemeine Teutsche Gartenmagazin* heraus, in dem die Debatten um die Geschichte und Theorie des Landschaftsgartens, zahlreiche praktische Fragen zur Anlage von Gärten und Parks, aber auch Diskussionen zur Pflanzensystematik aufgegriffen und in breiterem Rahmen erörtert werden konnten.[148] Die Zeitschrift fungierte bis in die späten 1820er Jahre als zuverlässiger Spiegel der aktuellen Entwicklungen sowohl der landschaftlichen Gartenkunst als auch der Botanik.

Die Umgestaltung der ehemaligen Tabaks- und Bürgeräcker und die Ausdehnung des Parks nach Süden waren weitgehend abgeschlossen, als Bertuch im Sommer 1796 um seine Entlassung aus den herzoglichen Diensten bat. Den hier am Beispiel seines gartenkünstlerischen Engagements skizzierten Konflikt Bertuchs zwischen seinem höfischen und dem bürgerlichen Wirkungsbereich löste er zugunsten des letzteren; dem Hof hatte er sich zunehmend entfremdet. Bereits im April 1796 endet Bertuchs letztes Gartenarbeitsmemorandum, dessen einzelne

---

deren Absatz zu steigern, wurde 1792 der erste illustrierte Katalog der Klauerschen Toreutika veröffentlicht. Vgl. Gabriele Oswald: Artikel *Martin Gottlieb Klauer (1742–1801). Verzeichnis der Toreutica-Waare der Klauerschen Kunst-Fabrick in Weimar. No. I. Mit Kupfern. Weimar 1792*, in: Schuster/Gille 1999, S. 418. Vgl. auch Catriona MacLeod: *Skulptur als Ware: Martin Gottlieb Klauer und das „Journal des Luxus und der Moden“*, in: Borchert/Dressel 2004, S. 261–280; Kaiser 1980, S. 25f. – Zu Goethes Haltung bezüglich der massenhaften Verbreitung von Kunst bzw. Kunsthandwerk siehe unten, Kapitel 6.2.1 u. 6.4.

147 Nicht in Zeitschriftenbeiträgen, sondern in Bildern von Kraus wurde der Weimarer Park dem Publikum jedoch durch eine andere bei Bertuch verlegte Publikation vermittelt: der zwischen 1788 und 1805 erschienenen Folge von radierten *Aussichten und Parthien des Herzogl. Parks bey Weimar*. Hier ging es aber nicht um die Verbreitung gartenkünstlerischer Ideen, sondern um eine Anleitung zur richtigen Rezeption der herzoglichen Parkanlagen gemäß der sensualistischen Wirkungsästhetik. Siehe dazu ausführlich Kapitel 5.1.1.

148 Vgl. U. Müller 2000a; Polianski 2004, S. 100f.

Jahrgänge nicht nur Rechenschaft über seine Zeit als Parkverwalter ablegen, sondern auch das Baugeschehen am Römischen Haus minutiös dokumentieren. Als Bertuch sein höfisches Amt aufgibt, steht auch das neue Sommerhaus des Herzogs kurz vor seiner Vollendung. „Noch heute hat der Herzog mit ihm u. Göthe die neuen Veränderungen des Parks u. die Bauentwürfe fürs künftige Jahr gemacht, u. sich nicht träumen lassen, wie nahe Bertuchs Abschied seyn könne“, kommentiert Karl August Böttiger (1760–1835) den Rücktritt Bertuchs im Sommer 1796.[149] Von diesem Zeitpunkt an blieb Bertuch dem Parkgeschehen fern und widmete sich ausschließlich seiner Karriere als Verleger und Unternehmer.

Seine merkantilen Aktivitäten hatten Bertuch seit Anfang der 1780er Jahre auch an den Hof nach Dessau und Wörlitz geführt, wo er zusammen mit Kraus die persönliche Bekanntschaft des Fürsten Franz gemacht hatte: „Meine Reise mit Freund Kraus nach Dessau war sehr vergnügt und hat mir alle gehoffte Zufriedenheit gewährt. Der Fürst, ein vortrefflicher Mann, hat uns einige glückliche Tage in seinem Wörlitz gemacht“, ließ Bertuch den Darmstädter Freund Merck im Juni 1781 wissen.[150] Von nun an pflegten nicht nur Carl August und Goethe, sondern auch Bertuch und Kraus einen fortwährenden Gedankenaustausch mit dem befreundeten Fürsten. Zwei Jahre vor Erscheinen der offiziellen *Beschreibung des Fürstlich Anhalt-Dessauischen Landhauses und englischen Gartens zu Wörlitz* von August Rode verwies Bertuch gleich in der ersten Nummer des *Journal des Luxus und der Moden* im Rahmen eines Artikels über den *Park von Ermenonville* auf die 1782 angelegte Rousseau-Insel in Wörlitz, welche die berühmte Grabstätte des Philosophen in Ermenonville originalgetreu nachahmte.[151] Im Sommer 1783 reiste Kraus nach Wörlitz, um im Auftrag Carl Augusts einzelne Partien des Wörlitzer Parks zeichnerisch festzuhalten.[152] Während eines längeren Aufenthalts im Gartenreich des Dessauers brachte Kraus achtzehn Ansichten zu Papier, die offensichtlich mit dem Fürsten selbst abgestimmt waren und später in einem Stichwerk veröffentlicht werden sollten.[153] Damit entwarf der Weimarer Künstler zugleich die ersten bildlichen Darstellungen des Wörlitzer Landschaftsgartens. Zwischen Weimar und Dessau hatte sich ein lebhaftes Zusammenwirken von Künstlern, Händlern, Dichtern und Verlegern entwickelt, wobei die landschaftliche Gartenkunst immer wieder zu den be-

149 Böttiger 1998 (1838), S. 300.

150 Friedrich Justin Bertuch an Johann Heinrich Merck, Weimar 16. Juni 1781; GSA 06/357. Vgl. auch Hirsch 1987, S. 12.

151 Siehe *Journal des Luxus und der Moden*, 1.1786, H. 4, S. 152–163, hier S. 157. Vgl. auch Quilitzsch 2000, S. 271f.

152 Kraus' Aufenthalt in Wörlitz steht im Zusammenhang mit den Arbeiten zu einem ersten Wörlitz-Führer, der von dem Philanthropin-Lehrer Friedrich Wilhelm Götze (1754–1801) verfaßt werden sollte. Vgl. Bechtoldt/Weiss 1996, S. 383, Kat.-Nr. 239; Hirsch 1987, S. 12f.; Knorr 2003, S. 187ff.

153 Vgl. Hosäus 1877; Kießmann 1934, S. 25. Letztlich erschienen nur drei, von Clemens Kohl (1754–1807) gestochene Veduten. Vgl. dazu Hirsch 1987; Knorr 2003, S. 189.

vorzugten Anknüpfungspunkten zählte.[154] Für sein *Allgemeines Teutsches Gartenmagazin* gewann Bertuch beispielsweise den Wörlitzer Hofgärtner Johann Gottlieb Schoch als Autor, der schon in seinem 1794 erschienenen *Versuch einer Anleitung zu Anlegung eines Gartens im englischen Geschmack* der Intention Bertuchs, praktische landschaftsgärtnerische Erfahrungen einem möglichst breiten bürgerlichen Publikum zu vermitteln, gerecht geworden war. Um 1800, einige Jahre nachdem Bertuch sein Amt im Weimarer Park niedergelegt hatte, finden sich in den von ihm herausgegebenen Periodika verstärkt Anregungen zu verschiedenen Teilaspekten der englischen Gartenkunst, die ihre Herkunft aus der Parkpraxis in Wörlitz und Weimar nicht verleugnen.

4.7. Reisen nach Gotha und Wörlitz. Der Weimarer Landschaftsgarten im Vergleich

Die „kleinen Fürsten Deutschlands" erwiesen sich, wie Horace Walpole treffend vorausgesagt hatte, als ambitionierteste Nachahmer der englischen Gartenmode.[155] Von den zahlreichen in der zweiten Hälfte des 18. Jahrhunderts auf dem Kontinent entstandenen Landschaftsgärten laden vor allem die Parkanlagen in Gotha und Wörlitz zum Vergleich mit dem Weimarer Park im Ilmtal ein.

> Der Park in Dessau, als einer der ersten und vorzüglichsten berühmt und besucht, erweckte Lust der Nacheiferung, welche um desto originaler sich hervorthun konnte, als die beiden Localitäten sich nicht im mindesten ähnelten; eine flache, freie, wasserreiche Gegend hatte mit einer hügelig-abwechselnden nichts gemein.[156]

Dieses von Goethe im Jahre 1822 formulierte Resümee trug in nicht geringem Maße dazu bei, die Vorbildwirkung des Wörlitzer Gartenreichs auf die Anfänge der Parkentwicklung in Weimar zu einem Topos der Gartenliteratur werden zu lassen. Dabei betonte Goethe, nachdem er auf den von Wörlitz ausgegangenen Impuls verwiesen hatte, von dem er selbst bekanntlich im Mai 1778 ergriffen worden war, vor allem die Unterschiede zwischen den beiden Landschaftsgärten, die eine ganz eigene schöpferische Genese des Weimarer Parks bedingten. Diese Unterschiede sind, wie im folgenden zu zeigen sein wird, nicht allein in den abweichenden landschaftlichen Voraussetzungen beider Gärten zu suchen.

---

154 Vgl. Trauzettel 1999, S. 52. Bereits 1781 war in Dessau die *Buchhandlung der Gelehrten* gegründet worden, ein ambitioniertes Verlagsprojekt, an dem auch Bertuch mitwirkte. 1796 riefen Bertuch und Erdmannsdorff die *Chalcographische Gesellschaft* ins Leben, ein Kunstverlag, der sich der Vervielfältigung klassischer Bildvorlagen in Form von Kupferstichen widmete.

155 Walpole 1994 (1771), S. 65.

156 Goethe, *Schema zu einem Aufsatze die Pflanzencultur im Großherzogtum Weimar darzustellen*; MA 12, S. 238–243, hier S. 238f.

Wie in Wörlitz, so wurde auch in Gotha bereits Ende der 1760er Jahre mit der Gestaltung naturnachahmender Gartenanlagen nach englischem Muster begonnen. Der Gothaer Park erweist sich somit als ältester Landschaftsgarten in den sächsischen Fürstentümern, überdies ist es der dem Weimarer Ilmtal am nächsten gelegene. Trotz zahlreicher Besuche Carl Augusts und Goethes am Gothaer Hof ist von gartenkünstlerischen Anregungen hier jedoch kaum die Rede: Wo der Park in Gotha erwähnt wird, geschieht dies eher in Abgrenzung zur eigenen Gartenschöpfung. Auch dieser Tatsache soll im folgenden nachgegangen werden, um im unmittelbaren Vergleich das formale und funktionale Profil des Weimarer Landschaftsgartens zu schärfen.

4.7.1. Frühe Anregungen aus England. Der Gothaer Park

Den jungen Gothaer Erbprinzen Ernst hatten 1768 verwandtschaftliche Beziehungen auf eine Reise nach England geführt, wo er unter anderem die berühmten Kew Gardens nahe London und den Landschaftsgarten in Stowe besichtigte. Diese Erlebnisse hielten zweifellos das inspiratorische Moment zur Schaffung eines eigenen Parks nach den Maßgaben des englischen Geschmacks bereit.[157] Bereits im Jahr darauf begannen unter der Leitung John Haverfields d.Ä., einem Hofgärtner der Kew Gardens, südlich des frühbarocken Gothaer Schlosses die Arbeiten an einem englischen Garten, der unübersehbar von der künstlerischen Handschrift Lancelot Browns beeinflußt ist. Der früheste datierte Plan des herzoglichen Parks geht auf das Jahr 1774 zurück und zeigt eine bereits vollendete, in sich geschlossene Anlage: Ein in großzügigen Schwüngen geführter Weg wird von dichten Baum- und Strauchpflanzungen gesäumt und bildet damit einen charakteristischen *belt walk* im Brownschen Sinne. Der *belt walk* umschließt den gesamten Gartenbereich mit seiner weiten, durch Baumgruppen – die sogenannten *clumps* – und Solitärbäume belebten Wiesenfläche und dem langgezogenen See. Auch die eleganten, S-förmig geschwungenen Konturen des Sees, welche die ondulierende Schönheitslinie des *belt walk* zu spiegeln scheinen, sind dem Formenrepertoire Browns entlehnt. Sie bewirken überdies, daß die relativ geringe Größe der Wasserfläche nicht auf einen Blick zu überschauen ist. Von verschiedenen Punkten des *belt walk* eröffneten sich Sichtachsen auf die Felder, Hügel und Dörfer der Umgebung. Der Plan des Gothaer Parks läßt erkennen, daß hier nicht – wie in Weimar – eine tastende, sukzessive Erschließung der Gartenlandschaft erfolgte, sondern die Gärtner stattdessen eine grundlegende künstlerische Konzeption umsetzten. Auf die Gestaltung kleinräumiger Gartenszenen mit skulpturalen Staffagen und Inschriften verzichtete man; die Phase des emblematischen Gartens wurde in Gotha zugunsten einer expressiven,

157 Zum Gothaer Park vgl. Niedermeier 2001, S. 136–140; Thimm 1992, S. 56–61; Thimm 1995, S. 39f.; Waitz 1849, S. 5–11.

auf den eigenen Ausdruckswert von Bäumen, Wiesen und Wasser setzenden Landschaftsauffassung übersprungen.

Als einziges Parkbauwerk akzentuierte der 1777 fertiggestellte dorische Tempel die durchkomponierte Gartenlandschaft.[158] Der sogenannte Merkur- oder Dianatempel stellt den frühesten in Deutschland errichteten dorischen Tempelbau dar.[159] Er spielte eine zentrale Rolle in der ausführlichen Gartenbeschreibung des Gothaer Hofbibliothekars Reichard, die samt einer Abbildung des Bauwerks 1782 in den vierten Band von Hirschfelds *Theorie der Gartenkunst* aufgenommen und dort der Beschreibung der frühen Weimarer Anlagen vorangestellt wurde (Abb. 56).[160] Reichard benannte als Vorbild für den Gothaer Bau den Portikus eines Minervatempels in Athen, welchen James Stuart und Nicholas Revett im ersten Band ihres berühmten, ab 1762 in London erschienenen Stichwerks *The Antiquities of Athens* wiedergegeben hatten. Ebenso wie die gartenkünstlerische Gestaltung verweist auch der dorische Tempel im Gothaer Park auf die außerordentlich frühe und konsequente Rezeption der hervorragendsten Landschaftsgärten sowie der maßgeblichen architekturhistorischen Quellenpublikationen Englands.

Ein umfangreicher Abschnitt in Reichards Parkbeschreibung ist der Insel in dem künstlich angelegten See gewidmet, die bereits 1777 zur Grabstätte für zwei Söhne des seit 1772 regierenden Herzogs Ernst II. wurde.[161] Zwischen Trauerweiden, Hängebirken, Tannen und Zypressen ließ der Herzog vom Hofbildhauer Döll für die beiden Söhne jeweils Granitsäulen errichten, auf denen Urnen aus weißem Marmor ruhten. Daß es sich hierbei nicht um bloße Parkstaffagen oder Gedenkmonumente handelt, sondern um wirkliche Gräber, wirft ein bezeichnendes Licht auf die funktionalen Aspekte der Gothaer Parkschöpfung.

Über den geschilderten englischen Garten hinaus hatte Ernst II. im Zuge der 1772 begonnenen Entfestigung des Gothaer Schlosses auch die an den westlichen bzw. östlichen Gebäudeflügel angrenzenden barocken Wallgärten in landschaftliche Anlagen umwandeln lassen. Ein von Johann Rudolf Eyserbeck im Jahre 1795 gezeichneter Plan gibt *Park und Anlagen beim Schloß Friedenstein* in ihrer gesamten Ausdehnung wieder (Abb. 57).[162] Im östlich des Schlosses gelegenen Parkteil fällt eine durch ihre kleinräumige Gestaltungsweise gekennzeichnete Partie auf: Es handelt sich um den sogenannten Herzoginnen-Garten, dem in Hirschfelds *Gartenkalender auf das Jahr 1782* ein eigener Beitrag gewidmet wurde.[163] Auf Eyserbecks Plan ist in der Grundform eines lateinischen Kreuzes die ebenfalls schon in den

158 Vgl. Niedermeier 1999, der eine spätere Datierung des Tempels und seine Zuschreibung an Erdmannsdorff stichhaltig widerlegt.

159 Vgl. Lutz 1991, S. 158f.; Niedermeier 2001, S. 140.

160 Siehe Hirschfeld, *Theorie*, Bd. 4, 1782, S. 234–238.

161 Siehe ebd., S. 235. Vgl. auch Buttlar 1995, S. 105f. Nach seinem Tod im Jahre 1804 wurde auch Herzog Ernst II. seinem eigenen Wunsch gemäß auf der Insel bestattet.

162 Johann Rudolf Eyserbeck war ein Sohn des Wörlitzer Gärtners Johann Friedrich Eyserbeck. 1814 übernahm er das Amt des Obergärtners in Gotha.

163 *Gartenkalender auf das Jahr 1782*, S. 152f.

1770er Jahren im Herzoginnen-Garten errichtete gotische Kapelle zu erkennen. Der Turm der Kapelle barg ein Observatorium, das nicht nur mit dem astronomisch-wissenschaftlichen, sondern auch mit dem kosmologisch-mystischen Interesse des Gothaer Herzogs in Verbindung gebracht wurde.[164] Ernst II. hatte in Göttingen bei Georg Christoph Lichtenberg eine fundierte naturwissenschaftliche Ausbildung erhalten, so daß Mathematik, Physik und Astronomie zeitlebens zu seinen hervorragenden Interessengebieten zählten.[165] So wurden die neugeschaffenen Parkanlagen bereits in Reichards Beschreibung von 1782 nicht zuletzt als Ort der Naturforschung erwähnt, der selbst weitgereiste Engländer begeisterte.[166]

Der stark freimaurerisch engagierte Gothaer Herzog verstand den Park gemäß den Mysterien der Illuminaten zugleich als rituellen Initiationsweg in das Reich der Natur.[167] Neben der wissenschaftlichen Beschäftigung blieb die Gartenlandschaft der naturmystischen Kontemplation vorbehalten. Anläßlich eines Besuchs in Gotha schilderte Goethe die Eigenart des Parks in einem Brief an Charlotte von Stein:

> In dem englischen Garten ist es recht anmutig still und ruhig, das Monument das auf der Insel über dem Grabe der Prinzen steht recht hübsch und gut. Anstatt daß unser Herzog neuerdings alle Thüren und Brücken seiner Gärten und Anlagen eröffnet hat, so sind hier die Partien des Gartens gegen einander selbst verschlossen, und stellen Vorhöfe, Tempel und Heiligstes vor. Der Unterschied ist recht karackteristisch.[168]

Der rituelle Kontext der Gothaer Anlagen blieb Goethe demnach nicht verborgen, auch schien ihre anmutige Stille eine faszinierende Wirkung auf ihn auszuüben. Gleichwohl hatte er im Weimarer Park selbst dazu beigetragen, begrenzende Mauern und Zäune niederzureißen, und mit seinen zahlreichen Inszenierungen im Ilmtal jenen charakteristischen Unterschied mit ausgeprägt. Der Gothaer Park war der Öffentlichkeit nicht zugänglich, bis man ihn 1786, allerdings nur in Abwesenheit des Herzogs, „Donnerstags und Sonntags bloß für die Noblesse und für die Honoratiores zum freien Spaziergang geöffnet" hat.[169] Charles Gore (1729–1807) gibt in einer seiner aquarellierten Zeichnungen die umzäunten Anlagen auf der Ostseite des Schlosses wieder (Abb. 58).

---

164 Vgl. Niedermeier 2001, S. 140.

165 Vgl. Wolfgang Zimmermann: *Natursicht und Naturforschung im Lichte des Zeitgeistes*, in: Erkenbrecher/Roob 1998, S. 127–144, hier S. 127f.

166 Siehe Hirschfeld, *Theorie*, Bd. 4, 1782, S. 237.

167 Vgl. Niedermeier 2001, S. 161–173.

168 Johann Wolfgang Goethe an Charlotte von Stein, Gotha 14. Juni 1783; WA IV/6, S. 171.

169 Zitiert nach Thimm 1995, S. 40. Noch in einer Reisebeschreibung aus den späten 1790er Jahren wird mit leichtem Befremden die Unzugänglichkeit der Gothaer Anlagen konstatiert: „Der Englische Garten liegt nahe bey der Residenz, ist aber den Stadteinwohnern ganz unzugänglich. [...] Wollen Fremde ihn sehen, so müssen sie ihren Namen an den Herzog selbst schicken, und ihn um Erlaubniß bitten. Wir erhielten sie! Der Gartendiener öffnete uns die Thüre, schloß sie hinter uns zu und ließ uns allein. Der Garten [...] ist wirklich Englisch, und hat so manches, das ich charakteristisch nennen möchte, und das mich lebhaft an dieses Land erinnerte. [...] Nur ein einziges und nicht großes Gebäude steht darin, und von diesem hat der Herzog den Schlüssel." [Küttner] 1801, S. 356.

Der Gothaer Hof, welcher ohnehin weit früher als die Weimarer Residenz in den philosophischen und literarischen Diskurs der Aufklärung integriert war, brachte mit dem Ensemble des *Herzoglichen Parks* und der sogenannten *Anlagen* in der Nähe des Schlosses bereits ab 1769 einen der frühesten kunstgerechten Landschaftsgärten außerhalb Englands hervor.[170] Herzog Ernst II. konnte aufgrund seiner intensiven Verbindungen nach England unmittelbar das dortige Niveau gartenkünstlerischen Gestaltens in seine eigenen Verhältnisse übertragen. Diese Voraussetzungen divergieren grundlegend von denen seines ernestinischen Verwandten Carl August in Weimar, der England erst 1814 bereist hat, als der Park an der Ilm keiner entscheidenden Impulse mehr bedurfte. Doch unterschieden sich die beiden Souveräne auch sonst erheblich in ihrer gartenkünstlerischen Intention.

Ernst II. ließ den Gothaer Park als Spiegel seines eigenen weltanschaulichen Programms gestalten und nutzte ihn ausschließlich als Ort zurückgezogener, bisweilen mystischer Betrachtungen. Nicht zuletzt band ihn durch die Grabstätten der Söhne ein persönlicher Bezug an sein landschaftliches Refugium, das von der Außenwelt strikt getrennt war. Dem Wesen Carl Augusts war die persönliche Tendenz zum Mystischen ebenso fremd wie die Geheimbünde. Weder der Sphinxgrotte noch dem Gotischen Salon im Weimarer Park, weder Einsiedelei noch Schlangenstein sind freimaurerische oder naturmagische Inhalte eingeschrieben. Die in diesen Parkmonumenten implizite Rezeption antiken Gedankenguts, ihr genealogischer Bezug und selbst ihre naturreligiösen Anklänge sprechen eine andere, gleichsam weltzugewandte Sprache. Daß Carl August kein professioneller Landschaftsgärtner vom Zuschnitt eines Haverfield zur Verfügung stand, bedingte das Fehlen einer grundlegenden Konzeption und damit die sukzessive Vorgehensweise bei der gartenkünstlerischen Gestaltung der Weimarer Ilmaue, kam aber zugleich der Neigung des Herzogs zu spontanen Unternehmungen und der Verve seines Handelns entgegen. Der Weimarer Park ist aus der Nutzung einzelner Gartenplätze und -architekturen für die verschiedensten Anlässe höfischer Geselligkeit im Grunde erst entstanden. Auch wurde hier der freie Zugang der Anlagen für das bürgerliche Publikum beizeiten ermöglicht – Eigenschaften, die nicht nur als programmatisch im Sinne der Aufklärung zu werten sind, sondern auch Carl Augusts vergleichsweise offener, ungezwungener Art entsprachen. Zeitgenössische Gartenbeschreibungen und Reiseberichte bestätigen, daß die herzoglichen Parkanlagen in Gotha und Weimar auf ganz unterschiedliche Weise von den Auffassungen und Wesenszügen ihrer Besitzer geprägt wurden. Trotz ihrer zeitlichen und topographischen Nähe kann von einer Vorbildwirkung des Gothaer Parks auf die Weimarer Anlagen kaum gesprochen werden, vielmehr erweisen sich die bereits von Goethe namhaft gemachten charakteristischen Unterschiede weiterhin als kennzeichnend für den Vergleich beider Landschaftsgärten.

170 Zum kulturellen Leben am Gothaer Hof im 18. Jahrhundert siehe *Europäische Literatur am Gothaer Fürstenhof*, Ausst.-Kat., Gotha 1999, passim. Zu den Verbindungen der Gothaer zur Weimarer Nachbarresidenz auf literarischem Gebiet vgl. ebd., S. 87–98.

4.7.2. Reiseeindrücke und Bildungsprogramm. Die Wörlitzer Anlagen

Mit Franz von Anhalt-Dessau verbanden den Weimarer Herzog nicht nur die gemeinsamen politischen Bestrebungen in Abgrenzung von der preußischen Großmacht, sondern vor allem eine geistige Nähe, die zur Basis ihrer jahrzehntelangen Freundschaft wurde. Doch führt der beständig wiederholte Verweis auf den freundschaftlichen Bund der Fürsten bezüglich der Gartenkunst nicht viel weiter als zu dem bekannten Topos, daß den Wörlitzer Anlagen einer der maßgeblichen Impulse zur Schaffung des Weimarer Parks zu verdanken ist. Ein vergleichender Blick auf beide Landschaftsgärten verdeutlicht jedoch, wie auch hier vor allem unterschiedliche Voraussetzungen und divergierende künstlerische Intentionen die jeweilige Gestalt der Parkanlagen prägten.[171]

Das Ende des Siebenjährigen Krieges im Jahre 1763 ermöglichte dem anglophilen Dessauer Fürsten, die ersehnte Studienreise nach England anzutreten, der später drei weitere folgen sollten.[172] Gleich nach seiner Rückkehr begann er voller Enthusiasmus, den Bezirk in der Nähe des 1698 erbauten Wörlitzer Barockschlosses, zwischen See und Kirchhof, in einen Garten nach englischer Manier umzuwandeln. Seine nächste Reise, die eigentliche *Grand Tour*, unternahm der Fürst von 1765 bis 1767. Wie beim ersten Mal begleitete ihn sein Architekt Friedrich Wilhelm von Erdmannsdorff. Ihr Weg führte zunächst nach Italien, wo Johann Joachim Winckelmann (1717–1768) als Cicerone gewonnen werden konnte, der die anhaltinische Reisegesellschaft in Rom und später auf der Reise zu dem englischen Gesandten und Antikenkenner Sir William Hamilton nach Neapel begleitete.

Über Frankreich führte der zweite Teil der Reise abermals nach England, wo der Fürst und sein Architekt die in Italien empfangenen Eindrücke antiker Kunst durch den Besuch der bedeutendsten Landsitze englischer Aristokraten komplettierten. In Italien hatte Winckelmann die Dessauer beim obligatorischen Ausflug nach Tivoli mit dem historisierenden Architekturpark der Villa Hadrians bekannt gemacht. Der Eindruck dieser gebauten Reiseerinnerungen des berühmten römischen Kaisers verband sich nun mit der Kenntnis der antikisierenden Landschaftsgärten unter anderem in Stourhead, Chiswick, Stowe, Claremont und Rousham. Überdies eigneten sich die Dessauer den englischen Fortschritt in Architektur, bürgerlicher Kultur, Technik, Landwirtschaft, Wissenschaft und Politik an. Am Ende der anderthalbjährigen Bildungsreise fügten sich die im klassischen Italien und im aufgeklärten Großbritannien gesammelten Erfahrungen zu einer komplexen Synthese aus Antike und Moderne, die einander wie Theorie und Praxis ergänzten.

---

171 Zum Wörlitzer Gartenreich siehe grundlegend und ausführlich Alex/Kühn 1995; Bechtoldt/Weiss 1996; Eisold 2000; Maier-Solgk 1997, S. 62–85; Rode/Ross/Trauzettel 1994.

172 Zu den Reisen des Dessauer Fürsten und der Umsetzung ihrer Eindrücke in Wörlitz vgl. Michael Rüffer: *„Grand Tour". Die Reisen Leopolds III. Friedrich Franz von Anhalt-Dessau und Friedrich Wilhelm von Erdmannsdorffs*, in: Bechtoldt/Weiss 1996, S. 117–130; Reimann 1999; Speler 1986; Sühnel 1997, S. 30–44; Trauzettel 1993, S. 52–56.

Fürst Franz kehrte mit der Vision von einer an humanistisch-antiken und aufgeklärt-modernen Vorbildern orientierten, alle Lebensbereiche umfassenden kulturellen Umgestaltung seines Landes zurück, die er sogleich umzusetzen begann. Erdmannsdorff hatte einen nicht geringen Anteil an der Übertragung englischer Ideale in das anhalt-dessauische Fürstentum: Gemeinsam mit dem Souverän und einigen Gärtnern dürfte er beispielsweise an den jetzt reifenden Plänen zum Wörlitzer Landschaftsgarten maßgeblich beteiligt gewesen sein.[173] Vor allem aber schuf er zwischen 1769 und 1773 das erste neopalladianische Landhaus außerhalb Englands – das Wörlitzer Schloß mit seiner repräsentativen, freistehenden Säulenfassade (Abb. 59). Nach der Fertigstellung des Schlosses wirkte Erdmannsdorff 1773/74 an der Errichtung des Gotischen Hauses mit. Die Wahl des venezianischen Vorbildes S. Maria dell'Orto für die Kanalseite des Gebäudes geht auf seinen Vorschlag zurück.

Die in den Jahren nach 1768 entstandene berühmte Wörlitzer Gartenlandschaft mit ihren zahlreichen Bauten und skulpturalen Werken präsentiert sich dem Betrachter als garten- und baukünstlerische Umsetzung der mannigfaltigen Reiseerinnerungen ihrer Schöpfer. So verweist der Architrav des Nymphäums (1767/68) mit einer Kopie des Greifen-Kandelaber-Frieses auf den Antoninustempel in Rom. Die Wörlitzer Synagoge (1787–1790) zitiert den Portunus-Tempel am Tiber, die Grotte der Egeria (1790) ist ein Nachbau des gleichnamigen antiken Baus an der Porta Capena, der Venus-Tempel (1794) geht auf den weithin bekannten Rundtempel in Tivoli zurück, und der Flora-Tempel (1796–1798) wurde dem Clitumnus-Heiligtum bei Spoleto nachgebildet. Das „den Freunden der Natur und Kunst" gewidmete Pantheon (1795–1797), eine Hommage an Kaiser Hadrian als Erbauer des römischen Originals, bot der Antikensammlung des Fürsten Raum: Im gewölbten Souterrain führten Gipsnachbildungen in die ägyptische Kunst ein, im darüberliegenden Hauptgeschoß waren – entsprechend der kunsthistorischen Entwicklung – griechische Skulpturen ausgestellt.[174] Während der Gothaer Herzog Ernst II. in seinem Park ab 1775 einen dorischen Tempel nach griechischem Vorbild hatte errichten lassen, ist in Wörlitz eine Reserviertheit gegenüber dem Baustil der Griechen zu beobachten. Franz von Anhalt-Dessau schätzte eher die gefälligeren Formen des klassischen italienischen Geschmacks. Die dorische Ordnung beim Venus- und Floratempel in Wörlitz wurde im römischen Tempel von Cori vorgebildet bzw. rezipiert die Regeln Leon Battista Albertis für diesen Stil.[175]

Die antikisierenden Parkarchitekturen verweisen jedoch nicht allein auf ihre römischen Vorbilder, sondern zugleich auf die Adaptionen dieser Bauwerke in den Landschaftsgärten der verbürgerlichten Adligen Englands. Der klassizistische Flora-Tempel beispielsweise wurde unmittelbar von ähnlichen Nachbauten des antiken Vorbilds in Stowe und Stourhead inspiriert. Die von William Kent und Lance-

173 Vgl. Alex 1986.
174 Vgl. Christian Tietze: *Das Pantheon in Wörlitz*, in: Bechtoldt/Weiss 1996, S. 195–206.
175 Vgl. Günther 1999, S. 21f.

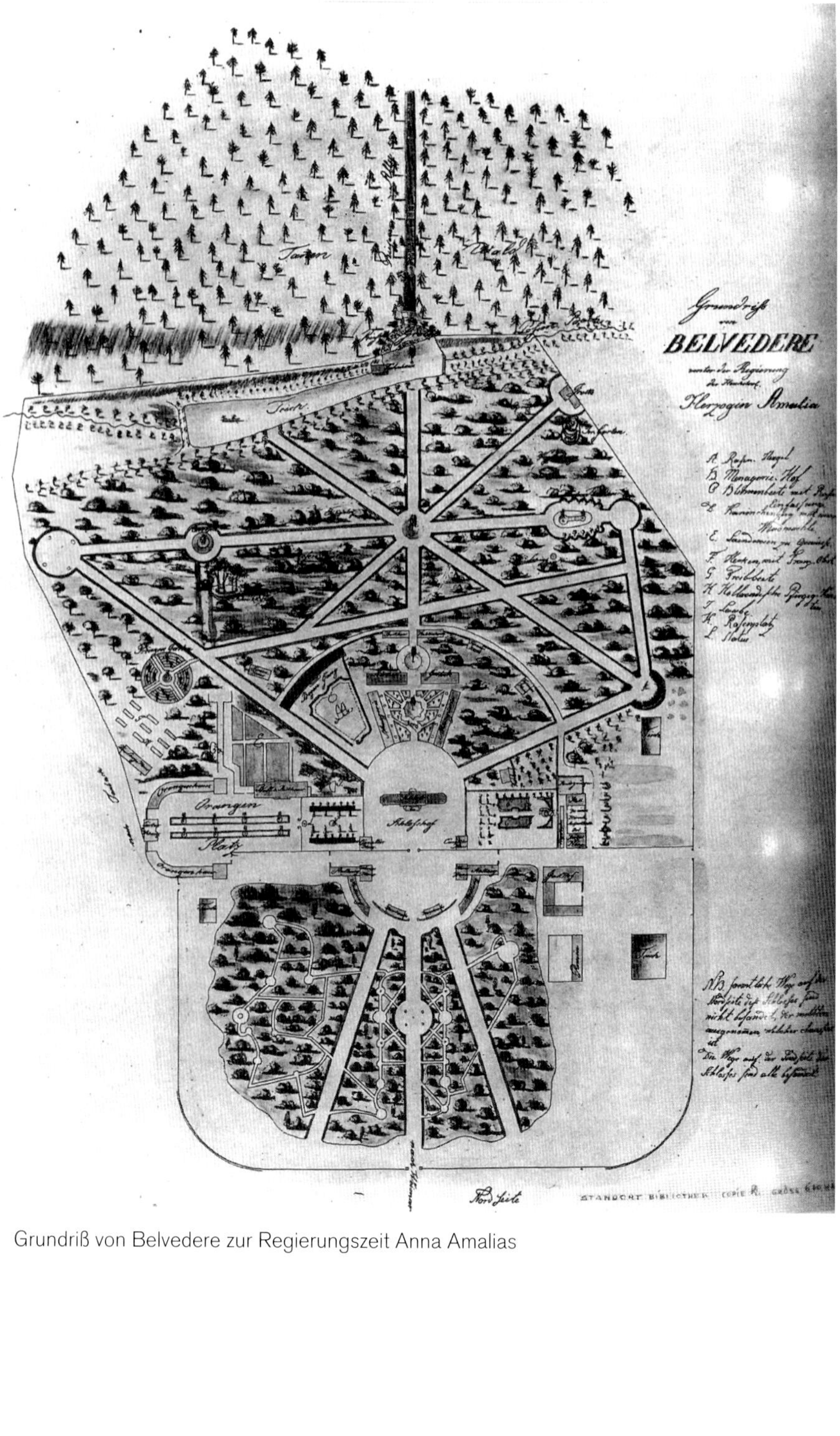

1 Grundriß von Belvedere zur Regierungszeit Anna Amalias

2 Anna Amalia von Sachsen-Weimar-Eisenach: Schloß Ettersburg

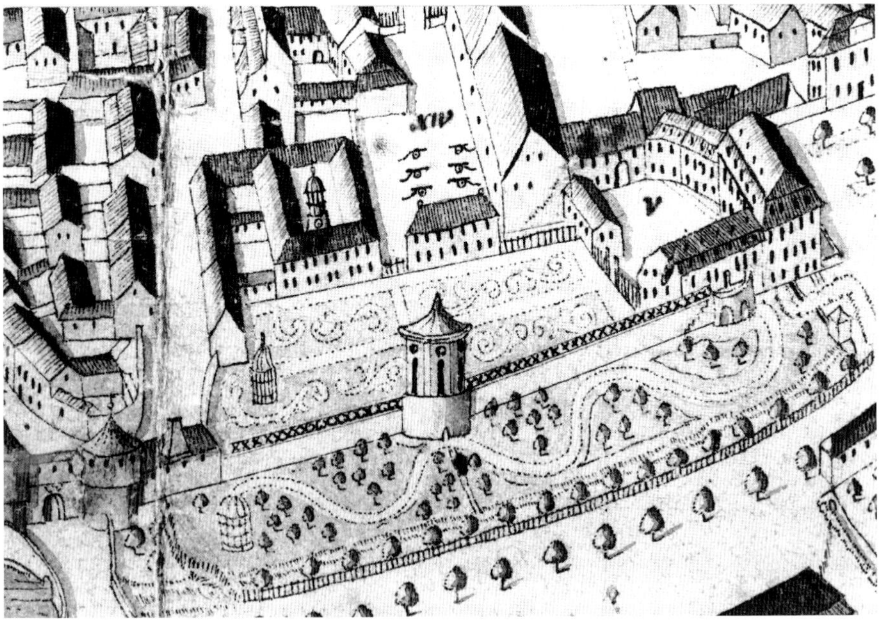

3 Johann Friedrich Lossius: Garten am Wittumspalais, 1785

4 Anna Amalia von Sachsen-Weimar-Eisenach: Chinesischer Pavillon, um 1785

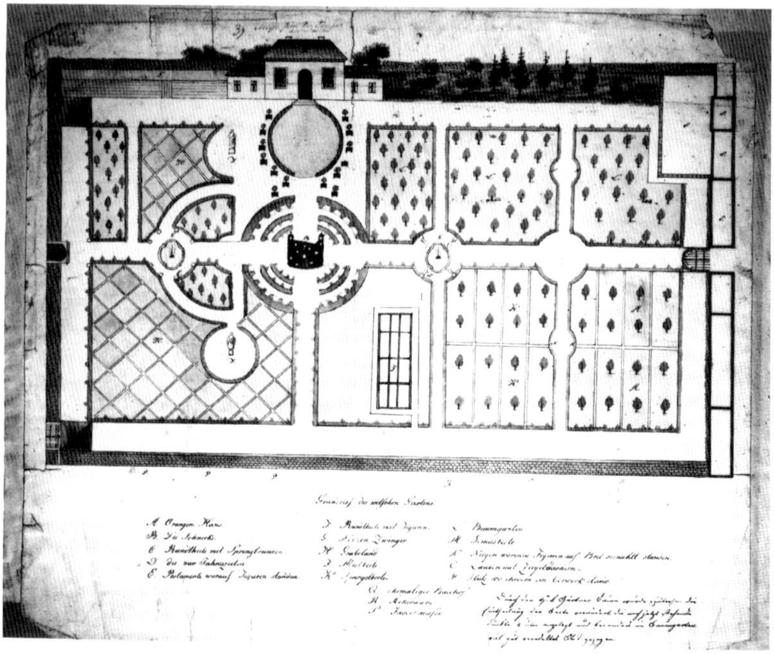

5 Grundriß des Welschen Gartens, um 1800. Zustand vor 1714

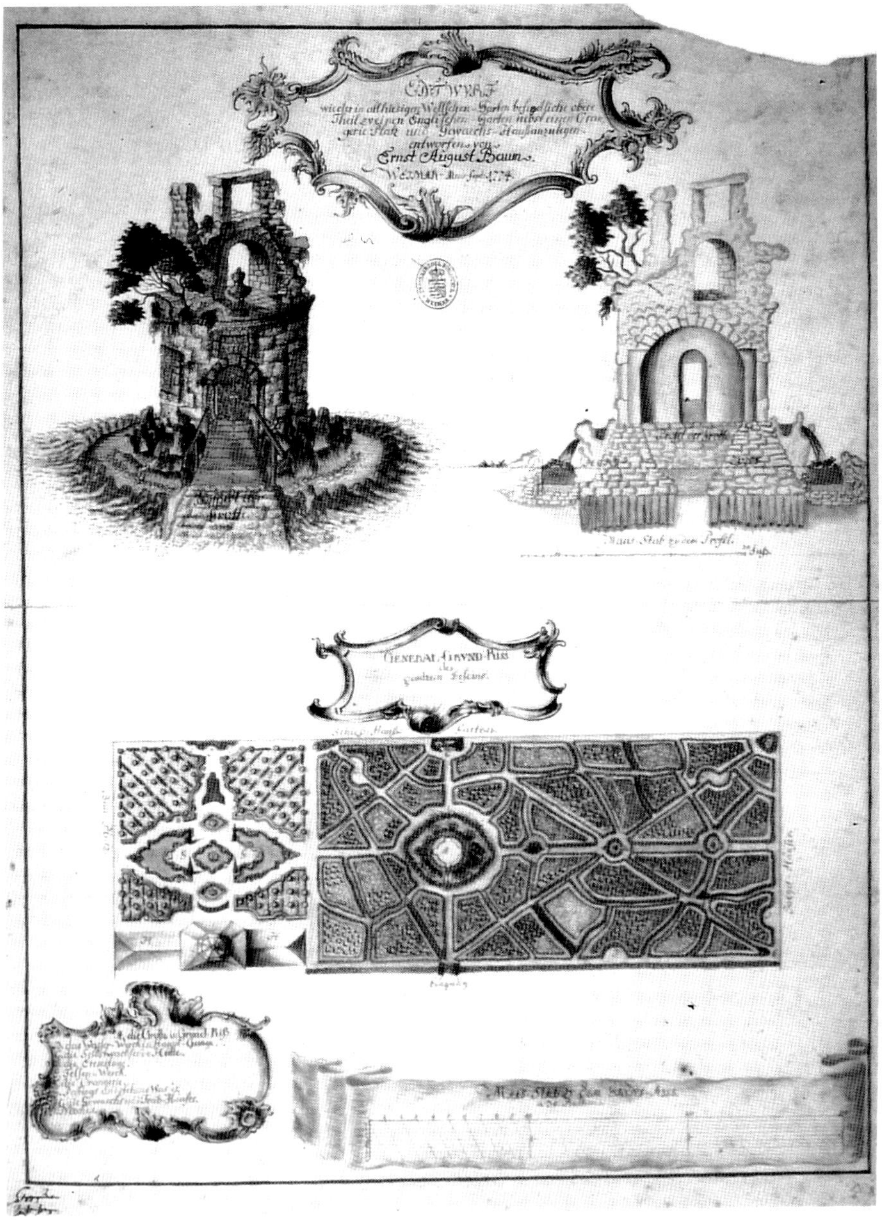

6 Ernst August Baum: Entwurf zur Umgestaltung des Welschen Gartens, 1774

7 Johann Wolfgang Goethe: Felsentreppe im Weimarer Park, 1778

8 Johann Wolfgang Goethe: Schloß Wörlitz, 1778

9 Georg Melchior Kraus: An der Floßbrücke im Ilmtal bei Weimar, 1777/78

10 Johann Wolfgang Goethe: Die Floßbrücke im Weimarer Park, um 1777

11 Johann Wolfgang Goethe: Luisenkloster im Weimarer Park, um 1778

12 Johann Wolfgang Goethe: Luisenkloster und Floßbrücke im Weimarer Park, um 1778

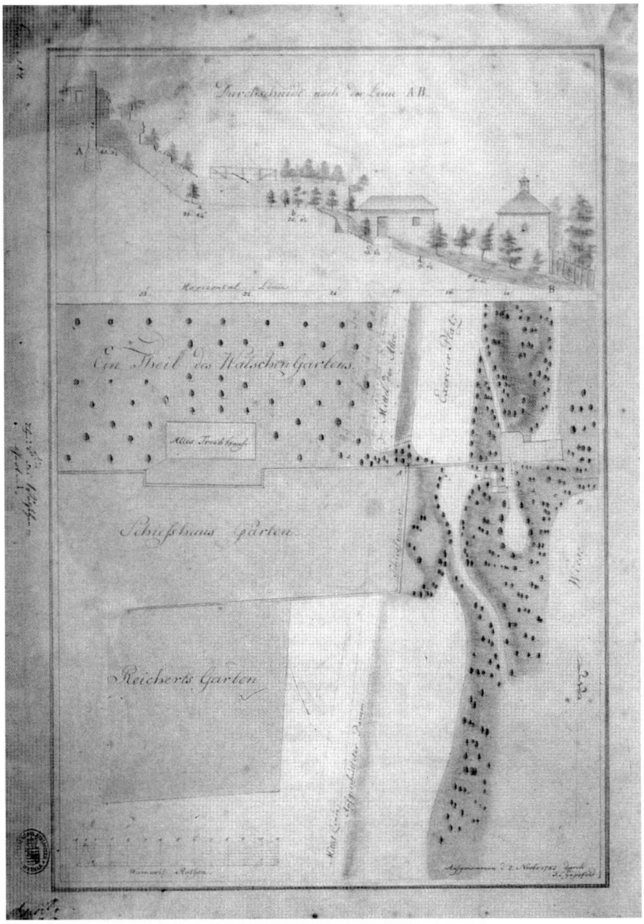

13 Franz Ludwig Güssefeld: Parkanlagen in der *Kalten Küche* und angrenzende Grundstücke, 1782

14 Einsiedelei, aus: Hirschfeld, *Theorie der Gartenkunst*, 1780

15 Georg Melchior Kraus: *Die Fischerin*, 1782

16 Der *Stein des guten Glücks*

17 MOBILE FIT FIXUM, aus: Otto van Veen, *Emblemata sive symbola*, 1624

18 ARS NATURAM ADJUVANS, aus: Andrea Alciati, *Emblemata*, 1564

19 Franz Ludwig Güssefeld: *Das Webicht mit der anliegenden Gegend*, 1778. Detail: Ilmtal

20 Franz Ludwig Güssefeld: *Das Webicht mit der anliegenden Gegend*, 1778

Das Hölzgen
Weg nach Denstedt
Schäferey

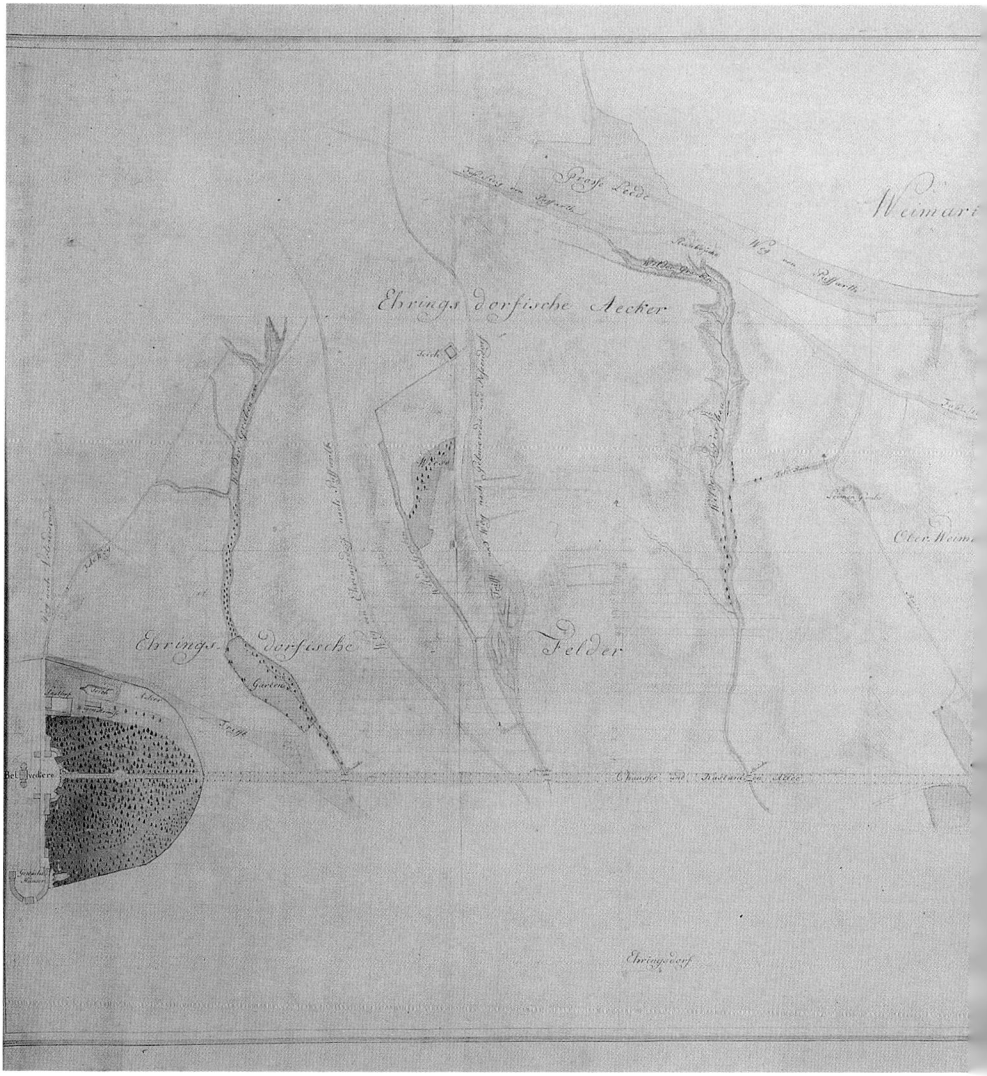

21 Franz Ludwig Güssefeld: *Plan von der Gegend zwischen Weimar und Belvedere*, 1782

PLAN
von der Gegend zwischen Weimar und Belvedere
Gelmerödischer Berg
Weimarš Bürger Aecker
Acker
WEIMAR.
Wiesen
Der Stern

22 Franz Ludwig Güssefeld: *Plan von der Fürstl. Saechsischen Residenz Stadt Weimar*, 1782

23 Wilhelm Zimmermann: *Situation einer Gegend nahe bei Weimar*, 1784

24 Plan des Fürstlichen Gartens und weiterer Grundstücke in Tiefurt, 1776/77

25 Adam Friedrich Oeser: Skizzen zum Großen Stein

26 Georg Melchior Kraus: *Bey Tiefurth*, 1787

27 Der Große Stein

28 Georg Melchior Kraus: Der Große Stein, 1787

29 Conrad Horny: Im Weimarer Park, 1787

30 Künstliche Ruine

31 Borkenhäuschen und künstliche Ruine

32 Gleichenwappen an der künstlichen Ruine

33 Spitzbogenfragment mit Sonnenuhr

34 Conrad Horny: Im Weimarer Park unterhalb der Ruine, 1786

35 Conrad Horny: Künstliche Ruine, Westseite

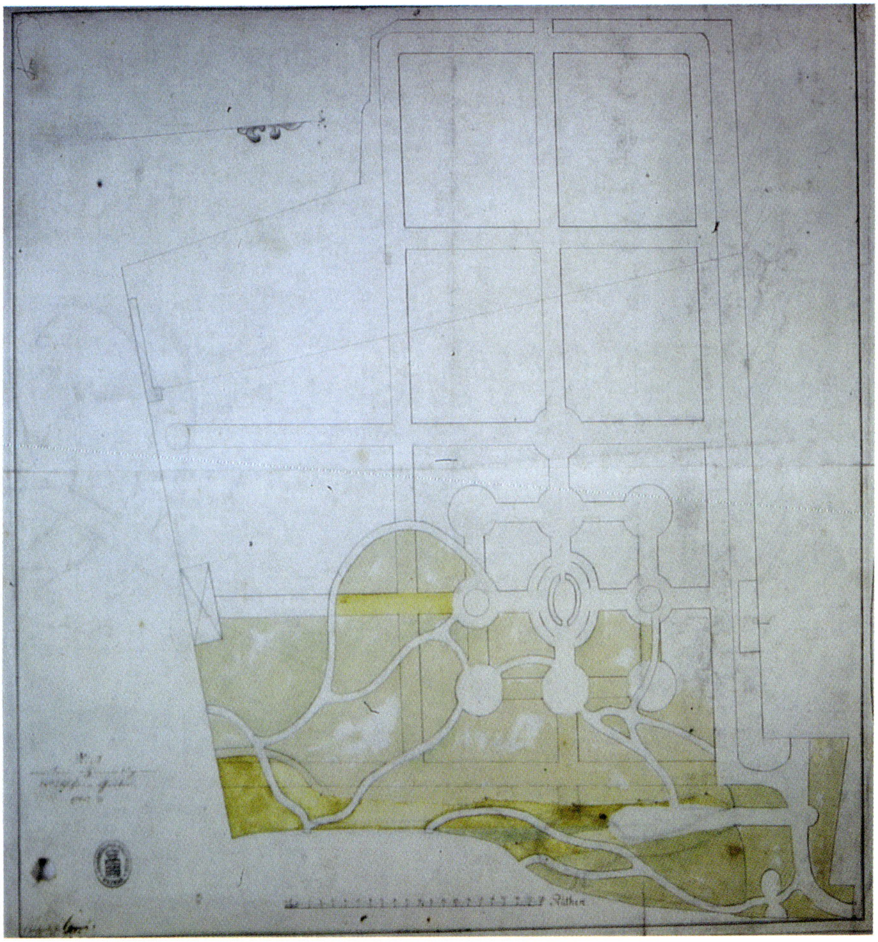

36 Johann Christoph Carl Gentzsch: Entwurf zur Umgestaltung des Welschen Gartens, 1785

37 Grotte mit Sphinx im Stern

38 Georg Melchior Kraus: *Grotte des Sphinx*, 1797

39 Johann Christoph Carl Gentzsch: Ansicht der Stadt Weimar, 1784

40 Martin Gottlieb Klauer: Schlangenstein, im Park aufgestellte Kopie

41 Giovanni Battista Piranesi: Innenansicht des antiken Bacchustempels, Detail

42 Opferaltar mit Schlange, aus: *Le Pitture Antiche D'Ercolano*, 1757

43 Georg Melchior Kraus: *Gothische Kapelle im Herzogl. Parck bey Weimar*, 1798

44 Martin Gottlieb Klauer: Ritter vom Tempelorden, 1787

45 Ruine des Dioskurentempels auf dem Forum Romanum, Rom

46 Georg Melchior Kraus: Die drei Säulen am Rothäuser Berg

47 Georg Melchior Kraus: Die drei Säulen am Rothäuser Berg

48 Ruine des Dioskurentempels, aus: Montfaucon, *L'Antiquité expliquée et representée en figures*, 1719

49 Potsdam, Park Sanssouci. Ruinenberg

50 Potsdam, Park Sanssouci. Ruinenberg, Blick vom Schloß

51 Franz Kobell: Italienische Landschaft mit Sonnenaufgang

52 Johann Wolfgang Goethe: Ideallandschaft mit Tempelruine, 1787

53 Georg Melchior Kraus: *An der Klause im Herzogl. Parck bey Weimar*, 1788

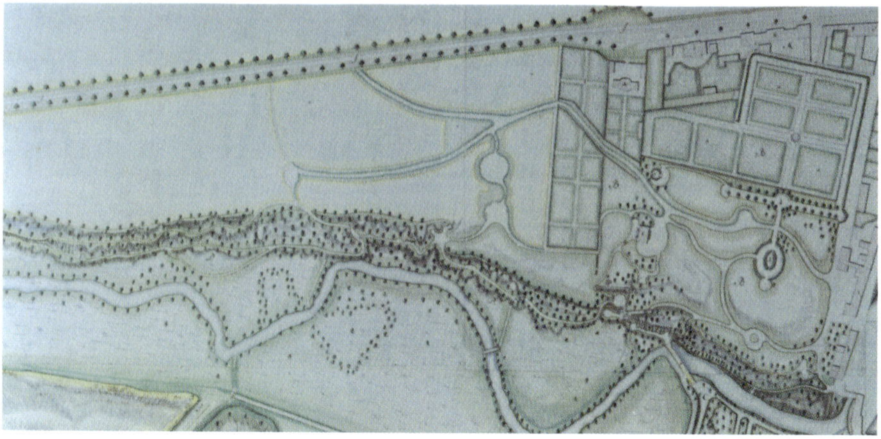

54 Johann Friedrich Lossius: Plan des Weimarer Parks, 1790, Detail

55 Südlicher Abschluß der künstlichen Ruine

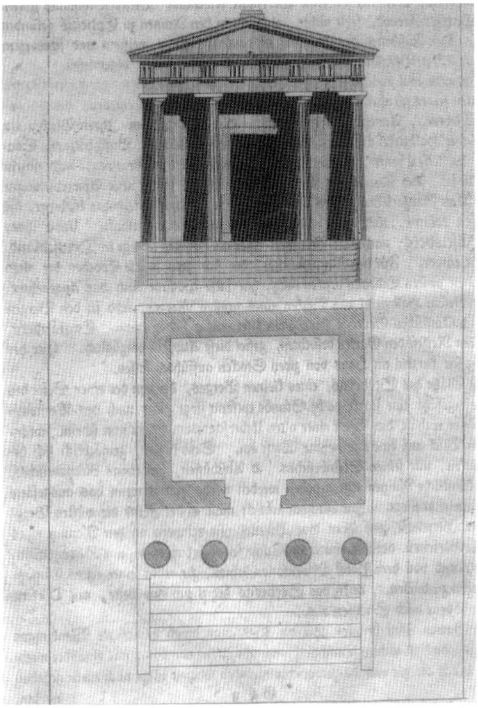

56 Dorischer Tempel im herzoglichen Park zu Gotha, aus: Hirschfeld, *Theorie der Gartenkunst*, 1782

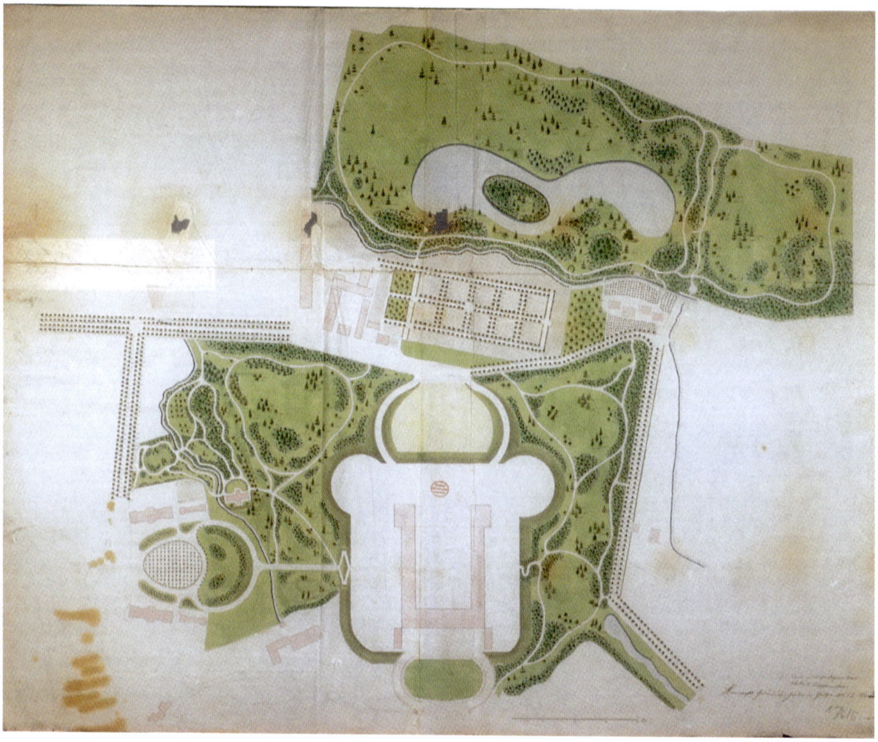

57 Rudolf Eyserbeck: Park und Anlagen beim Schloß Friedenstein in Gotha, 1795

58 Charles Gore: Schloß Friedenstein in Gotha

59 Georg Melchior Kraus: *Ansicht des Schlosses zu Wörlitz*, 1783

60 Georg Melchior Kraus: Partie im Park zu Wörlitz, 1783

61 Johann Wolfgang Goethe: Der „Stein" im Park zu Wörlitz, 1794

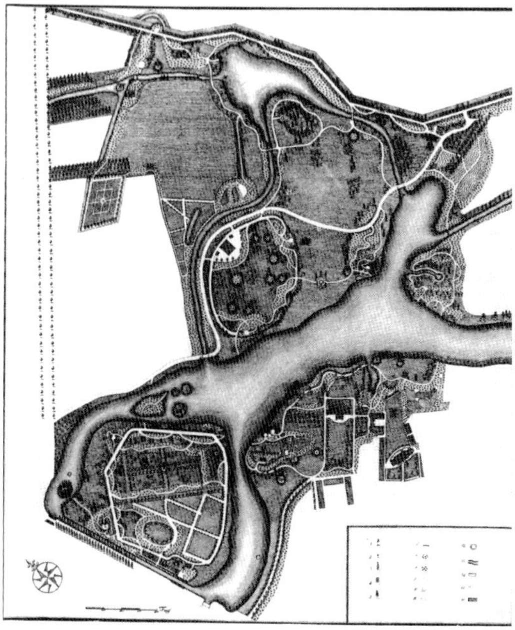

62 Plan der westlichen und mittleren Teile des Wörlitzer Gartens, 1784

63 Georg Melchior Kraus: *Aussicht am oberen Eingange in den Herzogl. Parck bey Weimar*, 1788

64 Georg Melchior Kraus: *Aussicht von der Knüppelbank nach dem Sterne*, 1793

65 Georg Melchior Kraus: *Ansicht der Bogenbrücke auf den Wiesen*, 1793

66 Georg Melchior Kraus: *Felsen Treppe bey der Stern Brücke im Herzl. Parck bey Weimar*, 1794

67 Georg Melchior Kraus: *Durchsicht der Schloßbrücke im Herzogl. Parck bey Weimar*, 1799

68 Georg Melchior Kraus: *Ansicht der Sternbrücke*, 1793

69 Georg Melchior Kraus: *Aus dem Stern in Weymar*, 1789/90

70 Georg Melchior Kraus: *Der obere Seiten Eingang zur Schnecke im Herzl. Parck bey Weimar*, 1794

71 Borkenhäuschen, aus: Grohmann, *Ideenmagazin*, 1800

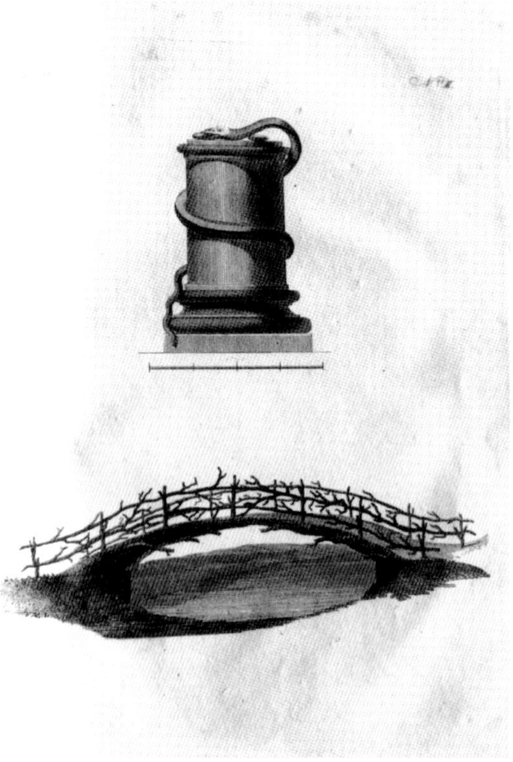

72 Schlangenstein und Bogenbrücke, aus: Grohmann, *Ideenmagazin*, 1800

73 Sphinxgrotte, aus: Grohmann, *Ideenmagazin*, 1801

74 Gotischer Salon, aus: Grohmann, *Ideenmagazin*, 1801

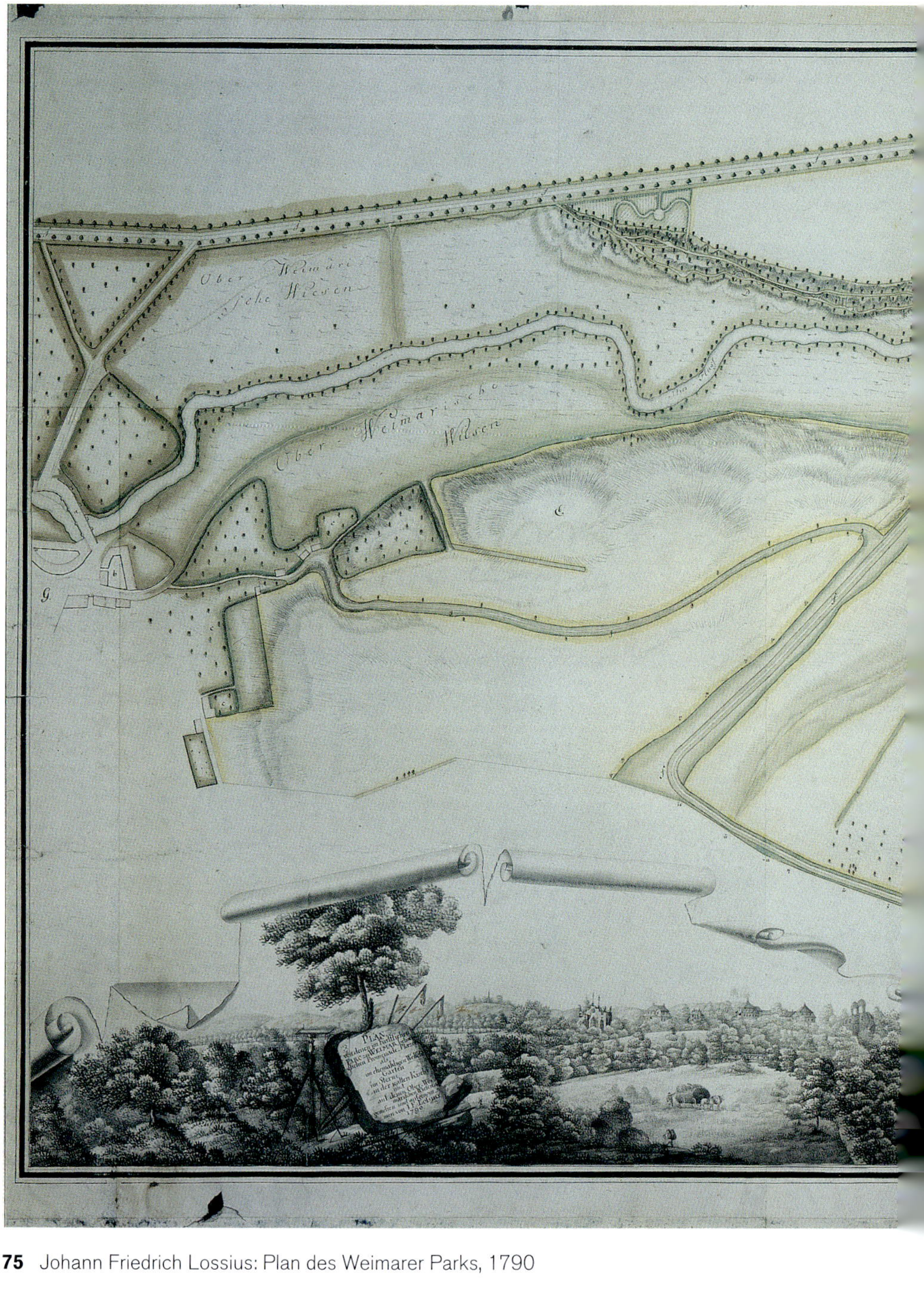

75 Johann Friedrich Lossius: Plan des Weimarer Parks, 1790

Erklærung und Beschreibung
A. ein Theil von der Stadt Weimar darinnen A. das Fürstl. Schloss
B. der Fürstl. Parc.
C. der Stern.
D. die kalte Küche
E. die Gegend der Horn genannt auf welchen sich befindet
F. die alte Burg
G. das Dorf Ober-Weimar
Ilm Fluss

76 Johann Friedrich Lossius: Plan des Weimarer Parks, Detail mit Parkvedute, 1790

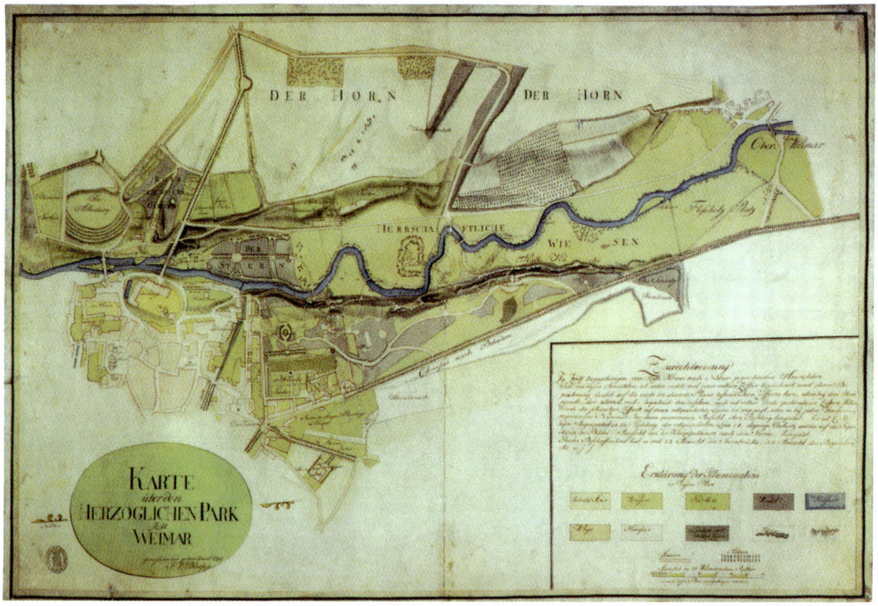

77 Johann Valentin Blaufuß: *Karte über den Herzoglichen Park zu Weimar*, 1799

78 Ildefonsogruppe

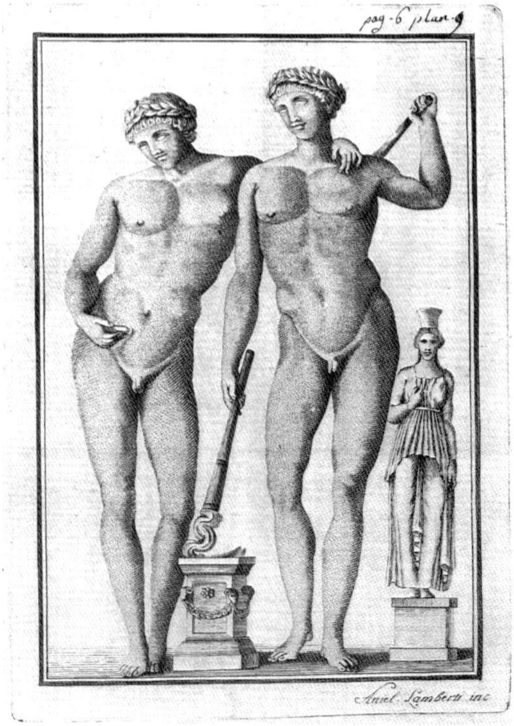

79 *Castor und Pollux*, in: „Collection of Etruscan, Greek and Roman Antiquities from the Cabinet of [...] William Hamilton", Neapel 1767, Bd. IV, Taf. 9

80 Antike Brunnenverzierung, aus: *Journal des Luxus und der Moden*, 1797

81 Johann Heinrich Meyer: Entwurf zu einem Denkmal für die Schauspielerin Christiane Becker-Neumann (1778–1797)

82 Johann Heinrich Meyer: Euphrosyne-Denkmal, 1800

83 Euphrosyne-Denkmal im Weimarer Park, Kopie

84 Pompejanische Bank

85 Pompejanische Bank, Detail

86 Johann Heinrich Wilhelm Tischbein: Herzogin Anna Amalia am Grabmal der Priesterin Mammia in Pompeji, 1789

87 Johann Heinrich Wilhelm Tischbein: Landschaft mit Grabmal der Priesterin Mammia in Pompeji, um 1789

88 Jakob Philipp Hackert: Ansicht der Gräber vor dem Herkulaner Tor in Pompeji, 1793

89 Johann Friedrich Rudolf Steiner: Entwurf zur Pompejanischen Bank im Park an der Ilm, 1797

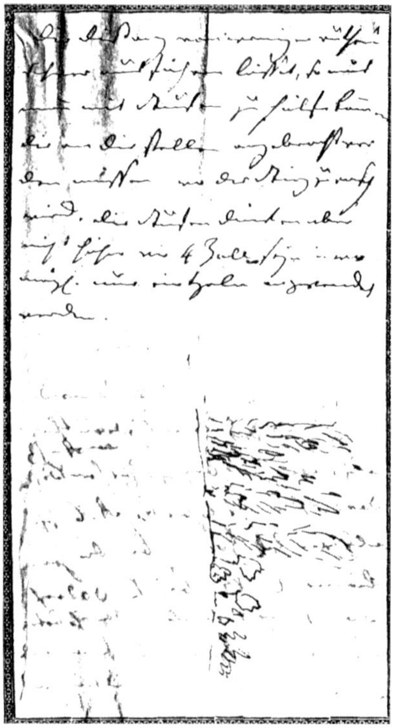

90 Carl August von Sachsen-Weimar-Eisenach: Handschriftliche Notiz mit Skizze

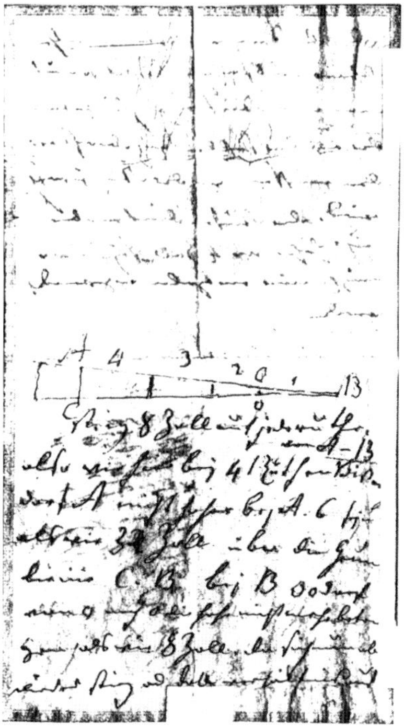

91 Carl August von Sachsen-Weimar-Eisenach: Handschriftliche Notiz mit Skizze

92 Johann August Arens: *Project d'une Maison de Campagne*, 1788

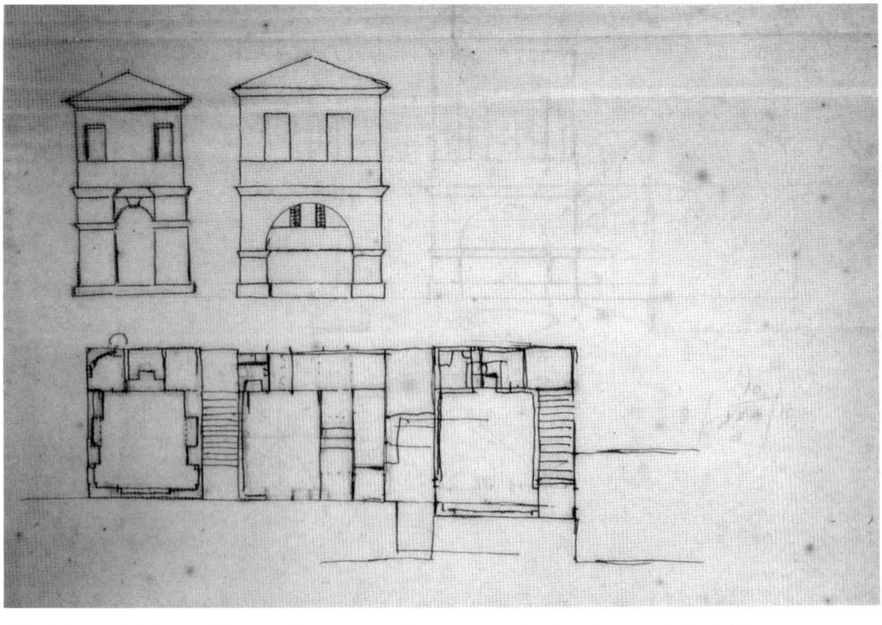

93 Johann Wolfgang Goethe: Grund- und Aufrisse von Gartenhäusern, 1787/88

94 Johann August Arens: Entwurf zum Römischen Haus, Westgiebel mit Portikus, 1792

95 Johann August Arens: Entwurf zum Römischen Haus, Ostgiebel mit Sockelzone, 1792

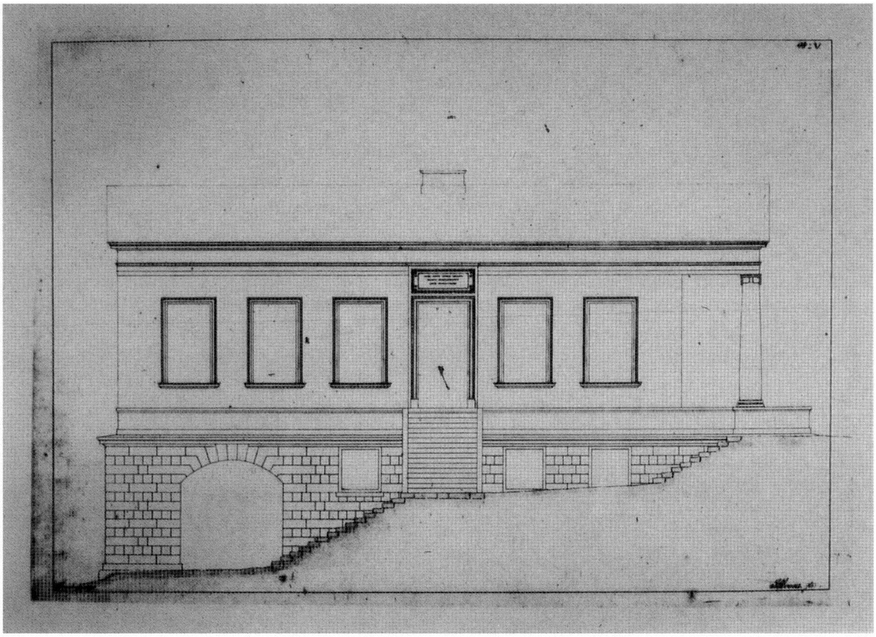

96 Johann August Arens: Entwurf zum Römischen Haus, Nordseite, 1792

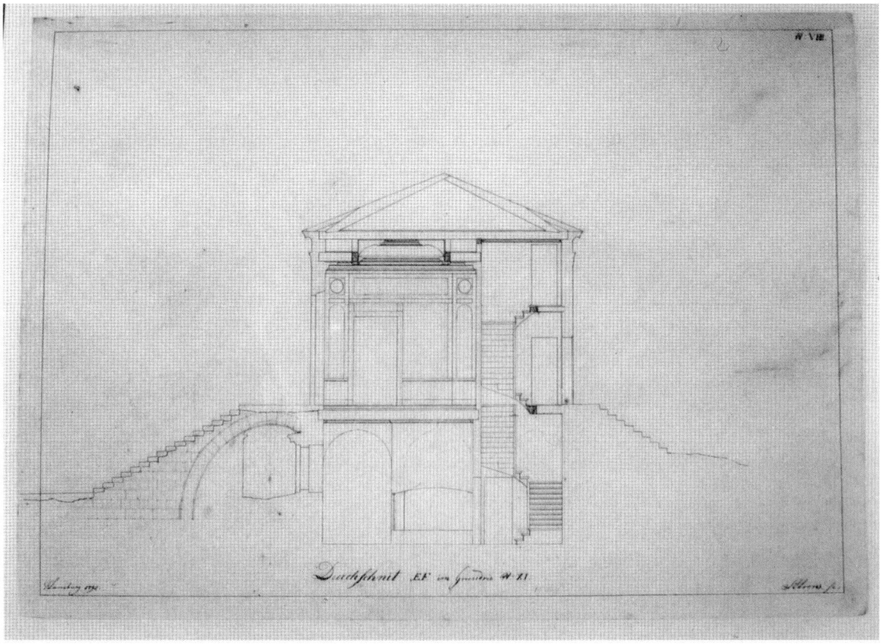

97 Johann August Arens: Entwurf zum Römischen Haus, Aufriß des Westgiebels, 1792

98 Römisches Haus, Nordseite

99 Römisches Haus, Westgiebel

100 Römisches Haus, Ostgiebel

101 Römisches Haus, Sockelzone mit Durchgang von Süden

102 Römisches Haus, Sockelzone. Dorische Säulen

103 Römisches Haus, Sockelzone. Brunnen im östlichen Bogen

104 Andrea Palladio: Aufriß des Minerva-Tempels in Assisi, 1570

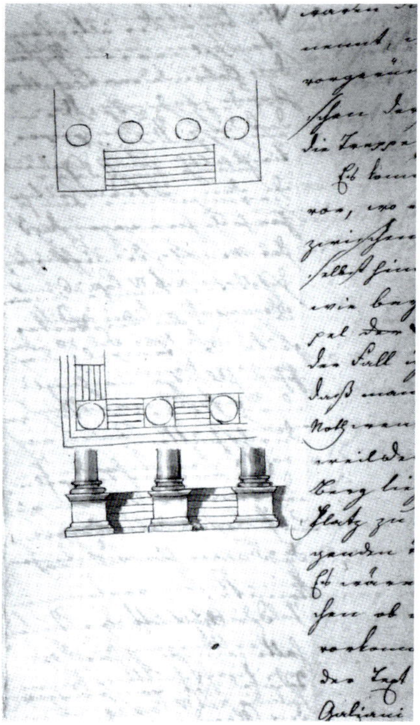

105 Johann Wolfgang Goethe: Illustrationen zu *Baukunst*, 1795

106 Christoph Heinrich Kniep: Poseidon-Tempel von Paestum, 1787

107 Römisches Haus, Freitreppe an der Nordseite

108 Johann Wolfgang Goethe: Garten und Terrassentreppe mit Sphinx, 1787

109 Friedrich Gilly: Römisches Haus in Weimar, 1798

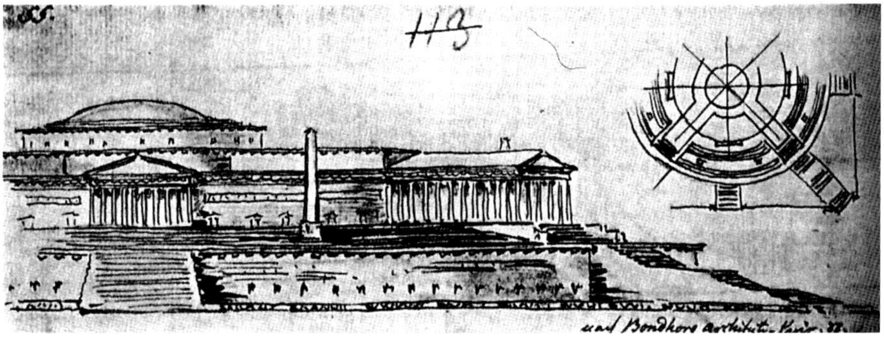

110 Friedrich Gilly: Entwurf für einen Palast

111 Georg Melchior Kraus: *Das Römische Haus im Herzogl. Parck bey Weimar*, 1798

112 Georg Melchior Kraus: *Ansicht des Römischen Hauses von der Wiesen-Brücke*, 1799

113 und **114** Römisches Haus, Ansicht des Säulenportikus und der Nordseite vom Breiten Weg

115 Johann Wolfgang Goethe: Skizze mit Steinwanne, 1787

116 Ferdinand Jagemann: Bildnis des Herzogs Carl August von Sachsen-Weimar-Eisenach, 1805

117 Johann Friedrich August Tischbein: Bildnis der Herzogin Luise von Sachsen-Weimar-Eisenach, 1795

118 Angelika Kauffmann: Bildnis der Herzogin Anna Amalia von Sachsen-Weimar-Eisenach, 1788/89

119 und **120** Johann Wolfgang Goethe: Tempel an einem See, 1786/87

121 Johann Wolfgang Goethe: Villa Madama und Tiberlandschaft, 1786/87

122 Ilmtal und Römisches Haus, Blick nach Süden

123 und **124** Johann Wolfgang Goethe: Das Römische Haus, um 1794

125 Johann Wolfgang Goethe (zugeschrieben): Tempel an einer Felsenküste, 1787/88

126 Johann August Arens: Entwurf zur Ostfassade des Schlosses, 1792

127 Das Schloß in Weimar, Blick von der Sternbrücke auf die Ostfassade

128 Georg Melchior Kraus: Ansicht des Weimarer Schlosses von Südosten, 1805

129 Franz Ludwig Güssefeld: *Plan des Herzoglichen Parks bey Weimar*, 1808

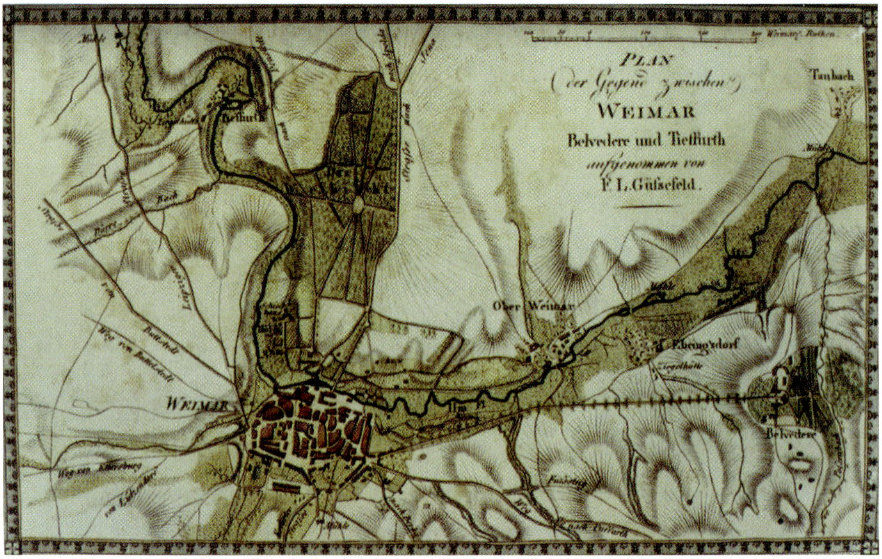

130 Franz Ludwig Güssefeld: *Plan der Gegend zwischen Weimar, Belvedere und Tieffurth*, 1808

lot Brown gestalteten Anlagen mit ihren elaborierten ikonographischen Programmen und kunstvollen landschaftlichen Kompositionen hatten die Dessauer eine zeitgemäße politische und ästhetische Kontextualisierung der antiken Monumente gelehrt.

Nachdem bereits der Gärtner Johann Friedrich Eyserbeck (1734–1818), der zwei Jahre in England tätig gewesen war, im Jahre 1764 den ersten Plan des Wörlitzer Landschaftsgartens im englischen Stil gezeichnet hatte, übernahm vor allem der „Kunst- und Lustgärtner" Johann Leopold Schoch d.Ä. (1728–1793) die gartenkünstlerische Gestaltung nach englischem Muster. Sein ältester Sohn Johann Georg Schoch (1758–1826), der das Werk des Vaters 1788 übernahm, wirkte hauptsächlich im östlichen Bereich des Gartens, den sogenannten Neuen Anlagen. Die Gärtner übertrugen die Ideen des Fürsten und seines Baumeisters in die Auenlandschaft um den langgestreckten Wörlitzer See, dessen geschwungene Kontur sich einem buchtenreichen Altwasser der Elbe verdankt. Nach einem übergreifenden Konzept, das Fürst Franz und Erdmannsdorff schrittweise weiterentwickelten, wurden die gärtnerischen Details direkt in der vorgefundenen Landschaft festgelegt, abgesteckt, gebaut und gepflanzt. In einem kunstvollen Ensemble verbanden sich landwirtschaftliche Nutzflächen, Obstbaumplantagen, bepflanzte Elbdämme, Weideland, Flußwiesen und malerische Inseln mit den gartenkünstlerisch gestalteten Partien. Sämtliche Bereiche gingen ohne Abgrenzung ineinander über und bildeten ein differenziertes Raumgefüge, das sich dem Betrachter in der allmählichen Bewegung zu Wasser oder zu Land erschloß. Die Erkundung der Gartenlandschaft per Boot eröffnete besonders reizvolle Möglichkeiten der Trennung von künstlerischem Darstellungsraum und dem Nahraum des Betrachters. In die Tiefe des Raumes fluchtende, von hohen Gehölzwänden flankierte Kanäle sowie ganze Fächer überraschender Sichtachsen lenkten den Blick auf bewußt umgrenzte Landschaftsausschnitte und beziehungsreiche Architekturen wie die Wörlitzer Kirche und die Synagoge. Eine der von Kraus geschaffenen Ansichten des Wörlitzer Parks gibt die angemessene Weise, sich den einzelnen Gartenbildern zu nähern, wieder (Abb. 60). In dem Boot, welches vorn im Bild über den Wörlitzer See gerudert wird, ist eine Mappe zu erkennen, die den Insassen zugleich als Maler ausweist. Im Mittelgrund der Radierung erscheint rechts zwischen schlanken Baumstämmen das Schloß, während im Hintergrund die Fialen des Gotischen Hauses zusammen mit den Wipfeln der umstehenden Bäume den Horizont konturieren.

Die Wörlitzer Anlagen korrespondieren nicht nur eng mit der sie umgebenden Landschaft, sie waren auch zu keiner Zeit durch Gitter, Mauern oder Tore abgeschlossen. Diese Tatsache ist nicht allein den Gestaltungsprinzipien der englischen Gartenkunst geschuldet, sondern von den Schöpfern des Parks zugleich programmatisch gemeint. Das Schloß, der Garten und die meisten seiner Gebäude waren der Öffentlichkeit zugänglich. Die gebauten Reiseerinnerungen des Dessauer Fürsten konstituierten ein umfassendes Bildungsprogramm gemäß den humanistischen Idealen eines Souveräns, der seine Landeskinder mit verschiedenen Kunst- und Kulturleistungen, allen voran denen der Antike, vertraut machen wollte. In der

Bibliothek des Schlosses finden die aufklärerisch-pädagogischen Anliegen des Fürsten ihren deutlichsten Ausdruck. Die freskierten Wandflächen zeigen allegorische Figuren, welche auf die Musen und Wissenschaften verweisen. Den Allegorien sind zahlreiche Bildnisse historischer und zeitgenössischer Repräsentanten der Aufklärung – Philosophen, Theologen, Staatsmänner, Wissenschaftler und Dichter – zugeordnet. Dieses gemalte Pantheon reicht von der Antike bis in die Gegenwart zu Montfaucon, Winckelmann, Lavater und Linné. Einige Felder wurden überdies für die aufgeklärten Fortsetzer der Geschichte freigelassen.[176] Die in Portraitmedaillons Geehrten bilden eine ideelle Gemeinschaft, die durch Büsten der vier römischen Friedenskaiser ergänzt wird. Der mit philanthropischem Sendungsbewußtsein ausgestattete Franz ließ hier seine Gesinnung und Geisteswelt ikonographisch umsetzen, während er zugleich kosmopolitisch ein Stück Menschheitsgeschichte vermittelte. Auch in seinen Anlagen finden sich zahlreiche Beispiele für diesen aufklärerischen Impetus.

Nahe des Gotischen Hauses entstand ein landwirtschaftliches Mustergut, und in einem 1785 errichteten Pavillon auf dem Eisenhart präsentierte der Fürst eine wertvolle ethnographische Sammlung mit Gegenständen aus der Südsee, die der Naturforscher Georg Forster (1754–1794) ihm nach seiner Weltumseglung mit Captain Cook geschenkt hatte. Zur Vermittlung der technischen Leistungen verschiedener Völker und Zeiten wurde das aufwendige Brückenprogramm entwikkelt, das einer visuellen Kulturgeschichte der Brücke gleichkommt.[177] Von der einfachen Furt reichen die Varianten über primitive Frühformen von Holz- und Steinbrücken bis zu modernsten Konstruktionen, etwa einer verkleinerten Nachbildung der berühmten, 1779 vollendeten *Iron Bridge* in Coalbrookdale, der ersten Eisenbrücke der Welt. Zu Reminiszenzen an den Kampf zwischen unerbittlicher Naturgewalt und menschlicher Überlebenskunst wurden die nach mehreren Hochwasserkatastrophen um 1770 errichteten Wachhäuser an den Deichanlagen der Elbe stilisiert: Das Wallwachhaus mit dem Relief eines Jünglings mit Pferd (1768/69) zitiert ein antikes Grabmal in Tivoli, aber auch das Modell eines römischen Limes-Turms findet sich auf einem der Hochwasserdämme. So wird der didaktische Anspruch des Dessauer Fürsten, der sein Land in einen Musterstaat der Aufklärung verwandeln wollte, gerade in seinem Gartenreich vielerorts sichtbar. Geleitet von der aufklärerischen Devise, das Schöne mit dem Nützlichen zu verbinden, ließ Franz ein intensives Programm der Landschaftspflege und -verschönerung realisieren, in dem die Wörlitzer Parklandschaft den ästhetischen Mittelpunkt bildet.

Ein Parkmonument, welches das Motiv der Reiseerinnerung in idealer Weise mit dem Bildungsanspruch des Fürsten vereint, ist der sogenannte „Stein“ am südöstlichen Rand des Wörlitzer Parks. Auf der ab 1788 aus Felsquadern und Findlin-

---

176 Vgl. Buttlar 2001, S. 31.

177 Vgl. Berthold Burkhardt: *Das Brückenprogramm in Wörlitz*, in: Bechtoldt/Weiss 1996, S. 207–218.

gen errichteten Insel ließ Franz eine Kopie der Villa Sir William Hamiltons erbauen, deren Original am Posilipp er und Erdmannsdorff 1766 kennengelernt hatten. Der Diplomat, Kunstsammler und Vulkanforscher Hamilton hatte die Reisenden nicht nur in seinem Landhaus bewirtet, sondern sie auch auf den Vesuv begleitet. Über die Architektur der Villa Hamilton hinaus beherbergt der „Stein" eine Vielzahl von Nachbildungen berühmter Topoi des Golfs von Neapel: den Felshafen Kap Misenum, die Römischen Bäder, ein Amphitheater und vor allem den Kegelstumpf des Vesuv, der 1794 fertiggestellt wurde und bei festlichen Anlässen nächtelang Feuer spuckte. Durch eine unterirdische Feuerkammer betrieben, entfaltete der künstliche Vulkan ein beachtliches Schauspiel, das durch seinen Widerschein im nächtlichen Wasser und die Imitation der Lavamassen mittels gefärbter Wasserkaskaden noch gesteigert wurde.[178] Auch Carl August und Goethe kamen bei einem ihrer Besuche in Wörlitz in den Genuß einer solchen Vorführung, die Goethe überdies zu einer Zeichnung veranlaßte (Abb. 61). Mit diesem Blatt und der 1778 entstandenen Darstellung des Wörlitzer Schlosses scheint Goethe gleichsam Ausgangs- und Endpunkt der Parkschöpfung des Dessauer Fürsten markieren zu wollen.

Tatsächlich war es der „Stein", dessen Gestaltung Franz Ende der 1790er Jahre zu einem selbstkritischen Resümee seines gartenkünstlerischen Wirkens motivierte. „Es ist doch ein verfehltes Werk", meinte er beim Anblick des künstlichen Felsens,

> etwas Anderes geworden, als ich eigentlich wollte; zu Viel und zu Verschiedenartiges auf einem so engen Raum; ich mußte mehr Platz haben. [...] Rode in seiner Beschreibung stellt mich mit Hadrian in eine Parallele, was er nicht hätte tun sollen, denn ich verschwinde vor dem. [...] Auf seiner Villa zu Tivoli hat Hadrian alles zusammengestellt und nachgeahmt, was er auf seinen großen Reisen durch alle Provinzen des römischen Reiches an Kunst- und Naturwundern gesehen hatte. [...] Er stellte nicht bloß Werke der Kunst und Natur in ungeheurer Menge zusammen, er vereinigte auch die ägyptische Kunst mit der griechischen. – Man sollte aber doch sich nicht herausnehmen, die Natur in ihren großartigsten und erhabensten Erscheinungen, in ihren Felsen, Schluchten, Thälern und Vulkanen nachahmen zu wollen. Da zieht man allemal den Kürzeren, zumal in einer Gegend, wo das Alles nicht hingehört und wie vom Himmel gefallen aussieht; da ist doch Alles kleinlich und gedrückt und macht keineswegs den Eindruck, den man beabsichtigt. – Man sollte der Natur in ihren idillischen Bildungen nachahmen und sie sich zum Muster nehmen, wie sie die Wälder mit ihren stillen Schatten schafft, [...] ihre Bäume gruppirt, ihre Flächen in Wiesen, in Blumenteppiche verwandelt und ihre Gewässer in Seen, Flüsse und Bäche vertheilt.[179]

178 Zu diesem Spektakel siehe Linnebach 2000, S. 107.

179 Übermittelt von Reil 1845, S. 207ff. Die erwähnte Beschreibung von Rode ist die 1788 in Dessau erstmals erschienene Beschreibung des Fürstlichen Anhalt-Dessauischen Landhauses und Englischen Gartens zu Wörlitz. Der Autor August Rode (1751–1837), Kabinettsrat und enger Vertrauter des Fürsten Franz, lieferte mit dieser Schilderung den offiziellen Führer durch die Wörlitzer Anlagen, der den Betrachter mit den Grundintentionen des Fürsten vertraut machte und eine genaue Anleitung zur Rezeption der einzelnen Partien, Architekturen und Bildwerke bot. - In Hirschfelds Theorie der Gartenkunst wurde Wörlitz - im Gegensatz

Der Fürst spricht hier gleichermaßen die Gestaltung des Pantheons wie des „Steins“ an, nicht ohne in diesem Zusammenhang noch einmal ausdrücklich auf seine ursprüngliche Intention der Nachbildung verschiedenster Reiseeindrücke zu verweisen. Die resignierte Äußerung des Dessauers belegt zugleich seine Fähigkeit zu kritischer Distanznahme.[180] Anstelle der in seiner Gartenlandschaft angehäuften Motive und Szenen empfiehlt er nun, ein stärkeres Augenmerk auf die Gegenstände der Natur selbst zu richten. Dabei seien den Erscheinungen der erhabenen Natur, deren Imitation leicht den Effekt des Kleinlichen und Lächerlichen erzeuge, die Elemente der idyllischen Natur unbedingt vorzuziehen. Mit der Rückbesinnung auf den Ausdrucksgehalt weiter Wiesenflächen, schattenspendender Bäume, klarer Seen und mäandrierender Flußbänder erklärt der Dessauer Fürst gleichsam gartenkünstlerisch seine Rückkehr von allen Reisen in die landschaftlichen Gegebenheiten seines eigenen Landes. Damit vollzieht er zugleich den Schritt von der Künstlichkeit nachgeahmter Architekturen und Skulpturen zu einer auf die natürliche

---

zu Gotha und Weimar - erst im 1785 veröffentlichten fünften Band besprochen. Nach einer kurzen Würdigung der Anlagen nimmt Hirschfeld die erst mehr als zehn Jahre später erfolgte Selbstkritik des Fürsten bereits vorweg: „Nur Schade, daß er [der Garten, S.M.W.] anfängt, sich hie und da in das Seltsame zu verirren. Man braucht den rohen Eisenstein so häufig, und versucht dadurch Felsen nachzuahmen, oder bringt ihn mit behauenen Steinen oder platten Wänden in einen ganz besondern Contrast. Auch liebt man das Gothische mehr, als der Charakter der Anlage zu verstatten scheint; fast alle Gebäude, große und kleine, werden nach dieser Bauart aufgeführt.“ Hirschfeld, Theorie, Bd. 5, 1785, S. 360. Die Bemerkung, daß fast alle Gebäude in Wörlitz gotisch seien, entspricht nicht den Tatsachen. Sie zeigt einerseits, daß Hirschfeld seine Berichte zum Teil auf wenig zuverlässige Informationen stützte, und andererseits, daß das in jenen Jahren weiter ausgebaute Gotische Haus durchaus kontroverse Meinungen hervorrief. - Uneingeschränktes Lob wurde den Wörlitzer Anlagen dagegen 1799 in der Beschreibung des Prinzen Charles Joseph de Ligne (1735–1814) zuteil, aus dessen Feder der Ausruf „Gärtner, Maler, Philosophen, Dichter, gehet nach Wörlitz!“ stammt. De Ligne 1799, S. 168. - Nach zwei Besuchen im August 1797 in Wörlitz schilderte Karl August Böttiger seine Eindrücke von den Gartenanlagen. In der ihm eigenen ungeschminkten, zuweilen ironischen Art äußert er sich über den feuerspeienden Vulkan und dessen Wirkung auf die Herzöge aus Weimar und Meiningen: „Der Herzog v. Weimar hat sich nie deutlich über den Genuß jener Abende herauslassen wollen. Aber der Herzog v. Meinungen hat sogleich selbst in seinen Gartenanlagen [...] den Wörlitzer Vesuv im verjüngten Maßstabe nachgebildet [...].“ Zusammenfassend stellt er fest: „Überall, wo der Fürst bei seinen Verschönerungen sich von der Natur willig führen ließ und sie nicht selbst führen und hofmeistern wollte, ist der Wörlitzer Park der erste in Deutschland. [...] Sobald der Fürst aber vergaß, warum er eines Elbdamms bedürfe, sobald er Berg und Tal, Felsenpartien und Hügel in diese wassergleiche Gegend verpflanzen wollte, unterlag er dem ungleichen Kampfe mit der sich weigernden Natur. [...] Der gute, durch seinen Elbdamm eingeengte Fürst [...] fängt an, einen Platz vollzupropfen, der mit jedem noch so kostbaren Spielwerk immer mehr an Einheit des ganzen Plans und alleingefälliger Natur verlieren muß.“ Böttiger 1970 (1797), S. 73 u. 83f.

180 Die kritische, zuweilen ironisch gefärbte Betrachtung des „Steins“ und speziell des Vulkans setzt sich, gewissermaßen durch den Fürsten selbst legitimiert, in der Gartenliteratur fort: Marie Luise Gothein schreibt über den Vulkan, daß er „von außen eine verzweifelte Ähnlichkeit mit einem Backofen hat, in seinem Innern als Tempel der Nacht eingerichtet ist“. Gothein 1926, Bd. 2, S. 394.

Wirkung landschaftlicher Partien vertrauenden Gestaltungsweise, den Schritt von der emblematischen zur expressiven Gartenkunst.

Die um 1800 vollendeten Wörlitzer Parkanlagen präsentieren sich als Ensemble mehrerer Gartenräume, die zwischen 1770 und 1790 nach und nach geschaffen wurden und verschiedene gartenkünstlerische Stilphasen repräsentieren. Die bereits seit den 1760er Jahren gestalteten Anlagen in der Nähe des Schlosses und in Neumarks Garten lassen ihre vormalige geometrische Struktur noch erkennen, auch heben sie sich durch eine kleinräumige Gestaltungsweise von den später entstandenen Parkteilen ab. Jenseits des Wörlitzer Sees befindet sich Schochs Garten, in dem ab 1773 das Gotische Haus erbaut wurde. Ein 1784 nach einer Zeichnung des Hofgärtners Johann Christian Neumark (1741–1811) gestochener Plan zeigt diese drei frühen Gartenbereiche, die durch eine Folge von einzeln erlebbaren Gartenbildern gekennzeichnet und der emblematischen Stilphase zuzurechnen sind (Abb. 62).[181] In Schochs Garten wurden der *belt walk* und die in *clumps* angeordneten Pflanzungen nun stilsicher nach den englischen Vorbildern ausgeformt. In östlicher Richtung setzte man in den 1780er Jahren die Arbeiten auf dem Weidenheger und ab 1790 in den Neuen Anlagen fort. Vor allem in den Neuen Anlagen zeichnet sich eine wesentlich großzügigere und weiträumigere Landschaftsauffassung ab. Galeriepflanzungen rahmen hier die freien Wiesenflächen und Gewässer, während Architekturen und Bildwerke in diesem Parkteil deutlich seltener anzutreffen sind. Zu den baulichen Akzenten in den neuen Partien gehört auch das italienische Bauernhaus am östlichen Ende der Anlagen, das Carl August dem Dessauer Fürsten geschenkt haben soll.[182] Die Fülle programmatischer Einzelbilder in der gesamten den See umgebenden Gartenlandschaft läßt deren emblematischen Charakter letztlich klar überwiegen.

Lenkt man von Wörlitz aus den Blick wieder ins Weimarer Ilmtal, wird dort um 1790 die expressive Form der Landschaftsgestaltung offenkundig. Architekturen und Bildwerke, ohnehin wesentlich sparsamer eingesetzt als in Wörlitz, finden sich in der „Kalten Küche“, im Stern und oberhalb der Talhänge. Der landschaftliche Zug der Ilmaue hingegen wurde zwar entlang des Flußlaufs und auf den Wiesen durch gezielte Baumpflanzungen bereichert, seine natürliche Gestalt aber ansonsten nicht angetastet. In Weimar hatte man sich von Beginn an „von der Natur willig führen“ lassen, anstatt sie „selbst führen und hofmeistern“ zu wollen, wie Böttiger seine Kritik der ambitioniertesten Pläne des Dessauer Fürsten formulierte.[183]

---

181 In einer dem Plan beigefügten *Erklärung des Grundrisses des Gartens zu Wörlitz* sind die von Kraus gezeichneten Ansichten durch Buchstaben gekennzeichnet. Noch vor dem Erscheinen der Beschreibung Rodes erhielt der Betrachter damit eine Anleitung zur Erschließung der einzelnen Gartenbilder. Spätere Veduten anderer Künstler geben zwar die teilweise erweiterten Architekturen wieder, behalten aber in den meisten Fällen die von Kraus gewählte Perspektive, die den Intentionen des Gartenschöpfers entsprach, bei. Vgl. Bechtoldt/Weiss 1996, S. 383, Kat.-Nr. 239; Hirsch 1987, S. 14ff.; Knorr 2003, S. 189.

182 Vgl. Lipp 1987, S. 224; Ross 1994, S. 230; Trauzettel 1993, S. 50.

183 Böttiger 1970 (1797), S. 83.

Die Intention der Wörlitzer Gartenschöpfer, ihre mannigfaltigen Reiseeindrücke zuhause gewissermaßen nachzubauen und den Park zugleich als Bildungslandschaft – von antiken Bauformen bis zu modernsten technischen Konstruktionen – zu gestalten, lag dem Weimarer Herzog fern. Weder hatte Carl August Italien und England bereist, noch wurde er von einem vergleichbaren didaktischen Anspruch geleitet. Die frühe, emblematische Phase des Weimarer Parks hatte sich vielmehr nach dem Verlust der Residenz durch die teilweise Verlagerung des höfischen Lebens ins Freie entwickelt. Die Suche nach neuen, zwangloseren Formen der Geselligkeit fungierte als entscheidendes Movens für die Erschließung bisher unbeachteter Plätze an den Ilmhängen. Deren gartenkünstlerische Gestaltung stand nicht zuletzt im Dienst der theatralischen Inszenierungen Goethes. Im Vergleich zu Wörlitz scheint den frühen Parkszenen in Weimar ein doppelt ephemerer Charakter innezuwohnen, der zum einen durch Theateraufführungen, nächtliche Spektakel und spontane Geselligkeit an wechselnden Orten geprägt ist. Desweiteren konnten Theater und Fest im Garten besonders wirkungsvolle Bilder hervorbringen, da das gesamte Spektrum der Natur*schauspiele* einbezogen werden konnte.

So verdanken sich die ersten Schritte landschaftlicher Gartenkunst in Weimar nicht der Erfahrung ferner Länder und Gärten, sondern vielmehr der unmittelbaren Gestaltung des höfischen Lebens vor Ort. Meist in wenigen Tagen aus einem konkreten geselligen Anlaß entstanden, trugen die frühen Anlagen im Ilmtal einen durchweg schlichteren Charakter als die ersten Parkarchitekturen in Wörlitz. Später konnten diese Gartenszenen mühelos in die nach englischem Muster gestalteten Partien integriert werden. Direktes Naturerleben gab den Impuls für das gartenkünstlerische Engagement Carl Augusts, das sich jedoch stets an den bestehenden landschaftlichen Gegebenheiten orientierte und diese nicht künstlich – etwa durch die Anlegung von Felsen, Schluchten oder Gewässern – zu erweitern suchte. Der Ehrgeiz, „einen Platz vollzupropfen" mit „Berg und Tal, Felsenpartien und Hügel[n]", und damit den „ungleichen Kampf mit der sich weigernden Natur" aufzunehmen (so nochmals Böttiger), war Carl August fremd.[184] Anstatt „zu Viel und zu Verschiedenartiges auf einem so engen Raum" anzuhäufen, hatte der Weimarer Herzog von Beginn an nach der vom Fürsten Franz erst Ende der 1790er Jahre geäußerten Maxime gehandelt und sich die Natur zum Muster genommen, „wie sie die Wälder mit ihren stillen Schatten schafft, [...] ihre Bäume gruppirt, ihre Flächen in Wiesen, in Blumenteppiche verwandelt und ihre Gewässer in Seen, Flüsse und Bäche vertheilt."[185]

In den 1790er Jahren wird Goethe mit seinem Einfluß auf die Lage und Gestalt des Römischen Hauses noch einmal eine wesentliche Rolle in der Parkgestaltung übernehmen. Die gestalterische Sicherheit, mit der er die von griechischer Antike und Palladio gleichermaßen inspirierte Architektur in der Landschaft situiert, wur-

184 Ebd., S. 83f.

185 Fürst Franz von Anhalt-Dessau, zitiert nach Reil 1845, S. 207ff.

zelt in den Eindrücken seiner italienischen Reise.[186] Die stumpfen dorischen Säulen im Untergeschoß des Römischen Hauses folgen direkt der Ursprünglichkeit süditalienischer Vorbilder, nicht ihren häufig gefälligeren Nachbildungen in den Landschaftsgärten Englands. Die strenge Dorica am Römischen Haus ist somit eher dem Gothaer Merkurtempel verwandt als den Tempelbauten des Wörlitzer Parks.[187]

Ein unmittelbarer Einfluß Erdmannsdorffs auf den Weimarer Park kann hingegen nicht nachgewiesen werden. Dies erstaunt nicht nur wegen der engen freundschaftlichen Beziehungen der beiden Herzöge, sondern vor allem aufgrund der mannigfaltigen Aufträge, welche der Dessauer Architekt ebenso wie die Hofgärtner andernorts erfüllten.[188] Im Jahre 1786 rief König Friedrich Wilhelm II. den Gärtner Johann August Eyserbeck (1762–1801), einen Sohn des in Wörlitz tätigen Hofgärtners, nach Preußen. Dieser stellte sein Können in Rheinsberg, Charlottenburg und Sanssouci unter Beweis, vor allem aber schuf er mit dem Potsdamer Neuen Garten ein weiteres Beispiel landschaftlicher Gartenkunst.[189] Erdmannsdorff wirkte 1787–1789 beim Umbau des Berliner Schlosses und des Schlosses Sanssouci mit. Johann Rudolf Eyserbeck (1765–1849), der zweite Sohn des Wörlitzer Hofgärtners, wurde nach Gotha gerufen, um den dortigen englischen Landschaftsgarten weiter auszuformen. Auch Johann Georg Schoch war wiederholt außerhalb des Landes als Gartengestalter tätig.

Dem Weimarer Herzog standen weder ein Architekt von der Kompetenz Erdmannsdorffs noch Gärtner mit der Erfahrung Eyserbecks oder Schochs, die sich wie der Fürst auf Reisen nach England und Italien gebildet hatten, zur Verfügung. Obgleich der Park im Ilmtal in den zahlreichen Publikationen über Wörlitz gewöhnlich zuerst genannt wird, wenn von der Vorbildwirkung des anhaltinischen Gartenreichs auf andere Landschaftsgärten die Rede ist, läßt sich hier zu keinem Zeitpunkt ein konkreter Einfluß aus Wörlitz nachweisen. Wie Goethe in seinem vielzitierten Satz über die aus Dessau herrührende Lust der Nacheiferung angedeutet hatte, war der Einfluß auf den Weimarer Park eher ideeller als praktischer Natur. Carl August, Goethe und auch Bertuch zeichnen – sieht man von wenigen Ausnahmen, wie dem Architekten des Römischen Hauses ab – allein für die Gestaltung des Landschaftsgartens in der Ilmaue verantwortlich. Kraus und Bertuch

186 Zu Goethes Italieneindrücken und deren Einfluß auf das Römische Haus und den Weimarer Park siehe ausführlich Kapitel 6.1, 7.2 u. 7.3.

187 Daß sich, wie häufig behauptet, Goethe und der Architekt Johann August Arens bei der Planung des Römischen Hauses an der von Erdmannsdorff entworfenen Solitude (1777–1783) auf dem Sieglitzer Berg bei Dessau orientiert hätten, kann nicht belegt werden. Vgl. Dolgner 1987, S. 120; Reinhard Melzer: *Dessau und Weimar – eine Einführung*, in: Weiss 1999, S. 9–17, hier S. 17; Regine Otto: Artikel *Dessau/Wörlitz*, in: *Goethe-Handbuch*, Bd. 4.1, S. 187; Trauzettel 1993, S. 50.

188 Vgl. Ludwig Trauzettel: *Die Wörlitzer Anlagen – Geschichte und Gegenwart*, in: Rode/Ross/Trauzettel 1994, S. 165–211, hier S. 210.

189 Vgl. Harksen 1993.

wirkten allerdings umgekehrt in Dessau und Wörlitz, wobei Kraus mit seinen Veduten die Rezeption der Wörlitzer Gartenanlagen durch den Betrachter entscheidend prägte.

Mit dem Römischen Haus ließ sich Carl August ab 1792 ein Sommerhaus erbauen, dessen Bauformen gleichermaßen an antiker Baukunst wie an der neuesten zeitgenössischen Architektur orientiert sind.[190] Dieses Gebäude im oberen Parkteil sollte dem Herzog als bevorzugter Aufenthaltsort für den persönlichen Rückzug und nicht selten auch für Anlässe fürstlicher Repräsentation dienen. Die Errichtung eines ganzjährig bewohnbaren Gartendomizils mag nicht zuletzt aus Wörlitz inspiriert worden sein, wo Fürst Franz im Gotischen Haus ein beinahe bürgerliches Privatleben führte.[191]

Nach der Fertigstellung des klassizistischen Schloßbaus hatte Franz für sein persönliches Refugium gotische Formen gewählt, um „in der Mitte seiner ruhmvollen Vorfahren mit der Vorwelt sich selbst zu leben".[192] So sind Antike und Gotik in Wörlitz auch als Indikatoren politischen und familiären Lebens zu verstehen. Klassische und gotische Formen verkörpern in ihren komplementären Ausdrucksweisen gebaute Architekturtheorie: Programmatisch vorgetragene Aussagen zu distinkten Bereichen fürstlichen Handelns – Öffentlichkeit und Privatsphäre, Repräsentation und familiäre Bequemlichkeit, auf Zukunft gerichtetes politisches Wirken und rückwärtsgewandtes Nachdenken über die eigene Herkunft – gewinnen in ihnen monumentale Gestalt.[193] Carl August verfuhr gewissermaßen umgekehrt, indem er im Weimarer Park zunächst den Gotischen Salon errichten ließ, der in seiner Funktion für die geselligen Vergnügungen der Hofgesellschaft allerdings weit weniger programmatisch aufgeladen war als das stilistische Pendant in Wörlitz. Seinen eigenen Rückzugsort, in dem er Repräsentation und Privates verband, fand der Weimarer Herzog wenige Jahre später in einem Gebäude, dessen Außenbau ebenso wie sein Inneres vor allem durch den deutlichen Bezug zur Antike charakterisiert ist.

Im Bildprogramm des Wörlitzer Schlosses findet die geistige Welt des Fürsten Franz einen adäquaten Spiegel. „Garten und darin angebrachte Gebäude sprachen aus, wie sehr der Urheber sich die Kenntnisse seiner Zeit zu eigen zu machen gewußt", resümiert Rode und deutet damit den Gegenwartsbezug und Bildungsanspruch des Souveräns an.[194] Sein fürstliches Selbstverständnis aber formuliert der Dessauer in der Hinwendung zur Geschichte seines traditionsreichen Geschlechts, wie nicht zuletzt an der im Gotischen Haus aufbewahrten Sammlung deutscher und niederländischer Bildnismalerei sichtbar wird. Das Gotische Haus fungierte als

190 Siehe dazu ausführlich Kapitel 7.2.
191 Vgl. Eisold 2000, S. 136; Trauzettel, wie Anm. 188, S. 182.
192 Rode 1814, S. 74.
193 Vgl. Niehr 1999, S. 136ff.
194 Rode 1814, S. 74.

Abbild und Vergegenwärtigung eines vergangenen, idealen Zustands der Welt, in den Franz sich dort zurückversetzte.

Die Intention eines Rückzugs in die Vergangenheit teilte Carl August nicht. Zwar hatte er mit den Stilformen und dem Skulpturenschmuck des 1787 erbauten Gotischen Salons eine politische Aussage im Sinne der eigenen Genealogie verbunden, als unmittelbares Lebensumfeld aber bevorzugte er, anders als Franz, einen klassizistischen Bau. Insofern erfuhr die dominante Antithese klassischen und gotischen Stils, die bereits die frühesten Landschaftsgärten Englands prägte, in Wörlitz und Weimar eine ganz unterschiedliche Umsetzung. Daß sie beim Bau des herzoglichen Sommerhauses in Weimar klar zugunsten der Antike entschieden wurde, liegt nicht zuletzt im maßgeblichen Einfluß Goethes auf dessen Architektur begründet.

Die in Wörlitz realisierten Nachbauten antiker Grotten, Tempel und Theater stellen Imitationen ihrer Vorbilder dar, die den Betrachter gleichsam auf eine Reise in ferne Länder und Zeiten führen sollten – eine Absicht, die besonders bei der Anlage des „Steins" und der dort inszenierten Vergegenwärtigung antiker Kultur augenfällig wird. Das Pantheon mit seiner Einführung in die ägyptische und griechische Kunst ist nicht zuletzt als Hommage an Winckelmann aufzufassen, der die Nachahmung römisch-kaiserzeitlicher Bauten empfohlen hatte und mit dessen 1764 erschienener *Geschichte der Kunst des Altertums* sich Fürst Franz zeitlebens immer wieder beschäftigte.[195] Letztlich ist es die divergierende Rezeption Winckelmannscher Schriften, die zu jener gewandelten Architekturauffassung führt, welche das Römische Haus in Weimar von den antikisierenden Bauten des Wörlitzer Parks unterscheidet.

In der Architektur des herzoglichen Sommerhauses im Weimarer Park wird anstelle der Imitation eine historische Sicht auf die antike Baukunst anschaulich, wie Goethe sie sich während seiner Italienreise angeeignet hat.[196] Goethe versuchte die Grundformen und speziellen Bedingungen der antiken Architektur nachzuvollziehen und ihre Gesetzmäßigkeiten wie objektive Naturgesetze zu bestimmen, wovon sein 1788 im *Teutschen Merkur* veröffentlichter Aufsatz *Baukunst* ein erstes Zeugnis ablegt.[197] Einziger Gegenstand des Textes ist die griechische Tempelarchitektur, deren Wesensmerkmale der Autor zu erfassen sucht, um von daher auf die geschichtliche Entwicklung zurückzuschließen. Als Goethe seine Reise zu den Stätten antiker Kultur im Süden Italiens antrat, fungierte die Winckelmannsche Lehre

195 Vgl. Reil 1845, S. 299.

196 Vgl. Rosenblum 1969, der in seinem Kapitel „Aspects of neoclassic architecture" die vielfältigen Motive der Anverwandlung antiker Bauformen in der Architektur des Klassizismus – vom Reiz der Mode, romantischer Sehnsucht, politischer Propaganda, enzyklopädischer Wissensaneignung bis zum utopischen Purismus – analysiert. Ebd., S. 107–145, besonders S. 109ff.

197 Goethe, *Baukunst*; MA 3.2, S. 164–167. Vgl. Bisky 2000, S. 70ff.; Miller 1986, S. 240ff.

als uneingeschränkter Leitfaden seiner Kunstbetrachtung.[198] Doch veränderte die eigene Anschauung des überlieferten Denkmalbestandes Goethes Sicht auf Winckelmanns Schriften und veranlasste den Reisenden, seine Meinung über den geistigen Mentor in allen Kunstfragen behutsam zu relativieren. „Wie viel tat Winckelmann nicht, und wie viel ließ er uns zu wünschen übrig. [...] Lebte er noch, und er könnte noch frisch und gesund sein, so wäre er der erste, der uns eine Umarbeitung seines Werks gäbe", schrieb Goethe im Januar 1787 an Herder.[199] In Paestum und Sizilien erschloß sich Goethe ein tieferes Verständnis der griechischen Architektur, das Winckelmann und auch Erdmannsdorff nicht erlangt hatten. Goethe hat die Wiedererweckung der Antike ausdrücklich zur Illusion erklärt. In seiner Auseinandersetzung mit der griechischen Baukunst wird Paestum für ihn zum Sinnbild einer anderen, unwiderruflich fremden Welt, die er sich mittels eines erweiterten geschichtlichen Verständnisses anzuverwandeln sucht.[200]

Hier setzt eine neue Phase der Winckelmann-Rezeption ein, die sich in Goethes 1805 publizierter Schrift *Winckelmann* – dem ersten Versuch, den Gelehrten im Zusammenhang der Kultur des 18. Jahrhunderts als historische Gestalt zu sehen – manifestieren wird.[201] Die kunstgeschichtliche Verortung der antiken Baukunst ermöglichte einen bewußteren Umgang mit einzelnen Architekturelementen, wie nicht zuletzt die Anwendung der dorischen und ionischen Säulenordnung am Römischen Haus verdeutlicht. Die Bauform mit ihren jeweiligen Gesetzmäßigkeiten fungiert jetzt als zugrundeliegende architektonische Idee, die entsprechend den zeitgemäßen Bedürfnissen abzuwandeln ist. In entschiedener Abkehr von den für Wörlitz charakteristischen Nachahmungen antiker Bauten entwickelt Goethe eine funktionalistisch geprägte Architekturauffassung, in der sich die Form aus Material, Konstruktion und Zweck herleitet.[202] Auf dem Höhepunkt seiner klassizistischen Vergegenwärtigung der Antike postuliert Goethe schließlich die Autonomie der Formen und des Werkes. „Das Gartenhaus Durch[lauchtigsten] Herzogs", stellt er

198 Für Agrigent und Paestum gelten Winckelmanns Schriften *Baukunst der alten Tempel zu Girgenti in Sicilien* (1759) und *Anmerkungen über die Baukunst der Alten* (1761) als die ersten zuverlässigen Berichte. Über Winckelmanns Verlegenheit und Irritation angesichts der Ruinen von Paestum siehe Miller 1986, S. 255f.

199 Johann Wolfgang Goethe an Johann Gottfried Herder, Rom 13. Januar 1787; WA IV/8, S. 134. Vgl. Dolgner 1987, S. 124f. Siehe auch Osterkamp 1996, der die Briefstelle auf Goethes Irritation über die Stilgeschichte der griechischen Kunst in Winckelmanns *Geschichte der Kunst des Altertums* bezieht, die zuweilen im Widerspruch zur sinnlichen Anschauung der konkreten Denkmäler stand. Ebd., S. 577f. Zur Bezugnahme auf die Autorität Winckelmanns um 1800 und speziell Goethes Haltung vgl. des weiteren Pfotenhauer 1993, S. 46–58.

200 Vgl. Miller 1986, S. 257ff.

201 Die Schrift war Teil der von Goethe herausgegebenen Textsammlung *Winckelmann und sein Jahrhundert*, zu der Johann Heinrich Meyer und Carl Ludwig Fernow weitere Beiträge lieferten. MA 6.2, S. 195–401. Vgl. dazu Harald Tausch: Artikel *Winkelmann [sic!] und sein Jahrhundert. In Briefen und Aufsätzen herausgegeben von Goethe. Tübingen, in der J.G. Cotta'schen Buchhandlung, 1805*, in: Schuster/Gille 1999, S. 440.

202 Vgl. Wegner 1993, S. 93.

noch während der Bauzeit befriedigt fest, „kann man das erste Gebäude nennen das im Ganzen in dem reinern Sinne der Architektur aufgeführt wird.“[203] Als konkretes Ergebnis distanzierter, gleichsam wissenschaftlicher Betrachtung von Natur und Kunst wird das Römische Haus noch zu untersuchen sein. An dieser Stelle bleibt zunächst festzuhalten, daß die klassizistische Architektur des herzoglichen Sommerhauses nicht durch das Bestreben motiviert wurde, dessen Bewohner in ferne Wunschräume und vergangene Wunschzeiten zu entführen. Vielmehr konvergiert Goethes kunsttheoretische Auffassung mit der Intention Carl Augusts, antike Ideale politisch und kulturell für die Gegenwart fruchtbar zu machen.

203 Goethe, *Über die verschiednen Zweige der hiesigen Tätigkeit* [November 1795]; MA 4.2, S. 872–883, hier S. 875.

5. Ein Park für das Publikum (1788–1805)

5.1. *Beschreibung und Gemälde.* Der Park in Text und Bild

Bereits in den ersten Jahren seiner Entstehung war der Park im Weimarer Ilmtal nicht allein der höfischen Gesellschaft vorbehalten, sondern auch für das bürgerliche Weimarer Publikum und die Besucher der Stadt zugänglich. Während die geschwungenen Wege am westlichen Steilufer der Ilm von Beginn an der Landschaft eingeschrieben und somit keinem Parkbesucher verschlossen waren, hatte man mit der landschaftsgärtnerischen Überformung der barocken Lustgärten Mitte der 1780er Jahre auch deren frühere Begrenzungsmauern abgetragen.[1] Der Blick auf einen „Park für das Publikum" soll indessen nicht allein den Spaziergänger fokussieren, der die einzelnen Partien des Landschaftsgartens unmittelbar durchwandern kann, sondern vor allem die in den späten 1780er Jahren verstärkt einsetzende mediale Vermittlung des Parks. Daß die den Park beschreibenden Texte und Bilder dabei zuweilen weniger der Intention des Gartenschöpfers, als vielmehr dem Konzept einer pointierten Rezeptionsästhetik verpflichtet sind, erhellt zusätzlich den gartentheoretischen Kontext ihrer Entstehungszeit. Zugleich binden sie den Weimarer Park in ein umfängliches mediales Geflecht ein, in dem die jüngst im Ilmtal errichteten Architekturen und Monumente als nachahmenswertes Beispiel für andere Gartenanlagen vorgestellt werden.

Die Parkveduten und -beschreibungen suchen nicht nur das künstlerisch Neue der landschaftlichen Gartenkunst einem breiteren – meist bürgerlichen – Publikum zu vermitteln, sondern nicht selten auch Carl August als Gartenschöpfer in topischen Wendungen zum Idealbild eines aufgeklärten Souveräns zu stilisieren. Mit der Schilderung ausgelassener Geselligkeit in den Parkanlagen, bei denen der Fürst ebenso anwesend ist wie die spazierenden Bürger, wird der Blick erneut auf die unmittelbare Zugänglichkeit der Parkanlagen gelenkt und damit ein wesentliches Zeichen ihrer Modernität hervorgehoben.

---

1 Siehe oben, Kapitel 4.3. In den Anlagen der „Kalten Küche" blieb das „Kloster" allein den Gästen Carl Augusts vorbehalten, zumal der dahinterliegende Festplatz für den Parkwanderer nicht erreichbar war. Erst um 1790, im Zuge der Gestaltung des oberen Parkbereichs und nachdem Carl August kaum mehr in seiner Retraite weilte, wurde die Partie neu gestaltet und durch weitere Wege vom oberen Parkteil aus zugänglich gemacht. Für die 1780er Jahre verrät gerade diese Einschränkung der Öffentlichkeit, daß mit der „Kalten Küche" der Nukleus des Landschaftsgartens dem Besucher ohne weiteres zugänglich war. – Für den freundlichen Hinweis auf diesen durch die archivalischen Quellen schwer zu erschließenden Sachverhalt danke ich Angelika Schneider von der Abteilung Gärten der Klassik Stiftung Weimar.

5.1.1. Georg Melchior Kraus und Wilhelm Schumann

„Die Parkanlage ist eine der gelobtesten in Deutschland, sie wird von den Einheimischen mit Vergnügen, von den Fremden mit Bewunderung besucht. Wohlgewählte Kupfer, Zeichnungen und Beschreibungen werden sie immer bekannter und angenehmer machen."[2] Diese Einschätzung Goethes, 1795 in einem Vortrag *Über die verschiednen Zweige der hiesigen Tätigkeit* geäußert, sollte sich vor allem hinsichtlich der Kupferstiche und Zeichnungen als zutreffend erweisen. Unter den bildlichen Darstellungen des Weimarer Landschaftsgartens im Ilmtal sind die Parkveduten von Georg Melchior Kraus die weitaus bekanntesten.[3] Die Radierungen des aus Frankfurt gebürtigen, seit 1775 in Weimar ansässigen Künstlers vermittelten die einzelnen Partien des Parks einem breiten Publikum auch über die Grenzen der Stadt hinaus. In Bertuchs Landes-Industrie-Comptoir zwischen 1788 und 1805 als Folge von 16 graphischen Blättern erschienen, verteilten sich die Ansichten auf sechs Hefte mit dem Titel *Aussichten und Parthien des Herzogl. Parks bey Weimar*. Die Veduten wurden radiert, teilweise in Aquatinta-Manier ausgeführt und von Kraus eigenhändig koloriert. Ihre Anzahl war anfangs nicht festgelegt, sondern vergrößerte sich sukzessive mit der fortschreitenden Entwicklung des Parks. Kraus selbst kümmerte sich um die Verbreitung der Blätter, indem er sie im Anzeigenteil des *Teutschen Merkur*, des *Journal des Luxus und der Moden* und nicht zuletzt in dem von Hirschfeld herausgegebenen *Gartenkalender* zum Kauf anbot. Er wollte damit dem „ganz natürlichen Wunsch" der „Kunst- und Garten-Liebhaber" entsprechen, die nach dem Besuch des Parks „Abbildungen davon zu besitzen" wünschten, und überdies dem „Künstler und Landschaftmaler für sein Studium" geeignete Vorlagen liefern.[4]

Mit der letztgenannten Intention schließt Kraus den Bogen von der Landschaftsmalerei, die für zahlreiche Gartenszenen das idyllische oder erhabene Motiv lieferte, zu den Veduten einer Parklandschaft, die dem Landschaftsmaler nun ihrerseits wieder als Vorbild dienen sollten. Der in Gartengeschichte und -theorie nun-

---

2 Goethe, *Über die verschiednen Zweige der hiesigen Tätigkeit* [November 1795]; MA 4.2, S. 872–883, hier S. 877.

3 Seine erste Ausbildung erhielt der 1737 in Frankfurt/M. geborene Maler Georg Melchior Kraus bei Johann Heinrich Tischbein d.Ä. 1761 bis 1766/67 studierte er in Paris, wo er sich an der Kunst von Greuze und Boucher orientierte und im Kreis des Kupferstechers Johann Georg Wille verkehrte. 1770 bis 1776 unternahm Kraus ausgedehnte Reisen, die ihn u. a. in die Schweiz führten. Noch vor Goethe ging er 1775 nach Weimar, wo er bis zu seinem Tod im Jahre 1806 lebte und wirkte. Ab 1776 leitete Kraus die Weimarer *Fürstliche Freye Zeichenschule*. – Zu Kraus allgemein und seinen Parkveduten siehe grundlegend Knorr 2003, S. 190–198 u. passim; Renate Müller-Krumbach: Artikel *Georg Melchior Kraus (1737–1806). „Aussichten und Parthien des Herzogl. Parks bey Weimar"*, in: Schuster/Gille 1999, S. 291. Siehe auch Güse/Oppel 2006.

4 *Journal des Luxus und der Moden*, 3.1788, H. 4, S. XXIX. Die gleiche Ankündigung findet sich im Anzeiger des *Teutschen Merkur*, H. 4, 1788, S. XXXIII–XXXV und im *Gartenkalender auf das Jahr 1789*, S. 132ff.

mehr etablierte Topos der Verbindung von Landschaftsmalerei und Gartenkunst findet im Krausschen Werk insofern eine Entsprechung, als daß der Künstler einerseits in Fragen der Gartengestaltung als künstlerischer Ratgeber fungierte und auch selbst Entwürfe für Parkmonumente einbrachte, andererseits mit seinen Radierungen die Sicht auf die Weimarer Parkanlagen und damit deren Rezeption entscheidend prägte. Hirschfeld hatte dem Landschaftsmaler eine Art Mentorfunktion für den Gartenkünstler zugestanden: „Die Gesellschaft eines Landschaftmalers, indem er mit den angegebenen Talenten nach den schönsten Aussichten zeichnet, ist für den jungen Gartenkünstler sehr lehrreich.“[5] Kraus' Parkveduten, auf denen er einzelne Gebäude und Landschaftsausschnitte, aber auch weiträumige Sichtbeziehungen bedacht ins Bild setzte, trugen wesentlich dazu bei, den Betrachter mit der wirkungspsychologisch intendierten Sehweise der verschiedenen Gartenszenen vertraut zu machen.

Gleich mit dem ersten Blatt seiner Radierungsfolge beginnt Kraus die Schritte und den Blick des Parkbesuchers zu lenken: Die *Aussicht am oberen Eingange in den Herzogl. Parck bey Weimar* gibt den Parkeingang oberhalb des Steilhangs der „Kalten Küche“ wieder, zeigt die in weiten Schwüngen geführten Wege durch den ehemaligen Welschen Garten und läßt im Hintergrund auf leicht ansteigendem Terrain den soeben fertiggestellten Gotischen Salon erkennen (Abb. 63). Im Jahre 1793 erschien die *Aussicht von der Knüppelbank nach dem Sterne*, die den Blick von den Wegen der „Kalten Küche“ in die Ilmaue wiedergibt (Abb. 64). Im Mittelgrund des Bildes führt neben der hellen Wiesenfläche eine hölzerne Bogenbrücke über den von Eschen, Ulmen und Weiden gesäumten Fluß, während sich im Hintergrund die sanfte Hügelkette des östlichen Ilmhangs erhebt. Im Vordergrund hat ein elegant gekleideter Herr auf der sogenannten Knüppelbank Platz genommen, um den Blick ins Tal schweifen zu lassen. Seine Haltung und Gestalt weisen ihn als Spaziergänger aus und unterscheiden ihn deutlich von den vier bäuerlich gekleideten Figuren, die mit der Heuernte und dem Wassertragen beschäftigt sind. Diese in ihrem Tätigsein dargestellten Staffagefiguren akzentuieren die Parklandschaft und unterstreichen deren Unterteilung in einzelne Bildräume, zugleich steht die Lebendigkeit ihrer Bewegungen für den natürlichen Charakter der gesamten Anlage. Die *Ansicht der Bogenbrücke auf den Wiesen* ist durch ihre lockere Gliederung der lichtdurchfluteten Wiesenlandschaft gekennzeichnet (Abb. 65). Kraus hat sich für diese Darstellung gleichsam auf den Weg ins Tal begeben; das durch ausladende Baumkronen verschattete, felsige Steilufer liegt nun in seinem Rücken. Abermals dominieren die Bogenbrücke und die durch Aufastung der Stämme leicht und schlank wirkenden Laubgehölze den Mittelgrund des Blattes, wenngleich diesmal in aufgelockerter horizontaler Reihung. Im Hintergrund ist Goethes Gartenhaus mit dem angebauten Altan zu erkennen. Vorn im Zentrum des Bildes verleihen drei Staffagefiguren, die einen Pferdewagen mit Heu beladen, auch dieser Szene ein ländlich-natürliches Gepräge.

5 Hirschfeld 1776, S. 50.

Erst 1794 schuf Kraus die Radierung des frühesten Weimarer Parkdenkmals, der Felsentreppe (Abb. 66). Dem aus massiven Felsbrocken geformten Tor in der linken Bildhälfte korrespondiert rechts die hölzerne Brücke, welche die „Kalte Küche" mit dem Stern verband. Wieder bevölkern Gartenarbeiter und elegante Spaziergängerinnen die Szene, wobei der Blickwechsel der beiden männlichen Figuren die Aufmerksamkeit des Betrachters besonders auf den intendierten Weg durch das sogenannte Nadelöhr lenkt. Kraus setzt sich in diesem Blatt mit der Thematik von Bild und Rahmen auseinander: Auf den ersten Blick wird nur die Figur an der Treppe von den Steinblöcken umrahmt dargestellt. Diese Wahrnehmung erschließt sich nicht zuletzt durch die zweite männliche Figur, welche die Position des Betrachters einnimmt. Die eigentliche Bildwirkung aber ergab sich für den Parkbesucher, der in der Durchsicht des Tores die Flußaue erblickte. Durch die Rahmenfunktion des Felsentors wird ein Ausschnitt aus dem gesamten Landschaftsprospekt herausgelöst und damit nobilitiert.[6]

Mit den Werkzeugen gärtnerischer Arbeit sind auch die Figuren in der 1799 entstandenen *Durchsicht der Schloßbrücke im Herzogl. Parcke bey Weimar* ausgestattet (Abb. 67). Die jungen Männer in rot-weißer Kleidung, durch Walze und Schaufel in ihrer Tätigkeit charakterisiert, bilden mit ihren feingliedrigen Bewegungen einen Kontrast zu den mächtigen steinernen Brückenbögen, die mit elliptischen Ochsenaugen abwechseln. Daß Kraus immer wieder Gärtner und Gartenarbeiter ins Bild brachte, verweist auf den dauernden Fortgang der Arbeiten im Landschaftsgarten, der somit nicht als vollendetes, sondern als unabgeschlossenes, offenes, in einem andauernden kreativen Prozeß befindliches Kunstwerk präsentiert wird. Insofern stellen die Gartenarbeiter keineswegs beschauliche Staffagefiguren dar: Sie stehen für die Modernität des gesamten, unter herzoglicher Ägide angelegten Parks.

Die Sternbrücke bildet ebenso wie die östliche Schloßfassade ein häufiges Motiv in den Krausschen Radierungen, wobei speziell letztere die wirkungsästhetische Absicht des Künstlers wiederholt deutlich werden läßt. In einer *Ansicht der Sternbrücke* von 1793 rahmen hohe Bäume den Blick vom östlichen Ilmufer auf das Schloß und die barocke Brücke (Abb. 68). Den zu diesem Zeitpunkt noch andauernden ruinösen Zustand des Schlosses hat Kraus um des harmonischen Gesamteindrucks willen nicht wiedergegeben – Mauerwerk und Fenster des Gebäudes scheinen, wenngleich mit einem Notdach versehen, intakt zu sein. Der Schloßbau spiegelt sich, ebenso wie die Brücke, im ruhigen Wasser des Flusses, worauf der am Ufer dargestellte Angler mit ausgestrecktem Arm verweist. Dieser Effekt kann in der Realität nicht erreicht werden, da das Flußbett weiter vom Schloß entfernt ist, als Kraus in seiner Darstellung vorgibt. Die Vedute, zunächst topographisch getreue bildliche Wiedergabe einer Stadt oder einer Landschaft, wird damit um idealisierende, die Wirkung steigernde Elemente erweitert.[7]

---

6 Vgl. Gamper 1998, S. 135ff.; Hartmann 1981, S. 49f.

7 Vgl. Wolfgang Krönig: *Die ‚Landschaft nach der Natur' oder die Landschaftsvedute*, in: Krönig/Wegner 1997, S. 27–32.

Über die objektive Vergegenwärtigung einzelner Parkszenen und Architekturen hinaus hatten die Krausschen Radierungen nicht nur dem Anspruch einer bildmäßigen Komposition gerecht zu werden, sondern die baulichen und landschaftlichen Gegebenheiten an der Ilm gleichsam mit den Insignien einer idealen Landschaft zu verweben. Im Gegensatz dazu zeigen einige Skizzen und Aquarelle, welche nicht für die graphische Vervielfältigung und kommerzielle Verbreitung bestimmt waren, den Ostflügel des Schlosses in seinem wirklichen, durch den Brand von 1774 verursachten Zustand. So verweist zum Beispiel eine Skizze mit verschiedenen Architekturdetails deutlich auf das Ruinöse der abgebrannten Residenz (Abb. 69). Das Blatt gibt die nördlich des Schlosses gelegene Kegelbrücke mit der Burgmühle wieder, daneben ragen am linken Bildrand die Mauern der Brandruine empor.[8] In dieser Zeichnung verzichtet Kraus auf jede glättende Beschönigung des Schloßbaus: Die Fenster stellt er ohne Scheiben, den brüchigen oberen Mauerrand ohne Dach dar. Wirkungsästhetische Aspekte sind der 1789/90 entstandenen Skizze im Gegensatz zu den ausgeführten Radierungen fremd. Das Blatt war offensichtlich nicht für ein größeres Publikum bestimmt, sondern ist in die seit Berufung der Schloßbaukommission durch Carl August im März 1789 entfachte Diskussion um den Wiederaufbau der Residenz einzuordnen.

Den im Zyklus der *Aussichten und Parthien des Herzogl. Parks bey Weimar* veröffentlichten Radierungen war die Funktion eingeschrieben, in ihren Ansichten einzelner Gartenpartien oder dort errichteter Denkmäler und Gebäude nicht nur die Wirklichkeit abzubilden, sondern diese zu idealisieren, um die Empfindungen und die Einbildungskraft des Betrachters anzuregen. Ebenso wie die Gartenbeschreibungen, etwa in Hirschfelds *Theorie der Gartenkunst*, sollten Kraus' Parkveduten die Schritte und den Blick des Besuchers lenken, um der von ihrem Schöpfer intendierten Rezeption der Parkanlage buchstäblich den Weg zu ebnen. Kraus hat in seinen Darstellungen keinen Standpunkt zufällig gewählt, keinen Fernblick unbedacht ins Bild gebracht. Die Radierung des „Klosters" beispielsweise zeigt deutlich die Sichtachse zum Oberweimarer Kirchturm, deren unbedingte Erhaltung der Herzog in seinen Instruktionen an Bertuch angewiesen hatte (Abb. 53).

Daß Kraus' Ansichten den Betrachter zur richtigen Sehweise anregen sollten, wird an einem literarischen Beispiel besonders augenfällig. In seiner *Beschreibung und Gemälde des Herzoglichen Parks bey Weimar und Tiefurt besonders für Reisende* aus dem Jahre 1797 schildert Wilhelm Schumann (1765–1850) einen ausführlichen Rundgang durch den Park. Der Autor verfaßt einen ganz auf die Rezeptionsästhetik abzielenden detaillierten Bericht, der in literarischer Form festschreibt, was Kraus durch seine Veduten vermittelt. Wie im Titel mit den Begriffen „Beschreibung" und „Gemälde" bereits angedeutet, gibt Schumann an einer Stelle des Textes nicht seinen eigenen Blick auf den Park wieder, sondern beschreibt statt des unmittelbaren Eindrucks eine Radierung von Kraus. Das drei Jahre zuvor entstandene

8 Vgl. Renate Müller-Krumbach: Artikel *Georg Melchior Kraus (1737–1806). Ansicht der Kegelbrücke mit Burgmühle und Ruine des Schlosses, Architekturdetails*, in: Schuster/Gille 1999, S. 427.

Blatt trägt die Bezeichnung *Der obere Seiten Eingang zur Schnecke im Herzl. Parck bey Weimar* (Abb. 70). Die Vermittlung der Anlage erfolgt hier gleichzeitig über zwei mediale Ebenen, durch Bild und Text, da Schumann die dichterische Beschreibung eines graphischen Blattes gibt, um dem Leser eine Partie des Parks nahezubringen:

> Wenige Schritte davon findet man einen Apfelbaum der [...] wahrscheinlich der Gesichtspunkt ist, aus welchem der Herr Rath Kraus seine Zeichnung von diesem Theil des Weimarischen Parks entworfen hat, die so viel Charakteristisches enthält [...] Den Vordergrund bildet ein großer Rasenplatz, der von beyden Seiten durch Buschwerk decorirt wird. Aus dem Gebüsch zieht sich ein Kiesweg in krummer Richtung durch den grünen Vordergrund zur zweyten Parthie der Landschaft, welche die Schnecke in ihrer Lage von Osten gen Westen sehr schön darstellt, und durch die gut angebrachten vielen kleinen Figuren sehr viel Lebhaftigkeit und Interesse erhält. Allein noch mehr gewinnt diese Parthie durch den lichten Hintergrund, der theils aus der halb im Gebüsch versteckten Bibliothek, theils aber aus einem zwey Stock hohen herrschaftlichen Gebäude besteht, wovon [...] das Parterr [...] einem gewissen Herrn Schwarz eingeräumet ist, der den Sommer über hier das Gewerbe eines Caffetiers und Traiteurs treibt. Der weiße Anstrich dieses Gebäudes contrastirt vortreflich mit dem anmuthigen Grün des Vordergrundes und der links befindlichen Schnecke, und giebt der ganzen Landschaft ein so heiteres Ansehen, daß man sie Viertelstunden lang mit Vergnügen betrachten kann. Auch muß man gestehen, daß der sich ganz im Hintergrunde zwischen dem Bibliotheksthurm und dem neuen Salon zeigende schöne Schloßthurm nicht wenig Zauber über das Ganze verbreitet, und so viel zur Verschönerung desselben beyträgt.[9]

Die Beschreibung vor der Natur oder vor einer Gartenvedute erfolgt nach demselben Muster; ohne einen entsprechenden Kommentar wären sie nicht voneinander zu unterscheiden. Denis Diderot hatte dieses Verfahren bereits 1767 angewandt, als er die Betrachter der im Pariser *Salon* ausgestellten Gemälde des Landschaftsmalers Claude-Joseph Vernet gleichsam auf eine Reise in Vernets Landschaften entführte und dabei mit der Illusion wirklicher Natur spielte.[10] Durch die offensichtliche Vermischung der Sphären verwirrte er seine Zuhörer und steigerte deren sinnliche Erfahrung. Wie Diderot ruft auch Schumann bildnerische Kategorien zur Beschreibung eines Naturanblicks auf. Dies geschieht vorbildlich im Sinne der zeitgenössischen Gartentheorie: Der Betrachter erfaßt den Park in bildhafter Wahrnehmung, als harmonische Folge durchkomponierter Einzelräume. Das sind die Bilder, die der Dichter im Text, der Maler in graphischen Blättern oder Gemälden wiedergibt.

Auch in seiner Darstellung der Partie um die „Schnecke" vereint Kraus wieder zahlreiche Staffagefiguren mit sowohl adligen als auch bäuerlichen Attributen. Die farbenfroh gekleideten Menschen und ihre verschiedenen Tätigkeiten sorgen nicht nur für ein unterhaltendes Moment. Sie vermitteln zudem eine Atmosphäre heiterer Gelassenheit, die den empfindungsmäßigen Grundtenor der gesamten Radierfolge bildet – die zumeist klarblauen Himmel und das frische Grün der Wiesen vertiefen den angenehmen Eindruck noch. Zweifellos wollte Kraus mit seinen Radierungen ein größtmögliches Publikum, das heißt Adel und Bürgertum anspre-

9 [Schumann] 1797, S. 47f. Siehe auch [Klebe] 1800, S. 138f.
10 Vgl. Busch 1997, S. 193f.

chen. In den Parkbildern sind die Standesgrenzen zwar nicht verwischt, doch nähern sich die verschiedenen Stände auf gefällige Weise einander an. Für Kraus erfüllten die Veduten, ähnlich wie die Toreutika-Waren des Bildhauers Klauer, nicht nur einen künstlerischen, sondern vor allem einen kommerziellen Zweck. Der Maler verstand es auf höchst erfolgreiche Weise, höfische Repräsentationsansprüche mit dem bürgerlichen Kunstgeschmack zu verbinden. Nicht zufällig begann die Veröffentlichung der *Aussichten und Parthien des Herzogl. Parks bey Weimar* genau zu dem Zeitpunkt, als Bertuch von Carl August mit der organisatorischen Leitung der Parkangelegenheiten betraut und Kraus zu seinem künstlerischen Ratgeber bestimmt wurde. Den Auftrag des Herzogs, die Entstehung des Parks beratend zu begleiten, setzte Kraus nicht allein in den verschiedenen Partien des Ilmtals um, sondern auch durch die ästhetische Vermittlung des Landschaftsgartens im Medium der graphischen Serie.

Wilhelm Schumann, dessen Beschreibung den umfangreichsten zeitgenössischen Text über den Weimarer Park darstellt, scheint hier mit Kraus um die geeignete Ausdrucksform zur Vermittlung des Landschaftsgartens zu wetteifern. Die von Kraus im Bild dargestellte Gartenszene überführt er in ein literarisches Modell, das dem wirkungsästhetischen Konzept gleichfalls sehr entgegenkommt: Schumann verfaßte seine Parkbeschreibung als Folge fiktiver Briefe an einen Freund, womit er Intimität herstellen und eine unmittelbare, von subjektiven Eindrücken durchdrungene Schilderung legitimieren konnte. Ein in Briefen abgefaßter Reiseführer erlaubt die effektivste Wiedergabe von Gefühlen und Assoziationen, was die außerordentliche Beliebtheit der literarischen Briefform und des Briefromans im letzten Drittel des 18. Jahrhunderts erklärt.[11] Wie der Garten appelliert die Literatur an die Imagination. Die literarische Beschreibung eines Gartens soll das Wirkungspotential der Monumente, Architekturen und landschaftlichen Partien entfalten helfen und den Besucher sukzessive in die adäquate Rezeption der einzelnen Szenen einführen – eine Intention, die zweifellos auch Schumanns Text zugrundeliegt.[12]

Gleich zu Anfang seiner Beschreibung führt Schumann den Leser vom Schloß aus über die Sternbrücke zum Eingang des Webicht, um kurz darauf am Rothäuser Berg bei den drei Säulen zu verweilen:

> So erhebt sich jenseits der oberweimarischen Straße [...] ein steiler Berg, der bis auf seinen Gipfel theils mit Obstbäumen, größtentheils aber mit fremden Hölzern und Blumen bepflanzt ist, an dessen Abhange, mitten aus einem anmuthigen Gebüsch, drey ziemlich hohe Säulen

11 Zur Gattung des Briefromans, dessen beredtestes zeitgenössisches Beispiel wohl Goethes *Die Leiden des jungen Werther* ist, vgl. Krüger 1972, S. 117f.; Trotha 1999a, S. 168–198, hier S. 190f.

12 Schumanns Schilderung dient als Grundlage der ebenfalls sehr ausführlichen Parkbeschreibung von Friedrich Albrecht Klebe, der an manchen Stellen kürzt (etwa die Briefformeln) oder ergänzt, auch zuweilen kleine Veränderungen vornimmt, in wesentlichen Passagen aber Schumann im Wortlaut übernimmt. Das *Der Park zu Weimar* überschriebene Kapitel ist das bei weitem umfangreichste in Klebes detailliertem literarischen Portrait der Stadt Weimar. [Klebe] 1800, S. 106–143 u. 158f.

hervorragen, die, da sie mit unordentlich aufeinander geworfenen Steinen verbunden sind, traurige Ueberreste eines weiland hier gestandenen Tempels oder andern Denkmals des Alterthums zu seyn scheinen, und dem ganzen Gemählde ein sehr romantisches Ansehn geben, welches durch den kleinen Hain, der, ganz am Fuße des Bergs, durch einige Fichten gebildet wird, und im Halbzirkel einen großen steinernen Opfertisch beschattet, noch mehr erhoben wird.[13]

Über die Gestalt des Säulenmonuments erfährt der Leser wenig, stattdessen vermitteln „traurige Überreste", „unordentlich aufeinander geworfene Steine" und ein schattiger Fichtenhain eine eher melancholische Stimmung, die den Krausschen Darstellungen der Säulen, die an südliche Gefilde und pastorale Szenen denken lassen, diametral entgegensteht. Gerade diese Passage verdeutlicht, daß es in den literarischen Gartenbeschreibungen nicht vorrangig um das Erfassen der objektiven Gegebenheiten geht, sondern vielmehr die sinnliche Wahrnehmung der Partie durch den Leser entscheidend ist. Dabei kann das subjektive Empfinden des Rezipienten offenbar der gestalterischen Intention des Gartenschöpfers zuwiderlaufen.

Zurück in der Gegend des Stern, schildert Schumann den künstlichen Wasserfall an der Sphinxgrotte:

Das Wasser fällt aus einer Felsenkluft in ein mit Tuffstein ausgemauertes Becken, in dessen Mitte ein, mittelst einer Quelle verursachter, ewiger Sandstrudel unsere Aufmerksamkeit auf mehrere Minuten auf sich zieht. Es bildet im Fallen einen Spiegel, der in einiger Entfernung, und wenn sich gerade die Sonnenstrahlen darauf brechen, das Auge durch sein schönes Farbenspiel über allen Ausdruck entzückt, und im Schatten das Aussehen einer diamantnen Pforte gewinnt, durch die man in die schauerliche Felsenwohnung der griechischen Sphynx hinein blickt. Die Statue selbst ist von der geschickten Hand des Herrn Hofbildhauer Klauer, aus etwas groben Sandstein, gehauen, und giebt der ganzen Parthie so viel Wahrheit, daß man sich wirklich mehrere Minuten in die alten Zeiten Griechenlandes zurückgesetzt glaubt.[14]

Der Wasserfall mit seinem von der Sonne verursachten Farbenspiel wird mit einem Augenblick des Entzückens, des staunenden Innehaltens verbunden; er fungiert gleichsam als retardierendes Moment, ehe von der „schauerlichen Felsenwohnung" der Sphinx berichtet wird. Gerade durch den abrupten Stimmungswechsel bewirkt Schumann die Empfindung des angenehmen Schauers, der den Leser, eben noch in das Wasserspiel versunken, überraschend ergreift. Die Sphinx assoziiert Schumann mit dem antiken Griechenland. Die Skulptur bietet einen willkommenen Anlaß zur gedanklichen Reise in vergangene Länder und Zeiten, die im Medium der Literatur müheloser anzuregen ist als im Garten. Vom Stern zeigt sich der Verfasser der Briefe ohnehin beeindruckt, da er hier im Gegensatz zum vielbesuchten Welschen Garten offensichtlich ungestörter spazieren und auch seinen Gedanken und Empfindungen freien Lauf lassen kann.

Der Stern [...] ist gerade der Theil des Parks, der von dem weimarischen Publikum am wenigsten besucht wird, ob er mir gleich wegen des erquickenden Schattens, den man hier überall genießt, und auch wegen seiner vortrefflichen Anlage der vorzüglichste zu seyn scheint, und

13 [Schumann] 1797, S. 4f.; [Klebe] 1800, S. 109f.
14 [Schumann] 1797, S. 8f.; [Klebe] 1800, S. 158f.

> mein Lieblings-Spatziergang war. Freylich finden Sie hier weder wohlriechende Blumen, noch Gruppen von kostbaren fremden Holzarten; aber dafür gewährt er auch desto mehr kühlen Schatten und Unterhaltung für Ohr und Herz. Hier erinnert uns das wilde Rauschen des zu leichten Schaum geschlagenen Wassers an unsere Nichtigkeit und Ohnmacht, und dort reißt das wirbelnde Lied der klagenden Nachtigall uns zu melancholischen Betrachtungen hin. Hier ergötzt man sich an dem Anblick der reinen ungekünstelten Natur, und dort muß man den Erfindungsgeist der Menschen bewundern, die selbst aus dem traurigsten Aufenthalte der Ottern, Eidexen und andern Ungeziefers, ein angenehmes Tempe hervorgehen ließen. Kurz, ich mag ungleich lieber unter dem wohlthätigen Schatten dieser bejahrten Linden, Aspen, Pappeln, Weiden und Tannen mich von dem betäubenden Geräusch der Welt erhohlen, als mich mit dem großen Haufen der Spatziergänger in den Gängen des Welschen-Gartens u.s.w. umhertreiben, wo man kontinuirlich dem Sonnenbrande ausgesetzt ist, und immer für Staub ersticken möchte.[15]

So empfindungsgesättigt Schumann seine Beschreibung auch präsentiert, gibt sie diesmal doch ein verläßliches Bild bezüglich des alten Gehölzbestandes, der die schattigen Alleen formt und dem Stern einen eher dunklen, kühlen Charakter verleiht. Der Autor inszeniert sich hier bewußt als einsamen Spaziergänger, der in eine intensive Zwiesprache mit der Natur tritt. Den Menschen in seiner Vereinzelung zu fokussieren und den Parkspaziergang als neue Form individueller Erfahrung auszuloten, stellt eine der Tendenzen in der Gartenliteratur der 1790er Jahre dar.[16] Schumann entwirft damit zugleich ein ausdrucksstarkes Gegenbild zu der im Weimarer Park gepflegten Geselligkeit.

Jenseits des Flusses, auf seinem Weg entlang des westlichen Steilufers der Ilm, trifft der Spaziergänger auf das „Kloster" und die künstliche Ruine, der er die folgende Passage widmet:

> Wir ersteigen die vor uns liegende steinerne Treppe, und werden durch die romantische Ansicht einer hohen Mauer [...] aus unserm empfindsamen Taumel gerissen. Wir glauben die traurigen Ueberreste einer zerstörten Burg vor uns zu sehen, [...] wir steigen die wenigen Stufen hinauf, die zu dem Innern dieser Veste führen, und finden hier und da versunkene Gewölber, verschüttete Keller und andere Spuren mehr, die uns in unserer gefaßten Meynung bestärken.[17]

In dieser Schilderung löst die romantische Fiktion vermeintlicher Burgfundamente die vorherige empfindsame Sinneswahrnehmung ab. Die unter der Ruinenmauer vermuteten Substruktionen werden buchstäblich hinzugedichtet, womit der Leser die Gelegenheit erhält, die wirkliche Ruine einer mittelalterlichen Veste zu imaginieren. Während er noch in wehmütiger Betrachtung derselben versunken gewesen sei, so Schumann weiter, sei aber ein Einwohner der Stadt gekommen, der ihm erklärte, daß es sich hier um eine Nachahmung handle, und daß er nichts weiter als eine alte Schießmauer vor sich sähe. Das „naive" Verhältnis zur Kunst, in dem der Rezipient bis zu diesem Moment verharrte, wird von der Wirklichkeit eingeholt.

---

15 [Schumann] 1797, S. 10f. Klebe gibt eine gekürzte, deutlich sachlichere Schilderung der Partie. [Klebe] 1800, S. 111f.

16 Vgl. Gamper 1998, S. 233f.

17 [Schumann] 1797, S. 19; [Klebe] 1800, S. 116.

Diese Wendung verdeutlicht, daß der Autor zuvor die Perspektive des Besuchers eingenommen hatte, um sich nicht als wissender Führer, sondern als erlebendes Subjekt darzustellen.[18] Schumann unterstreicht so die Unmittelbarkeit seiner Erfahrung, die dem Text den Charakter des Authentischen, den Empfindungen Nachdruck und ihm selbst größtmögliche Glaubwürdigkeit verleihen soll.

5.1.2. „O! süßer Aufenthalt der Ruh!" Der Park im Gedicht

Zu den literarischen Formen, in denen Eindrücke, Assoziationen und wechselnde Stimmungen am effektivsten wiedergegeben werden können, gehört neben dem fiktiven Brief auch die Lyrik.[19] Im Jahre 1792 verfaßte der Weimarer Bibliothekar Ernst August Schmid (1746–1809) eine umfangreiche Versdichtung mit dem Titel *Der Park bey Weimar. Eine Schilderung*, die mehrere Auflagen erfuhr und sogar ins Englische übertragen wurde. In der Vorrede sagt Schmid über seine poetische Intention: „Dieß Gedicht [...] giebt der Verfasser für nichts mehr, als einen Abdruck der Empfindungen und Reverien eines sich selbst überlassenen Spaziergängers."[20] Wieder ist es der empfindsame, vereinzelte Mensch, der hier sein ästhetisches Naturerlebnis in Versen beschreibt und stilisiert.

> O! süßer Aufenthalt der Ruh!
> Gern eil' ich deinen Schatten zu. [...]
> Hier blühet Tempe's Thal, hier rauscht Peneus wieder,
> Hier lacht Arkadien, hier sitzt die Schöne nieder,
> Und lauschet bey dem Wasserfall
> Dem schmelzendsüßen Lied der Nachtigall.[21]

Schmids Gedicht gerät zur lyrischen Evokation einer idealen Landschaft, zum sämtliche Topoi des *locus amoenus* aufrufenden Lobgesang an die Natur. Wieder wird mit dem thessalischen Tempetal und dem Fluß Peneus, der sagenumwobenen Felsenschlucht in Griechenland, gleichsam eines der Urbilder paradiesischer Gartenlandschaften in der Vorstellung des Lesers wachgerufen.[22] Doch ist mit diesen arkadischen Gefilden das Ilmtal gemeint, und die Weimarer Parkbauten werden in den folgenden Strophen in die mythische Landschaft eingewoben.

> Kein Klausner weilt in dieser Klosterzelle;
> Die feyerliche gothische Kapelle
> Ist den Göttinnen nur und ihrer Fröhlichkeit,
> Dem Spiel und Tanz und Abendschmauss geweiht.[23]

---

18 Vgl. Gamper 1998, S. 180.
19 Vgl. Trotha 1999a, S. 187ff.
20 [Schmid] 1792, Vorrede, o. pag.
21 Ebd., S. 1.
22 Vgl. U. Müller 2000b, S. 27f.
23 [Schmid] 1792, S. 2.

Daß hier vom „Kloster" in der „Kalten Küche" und dem Gotischen Salon die Rede ist, präzisiert Schmid in einzelnen Anmerkungen zu seinem Gedicht, in denen der Leser auch über Gestalt und Funktion dieser Parkgebäude Näheres erfährt. Die eigentliche Beschreibung der im Gedicht besungenen Anlagen findet somit in den Fußnoten statt – was der erklärten Absicht, im Gedicht vor allem das Gefühl ansprechen zu wollen, entspricht. Die objektiven Gegebenheiten konnten angesichts des lyrischen Schwelgens in den Wäldern und Fluren einer idealen Landschaft getrost vernachlässigt werden.

> Und du, o! Zauberhain, o! Stern – Elysium!
> Wer irrt nicht gern in deinen Schatten um?
> O! welche Wildniss, welch ein liebliches Gemische
> Der Bäume, Stauden, Lauben, Büsche,
> Durch die der Wandler mit Entzücken dringt,
> Und labyrinthisch sich durch Schlangenpfade schlingt.[24]

Die empfindsame Beschreibung steigert sich hier durch das wirkungsästhetische Mittel des angenehmen Schauers, der durch die geschilderte Verknüpfung von wilden und vertrauten Elementen in der Landschaft hervorgerufen wird. Zum Tempetal gesellt der Dichter das Elysium, das allerdings meist als lichter, heiterer Ort beschrieben wurde, was dem Bild der labyrinthischen, schattigen Gänge im Stern widerspricht. Es mögen die Insellage des Stern, der in der betreffenden Fußnote von Schmid betonte Gesang der Nachtigall und der „höchst angenehme Aufenthalt" gewesen sein, welche die Assoziation des Elysiums beim Dichter evozierten.[25] Antike Mythen zitiert er ebenso wie Vergils *Georgica* und die Oden des Horaz, wobei eine direkte Verbindung von den römischen zu den Weimarer Dichtern hergestellt und die Ilm mit dem Tiber gleichgesetzt wird. Ernst August Schmid entfaltet in seiner Versdichtung einen ganzen Kanon landschaftlicher Schönheiten und impliziter Verweise auf die antiken Dichter, die diese Landschaften besungen haben. Die Verbindung von Literatur und Gartenkunst findet in seinen Versen über den Weimarer Park in mehrfacher Hinsicht einen poetischen Ausdruck.

5.1.3. „Die Natur ist republikanisch." Beschreibung eines Volksgartens

Wie kaum eine andere Kunstgattung im ausgehenden 18. Jahrhundert vermochte es der Landschaftsgarten, Umbrüche des gesellschaftlichen Verhaltens wie auf einer Bühne sichtbar zu machen. Diese Tendenz wurde in den Gartenbeschreibungen aufgegriffen: Immer wieder richteten deren Verfasser ihr Augenmerk nicht nur auf die gartenkünstlerische Gestalt, sondern auch auf die Nutzung und speziell die öffentliche Zugänglichkeit der Parkanlagen. Unter der Überschrift *Bemerkungen über Weimar* wurde im Jahre 1800 in der Zeitschrift *Der Genius der Zeit* ein umfang-

24 Ebd., S. 6f.
25 Ebd., S. 6, Anm. 7.

reicher Reisebericht über die Residenzstadt anonym veröffentlicht. Sein Verfasser ist der ehemalige Zisterziensermönch und spätere Würzburger Philosophieprofessor Joseph Rückert (1771–1813). Die vermutlich im Sommer 1799 niedergeschriebene Schilderung umfaßt ein ausführliches Kapitel über den Park, der wegen seiner Berühmtheit hervorgehoben und als „wahrer Garten der Liebe und Freiheit" apostrophiert wird.[26] Rückert beschreibt die Lage des Parks im Ilmtal, widmet sich dem Kontrast heiterer und schattiger Partien auf den Wiesen und im Stern, um kurz darauf suggestiv zu formulieren: „Wer zweifelt daran, ob dies alles dem Geschmack und der Liberalität dieses Fürsten Ehre mache?" Damit hat der Autor gewissermaßen sein eigentliches Thema gefunden, denn er berichtet weiter:

> Jedem, Einheimischen und Fremden, ist der freiste Genuß des Parks gewährt. – Man liest die Humanität des Besitzers auf der einzigen Veto-Tafel des ganzen Gartens, welche am Wege die Vorübergehenden *bittet*, Blumen und Bäume zu verschonen; welches dann auch zur billigen Folge hat, daß im ganzen Jahre nicht das Mindeste beschädigt und keine einzige Schönheit des Ortes entweiht wird.[27]

Seinem Lob des humanen Fürsten läßt Rückert ein Plädoyer für die Erziehung zur Mündigkeit folgen, welche nicht zufällig am Beispiel von Baum und Blume thematisiert wird: Der Garten besaß als Ort der Erziehung zu verantwortungsbewußtem, umsichtigen Handeln bekanntlich Tradition.[28] Wochentags, so führt Rückert aus, sei es „der immerfeiernde und immerfrierende Adel, der hier wie überall der Langweile und Kälte seiner Lebensart zu entlaufen sucht", und deshalb häufig in den Parkanlagen anzutreffen sei. „Doch erblickt man hier auch in den spätern Abendstunden den rastenden Handwerker und tätigen, braven Bürger, die in dem Balsam der Abendluft neue Kräfte schöpfen." Dann beschreibt der Autor den Sonntag im Park als Steigerung aller bisher geschilderten Eindrücke:

> Hingegen ist in der schönen Jahrszeit der Sonntag im Park ein republikanischer Festtag für ganz Weimar. Was da Herz, Augen und Beine hat, vom Höchsten bis zum Niedrigsten, wandelt in den vielfältigen Gängen des Gartens im fröhlichen bunten Gewimmel frei und ohne Zwang durcheinander. Die Natur macht an diesem Orte und an diesem Tage alles gleich, wie das römische Karneval; und wiewohl mit den Hofleuten selbst, die hier erscheinen, die Etikette sichtbar mit auf- und abgeht, so geniert das doch den andern Teil nicht im geringsten, der sich an diesem Schauspiel von Herzen erlustigt.[29]

In Rückerts Beschreibung wird der Park zum Volksgarten, in dem die verschiedenen Stände wenigstens für einige sonntägliche Stunden ungestört nebeneinander leben. Der Karneval dient als Vergleich, um die gleichmachende Wirkung zu veranschaulichen, die sich im Garten vollzieht.[30] Ähnlich wie in den Veduten von

26 Rückert 1969 (1800), S. 14.
27 Ebd., S. 18f. Hervorhebung von Joseph Rückert.
28 Siehe oben, Kapitel 1.1.
29 Rückert 1969 (1800), S. 19f.
30 So auch in Goethes Abhandlung über *Das Römische Karneval*, die 1789 mit Radierungen von Georg Melchior Kraus erschien. Siehe MA 3.2, S. 217–270.

Kraus, die ebenfalls Bauern, Gärtner und elegante Spaziergänger in einem Bild vereinen, erfolgt bei Rückert die Stilisierung des Parks zu einem Ort, der die sozialen Gegensätze unter den Menschen wenn nicht zu nivellieren, so doch zu mildern vermag. Damit nimmt Rückert in seinem Text eine Entwicklung vorweg, die sich erst allmählich im Laufe des 19. Jahrhunderts mit der Entstehung der Bürgerparks vollziehen sollte.[31] Daß es sich bei seiner Darstellung nicht um eine selbstverständliche gesellschaftliche Realität handelt, wird schon durch den Umstand verdeutlicht, daß der Autor die gewandelten Verhältnisse als ein Phänomen von sehr begrenzter Dauer kennzeichnet.

Als Rückert auf die Anwesenheit des Herzogs im Park zu sprechen kommt, wechselt er denn auch vom Stil des Erlebnisberichts in die unspezifischere Form einer Handlungsanleitung:

> Der Fürst darf in der freien Natur nicht erscheinen; das stört den reinen Eindruck; er darf nur als Mensch gegenwärtig sein [...] Die Natur ist republikanisch und schüttelt Kronen, Fürstenhüte, Hofpracht und eitles Glanzwerk stolz und verschmähend von sich ab.[32]

Rückert greift hier eine Formulierung von August Hennings (1746–1826) auf, der die Zeitschrift *Der Genius der Zeit* seit 1794 herausgab und darin über den Landschaftsgarten im allgemeinen formuliert hatte: „Hier gehet der Fürst am geselligsten allein, und wird das Beste, was er werden kann, wird Mensch."[33] Hirschfeld war 1790 in seiner *Kleine[n] Gartenbibliothek* in ähnlichem Tenor auf die Fürsten eingegangen: „Unsre Fürsten haben fast überall angefangen, die schönsten Beyspiele der edlen Gartenkunst zu geben; einige halten es selbst der Hand, womit sie ihre Völker leiten, nicht unwürdig, auch damit zu pflanzen."[34] Der Fürst, welcher im Erleben der Natur nichts als ein Menschen unter Menschen ist – so sehr sich Carl August beispielsweise während seiner Reise in die Schweiz diesem Ideal angenähert hatte, mußte die Vorstellung doch politische Utopie bleiben.

Gerade die wiederholte Verwendung des Begriffes „republikanisch" offenbart das Verfahren Rückerts, Termini aus dem politischen Bereich in einer Parkbeschreibung, also im Zusammenhang ästhetischer Naturerfahrung zu verwenden. Der Autor rekurriert damit auf das Element der politisch gedeuteten Freiheit, das der Entstehung des Landschaftsgartens in England zugrunde lag. Dem freien Willen des Einzelnen wurde dort nach den politischen Kämpfen des 17. Jahrhunderts eine größere Autorität eingeräumt als dem Fürsten – eine Maxime, die im Rückgriff auf die alles umfassende Natur, das heißt konkret in den naturnachahmenden Gestaltungsprinzipien des Landschaftsgartens anschaulich wurde.[35] Mit der Übernahme auf den Kontinent verlor sich diese gleichsam rebellische Tendenz, da es hier

---

31 Siehe dazu Niedermeier 1993, S. 26.

32 Rückert 1969 (1800), S. 25.

33 *Der Genius der Zeit*, Bd. 10, 1. Stück, 1797, S. 13. Hier zitiert nach Gerndt 1981, S. 117.

34 Hirschfeld 1790, S. VI.

35 Siehe oben, Kapitel 3.4.1.

die absolutistischen Fürsten waren, die als Gartenschöpfer in Erscheinung traten.[36] Ihre Parkanlagen übernahmen – das trifft in Weimar wegen des fehlenden Schlosses in besonderem Maße zu – nicht selten die Funktion der *repraesentatio maiestatis*. Rückert gibt nun mit seiner Schilderung dem Landschaftsgarten das bürgerliche bzw. ständisch orientierte Element zurück. Der Autor entwirft in seiner Parkbeschreibung das Idealbild einer Gesellschaft, in der alle Stände in heiterem Miteinander leben: mithin in einer Harmonie, die sie der Natur abgelauscht haben. Wie keine andere Beschreibung des Weimarer Parks verweist Rückerts Text auf den ideologisch ambivalenten Gehalt, der dem Landschaftsgarten englischer Prägung innewohnt.

So sehr Rückerts Darstellung von Stilisierungen durchdrungen ist, bleibt doch gültig, daß der Weimarer Park nicht nur dem Adel, sondern auch Bürgern und niederen Ständen zugänglich war. Auch in weniger ausführlichen Berichten wird dieses Merkmal wiederholt hervorgehoben: „Der Garten ist von mehreren Seiten offen, und jedermann genießt ihn nach Gefallen", schreibt beispielsweise Carl Gottlob Küttner in seinen 1801 veröffentlichten Reisebriefen.[37] Der Schriftsteller William Beckford (1759–1844), einer der reichsten Sprößlinge des englischen Adels, besuchte Weimar 1783 auf seiner *Grand Tour* durch Europa. Er notierte, „eher ein einziges Schloß als eine kleine Stadt" vorgefunden zu haben, und fügte dieser Beobachtung hinzu: „Der einzige Luxus des Fürsten bestand in einem prächtigen Garten, und alle freuten sich mit ihm über dieses volkstümliche Vergnügen, das er mit allen Einwohnern der Stadt teilt."[38] Schon weil der entstehende Park in den frühen 1780er Jahren, zur Zeit von Beckfords Besuch, im Vergleich zu anderen Gärten Europas weder besonders luxuriös noch prächtig war, verrät auch diese Schilderung eine deutliche Tendenz zur Überhöhung und Stilisierung. Dennoch bewahrheitet sich die freie Zugänglichkeit der Anlagen, die den Park über seine topographische Situierung hinaus eng mit dem städtischen Leben verband, als eine in zahlreichen Veduten und Reiseberichten betonte Grundeigenschaft des Parks an der Ilm.

---

36 Vgl. Maurer 1987, S. 82ff. Martin Warnke zufolge richtet sich Rückerts Formulierung von der republikanischen Natur nicht nur gegen die „Fürstenhüte", d.h. gegen jeden absolutistischen Ausdruck im Garten, sondern auch gegen die im frühen Landschaftsgarten häufig vermittelten Bildungsinhalte und die durch das programmatische Hervorrufen bestimmter Gedanken und Empfindungen sich äußernde Erziehungsabsicht. Das aufklärerische Bestreben der Gartenbesitzer stünde demnach ebenso im Widerspruch zur freien Natur wie zuvor der regelmäßig angelegte Garten des Barock. Dieser Auslegung kann nur bedingt zugestimmt werden, da speziell der in Rede stehende Weimarer Park durch eine äußerste Zurückhaltung bezüglich vordergründiger Bildungsinhalte gekennzeichnet ist. Überdies stellt gerade Rückert den Garten als Ort einer Erziehung dar, deren humane Methode als Ausweis der liberalen Gesinnung des Fürsten gewürdigt wird. Siehe Martin Warnke: Die Freiheit der Natur als politische Freiheit, in: ders. 1992, S. 89–105, hier S. 94.

37 [Küttner] 1801, S. 350.

38 William Beckford, zitiert nach: Brilli 1997, S. 107f.

5.1.4. Grohmanns *Ideenmagazin*. Der Park als Musterbuch

Seit den frühen 1780er Jahren bemühten sich verschiedene Autoren, allen voran abermals Hirschfeld, die neuen gartenkünstlerischen Ideen einem breiten Publikum zu vermitteln. Ein geeignetes Instrument, um speziell die bürgerlichen Kreise zu erreichen, waren die zahlreich erscheinenden Periodika – das Beispiel des von Bertuch und Kraus herausgegebenen *Journal des Luxus und der Moden* ist in diesem Zusammenhang bereits zitiert worden. Von besonderem Interesse sind hier jedoch die Zeitschriften und Almanache, welche sich ausschließlich der Gartenkunst widmen. Das Auftreten der periodisch erscheinenden Taschenbücher und -kalender liegt in dem ständig wachsenden Bestand der Gartenanlagen und der Fülle an Erfahrungen begründet, die neue Wege der Informationsvermittlung notwendig machten.[39]

Während Hirschfeld seinen jährlich erscheinenden *Gartenkalender* bereits seit 1782 herausgab, wurden die meisten diesbezüglichen Periodika ab Mitte der 1790er Jahre publiziert. Die Kunstform des Landschaftsgartens war nun allgemein etabliert, und im Zuge dieser Entwicklung hatte auch die Gartenliteratur ihre zentrale Bedeutung als Vermittlungsinstanz gefestigt. Wilhelm Gottlieb Becker veröffentlichte von 1795 bis 1799 in Leipzig das *Taschenbuch für Gartenfreunde*; bei Cotta in Tübingen erschien von 1795 bis 1806 der *Taschenkalender für Natur- und Gartenfreunde* – um nur die wichtigsten Almanache zu nennen. Gegenüber umfänglichen gartentheoretischen Werken wie Hirschfelds fünfbändiger *Theorie der Gartenkunst* besaßen die meist kleinformatigen Periodika den Vorteil, daß sie in kürzeren Beiträgen verschiedener Autoren sowohl grundlegende Fragen zur Theorie und Geschichte des Gartens behandeln als auch konkrete Anregungen geben konnten. Die Herkunft seltener Pflanzen und die Bedingungen ihrer Aufzucht waren ebenso Gegenstand der praktischen Anleitung wie die Schädlingsbekämpfung und technische Fragen zum Bau von Gewächshäusern. Becker erklärt im Vorbericht zum ersten Jahrgang seines *Taschenbuchs*, daß er mit diesem eine Fortsetzung von Hirschfelds *Gartenkalender* versuchen wolle, und führt weiter aus: „Das Taschenbuch ist allen Theilen der Gartenkunst gewidmet, und folglich der Gärtnerei, dem Blumenwesen, der Obstbaumzucht, der Botanik, in so fern sie hierher gezogen werden kann, eben sowohl, als der Theorie der Gartenkunst."[40] Überdies enthielten die Almanache zahlreiche Beschreibungen neuer in- und ausländischer Gärten, die im Verlauf der einzelnen Jahrgänge nicht selten entsprechend der aktuellen Entwicklung fortgeschrieben wurden. Nicht zuletzt erschienen hier ausführliche Rezensionen zu Werken der Gartenkunst, welche zumeist aus der Feder englischer oder französischer Autoren stammten und erst auf diese Weise von einem breiten deutschsprachigen Leserkreis rezipiert werden konnten. Zwar waren die meisten Periodika mit eini-

39 Vgl. Gamper 1998, S. 89, Anm. 22; Wilhelm Voßkamp: Artikel *Klassisch/Klassik/Klassizismus*, in: *Ästhetische Grundbegriffe*, Bd. 3, S. 289–305, hier S. 297.

40 *Taschenbuch für Garten-Freunde*, 1.1795, Vorbericht, o. pag.

gen illustrierenden Kupferstichen ausgestattet, doch lag ihr Schwerpunkt eindeutig auf den mannigfaltigen Textbeiträgen.

Einen anderen Akzent setzt das von Johann Gottfried Grohmann ab 1796 herausgegebene *Ideenmagazin für Liebhaber von Gärten*, das im Charakter eines Musterbuches eine Fülle von bildlichen Darstellungen einzelner Parkmonumente und -architekturen vereint.[41] Das überaus erfolgreiche Werk erschien bis 1806 und umfaßt insgesamt sechzig Hefte, die in fünf Bände zu je zwölf Heften gebunden wurden. Jedes Heft enthält zehn Kupfertafeln, die einzeln, zuweilen ausführlich und unter Einbeziehung gartentheoretischer Ausführungen, erläutert werden. Sie geben die äußere Erscheinung der Denkmäler und Gebäude im Aufriß wieder, wobei man letztere nicht selten durch ihren Grundriß ergänzt hat. Auch die unmittelbare landschaftliche Umgebung der Architekturen wird meist im Bild angedeutet oder im begleitenden Text näher beschrieben. Im ersten Band findet sich ein in Aquatinta ausgeführtes Blatt, auf dem „die Kunst [...] die ländliche Einfalt auf die künstlich verschönerte Natur aufmerksam [macht]".[42] Eine modisch gekleidete weibliche Personifikation der Kunst weist ihre mit eher ländlichen Attributen ausgestattete Begleiterin auf einen antikisierenden Tempelbau hin, der sich inmitten der weiten Ebene zu Füßen der beiden Spaziergängerinnen erhebt. Solche „künstlichen Verschönerungen" der Natur stellt Grohmann in seinem Ideenmagazin in großer Zahl vor, wobei er der stilistischen Vielfalt keine Grenzen setzt. Einige der exzeptionellsten Entwürfe übernahm Grohmann von französischen und englischen Architekten. Seiner ständigen Forderung nach Originalität, nach dem Besonderen und Außergewöhnlichen, antwortet beispielsweise die Zeichnung eines Tempels, der klassische, gotische und othaitische Stilformen vereint. Mag es sich hierbei um eine Phantasiearchitektur handeln, so gibt der überwiegende Teil der Abbildungen doch Gebäude und Denkmäler, auch Brücken, Bänke und andere Gegenstände wieder, deren Vorbilder in bereits bestehenden Landschaftsgärten zu finden sind.

Aus dem Weimarer Park stellt Grohmann zunächst das noch als „Kloster" bekannte Borkenhäuschen vor (Abb. 71). „Wir liefern", so heißt es im begleitenden Text,

> auf diesem Blatte die Zeichnung zu einem Gebäudchen, in einem versteckten Theile des Parks, das schon an und für sich selbst interessant ist, und es in den Augen eines jeden noch mehr werden muss, so bald wir ihm sagen, dass es das Ruheplätzchen von dem Schöpfer des Agathon und Oberon ist.[43]

Daß es sich um den Park in Weimar handelt, geht aus dem Text nicht hervor, der Schöpfer des *Agathon* und des *Oberon* aber ist Christoph Martin Wieland, der im „Kloster" bestenfalls als Gast des Herzogs ein Ruheplätzchen gefunden hat. Offensichtlich kam es bei den Bilderläuterungen weniger auf die tatsächlichen Umstände an, als darauf, die Phantasie und möglicherweise die Lektüreerfahrung des Rezipi-

41 Vgl. Philipp 1997, S. 106–121.

42 *Ideenmagazin für Liebhaber von Gärten*, Bd. 1, 1796, H. 3, Taf. X.

43 Ebd., Bd. 3, 1800, H. 27, Taf. I.

enten anzusprechen, dem eine solche Parkarchitektur zur Nachahmung empfohlen wurde. Der Kupferstich zeigt die Holzhütte mit der umlaufenden Galerie seltsam beziehungslos zwischen hoch aufragenden Bäumen; ihr landschaftlicher Kontext am Weimarer Ilmhang ist nicht Gegenstand der Vermittlung. Das früheste Bauwerk im herzoglichen Park an der Ilm hat zwanzig Jahre nach seiner Entstehung Eingang in ein Musterbuch zur Ausgestaltung bürgerlicher Gärten gefunden.

Eine andere Tafel im *Ideenmagazin* zeigt den Schlangenstein zusammen mit einer Bogenbrücke, deren Geländer aus knorrigen Ästen gebildet ist (Abb. 72). Der Rundaltar wird vollkommen isoliert wiedergegeben, wodurch seine klaren Formen deutlich hervortreten. Allerdings fehlt dem Schlangenstein die widmende Inschrift – ein Umstand, der mit der erneuten Fehldeutung in der beigegebenen Erläuterung korrespondiert: „Der auf diesem Blatte dargestellte Altar ist der Gesundheit gewidmet, und aus dem Weimarischen Park entlehnt."[44] Die sich windende Schlange wurde nach gängiger Lesart tatsächlich zuerst mit Aesculap, dem Gott der Heilkunst, in Verbindung gebracht.[45] So lag es nahe, den Schlangenstein auf diese Weise einem größeren Publikum zu vermitteln. Auch dieses Parkdenkmal wurde für die Veröffentlichung bei Grohmann aus seinem ursprünglichen Bedeutungszusammenhang gelöst, da diese Interpretation offenbar auf eine stärkere Verbreitung des Monuments unter Gartenliebhabern hoffen ließ. Eine weitere Tafel ist der Sphinxgrotte gewidmet (Abb. 73). „Neben einem Quell, der aus der Oeffnung eines verschütteten Gewölbes hervor zu rauschen scheint, und sich in einen schlängelnden Bach ergiesst, ist eine wilde Felsengrotte, mit einer Sphynx in der Mitte", heißt es diesmal im erklärenden Kommentar.[46] Auf eine Erwähnung des Weimarer Parks verzichtet der Herausgeber, stattdessen vertraut er allein auf „das Ausdrucksvolle dieser Idee", die der Kupferstich dem interessierten Betrachter verdeutlichen soll.[47] Einen engeren Bezug zum Weimarer Vorbild weist die Präsentation des Gotischen Salons im *Ideenmagazin* auf, wo die betreffende Abbildung folgendermaßen kommentiert wird:

> Das auf diesem Blatte dargestellte schöne Gebäude, in Gestalt einer edlen Gothischen Kapelle, kann zu einem grossen Gesellschafts- oder Musiksahle eingerichtet werden, wo alsdann noch Platz zu einem Spielzimmer übrig gelassen werden müsste. [...] Dieses Gebäude, so wie es hier dargestellt ist, nimmt einen Platz in dem vortrefflichen Park des Herzogs von Weimar ein.[48]

Der Kupferstich gibt den Gotischen Salon einschließlich der Figuren auf den Eckzinnen wieder, wobei letztere nicht mehr als Tempelherren zu erkennen sind (Abb. 74). Hinsichtlich der empfohlenen Funktion des Gebäudes orientiert sich Grohmann am Weimarer Beispiel, auf das er überdies im abschließenden Satz dezidiert

---

44 Ebd., Bd. 3, 1800, H. 31, Taf. II.
45 Siehe dazu oben, Kapitel 4.5.1.
46 *Ideenmagazin für Liebhaber von Gärten*, Bd. 3, 1801, H. 32, Taf. VII.
47 Ebd.
48 Ebd., Bd. 3, 1801, H. 34, Taf. V.

hinweist. Womöglich ließ der Zusammenhang einer festlichen Gesellschaft die Anspielung auf ein höfisches Ambiente auch bei seinem bürgerlichen Zielpublikum angemessen erscheinen.

Wie kaum eine andere Publikation verdeutlicht Grohmanns *Ideenmagazin*, daß die Denkmäler und Architekturen des Weimarer Parks um 1800 in den allgemeinen Bestand an Gartenelementen eingegangen waren, die einer wachsenden Zahl von bürgerlichen Gartenliebhabern als Vorbild oder Anregung zur Nachahmung vorgestellt wurden. Dem Begriff der Garten*mode* kommt angesichts der massenhaften Verbreitung gartenkünstlerischer Ideen in einem solchen Musterbuch ein neues Gewicht zu. Zudem werden die Gartenelemente zur seriellen Nachahmung empfohlen und sind jenseits ihres ursprünglichen Kontexts frei verfügbar geworden, womit sich ein wesentliches Kennzeichen von Modernität auch in der Gartenliteratur durchgesetzt hat.

5.2. Grundriß versus Vedute. Die Parkpläne der 1790er Jahre

Die regelmäßigen Gärten des Barock waren bevorzugt aus der Vogelperspektive dargestellt worden, da das absolutistische Machtsystem im herrschenden Blick von oben seine Entsprechung fand.[49] Diese Sichtweise, die Plan und Aufriß in sich vereinte, konnte der Rezeption des Landschaftsgartens nicht mehr gerecht werden. Die neuen Gärten wurden in vedutenhaften Ansichten wiedergegeben, welche die Perspektive des Besuchers übernahmen. In seinem *Gartenkalender auf das Jahr 1789* benannte Hirschfeld diesen Wandel in einem knappen, aber prägnanten Satz über den berühmten Gartenarchitekten von Versailles: „Le Notre wußte einen Plan anzulegen, aber kein Gemälde."[50] Die visuelle Erschließung im Ausschnitt der Vedute, die dem bildhaften Sehen entsprach, bedurfte indessen einer Ergänzung: dem Grundplan des Gartens.

Im Jahre 1790 zeichnete der Kammerkanzlist Johann Friedrich Lossius (1735–1796) einen Plan des Weimarer Parks, in dem er den Grundriß der Anlagen mit einer Vedute verband (Abb. 75).[51] Während der ausgedehnte Zug des Ilmtals in breitangelegtem Querformat wiedergegeben wird, schlüsselt die im rechten oberen Ende befindliche Legende den Park nach seinen einzelnen Partien auf, denen sämtliche bis dahin geschaffenen Monumente und Architekturen zugeordnet sind. Der sogenannte „Fürstl. Parc" umfaßt „die Gartenstücke von dem ehemahligen Welschen Garten" sowie die „Schnecke", den als „Ritter-Tempel" bezeichneten Gotischen Salon und das „Kloster". Im Bereich der „Kalte[n] Küche" hat Lossius „das Säulen-Stück mit der Schlange" sowie die „Schweizer Hütte" und den „grosse[n] Stein" markiert. Auch die Stelle im südlichen Bereich des Steilufers, an der Goethes

49 Vgl. Buttlar 1982, S. 85; Gamper 1998, S. 122ff.
50 *Gartenkalender auf das Jahr 1789*, S. 208.
51 HAAB, Kartensammlung.

Epigramm inskribiert ist, wurde unter dem Titel „bey den Versen“ in den Plan eingetragen. Damit kann zugleich der Platz lokalisiert werden, an dem wenig später der Bau des Römischen Hauses seinen Anfang nahm. Die dafür vorgesehene Partie oberhalb des Uferhangs bildet bei Lossius 1790 noch gleichsam einen blinden Fleck in der Topographie des Parks, wie der Verlauf des gerade entstehenden Breiten Weges verdeutlicht: Der durch den Welschen Garten und Reicherts Plantage führende Weg endet inmitten des soeben neu erschlossenen oberen Parkteils; seine weitere Fortsetzung nach Süden steht noch aus. Lossius stellt also konsequent den zu dieser Zeit aktuellen Stand der Arbeiten dar – sein Plan fungiert nicht als Entwurfszeichnung, sondern als Bestandsaufnahme. Auffällig ist, daß der Verlauf des Breiten Weges den ausgedehnten Bogen der Ilm spiegelbildlich wiedergibt. Auch die geschlängelten Wege in der „Kalten Küche“ scheinen dem sich durch die Wiesen windenden Fluß zu korrespondieren. Über die Ausdehnung des Parks in nordöstlicher Richtung gibt Lossius' Plan ebenfalls Aufschluß, wobei hier vor allem die als „alte Burg“ bezeichnete Gegend des Rothäuser Bergs von Interesse ist. Von privaten Gärten umrahmt, sind dort die „neue[n] Anlagen zum Parc“ mit ihrem geschwungenen Weg und den kleinen runden Plätzen deutlich auszumachen.

Als wolle er überdies der Perspektive des Parkbesuchers gerecht werden und zugleich die Tradition idealistischer Landschaftsmalerei evozieren, hat Lossius seinen Plan durch eine Vedute ergänzt, die am linken unteren Bildrand den Blick des Betrachters bannt (Abb. 76). Auf einer von dichtem Gehölz umgebenen Wiesenfläche ist hier ein Heuwagen zu sehen, der an eine der Radierungen von Kraus erinnert. Im Hintergrund erhebt sich eine Hügelkette, vor der charakteristische Parkarchitekturen wie der Gotische Salon und die „Schnecke“ aus der geschlossenen Kulisse der Laubbäume ragen. Der Vordergrund wird von einer massiven Steinplatte bestimmt, die eine Inschrift mit der Bezeichnung des Plans trägt. Die Vedute ist fiktiv; diese Aussicht wird keinem Parkbesucher geboten. Doch scheint Lossius eine bildhafte Darstellung neben der kartographischen Zeichnung für unabdingbar zu halten, um den Landschaftsgarten ästhetisch zu vermitteln.

Die im Jahre 1799 von Johann Valentin Blaufuß gezeichnete *Karte über den Herzoglichen Park zu Weimar* stellt den Landschaftsgarten im Ilmtal auf dem Höhepunkt seiner Entwicklung vor (Abb. 77).[52] Eingebettet zwischen den Hügelzug am Horn und die Chaussee nach Belvedere erstreckt sich nun ein zusammenhängender, kunstgerecht gestalteter Park, dessen einzelne Partien gleichwohl durch ihren jeweils eigenen Charakter geprägt sind. Der landschaftliche Zug der Flußaue mit dem leuchtend blau gezeichneten Schlängelband der Ilm nimmt die zentrale Position im Grundriß des Parks ein. In westlicher Richtung schließen sich das dunkel abgesetzte Steilufer und der obere Parkteil an. Hier hat der Kartograph die Wiesen- und Waldflächen, Parkarchitekturen und Baumschulengärten gekennzeichnet, durch die der Breite Weg in großzügigen Schwüngen von der „Schnecke“ bis zum Römischen Haus führt. Der als Waldgebiet eingetragene Stern mit seinen Plätzen

52 HAAB, Kartensammlung.

und Alleen leitet hingegen von der Ilmaue zum nordöstlichen Teil des Parks über, der sich jenseits der Allee zum Webicht auf dem Gelände des Rothäuser Gartens erstreckt. Zwischen dem Stern und den Ackerflächen am Horn liegen die Gärten der Geheimen Räte Goethe und Schmidt. Während die Parkanlagen im Nordwesten von der Stadt begrenzt werden, setzt sich im Süden das landschaftliche Kontinuum der Flußwiesen bis nach Oberweimar fort und läßt den Park dort fließend in die umliegende Landschaft übergehen. Noch einmal ist hier die Entwicklung von den kleinräumig gestalteten Anlagen in der Nähe des Schlosses und der Stadt bis zu den in ihrer natürlichen Gestalt belassenen, großzügigen Partien des Ilmtals abzulesen. Als wolle Blaufuß diesen Entfaltungsprozeß in der gewohnten Leserichtung anschaulich werden lassen, kehrte er die in allen vorherigen Plänen eingenommene Perspektive um und läßt die Parklandschaft am rechten Bildrand gleichsam in die freie Landschaft auslaufen.

Eine umfangreiche Legende mit dem Titel „Zurechtweisung" erklärt dem Betrachter der Karte, worauf er zu achten habe: „Zu Zwölf hiezugehörigen vom Rath Kraus nach Natur gezeichneten Ansichten: Jede von diesen Ansichten ist unten rechts mit einer rothen Ziffer bezeichnet und diese Bezeichnung deutet auf die auch in diesem Plane befindlichen Ziffern hin [...]" Blaufuß hat demnach seine Karte direkt den Krausschen Parkansichten zugeordnet und, wie er weiter ausführt, deren Betrachterstandpunkte jeweils im Plan markiert. Dann verweist der Kartograph auf die sehr feinen roten Linien, die den Plan überziehen. Sie geben an, wohin der Betrachter von jenen Standpunkten aus seinen Blick wenden muß, um die von Kraus wiedergegebenen Landschaftsausschnitte in gleicher Weise wahrzunehmen:

> Es ist z.B. beym Augenpunct 1. die Richtung der rothpunctirten Linie 1.1. diejenige Distantz welche auf die Gegenstände des Bildes: Ansicht von der Knüppelbanck nach dem Sterne, hinzielet. Gleiche Beschaffenheit hat es mit 2.2. Ansicht der Sternbrücke, 3.3. Ansicht der Bogenbrücke u.s.f.

Blaufuß' Plan stellt somit nicht nur eine detaillierte Bestandsaufnahme der Parkentwicklung bis zum Jahre 1799 dar, sondern exemplifiziert zugleich das Zusammenspiel von Vedute und Grundriß. Blaufuß präsentiert seine Karte ausdrücklich als Pendant der von Kraus geschaffenen Ansichten und dokumentiert so, daß er die Dominanz der bildhaften Sehweise anerkennt. Gleichzeitig ermöglicht er eine übergreifende Sicht auf die gesamte Parkschöpfung und wird damit einer sich wandelnden Landschaftsauffassung gerecht, die über die gerahmten Szenen hinaus das gestaltete Ganze in den Blick nimmt.

5.3. Kritik der Wirkungsästhetik. Kraus und Goethe

Das Paradigma der sensualistischen Wirkungsästhetik, in das sich die Veduten von Kraus ebenso wie Schumanns Parkbeschreibung fügen, geriet in den späten 1790er Jahren in die Kritik. Speziell die vor allem mittels der Staffagefiguren erreichte Gefälligkeit der Krausschen Radierungen war es, die bei Goethe deutlichen Widerspruch hervorrief. „Die Krausischen Landschaften [...] sind sehr gut und glücklich gezeichnet", befindet Goethe im Mai 1796 in einem Brief an Meyer,

> bey der Illumination hingegen der gestochenen Umrisse haben sie viel verloren und wie mich dünkt, weil die Massen, welche die Natur beym ersten Entwurf angab, hier durch kleine Gegenstände und Staffagen, wodurch man das Ganze interessant machen wollte, zerschnitten und zerhackt sind.[53]

Zu diesem Zeitpunkt ist Goethes Urteil bereits einer klassizistischen Kunstauffassung verpflichtet, welche die pointierte Wirkungsästhetik, das heißt eine Darstellung im Dienste der subjektiven Wahrnehmung durch den Betrachter auf Kosten der „Wahrheit und Wahrscheinlichkeit", strikt ablehnt.[54] Zwar lobt er bei Kraus den zeichnerischen Entwurf, kritisiert aber umso heftiger die Ausführung seiner Veduten. Hinter der Vermittlung von Gartenansichten an ein vorwiegend bürgerliches Publikum tritt der künstlerisch originäre Anspruch des Malers deutlich zurück. Goethe zeigt sich über dieses Selbstverständnis des Künstlers zutiefst befremdet. Im avancierten kunsttheoretischen Diskurs der späten 1790er Jahre fordert er vom Künstler, daß dieser gesetzgebend wirken solle, was seine Unabhängigkeit vom Publikumsgeschmack einschließt. Goethes Urteil über Kraus kongruiert mit seiner vehementen Ablehnung der als Trivialisierung begriffenen massenhaften Verbreitung von Kunst, der er die Individualität der Künstlerpersönlichkeit entgegensetzt.[55]

Zwischen Rezeptionsästhetik und klassizistischer Kunsttheorie besteht um 1800 in Weimar eine kaum zu überbrückende Kluft, wie sich nicht zuletzt am Beispiel des Parks im Ilmtal beobachten läßt. War es Hirschfeld in seinen Schriften noch gelungen, gartentheoretische Fragen mit rezeptionsästhetischen Aspekten und der Vermittlung konkreter Anregungen zu verbinden, ging in den 1790er Jahren die inhaltliche Ausrichtung der Publikationen zur Gartenkunst beträchtlich auseinander. Vedutisten wie Kraus und Autoren wie Schumann oder Rode gaben die Parkanlagen in ihrem jeweiligen Genre in der Weise wieder, wie sie von einem größeren Rezipientenkreis wahrgenommen werden sollten. Diese wirkungsästhetische Funktion erfüllten auch die Beschreibungen in den Gartenkalendern, die überdies mit einer Fülle praktischer Anregungen aufwarteten. Desgleichen regte Grohmanns *Ideenmagazin* mit seinen zahlreichen Abbildungen einzelner Gartenelemente das interessierte Publikum direkt zur Nachahmung an. Nicht selten traten in den Periodika literarisch-sensualistische Beiträge unmittelbar neben die Vermittlung konkreter Informationen für den Gartenliebhaber.

Eine eher philosophisch-rationalistische Tendenz vertreten hingegen Schriften wie die des Leipziger Philosophieprofessors Karl Heinrich Heydenreich (1764–

53 Johann Wolfgang Goethe an Johann Heinrich Meyer, Weimar 20. Mai 1796; *Briefwechsel Goethe – Meyer*, Bd. 1, S. 248.

54 Vgl. Goethe, *Über Wahrheit und Wahrscheinlichkeit der Kunstwerke*; MA 4.2, S. 89–95.

55 Siehe unten, Kapitel 6.2.1.

1801), der in seiner 1793 erschienenen Abhandlung *Philosophische Grundsätze über die Nachahmung der landschaftlichen Natur in Gärten* den Vergleich des Landschaftsgartens mit anderen Gattungen wieder aufnimmt.[56] Unter dem Eindruck der 1790 veröffentlichten *Kritik der Urteilskraft* von Immanuel Kant (1724–1804) plädiert der zu seiner Zeit einflußreiche Kunsttheoretiker Heydenreich für eine Betonung des „wesentlichen Charakter[s] der Gartenkunst" in Abgrenzung vor allem zur Landschaftsmalerei.[57] Zwar verwendet Heydenreich zuweilen noch Formulierungen aus der sensualistischen Wirkungsästhetik, doch verrät seine Bestimmung des Verhältnisses von Subjekt und Objekt deutlich die Orientierung an den klaren begrifflichen Gegensätzen der Kantschen Philosophie.

In der Nachfolge Heydenreichs wagte Johann Christian August Grohmann (1769–1847) den umfangreichsten Versuch, Kants philosophische Durchdringung des Schönen mit der Debatte um die Gartenkunst zu verbinden. Im Jahre 1797 publizierte er seine *Neue Theorie der schönen Gartenkunst*, mit der er die Ära Hirschfelds ablösen und die Gartenkunst im ästhetischen Diskurs der Zeit legitimieren wollte.[58] Grohmann verdeutlicht den Wandel in der Gartenliteratur am Beispiel seiner eigenen Schriften: 1795 hatte er selbst in Beckers *Taschenbuch für Gartenfreunde* eine Beschreibung der Parkanlagen von Wörlitz veröffentlicht und darin eine Einteilung der Gärten versucht, die er zwei Jahre später in seiner *Theorie* einer herben Kritik unterzog:

> Ich war selbst mit diesem Unterschiede nicht im Reinen; ich urtheilte und theilte hier blos nach meinem Gefühl ab, das ich bei jenen oben genannten Gärten gehabt hatte, ohne Rücksicht auf Grundsätze zu nehmen, und mein Gefühl auf Gesetze der schönen Gartenkunst zurückzuführen, wie fern nach diesen selbst eine solche Eintheilung bestimmt und gegeben sei.[59]

Grohmann erkennt, daß mit einer Beurteilung nach dem Gefühl keine gültige Klassifizierung vorgenommen und keine Theorie gebildet werden kann. Der poetischen Beschreibung, welche die sinnliche Wahrnehmung der Dinge entscheidend aufgewertet hatte, erteilt er eine entschiedene Absage zugunsten genau definierter künstlerischer Gesetzmäßigkeiten, die er fortan in seinen theoretischen Schriften herauszuarbeiten sucht.

Im Umfeld des Ilmparks wird die kunsttheoretische Diskussion über die Gartenkunst um 1800 von den Weimarer Kunstfreunden, wie sich Goethe, Schiller und Meyer als Redakteure der Zeitschrift *Propyläen* nannten, fortgesetzt.[60] Friedrich Schiller (1759–1805) hatte bereits in seiner Rezension *Über den Gartenkalender auf das Jahr 1795* kritisiert, daß der Gartenkunst kein objektives Gesetz zugrunde liege:

---

56 Siehe Heydenreich 1793, S. 202f. Vgl. auch Gamper 1998, S. 44, Anm. 137 u. S. 50f.

57 Heydenreich 1793, S. 203.

58 Siehe J. Chr. A. Grohmann 1797, Bd. 1, S. VI und passim. Vgl. auch Gamper 1998, S. 65ff. Zu Grohmanns Theorie siehe ausführlich Kapitel 6.5.

59 J. Chr. A. Grohmann 1797, Bd. 1, S. 84. Vgl. auch Gamper 1998, S. 84ff.

60 Siehe dazu ausführlich Kapitel 6.3.

> Seit den Hirschfeldischen Schriften über die Gartenkunst ist die Liebhaberei für schöne Kunstgärten in Deutschland immer allgemeiner geworden, aber nicht sehr zum Vorteil des guten Geschmacks, weil es an festen Prinzipien fehlte und alles der Willkür überlassen blieb.[61]

Wenn Schiller weiter ausführt, daß die Natur „nun, in unsern sogenannten englischen Gärten, zu einer kindischen Kleinheit herab[sinkt], und [...] sich durch ein übertriebenes Bestreben nach Ungezwungenheit und Mannigfaltigkeit von aller schönen Einfalt entfernt und aller Regel entzogen [hat]“, so erinnern diese Zeilen nicht von ungefähr an Goethes kritische Äußerungen über die Parkveduten von Kraus.[62] Tatsächlich betrifft die nachdrückliche Distanzierung von der pointierten Wirkungsästhetik und die Forderung nach autonomer Form und Eigengesetzlichkeit in der Kunst, der Schiller und Goethe in den späten 1790er Jahren wiederholt Ausdruck verleihen, die landschaftlichen Gärten ebenso wie ihre Darstellung in Texten und Bildern.

5.4. Vauxhall. Der Park als Vergnügungsort

„Wir verzieren unsern besten Teil, nemlich den Garten, so gut wir können“, schrieb Carl August im Sommer 1789 an seine Mutter, die sich auf ihre Reise nach Italien begeben hatte, und er fuhr fort: „ein Vauxhall ist um die Schnecke herum entstanden, und da wird dann das Modejournal verhundertfacht an lebendigen Leibern zur Schau gestellt.“[63] Wenige Tage zuvor war in den *Weimarischen Wöchentlichen Anzeigen* bekanntgegeben worden, daß die landschaftlichen Anlagen des früheren Welschen Gartens künftig von Pfingsten bis Michaelis jeden Sonntagnachmittag „allen Ständen und Klassen“ einen Ort des Flanierens und der Unterhaltung böten, wobei die Stadtmusici aufspielten und Konditoren und ein Schankwirt für Erfrischungen sorgten.[64] Vom Herzog sei, so die Annonce des Wirts August Christian Wilhelm Schwarz,

> die gnädigste Erlaubniß ertheilt worden, diesen Sommer hindurch das Hochgeehrte Publicum auf den Promenaden in hies. Fürstl. Parcke mit Erfrischungen zu bedienen [...] von nächstkommenden Sonntage, den 14. dieses, an, bey gutem Wetter, Nachmittags in meiner Limonaden-Bude im sogenannten Welschen Garten unter der Schnecke, gewöhnlich antreffen, und ich da ein Hochzuehrendes Publicum mit allen gewöhnlichen Erfrischungen, als Limonade, Coffee, Thee, Schoccolade, Punsch, Bischoff, Selter-Waßer, kalter Milch, Gefrornen, auch kalten Speisen und Spieltischen, in bester Qualität, und um die billigsten Preiße auf das prompteste bedienen werde.[65]

---

61 Schiller, *Werke*, Bd. 22, S. 285–292, hier S. 285.

62 Ebd., S. 286. Vgl. auch Trotha 1999a, S. 195.

63 Carl August an Anna Amalia, Weimar 27. Juni 1789; *Briefwechsel Carl August – Anna Amalia*, S. 91.

64 Zitat nach Biedrzynski 1992, S. 119; Busch-Salmen u. a. 1998, S. 49; Huschke 1951, S. 92f.

65 *Weimarische Wöchentliche Anzeigen*, Nr. 46, 10. Juni 1789.

Die von Kraus 1794 geschaffene Ansicht gibt diesen Parkteil während eines Vauxhalls wieder: Auf der „Schnecke" sind deutlich mehrere Musiker auszumachen, während vor dem Steinschen Haus Menschen im Freien bewirtet werden und andere über die geschlängelten Wege flanieren (Abb. 70).

Der Begriff Vauxhall entstammt den Londoner *Vauxhall Gardens* am rechten Themseufer, die 1732 eröffnet worden waren und einem großstädtischen Publikum einen überaus beliebten Vergnügungsort boten. Prominente Musiker und Komponisten gaben dort ihre Werke zum besten, unter ihnen Georg Friedrich Händel (1685–1759), dem man noch zu seinen Lebzeiten in einer der Nischen des Parks ein Denkmal setzte. Die Gärten und Pavillons boten gleichsam eine Bühne zum Flanieren und Verweilen, die dieser Art des sozialen Lebens durchaus eine theatralische Dimension verlieh.[66] Daß die *Vauxhall Gardens* an zahlreichen Orten außerhalb Englands nachgeahmt wurden, hängt indessen mit politischen und gesellschaftlichen Tendenzen zusammen, die ihren Widerhall auch in der Gartentheorie fanden.

Im vierten und fünften Band seiner *Theorie der Gartenkunst* setzte Hirschfeld neue thematische Schwerpunkte. Nach den gartenhistorischen und -theoretischen Erörterungen der ersten drei Bände wird der Garten nun stärker in gesellschaftsbezogenem Kontext betrachtet. Die Überlegungen betreffen beispielsweise standesgemäße Gärten im Abschnitt „Gärten nach dem verschiedenen Charakter ihrer Besitzer", und im Kapitel „Dörfer" wird die Situation der Landbevölkerung aufgegriffen.[67] Den Möglichkeiten eines Gartens für das gemeine Volk widmet sich Hirschfeld im Kapitel über die „Volksgärten". Über die wachsende Öffentlichkeit in den herzoglichen Parkanlagen hinaus sollte dem Volk ein Garten gestiftet werden, in dem die verschiedenen Stände im gemeinsamen Erleben der Natur miteinander versöhnt werden:

> Bewegung, Genuß der freyen Luft, Erholung von Geschäften, gesellige Unterhaltung ist die Bestimmung solcher Oerter, und nach dieser Bestimmung muß ihre Einrichtung und Bepflanzung abgemessen seyn. Diese Volksgärten sind [...] als ein wichtiges Bedürfniß des Stadtbewohners zu betrachten. Denn sie erquicken ihn nicht allein nach der Mühe des Tages mit anmuthigen Bildern und Empfindungen; sie ziehen ihn auch, indem sie ihn auf die Schauplätze der Natur locken, unmerklich von den unedlen und kostbaren Arten der städtischen Zeitverkürzungen ab, und gewöhnen ihn allmälig an das wohlfeile Vergnügen, an die sanftere Geselligkeit, an ein gesprächiges und umgängliches Wesen. Die verschiedenen Stände gewinnen, indem sie sich hier mehr einander nähern, auf der einen Seite an anständiger Sittsamkeit und scheuloser Bescheidenheit, und auf der andern an herablassender Freundlichkeit und mittheilender Gefälligkeit. Alle gelangen hier ungehindert zu ihrem Rechte, sich an der Natur zu freuen.[68]

66 Vgl. Hunt 1992, S. 49–73.

67 Hirschfeld, *Theorie*, Bd. 5, 1785, S. 26ff. u. 159ff. Vgl. Breckwoldt 1995, S. 98.

68 Hirschfeld, *Theorie*, Bd. 5, 1785, S. 68f. Vgl. August Hennings 1797, siehe oben, Kapitel 5.1.3; Rückert 1969 (1800), S. 25. Vgl. auch Buttlar 2001, S. 33.

Die Gärten, deren bisherige Funktion trotz aller öffentlichen Zugänglichkeit eher durch die höfische Geselligkeit geprägt worden war, sollten jetzt der Erholung, also auch der Regeneration vom Arbeitsprozeß dienen. Hirschfelds Ausführungen eignet ein pädagogischer Impetus, der alle gesellschaftlichen Schichten erreichen will und den Garten auch „dem Fremden, dem Siechen, dem Brunnentrinker, dem Mann ohne Geschäfte, dem Geselligen, der einen Freund aufsucht“ zu öffnen empfiehlt. Schließlich sei hier der geeignete Ort, „wo man leicht dem Volk mitten auf den Weg seiner Vergnügungen eine gute Lehre hinstreuen [...] kann.“ Der Idee des Gartens wohnt nun der Charakter einer gesellschaftlichen Instanz inne, in der das ästhetisch gestaltete Umfeld die sittliche Erziehung speziell der unteren Stände unterstützen soll. Von einem alle Stände verbindenden Nationalbewußtsein kündet hingegen der Ausruf „Ein neues und fruchtbares Feld für die patriotische Gartenkunst!“[69] Als Beispiel für einen gelungenen Volksgarten beschreibt Hirschfeld unter anderen den Tiergarten in Berlin, dessen Alleen und Wege auf Veranlassung Friedrichs II. bereits 1740 dem flanierenden Publikum nebst Musik und Erfrischungen geöffnet worden waren.[70] In Düsseldorf ordnete der Kurfürst um 1776 an, daß „zur Lust der Einwohnerschaft aus dem alten Hofgarten [...] ein angenehmer öffentlicher Spaziergang“ geschaffen werde.[71] Die beginnende Französische Revolution trug ebenfalls dazu bei, daß sich Fürsten vermehrt mit Ideen wie der des Volksgartens anfreundeten. Den Englischen Garten in München beispielsweise ließ Kurfürst Carl Theodor auf Anraten seines aufgeklärten Ministers Graf Rumford im Sommer 1789 unter dem Eindruck des Sturms auf die Bastille anlegen. Diesem Pariser Ereignis vom Juli 1789 war Carl August in Weimar mit dem im Juni gleichen Jahres eröffneten Vauxhall gewissermaßen zuvor gekommen.

Schumann läßt am Ende seiner Parkbeschreibung einen Bericht über die Weimarer Sommerbelustigung, wie er das Vauxhall nennt, nicht fehlen:

> Der gewöhnliche Terminus a quo und ad quem dieses Vergnügens, ist der zweyte Pfingstfeyertag und Michaelis. In dieser Zwischenzeit versammelt sich alle Sonntage eine zahlreiche Menge Einwohner der Stadt jedes Standes und Geschlechts, die sich von 4 Uhr des Nachmittags an bis Abends, 10 Uhr in den Haupt- und Neben-Wegen des welschen Gartens in ewiger Bewegung umher treibt, und – während der hiesige Stadtmusikus sich alle Mühe giebt, das Publikum bald durch eine rauschende Simphonie mit Saiteninstrumenten, bald durch ein beliebtes Dreherchen oder Opernlied mit Blasinstrumenten, bald durch ein lärmende Janitscharen-Musik, zu vergnügen sucht – sich mit Kannegießereyen über den französischen Krieg u. dergl. unterhält. Hat man sich müde, hungrig und durstig promenirt: so kostet es nur ein Wort, um sogleich mit einem kleinen Souper bedient zu werden. Die Aufwärter [...] bedienen einem [sic!] auch in den entferntesten Theilen des Parks so unverdrossen, als in dem nächsten. Man findet daher überall kleine Gesellschaften, die entweder soupiren, oder bey einer Bouteille Bunsch, Limonade oder Wein, die Vorübergehenden censiren, und wird dadurch nicht selten bewogen – ein gleiches zu thun.[72]

69 Ebd., S. 69f.
70 Ebd., S. 72.
71 Zitat nach Warnke 1992, S. 92.
72 [Schumann] 1797, S. 50f. Eine Schilderung des Vauxhall auch bei [Oertel] 1800, S. 89.

Sodann beschließt Schumann seinen Rundgang durch den Park und zugleich den fiktiven Freundesbrief: „Sehen Sie, Lieber, darin bestehen die Ergötzlichkeiten des Weimarischen Vauxhalls, der, genau besehen, vor den Gartenbelustigungen aller großen Städte nichts voraus hat, als daß hier das Entre frey ist, dort aber oft sehr theuer bezahlt werden muß."[73] Bis ins Jahr 1797, als Schumanns Schilderung veröffentlicht wurde, fanden die Vauxhalls regelmäßig statt. Ein Brief Carl Augusts vom Mai 1797 belegt, daß der öffentliche Zugang zum Park sich bisweilen negativ auswirkte, und der Herzog des regen Treibens in seinen Anlagen vielleicht ein wenig müde geworden war: Er schrieb an Herder, daß dieser die Schullehrer anweisen möge,

> die jungen Leute in den Klassen zu ermahnen, und dieses oft zu wiederholen, sich in dem Parke und an andern öffentlichen Orten bescheiden und sittsam aufzuführen [...]. Das Zeug ist gewaltig übel gesittet, lärmt, beschmiert, beschädigt und läuft bei jeder Kleinigkeit zusammen.[74]

Im gleichen Jahr wurden die Vauxhalls für einige Zeit ausgesetzt, nach 1800 jedoch erneut zugelassen.[75]

Daß das Sommervergnügen im Welschen Garten nicht nur überaus beliebt war, sondern ebenso wie die Predigten Herders einen gesellschaftlichen Mittelpunkt der Stadt darstellte, belegt eine Äußerung Böttigers aus dem Jahre 1791:

> Heute früh (den 26ten Septembr[is]) predigte Herder in der Schloß- oder Garnisonkirche. Dieß war das erstemal seit länger, als einem Halbjahr, und da es schlechterdings zum guten Tone gehört, Sontags Nachmittags im Vauxhall oder in der Theegeselschaft fragen zu können: Haben Sie Herder gehört? so walfarthete noch vor 9 Uhr die ganze beau monde in diese in der äusersten Vorstadt gelegene Kirche.[76]

Ihr Ende fanden die Vauxhalls 1806 mit dem Einmarsch der Napoleonischen Truppen in Weimar.

---

73 [Schumann] 1797, S. 51.

74 Carl August an Johann Gottfried Herder, Weimar 5. Mai 1797; *Briefwechsel Carl August*, S. 113.

75 ThHStAW: HMA 4330.

76 Böttiger 1998 (1838), S. 25.

6. Die Gartenkunst in der Krise. Klassizistische Ästhetik und Landschaftsgarten (1788–1800)

6.1. Goethes Kunstauffassung nach der Italienreise

Die ausgedehnte Italienreise, von der Goethe im Juni 1788 nach fast zweijähriger Abwesenheit ins weimarische Ilmtal zurückkehrte, stellt in der Lebensgeschichte des Dichters eine deutliche Zäsur dar, die auch für sein Verhältnis zur Gartenkunst von entscheidender Bedeutung war. Als fast 80jähriger resümierte Goethe, daß durch die italienische Reise „der Grund meines ganzen nachherigen Lebens sich befestigt und gestaltet hat".[1] Aus den zahlreichen Briefen, die er aus Italien an die in Weimar zurückgebliebenen Freunde gesandt hatte, ist der allmähliche Gewinn einer sich selbst gewissen Existenz als Dichter ebenso abzulesen wie die Herausbildung einer spezifischen ästhetischen Position. In Italien hatte Goethe die Schönheit und Klarheit der südlichen Landschaft erlebt und die Spuren des Mythos auf sich wirken lassen, und beide verbanden sich ihm mit der einstigen historischen Größe zu einer ideellen Einheit:

> Mir ward bei diesem Umgang das Gefühl, der Begriff, die Anschauung dessen, was man im höchsten Sinne die Gegenwart des klassischen Bodens nennen dürfte. Ich nenne dies die sinnlich-geistige Überzeugung, daß hier das Große war, ist und sein wird.[2]

Zugleich erlebte Goethe die künstlerische Umsetzung des Gesehenen in den Darstellungen der klassischen römischen Ideallandschaft von Carracci, Poussin und Lorrain.[3] Italien wurde ihm zur lebendigen Anschauung des ersehnten Arkadien.[4]

---

1 Johann Wolfgang Goethe an Carl Wilhelm Göttling, Weimar 8. November 1828; WA IV/45, S. 46.

2 Goethe, *Italienische Reise*; MA 15, S. 542. Der Bericht über die Reise nach Italien (September 1786 bis Juni 1787) ist 1816/17 in zwei Bänden als Fortsetzung von *Dichtung und Wahrheit* erschienen; der Abschnitt „Zweiter Römischer Aufenthalt" (Juni 1787 bis April 1788) kam erst 1829 in der *Ausgabe letzter Hand* hinzu. Auch den Titel *Italienische Reise* erhielt das Werk erst mit der Fertigstellung des dritten Teils im Jahre 1829. Nach der Veröffentlichung hat Goethe einen großen Teil der ursprünglichen Reisenotizen und Tagebücher vernichtet, nur wenige Papiere blieben erhalten. Es handelt sich bei der *Italienischen Reise* um ein in hohem Maße idealisiertes Lebenszeugnis, das zugleich programmatischen Charakter trägt: Goethe wollte die Bedeutung der Idee des Klassischen – in Abgrenzung zu den Romantikern – für die Gegenwart sichtbar machen. Da er in der *Italienischen Reise* seine Erkenntnisse häufig mit größerer Prägnanz formulierte, werden hier – der Tatsache späterer Entstehung eingedenk – einige Passagen zur Ergänzung der in Briefen und Tagebuchfragmenten überlieferten Aussagen zitiert.

3 Wenn im zeitgenössischen Kontext Poussin genannt wird, dann ist in den meisten Fällen Gaspard Dughet (1615–1675) gemeint, der in der goethezeitlichen Bewertung seinen ungleich prominenteren Schwager Nicolas Poussin als Landschaftsmaler überflügelte. Vgl. Weidner 1998, S. 99. – Anja Petz gibt eine schlüssige Definition der Ideallandschaft: „Die Ideallandschaft:

Goethes Kunstauffassung wird maßgeblich auf seiner Italienreise geprägt. Natur und Kunst als polare Begriffe kennzeichnen bereits die frühen der in Italien verfaßten Briefe und werden zum Gegenstand einer lang andauernden Reflexion. Die vielfältigen Beobachtungen, welche Goethe den Freunden in Weimar mitteilt, verdeutlichen sein Bestreben, die Beziehung zwischen Kunst und Natur, zwischen künstlerischer Produktion und wissenschaftlicher Erkenntnis, auf eine neue Weise zu erfassen.

> Wie ich die Natur betrachtet, betrachte ich nun die Kunst, ich gewinne, wonach ich solang gestrebt, auch einen vollständigern Begriff von dem höchsten was Menschen gemacht haben, und meine Seele bildet sich auch von dieser Seite mehr aus und sieht in ein freyeres Feld,

schreibt Goethe im Dezember 1786 an Charlotte von Stein.[5] In einem wenig später verfaßten Brief an Herder formuliert er die Gegenstände seiner Betrachtung konkreter:

> Nun ist mir du lieber alter Freund Baukunst und Bildhauerkunst und Mahlerey wie Mineralogie Botanick und Zoologie. Auch hab ich die Künste nun recht gepackt, ich laße sie nun nicht fahren und weis doch gewiß daß ich nach keinem Phantom hasche.[6]

Und im Januar 1788 gibt Goethe dem Herzog einen ausführlicheren Bericht, der bereits im Ton eines Resümees abgefaßt ist:

> Als ich zuerst nach Rom kam, bemerckt ich bald daß ich von Kunst eigentlich gar nichts verstand und daß ich biß dahin nur den allgemeinen Abglanz der Natur in den Kunstwercken, bewundert und genossen hatte, hier that sich eine andre Natur, ein weiteres Feld der Kunst vor mir auf, ja ein Abgrund der Kunst, in den ich mit desto mehr Freude hineinschaute, als ich meinen Blick an die Abgründe der Natur gewöhnt hatte. Ich überließ mich gelassen den sinnlichen Eindrücken, so sah ich Rom, Neapel, Sicilien und kam auf Corpus Domini nach Rom zurück. Die großen Scenen der Natur hatten mein Gemüth ausgeweitet und alle Falten herausgeglättet, von der Würde der Landschafts Mahlerey hatte ich einen Begriff erlangt, ich sah Claude und Poussin mit andern Augen [...].[7]

---

schaft bildet ein in sich geschlossenes Ganzes, in dem die Zufälligkeit des Ausschnitts ebenso aufgehoben ist wie die der Naturformen. Die Bildelemente werden nicht analog einem visuellen Eindruck, sondern auf der Grundlage struktureller Erfordernisse angeordnet; die Komposition zielt auf die rhythmisch-harmonische Durchformung der Bildfläche ab. Kontraste dienen einer spannungsvollen Verflechtung der Einzelphänomene, die ihrerseits innerhalb der durchkomponierten, im Idealfall aber vom Betrachter als lebendig und organisch empfundenen Bilderfindung gleichnishafte Bedeutung annehmen." Anja Petz: Artikel *Gaspard Dughet (Rom 1615–1675 Rom) (zugeschrieben). Gebirgige italienische Landschaft*, in: Schuster 1999, S. 132.

4 Vgl. Maisak 1981, S. 220. Zu Goethes Italienerfahrung vgl. Borchmeyer 1994, S. 125–133; Boyle 1995, S. 473–596; Conrady 1988, Bd. 1, S. 431–459; Einem 1972, S. 50–71; Miller 2002. Siehe auch *Neue Perspektiven. Die Italienreisen Goethes, Herders und Anna Amalias*, in: *Ereignis Weimar* 2007, S. 145–165.

5 Johann Wolfgang Goethe an Charlotte von Stein, Rom 20.–23. Dezember 1786; WA IV/8, S. 100.

6 Johann Wolfgang Goethe an Johann Gottfried Herder, Rom 29./30. Dezember 1786; WA IV/8, S. 110.

7 Johann Wolfgang Goethe an Carl August, Rom 25. Januar 1788; WA IV/8, S. 328.

Aus der zunächst nicht selten irritierenden Anschauung, der sinnlichen Erfahrung von Kunst und Natur entwickelte sich Goethes ästhetische Auffassung, in deren Zentrum die spannungsreiche Einheit beider Bereiche steht. Goethe war bestrebt, die Spontaneität des Augenblicks in den objektiven Ausdruck abzuleiten, „mit anderen Augen zu sehen“ und „Begriffe zu erlangen“, um die Grenzen zwischen Natur und Kunst sowie ihre jeweiligen Besonderheiten immer klarer zu definieren. Zum kunsttheoretischen Ertrag der Italienreise gehörte die Überzeugung, daß der Künstler nicht die Natur subjektiv überbieten, sondern selbst wie die Natur, das heißt nach den gleichen objektiven Gesetzen, schaffen solle. Die Verwirklichung dieses Ideals erkannte Goethe in der Kunst der Griechen: „Diese hohen Kunstwerke sind zugleich als die höchsten Naturwerke von Menschen nach wahren und natürlichen Gesetzen hervorgebracht worden. Alles Willkürliche, Eingebildete fällt zusammen, da ist die Notwendigkeit, da ist Gott.“[8]

Die Abkehr vom „Willkürliche[n], Eingebildete[n]“ kennzeichnet den endgültigen Abschied Goethes von den empfindsamen Spuren, die sein früheres Werk durchzogen hatten. Den Kern seiner nachitalienischen Ästhetik bildet die Auffassung von der Kunst als einer gesteigerten, höheren bzw. zweiten, oder, wie es im Brief an Carl August heißt, einer anderen Natur: „Denn es legt sich nun auseinander und die Kunst wird mir wie eine zweite Natur, die gleich der Minerva aus dem Haupte Jupiters, so aus dem Haupte der größten Menschen geboren worden.“[9] Goethe sieht bei der Entstehung von Kunst dieselben Bildungsprinzipien wirken, wie sie sich ihm auch in den Metamorphosen der werdenden Natur und der Höherentwicklung des Menschen zeigen. Sein Kunstbegriff beruht folglich nicht auf der Nachahmung und Selektion der *natura naturata*, sondern fordert ein der *natura naturans* analoges Schaffensprinzip.

Zurück in Weimar verfaßte Goethe die programmatische Abhandlung *Einfache Nachahmung der Natur, Manier, Stil*, die er im Februar 1789 im *Teutschen Merkur* veröffentlichte. Der Text gibt die Essenz der italienischen Erfahrungen wieder und bildet zugleich den Grundstein der klassizistischen Kunstanschauung des Autors. Er kennzeichnet die Etappen einer Hierarchie, in welcher der Künstler unterschiedliche Grade der Durchdringung des „Wesen[s] der Dinge“ erreicht.[10] Die Nachahmung der Natur, seit Aristoteles als Grundprinzip der Kunst geltend, wird in eine „einfache“ und höchste Form unterteilt: Erstere begnügt sich mit der mimetischen Darstellung äußerer Erscheinungsformen, wohingegen letztere „auf den tiefsten Grundfesten der Erkenntnis“ oder der Natur beruht.[11] Für diese höchste Form der künstlerischen Aneignung der Natur verwendet Goethe nicht mehr den

8 Goethe, *Italienische Reise*; MA 15, S. 478.

9 Goethe, *Italienische Reise*; MA 15, S. 464. Vgl. auch Lichtenstern, Bd. 1, 1990, S. 5.

10 Goethe, *Einfache Nachahmung der Natur, Manier, Stil*; MA 3.2, S. 186–191, hier S. 188. Vgl. hierzu Wolf 2001, S. 263–408.

11 Goethe, *Einfache Nachahmung der Natur, Manier, Stil*; MA 3.2, S. 186–191, hier S. 188. Vgl. auch Peter Sprengel: Kommentar *Johann Wolfgang Goethe. Einfache Nachahmung, Manier, Styl*, in: Pfotenhauer 1995, S. 600–604.

Begriff der „Nachahmung“, sondern den des „Stils“.[12] Die Voraussetzung für die höchste Bewertung des „Stil“-Begriffs in Goethes Abhandlung war von Winckelmann durch dessen Begründung der Kunstgeschichte als „Stil“-Geschichte geschaffen worden. In der Skizze einer Typenlehre entwickelt Goethe nun eine Stufenfolge zugleich genetischen und hierarchischen Charakters, die den Keim zu einer dialektischen Ästhetik birgt: Der Stil wird als Synthese aus „einfacher Nachahmung“ und subjektiver „Manier“ aufgefaßt. Die Kunst bedarf der Nachahmung zur Ausbildung des Geschmacks einerseits und des individuellen Gestaltungswillens andererseits, um in einem dritten Schritt sich selbst zu objektivieren.[13]

In der Zusammenführung der ersten beiden Kategorien stellt Goethe zunächst fest:

> Wir sehen, daß diese Art der Nachahmung am geschicktesten bei Gegenständen angewendet wird, welche in einem großen Ganzen viele kleine subordinierte Gegenstände enthalten. Diese letztere müssen aufgeopfert werden, wenn der allgemeine Ausdruck des großen Gegenstandes erreicht werden soll, wie z. E. bei Landschaften der Fall ist, wo man ganz die Absicht verfehlen würde, wenn man sich ängstlich beim Einzelnen aufhalten, und den Begriff des Ganzen nicht vielmehr fest halten wollte.[14]

Der hier am Beispiel der Landschaftsmalerei geforderten Konzentration auf die intendierte Aussage, das „große Ganze“ des Kunstwerks, um dessentwillen der Künstler auf kleinteiliges Beiwerk und Staffagen verzichten sollte, korrespondiert in der landschaftlichen Gartenkunst die Entwicklung von der emblematischen zur expressiven Gestaltungsweise. Mit seinem Einfluß auf die Lage und Gestalt des Römischen Hauses in den 1790er Jahren läßt Goethe diese Entwicklung im Weimarer Park höchst anschaulich werden. Vor allem aber basieren sowohl die künftigen Äußerungen zur Gartenkunst seiner Zeit als auch seine Sicht auf Architektur und Landschaft im Ilmtal auf der klassizistischen Ästhetik, die er im Aufsatz *Einfache Nachahmung der Natur, Manier, Stil* erstmals formuliert hat.

Nicht zufällig wählt Goethe in seinem Text das Beispiel der Landschaftsmalerei, um der wechselseitigen Durchdringung von Natur und Kunst Ausdruck zu verleihen. Seinem Anspruch, beide Bereiche in ihrer jeweiligen Eigengesetzlichkeit zu erfassen und nach neuen Vermittlungsformen zwischen ihnen zu forschen, bot das malerische Sujet der Landschaft einen geeigneten Zugriff, da er in Italien die Betrachtung der berühmten idealistischen Landschaftsgemälde im eigenen Erleben südlicher Landschaft spiegeln konnte.

---

12 Der Begriff „Stil“ hat seinen Ursprung in der antiken Rhetorik. Im 17. Jahrhundert wurde er auf die bildende Kunst übertragen, und zwar im Zusammenhang der Abwertung des Begriffs „Manier“ (maniera) zu einem Negativbegriff im Sinne der Manieriertheit, der willkürlichen Abweichung vom Natürlichen. In der älteren italienischen Kunstliteratur hatte man mit „Manier“ ursprünglich das einem einzelnen Künstler, seiner Zeit oder Nation eigene Verfahren der künstlerischen Behandlung bezeichnet. Vgl. Sprengel, wie Anm. 11, S. 601f.

13 Vgl. Borsò 1998, S. 13f.

14 Goethe, *Einfache Nachahmung der Natur, Manier, Stil*; MA 3.2, S. 186–191, hier S. 188.

> Ich war mit Hackert in der Galerie Colonna, wo Poussins, Claudes, Salvator Rosas Arbeiten zusammen hängen. [...] Wenn man nun gleich wieder die Natur ansehn und wieder finden und lesen kann, was jene gefunden und mehr oder weniger nachgeahmt haben, das muß die Seele erweitern, reinigen und ihr zuletzt den höchsten anschauenden Begriff von Natur und Kunst geben.[15]

Der Maler Jakob Philipp Hackert (1737–1807), den Goethe im Februar 1787 in Neapel kennengelernt hatte, machte ihn mit den Kompositionsprinzipien der klassischen römischen Ideallandschaft vertraut. In deren Regelkanon fand Goethe einen Weg vorgebildet, Natur und Kunst, Idee und Bild zu einer Synthese zu vereinen. Bei einem Besuch im öffentlichen Garten von Palermo wird diese Sehweise in einem Satz offenkundig, mit dem der Sizilienreisende seine Beobachtungen zusammenfaßt: „Man sah keine Natur mehr, sondern nur Bilder."[16] Das bildhafte Sehen, längst als bestimmende Form der Wahrnehmung im Landschaftsgarten etabliert, wurde von Goethe gleichsam in erweitertem Kontext – in einer Bestandsaufnahme fast wissenschaftlicher Natur – analysiert. Gerade die scharfe Trennung von Kunst und Natur in jeweils autonome Bereiche ermöglicht eine oszillierende Bewegung zwischen beiden. Der Betrachtung eines Landschaftsgemäldes korrespondiert das Wiedererkennen von Bildern und Bildverfahren in der Natur. Zugleich sucht Goethe nach einer neuen Gegenständlichkeit, die auf den Grundsätzen naturwissenschaftlicher Erkenntnis basiert, aber auch über die empirische Erkenntnis hinausgeht.

Der Landschaftsmaler Hackert, von dem Goethe bereits 1783 in Gotha einige Gemälde gesehen hatte, wurde in Italien für ihn zur maßgeblichen künstlerischen Autorität.[17] Hackert lebte seit 1768 in Rom und war 1786 als Hofmaler des Königs Ferdinand IV. nach Neapel berufen worden. Er hatte einen Darstellungsmodus entwickelt, der die klassische römische Ideallandschaft, wie sie seit Lorrain und Poussin tradiert wurde, mit einem empirisch begründeten Naturbild verknüpfte. Seine „Portraitlandschaften", wie Goethe sie nannte, waren der Wirklichkeit bis ins kleinste Detail verpflichtet und beruhten auf topographischen, botanischen und geologischen Kenntnissen. Von diesem empirischen Naturbegriff, der das ausgehende 18. Jahrhundert prägte und die Konzeption einer geognostischen Landschaftsdarstellung zur Folge hatte, war auch Goethe seit den frühen 1780er Jahren beeinflußt worden. In den Gemälden Hackerts, welche die klassische, in sich beruhigte Landschaft der römischen Campagna und des italienischen Südens wiedergeben, erkannte er überdies das Vorbild Claude Lorrains.

Die arkadischen Ideallandschaften des Wahlrömers Lorrain hat Goethe zeit seines Lebens sehr verehrt.[18] Vor allem seit der Italienreise bezeugen persönliche Auf-

15 Goethe, *Italienische Reise*; MA 15, S. 427. Die Galleria Colonna verfügte zur Zeit von Goethes Besuch über die umfangreichste Sammlung an Gemälden Lorrains. Vgl. Weidner 1998, S. 97.

16 Goethe, *Italienische Reise*; MA 15, S. 299.

17 Zu Hackert und Goethe vgl. Busch 1993, S. 334–380; Krönig/Wegner 1997, S. 15–25; Maisak 2001, S. 23; Miller 1994, S. 392f.; Miller 1997; Weidner 1998, S. 95–103, 144ff.

18 Goethes erstes Bekenntnis zu Lorrain findet sich 1772 in den *Frankfurter Gelehrten Anzeigen*, sein letztes im Fragment *Landschaftliche Malerei* von 1829. Vgl. Anja Petz: Artikel *Claude Gel-*

zeichnungen und verschiedene kunsttheoretische Fragmente seine uneingeschränkte Bewunderung, die sich in steter Betrachtung und theoretischer Auseinandersetzung immer wieder erneuerte. „Im Claude Lorrain erklärt sich die Natur für ewig", formulierte Goethe um 1820 in einem Schema zum Aufsatz *Landschaftliche Malerei*.[19] Der exemplarische Wert, den er der Lorrainschen Landschaftsauffassung beimaß, beruht auf dem harmonischen Einklang von Naturwahrheit und Kunstschönem. Lorrain gibt in seinen Gemälden kein getreues Portrait der Landschaft, sondern bringt die innere Gesetzlichkeit der Natur zur Anschauung. Es ist dieses Charakteristikum, das Goethe den berühmten Franzosen schließlich zum „vollkommenen Menschen" stilisieren ließ, der den Gegensatz von Wahrheit und Wirklichkeit künstlerisch umzusetzen gewußt habe:

> Die Bilder haben die höchste Wahrheit, aber keine Spur von Wirklichkeit. Claude Lorrain kannte die reale Welt bis ins kleinste Detail auswendig, und er gebrauchte sie als Mittel, um die Welt seiner schönen Seele auszudrücken. Und das ist eben die wahre Idealität, die sich realer Mittel so zu bedienen weiß, daß das erscheinende Wahre eine Täuschung hervorbringt, als sei es *wirklich*.[20]

Die Meisterschaft des Künstlers geht für Goethe in Italien aus dem unmittelbaren Vergleich von Natur und Bild hervor: Die Fülle der Naturerscheinungen wahrzunehmen, die objektiven Gesetze darin zu erkennen und in einem übergeordneten Ausdruck von Schönheit zu vollenden – an diesem Anspruch mußte sich die Kunst fortan messen lassen.

Goethe sah die italienische Landschaft mit den Augen Lorrains, während er zugleich bei seinem künstlerischen Mentor Hackert den Werkprozeß zur Entstehung eines Landschaftsbildes studierte. An Hackert schätzte Goethe vor allem die emphatische Naturtreue; er erkannte in ihm den *vedutista*, der die Natur mit gleichsam analytischem Blick wiedergab. Der Hackertschen Landschaftsauffassung war Goethe zugleich als Künstler und als Erforscher der Natur verbunden. Hier galt nicht der Maßstab der klassischen Ideallandschaft, sondern das Bemühen, Naturgeschichte im Detail anschaulich werden zu lassen – und damit nicht zuletzt dem Klassischen einen präzisen historischen Ort zu geben.[21] Die dargestellten Einzelheiten, welche in ihrer Summe eine Landschaft ausmachen, umfassen Pflanzen und Bäume mit ihren Laub- und Blattstrukturen, die genau und unverwechselbar dem jeweiligen Charakter der Pflanze entsprechen, aber auch Bodenbeschaffenheit und Gestein, Licht und Farbe. Hackerts Landschaftsbilder bewegen sich zwischen einer topographisch getreuen und einer idealisierten Darstellung und sind schon deshalb

---

lée, gen. Lorrain. Chamagne 1600–1682 Rom. Landschaft mit Tobias und dem Engel (Der Abend), in: Schulze 1994, S. 18ff. Zu Lorrain vgl. auch Clark 1976, S. 122–129; Roethlisberger 1961.

19 Goethe, *[Künstlerische Behandlung landschaftlicher Gegenstände]*; MA 18.2, S. 281f., hier S. 282. Goethe, *Landschaftliche Malerei*; MA 18.2, S. 283–287.

20 Goethe, *Gespräche mit Eckermann*, 10. April 1829; MA 19, S. 321f. Hervorhebung im Original.

21 Vgl. Busch 1993, S. 370.

den kunsttheoretischen Ausführungen Goethes eng verwandt. Dem unmittelbaren Zugriff des Malers auf die Natur entspricht jene Form objektiver Vergegenwärtigung, die Goethe in seinem Aufsatz von 1789 der „einfachen Nachahmung“ der Natur zuweist. Indem Hackert aber das Wesentliche aus der bloßen Vielfalt herausgehoben und in die bildmäßige Komposition eines klassischen Landschaftsgemäldes eingebunden hat, künden seine Werke von einem über die Vedutenmalerei hinausgehenden künstlerischen Anspruch. Sie zeichnen die aufsteigende Bewegung der Goetheschen Abhandlung gewissermaßen vor, wobei die höchste Stufe, der „Stil“-begriff, in Goethes Kunstanschauung unzweifelhaft den Ideallandschaften Lorrains vorbehalten bleibt. „Der Styl“, so Goethe, „wird [...] der höchste Grad, wohin sie [die Kunst, S.M.W.] gelangen kann.“ Er ruhe „auf den tiefsten Grundfesten der Erkenntnis, auf dem Wesen der Dinge, in so fern uns erlaubt ist, es in sichtbaren und greiflichen Gestalten zu erkennen.“[22] Das in Italien sowohl durch die direkte Anschauung als auch im Studium der Malerei eingeprägte Bild der idealen Landschaft wird Goethe auch nach der Rückkehr nach Weimar vor seinem inneren Auge behalten, wie sein neuerliches Wirken im Ilmtal veranschaulichen wird.

Ein weiterer programmatischer Text, in dem Goethe die auf der Italienreise gewonnenen Erkenntnisse verarbeitete, ist *Der Versuch die Metamorphose der Pflanzen zu erklären*, der 1790 in Gotha veröffentlicht wurde.[23] Es handelt sich hierbei um Goethes erste naturwissenschaftliche Publikation. Neben die kunsttheoretische Abhandlung tritt in der Summe der italienischen Erfahrungen das Resultat seiner morphologischen Methode. Aus der Lehre der Metamorphose erwuchs Goethe der Schlüssel zu allen Zeichen der Natur, deren Verständnis nicht zuletzt seine klassizistische Sicht auf den Landschaftsgarten prägen sollte.

Seine um 1785 begonnenen botanischen Studien hatte Goethe in der Vielfalt südlicher Vegetation intensiviert. Kurz nach Beginn der Reise suchte er im September 1786 den botanischen Garten von Padua auf und notierte später:

> Hier in dieser neu mir entgegen tretenden Mannigfaltigkeit wird jener Gedanke immer lebendiger: daß man sich alle Pflanzengestalten vielleicht aus Einer entwickeln könne. Hiedurch würde es allein möglich werden, Geschlechter und Arten wahrhaft zu bestimmen, welches, wie mich dünkt, bisher sehr willkürlich geschieht. Auf diesem Punkte bin ich in meiner botanischen Philosophie stecken geblieben und ich sehe noch nicht, wie ich mich entwirren will.[24]

Goethe greift hier ein Denkmotiv auf, das ihn schon wiederholt beschäftigt hat – die Urpflanze. Obgleich seine Reflexionen darüber nur in Briefen und autobiographischen Äußerungen vorliegen, bilden sie eine wichtige Etappe in seinem wissenschaftlichen Selbstverständnis. In dem bereits erwähnten öffentlichen Garten von

22 Goethe, *Einfache Nachahmung der Natur, Manier, Stil*; MA 3.2, S. 186–191, hier S. 188.

23 MA 3.2, S. 318–366. Vgl. dazu Kahler/Maul 1991; Dorothea Kuhn: Nachwort, in: Johann Wolfgang Goethe: *Die Metamorphose der Pflanzen*, Weimar 1984, S. 122–141; Redslob 1968, S. 16; Schmidt 1998, S. 767f.

24 Goethe, *Italienische Reise*; MA 15, S. 69f. Vgl. auch Goethes *Tagebuch der italienischen Reise für Frau von Stein 1786*; MA 3.1, S. 7–158, hier S. 86ff.

Palermo läßt sich Goethe ein halbes Jahr später erneut über die Suche nach der Urpflanze vernehmen, und ein Jahr nach den Aufzeichnungen aus Padua vermerkt er weitere Fortschritte seiner Forschung:

> Glücklicherweise hab ich auch eine Combination der Kunst mit meiner Vorstellungs Art der Natur gefunden und so werden mir beyde doppelt lieb. Die Botanick übe ich auf Wegen und Stegen. [...] ich werde immer sichrer daß die allgemeine Formel die ich gefunden habe, auf alle Pflanzen anwendbar ist,

teilt er Knebel im Oktober 1787 mit.[25] Wieder führt Goethe die Bereiche der Kunst und Natur in seinen Betrachtungen zusammen. Im Garten von Palermo studiert er einerseits fremdartige Pflanzenformen, während er andererseits die Natur als Bild wahrnimmt, das in seinen Konturen und Farben auf die erlesensten Landschaftsgemälde verweist.

Von der idealistischen Annahme einer sinnlich beobachtbaren Urpflanze geht Goethe nach der Rückkehr aus Italien zur Metamorphosenlehre über, in der er den Gestaltwandel der einjährigen Blütenpflanze vom ersten Blatt bis zur Frucht beschreibt. Das Wesen der Pflanze ist nach seiner Auffassung im Blatt enthalten. Die Erkenntnis grundlegender Gesetze aus der Fülle charakteristischer Einzelformen strebt Goethe sowohl in seinen naturwissenschaftlichen Studien als auch in seinen Kunstschriften an. Das „Wesen der Dinge [...] in sichtbaren und greiflichen Gestalten zu erkennen" formuliert er im Aufsatz *Einfache Nachahmung der Natur, Manier, Stil* als Ziel seiner Bemühungen.[26] Das Beispiel des „Stils" steht symptomatisch für Goethes Erkenntnisstreben, da sich auf dieser höchsten Stufe die Kunst zugleich von der Natur entfernt und ihr grundlegend nahe kommt.

Um Goethes kunsttheoretische Position bezüglich des Landschaftsgartens in den 1790er Jahren genauer herausarbeiten zu können, gilt es seine in Italien gewonnene spezifische Sicht auf Kunst und Natur weiter zu erhellen. Man tut gut daran zu bedenken, daß sich das Begriffspaar „Natur" und „Kunst" – ausgehend von den klassischen Texten Platons und Aristoteles' – spätestens seit dem 16. Jahrhundert nach und nach als Gemeinplatz etabliert hatte.[27] In der Verschränkung wissenschaftlicher wie ästhetischer Prinzipien wurden Natur und Kunst weniger als Antithese denn als gegenseitige Ergänzung begriffen. Seit der zweiten Hälfte des 18. Jahrhunderts entwickelten sie sich hingegen als selbständige wissenschaftliche Bereiche auf getrennten Wegen. Der Garten, seit der Renaissance ein prädestinierter Ort, um das Verhältnis zwischen Natur und Kunst zu analysieren, mußte um 1800 seine Position an die Landschaft und die aufkommenden Naturwissenschaften abgeben. Neben die Natur, die man in erster Linie in der Welt der Flora und Fauna erkannte, wurde die Welt der autonomen Künste gesetzt. Diese Entwicklung bün-

25 Johann Wolfgang Goethe an Karl Ludwig von Knebel, Frascati 3. Oktober 1787; WA IV/8, S. 268.

26 Goethe, *Einfache Nachahmung der Natur, Manier, Stil*; MA 3.2, S. 186–191, hier S. 188. Vgl. hierzu Wolf 2001, S. 263–408.

27 Vgl. Blumenberg 1981, passim; de Jong 1997, S. 248–251; Eusterschulte 1997, S. 31–42.

delt Goethe gleichsam in *einer* Person – überdies vermittelt er ihr in seinen Schriften und seinem vielfältigen Wirken selbst wesentliche Impulse, denen er nicht zuletzt im Weimarer Park Gestalt zu geben wußte.

Für die um 1800 lebhaft geführte Debatte um die Autonomisierung der Kunst spielten die Schriften des Ästhetikers und Romanautors Karl Philipp Moritz (1756–1793) eine maßgebliche Rolle. Das von Moritz formulierte Postulat vom Kunstwerk als dem „in sich selbst Vollendeten" war für die Ästhetik des Klassizismus überaus produktiv.[28] Es steht für einen ontologischen Erkenntnisanspruch des Kunstwerks, welches das große Ganze der Natur zur Erscheinung bringen und zugleich selbst ein in sich vollkommenes Ganzes bilden soll. Dabei wird das Verhältnis zwischen dem Ganzen des Werkes und dem Ganzen der Natur nicht als abbildlich, sondern als symbolisch definiert. Um dieses Verhältnis zu erreichen, muß das Kunstwerk zu seiner höchsten Vollendung gelangen. Doch wird ein Werk nicht dadurch vollendet, daß es alle denkbaren Einzelschönheiten in sich versammelt, sondern indem der Künstler durch Reduktion auf das Wesentliche ein in sich geschlossenes Ganzes formt. Diesem Kunstwerk kann nichts hinzugefügt oder abgezogen werden, ohne die ihm innewohnende Harmonie zu zerstören. Moritz erläutert seine Kunstanschauung in der 1788 erschienenen Abhandlung *Ueber die bildende Nachahmung des Schönen*, in der er den zentralen Begriff der „Nachahmung" schon im Titel durch das Adjektiv des „Bildenden" ergänzt. Er überwindet hier den tradierten Mimesisbegriff, da das „Bildende" für das produktive Prinzip der *natura naturans* steht, das jene ältere Verpflichtung auf die Abschrift der *natura naturata* überwiegt.[29] So bereitete Moritz der ästhetischen Grundauffassung einer autonomen, der Natur gleich produzierenden Kunst den Weg. Radikaler als in dieser Schrift wird das Konzept der Kunstautonomie in kaum einem anderen zeitgenössischen Text vertreten.[30]

---

28 Karl Philipp Moritz: *Über den Begriff des in sich selbst Vollendeten*, 1785. Vgl. dazu Wolf 2001, S. 474–480. Vgl. auch Tausch 2000, Kapitel *Einfache Nachahmung der Natur, Manier, Kunstgeschichte: Zum Begriff des Stils um 1800*, S. 44–81, hier S. 54f. – Zur Ästhetik des Klassizismus: Der Begriff „Klassizismus" ist vom lateinischen „classicus" abgeleitet und wurde erst im 19. Jahrhundert gegenüber dem Begriff „Klassik" formuliert. Er entstand im Zusammenhang der Diskussion über Klassik und Romantik um 1800. „Klassizismus" ist eine ästhetische Position, welche die griechische und römische Antike zur stilistischen Norm erhebt. Im Zentrum stehen die Wiederbelebung der antiken Kunsttheorie und Kunstformen, wobei in diesem Bestreben zugleich die historische Distanz zu den antiken Vorbildern erkennbar bleibt. Vgl. Wilhelm Voßkamp: Artikel *Klassisch/Klassik/Klassizismus*, in: *Ästhetische Grundbegriffe*, Bd. 3, S. 289–305, hier S. 295.

29 Vgl. S. Schneider 2002, S. 116f.; Tausch 2000, S. 57f. Siehe auch Goethes Aufsatz von 1789 *Über die bildende Nachahmung des Schönen von Carl Philipp Moritz. Braunschweig, 1788. in der Schulbuchhandlung.*; MA 3.2, S. 271–274 sowie den Kommentar von Norbert Miller, ebd., S. 557–560.

30 Vgl. Lothar Müller: *„es ähnelte der Vorsehung, denn es deutete auf Zusammenhang"*, in: Schuster/Gille 1999, S. 301–311, hier S. 309.

Goethe hat Moritz in Italien kennengelernt. Beide traten in einen intensiven geistigen Austausch, der Goethes ästhetische Position nachhaltig beeinflusste. Die Idee der autonomen ästhetischen Ganzheit bildete von nun an einen der wesentlichen Grundpfeiler in Goethes Auffassung von Kunst und Natur. Als er in den 1790er Jahren in Weimar zusammen mit Johann Heinrich Meyer (1760–1832) sein umfassendes Konzept eines klassizistischen Stils erläuterte, griff Goethe auf Moritz' Naturbegriff zurück. Die höchste Form der Kunst kann der Künstler demzufolge nur dann hervorbringen, wenn er nicht *die* Natur mimetisch nachahmt, sondern *der* Natur nachahmt – also selbst schöpferisch-bildend wie diese verfährt. Diese Auffassung korrespondiert zugleich mit der von Kant 1790 in seiner *Kritik der Urteilskraft* entwickelten Kunstanschauung. Auch Kant geht von der durch Aristoteles formulierten Analogie von Natur und Kunst aus, um das Prinzip der Nachahmung der Natur sogleich in Frage zu stellen. In der Natur sieht er die produktive Ur-Instanz der Kunst, indem das „Genie", dessen schöpferische Kraft unmittelbar aus der Natur entspringt, der Kunst die Regeln gibt. Kant will diesen Prozeß nicht als Nachahmung, sondern als „Hervorbringung durch Freiheit" verstanden wissen. Genie sei gar „dem Nachahmungsgeiste gänzlich entgegen zu setzen".[31] Kants Ausführungen über Schönheit und die Eigengesetzlichkeit der Kunst förderten Goethes Einsicht, daß sich die lebendige Geschichtlichkeit des Kunstwerks nicht anders zu erkennen gibt als im Organismus seiner Gestalt und damit im Begriff der Vollendung des Kunstwerks in sich selbst.[32] Goethe hat die *Kritik der Urteilskraft* gründlich studiert und wesentliche Einsichten Kants seinem eigenen Denken anverwandelt, wobei er die Kantischen Begriffe aus ihrem theoretischen Kontext löste und sie – nicht ohne schöpferischen Impetus – mit seiner anschauenden Methode der Naturforschung koordinierte.[33] „Wo sonst als – im Kant! In der Kritik der teleologischen Urteilskraft hat er Nahrung für seine Philosophie gefunden", schreibt Christian Gottfried Körner (1756–1831) an seinen Freund Schiller im Oktober 1790 nach einem Besuch Goethes, und er fährt fort: „Doch haben wir nicht bloß philosophiert, wenigstens nicht bloß über Natur. Seine Begriffe von Stil und Klassizität in der Kunst waren mir sehr interessant."[34] Daß die maßgeblichen Themen, mit denen sich Goethe nach der Italienreise auseinandersetzte, nicht nur in seinen eigenen Texten, sondern auch in Äußerungen von Zeitgenossen begegnen, wirft ein Licht auf die Bedeutung der Goetheschen Auffassung von Kunst und Natur für die Entwicklung der Kunsttheorie überhaupt. Auch mit Schiller debattierte Goethe über Kant, worauf dieser in seiner Antwort auf Körners Brief bemerkte: „Interessant

31 Immanuel Kant: *Kritik der Urteilskraft*, 1790, §§ 43, 46, 49. Vgl. Blumenberg 1981, S. 95, Anm. 7.

32 Vgl. Liess 1989, S. 101. Zu Natur und Kunst bei Kant vgl. auch Lepenies 1976, S. 37f.; Pochat 1986, S. 450–458; Tausch 2000, S. 58.

33 Vgl. Shu Ching Ho: *Goethes Entwurf der Kantischen Philosophie*, in: Schnitzler/Schramm 1997, S. 199–244, hier S. 200ff.

34 Christian Gottfried Körner an Friedrich Schiller, Dresden 6. Oktober 1790; *Goethe in Briefen seiner Zeitgenossen*, Bd. 1, S. 423.

ist's, wie er alles in seine eigene Art und Manier kleidet und überraschend zurückgibt, was er las."[35] Die hier herausgebildeten ästhetischen Ansichten werden sich als konstitutiv für die Ende der 1790er Jahre geführte Debatte über den Dilettantismus erweisen und das Urteil des Klassizisten Goethe über die Gartenkunst entscheidend prägen.

In Italien war Goethe auch dem Maler und Kunstgelehrten Johann Heinrich Meyer erstmals begegnet. Meyer stammte aus der Schweiz und war bei Füßli in Zürich ausgebildet worden, ehe er sich zum Studium der Antiken und der Renaissancekunst nach Rom begab, wo er kurz nach dessen Ankunft mit Goethe zusammentraf.[36] „Der Glanz der größten Kunstwerke blendet mich nicht mehr", hält Goethe später in der *Italienischen Reise* fest,

> ich wandle nun im Anschauen, in der wahren unterscheidenden Erkenntnis. Wieviel ich hierin einem stillen, einsam-fleißigen Schweizer, namens Meyer, schuldig bin, kann ich nicht sagen. Er hat mir zuerst die Augen über das Detail, über die Eigenschaften der einzelnen Formen aufgeschlossen, hat mich in das eigentliche *Machen* initiiert.[37]

Meyer, ein scharfsichtiger Beobachter, stand Goethe mit seinen profunden kunsthistorischen Kenntnissen beim Studium der römischen Antikensammlungen zur Seite. Goethe fand in dem Schweizer einen lebenslangen Freund, einen Sinnesverwandten, den er 1791 nach Weimar holte. Hier avancierte Meyer zu seinem einflußreichsten Berater in allen Fragen der bildenden Kunst; in enger Zusammenarbeit suchten er und Goethe eine klassizistische Kunsttheorie und -politik zu etablieren, mit der sie die Kunstpraxis ihrer Zeit direkt im Sinne der antiken Vorbilder zu beeinflussen hofften.

Bei aller klassischen Tendenz bleibt Goethes Kunstbegriff – und das ist wichtig auch für das Thema der Gartenkunst – von der unmittelbaren Naturerfahrung geprägt.[38] Indem er in seinem Forschen nach neuen Vermittlungsformen zwischen Natur und Kunst über die Praxis der „einfachen Nachahmung" hinausgeht und den Weg zu einem autonomen, sich aus der Anschauung selbst erklärenden Kunstwerk weist, nähert sich Goethe den Fragen der modernen Ästhetik. Seine kunsttheoretischen Schriften und Schemata der 1790er Jahre beziehen ihre argumentative Kraft nicht zuletzt aus der Entfaltung von Differenzen und, wie Friedmar Apel formuliert, dem „Gestalten von Widersprüchen, die in der Moderne zunehmend unausweichlich werden".[39] Auch die Gartenkunst muß sich an den neu bestimmten Anforderungen an Kunst und Künstler messen lassen. Sämtliche Äußerungen Goe-

---

35 Friedrich Schiller an Christian Gottfried Körner, Jena 1. November 1790; *Goethe in Briefen seiner Zeitgenossen*, Bd. 1, S. 425.

36 Vgl. Ines Boettcher/Harald Tausch: Stichwort *Meyer, Johann Heinrich (1760–1832). Weimarische Kunstfreunde*, in: *Goethe-Handbuch*, Bd. 4.2, S. 702–706; Conrady 1988, Bd. 2, S. 63ff.; Gombrich 1992, S. 54ff.; Klauß 2001.

37 Goethe, *Italienische Reise*; MA 15, S. 530f. Hervorhebung im Original.

38 Vgl. Busch 1988, S. 147. Siehe auch Apel 1994, S. 573f.

39 Friedmar Apel: *Die Ästhetik des Selbstseins. Goethes Kunstanschauung 1805 bis 1816*, in: FA I/19, S. 727–757, hier S. 757.

thes zu den gartenkünstlerischen Schöpfungen seiner Zeit sind nun von seiner klassizistischen Ästhetik durchdrungen. In der Theorie hält der Landschaftsgarten der kritischen Wertung Goethes kaum mehr stand. Was die landschaftsgärtnerische Praxis betrifft, so begleitet er die Entwicklung des Weimarer Parks nach 1790, wenn er sich diesem Thema überhaupt widmet, zumeist mit unverhohlener Ablehnung. Andererseits hat er seine italienischen Erfahrungen, die im Süden gewonnene Sicht auf Landschaft und Architektur, mit seinem Einfluß auf die Planung des Römischen Hauses in der Weimarer Ilmaue fruchtbar gemacht und damit dem Park erst zu seinem ideellen Höhepunkt verholfen. Jenseits aller kunstpolitischen Absichten, jenseits auch der gartentheoretischen Debatte suchte Goethe die in Italien erlebte ideale Landschaft mit ihren klassischen Bauten im thüringischen Flußtal anschaulich werden zu lassen.

6.2. Bezüge zur Antike. Denkmäler für den Park

6.2.1. Der Ildefonsobrunnen

Die Arbeiten im Weimarer Park konzentrierten sich in den 1790er Jahren auf den oberen Parkbereich zwischen der „Kalten Küche" und der Chaussee nach Belvedere, wo ab 1792 mit dem Bau des Römischen Hauses an der oberen Kante des Ilmhangs überdies die markanteste Architektur des Landschaftsgartens entstand. Nahe des neugestalteten Parkeingangs gegenüber dem Steinschen Haus fand 1796 ein antikisierendes Brunnenbecken Aufstellung, das von einem Nachguß der römischen Ildefonsogruppe gekrönt wurde (Abb. 78).[40] Das Marmororiginal der berühmten Plastik, die zur Zeit ihrer Aufstellung in Weimar mit dem Namen „Castor und Pollux" bezeichnet wurde, stammt aus dem 1. Jahrhundert n. Chr. und war 1621/22 in Rom gefunden worden.[41] Die beiden eng verbundenen Jünglinge wurden, ob als Brüder- oder Freundespaar interpretiert, seither als Sinnbild menschlicher Eintracht und Verständigung wahrgenommen. Lessing hatte die Figuren in seiner Abhandlung *Wie die Alten den Tod gebildet* wegen ihrer „sanften melancholischen Stellung" und der Attribute – Altar und Fackeln in den Händen des einen Jünglings – als die mythischen Brüder Hypnos und Thanatos gedeutet.[42] Von so intensivem Stimmungsgehalt getragen, erfuhr die Gruppe seit der zweiten Hälfte des 18. Jahrhunderts eine starke Rezeption und Verbreitung durch Ab- und Nachgüsse. Die Nachbildung aus Eisenguß für den Weimarer Park bezog Carl August

40 Der Ildefonsobrunnen wurde 1824 an die klassizistische Blendmauer vor dem Hof des Roten Schlosses versetzt.

41 Vgl. Detlev Kreikenbom: Artikel *Ildefonsogruppe – Gruppe des Kastor und des Pollux (Nachguß der Ildefonsogruppe)*, in: Schulze 1994, S. 54ff.

42 Zitat nach Kreikenbom, ebd., S. 54. Zum Todesbild der Aufklärung siehe Anz 1983; Neumann 1980.

aus der Kunstgießerei des Grafen Einsiedel zu Mückenberg bei Lauchhammer in der Lausitz.[43]

Die konkrete Anregung zur Aufstellung der Ildefonsogruppe im Weimarer Park könnte auch diesmal einer der großformatigen Antikenpublikationen aus dem Besitz der herzoglichen Bibliothek entnommen worden sein. Bereits seit 1780 war dort das vierbändige Stichwerk über die Antikensammlung Sir William Hamiltons zu finden, das nach seinem Erscheinen 1767 von Antiquaren, Malern und Kunstliebhabern in ganz Europa als Quelle der Inspiration gefeiert worden war.[44] Auch in Weimar blieb die umfangreiche Publikation, für die Hamilton den Kupferstecher Pierre François d'Hancarville als Illustrator und Herausgeber gewonnen hatte, nicht ohne Resonanz. Goethe hatte die vier Bände des Stichwerks von 1789 bis 1796 aus der herzoglichen Bibliothek entliehen.[45] Der Kupferstich mit den Dioskuren Castor und Pollux findet sich im vierten Band des Werkes (Abb. 79). Die beiden Jünglinge sind hier erkennbar als Zwillinge wiedergegeben. Ihre Darstellung besticht durch elegante Linienführung und feine Zeichnung, welche die Plastizität des Originals noch im Medium der Graphik anschaulich werden lassen.

Im Juni 1797 erschien im *Journal des Luxus und der Moden* unter dem Titel *Antike Brunnenverzierung* ein dem Ildefonsobrunnen gewidmeter Artikel, der durch einen Kupferstich ergänzt wurde (Abb. 80).[46] „Eine wahre Zierde des fürstlichen Parks zu Weimar ist der erst im vorigen Jahre unter einem mahlerischen Laubdache seitwärts beym Eingange des Parks angebrachte Brunnen", teilt der anonyme Autor einleitend mit. Dann werden das sandsteinerne Wasserbecken und das Piedestal mit der Dioskurengruppe beschrieben. „Diese Gruppe", heißt es, „gewöhnlich, aber ohne hinlänglichen Grund, Castor und Pollux genannt, ist ein wahres Meisterstück in der Ausführung." Gemäß der Intention des Herausgebers Bertuch wird in diesem Text die Geschmacksbildung des bürgerlichen Publikums mit der Anleitung zur Nachahmung verknüpft. Sollte dem Liebhaber, der eine solche Plastik für seinen Garten wünscht, der Eisenguß zu kostspielig sein, empfiehlt der Verfasser, das Werk in der „Kunstfabrik unseres Herrn Hofbildhauers Klauer in gebrannter Toreutika, die man auch bronzirt haben kann", anfertigen zu lassen. Der Beitrag schließt mit der Erörterung einiger technischer Details zum Betrieb der Brunnenanlage: Der Wasserkasten sei im Piedestal untergebracht, auf dem Wasser liege eine mit Blei bedeckte Korktafel, durch deren Druck das Wasser über eine kupferne

43 Vgl. A. Schneider 2001, S. 114, Anm. 14.

44 *Collection of Etruscan, Greek and Roman Antiquities from the Cabinet of [...] William Hamilton*, T. I–IV, Naples 1766/67. Auf dem Ledereinband des Exemplars der HAAB befindet sich eine in Gold geprägte Dedikation an Anna Amalia mit dem Datum 11. Mai 1780. Vgl. auch Lea Ritter-Santini: *„Auf dunklen Grund gezogen." Das Gedächtnis der Bilder*, in: Mildenberger 1999, S. 41–73, hier S. 45.

45 Siehe Keudell 1931, S. 4, Nr. 16.

46 *Journal des Luxus und der Moden*, 12.1797, H. 6, S. 321f. Diese Beschreibung wurde übernommen in: [Klebe] 1800, S. 141f. Den vollständigen Artikel des *Journals* siehe im Anhang: Ausgewählte Quellen.

Zunge hervorgetrieben werde. „Es versteht sich von selbst", schließt der Verfasser, „daß diese gefällige Brunnenform auch in Höfen, auf öffentlichen Plätzen und überall, wo sie geschickt angelehnt wird, mit gutem Erfolg nachgebildet werden kann." Während der zehn Jahre, in denen der Herausgeber Bertuch zugleich die Funktion des Parkoberverwalters beim Herzog innehatte, war der Park im *Journal* nicht thematisiert worden. Nun, ein Jahr nach Bertuchs Ausscheiden aus dem höfischen Amt, diente ein Denkmal des herzoglichen Parks der Vermittlung gartenkünstlerischer Ideen an die bürgerlichen Leser der Zeitschrift. Die antike Figurengruppe sollte durch eine *translatio domestica* auf dem neuen Terrain der bürgerlichen Kultur eine Heimstatt finden und zur ästhetischen Bildung ihres Publikums beitragen. Bertuch verband auch hier die Kunst mit dem Geschäft und strebte eine weite Verbreitung der Plastik in zahlreichen Kopien aus Eisen oder gebranntem Ton an.

Auch Johann Gottfried Grohmann nahm den Brunnen mit der Ildefonsogruppe 1800 in sein *Ideenmagazin für Liebhaber von Gärten* auf, wo der betreffende Kupferstich von einem kurzen Kommentar begleitet wurde: „Der Born des Kastor und Pollux, aus dem Weimarischen Park entlehnt. Das Wasser fällt aus dem Fussgestelle der Statüen in ein grosses steinernes, mit Ringen, als könnt' es weggetragen werden, versehenes Becken, das auf drei Stufen steht."[47] Nicht der Brunnen und die Figurengruppe werden in diesen Zeilen beschrieben, sondern der Kupferstich, auf welchem das steinerne Becken und das Piedestal durch die Präzision ihrer Zeichnung hervorstechen.

Die Darstellungen in den um 1800 erschienenen Periodika beziehen sich auf jenes Exemplar der Castor-und-Pollux-Gruppe, das wenige Jahre zuvor im Weimarer Park aufgestellt worden war. Doch fanden etwa zur gleichen Zeit zwei weitere Nachgüsse der antiken Plastik ihren Platz in Weimar: im Treppenaufgang in Goethes Wohnhaus sowie im Festsaal des wiedererrichteten Schlosses. Hier wurden die zwei Jünglinge in den Kontext der privaten Kunstsammlung Goethes bzw. an zentraler Stelle in die höfische Raumausstattung integriert. Goethe hatte die Ildefonsogruppe als ca. Zwanzigjähriger im Mannheimer Antikensaal kennengelernt, wo eine Gipsabformung der berühmten Antike zu sehen war. In seinem Selbstzeugnis *Dichtung und Wahrheit* bekannte er später, ihrer Betrachtung „die seligsten Augenblicke" verdankt zu haben.[48] Immer wieder widmete er dem Bildwerk seine Aufmerksamkeit, bis er schließlich im Jahre 1812 unter Verweis auf den Abguß im eigenen Haus eine genaue archäologische Bestimmung der Gruppe versuchte. Nachdem er Meyer seine diesbezüglichen Gedanken mitgeteilt hatte, fällte der Schweizer ein bis heute gültiges Urteil. Meyer erkannte in der Ildefonsogruppe ein eklektisches Werk, das sich aus Vorbildern verschiedener Zeitstufen – des Polyklet und des Praxiteles – sowie ihrer klassizistischen Stilisierungen zusammensetzt.[49]

---

47 *Ideenmagazin für Liebhaber von Gärten*, Bd. 3, 1800, H. 31, Taf. IV.
48 Zitiert nach Kreikenbom, s. Anm. 41, S. 54.
49 Ebd., S. 56.

Auch Goethe vollzog in den 1790er Jahren eine *translatio domestica* der im Süden geschauten Kunstwerke, wie die Einrichtung seines repräsentativen Wohnhauses, bei der Meyer eine maßgebliche Rolle spielte, bis heute belegt. Die in Italien gewonnenen Erfahrungen konnte er zur gleichen Zeit beim Wiederaufbau des Schlosses fruchtbar machen, zumal ihn der Herzog mit dem Vorsitz der Baukommission betraut hatte.[50] Die Einordnung der Ildefonsogruppe in den Sammlungskontext des Goetheschen Wohnhauses bzw. in das ikonographische Programm des herzoglichen Festsaals beruhte auf der stetig erneuerten Auseinandersetzung mit ihren inhaltlichen und formalen Bezügen. Mit der Aufstellung eines solchen Kunstwerks an einem öffentlichen Ort wie dem Eingang zum Park verlieren sich diese Bezüge nach und nach – das verdeutlichen bereits die Beiträge in den Periodika Bertuchs und Grohmanns. Hier zeichnet sich eine allgemeine Krise der tradierten normativen Bezugssysteme – speziell der Ikonographie – ab, auf die Goethe und Meyer in den folgenden Jahren mit vielfältigen kunstpolitischen Bestrebungen reagierten.[51] Durch die Tendenz zu einer marktwirtschaftlich orientierten Kunstproduktion schwand die Verbindlichkeit überlieferter Bildwelten, ein Vorgang, dem Goethe nicht anders als mit größter Skepsis begegnen konnte.

Zur dreifachen Ausführung der Ildefonsogruppe in den verschiedenen Kontexten hat sich Goethe offenbar nicht geäußert. Doch finden sich in seinen Briefen der 1790er Jahre wiederholt Bemerkungen zum Weimarer Park, dessen Entwicklung er nun an seiner klassizistischen Ästhetik mißt. In einem 1796 verfaßten Brief an den in Rom weilenden Meyer zeigt sich Goethe nicht nur deutlich distanziert, sondern übt scharfe Kritik an den vom Herzog eingeleiteten Parkarbeiten:

> Von unsern Anlagen überhaupt kann ich nichts sagen; alles, was dabey geschieht, ist dem Zufall unterworfen. Ich hatte noch gestern Gelegenheit, mich über die wunderliche und unsichere Art, wie diese Gegenstände behandelt werden, zu verwundern und zu betrüben. Es will kein Mensch die gesetzgebende Gewalt des guten Geschmacks anerkennen [...], so verliert man sich in einer Breite und Weite des Zweifels, läugnet die Regel, weil man sie nicht findet oder nicht einsieht, geht von den Umständen aus, anstatt ihnen zu gebieten, läßt sich vom Material Gesetze vorschreiben, anstatt sie ihm zu geben. Bald will man abstracte Ideen darstellen, und bald bleibt man hinter dem Gemeinsten zurück, was sogar das Handwerk schon möglich macht. Bringt man ungeschickte und widerliche Dinge hervor, so sollen sie sogar als Symbol verehrt werden, man arbeitet bloß nach dunkeln Vorstellungen auf unbestimmte Ideen los, und weil das, was daraus entspringt, niemand befriedigen kann, so nimmt man seine Zuflucht zum Ändern und abermahls zum Ändern, und so kommt alles zum Schwanken, daß man immer von einem Erdbeben geschaukelt zu werden glaubt. Die ewige Lüge von Verbindung der Natur und Kunst macht alle Menschen irre [...].[52]

Goethes Blick auf die gartenkünstlerischen Unternehmungen im Weimarer Ilmtal wird geleitet von seinen kunsttheoretischen Maximen, denen zufolge der Künstler

---

50 Zu Goethes Einfluß auf die Wiedererrichtung des Schlosses siehe ausführlich Kapitel 7.4.

51 Vgl. Boettcher/Tausch, wie Anm. 36, S. 704f. sowie grundlegend Busch 1993.

52 Johann Wolfgang Goethe an Johann Heinrich Meyer, Jena 20. Mai 1796; *Briefwechsel Goethe – Meyer*, Bd. 1, S. 246f.

über sein Material zu gebieten, ihm die Gesetze seines Wirkens vorzuschreiben habe. Goethe beklagt Inkonsequenz, Regellosigkeit und mangelnde Vorstellungskraft bei der Gestaltung der Anlagen. Er spielt hier wohl auf den oberen Parkbereich und speziell auf die Umgebung des kurz vor seiner Fertigstellung stehenden Römischen Hauses an.[53] Goethe wendet sich gegen „die ewige Lüge von Verbindung der Natur und Kunst", um stattdessen die Kunst als „andere" oder „zweite" Natur, das heißt als eine selbständige schöpferische Kraft der Natur gleichzustellen. Seiner vehement vorgetragenen Forderung, Natur und Kunst als autonome Bereiche aufzufassen, die nach ihren jeweils eigenen Gesetzmäßigkeiten zu behandeln sind, konnte die sukzessive, eines grundlegenden Entwurfs ermangelnde Vorgehensweise bei der Gestaltung der Weimarer Anlagen nicht entsprechen.

Ohnehin spielt die Gartenkunst im weiten Kreis der Interessen und Aktivitäten Goethes nurmehr eine untergeordnete Rolle. In den 1790er Jahren wurde der Minister Goethe mit der Oberaufsicht über sämtliche wissenschaftlichen und künstlerischen Institutionen des Landes betraut – eine Kompetenz, die er verstärkt zur Förderung der Naturwissenschaften nutzte: 1794 wirkte er maßgeblich an der Einrichtung des Botanischen Gartens in Jena mit, später kam die Oberaufsicht über die naturwissenschaftlichen Sammlungen des Jenaer herzoglichen Museums dazu, ebenso die Fürsorge für das chemische Laboratorium und das physikalisch-chemische Kabinett.[54] Im Jahre 1797 trat er gemeinsam mit dem Minister Christian Gottlob Voigt (1743–1819) die Oberaufsicht über die herzogliche Bibliothek in Weimar an, zu deren Beständen auch das Münzkabinett und eine Gemäldesammlung gehörten. 1803 wurde Goethe Präsident der *Mineralogischen Gesellschaft*, ab 1804 saß er der *Naturforschenden Gesellschaft* vor. Über seine offiziellen Ämter hinaus setzt er seine eigenen Studien über alle Erscheinungen der ihn umgebenden Natur mit unverminderter Intensität fort. Unter seinen Zeitgenossen pflegt er den Kontakt zu bedeutenden Wissenschaftlern unterschiedlicher Fachrichtungen; ihn beschäftigen Fragen der Gesteins- und Witterungskunde, Fragen zur Morphologie von Pflanze und Tier und die Darstellung seiner Farbenlehre. Die landschaftliche Gartenkunst verortet Goethe nun im Bereich der Liebhaberei und des Dilettantismus, da er in den Gärten – nicht zuletzt bei den Arbeiten im Weimarer Park – einen Umgang mit Natur und Kunst beobachtet, der die jeweiligen Gesetzmäßigkeiten nicht beachtet oder nicht erkennt.

Was die Ildefonsogruppe im Park betrifft, so scheinen der diesbezügliche Artikel im *Journal des Luxus und der Moden*, aber auch der Kupferstich in Grohmanns *Ideenmagazin* Goethes Skepsis recht zu geben. Bei Grohmann sind die Dioskuren nicht nur seitenverkehrt wiedergegeben. Die zwei Knaben in ihren gedrungenen Proportionen haben auch sonst wenig mit den feingliedrigen antiken Jünglingen des Originals bzw. des Abgusses gemein. Beide Zeitschriftenbeiträge widmen dem Brunnen und speziell den technischen Finessen der Wasserzufuhr weit mehr Auf-

53 Zum Römischen Haus und seiner Umgebung siehe ausführlich Kapitel 7.2.

54 Zu Goethes Gründung des Botanischen Gartens in Jena siehe grundlegend Polianski 2004.

merksamkeit als der Castor-und-Pollux-Gruppe. Im Zuge der Vermittlung an den Gartenliebhaber spielen das antike Maß und die Ästhetik des überlieferten Bildwerks, mithin die archäologische Genauigkeit eine untergeordnete Rolle. Der Plastik kommt in diesem Kontext lediglich die Funktion eines dekorativen Elements zu – eine Rezeptionsweise, die mit Goethes Anspruch an die Kunst nicht zu vereinbaren ist und seinen Widerspruch hervorrufen mußte.

6.2.2. Das Euphrosyne-Denkmal

Neben seinem vielfältigen Wirken im Bereich der Naturwissenschaften hatte Goethe im Jahr 1791 die Theaterdirektion übernommen. In den *Tag- und Jahresheften* kommentiert er diesen Schritt rückblickend: „Damit ich aber doch von dichterischer und ästhetischer Seite nicht allzu kurz käme, übernahm ich mit Vergnügen die Leitung des Hoftheaters.“[55] Eine der begabtesten Schauspielerinnen der Weimarer Bühne war die junge Christiane Becker, geb. Neumann (1778–1797), die bereits als Kind ihre ersten Rollen gespielt hatte und sich dann – von Corona Schröter unterrichtet – zur jugendlichen Tragödin entwickelte.[56] Auch Goethe förderte ihr Talent, und sie wuchs in die Darstellungsweise, die er als Spielleiter schuf, hinein. Mit neunzehn Jahren starb Christiane Becker an Tuberkulose. Eine ihrer letzten Rollen war die Euphrosyne in Joseph Weigls Zauberoper *Das Petermännchen*. Goethe, der sie in dieser Rolle zuletzt auf der Bühne gesehen hatte, befand sich auf seiner dritten Reise in die Schweiz, als ihn im Herbst 1797 die Todesnachricht erreichte. „Die Nachricht von ihrem Tode hatte ich lange erwartet, sie überraschte mich in den formlosen Gebirgen“, schrieb er an Böttiger.[57] Und weiter bekennt er:

> Sie war mir in mehr als einem Sinne lieb. Wenn sich manchmal in mir die abgestorbne Lust für's Theater zu arbeiten wieder regte, so hatte ich sie gewiß vor Augen, und meine Mädchen und Frauen bildeten sich nach ihr und ihren Eigenschaften. Es kann größere Talente geben, aber für mich kein anmuthigeres. [...] Liebende haben Thränen und Dichter Rhythmen zur Ehre der Todten, ich wünschte, daß mir etwas zu ihrem Andenken gelänge.

Es gelang ihm, in Form einer Elegie mit dem Titel *Euphrosyne*, deren Anfang er noch in der Schweiz niederschrieb und die mit den folgenden Versen schließt:[58]

> Tiefer liegt die Nacht um mich her; die stürzenden Wasser
> Brausen gewaltiger nun neben dem schlüpfrigen Pfad.
> Unbezwingliche Trauer befällt mich, entkräftender Jammer,
> Und ein moosiger Fels stützet den Sinkenden nur.

55 Goethe, *Tag- und Jahreshefte*; MA 14, S. 18.

56 Vgl. Conrady 1988, Bd. 2, S. 191f.

57 Johann Wolfgang Goethe an Karl August Böttiger, Zürich 25. Oktober 1797; WA IV/12, S. 345.

58 Goethe, *Euphrosyne*; MA 6.1, S. 9–14. Euphrosyne, griechisch, heißt ursprünglich „Frohsinn“; es war der Name einer der drei Charitinnen (Grazien). Die Elegie erschien zuerst im *Musen-Almanach für das Jahr 1799*.

Wehmut reißt durch die Saiten der Brust; die nächtlichen Tränen
Fließen, und über dem Wald kündet der Morgen sich an.

In dem Totengesang für die junge Schauspielerin verbindet sich die Trauer über den Verlust mit dem Erlebnis der erhabenen Natur. Goethe formuliert die Antithese zwischen der gesetzlichen Ordnung der Natur und dem willkürlichen Schicksal, dem Gedanken an das Sterben der Jungen vor den Alten beim gleichzeitigen Anblick der festgegründeten Berge.[59] Die Elegie ist durchwoben von antiken Mythen und Vorstellungen, so wenn der Dichter die Verstorbene zu sich sprechen und eine Erinnerung an sie auch für die Zukunft fordern läßt. „Laß nicht ungerühmt mich zu den Schatten hinabgehn!", bittet Euphrosyne, und: „Aber du, vergesse mich nicht!"

Nicht nur im dichterischen Werk wollte Goethe die Schauspielerin erinnert wissen, sondern auch in einem ihr gewidmeten Denkmal im Park. Er beauftragte Meyer mit dem Entwurf, und mahnte im Frühjahr 1798: „Denken Sie doch auch gelegentlich an das Monument für die Beckern; ich will indessen die Elegie, die ich ihr gelobt habe, auch auszuarbeiten suchen."[60] Die Zeichnung, die Meyer lieferte, zeigt einen Rundaltar mit dem Relief tanzender Horen, zu deren Füßen ein Zodiakus angebracht ist (Abb. 81). Den oberen Abschluß bilden eine komische und eine tragische Maske, denen einige Theaterrequisiten beigegeben sind. Das Denkmal ruht auf einem massiven Sockel, der eine Inschriftentafel trägt. Die Diskussion des Entwurfs zog sich fast ein Jahr lang hin. Schließlich einigten sich Goethe und Meyer darauf, das Denkmal durch vier Theatermasken und eine Urne in Gestalt eines stilisierten Pinienzapfens zu krönen. „Die Zeichnung zum Denkmahl für Madame Becker folgt", schrieb Meyer.

Mißfällt es Ihnen nicht, so seyn Sie so gütig und senden mir solches nächstens wieder, damit ich solches an Cotta abgehen lasse, mit der kleinen Zeichnung für den Gartenkalender, die oben an den Masken und unten am Zodiacus berichtigt worden ist, wie Sie aus der Beschreibung errathen werden.[61]

Tatsächlich erschien das Euphrosyne-Denkmal, in Kupfer gestochen, im *Taschenbuch auf das Jahr 1800 für Natur- und Gartenfreunde* (Abb. 82). Im Frühjahr 1800 fand das vom Gothaer Hofbildhauer Döll verwirklichte Erinnerungsmal Aufstellung am Osthang des Ilmtals, auf dem sogenannten Rosenhügel im Rothäuser Garten (Abb. 83).[62] Der sich nach oben leicht verjüngende Rundaltar ruht auf einem

59 Vgl. Gundolf 1916, S. 446f.

60 Johann Wolfgang Goethe an Johann Heinrich Meyer, Jena 23. März 1798; *Briefwechsel Goethe – Meyer*, Bd. 2, S. 33.

61 Johann Heinrich Meyer an Johann Wolfgang Goethe, 20. Februar 1799; *Briefwechsel Goethe – Meyer*, Bd. 2, S. 72.

62 ThHStAW: B 8599, Bl. 62. Siehe auch Goethe, *Tagebücher*, Bd. II/1, S. 296, 318, 321 u. Bd. II/2, S. 618. Das Denkmal befindet sich heute auf dem Historischen Friedhof, im Geviert mit den Schauspielergräbern des Weimarer Theaters. Die Abbildung zeigt eine Kopie von 1912, die am Ilmhang nördlich von Goethes Garten aufgestellt wurde.

Kubus über doppelstufiger Basis; der Kubus trägt in Versalien die Inschrift EUPHROSYNEN. Die tanzenden Horen waren um Attribute zu den vier Jahreszeiten bereichert worden, als sollten sie Goethes Elegie bildlich umsetzen, wo es heißt: „Jahre folgen auf Jahre, dem Frühlinge reichet der Sommer, / Und dem reichlichen Herbst traulich der Winter die Hand.“[63] Den vier antikisierenden Frauengestalten sind die Masken am oberen Ende des Rundaltars jeweils zugeordnet. Letztere verbindet ein umlaufender Schleier, der zugleich bühnenmäßige Verwandlung und Trauer symbolisiert. Die kompositorische Zuordnung der Figuren und der bekrönende Pinienzapfen bewirken, daß das Monument im Vergleich zu Meyers erstem Entwurf einen strengeren, gleichsam statuarischen Charakter erhält.

Mit dem Euphrosyne-Denkmal hat Goethe zum zweiten Mal ein Monument des Totengedenkens im Park an der Ilm initiiert. Genau zwanzig Jahre zuvor war unter seiner Anleitung die Felsentreppe mit dem sogenannten Nadelöhr geschaffen worden, die an den Freitod der jungen Christiane von Laßberg erinnern sollte. Das 1778 im Geist der Empfindsamkeit angelegte Denkmal am Steilufer der Ilm basiert auf keinem künstlerischen Entwurf, sondern war aus Goethes und des Gärtners Gentzsch spontanem Wirken entstanden – laut eines Briefes an Charlotte von Stein noch unter dem unmittelbaren Eindruck der Todesnachricht.[64] Die Treppe und das sie überwölbende Felsentor fügen sich aus vorgefundenen Naturformen, deren Ästhetisierung für den frühen Landschaftsgarten charakteristisch ist. Natur wird ins Medium der Kunst überführt; beide Bereiche verbinden sich zu einem gartenkünstlerischen Monument.

Zwei Jahrzehnte später lag dem Erinnerungsmal für die verstorbene Christiane Becker eine klare Konzeption zugrunde, die den klassizistischen Kunstmaximen Goethes und Meyers entspricht. Mit den Tierkreiszeichen, mythologischen Figuren und Theatermasken wird die individuelle Trauer auf die Ebene des Übergeschichtlichen und Allgemein-Menschlichen übertragen. Während das nahe der Todesstelle errichtete Felsentor von 1778 die lokalen Eindrücke des Geschehens direkt aufnimmt, wurde im Fall der Euphrosyne das Naturerleben gleichsam in die Elegie „verlegt“ und dort dichterisch überhöht. Die Wahrnehmung der Schweizer Bergwelt, wo Goethe vom Tod der Schauspielerin erfuhr, wird in der Reflexion über Sein und Vergehen poetisch gebrochen; Natur steht hier für Gesetzmäßigkeit, als Gegenpol zum unsicheren Dasein des Menschen. Der naturschwärmerische Goethe der 1770er Jahre „erfand ein seltsam Pläzgen wo das Andencken der armen Cristel verborgen stehn wird“, und empfand, diese „einladende Trauer“ habe „was gefährlich anziehendes wie das Wasser selbst“.[65] Der klassizistische Goethe gedachte der verstorbenen Bühnenkünstlerin, indem er ihre persönliche Beziehung in den Kontext der erhabenen Natur und der antiken Kultur gleichermaßen einband. Zugleich trennte er beide Bereiche voneinander, und gab ihnen im Euphro-

63 Goethe, *Euphrosyne*; MA 6.1, S. 11.

64 Siehe oben, Kapitel 2.4.1.

65 Johann Wolfgang Goethe an Charlotte von Stein, Weimar 19. Januar 1778; WA IV/3, S. 207f.

syne-Denkmal und der gleichnamigen Elegie eine künstlerische Form, die das Persönliche im Überzeitlichen aufhebt.

Während seiner Schweizreise, beim Rheinfall in Schaffhausen, notierte Goethe im September 1797 ins Tagebuch:

> Beym Hinabsteigen nach dem flächern Ufer Gedanken an die neumodische Parksucht. Der Natur nachzuhelfen wenn man schöne Motive hat, ist in jeder Gegend lobenswürdig, aber wie bedenklich es sey gewisse Imaginationen realisiren zu wollen da die größten Phänomene der Natur selbst hinter der Idee zurück bleiben.[66]

Diese kritische Betrachtung umreißt nicht zuletzt die Etappen in Goethes eigenem gartenkünstlerischen Engagement. Hatte er beim Anlegen der Felsentreppe gleichsam der Natur nachgeholfen und aus ihrem Material das erste Denkmal des Weimarer Parks geformt, stand später die Idee, das heißt die Vorstellung vom Kunstwerk, dem eigene Gesetze zugrunde liegen, im Vordergrund. Inzwischen mißbilligte Goethe das Bestreben, die Natur mit menschlichen und subjektiven Vorstellungen auf ihrem eigenen Feld überbieten zu wollen. Im Euphrosyne-Denkmal ist seine Auffassung über die Trennung von Natur und Kunst und die oszillierende Bewegung zwischen beiden anschaulich geworden. Das Monument erfüllt seinen Anspruch an die Kunst, wie er ihn im August 1797 in einem Brief an Schiller formuliert hatte. Demnach sollen deren Gegenstände

> als Repräsentanten von vielen andern dastehen, eine gewisse Totalität in sich schließen, eine gewisse Reihe fordern, ähnliches und fremdes in meinem Geiste aufregen und so von außen wie von innen an eine gewisse Einheit und Allheit Anspruch machen.[67]

Wenige Jahre später, auf dem Höhepunkt seiner kunstpädagogischen Bemühungen, vertrat Goethe eine noch weit rigorosere Ansicht bezüglich der Denkmäler im Landschaftsgarten, wie sein 1804 verfaßter Aufsatz mit dem Titel *Denkmale* verdeutlicht:

> Da man in Deutschland die Neigung hegt, Freunden und besonders Abgeschiedenen Denkmale zu setzen, so habe ich schon lange bedauert, daß ich meine lieben Landsleute nicht auf dem rechten Weg sehe. – Leider haben sich unsere Monumente an die Garten- und Landschaftsliebhaberei angeschlossen und da sehen wir denn abgestumpfte Säulen, Vasen, Altäre, Obelisken und was dergl. bildlose allgemeine Formen sind, die jeder Liebhaber erfinden und jeder Steinhauer ausführen kann. – Das beste Monument des Menschen aber ist der Mensch. Eine gute Büste in Marmor ist mehr wert als alles Architektonische, was man jemanden zu Ehren und Andenken aufstellen kann [...]. – Mehr weiß ich nicht hinzuzufügen, es müßte

66 Goethe, *Tagebücher*, Bd. II/1, S. 188.

67 Johann Wolfgang Goethe an Friedrich Schiller, Frankfurt/M. 16. August 1797; WA IV/12, S. 244. Eine Beschreibung von Schillers Frau in einem Brief an Friederike von Gleichen vom 9. April 1800 zeigt, wie die von Goethe intendierte Absicht aufgenommen wurde: „Heute habe ich der Becker Monument gesehen, das auf einem Hügel steht, mit lauter Büschen umgeben. Es ist nichts, was sie gerade bezeichnen könnte, angebracht. Die Masken am Rand der zugespitzten Säule bezeichnen allein die Schauspielerin. Um die Säule herum stehen die Jahreszeiten, die sich die Hände reichen, im Relief." Zitiert nach: Goethe, *Tagebücher*, Bd. II/2, S. 682 (Kommentar).

> denn die Betrachtung sein, daß ein solches Denkmal überdies noch transportabel bleibt und zur edelsten Zierde der Wohnungen gereicht, anstatt daß alle architektonischen Monumente an den Grund und Boden gefesselt, vom Wetter, vom Mutwillen, vom neuen Besitzer zerstört und so lange sie stehen durch das An- und Einkritzeln der Namen geschändet werden.[68]

Mit diesen Sätzen distanziert sich Goethe auch vom Euphrosyne-Denkmal, wie von Parkmonumenten und der Landschaftsgartenkunst überhaupt. Er verortet die Denkmäler in der Tradition eines antiken Menschenbildes im Sinne Winckelmanns. Wie nebenbei verrät er überdies seine kritische Ansicht über öffentlich zugängliche Gärten und den verbreiteten Unverstand ihrer Besucher vor den Werken der Antike.

Die komische und die tragische Maske, welche Meyer in seine erste Zeichnung zum Euphrosyne-Denkmal eingebracht hatte, wurden schließlich Teil eines anderen Weimarer Monuments: Im Park zu Tiefurt fand 1799 – acht Jahre nach dem Tod des Komponisten – das erste Mozart-Denkmal Deutschlands Aufstellung, das Meyer entworfen und Klauer ausgeführt hat.[69] Von Anna Amalia veranlaßt und *Mozart und den Musen* gewidmet, ist es ebenfalls als Rundaltar gebildet, der von einer Lyra und den beiden Masken nebst ihrer Attribute, dem krummen Hirtenstab für den lachenden Satyr und dem Schwert als Zeichen des tragischen Heroen, gekrönt wird. So finden neben der theoretischen Argumentation Goethes und Meyers in ihrem kunstpolitischen Wirken auch die verschiedenen Denkmalsentwürfe eine praktische Umsetzung in den Weimarer Landschaftsgärten.

6.2.3. Die Pompejanische Bank

Der Bau des Römischen Hauses und die gärtnerische Gestaltung seiner Umgebung führten dazu, daß Mitte der 1790er Jahre der obere Parkbereich zwischen „Kalter Küche“ und Belvederer Allee weiter im Zentrum der gartenkünstlerischen Ambitionen stand.[70] Im Jahre 1794 hatte Carl August im Erdgeschoß des Steinschen Hauses einige Räume als herzoglichen Salon einrichten lassen. Während bei den Weimarischen Vauxhalls ein breites Publikum zum sonntäglichen Vergnügen zusammenkam, traf sich die engere Hofgesellschaft im nahegelegenen Steinschen Haus zu Unterhaltung und Spiel. An der Südseite des Gebäudes wurden steinerne Postamente aufgemauert, auf denen Lorbeerbäume ihren Platz fanden.[71] So wandelte man den zum Haus gehörenden Hof in eine kleine Orangerie um, wodurch auch der dortige Parkeingang eine ästhetische Aufwertung erfuhr. Seit 1796 stand der Ildefonsobrunnen gegenüber des Steinschen Hauses, und im Mai 1799 wurde

---

68 Goethe, *Denkmale*; MA 6.2, S. 182f. Der Text wurde von Eckermann aus Goethes Nachlaß unter dem Titel *Denkmale* veröffentlicht. Ursprünglich war er mit *Gehorsamstes Promemoria* überschrieben.

69 Siehe *Journal des Luxus und der Moden*, 14.1799, H. 11, S. 582–585. Vgl. auch Ahrendt 1993.

70 Vgl. A. Schneider 2001, S. 114f.

71 ThHStAW: B 8566, Bl. 220; B 8571, Bl. 151ff., 163.

am Wegrand nahe des Brunnens eine steinerne Rundbank errichtet, die ebenfalls zu den markanten Parkarchitekturen in diesem Eingangsbereich zählt (Abb. 84).[72] Drei Stufen führen zu der Bank, die einen Halbkreis beschreibt. Ihre massive Rükkenlehne ist mit einem Arabeskenfries verziert, während an den Stirnseiten Löwen-Greifen-Füße als abschließende Wangen angebracht sind (Abb. 85).

Das Vorbild für die Exedra befindet sich in Pompeji, an der Gräberstraße vor den Mauern der Stadt nahe der *Porta Ercolano*. Es handelt sich um ein Grabmal aus der Gruppe der *scholae*, wie sie nur in Pompeji belegt sind.[73] Die Bank aus Tuffstein wurde 1763 freigelegt und anhand der in die Rückenlehne gemeißelten Inschrift als Grab der Priesterin Mammia identifiziert. Deren Familie gehörte in augusteischer Zeit zu den einflußreichsten der Stadt und besaß offenbar gute Beziehungen zum Kaiserhaus. Mammia stand als *sacerdos publica* dem Kult der Venus Pompejana vor und wird überdies als Erbauerin des Tempels für den Genius Augusti genannt, der bald nach 7 v. Chr. erwähnt wird. Aus Dankbarkeit gegenüber ihrer Priesterin stellte die Stadt den Boden für das Grab an prominenter Stelle zur Verfügung. Formal sind die *scholae* an hellenistische Ehrenmonumente angelehnt. Überdies nehmen sie mit den Löwen-Greifen-Füßen ein Element der campanischen Theaterarchitektur auf, wo diese in der Cavea mehrerer Theater als Abschluß der unteren Sitzreihen gefunden wurden. Neben ihrer Bedeutung als Grabdenkmal bot die sich zur Straße hin öffnende Rundbank schon den antiken Passanten einen bequemen Platz zum Verweilen vor den Toren der Stadt. Nach ihrer Freilegung diente sie im ausgehenden 18. Jahrhundert als beliebter Rastplatz auch der modernen Pompeji-Reisenden.

In den 1780er Jahren erreichte die Anziehungskraft Pompejis ihren vorläufigen Höhepunkt. Reisende aus ganz Europa, unter ihnen Goethe und Erdmannsdorff, weilten in den Ruinen der antiken Stadt. Goethe besichtigte die Stätte im März 1787 und war vom Grabmal der Mammia beeindruckt:

> Sonntag waren wir in Pompeji. – [...] Das Stadtthor merkwürdig, mit den Gräbern gleich daran. Das Grab einer Priesterin als Bank im Halbzirkel, mit steinerner Lehne, daran die Inschrift mit großen Buchstaben eingegraben. Über die Lehne hinaus sieht man das Meer und die untergehende Sonne. Ein herrlicher Platz, des schönen Gedankens werth.[74]

Wenige Wochen nach Goethes Rückkehr aus Italien im Juni 1788 begab sich auch die Herzogsmutter Anna Amalia auf eine Reise über die Alpen. Anfang 1789 erreichte sie Neapel, und sie versäumte ebenfalls nicht den Besuch der antiken Stätten in Pompeji. Goethe, in Weimar mit der Aufarbeitung seiner Reiseeindrücke beschäftigt, bat die Herzogin, weiteres Anschauungsmaterial über die süditalienischen Ausgrabungsstätten mitzubringen: „Haben Ew. Durchl. doch ja die Gnade die schönen Wercke die über Pestum, Neapel, Puzzol pp geschrieben sind anzu-

72 ThHStAW: HMA 4320, Bl. 3.
73 Vgl. Kockel 1983, S. 18–22 u. 57ff.
74 Goethe, *Italienische Reise*; MA 15, S. 251.

schaffen (Hamiltons Campi Phlegraei haben wir schon hier)."[75] Indessen ließ sich Anna Amalia am Grabmonument der Mammia von Johann Heinrich Wilhelm Tischbein (1751–1829) portraitieren (Abb. 86). Der gleiche Maler, zwei Jahre zuvor in Rom Goethes Freund und Hausgenosse, hat das berühmteste aller Goethebildnisse, das Ganzfigurenbild *Goethe in der Campagna* geschaffen. Beide Gemälde zeigen die vornehmen Reisenden im Einklang mit der südlichen Landschaft und Fragmenten antiker Bauwerke. Anna Amalia ist aufrecht sitzend und in strengem Profil wiedergegeben, wie es den Linien der hinter ihr aufragenden Architektur entspricht. Das weich fallende Kleid der Herzogin und der breitkrempige Strohhut in ihrer linken Hand scheinen hingegen mit der unregelmäßigen Form des Löwen-Greifen-Fußes zu korrespondieren. Damit die Bank, obgleich nur teilweise ins Bild gebracht, eindeutig als Grab der Venuspriesterin zu identifizieren ist, hat Tischbein die bezeichnende Inschrift *Mammiae P(ublii) f(iliae) sacerdoti publicae locus sepultur(ae) datur decurionum decreto* auf seinem Gemälde stark verkleinert, so daß sie zur Rechten der Herzogin vollständig lesbar ist. Eine flüchtige Skizze Tischbeins zeigt überdies die Exedra mit dem Meer und der Sonne im Hintergrund, wie Goethe sie beschrieben hat (Abb. 87). Tischbein zählte neben Hackert zu den einflußreichsten deutschen Künstlern in Neapel.[76] Seit 1789 stand er der *Accademia di Belle Arti* als Direktor vor. Gemeinsam mit Hackert und Tischbein erlebte Anna Amalia verschiedene Festlichkeiten im Hause William Hamiltons.

Hackert selbst machte die Ruinen von Pompeji erst ab 1792 zum Motiv seiner Bilder.[77] Er schuf einen Zyklus von sechs Ansichten der antiken Stadt, die deren Zustand unmittelbar nach den umfangreichen Ausgrabungen des 18. Jahrhunderts dokumentieren. Eine 1793 entstandene Deckfarbenzeichnung aus dieser Folge gibt die Gräberstraße vor dem Herkulaner Tor wieder, wobei unter den Grabdenkmälern vor allem die beiden halbkreisförmigen Sitzbänke ins Auge fallen (Abb. 88). Das linke Monument ist die Ruhestätte des Aulus Veius, wie aus der Inschriftentafel auf der Lehne im Scheitelpunkt der Bank hervorgeht. Die rechte Bank birgt das Grab der Mammia, das Hackert einschließlich des über die gesamte Länge der Rückenlehne eingemeißelten Schriftzugs präzise wiedergegeben hat. Zwischen den Rundgräbern sind die Mauerreste und Säulen des sogenannten Istacidiergrabes zu erkennen. Hackerts Zeichnungen verraten sein lebendiges Interesse an den antiken Stätten, die er in topographischer Genauigkeit darzustellen sucht. Der Betrachter seiner Zeichnung wird von den vornehmen Reisenden, die auch auf einer der Bänke Platz genommen haben, zur eingehenden Erkundung der Ruinen angeregt.

---

75 Johann Wolfgang Goethe an Anna Amalia, Weimar 6. Februar 1789; WA IV/9, S. 81f.

76 Vgl. Einem 1978, S. 32f.; Wegner 1992, S. 82ff.

77 Vgl. Wegner 1992, S. 68–74. Siehe auch Alexander Rosenbaum: Artikel *Jacob Philipp Hackert (1737–1807). Grabmal der Priesterin Mammia in Pompeji*, in: Schuster/Gille 1999, S. 349; Krönig/Wegner 1997, S. 158.

Die Darstellungen von Tischbein und Hackert waren in Weimar wohlbekannt, als man sich Ende der 1790er Jahre entschloß, gleichsam als Reminiszenz an die Reisen Goethes und Anna Amalias eine Nachbildung der Pompejanischen Bank nahe des Parkeingangs aufzustellen. Den Entwurf lieferte der Baumeister Johann Friedrich Rudolf Steiner im Jahre 1797 (Abb. 89). Er zeichnete die Bank im Grund- und Aufriß und deutete den Kontext des Parks durch die hinter der Bank aufragenden Bäume an. Überdies plazierte er auf der Rückenlehne der Bank eine Reihe kleinerer Gehölze in Töpfen, wie sie auch in der Orangerie am Steinschen Haus zu finden waren. Zur gleichen Zeit wurde am Römischen Haus eine Orangerie angelegt – dem gartenkünstlerischen Engagement verband sich in den 1790er Jahren ein verstärktes Interesse an exotischen Gewächsen, das beim Herzog nicht zuletzt durch Goethes botanische Studien angeregt worden war.[78]

Ein aus Mainz stammender Bildhauer namens Schmidt, der vor allem beim Wiederaufbau des Schlosses tätig war, führte die Rundbank nach Steiners Entwurf 1799 aus.[79] Damit entstand in Weimar die erste Kopie einer pompejanischen *schola*, der zahlreiche weitere Nachbildungen, unter anderem im neuen Pavillon im Schloßpark Charlottenburg, im Park Sanssouci und im Englischen Garten in München folgen sollten.[80] Doch wurde hier zuweilen auch eine Briefstelle Plinius' d. J. rezipiert, in der von einer „Rundbank aus weißem Marmor von einem Weinstock beschattet" die Rede ist.[81] Unter den Grabdenkmälern aus Pompeji bleibt die *schola* der Mammia das einzige Monument, dessen Form im Klassizismus adaptiert wurde.

Im *Journal des Luxus und der Moden* trat Bertuch diesmal selbst als Autor eines Textes über einen *Blumensitz von geschmackvoller Form* in Erscheinung, „wo sich eine kleine Gesellschaft des Morgens zum Frühstück und des Abends zum Thee versammeln, sich hinsetzen, und die Reize der Natur und der freundlichen Gesellschaft genießen kann".[82] Daß die Pompejanische Bank im Weimarer Park die Vorlage für den Bericht lieferte, verrät Bertuch erst in der Mitte des Textes. Wieder zielt seine Beschreibung darauf ab, eine solche halbkreisförmige Rundbank quasi als Gartenmöbel dem bürgerlichen Lebensumfeld anzuempfehlen. Mehr als ihre Provenienz interessiert hier die Funktion der Bank als „Blumensitz", da „die schönsten und prächtigsten Treibhauspflanzen, jede in ihrem Flor" auf der Balustrade

78 Siehe dazu Kapitel 7.1. Zu den Orangerien vgl. A. Schneider 2001, S. 115.

79 ThHStAW: B 8594, Bl. 56. Im Jahre 1825 wurde die Bank um wenige Meter an ihren heutigen Standort versetzt. Angelika Schneider bemerkt dazu, daß „der neue Aufstellungsort [...] dem in Pompeji insofern [gleicht], als es seitdem möglich ist, über die Lehne der Bank hinweg in die Landschaft zu blicken. Liegt ihr dort der Golf von Neapel zu Füßen, ist in Weimar die Aussicht auf das Ilmtal hin ausgerichtet." A. Schneider 2001, S. 115. Vgl. auch Huschke 1951, S. 112.

80 Siehe Kockel 1983, S. 58.

81 „In capite stibadium candido marmore vite protegitur", in: Plinius d. J., *Epistularum libri decem*, V. 6. 36.

82 *Journal des Luxus und der Moden*, 15.1800, H. 4, S. 208f. u. Taf. 12. Der vollständige Artikel ist im Anhang wiedergegeben.

trefflich zur Geltung kämen. Für die Fertigung der benötigten Blumentöpfe verweist Bertuch, eilfertiger Ratgeber und Geschäftsmann zugleich, erneut auf die Klauersche „Kunstbackstein-Fabrik“. Die abermalige *translatio domestica* eines antiken Denkmals bestätigt auch Friedrich Albrecht Klebe, der die Exedra in seiner 1800 erschienenen Parkbeschreibung als „ein Kanapee [...] von Seeberger Stein“ charakterisiert.[83]

Vom Parkeingang mit dem Ildefonsobrunnen und der Pompejanischen Bank führt der Weg durch den oberen Parkbereich zum Römischen Haus. Obgleich der Auftraggeber sämtlicher Anlagen, Carl August, Italien nie besucht hat, und obwohl der Italienreisende Goethe die Parkentwicklung eher kritisch-distanziert betrachtete, ist gerade dem oberen Parkteil ein italienisches Itinerar eingeschrieben, in dem Denkmäler, Architektur und Landschaft einen jeweils eigenen Platz behaupten und sich überdies zu einer ästhetischen Gesamttopographie verbinden.

6.3. Goethe und Meyer. Die *Propyläen*

In seinem Aufsatz *Einfache Nachahmung der Natur, Manier, Stil* erklärt Goethe, vorangegangene Ausführungen resümierend: „Die einfache Nachahmung arbeitet also gleichsam im Vorhofe des Stils.“[84] Mit dieser Wendung scheint Goethe die Titelmetapher des Periodikums vorbereiten zu wollen, das von 1798 bis 1800 zum programmatischen Organ seiner klassizistischen Kunsttheorie wird: die Zeitschrift *Propyläen*. Der Titel geht auf die Toranlage der Akropolis in Athen (437–432 v. Chr.) zurück, durch die man zu den Tempeln und Heiligtümern gelangt. Wie viele seiner Zeitgenossen kannte Goethe die aus perikleischer Zeit stammenden Bauten durch das dreibändige Bildwerk *The Antiquities of Athens* von James Stuart und Nicholas Revett, das 1762–1794 in London erschienen war. Die Beiträge der Zeitschrift erarbeitete Goethe in enger Zusammenarbeit mit Meyer und Schiller, wobei deren Anteile bewußt nicht unterschieden, sondern als das gemeinsame Werk der „Weimarischen Kunstfreunde“ aufgefaßt wurden.[85] Im Frühjahr 1798 apostrophierte Goethe dem Verleger Cotta gegenüber sein Projekt als eine Folge von „Betrachtungen harmonirender Freunde über Natur und Kunst“.[86] Bereits seine Vorarbeiten lassen die Absicht erkennen, in den *Propyläen* auch naturwissenschaftliche Themen als reale Grundlage für die Theorie und Praxis der bildenden Kunst darzulegen.

---

83 [Klebe] 1800, S. 142.

84 Goethe, *Einfache Nachahmung der Natur, Manier, Stil*; MA 3.2, S. 186–191, hier S. 190.

85 Vgl. Boettcher/Tausch, wie Anm. 36, S. 705; Conrady 1988, Bd. 2, S. 205–214; Jörg Paulus: Artikel *Propyläen. Eine periodische Schrift herausgegeben von [Johann Wolfgang von] Goethe [1749–1832]. Tübingen, 1798. In der J.G. Cotta'schen Buchhandlung.*, in: Schuster/Gille 1999, S. 432; Peter Sprengel: Kommentar *Einleitung in die „Propyläen“*, in: Pfotenhauer 1995, S. 609–616; Venuti 1993, passim.

86 Johann Wolfgang Goethe an Johann Friedrich Cotta, Weimar 27. Mai 1798; WA IV/13, S. 162.

Im Oktober 1798 erscheint das erste der insgesamt sechs Hefte umfassenden *Propyläen*, in dessen Einleitung Goethe auf das grundsätzliche Problem des Verhältnisses zwischen Kunst und Natur zurückkommt. Obwohl er von einer tiefen Analogiebeziehung zwischen beiden Bereichen ausgeht, konstatiert er zugleich: „Die Natur ist von der Kunst durch eine ungeheure Kluft getrennt."[87] Nicht durch oberflächliche Nachahmung, sondern nur durch die Erforschung des gesetzlichen Wesens in und hinter den Naturerscheinungen kann die Kunst ihrem Ziel, eine „zweite Natur" zu verkörpern, nahekommen.[88] Das bereits in Goethes Aufsatz *Einfache Nachahmung der Natur, Manier, Stil* formulierte Bestreben, die Kunst in der Objektivität zu verankern, kulminiert in den *Propyläen* zum Leitmotiv seiner klassizistischen Ästhetik. Aufgabe des bildenden Künstlers ist es, die organische Ganzheit, die in einem Gegenstand der Natur zum Ausdruck kommt, neu zu erschaffen. Das Kunstwerk stellt somit ein autonomes Ganzes dar, für das die gleichen grundlegenden Gesetze gelten wie für den nachgeahmten Gegenstand – es ist zu einer „zweiten Natur" geworden, die vollendeter, weil idealer und universaler als die empirische ist.

Erinnert man sich an den Subjektivismus nicht zuletzt in Goethes eigener Sturm-und-Drang-Zeit, so manifestiert sich hier die genau entgegengesetzte Position. Goethes Ausführungen sind zugleich ein Plädoyer gegen Geschmack, Mode und Markt, mithin gegen jede Oberflächlichkeit und die zunehmende Trivialisierung in der Kunst. Viel zu selten geschehe es,

> daß ein Künstler sowohl in die Tiefe der Gegenstände, als in die Tiefe seines eignen Gemüts zu dringen vermag, um in seinen Werken nicht bloß etwas leicht- und oberflächlich wirkendes, sondern, wetteifernd mit der Natur, etwas geistig-organisches hervorzubringen, und seinem Kunstwerk einen solchen Gehalt, eine solche Form zu geben, wodurch es natürlich zugleich und übernatürlich erscheint.[89]

Neben den grundsätzlichen theoretischen Überlegungen behandeln die Herausgeber der *Propyläen* in ihren Beiträgen einzelne Werke der bildenden Kunst. Hier ist vor allem Goethes Abhandlung *Über Laokoon* zu nennen, die im ersten Heft der Zeitschrift erschienen ist und als eines der zentralen Dokumente zur Ästhetik des Weimarer Klassizismus gilt. In dem 1797/98 verfaßten Text wird der Entwurf einer aus sich selbst verständlichen Kunst am bedeutenden Einzelwerk erörtert. Ein vollkommenes Kunstwerk wie die Laokoongruppe zeichnet sich dadurch aus, daß „sinnliche Kunstgesetze" und das „Gesetz der geistigen Schönheit" in ihm Gestalt erlangt haben, worunter Maß, Ordnung, Faßlichkeit, Symmetrie und Proportion zu

---

87 Goethe, *Einleitung in die „Propyläen"*; MA 6.2, S. 9–26, hier S. 13.

88 Der Begriff „zweite Natur", bereits im Zusammenhang der *Italienischen Reise* zitiert, findet sich auch in Goethes Text *Diderots Versuch über die Malerei*, der in zwei Nummern der *Propyläen* (I, 1, 1798 u. II, 1, 1799) erschienen ist. Siehe MA 7, S. 517–565, hier S. 527. Vgl. auch Liess 1989, S. 95; Venuti 1993, S. 71f.

89 Goethe, *Einleitung in die „Propyläen"*; MA 6.2, S. 9–26, hier S. 13.

zählen sind.[90] Die Überzeugung, daß sich ein Kunstwerk mit all seinen Sinnschichten aus der Anschauung erschließen muß, ist nicht zuletzt eine Antwort auf die schwindende Verbindlichkeit tradierter Bildwelten.[91]

Von diesem Anspruch ausgehend läßt sich Goethes bisweilen vehemente Kritik an der Entwicklung des Weimarer Parks deutlicher nachvollziehen. Die dort aufgestellte Ildefonsogruppe beispielsweise mußte er in seiner eigenen Kunstsammlung anders bewerten als im Park, wo ihr nicht nur der Kontext und damit das überlieferte Wissen um die antike Plastik abhanden gekommen ist, sondern auch die spezielle Motivation des Künstlers, den tieferen Sinn des gewählten Gegenstands anschaulich werden zu lassen. Hier setzt die kritische Unterscheidung zwischen Künstler und Dilettant ein: Der Dilettant begünstigt die Tendenz zum Naturalismus, der für Goethe in radikalem Kontrast zur Autonomie des Kunstwerks steht. Der Naturalismus erstrebt zwar die größtmögliche Ähnlichkeit zum Original, beschränkt sich aber auf die Nachahmung seiner äußeren Form, während die inhaltliche Auseinandersetzung vernachlässigt wird.

Der symbolische Titel *Propyläen*, so hatte Goethe in seiner Einleitung zur Zeitschrift formuliert, solle daran erinnern, „daß wir uns so wenig als möglich vom klassischen Boden entfernen".[92] Bertuchs Bemühen um eine Verbreitung gerade der Ildefonsogruppe in der bürgerlichen Lebenswelt konnte er nur mit ambivalenter, wenn nicht skeptischer Haltung begegnen. Mit Blick auf die Stellung der Kunst in der Gesellschaft sorgte er sich zunehmend um eine von Mode und Epigonentum geprägte Kunstpraxis. In den Notizen zu den Schemata *Über den Dilettantismus* führte er für die Entstehung des Dilettantismus eine soziologisch orientierte Erklärung an: „Allgemein verbreitete ich will nicht sagen Hochachtung der Künste aber Vermischung mit der bürgerlichen Existenz und eine Art von Legitimation derselben."[93] Gelangten die bildenden Künste zu großem öffentlichen Ansehen, so fördere dies die tätige Kunstliebhaberei in bürgerlichen Kreisen und somit die Vorgehensweise des Dilettanten. Goethe versucht hier die theoretische Erörterung eines Phänomens, dessen kritische Analyse letztlich für den dilettierenden Kunstliebhaber wenig schmeichelhaft ausfallen sollte.

Die Unterscheidung des Künstlers vom Dilettanten und die Ablehnung des Dilettantismus werden zunehmend prägnanter formuliert. Während in der Einleitung in die *Propyläen* die Andersartigkeit von Kunst und Natur als Grundlage richtigen Kunstschaffens hervorgehoben wird, erreicht die Kritik an der Vermischung der Künste *und* an der Vermischung von Kunst und Natur in den Schemata *Über den Dilettantismus* ihren Höhepunkt. Eine der grundsätzlichen Aussagen Goethes in der *Propyläen*-Einleitung steht somit nicht nur dem ambitionierten Zeitschriftenprojekt

90 Goethe, *Über Laokoon*; MA 4.2, S. 73–88, hier S. 74. Vgl. dazu Dönike 2005, S. 97–109.

91 Zur sinnlichen Anschauung und dem Sich-selbst-aussprechen der Kunst siehe auch den von Meyer und Goethe verfaßten Text *Über die Gegenstände der bildenden Kunst*; MA 6.2, S. 27–68. Vgl. auch Boettcher/Tausch, wie Anm. 36, S. 704f.; Osterkamp 1998.

92 Goethe, *Einleitung in die „Propyläen"*; MA 6.2, S. 9–26, hier S. 9.

93 Goethe, Paralipomena *Über den Dilettantismus*; MA 6.2, S. 1040.

der „Weimarischen Kunstfreunde" voran, sondern leitet auch gleichsam zur Auseinandersetzung mit dem Dilettantismus über: „Der echte, gesetzgebende Künstler strebt nach Kunstwahrheit, der gesetzlose, der einem blinden Trieb folgt, nach Naturwirklichkeit; durch jenen wird die Kunst zum höchsten Gipfel, durch diesen auf ihre niedrigste Stufe gebracht."[94]

Der 1794 einsetzende intensive geistige Austausch mit dem in Jena ansässig gewordenen Schiller brachte nach Goethes eigenem Bekunden „viel Leben in meine oft stockenden Ideen".[95] Der bis zu Schillers Tod im Jahre 1805 dauernde Bund zwischen beiden gründete auf dem Ziel, die Kunst zu erhöhen und zu befördern. Im September 1794 schreibt Schiller an seinen Freund Körner:

> Bei meiner Zurückkunft fand ich einen sehr herzlichen Brief von Goethe, der mir nun endlich mit Vertrauen entgegenkommt. Wir hatten vor sechs Wochen über Kunst und Kunsttheorie ein langes und breites gesprochen und uns die Hauptideen mitgeteilt, zu denen wir auf ganz verschiedenen Wegen gekommen waren. Zwischen diesen Ideen fand sich eine unerwartete Übereinstimmung, die um so interessanter war, weil sie wirklich aus der größten Verschiedenheit der Gesichtspunkte hervorging.[96]

Ihrer gegensätzlichen Denkweisen waren sich Goethe und Schiller bewußt: Hatte Goethe seine kunsttheoretische Auffassung in der Anschauung klassischer Werke der Antike und ihrer Nachfolge gewonnen, so war Schiller eher durch theoretische Überlegung und Reflexion, vor allem durch die Auseinandersetzung mit der Philosophie Kants, zu seiner Position gelangt. Doch stimmten beide im Ergebnis ihrer Studien überein – ein Gleichklang, der hier am Beispiel der landschaftlichen Gartenkunst zu belegen ist.

In seiner Rezension des Cottaschen *Taschenkalenders* von 1795 unterzieht Schiller den neuen Gartenstil einer heftigen Kritik:

> Es ist gar nichts Ungewöhnliches, daß man mit der Ausführung einer Sache anfängt, und mit der Frage: ob sie denn auch wohl möglich sei? endigt. Dies scheint besonders auch mit den so allgemein beliebten *ästhetischen Gärten* der Fall zu sein. Diese Geburten des nördlichen Geschmacks sind von einer so zweideutigen Abkunft und haben bis jetzt einen so unsichern Charakter gezeigt, daß es dem echten Kunstfreunde zu verzeihen ist, wenn er sie kaum einer flüchtigen Aufmerksamkeit würdigte und dem Dilettantism zum Spiele dahin gab.[97]

Schiller beobachtet Regellosigkeit und Willkür statt der geforderten Eigengesetzlichkeit und autonomen Form, weshalb er der Gartenkunst die Relevanz im Zusammenklang der Kunstgattungen abspricht. Gleichwohl widmet er in seinem Text dem englischen Garten zu Hohenheim sehr wohlgesonnene Ausführungen. Die ab 1772 entstandenen englischen Anlagen mit dem sogenannten „Dörfle" dien-

94 Goethe, *Einleitung in die „Propyläen"*; MA 6.2, S. 9–26, hier S. 20.

95 Johann Wolfgang Goethe an Johann Heinrich Meyer, Weimar 22. September 1794; *Briefwechsel Goethe – Meyer*, Bd. 1, S. 137.

96 Friedrich Schiller an Christian Gottfried Körner, Jena 1. September 1794; Schiller, *Werke*, Bd. 27, S. 34. Vgl. Conrady 1988, Bd. 2, S. 89–98.

97 Schiller, *Werke*, Bd. 22, S. 285–292, hier S. 285, Hervorhebung im Original.

ten ihrem Bauherrn, Herzog Karl Eugen von Württemberg (1737–1793), als Kulisse für ein stilisiertes Landleben. Schiller sah darin eine „barocke Komposition“ und zugleich „ein symbolisches Charaktergemälde ihres so merkwürdigen Urhebers [...], der nicht in seinen Gärten allein Wasserwerke von der Natur zu erzwingen wußte, wo sich kaum eine Quelle fand“.[98] Die positive Wertung Schillers ist gelegentlich als versöhnlicher Nekrolog auf den württembergischen Herzog gelesen worden: Im Fall jenes Souveräns, den Schiller in seiner Jugend als repressiven Repräsentanten der französischen Hofkultur kennengelernt hatte, mußte er ein ästhetisches Naturverhältnis, wie es sich in den Hohenheimer Anlagen ausdrückte, als wahren Fortschritt betrachten.[99] Goethe hingegen, der Hohenheim im Spätsommer 1797 auf seiner Reise in die Schweiz besuchte, beurteilte den überreich mit künstlichen Ruinen, antikisierenden Tempeln und ländlichen Hütten ausgestatteten Garten weit kritischer als Schiller. Er erblickte darin „eine merkwürdige Erscheinung“, in der „viele kleine Dinge zusammen leider kein großes“ machten. Weiter konstatierte er im Tagebuch, daß „nichts wissens noch nachahmungswerthes in diesem Garten“ zu finden sei und beklagte stattdessen den Aufenthalt dort als feucht und ungenießbar.[100] Nur wenig moderater formulierte er seine Beobachtungen in einem Brief an Carl August:

> Das mit seinen Seitengebäuden äußerst weitläufige Schloß und der mit unzähligen Ausgeburten einer unruhigen und kleinlichen Phantasie übersäete Garten gewähren, selbst im einzelnen, wenig befriedigendes; nur hier und da findet man etwas, das besser behandelt eine gute Wirkung hervorgebracht haben würde.[101]

Einig waren sich Goethe und Schiller hingegen in der Bewertung des empfindsamen Landschaftsgartens im Seifersdorfer Tal bei Dresden, den die Gräfin Christina von Brühl ab 1781 hatte anlegen lassen. Den Garten kennzeichnete eine außerordentliche Fülle von architektonischen Staffagen, Skulpturen, Sinnbildern und literarischen Anspielungen, die entlang des Flußlaufs der Röder einander abwechselten und von zahlreichen Besuchern aus Nah und Fern gerühmt wurden.[102] Schiller charakterisierte in seiner Rezension von 1795 die empfindsame Gestaltung der Anlagen als „affektiert“, ihren Geschmack hingegen als „barbarisch“.[103] Goethes Ton ist eher spöttisch, als er im Dezember 1795 an Schiller schreibt: „Die Abbildung des Seifersdorfer Unwesens kenn ich, Sie kennen ja wohl auch die Trude, die es bewohnt und die es so ausgeschmückt hat.“[104] Was hier Schillers Kritik und Goethes

98 Ebd., S. 290f.

99 Vgl. Lipp 1987, S. 226–229.

100 Goethe, *Tagebücher*, Bd. II/1, S. 164f.

101 Johann Wolfgang Goethe an Carl August, Tübingen 11. September 1797; WA IV/12, S. 288.

102 Vgl. Kathrin Franz: *Das Seifersdorfer Tal*, in: Günther 1993, S. 133–141. – Wilhelm Gottlieb Becker veröffentlichte eine mit vierzig Kupferstichen ausgestattete, ausführliche Beschreibung des Landschaftsgartens: *Das Seifersdorfer Thal*, Leipzig/Dresden 1792.

103 Schiller, *Werke*, Bd. 22, S. 285–292, hier S. 291.

104 Johann Wolfgang Goethe an Friedrich Schiller, Weimar 26. Dezember 1795; WA IV/10, S. 355.

Spott hervorrief – vom sentimentalen Habitus bis zum ungezügelten Stilpluralismus in der Gartenkunst –, hatte Goethe bereits zwanzig Jahre zuvor in den bissigen Versen seines Stückes über den *Triumph der Empfindsamkeit* dem allgemeinen Gelächter preisgegeben.

6.4. Goethe und Schiller. *Über den Dilettantismus*

In Schillers Rezension zum Cottaschen *Taschenkalender* und Goethes Beiträgen zu den *Propyläen* kündigt sich eine grundlegende Auseinandersetzung mit dem Dilettantismus an, in der die kunsttheoretischen und zeitkritischen Intentionen des Weimarer Klassizismus ihren wohl prägnantesten Ausdruck finden.[105] Der Begriff *dilettante*, abgeleitet vom italienischen *dilettarsi*, sich ergötzen, war in Deutschland um 1770 bekannt geworden.[106] In Italien benutzte man den Ausdruck seit dem 16. Jahrhundert im positiven Sinne für zumeist adlige Komponisten, die nicht darauf angewiesen waren, für ihren Lebensunterhalt zu schreiben. Um 1750 wandelte sich die Bedeutung; unter dem Dilettanten wurde nun ein aktiver Liebhaber in allen Künsten verstanden. Gegen Ende des 18. Jahrhunderts war der Dilettantismus zum verbreiteten Phänomen avanciert, das nicht zuletzt die professionellen Künstler zwang, ihr eigenes Selbstverständnis zu überprüfen und sich von den zahlreichen Dilettanten abzugrenzen.

Im Mai 1799 erarbeiteten Goethe und Schiller während mehrerer gemeinsam in Jena verbrachter Tage eine Reihe von Schemata, in denen sie die Vorzüge und Gefahren des Dilettantismus in verschiedenen Kunstgattungen einander abwägend gegenüberstellten. Die Absicht des Unternehmens erläuterte Goethe in einem Brief an Wilhelm von Humboldt:

> Es ist nun auch eine Abhandlung auf dem Wege, über den Dilettantismus in allen Künsten, versteht sich den praktischen. Es soll darinn dargestellt werden sein Nutzen und Schaden fürs Subject sowohl als für die Kunst und für das Allgemeine der Gesellschaft.[107]

---

105 Vgl. Vaget 1971, S. 213.

106 Vgl. dazu Bitzer 1969, S. 7; Koopmann 1968, S. 181. Siehe auch Berger 2003, der sich speziell dem fürstlichen Dilettantismus, hier am Beispiel Anna Amalias, widmet. Ebd., S. 295–299. Gamper weist darauf hin, daß der Terminus in England durchweg positiv konnotiert war. Die „Amateur Artists" und „Dilettanti" wurden dort als wichtige Instanzen für die Entwicklung englischer Kunst und Architektur im 18. Jahrhundert betrachtet. 1732 ist in London die *Society of Dilettanti* gegründet worden, der einige für die Entstehung des Landschaftsgartens wichtige Persönlichkeiten angehörten. Das Selbstverständnis dieser Gesellschaft hat in vielen englischen Gärten einen prägnanten Ausdruck gefunden, so in Stowe, Stourhead und Rousham. Nicht zuletzt reisten James Stuart und Nicholas Revett im Auftrag der *Society of Dilettanti* 1750–1755 nach Griechenland, um dort maßstabsgerechte Zeichnungen der antiken Bauten anzufertigen. Auch der anglophile Fürst Franz von Anhalt-Dessau berief sich bei den Wörlitzer Anlagen auf die englische Dilettantismus-Tradition. Vgl. Gamper 1998, S. 28, Anm. 64.

107 Johann Wolfgang Goethe an Wilhelm von Humboldt, Jena 26. Mai 1799; WA IV/14, S. 98.

Sein Tagebuch dokumentiert die täglichen Besprechungen mit Schiller über „das Dilettantenwesen“ und läßt so an der Entstehung des Werkes teilhaben.[108] Unter dem Datum des 22. Mai 1799 lautet der Eintrag: „Früh im Garten. Dann zu Schiller. Den Dilettantism. Abends Idee zu einem Feste im Weimarischen Parck.“[109] Über ein Fest im Park lassen die archivalischen Quellen nichts verlauten, doch kam die Idee nicht von ungefähr: An diesem Tag arbeiteten Goethe und Schiller das Dilettantismus-Schema über die Gartenkunst aus.[110] Sämtliche Schemata sollten in Aufsatzform bzw. in die gefällige Form eines Kunstromans gebracht und in den *Propyläen* veröffentlicht werden.[111] Schiller drängte im Juli 1799, das Projekt nicht zu vernachlässigen: „Haben Sie denn über den Dilettantism indeßen nicht weiter nachgedacht? ich sehnte mich nach einer solchen Anregung und würde gerne meine Gedanken dazu beisteuern, wenn ich den activen Zustand des gesammelten Materials vor Augen hätte.“[112] Inzwischen machte sich jedoch bei Goethe und Meyer in Weimar Resignation über den schlechten Absatz der *Propyläen* breit, die trotz einer anfänglich freundlichen Aufnahme wohl gerade wegen ihres hohen Anspruchs scheiterten. Goethe, der das Dilettantismusprojekt im wesentlichen inspiriert und geprägt hat, verzichtete auf eine weitere Ausarbeitung der Schemata. Die Zeitschrift *Propyläen* wurde im November 1800 nach Erscheinen des sechsten Heftes eingestellt.

Die Auseinandersetzung mit dem Dilettantismus steht im Zusammenhang der übergeordneten, die gesamte Kunstanschauung der *Propyläen* beherrschenden Problematik von Subjektivität und Objektivität, Gesetz und Willkür. Den Dilettanten erkannten die Weimarer Klassizisten an seiner meist subjektiven Arbeitsweise, wohingegen der Künstler durch eine „Ausübung der Kunst nach Wissenschaft“ charakterisiert wurde.[113] Dem Dilettanten fehle die Kenntnis der objektiven Gesetze der Kunst, stattdessen lasse er sich von Gefühlen, Moden, Phantasien und schönem Schein leiten. Der Künstler schaffe indessen ein Werk in dem Bewußtsein, daß Kunst eine Form der Erkenntnis der Welt und ihrer Gesetzmäßigkeiten sei. Die Aneignung der Welt und der Blick auf das autonome Ganze der Kunst, das Streben nach Objektivität und „Kunstwahrheit“ entscheiden über die Grenze zwischen Künstler und Dilettant.

Im Gegensatz zu den übrigen Beiträgen der *Propyläen* beschränken sich die Weimarischen Kunstfreunde hier nicht auf Dichtung und bildende Kunst, sondern

108 Goethe, *Tagebücher*, Bd. II/1, S. 295–303, hier S. 301.
109 Ebd., S. 302.
110 Goethe, *Über den Dilettantismus*; MA 6.2, S. 151–176, hier S. 166f.
111 Vgl. Bitzer 1969, S. 27; Vaget 1971, S. 207ff.
112 Friedrich Schiller an Johann Wolfgang Goethe, Jena 15. Juli 1799; Schiller, *Werke*, Bd. 30, S. 72. – Über die einzelnen Etappen der Entstehung und des Scheiterns des Dilettantismusprojekts und die Zusammenarbeit von Goethe und Schiller siehe ausführlich Vaget 1971, S. 183–217.
113 Goethe, Paralipomena *Über den Dilettantismus*; MA 6.2, S. 174–177, hier S. 174. Vgl. auch Wertheim 1990 (1960).

beziehen das gesamte Spektrum zeitgenössischer Kunstpraxis in ihre Analyse ein. Grundlegende Aussagen über die nützlichen und schädlichen Tendenzen des Dilettantismus finden sich vor allem in den umfangreichen Schemata zur Baukunst und nicht zuletzt zur Gartenkunst.[114] In beiden Darstellungen wird die Neigung zur Aufhebung der Grenzen zwischen Baukunst, Gartenkunst, Malerei und Dichtung kritisiert. Der Gartenkunst gestehen die Autoren in der Rubrik „Nutzen“ immerhin zu, daß sie als „erster Eintritt in die Kunst“ dienen kann.[115] Der Dilettant wird hier zu den ersten Schritten im Schaffensprozeß eines Kunstwerks, der „Wahl“ und der „schöne[n] Zusammenstellung“, angeleitet. Sein „Streben nach Form in formlosen Massen“ ermöglicht ihm, „ein Bild aus der Wirklichkeit zu machen“.

Schließlich kann der Gartendilettant „Ideales im Realen“ anschaulich werden lassen. Damit wird der Blick auf die Natur in ihrer idealen Erscheinung gelenkt: Es ist gleichsam ein Modell der Natur, das der bedachtsam angelegte Landschaftsgarten wiederzugeben vermag. Die Gartenkunst verleiht somit naturimmanenten Gesetzen Ausdruck. Die Erkenntnis der „inneren Natur“, das heißt der Naturgesetze, ist nur zu erlangen durch die Betrachtung der „äußeren Natur“, wie sie sich in ihrer offenkundigen Vielfalt, ihrer Unregelmäßigkeit und ihrem immer wiederkehrenden Zyklus von Wachstum und Verfall darstellt.[116] Dieser Gedanke schlägt eine Brücke zu Goethes Auseinandersetzung mit naturwissenschaftlichen Themen. Während der Parkbesucher im Zuge der sensualistischen Wirkungsästhetik in verschiedene Stimmungen versetzt werden sollte, kann er nun als aufmerksamer Beobachter die Gesetze der Natur in ihrer Wirkungsweise erkennen. Dieser wie in einer Versuchsanordnung idealisierten Darstellung von Naturprinzipien entspricht Goethes Begriff vom Stil, welcher sich von der „einfachen Nachahmung der Natur“ dadurch unterscheidet, daß er „auf den tiefsten Grundfesten der Erkenntnis, auf dem Wesen der Dinge“ beruht.[117] Um dem Betrachter das „Ideale im Realen“ vor Augen zu führen, mußte aus Goethes Sicht ein botanischer Garten weitaus besser geeignet sein als ein Landschaftspark. Bereits im *Versuch die Metamorphose der Pflanzen zu erklären* hatte Goethe seine Beobachtungen botanischer Erscheinungsformen gebündelt und den Gestaltwandel in der Natur beschrieben. Mit der von ihm maßgeblich initiierten Gründung des Botanischen Gartens in Jena entstand 1794 ein kunstgerecht gestaltetes Areal, das die Naturgesetzlichkeit anschaulich vorstellte.[118]

Die Vorzüge der zeitgenössischen Gartenkunst für die Allgemeinheit werden im Dilettantismus-Schema in einem lapidaren Satz zusammengefaßt, der die Reihe der nützlichen Aspekte abschließt: „Eine reinliche und vollends schöne Umgebung wirkt immer wohlthätig auf die Gesellschaft.“ Wesentlich ausführlichere und ge-

114 Vgl. Niedermeier 1998; Vaget 1971, S. 162–166.
115 Goethe, *Über den Dilettantismus*; MA 6.2, S. 166.
116 Vgl. Hammerschmidt/Wilke 1990, S. 41.
117 Goethe, *Einfache Nachahmung der Natur, Manier, Stil*; MA 3.2, S. 186–191, hier S. 187.
118 Vgl. die grundlegende Arbeit von Igor J. Polianski über Goethes Gründung des Botanischen Gartens in Jena und die Ästhetisierung der Pflanzenkunde um 1800. Polianski 2004, hier S. 21 u. 264f.

wichtigere Argumente haben Goethe und Schiller in der Rubrik „Schaden“ zu verzeichnen:

> Reales wird als Phantasiewerk behandelt. Die Gartenliebhaberey geht auf etwas endloses hinaus: 1) weil sie in der Idee nicht bestimmt und begrenzt ist 2) weil das Materiale als ewig zufällig sich immer verändert und der Idee ewig entgegenstrebt.

Der Vorwurf der Regellosigkeit wird hier anhand der Stichworte „Idee“ und „Material“ präzisiert – Begriffe, die in der zeitgenössischen Kunsttheorie wiederholt begegnen. In seinen 1793 erschienenen *Philosophischen Grundsätzen über die Nachahmung der landschaftlichen Natur in Gärten* hatte Heydenreich in der Nachfolge Hirschfelds festgestellt:

> Der Gartenkünstler hat unter allen andern Künstlern das Eigene, daß er die vollständigen Materialien zu seinen Kompositionen in der Natur vorfindet, und ihm selbst nichts übrig bleibt, als [...] dieselben nach Ideen auf mancherlei Weise zu verknüpfen.[119]

Heydenreich gibt mit dieser Aussage den noch immer gültigen Konsens der Gartentheorie wieder, demzufolge die Aufgabe des Gartenkünstlers darin besteht, die von der Natur hervorgebrachten Gegenstände so geschickt wie möglich anzuordnen und zu verbinden.

Die Weimarer Klassizisten forderten dagegen vom Künstler, über sein Material zu gebieten, ihm die Gesetze vorzuschreiben, sein schöpferisches Potential uneingeschränkt walten zu lassen, und nicht allein in der bildnerischen Vollendung vorgefundener Formen. Die Natur aber entzieht sich diesem Anspruch. Das Material, das sie dem Gartenkünstler zur Gestaltung an die Hand gibt, also Bäume, Sträucher und Gewässer, ist von diesem nicht vollständig zu beeinflussen, widerstrebt einer endgültigen Formgebung und unterliegt eigenen Gesetzen. Diese Gesetze suchte Goethe in seinen botanischen Studien zu erforschen: Die Gestaltbildung der Pflanze hatte er als Verwandlungsprozeß geschildert, als Lehre vom Beweglichen, Werdenden, Vergehenden. Wegen seiner dauernden Veränderlichkeit taugt das Material des Gartenkünstlers nicht für die Forderungen der Idee. Die Gartenkunst kann dem Begriff des vollendeten Kunstwerks somit nicht entsprechen. „Die Gartenliebhaberey“, so die Kritik Goethes und Schillers, „verewigt die herrschende Unart der Zeit, im ästhetischen unbedingt und gesetzlos seyn zu wollen und willkührlich zu phantasieren, indem sie sich nicht, wie wohl andere Künste corrigieren und in der Zucht halten läßt.“[120]

Ein weiterer Einwand richtet sich gegen die Vermischung der Künste, wobei der Gartenkunst eine negative Schlüsselrolle zukomme, da sie sich „die edlern Künste auf eine unwürdige Art dienen“ lasse und „ein Spielwerk aus ihrer soliden Bestimmung“ mache. Vor allem die Baukunst sehen die Autoren im Garten einem erheblichen Mißbrauch ausgesetzt, wofür diverse Staffagearchitekturen, mithin die „Neigung zu Kartenhaus-Architektur“ namhaft gemacht werden. Gerade die Architek-

---

119 Heydenreich 1793, S. 204ff.

120 Goethe, *Über den Dilettantismus*; MA 6.2, S. 166.

tur fungierte jedoch für Goethe als eine Art Prüfstein des objektiven und gesetzmäßigen künstlerischen Schaffens. Indem die Gartenkunst deren „solide Bestimmung“[121] mißachtet, führt sie selbst den Beweis ihrer Unzulänglichkeit und verkörpert zudem eine Gefahr für die „objektive Kunst“[122].

Der Dilettantismus in einer Gattung, die Goethe zwanzig Jahre zuvor in mannigfaltigen Inszenierungen des Liebhabertheaters selbst mit der Gartenkunst verschwistert hatte, erfuhr jetzt eine ebenso entschiedene Ablehnung wie diese: die Schauspielkunst. „Überall, wo die Kunst selbst noch kein rechtes Regulativ hat, wie in der Poesie, Gartenkunst, Schauspielkunst, richtet der Dilettantism mehr Schaden an und wird anmaßender“, halten die Autoren in den Ergänzungen ihrer Schemata fest.[123] Der zentrale, gleichsam den Kernsatz der klassizistischen Kunsttheorie aufgreifende Vorwurf gegenüber der naturnachahmenden Gartenkunst betrifft schließlich die „Vermischung von Kunst und Natur“.[124] Vor allem in diesem Argument liegt die kritische Beurteilung der Gartenkunst durch Goethe und Schiller begründet. In der Auflistung von positivem und negativem Befund, Schaden und Nutzen des Gartendilettantismus, neigt sich die Waage eindeutig auf der Seite des Schadens.

Der moralische und ästhetische Rigorismus der in sämtlichen Schemata aufgestellten Antithesen ist vor allem auf Schillers Einfluß zurückgeführt worden.[125] Goethe habe dem Dilettantismus aufgrund der eigenen Kunstpraxis im Zeichnen, aber auch aufgrund seiner naturwissenschaftlichen Beschäftigung nachsichtiger begegnen müssen. Tatsächlich gehen die jeweils in der Rubrik „Nutzen“ verzeichneten Stichworte wohl eher auf Goethe und dessen Begründung des Dilettantismus in den natürlichen mimetisch-produktiven Bedürfnissen des Menschen zurück.[126] Während Schiller im Dilettantismus durchweg einen Angriff auf die klassizistische Ästhetik sah, mochte Goethe auf dessen Vorzüge nicht verzichten. Das Problem des Dilettantismus ist aufs engste mit seiner persönlichen und künstlerischen Entwicklung verquickt.

---

121 Ebd.

122 Goethe, Paralipomena *Über den Dilettantismus*; MA 6.2, S. 174–177, hier S. 174.

123 Ebd.

124 Goethe, *Über den Dilettantismus*; MA 6.2, S. 166.

125 Siehe Koopmann 1968, S. 189–194. Schiller hatte den Begriff des Dilettantismus in seiner Rezension *Über den Gartenkalender auf das Jahr 1795* zuerst mit der Gartenkunst in Verbindung gebracht. Siehe oben, Anm. 97. Vgl. Vaget 1971, S. 187.

126 Die Ergänzungen Goethes zu den gemeinsam mit Schiller ausgearbeiteten Schemata klingen versöhnlicher und lassen erkennen, daß er eine um Einsicht bemühte „practische Liebhaberey in den Künsten“ durchaus akzeptierte. Vaget gibt zu bedenken, daß Goethes Haltung hier alles andere als eindeutig gewesen ist, worin man wohl auch den tieferen Grund für das Scheitern des Projekts sehen muß. Paralipomena *Über den Dilettantismus*; MA 6.2, S. 174. Siehe Vaget 1971, S. 190–195, 215. – In den Jahren zwischen 1797 und 1805 hat Goethe fast überhaupt nicht gezeichnet, vermutlich weil er erkannt hatte, daß er dem von den Weimarischen Kunstfreunden konstituierten ästhetischen Ideal in seiner eigenen Kunstpraxis nicht gewachsen war. Vgl. Maisak 2001, S. 14f.

Gleichwohl bleibt Goethes ablehnende Haltung vor allem bezüglich der naturnachahmenden Gartenkunst festzuhalten. Da die in seiner Einleitung zu den *Propyläen* pointiert formulierten Sätze über die Trennung von Kunst und Natur auch für das Schema zur Gartenkunst konstituierend sind, kann dessen Inhalt wesentlich auf Goethe zurückgeführt werden. In einem Brief an Schiller rechnet Goethe in drastischer bildlicher Sprache mit dem Gartendilettantismus ab:

> Denn wie Künstler, Unternehmer, Verkäufer und Käufer und Liebhaber jeder Kunst im Dilettantism ersoffen sind, das sehe ich erst jetzt mit Schrecken, da wir die Sache so sehr durchgedacht und dem Kinde einen Nahmen gegeben haben. [...] Wenn wir dereinst unsere Schleußen ziehen, so wird es die grimmigsten Händel setzen, denn wir überschwemmen geradezu das ganze liebe Thal, worin sich die Pfuscherey so glücklich angesiedelt hat. Da nun der Hauptcharakter des Pfuschers die *Incorrigibilität* ist und besonders die von unserer Zeit mit einem ganz bestialischen Dünkel behaftet sind, so werden sie schreyen, daß man ihnen ihre Anlagen verdirbt, und wenn das Wasser vorüber ist wie Ameisen nach dem Platzregen alles wieder in alten Stand setzen. Doch das kann nichts helfen, das Gericht muß über sie ergehen. Wir wollen unsere Teiche nur recht anschwellen lassen und dann die Dämme auf einmal durchstechen. Es soll eine gewaltige Sündfluth werden.[127]

Hier kommt noch einmal Goethes heftige Distanzierung von der „Pfuscherei" und den Praktiken des sich zügig etablierenden Kunstmarkts zum Ausdruck. Nach seinen deutlichen Einlassungen zur Kunstliebhaberei im Allgemeinen wendet er sich dem Landschaftsgarten im Ilmtal zu. Wenn Goethe jetzt in seinem Brief an Schiller das „liebe Thal" scharf ironisiert, so dürfte er damit auch auf seine eigene frühere Betrachtungsweise rekurrieren: Ende der 1770er Jahre erzählten seine Briefe wiederholt, „in meinem Thal wird's immer schöner", und vom „lieben Gärtgen in einem Thale", das „mit Händen der Liebe" herausgeputzt werde.[128] Die Empfindsamkeit jener Zeit überantwortet er nun ebenso wie die jüngste gartenkünstlerische Entwicklung dem Gericht und der Sintflut – eine so aggressive Sprache und derart unerbittlicher Zorn lassen auf den rigorosen Sinneswandel desjenigen schließen, der selber einst an gleichem Ort den Gartendilettantismus hingebungsvoll ausgeübt hatte.

Anstelle seines früheren gartenkünstlerischen Engagements widmete sich Goethe bekanntlich verschiedenen naturwissenschaftlichen Studien. Um in absoluter Einsamkeit ungestört arbeiten zu können, zog er sich auch im Sommer 1799 für mehrere Wochen in das Gartenhaus im Ilmtal zurück. Seine Tagebuchaufzeichnungen und mehrere Briefe an Schiller legen von seiner Beschäftigung Zeugnis ab: „Früh aufgestanden das letzte Viertel des Mondes zu betrachten", heißt es am 27. August 1799.[129] Mit Hilfe eines Teleskops und einer selenologischen Publikation betrieb er intensive mondkundliche Studien.[130] Über Jahrzehnte hinweg berichtet

127 Johann Wolfgang Goethe an Friedrich Schiller, Weimar 22. Juni 1799; WA IV/14, S. 118f. Hervorhebung im Original.

128 Siehe die Briefe Goethes vom 17. Mai 1776 und 5. August 1778; WA IV/3, S. 64f. u. 237.

129 Goethe, *Tagebücher*, Bd. II/1, S. 312.

130 Siehe Goethe, *Tagebücher*, Bd. II/1, S. 314. Vgl. den Brief an Schiller vom 21. August 1799; WA IV/14, S. 160f. Es handelt sich um ein von Johann Adolf Auch installiertes Teleskop und

Goethe immer wieder von Aufenthalten in seinem Garten am Stern. Dabei sind die Veränderungen in den dort zu beobachtenden Tätigkeiten symptomatisch: Der Mond mit seinem das Ilmtal erhellenden Licht, in der Phase empfindsamer Gartenkunst ein unentbehrlicher Bestandteil in Goethes sentimentalen Naturschilderungen, ist nun zum Gegenstand wissenschaftlicher Aneignung geworden. Der Garten fungiert jetzt als notwendiger Rückzugsort, bietet Stille und Konzentration, aber auch Raum für botanische Versuchsfelder und spezielle Forschungsinstrumente.[131] Was Goethe im Dilettantismus-Schema dem Gartenkünstler abverlangte, nämlich „Ideales im Realen" zu schaffen, um die Gesetze der Natur in ihrer Wirkungsweise zu erfassen und sichtbar zu machen, das versuchte er auf seinem eigenen Weg und in unterschiedlichen Disziplinen – und überführte damit den ästhetischen Diskurs über Natur und Kunst in die wissenschaftliche und künstlerische Praxis.

6.5. Grohmanns Erneuerung der Gartentheorie

Daß Goethe und Schiller den Landschaftsgarten um 1800 nicht für theoriefähig befanden, manifestiert sich spätestens im Dilettantismus-Schema über die Gartenkunst. Die von den Weimarer Klassizisten vorgetragene Kritik stellt indessen kein isoliertes Phänomen dar, obschon die Prägnanz und Schärfe ihrer Auseinandersetzung ihresgleichen sucht. Doch war in den 1790er Jahren die Gartenliteratur generell in eine Krise geraten.[132] Von Hirschfelds umfangreicher Theorie ausgehend war in zahlreichen Aufsätzen und Periodika so lange die Natürlichkeit und Naturnähe der landschaftlichen Gartenkunst propagiert worden, bis kritische Stimmen die Frage aufwarfen, wie sich ein Landschaftspark letztlich von der freien Natur unterscheide. Auch hier war es also der fehlende Kunstcharakter, welcher der naturnachahmenden Gartenkunst zum Vorwurf gemacht wurde. Die Gartenliteratur reagierte auf das Problem in mehreren ausführlichen Abhandlungen, darunter die 1793 veröffentlichten *Philosophische[n] Grundsätze über die Nachahmung der landschaftlichen Natur in Gärten* von Karl Heinrich Heydenreich und die zwischen 1795 und 1797 in Cottas *Taschenkalender* erschienenen *Fragmentarische[n] Beiträge zu ästhetischer Ausbildung des deutschen Gartengeschmacks* des Stuttgarters Gottlob Heinrich Rapp (1761–1832). Beide Autoren entwarfen ihre Gartentheorie in der Auseinandersetzung mit den Methoden Kants, was einem entscheidenden Schritt zu ihrer Verwissenschaftlichung gleichkam.

Vor allem die Ausführungen Heydenreichs bilden eine wichtige Vorarbeit für den anspruchsvollsten Versuch, die Ansätze Kants mit der Debatte um die Garten-

das Buch von Johann Hieronymus Schröter: *Selenotopographische Fragmente*. Vgl. Goethe, *Tagebücher*, Bd. II/2, Kommentar, S. 674; Keudell 1931, S. 30, Nr. 159.

131 Vgl. Ahrendt/Aepfler 1994, S. 36–44.

132 Siehe dazu ausführlich Gamper 1998, S. 56–64.

kunst zu verknüpfen: Es handelt sich um die 1797 publizierte *Neue Theorie der schönen Gartenkunst* von Johann Christian August Grohmann.[133] Grohmann, ein Leipziger Theologe und Philosoph, bezog den Titel seines Buches bewußt auf Hirschfelds Standardwerk, von dessen überragender Autorität er sich zugleich explizit distanzierte.[134] Er wollte gleichsam Hirschfelds Erbe antreten, jedoch unter veränderten, zeitgemäßen Vorzeichen. Sein Ziel, die Gartenkunst unabhängig von den vorhandenen Landschaftsgärten im fortgeschrittenen ästhetischen Diskurs der Zeit zu etablieren, verfolgte er mit vergleichbarer methodischer Gründlichkeit. Grohmann, der ein Enkel Gottscheds war, hat die Anlehnung seiner Theorie an die Ästhetik Kants mehrfach selbst bekundet.[135] Der Wechsel der Autoritäten von Hirschfeld zu Kant steht für einen grundlegenden Wandel in der Gartentheorie, die sich unter dem Druck der allgemeinen kunsttheoretischen Diskussion legitimieren mußte.

Wie Goethe geht auch Grohmann in seinen Darlegungen von einer klaren Trennung zwischen Natur und Kunst aus. Gegen die veraltete Theoriekonstitution Hirschfelds hatte Grohmann gerade wegen dessen wahlloser Vermischung von Kunst- und Naturschönem interveniert. Mit Blick auf Kant legte er nun seiner Abhandlung die Differenz zwischen beiden Bereichen zugrunde. Auch Goethe fand die für seine nachitalienischen Studien maßgebliche Polarität von Natur und Kunst in Kants *Kritik der Urteilskraft* von 1790 als Gegensatzpaar vorgebildet und fühlte sich durch den Königsberger Philosophen im eigenen Theorieansatz bestätigt. Zwar stimme er nicht in allen Fragen mit Kant überein, so Goethe, doch seien

> die großen Hauptgedanken des Werks meinem bisherigen Schaffen, Tun und Denken ganz analog; das innere Leben der Kunst so wie der Natur, ihr beiderseitiges Wirken von innen heraus war im Buche deutlich ausgesprochen. Die Erzeugnisse dieser zwei unendlichen Welten sollten um ihrer selbst willen da sein, und was neben einander stand wohl *für* einander, aber nicht absichtlich *wegen* einander.[136]

Dieser Gedanke mag auch für Grohmanns Ausführungen stichwortgebend gewesen sein. In jedem Fall kommt ihm das Verdienst zu, den Gegensatz von Kunst und Natur in ausführlicher begrifflicher Analyse für die Gartentheorie fruchtbar gemacht zu haben. Grohmann mißt den Schöpfungen der Natur eingangs klar den Vorrang zu, um dann festzustellen, „daß die Kunst mit leichter Mühe, wenn sie ihre Gesetze kennt, den Vorrang vor der Natur erringen und sich über sie erheben

---

133 Vgl. ebd., S. 66–78.

134 Üblicherweise wurde Hirschfeld auch in den Gartenpublikationen der 1790er Jahre verehrungsvoll Reverenz erwiesen. So eröffnete Wilhelm Gottlieb Becker das *Taschenbuch für Garten-Freunde* 1795 mit dem Artikel *Hirschfelds Denkmal*, in dem Hirschfelds Vorbildwirkung bei der Einführung des neuen Gartenstils gewürdigt wird. Siehe ebd., S. 1–17. Vgl. auch den Aufsatz Bertuchs über *Ursprung und Alter der Englischen Gartenkunst* im *Journal des Luxus und der Moden*, 8.1793, H. 2, S. 61–71 u. H. 4, S. 193–197. Siehe oben, Kapitel 4.6.2.

135 J. Chr. A. Grohmann 1797, Teil 1, S. VI und passim.

136 Goethe, *Einwirkung der neueren Philosophie*; MA 12, S. 94–98, hier S. 96.

kann."[137] Auch er fordert die Beachtung grundlegender Gesetzmäßigkeiten, um das Kunstwerk in seinen objektiven Strukturen und nicht mehr, wie Hirschfeld, im Verhältnis von Gegenstand und Betrachter zu begründen. Er löst damit die sensualistische Wirkungsästhetik ab und propagiert die Autonomie des Kunstwerks, das auch unabhängig von den Blicken des Rezipienten seine Gültigkeit habe. „Ich glaube", so Grohmann,

> es ist mehr als alles nöthig, da wir in unsern Zeiten so aufmerksam auf Gärten, auf Verbesserung der Anlagen und Regeln des Geschmacks derselben sind, *von Grundsätzen anzufangen*, und nicht bloß Beobachtungen zu geben; eine Ursache, warum ich wünschen würde, daß die bisherigen vortrefflichen Schriften über Gartenkunst mehr auf Theorie, Aesthetik, Kunst sähen, als daß sie bloß durch Beschreibung von Gärten, durch einzelne zerstreute Bemerkungen den Geschmack zu reinigen suchen, wo doch immer das Meiste bloß unbestimmt bleibt, und nicht scharf genug bezeichnet und abgetheilt wird.[138]

Die fehlende Theorie in der Gartenkunst hatte auch Schiller in seiner Rezension des Cottaschen *Taschenkalenders* nachdrücklich beklagt. Im Gegensatz zu Schiller und Goethe ist Grohmann aber von deren Theorie*fähigkeit* überzeugt und betont, daß,

> wenn der Gartenkünstler nur nicht ganz von Genie, von dem Geist der Kunst verlassen ist, er leicht [...] die Regeln finden könne, die ihn bei Aufstellung seines Kunstwerks leiten müssen, und daß es überhaupt auch nicht unmöglich sei, die *Gartenkunst* so wie jede andere Kunst nach ihren allgemeinen Gesetzen und Regeln zu bestimmen.[139]

Grohmann stellt den Gartenkünstler zumindest terminologisch in die Nähe des Genies, um ihm dann tatsächlich Großes abzuverlangen: Die Nachbildung der Natur sollte jetzt darin bestehen, nicht mehr die äußeren Naturformen, sondern das Prinzip, das „Gesetz" der schaffenden Natur nachzuahmen, also die *natura naturans.*

> Die Natur bleibt nehmlich, z. B. unter einem Himmelsstriche, mehr bei gleichen und sich ähnlichen Producten; und unter jedem Himmelsstriche hat sie eine gewisse gleiche Manier und Art zu bilden, und dieses durch alle Producte hindurch bis zu den vegetabilischen und dem Pflanzenreiche. Der Gartenkünstler aber entbindet die Natur von diesem gleichförmigen Gesetze: er stellt sie freier, zweckmäßiger, spielend auf, nach allen möglichen Gestalten, Formen und Bildungen; die Kunst, das Schöne steht nicht unter dem Einfluß, unter dem Gebote des Himmelsstrichs. [...] So sehen wir also die Natur in einem solchen Garten als eine freie, ungebundene Schöpferin.[140]

Grohmann zufolge ist der Gartenkünstler befähigt, die Natur zu neuen Schöpfungen anzuregen, indem er mit der ihm zu Gebote stehenden Kunst die „gleichförmigen Gesetze" der Natur überwindet. Der Autor läßt die Gesetze der Natur von denen des Künstlers gewissermaßen außer Kraft setzen. Diese Kunstauffassung

137 J. Chr. A. Grohmann 1797, Teil 1, S. 1ff. u. 23.
138 Ebd., S. 84f. Hervorhebung im Original.
139 Ebd., S. 134f. Hervorhebung im Original.
140 Ebd., S. 144ff.

orientiert sich an der von Moritz postulierten „bildenden Nachahmung des Schönen“, die den tradierten Mimesisbegriff mit einer neuen Semantik ausgestattet hat. Das produktive Prinzip der *natura naturans* löst nun auch bei Grohmann die Selektion und Nachahmung der *natura naturata* ab. Bis zu diesem Zeitpunkt hatte die Gartenliteratur ihren Nachahmungsbegriff strikt an die *natura naturata*, an den Umgang mit vorgefundenen Naturformen, gebunden. Was Goethe im Fall der Gartenkunst für nicht realisierbar hielt, daß nämlich der Künstler uneingeschränkt über sein Material gebiete, erscheint bei Grohmann durchaus möglich und wird zur eigentlichen Herausforderung des Gartenkünstlers erklärt. Damit wendet der Autor nicht nur grundlegende Argumente der kritischen Philosophie Kants auf die Gartenkunst an, sondern integriert den Landschaftsgarten auch in den ästhetischen Diskurs um das autonome Kunstwerk.

Die Gartenkunst, so Grohmann, „verdient das Lob, daß sie die Natur *verschönert* habe“.[141] Mit dem Begriff der Verschönerung verwendet Grohmann einen aus der Gartenliteratur vertrauten Terminus, um sich sogleich deutlich gegen dessen traditionelle Bestimmung abzugrenzen. Während Hirschfeld unter Verschönerung die Auswahl, Zusammenstellung und Konzentration von Elementen der Natur zu einer Gartenschöpfung verstanden hatte, begründet Grohmann seinen Begriff der Verschönerung als Weglassen des Überflüssigen. Die bisher praktizierte Art und Weise der Verschönerung lehnt er rigoros ab, da sie einem unzulässigen Eingriff in die Natur gleichkomme. Überdies verurteilt der Autor die „geschmackswidrigen Verzierungen in den Gärten“[142] und setzt schließlich seine Auffassung eines kunstgerechten Landschaftsgartens dagegen:

> Man mache sich nur einen Begriff von einem Garten, was er ist, was er sein soll, und man wird sogleich das Leere, Müßige, Ueberladene jener Zierathen in einem Englischen Garten empfinden. Ein Garten soll eine *Landschaft* sein, eine Landschaft darstellen [...]. Zu dem Landschaftlichen oder den landschaftlichen Producten, wodurch ein Garten gebildet wird, gehört alles, was von der Natur selbst unmittelbar hervorgebracht wird, wie fern es an sich schön ist oder in der Zusammenstellung eine schöne Ansicht giebt. Was wir in einer natürlichen Landschaft vor uns sehen, der weite sich hinziehende Horizont, der Himmel, der die Gegend umgrenzt, die Berge, Hügel, Anhöhen, der Wald, der Baum, die Gebüsche, die Wiesen, Auen, das Ackerfeld – dieß ist es, was zu den landschaftlichen Producten im engern Sinne gehört, worauf das Wort Landschaft sich einschränkt.[143]

Grohmann fordert, für ein Werk der Gartenkunst das Augenmerk vor allem auf die komplexen Ausformungen der Natur zu lenken und verschönerndes Eingreifen nur sehr behutsam zuzulassen. Er entwirft damit das Bild eines klassischen Landschaftsgartens par excellence. Anstelle einer Folge einzelner, mit Architekturen und Monumenten ausgestatteter Gartenszenen und -partien, die der Betrachter sukzessive durchwandert, wird für Grohmann der Garten aus den Elementen der Landschaft selbst gebildet. Mit besonderer Prägnanz zeichnet der Autor hier den

141 Ebd., S. 20. Hervorhebung im Original.
142 Ebd., Teil 2, S. 3.
143 Ebd., S. 5f.

während der 1790er Jahre vollzogenen Wandel in der Landschaftsauffassung nach, der die Entwicklung von der emblematischen zur expressiven Gestaltungsweise im Garten bestimmte.

Im letzten Teil seiner Ausführungen präzisiert Grohmann seine Anregungen hinsichtlich der Gartenkunst in Deutschland:

> Der interessirende oder Deutsche Garten besteht in einer Zusammenstellung der schönen landschaftlichen Producte ohne Verschönerung; diese letztere ist es, wodurch er sich von dem Englischen Garten unterscheidet, indem er der Natur näher kommt und wenige Spuren der Kunst in ihm sichtbar sind.[144]

Grohmanns ästhetische Maxime, die natürlichen Gegebenheiten zu betonen und bauliche oder skulpturale Akzente äußerst sparsam einzusetzen, erfuhr im Weimarer Ilmtal eine kongeniale Umsetzung. In den 1790er Jahren richten die Gartenschöpfer hier ihre Aufmerksamkeit auf den großen landschaftlichen Zug der Flußaue, in welcher sich der Park nun weit nach Süden vorschiebt, um im Römischen Haus seinen architektonischen Höhepunkt zu finden.

Grohmann unternahm den ambitionierten Versuch, die Gartenliteratur auf das Niveau der fortgeschrittensten Philosophie der Zeit zu heben. Seine *Neue Theorie* ist zugleich der letzte umfangreiche und bedeutende Beitrag zur theoretischen Debatte des 18. Jahrhunderts um den Landschaftsgarten.[145] Seine zuweilen problematische, auch widersprüchliche Argumentation zeigt die Schwierigkeit an, die seit den 1770er Jahren mittels der sensualistischen Wirkungsästhetik etablierte Gartentheorie nun innerhalb der klassizistischen Ästhetik zu legitimieren. Auch Grohmann konnte die Kritik an der unzureichenden theoretischen Begründung des Landschaftsgartens und die immer wieder aufgeworfenen Zweifel an seinem Kunstcharakter nicht zum Verstummen bringen.

Um 1800 entwickelte die Gartenliteratur eine stärkere Tendenz zu botanischen Themen, die der zunehmenden Differenzierung der Wissensbereiche und der generell zu beobachtenden Verwissenschaftlichung Rechnung trägt.[146] Zahlreiche Abhandlungen widmen sich den Gestaltmerkmalen, der Aufzucht und Zusammenstellung unterschiedlicher Pflanzen und Gehölze, aber auch beispielsweise dem Obstanbau. In den einschlägigen Periodika wird die Gartenkunst künftig weniger unter ästhetischen, als vielmehr unter naturwissenschaftlichen Gesichtspunkten erörtert. Ästhetische Reflexion und grundsätzliche gestalterische Überlegungen werden durch systematische Darstellungen abgelöst. Den Paradigmenwechsel von der traditionell ästhetischen zur naturwissenschaftlichen Theoriekonstitution in der Gartenkunst hatte Goethe bereits Anfang der 1780er Jahre vorweggenommen, als er sich zugunsten seiner Studien in den Naturwissenschaften von der landschaftlichen Gartengestaltung im Ilmtal zurückzog. Im November 1804 sollte er schließ-

144 Ebd., S. 70.
145 Vgl. Gamper 1998, S. 78f.
146 Vgl. Polianski 2004, der am Beispiel der Ästhetisierung der Pflanzenkunde zeigt, wie das naturwissenschaftliche in einem neuen ästhetischen Konzept aufgehoben wird.

lich an Charlotte von Stein schreiben: „Hierbey, verehrte Freundin, englische Miszellen und ein Gartenkalender der vielleicht Ihrem Herrn Sohn in Kochberg Freude macht. Mir dient er nicht, da ich mich für immer von der Erde im ökonomischen und ästhetischen Sinne losgesagt habe.“[147]

147 Johann Wolfgang Goethe an Charlotte von Stein, Weimar 28. November 1804; WA IV/17, S. 224.

7. Ein Landschaftsgarten im Ilmtal. Der Park um 1800

7.1. Gartenkunst als ästhetische Botanik

In den 1790er Jahren wuchs der Park an der Ilm zu einem landschaftlichen Kontinuum, das sich, nahe der städtischen Bebauung und der Residenz beginnend, durch das Flußtal bis weit nach Süden erstreckte. Um eine zusammenhängende Parkanlage zu schaffen, in der sich Wiesenflächen und Baumgruppen, Wege und Waldpartien mit dem Lauf der Ilm zu einem harmonischen Ensemble verbinden, waren jedoch noch immer vielfältige Arbeiten in mehreren Bereichen des Ilmtals und der angrenzenden Hänge vonnöten. Nachdem Bertuch im Jahre 1796 den herzoglichen Dienst quittiert und seine Verantwortung für die Parkgestaltung aufgegeben hatte, wurde der Leutnant und Ingenieur Christoph Gottlob Vent (1752–1822) mit dessen Nachfolge betraut.[1] Vent hatte sich am Hofe bereits in verschiedenen Bauangelegenheiten bewährt, wobei er als kenntnisreicher, nüchterner Praktiker in Erscheinung trat, der keine künstlerischen Intentionen verfolgte. Bezüglich der Gartenkunst vermochte er Bertuchs Kompetenz kaum zu ersetzen, weshalb der Herzog die Parkaufsicht im Frühjahr 1798 der neugeschaffenen *Kommission für das Herrschaftliche und Landbauwesen* übertrug. Diesem Gremium, das in den archivalischen Quellen meist als *Bau- und Parkkommission* firmiert, kamen jedoch ausschließlich verwalterische Aufgaben zu.[2]

Carl August übernahm es selbst, nach dem Abgang Bertuchs die weitere gartenkünstlerische Gestaltung der Ilmaue zu bestimmen. Bis ins Detail legte er die im jeweiligen Parkbereich vorzunehmenden Arbeiten fest, wobei er seine Anweisungen an die Gärtner nicht selten handschriftlich erteilte. Ein kleiner Zettel mit eigenhändigen Notizen des Herzogs betreffs der Überwindung eines Höhenunterschieds im Gelände, ergänzt durch eine technische Skizze und eine flüchtig hingeworfene Zeichnung von Pyramidenpappeln und niedrigeren Gehölzen, wirft ein Licht auf die Vorgehensweise des Gartenkünstlers Carl August (Abb. 90 und 91).[3]

Mit nunmehr jahrzehntelanger landschaftsgärtnerischer Erfahrung bekleidete weiterhin der alte Hofgärtner Carl Heinrich Gentzsch sein Amt. Sein Sohn Johann Christoph Carl Gentzsch, der seit 1790 den Titel eines Gartenbauschreibers führte, beaufsichtigte insbesondere die Bauten im Park. Der botanisch außerordentlich gebildete Friedrich Gottlieb Dietrich wurde ebenfalls zum Hofgärtner ernannt und – nach Reicherts Tod im Jahre 1797 – mit der Leitung der Parkgärtnerei betraut. Carl August lenkte und leitete sämtliche Arbeiten engagiert als „praktischer Liebhaber in den Künsten“, wie Goethe den Dilettanten in seinem bekannten Schema auch

1 Vgl. Huschke 1951, S. 95ff.
2 ThHStAW: HMA 4325; HMA 4326.
3 ThHStAW: HA A XIX, Nr. 10a. Siehe auch HA A XIX, Nr. 151; HMA 4335.

bezeichnete.[4] Als Schöpfer des Weimarer Parks steht Carl August exemplarisch für den fürstlichen Dilettanten, der seine Vorstellungen enthusiastisch und zielgerichtet, aber zuweilen unter Vernachlässigung künstlerischer Gesetzmäßigkeiten realisiert. Daß sich im Ilmtal keine der von Schiller als „affektiert" und „barbarisch"[5] verurteilten Auswüchse dilettantischer Kunstpraxis finden, ist zu großen Teilen dem sozusagen schnörkellosen Wesen des Weimarer Herzogs zu verdanken, dem offenbar auch auf dem Gebiet der Ästhetik eine pragmatische Handlungsweise näher lag als alles Gekünstelte. *Dieser* fürstliche Dilettant hatte seine Gartenanlagen von Beginn an eher sparsam mit Monumenten und Architekturen ausgestattet und damit aus Sicht der klassizistischen Kunstauffassung manchen Fehler vermieden. Nun galt es den Park in seiner natürlichen, auf die Elemente der Landschaft konzentrierten Gestalt zu vollenden.

Die Parkentwicklung der späten 1790er Jahre ist eng an ein Ereignis geknüpft, das bis über die Jahrhundertwende hinaus das Zentrum der baukünstlerischen Aktivitäten im Ilmtal bilden sollte: die Wiedererrichtung des Residenzschlosses. Bereits im März 1789 war der Wiederaufbau der Brandruine beschlossen und eine Schloßbaukommission gebildet worden.[6] Noch im selben Jahr begann man mit den Bauarbeiten.[7] Doch ging das Unternehmen äußerst stockend voran, und erst ab 1797 wurde der Wiederaufbau energisch ins Werk gesetzt. In diesem Zusammenhang erfuhren die unmittelbare Umgebung des Schlosses und der nahegelegene Stern eine neue, gleichsam der repräsentativen Schloßfassade entsprechende gartenkünstlerische Gestaltung.

Im Herbst 1798 veranlasste Carl August, den Floßgraben zwischen der Floßbrücke und der Sternbrücke zuzuschütten, so daß der Stern seine inselartige Lage verlor und nun den Wiesen im Ilmtal direkt verbunden war.[8] Neue Wege erschlossen den Bereich zwischen dem südlichen Ende des Sterns und Goethes Gartenhaus. Auch die bisherige Trennung der Anlagen im Stern, der sein überliefertes barockes Gepräge trug, und an der Läuter, wo sich inmitten einer empfindsamen Partie die Sphinxgrotte befand, wurde durch einen veränderten Bachlauf sowie weitere Wege und Pflanzungen verwischt. Das von Klauer skulptierte Tritonrelief verschwand ebenso wie die Panstatue am südlichen Wegekreuz des Stern und der Wasserfall an der Sphinxgrotte. Die Floßbrücke mit dem Wehr wurde abgetragen und 1799 durch eine hölzerne Bogenbrücke über die Ilm ersetzt, für die sich später die Bezeichnung Naturbrücke einbürgerte. Auch die Fischteiche nahe der Sternbrücke wurden endgültig beseitigt und das nördlich der Brücke gelegene Hoffischerhaus niedergelegt. Das regelmäßige Wegenetz des Sterns mit seiner breiten

4 Goethe, Paralipomena *Über den Dilettantismus*; WA I/47, S. 321.

5 Schiller, *Werke*, Bd. 22, 1958, S. 285–292, hier S. 291.

6 Vgl. ThHStAW: B 8905, Bl. 18; B 8907, Bl. 1.

7 Vgl. dazu ausführlich Rolf Bothe, der dem Wiederaufbau des Schlosses von 1789 bis 1804 das zentrale Kapitel seiner Untersuchung widmet. Bothe 2000, S. 38–111. Vgl. auch Doebber 1911; Jericke/Dolgner 1975, S. 103–137.

8 ThHStAW: B 8589; B 8594; B 8597. Vgl. Heß 2001, S. 58f.; Huschke 1951, S. 100ff.

Allee blieb jedoch erhalten und leitet, von Süden her aus dem Ilmtal kommend, gleichsam zum Bezirk des Schlosses über. Insgesamt ist zu beobachten, daß im Stern die Insignien der früheren emblematischen Gestaltungsweise einer großräumigeren, expressiven Landschaftsauffassung Platz machten. Vor allem aber verschwanden sämtliche alten Nutzbauten und -anlagen zugunsten einer ästhetisch aufgefaßten Gartenlandschaft in der Nähe des wiedererstehenden Schlosses.

Die großräumigere Parkgestaltung um 1800 mußte dem Umstand entgegenwirken, daß die Mannigfaltigkeit im Landschaftsgarten grundsätzlich leichter herzustellen ist als die Zusammenfassung der landschaftlichen Elemente zu einer übergreifenden Einheit.[9] Die archivalischen Quellen zum Weimarer Park in den späten 1790er Jahren liefern insofern ein Zeugnis der Mannigfaltigkeit, als die Rechnungsbücher nunmehr seitenlange Listen einzelner Bau- und Gartenarbeiten an verschiedenen Stellen verzeichnen, über deren gleichzeitigen Fortgang der Herzog genau unterrichtet wurde.[10] Zwar dienten sämtliche Arbeiten letztlich dem Ziel, „ein neues Ganzes, dem weder Harmonie noch Einheit fehlt, hervorzubringen", wie schon Hirschfeld gefordert hatte.[11] Doch vermitteln die Archivalien über mehrere Jahre eher den Eindruck der Zerstreuung als den der Konzentration. An diesem Punkt entzündete sich Goethes Kritik, der beklagte, daß alle Arbeiten im Park dem Zufall unterworfen seien und niemand „die gesetzgebende Gewalt des guten Geschmacks" anerkenne.[12] Die divergierenden Ansichten Goethes und Carl Augusts über die gartenkünstlerische Entwicklung im Ilmtal werden durch die Quellen nachvollziehbar: Wo Goethe gemäß seiner kunsttheoretischen Maximen die Einheit des Schöpferischen fordert, tendiert der Herzog schon angesichts der Vielzahl der praktischen Aufgaben weiter zu jener Mannigfaltigkeit, die Goethe als „wunderliche und unsichere Art"[13], als ein Sichverlieren in der Fülle überflüssiger Details vehement kritisiert. Die Kluft zwischen dem Umgang mit den konkreten lokalen Bedingungen und Erfordernissen einerseits und dem ästhetischen Ideal andererseits, also zwischen dem „Idealen" und dem „Realen", wird hier besonders deutlich.

Als äußerst aufwendig erwiesen sich beispielsweise die Arbeiten im direkten Umfeld der Schloßbaustelle. Hier sollten der alte Burggraben und der südlich des Schlosses gelegene Küchteich aufgefüllt werden.[14] Es handelte sich dabei um ein langwieriges Unterfangen, da zugleich ein neues Entwässerungssystem geschaffen werden mußte – aber nicht nur wegen praktischer, auch im Falle ästhetischer Fra-

9 Vgl. Gamper 1998, S. 132.

10 Vgl. exemplarisch ThHStAW: B 8589. Siehe Anhang: Ausgewählte Quellen.

11 Hirschfeld, *Theorie*, Bd. 1, 1779, S. 145.

12 Johann Wolfgang Goethe an Johann Heinrich Meyer, Jena 20. Mai 1796; *Briefwechsel Goethe – Meyer*, Bd. 1, S. 246.

13 Ebd.

14 ThHStAW: B 9007, Bl. 120 u. 143ff. Zahlreiche Städte verloren im letzten Drittel des 18. Jahrhunderts ihr wehrhaftes Äußeres, da Stadtmauern und Festungswerke militärtechnisch überholt waren und abgetragen wurden. Nicht selten wandelte man die aufgefüllten Gräben in Parkanlagen um. Zur Stadtentfestigung in Weimar siehe Jericke/Dolgner 1975, S. 48ff.

gen ließ der Herzog die Arbeiten notfalls unterbrechen: „Serenissimus haben befohlen, daß diese Aufschüttung noch unterbleiben soll, bis ein Plan zu der ganzen Anlage um das Schloß zur Reife gekommen seyn wird", vermerken die Schloßbauakten noch im März 1800.[15]

Der nördliche Parkteil zwischen Stern und Schloß war bisher von zahlreichen Nebengebäuden der alten Residenz geradezu verstellt gewesen: Hofschmiede, Wagnerei, Schloßbrauhaus und Malzhaus, die den Küchteich in Richtung des Bibliotheksgebäudes umstanden, wurden 1802/03 zugunsten der Verbindung zwischen Park und Schloß abgebrochen. Auch das Kohlenhaus, ein vierstöckiger turmartiger Holzbau, der auf einer Insel im Küchteich gestanden hatte, verschwand 1803.[16] Der entstandene freie Platz neben dem Reithaus wurde gartenkünstlerisch gestaltet, so daß sich das landschaftliche Kontinuum des Parks weiter in Richtung des Schlosses vorschob. Überdies erleichterte die Zuschüttung der Gräben den Zugang zum Park, da die früheren Brücken über Floß- und Burggraben nun durch breitere Wege ersetzt werden konnten.

Ein besonderes Augenmerk verdient die unmittelbar an den Schloßbau grenzende Partie, die mit Rasen belegt und mit Blumen bepflanzt wurde.[17] Die Vegetation trat bis an die Mauern des Schlosses heran, so daß der Park in die sich nach Süden öffnende Dreiflügelanlage einmündete. Die Gestaltung dieses Bereichs durch den Gartenbauschreiber Gentzsch im Jahre 1803 läßt den Einfluß des zu dieser Zeit namhaftesten englischen Landschaftsgestalters Humphry Repton (1752–1818) erkennen. Repton, der sich selbst in der Nachfolge Lancelot Browns sah, hatte um 1803 schon nahezu zweihundert Parks umgestaltet und überdies als Autor große Beachtung erlangt.[18] Obgleich wie Brown der künstlerischen Kategorie des Malerischen verpflichtet, versuchte Repton im Gegensatz zu seinem Vorgänger nicht, einen Landstrich durch große Erdbewegungen gemäß des eigenen gartenkünstlerischen Ideals umzuformen. Vielmehr ging er von der speziellen Charakteristik eines Ortes aus, um durch die künstlerische Steigerung des Gegebenen den Landschaftsgarten zu seiner Vollkommenheit zu führen. Die geplanten Verbesserungen visualisierte er in den sogenannten *Red Books*: ledergebundene Bände, in denen aquarellierte Landschaftsveduten – zum Aufklappen übereinandergelegt – zunächst die vorgefundene Situation und dann die geplanten Veränderungen für den Auftraggeber veranschaulichten. Ein bestimmendes Movens der Entwürfe Reptons ist die Bequemlichkeit und Benutzbarkeit der Gebäude und Gartenanlagen, die Verbindung des Angenehmen mit dem Nützlichen in malerischer Gestalt.

Dem Verhältnis von Bauwerk und Landschaft widmete Repton seine besondere Aufmerksamkeit. Zugunsten eines harmonischen Übergangs zwischen den festge-

---

15 Ebd., Bl. 157.

16 ThHStAW: B 9066, Bl. 13v. u. 63.

17 Ebd., Bl. 14.

18 Zu Repton vgl. Buttlar 1989, S. 74ff.; Hammerschmidt/Wilke 1990, S. 184–191; Müller 2000a, S. 622–626; Nikolaus Pevsner: *Humphry Repton*, in: Pevsner 1971, S. 85–105; Wimmer 1989, S. 227–243.

fügten Formen der Architektur und den geschwungenen Linien des Parks plädierte er für eine vermittelnde Zwischenzone, die funktional – als Salon im Freien – eher der Architektur als dem Park zugehörig sein sollte. Für diesen Bereich in unmittelbarer Nähe des Hauses, *pleasure-ground* genannt, empfahl Repton die Rückkehr zu formalen Gestaltungsprinzipien. Hier konnten Balustraden und Terrassen angelegt, Bänke, Treillagen und Spaliere aufgestellt sowie Parterres und Blumenbeete in diversen Formen gestaltet werden. Mit den symmetrisch angeordneten Elementen des *pleasure-ground* kehrte die Regularität in die Gärten zurück und bildete fortan das ergänzende Gegenstück zur Weiträumigkeit des Landschaftsparks.

Humphry Reptons theoretische Schriften, in denen er seine gartenkünstlerische Praxis umfassend darstellte und begründete, waren in Weimar seit 1796 rezipiert worden. Das früheste Werk des Engländers, die *Sketches and Hints on Landscape Gardening*, hatte Bertuch zwei Jahre nach seinem Erscheinen im *Journal des Luxus und der Moden* vorgestellt.[19] Der Leser wurde bei dieser Gelegenheit mit dem aktuellen Disput zwischen Sir Uvedale Price (1747–1829), Richard Payne Knight (1751–1824) und Humphry Repton über den Begriff des *picturesque* vertraut gemacht. Seit Price 1794 in seinem *Essay on the Picturesque* das Malerische als autonome ästhetische Kategorie begründet hatte, wurde das Bildhafte von der Popularität des Malerischen verdrängt.[20] Price polemisierte gegen die Landschaftsgestaltungen Browns und etablierte einen eigenen Begriff des Pittoresken, indem er die Gartenkunst auf die Kompositionsprinzipien der Landschaftsmalerei reduzierte. Der *Essay* löste eine erbitterte Kontroverse aus, in der sich Repton auf die Seite Browns stellte und überdies praktische Faktoren bei der Gartenplanung zu bedenken gab. Repton betonte den Aspekt der Nützlichkeit vor dem Malerischen und verteidigte seine eigenen Entwürfe unregelmäßig geformter und verstreuter Blumenbeete gegen die von Payne Knight geforderten geometrischen Formen.[21] Im Zusammenhang dieser Debatte wird im *Journal* an die jeweiligen Verdienste der hervorragendsten englischen Gartenkünstler, William Kent und Lancelot Brown, erinnert. Zu Kent und Brown ist nun Repton als dritter stilbildender Gartenkünstler Englands im 18. Jahrhundert zu zählen.[22] Bertuchs Beitrag verdeutlicht zudem, wie detailliert der aufmerksame Leser des *Journals* über neue Entwicklungen in Theorie und Praxis des Landschaftsgartens in England informiert war.

Noch breiteren Raum gewährte Bertuch Reptons *Observations on the Theory and Practice of Landscape Gardening*, die 1803 in London erschienen waren. In mehreren Ausgaben des *Allgemeinen Teutschen Garten-Magazins* wurde das theoretische Hauptwerk des Engländers nicht nur ausführlich besprochen, sondern auch teil-

---

19 *Hr. Repton's neues Prachtwerk und Ideen über die Landschaft-Gärtnerey*, in: *Journal des Luxus und der Moden*, 11. 1796, H. 9, S. 454–464.

20 Vgl. Buttlar 1982, S. 177; Clark 1943, S. 186; Herzog 1989, S. 140f.; Wimmer 1989, S. 214f.

21 Vgl. Hammerschmidt/Wilke 1990, S. 184; Kruft 1991, S. 300f.

22 Vgl. Clark 1943, S. 183.

weise in deutscher Übersetzung abgedruckt.[23] Damit erweist sich Bertuch erneut als Vermittler der modernsten gartenkünstlerischen Ideen für Weimar, aber auch über die Grenzen des Herzogtums hinaus.

Reptons theoretische Ausführungen dienen der Erläuterung seiner gestalterischen Grundsätze, stellen jedoch keinen Beitrag zur systematischen Ästhetik des Landschaftsgartens dar. Auf die um 1800 nicht nur von den Weimarer Klassizisten formulierten Zweifel an der Theoriefähigkeit der Gartenkunst lieferte Repton eine pragmatische Antwort. Den Stilpluralismus des frühen Landschaftsgartens ließ er in einem bewußten Historismus und Eklektizismus aufgehen.[24] Die Rückkehr zum Formalen wurde indessen an anderer Stelle explizit als Reaktion auf die Krise der Gartentheorie propagiert. Die „Nachahmung der Natur", der um die Jahrhundertwende semantisch nicht mehr an die Nachbildung äußerer Naturformen, die *natura naturata*, sondern an das schöpferische Prinzip der *natura naturans* gebundene Begriff, bildete weiterhin einen Kernpunkt der Debatte.[25] Ein anonymer Autor suchte die Rückkehr zu geometrischen Formen mit dem Gebot der Naturnachahmung in Einklang zu bringen. In den *Annalen der Gärtnerey* veröffentlichte er 1795 eine Abhandlung *Von der geraden und krummen Linie*, derzufolge im Garten nicht die krumme, sondern die gerade Linie anzustreben sei, da sie dem Gesetz der Natur entspreche.[26] Die gewundene Schönheitslinie, wie Hogarth sie definiert hatte, beruhe hingegen auf einer Störung der Naturgesetze und sei dem Zufall unterworfen.

Goethe, der sich in seinen späteren Jahren wiederholt für die geometrisch angelegten französischen Gärten aussprach, notierte im September 1828 in sein Tagebuch:

> Las im Globe die Geschichte der Kunst- und Naturgärten. Recht einsichtig durchgeführt und am Ende meine alte immer genährte Ansicht ausgesprochen, daß von einer bedeutenden Architektur auch ein architektonischer Übergang zu einer Gartenanlage bestehen müsse.[27]

---

23 Humphry Repton: *Observations on the Theory and Practice of Landscape Gardening*, London 1803. Rezension, in: *Allgemeines Teutsches Garten-Magazin* (ATGM), 1.1804, St. 8, S. 319–327; *Bemerkungen über die Theorie sowohl, als Praxis der Landschafts-Gartenkunst, von Humphry Repton. Aus dem Englischen übersetzt*, in: ATGM, 1.1804, St. 11, S. 451–460; *Reptons Bemerkungen über Theorie und Praxis der Landschafts-Gartenkunst. Fortsetzung von S. 460 des 11. Stücks*, in: ATGM, 1.1804, St. 12, S. 491–498; *Reptons Bemerkungen über Theorie und Praxis der Landschafts-Gartenkunst. Fortsetzung von S. 498 des vorigen Jahrgangs*, in: ATGM, 2.1805, St. 1, S. 8–21; *Repton's Bemerkungen über Theorie und Praxis der Landschafts-Gartenkunst, Fortsetzung und Schluß von S. 21 des vorigen Stücks*, in: ATGM, 2.1805, St. 2, S. 45–54.

24 Vgl. Pevsner, s. Anm. 18, S. 99.

25 Vgl. Gamper 1998, S. 69.

26 Siehe *Von der geraden und krummen Linie* 1795.

27 Goethe, Tagebuch vom 2. September 1828; WA III/11, S. 273. Vgl. auch Goethes Gespräch mit dem Kanzler von Müller, 15. Juni 1825: „Spatzierfahrt [...] nach Belvedere. [...] Lob der frühern französischen Gartenform, wenigstens für große Schlösser: Die geräumigen Laubdächer, Berceaux, Quinconces, lassen doch eine zahlreiche Gesellschaft sich anständig entwikkeln und vereinen, während man in unseren Englischen Anlagen, die ich *Naturspäßige* nennen möchte, allerwärts an einander stößt, sich hemmt oder verliert." Zitiert nach: *Goethes Leben von Tag zu Tag*, Bd. VII, 1995, S. 506.

Am Weimarer Schloß wurde der Übergang von der Architektur in den Park im Sinne Reptons durch Blumenbeete und Rabatten, welche die Wege ins Ilmtal säumten, gestaltet. Auch in der Umgebung des Römischen Hauses legten die Gärtner in den Jahren nach 1800 auf Veranlassung Carl Augusts einen Blumengarten an.[28] Auf die von Goethe angeregte Begeisterung des Herzogs für Botanik und praktische Pflanzenkultur ist in der Literatur wiederholt hingewiesen worden.[29] Carl Augusts botanisches Interesse folgt aber vor allem dem schon im gartentheoretischen Kontext geschilderten Paradigmenwechsel von der ästhetischen zur naturwissenschaftlichen Betrachtungsweise. Zum einen orientierte sich die unter Legitimationsdruck geratene Gartentheorie an den sich verfestigenden Wissensgebieten der Naturwissenschaft, wobei die Botanik hier nicht nur als traditionelles Nachbargebiet der Gartenkunst, sondern auch als leitende Wissenschaft eine besondere Bedeutung erlangte.[30] Ihren Rang als Leitdisziplin hatte die Botanik im Zuge der übergreifenden „Verwissenschaftlichungstendenzen der Zeit"[31] durch das Klassifikationssystem des schwedischen Naturforschers Carl von Linné (1707–1778) erworben, der es verstanden hatte, den Informationszuwachs zu systematisieren und zu veranschaulichen.[32] Zum anderen hatte die Botanik ab 1770 einen Prozeß der Ästhetisierung durchlaufen, da sie sich umgekehrt an den ästhetischen Kategorien der Gartenkunst orientierte und so ihre Aufwertung von einer „Magd der Medizin" zur anerkannten wissenschaftlichen Disziplin erst erreichte.[33] So entstand um die Jahrhundertwende eine enge wechselseitige Verbindung zwischen landschaftlicher Gartenkunst und Botanik, die sich im kontinuierlichen Austausch der Denk- und Wahrnehmungsmuster weiter festigen sollte.

Bereits in der frühen Entwicklungsphase des Landschaftsgartens waren dessen Schöpfer um botanische Vielfalt bemüht. Dem architektonischen Stilpluralismus korrespondierte nicht selten die Vegetation fremder Erdteile, so daß der Garten zu einem Ausweis des Kunstsinns, der Weltläufigkeit und Aufgeklärtheit seines Besitzers wurde. Diese vor-klassifikatorische botanische Sammeltätigkeit war um 1800 dem Systematisieren und damit einem konkreten naturwissenschaftlichen Zugang gewichen. Der Begriff der Botanik umfaßte nun die gesamte Bandbreite von der klassischen Systemkunde bis zur sogenannten „ästhetischen Botanik".[34]

In Weimar war es der Hofgärtner Friedrich Gottlieb Dietrich, welcher über eine außergewöhnliche theoretische und praktische Kompetenz in allen botanischen Fragen verfügte und diese im Landschaftsgarten einsetzte. Dietrichs praktisches In-

28 Vgl. Huschke 1951, S. 109; A. Schneider 2001, S. 117.

29 Vgl. Jürgen Jäger: *Goethe-Gärten in Weimar*, in: Günther 1993, S. 77–97, hier S. 91; Jäger 1978, S. 346; Sckell 1928, S. 42. Zur „botanisierenden Öffentlichkeit" und Carl August im speziellen vgl. Polianski 2004, S. 93–105, hier S. 98f.

30 Vgl. Gamper 1998, S. 74, Anm. 293.

31 Ebd.

32 Vgl. Lepenies 1976, S. 52–77.

33 Vgl. Polianski 2004, S. 17 u. 94.

34 Ebd.

teresse galt der Kultur seltener Gewächse, aber auch als Autor, unter anderem eines *Lexikon der Gärtnerei und Botanik* in dreißig Bänden, war er überaus produktiv. Der Hofgärtner versuchte seine Tätigkeitsfelder in einer Systematik der „Pflanzkunst" zu erfassen. Daß er sich nicht allein als Botaniker, sondern zugleich als Gartenkünstler verstand, beweist seine Einteilung der praktischen Botanik in „ästhetische Pflanzkunst", „botanische Pflanzkunst" und „ökonomische Pflanzkunst".[35] Er suchte wissenschaftliche und künstlerische Aspekte in Einklang zu bringen, indem er eine Berücksichtigung sowohl ästhetisch-kompositorischer als auch pflanzenphysiologischer Gesichtspunkte durch den Gärtner anmahnte.[36] Die Verbindung der Botanik mit der landschaftlichen Gartenkunst wurde durch eine ökonomische Komponente, das heißt Nutzgartenanlagen ergänzt, welche auch in Weimar eine beträchtliche Fläche beanspruchten. Zahlreiche Obstbäume wuchsen nicht nur in den Randbezirken des Parks, etwa der Plantage im westlichen Teil des früheren Welschen Gartens, sondern auch entlang der „Chaussee" im oberen Parkteil und in den „Kastanienbosquetts" am Stern.[37]

Als Goethe und der Botaniker August Karl Batsch auf dem Gelände des Fürstengartens in Jena 1794 einen Botanischen Garten gründeten, war Dietrich an der Planung der Anlagen maßgeblich beteiligt.[38] Schon als Hausgärtner am Weimarer Frauenplan hatte er Anfang der 1790er Jahre Goethes pflanzenkundliche Studien und die Anlage eines Gartens nach dem sogenannten „natürlichen System" unterstützt.[39] Dieses System erhob den Anspruch, auf der Grundlage morphologischer Ähnlichkeiten die Kontinuität der Pflanzenbildung darzustellen. Nach der Veröffentlichung seiner Abhandlung über den *Versuch die Metamorphose der Pflanzen zu erklären* wollte Goethe die „natürlichen" Pflanzenfamilien in seinem eigenen Garten zur Anschauung bringen. Für seine wissenschaftliche und gartenkünstlerische Auseinandersetzung mit dem Naturbild Linnéscher Prägung bot der Botanische Garten in Jena nun breitere Möglichkeiten.[40] Hier sollte, wie Igor Polianski treffend formuliert, „die Funktion eines wissenschaftlichen Instituts mit den gültigen Kriterien des Gartengeschmacks harmonieren".[41] Die Intention der Gartengründer bestand darin, den in Dietrichs Schriften geprägten Begriff der „ästhetischen Pflanzkunst" in der Praxis eines systematischen botanischen Gartens zu verwirklichen. So kann die Einführung des „natürlichen Systems" und die Gartengründung durch Goethe und Batsch in vielerlei Hinsicht als ästhetisches Projekt betrachtet werden.

35 Dietrich 1808, S. 3. Vgl. auch ders. 1800, S. V.

36 Vgl. Polianski 2004, S. 257.

37 ThHStAW: B 8551, Bl. 9f.

38 Ausführlich zur Planung, Gründung und Gestaltung des Botanischen Gartens in Jena siehe Polianski 2004, S. 242–273, hier S. 244 u. 266. Vgl. auch Polianski 2001.

39 Vgl. Ahrendt/Aepfler 1994, S. 77.

40 Zu Goethes kritischer Auseinandersetzung mit Linné siehe ausführlich Müller/Polianski 2003.

41 Polianski 2004, S. 257.

Die von Batsch erhoffte Anstellung Dietrichs in Jena unterblieb, weil der Herzog seinen Hofgärtner in Weimar nicht entbehren wollte.[42] Gleichwohl sorgte nicht zuletzt Carl August für den Transfer von Wissen und Materiellem zwischen den Gärten der beiden Städte: So avisierte Goethe in einem Schreiben an Batsch „den Hofgärtner Dietrich, welcher zugleich 41 Pflanzen überbringt, mit welchen Serenissimus dem botanischen Garten ein Geschenk machen." Und er fügt hinzu:

> Sie werden sich gewiß mit uns erfreuen, daß Durchlaucht der Herzog einen so lebhaften Antheil an dem Fortgange des Instituts nehmen, und besonders Sorge tragen, daß die *Juniperus-* und *Pinus*-Arten beym Verpflanzen auf das Beste besorgt werden.[43]

Carl August ging seinen pflanzenkundlichen Studien vornehmlich in Belvedere nach, wo der botanisch ebenfalls äußerst versierte Hofgärtner Reichert die Aufsicht über zahlreiche Gewächshäuser und eine Fülle exotischer Pflanzen innehatte. Im Jahre 1796 trat Johann Conrad Sckell (1768–1834) an seine Stelle, dem weitere Mitglieder der berühmten Gärtnerfamilie Sckell nach Weimar folgen sollten.[44] Der botanische Garten zu Belvedere, wo sich Carl August und Goethe häufig zum gemeinsamen Pflanzenstudium einfanden, entwickelte sich bis in die 1820er Jahre zu einem beachteten Treffpunkt von Botanikern, Gärtnern und Forschungsreisenden, unter ihnen Alexander von Humboldt.[45] Neben eigenen Zuchtversuchen wurden seltene Pflanzen aus dem In- und Ausland angekauft. Vor dem Hintergrund einer ab 1770 zu beobachtenden Popularisierung der Botanik ist das diesbezügliche Engagement des Herzogs auch als öffentlichkeitswirksamer Teil seiner Bemühungen um Kunst und Wissenschaft, mithin als zeitgemäße Beschäftigung eines „aufgeklärten" Souveräns zu werten.[46]

Im Jahre 1800 veröffentlichte Friedrich Gottlieb Dietrich unter dem Haupttitel *Die Weimarische Flora* ein detailliertes dendrologisches *Verzeichniß der im Herzoglichen Park in Weimar befindlichen Bäume, Sträucher und Stauden*. In seiner *Vorrede* würdigt Dietrich den Weimarer Park, der „wegen der Schönheit, Mannichfaltigkeit und Anordnung seiner Parthien und seines Reichthums an exotischen Hölzern"

42 Vgl. Johann Wolfgang Goethe an August Karl Batsch, Weimar 29. Januar 1794; WA IV/10, S. 136.

43 Johann Wolfgang Goethe an August Karl Batsch, Weimar 5. Mai 1795; WA IV/10, S. 255.

44 Vgl. Redslob 1969, S. 13; Sckell 1928, S. 33. Der bekannteste Gärtner der Familie ist Friedrich Ludwig von Sckell (1750–1823), der die landschaftlichen Anlagen in Schwetzingen und Nymphenburg sowie ab 1804 den Englischen Garten in München gestaltet hat.

45 Vgl. Balzer 1966, S. 132ff.; Jäger, wie Anm. 29, S. 91. Siehe auch: *Familiennachlaß Sckell*, Repertorien des ThHStAW, Bd. 3, bearbeitet von Jutta Fulsche, Weimar 1996, S. 7 und passim.

46 Als Beispiel für die Popularisierung siehe Batsch: *Botanik für Frauenzimmer und Pflanzenliebhaber welche keine Gelehrten sind*, erschienen 1795 in Bertuchs *Landes-Industrie-Comptoir*. Bertuch selbst spielte diesbezüglich als Herausgeber des *Allgemeinen Teutschen Garten-Magazins* eine bedeutende Rolle. Neben Beschreibungen der Pflanzenarten und Gattungen findet sich hier auch eine kritische Auseinandersetzung mit unterschiedlichen pflanzensystematischen Ansichten. Vgl. Polianski 2004, S. 96 u. 98ff.

unter anderen Landschaftsgärten hervorzuheben sei.[47] Dann verweist er auf die Parkveduten von Kraus, die dem Kenner und dem fremden Spaziergänger gleichermaßen zugute kämen. „Für den aber", fügt er hinzu,

> der in diesem von seinem erlauchteten (sic!) Besitzer zu jedermanns Genuß geöffneten Garten mit der Natur vertrauter zu werden wünscht, und in dem Baume nicht bloß den Baum sieht, wird gegenwärtiges beschreibendes Verzeichniß der in der Gegend einheimischen und auswärtigen hier versammelten Gewächse hoffentlich ein erwünschter Wegweiser seyn.[48]

Dietrich wendet sich ausdrücklich nicht nur an Fachleute, sondern an einen größeren Kreis von Parkbesuchern. Er trägt damit der erwähnten Popularisierung der Botanik Rechnung und reiht sich überdies in den Kreis derer, die den Park dem Betrachter vermitteln. Dem wirkungsästhetischen Schwerpunkt der Krausschen Radierungen setzt er die wissenschaftliche Prägnanz lateinischer Pflanzennamen entgegen. Grundsätzlich zeigt sich hier abermals die Modernität der Weimarer Parkschöpfung, welche die botanische in der gartenkünstlerischen Kompetenz aufhebt und die ästhetischen und naturwissenschaftlichen Strömungen der Zeit zu verknüpfen vermag.

In Cottas *Taschenbuch für Natur- und Gartenfreunde* von 1796 erschien ein Portrait des Weimarer Hofgärtners Dietrich, der als Idealbild eines Gärtners gelobt wird:

> Er ist nicht bloß ein mechanischer Gärtner, sondern behandelt seine Kunst nach Grundsätzen. [...] Er weiß, daß Wissenschaft der Behandlung noch nicht den vollkommenen Gärtner ausmacht, darum studiert er das System, [...] und wagt sich sogar an die Theorie der schönen Gartenkunst.[49]

Bezeichnenderweise spiegelt sich im Lob des Gärtners die theoretische Debatte um die Gartenkunst, der nicht nur Goethe mangelnde Grundsätze vorgeworfen hat. Auch hier wird die neue naturwissenschaftliche Tendenz im Landschaftsgarten mit der ästhetischen Sicht verbunden.

Im Frühjahr 1801 wurde Dietrich als Hofgärtner nach Eisenach versetzt, wo er im nahen Wilhelmsthal einen botanischen Garten anlegen sollte.[50] Das 1719 von

---

47 Dietrich 1800, S. III.

48 Ebd.

49 *Taschenbuch für Natur- und Gartenfreunde* 1796, S. 169.

50 ThHStAW: HMA 4226. Die Akte berichtet auch über die Begleiterscheinungen von Dietrichs Versetzung, u.a. über einen Streit um angekaufte Gartenliteratur und von Dietrich auf eigene Kosten erworbene Pflanzen, die er als sein Eigentum betrachtet. Sämtliche Notizen verraten noch einmal den Eifer des Hofgärtners. In einem Handschreiben vom 8. April 1801 erklärt sich Dietrich folgendermaßen: „Auch würde ich aus Gefälligkeit dem Hofgärtner Große [d.i. der Nachfolger, S.M.W.] noch mehr von den meinigen zurückgelassen haben, wenn er nicht zu deutlich zu verstehen gegeben hätte, daß ihm die Kultur fremder Pflanzen unbekannt sey und gesagt hätte: ich mag ihr Zeug nicht haben!" Und weiter: „Daß ich meine Gewächse nicht zum Handel, sondern mehr zur Zierde des Gartens und zur Unterhaltung des Durchl. Herzogs gezogen habe, habe ich dadurch hinlänglich bewiesen, daß ich unausgesetzt von diesen meinen eigenen Pflanzen mehrere dem Durchl. Herzoge sowohl als der Durchl. Herzogin zur

den Eisenacher Herzögen erbaute Schloß Wilhelmsthal war von weitläufigen terrassierten Gärten, einem durch Aufstauung des Gebirgsbachs Elte entstandenen großen See und einem Wildpark umgeben.[51] Nachdem Wilhelmsthal 1741 in den Besitz des Weimarer Herzogshauses übergegangen war, hatte Gottfried Heinrich Krohne, der unermüdliche Baumeister des Herzogs Ernst August, die Schloßanlage umgestaltet. Doch lag das barocke Gebäudeensemble seit fast drei Jahrzehnten unbenutzt und dem Verfall preisgegeben, als Carl August im Jahre 1777 das umliegende waldige Tal als geeignetes Revier für seine Jagdleidenschaft entdeckte. Dem Verfall der Bausubstanz trat der Herzog bald entgegen, aber noch zwei weitere Jahrzehnte sollten vergehen, ehe er sich zu einer gartenkünstlerischen Neugestaltung des Geländes entschloß. Im Sommer 1795 schrieb Carl August aus Wilhelmsthal an Goethe, daß er „den hiesigen Garten verändern und anglisiren" lasse.[52]

Der Weimarer Park hatte seine endgültige Ausdehnung und die Gestalt eines großräumigen Landschaftsgartens erreicht, als Carl August seine gartenkünstlerischen Erfahrungen gleichsam bündelte und zwischen 1795 und 1799 in Wilhelmsthal einen weiteren naturnachahmenden Garten anlegen ließ. Die barocken Anlagen wurden hier nicht, wie in den ersten Jahren der Parkentwicklung im Ilmtal, nach und nach überformt. Der Herzog ließ sie samt ihres figürlichen Schmucks beseitigen und die entstandenen freien Flächen landschaftlich gestalten. Die Umgebung des am Hang liegenden Schlosses wurde mit Gruppen einheimischer Laub- und Nadelbäume bepflanzt, zwischen denen sich ausgedehnte Rasenplätze erstreckten. Weitgeschwungene Wege erschlossen das von bewaldeten Höhenzügen umgebene Tal und führten zum Schloß hin. Den See umgab man mit unregelmäßig ausgeformten Uferböschungen, während am Einlauf der Elte eine Halbinsel und an den Zu- und Abflüssen Kaskaden angelegt wurden. Vor allem die Ein- und Ausbuchtungen der im barocken Garten geraden Uferlinien des Sees erforderten einen beträchtlichen Aufwand. Von 1801 bis 1805 ließ Carl August schließlich das Schloß umbauen, wobei mehrere frühere Nebengebäude abgebrochen wurden und die gewonnene Fläche dem Landschaftspark einverleibt wurde.

Die Ideen zur Neugestaltung der Gartenanlagen und des Schlosses entwickelte Carl August offenbar allein.[53] Fachkundigen Rat erteilte gelegentlich Hofgärtner Sckell aus Belvedere, während der junge Baukondukteur Georg Christian Sartorius (1774–1838) die technischen Vorhaben unterstützte. In einem noch direkteren Sinn als in Weimar übernahm der Herzog in Wilhelmsthal die Rolle des Bauherren

Lust auf die Zimmer geschafft und nach dem Verblühen wieder zu mir genommen habe. Was die Blumentöpfe betrifft, so habe ich einige Hundert mehr geliefert, als in dem Inventarium angeführt sind." Ebd., Bl. 39r./v.

51 Zu Wilhelmsthal vgl. Facius 1962, S. 23–38; Mähler/Weigel 1985, S. 60ff.; Patze/Schlesinger 1979, S. 96f.; Thimm 1992, S. 33f.

52 Carl August an Johann Wolfgang Goethe, Wilhelmsthal 29. August 1795; *Briefwechsel Carl August – Goethe*, S. 202.

53 Vgl. dazu Facius 1962, S. 35.

und Gartenschöpfers. Nach seinen Anweisungen wurde das Tal zu einem Park im Sinne Lancelot Browns geformt. Die grundlegenden Elemente der Landschaft – Talhang, Baumgruppen und See – fungierten als alleinige Ausdrucksträger und fügten sich zu einem malerischen Gesamtbild. Die in großen Schwüngen geführten Wege korrespondierten dem ondulierenden Lineament des Sees, ein Gestaltungsprinzip, das Brown in zahlreichen Landschaftsgärten Englands zur Perfektion gebracht hatte. Auf skulpturalen Schmuck und Staffagearchitekturen, mithin auf die Rhetorik emblematischer Szenen verzichtete Carl August in Wilhelmsthal gänzlich.

Friedrich Gottlieb Dietrich wirkte ab 1801 über vier Jahrzehnte als Hofgärtner in Eisenach und war auch für den Erhalt der Anlagen in Wilhelmsthal verantwortlich. In seiner 1806 erstmals erschienenen *Beschreibung der vorzüglichen Gärten in und bey Eisenach und ihrer schönen Gegend* läßt er eine ausführliche Schilderung des Landschaftsparks von Wilhelmsthal nicht fehlen.[54] Nicht nur Dietrichs Schriften, auch Goethes spätere Abhandlung über die Pflanzenkultur im Großherzogtum belegen, wie in den unter Carl Augusts Ägide entstandenen Landschaftsgärten ästhetische und naturwissenschaftliche Bestrebungen eine geglückte Allianz eingingen, da „die Cultur solcher Pflanzen, nach denen sowohl der Botaniker als der Liebhaber ästhetischer Landschaftsbildung sich umsieht, zuerst gefordert und nach und nach immer weiter ausgebildet" wurde.[55]

7.2. Das Römische Haus

Das zwischen 1792 und 1797 im oberen Parkteil an der Hangkante zum Ilmtal errichtete Römische Haus stellt nicht nur den architektonischen Höhepunkt und das ideelle Zentrum der Parkanlage dar, sondern „zählt zu den interessantesten Zeugnissen klassizistischer Architektur in Deutschland".[56] Die Entstehungsgeschichte, Gestalt und Funktion des Römischen Hauses wurde in einem 2001 von Andreas Beyer herausgegebenen Sammelband ausführlich dargestellt, worin die Intentionen des Auftraggebers Carl August ebenso zur Sprache kommen wie die bauliche Ausführung durch den Hamburger Architekten Johann August Arens (1757–1806) und die Ausgestaltung der Innenräume durch Christian Friedrich Schuricht (1753–1832) und Johann Heinrich Meyer.[57] Auch der Situierung des Gebäudes im Park ist ein detaillierter Beitrag gewidmet, in dem vor allem die Bepflanzung, Wegeführung und gartenkünstlerische Gestaltung des oberen Parkbereichs im Hinblick auf

54 Siehe Dietrich 1811, S. 16–22.

55 Goethe: *Schema zu einem Aufsatze die Pflanzencultur im Großherzogthum Weimar darzustellen*; MA 12, S. 238–243, hier S. 238.

56 Beyer 2001, S. 7.

57 Andreas Beyer (Hrsg.): *Das Römische Haus in Weimar*, München/Wien 2001. Siehe auch *Weimarer Klassizismus. Das Römische Haus im Park an der Ilm*, in: *Ereignis Weimar* 2007, S. 245–251.

die prominente Architektur untersucht werden. Einleitend wird der Anteil Goethes an der Entstehung des Römischen Hauses im Zusammenhang seiner Auseinandersetzung mit antiken Bauformen, speziell der dorischen Säulenordnung, erörtert.

Eine solche, gleichwohl verdienstvolle Fokussierung auf die zahlreichen Einzelaspekte, in die nicht zuletzt denkmalpflegerische Fragen einbezogen werden, läßt einen gewissermaßen übergeordneten Blick auf das Römische Haus und seine Stellung in der Parklandschaft vermissen, ohne den die exzeptionelle Bedeutung des Gebäudes für den Park nicht zu erfassen ist. Dieser übergreifende Blick entspricht der Aussicht aus den Fenstern des Gebäudes ins Ilmtal und lenkt die Aufmerksamkeit auf die gewandelte Landschaftsauffassung, die den vollendeten Park um 1800 prägt und die in der Architektur des Römischen Hauses ihre baukünstlerische Entsprechung findet. Hier spielt erneut Goethe, dessen Vorstellungen das gesamte Bauvorhaben stark beeinflußten, eine maßgebliche Rolle. Seine Auffassung von Natur und Kunst spiegelt sich in den architektonischen Besonderheiten des Gebäudes und seiner Plazierung in der Parklandschaft wider.

Darüber hinaus soll das Römische Haus im folgenden aber auch verstärkt im Kontext des gesamten Landschaftsgartens und seiner Monumente betrachtet werden. Verschiedene Beispiele einer an der Antike orientierten Denkmalauffassung verdeutlichen die inhaltliche Kontinuität der Parkentwicklung seit den 1780er Jahren und kulminieren in einer Architektur, die den Anspruch höfischer Repräsentation mit unbedingter Modernität vereint. Bereits in den 1960er Jahren verband Robert Rosenblum die um 1800 zu beobachtende umfassende künstlerische Erneuerung, die an den Bauformen des Römischen Hauses exemplarisch verdeutlicht werden soll, mit dem Begriff „Tabula rasa“.[58] Vor diesem Hintergrund gilt es nun aufzuzeigen, daß diese Zuspitzung auf das im Weimarer Park veranschaulichte, fundamental neue Verständnis der Beziehung von Architektur und Landschaft in hohem Maße zutrifft.

7.2.1. Ein Sommerhaus für den Herzog. Zur Entwurfs- und Baugeschichte

Die Bemühungen Carl Augusts um den Fürstenbund hatten schon in den 1780er Jahren gezeigt, was sich in der folgenden Zeit immer wieder erweisen sollte: Der Weimarer Herzog entwickelte weitreichende politische Ideen, besaß aber nicht die Macht, diese umzusetzen.[59] Infolgedessen suchte er an einem bedeutenden und zugleich verwandten Hof einen politischen Wirkungskreis zu erlangen und entschied sich schließlich für das preußische Militär. Seit 1788 als Generalmajor in einem Kürassierregiment stehend, nahm er 1792 am ersten Koalitionskrieg gegen das revolutionäre Frankreich teil, in dem die preußische Armee bei Valmy zum Rückzug gezwungen wurde. Im Jahr darauf folgte die Belagerung und Rückeroberung der

58 Rosenblum 1969, S. 146.
59 Vgl. Sengle 1993, S. 101ff.

von den Revolutionstruppen besetzten Stadt Mainz.[60] Im August 1794 kehrte Carl August, ernüchtert und resigniert nach dem langen „Kriegstheater“[61], nach Weimar zurück. Anfang 1795 schied er aus dem preußischen Militärdienst aus und widmete sein politisches Handeln fortan einem Friedensschluß mit Frankreich.[62]

Aus einer Stellung in Frankfurt am Main hatte er bereits im Dezember 1792 jenen häufig zitierten Brief geschrieben, in dem er das Bauprojekt seines Sommerhauses im Weimarer Park in Goethes Hände legte. Die in der Parkliteratur meist auszugsweise zitierte Passage soll hier vollständig wiedergegeben werden:

> Den Bau des Gartenhauses übergebe ich Dir gantz. Da ich wünschte, bey meiner Rückkunft einen Ruheplatz fertig zu finden, so erzeige mir den Gefallen zu besorgen, daß endlich einmahl der Plan des Dinges zu Stande komme und schnell außgeführt werde; ich muß, um die Landschafts Caßen zu schonen, alle neue Baue übers Jahr einstellen; diesen Ruheort möchte ich aber nicht darein begreifen. Wenn man so lange abwesend war, möchte man doch gerne sich endlich sicher wohin setzen. Im Plane sind die Feuerungen schlecht und gantz unbrauchbar angebracht, diese müßen geändert werden. Nimm dich der Sache ernstlich an; Bertuch kann nach wie vor das Detail dabey besorgen: ich werde Schmidten anweisen, daß nichts zum Baue dieses Hauses fehle. Decke es, womit und wie du wilst, und thue, als wenn du für dich bauetest; unsere Bedürfnisse waren einander immer ähnlich.[63]

Carl Augusts Zeilen verraten, wie außerordentlich wichtig ihm trotz der finanziellen Notlage des Herzogtums das entstehende Gartenhaus war, da er es schon aus dem fernen Feldlager als Rückzugsort imaginierte. Seine Kritik an den Kaminen läßt darauf schließen, daß er auch an einen winterlichen Aufenthalt im Park dachte. Beachtet aber wurde der Brief des Herzogs vor allem wegen seines vertraulichen Tons gegenüber Goethe, der das Projekt vorantreiben und sich dabei selbst in der Rolle des Bauherren fühlen sollte. Zwischen beiden war schon Jahre zuvor von einem geplanten Gartenhaus für Carl August die Rede gewesen, wie einem Brief Goethes aus Italien zu entnehmen ist: „An Ihre Anlagen habe ich oft gedacht [...]. Ich habe manche Räzel unterwegs gefunden, vielleicht paßt eines in die Höhle des Sphinx. Gartenhäuser und Brunnen bringe ich mit.“[64]

Tatsächlich geht die Gestalt des Römischen Hauses in mehrfacher Hinsicht auf Goethes Italienaufenthalt zurück. Den vom Herzog beauftragten Architekten Johann August Arens hatte Goethe 1787 im Künstlerkreis um Meyer, Tischbein und Hackert in Rom kennengelernt.[65] Für Arens bildete Rom das Ziel einer mehrjähri-

---

60 Siehe die autobiographischen Texte Goethes, der den Herzog während der Feldzüge begleitet hatte: *Campagne in Frankreich 1792* und *Belagerung von Mainz*; MA 14, S. 335–557. Vgl. dazu Borchmeyer 1994, S. 260ff.

61 Goethe, *Campagne in Frankreich 1792*; MA 14, S. 337.

62 Vgl. Reiner Wild: *„Schüttelt nur an Euren Ketten, der Mann ist Euch zu groß." Herzog Carl August gewinnt gegen Napoleon*, in: Schuster/Gille 1999, S. 551–559, hier S. 551.

63 Carl August an Johann Wolfgang Goethe, Frankfurt/M. 27. Dezember 1792; *Briefwechsel Carl August – Goethe*, S. 168.

64 Johann Wolfgang Goethe an Carl August, Neapel 27. Mai 1787; *Briefwechsel Carl August – Goethe*, S. 87.

65 Vgl. Wietek 1962, S. 165ff.

gen Studienreise, die ihn zuvor durch England und Frankreich geführt hatte. Damit erfüllte er eine wichtige Voraussetzung, die Goethe zu seiner Empfehlung des Architekten für die Weimarer Bauvorhaben – das Schloß und das Römische Haus – bewogen haben mag: „Ich würde hierzu unter der gehörigen Aufsicht und der regulierenden Einwirkung eher Personen wählen, die erst ganz frisch Rom und Paris gesehen haben“, ließ er Christian Gottlob Voigt wissen.[66] Mit diesem Satz formuliert Goethe zum einen die Absicht der eigenen Einflußnahme auf das Baugeschehen und zum anderen den Anspruch, daß ein in Weimar tätiger Architekt mit der neuen Baugesinnung, wie sie vor allem in Frankreich diskutiert wurde, vertraut sein müsse. Sein Aufenthalt in Italien hatte ihm die Vorstellungen der sogenannten französischen „Revolutionsklassizisten“ nähergebracht und sein Interesse an einer auf einfachen stereometrischen Grundkörpern beruhenden Architektur erneuert.[67] Eine Affinität zu diesem architektonischen Prinzip hatte Goethe bereits 1777 bei der Durchsetzung seines Entwurfs für den „Stein des guten Glücks“ erkennen lassen. Die französischen Baumeister der „Revolutionsarchitektur“ hatten für ihre Gebäude überdies die Wirkungsästhetik gedrungener dorischer Säulen entdeckt.[68]

Den ersten Entwurf eines Landhauses legte Arens 1788 noch in Rom vor (Abb. 92). Das als *Project d'une Maison de Campagne* bezeichnete Blatt verrät schon im Titel seine Orientierung an der neuen Bauweise der französischen Architekten. Es zeigt ein eingeschossiges, breitgelagertes Gebäude über rustiziertem Sockel, das von einer Vorhalle mit dorischen Säulen dominiert wird. Darüber befinden sich anstelle des Giebeldreiecks ein Metopen-Triglyphen-Fries und eine Attika, über der ein flaches Walmdach den Bau abschließt. Die klar gegliederte, auf monumentale Wirkung ausgerichtete Architektur steht beispielhaft für zahlreiche, in den 1780er Jahren entstandene Entwürfe französischer Baumeister, die sich mit neuen Bedürfnissen des Wohnens und in diesem Kontext mit der Landhausarchitektur auseinandersetzten.[69] Ihre an der griechischen Antike geschulte Formensprache versuchte deren Großzügigkeit und Strenge mit einem ländlichen Charakter in Einklang zu bringen.

Goethe selbst skizzierte einige Gartenhäuser, wie sie in den Villen und Weinbergen um Rom zahlreich zu finden waren. Auf einem der nicht datierten Blätter sind zwei schlichte Landhäuser in Grund- und Aufrissen festgehalten (Abb. 93). Die zweigeschossigen Gebäude verweisen mit der Bogenöffnung im Untergeschoß, den beiden hochrechtwinkligen Fenstern und dem flachen Giebel eindeutig auf die dem Park zugewandte Ostseite des Römischen Hauses. Im linken Aufriß scheint sich Goethe bereits mit dem für das Römische Haus charakteristischen Segmentbogen auseinanderzusetzen.

66 Johann Wolfgang Goethe an Christian Gottlob Voigt, Zürich 25. Oktober 1797; WA IV/12, S. 342.

67 Vgl. Dolgner 1996, S. 59.

68 Vgl. Wegner 1993, S. 89.

69 Vgl. Jericke/Dolgner 1975, S. 139f.

Im Jahre 1789 wurde Arens als Architekt für den Wiederaufbau des Schlosses nach Weimar berufen.[70] Zweifellos dachte Goethe in diesem Zusammenhang auch an das geplante Gartenhaus für den Herzog. Allerdings hielt sich Arens stets nur wenige Wochen und im Frühsommer 1791 überhaupt letztmalig in Weimar auf, ehe er wieder ganz nach Hamburg zurückkehrte.[71] Zu diesem Zeitpunkt muß über die Lage und Gestalt des Römischen Hauses weitgehend Klarheit bestanden haben, denn im Juli 1791 begann man mit den vorbereitenden Erdarbeiten „zu dem neuen Gebäude über der Kalten Küche".[72] Erst 1792 lieferte Arens einen detaillierten Entwurf auf zwölf Blättern, der in den folgenden Jahren bis 1797 im wesentlichen ausgeführt wurde (Abb. 94–97).[73]

Den Grundstein des „Römisch Haußes im hiesigen fürstl. Parcke" legte man am 28. März 1792.[74] Die *Nachricht so in den Grundstein gelegt worden* gibt nicht nur Auskunft über den Bauherrn, den Architekten und die Funktion des zu errichtenden Gebäudes, sondern vermerkt auch ausdrücklich die baukünstlerische Intention:

> Als der Durchl. Fürst und Herr, Herr Carl August regierender Herzog zu Sachsen, Weimar und Eisenach, Ihrem Vergnügen an dem Genuß der schönen Natur in dem von Ihm angelegten Parck, gleichsam ein Ruhepunckt zu geben und ein dieser Absicht angemessenes Lusthaus, wozu der fürstl. Baurath, Herr Arens zu Hamburg die Risse gefertigt, an diesem Orte nach dem soliden Geschmack der Baukunst der Alten aufzuführen, sich gnädigst entschlossen haben, so wurde hierauf Nachmittags um 5 Uhr der Grundstein [...] gelegt.[75]

Daß der Rohbau nun zügig voranschritt und Carl August aus der Ferne lebhaft daran Anteil nahm, beweisen jene Briefe, in denen er Goethe zugleich Instruktionen und weitgehende Vollmachten erteilte. In den von Bertuch bis zu seiner Amtsaufgabe 1796 geführten Gartenmemoranden ist der Fortgang des Baugeschehens minutiös, das heißt in wöchentlicher Einteilung und Aufzählung sämtlicher Hand-

70 Vgl. Bothe 2000, S. 39.

71 Für Arens' Nachfolge in den Angelegenheiten des Schloßbaues schlug Herzogin Luise den vielbeschäftigten Erdmannsdorff vor, was Goethe entschieden ablehnte, da er bekanntlich eigene Auswahlkriterien verfolgte und keinen Architekten der älteren Generation beschäftigen wollte. Vgl. Dolgner 1996, S. 64.

72 ThHStAW: B 8551, Bl. 32f.

73 *Entwurf zu einem Garten-Haus für Sr. Durchlaucht des Herzogs zu Sachsen-Weimar im Schlos Garten zu erbauen, auf zwölf Blätter gezeichnet von J.A. Arens 1792.* Neun Blätter sind im GNM erhalten; es fehlen Nr. 2, 3 und 12. Sämtliche Risse tragen den Vermerk „Hamburg 1792" und die Signatur des Architekten. – In den Jahren zuvor hatte es bereits einige Vorentwürfe von Arens gegeben, da Goethe im Februar 1790 an den Herzog schreiben konnte: „Arens hat auch einige artige Zeichnungen für den Parck hinterlaßen und sich durchaus als ein geschickter, verständiger und redlicher Mann gezeigt." Johann Wolfgang Goethe an Carl August, Weimar 6. Februar 1790; *Briefwechsel Carl August – Goethe*, S. 149. Zu den Vorzeichnungen siehe Kai Fischer: *Die Tätigkeit des Architekten Johann August Arens am Bauprojekt Römisches Haus*, in: Beyer 2001, S. 40–47, hier S. 40f.

74 ThHStAW: B 8558a.

75 Ebd., Bl. 5v.

werksarbeiten, dokumentiert.[76] Parallel zu den Bauarbeiten wurden die umliegenden Anlagen landschaftsgärtnerisch gestaltet, entstanden Wege und Treppen am Steilhang sowie Pflanzungen im oberen Parkbereich und der „Kalten Küche“. Im Frühjahr, wenn jeweils die intensivsten Bauphasen einsetzten, waren mehr als einhundert Arbeitskräfte täglich rund um das Römische Haus beschäftigt.[77] Im Februar 1793 wies der Herzog wegen der äußerst prekären Finanzlage eine Einschränkung der Ausgaben beim Theater an, erklärte aber außerdem:

> Der Bau des Gartenhauses wird [...] fortgesezt, wie er disponirt worden, nehmlich daß in diesen Jahre das Erdgeschoß fertig, die Säulen etwa angeschaft werden, und mann die Vorbereitungen treffe, übers Jahr das Stock aufzusetzen.[78]

Carl Augusts Vorgaben wurden eingehalten, so daß am 3. September 1794, dem siebenunddreißigsten Geburtstag des Herzogs, das Richtfest gefeiert werden konnte.[79]

Der Innenausbau des Römischen Hauses erstreckte sich über mehrere Jahre. Die Anlage der Innenräume und die Gliederung der Wandflächen folgten im wesentlichen Arens' Vorgaben. Da der Hamburger Architekt Weimar endgültig den Rücken gekehrt hatte, wurde im Sommer 1794 der Dresdner Hofbaukondukteur Christian Friedrich Schuricht zur weiteren Gestaltung des Gebäudeinneren herangezogen. Wie Arens, so war auch Schuricht in Paris und London gewesen und hatte 1786 Italien bereist.[80] Bekannt war er zudem durch seine Illustrationen in Hirschfelds *Theorie der Gartenkunst*, für die er ab dem dritten Band architektonische Entwürfe in Kupfer gestochen hatte, welche die Einbindung der Architektur in die landschaftliche Umgebung betonen.[81] Schurichts Entwürfe für das Römische Haus betrafen vor allem Details der Wand- und Deckengestaltung sowie die Inneneinrichtung.[82] Nach seinen Vorgaben arbeiteten unter anderen die Hofbildhauer aus

---

76 Gartenmemoranden von 1792–1796: ThHStAW: B 8555; B 8560; B 8564; B 8569; B 8575. Auszugsweise Transkriptionen siehe im Anhang: Ausgewählte Quellen.

77 Siehe u.a. ThHStAW: B 8575, Bl. 14v. Dazu zählen auch die Arbeiten im Steinbruch und die zahlreichen Fuhrarbeiten.

78 Carl August an Johann Wolfgang Goethe, Frankfurt/M. 18. Februar 1793; *Briefwechsel Carl August – Goethe*, S. 170. Weiter sorgt sich der Herzog abermals um Öfen und Kamine, da er entgegen früherer Planungen alle Räume beheizen will. Goethe und dem Architekten überließ er die baukünstlerische Gestaltung, dachte aber selbst über technische Details nach: „Sollen die Säulen von Seeberger Stein gemacht werden, so muß mann nur nicht vergeßen sie in den Fugen mit Bleyplatten zu durchschießen, weil der Sandstein ein Leiter für alle Erdnäße nach oben ist, und, wenn die Röhrchen dieses Steins aufeinander paßen, die Feuchtigkeit in die Höhe bringt, und beständige Näße an den Architrav des Frontons verbreitet; die Bleyplatten heben aber die Communication der Röhrchens auf.“ Ebd.

79 ThHStAW: B 8564, Bl. 37. Siehe Anhang. Vgl. auch Jericke/Dolgner 1975, S. 143.

80 Vgl. Jericke/Dolgner 1975, S. 144.

81 Vgl. Schepers 1980, S. 303f.

82 Siehe dazu ausführlich Fischer, wie Anm. 73, S. 45ff.; Jericke/Dolgner 1975, S. 144f.; Ulrike Müller-Harang: *Die Inneneinrichtung des Römischen Hauses*, in: Beyer 2001, S. 82–95, hier S. 82ff.; *Weimarer Klassikerstätten*, S. 275ff.

Gotha und Weimar, Döll und Klauer, am plastischen Schmuck für die einzelnen Räume und den Außenbau. Meyer, mit dem Goethe sich fortwährend über das Baugeschehen und die Ausstattung verständigte, war für die bildkünstlerischen Arbeiten verantwortlich. Er kopierte im Auftrag des Herzogs ein Werk aus dem reichen Bestand der Dresdner Gemäldegalerie, das im Vestibül des Hauses seinen Platz finden sollte: *Der Genius des Ruhms* (1588/89) von Annibale Carracci.[83] Bis ins Jahr 1798 wurde an der Ausgestaltung des Römischen Hauses gearbeitet. Bereits im Juli 1797 aber nahm Carl August sein neues Domizil im Park feierlich in Besitz.

7.2.2. Dorisch und Ionisch. Zur architektonischen Gestalt

Der langgestreckte Baukörper des Römischen Hauses erhebt sich über einem rechteckigen Grundriß und folgt dem Vorbild eines römischen Prostylos (Abb. 98). An der westlichen Schmalseite führt eine Freitreppe zu der von vier ionischen Säulen getragenen Vorhalle mit umlaufendem Kranzgesims (Abb. 94 und 99). Ein durchgehendes Satteldach mit flachen Giebelfeldern an beiden Seiten verbindet die Vorhalle mit dem Hauskörper, der durch sechs Fenster- bzw. Türachsen gegliedert wird. Der Bau ruht auf einem rustizierten Sockelgeschoß, welches das Gefälle des Hangs überwindet und nur von der Ost-, also der Parkseite aus sichtbar ist (Abb. 95 und 100). Hier durchquert den Sockel ein breiter Durchgang, der sich in drei Bogenöffnungen zum Hang und zum Tal hin öffnet. In den östlichen Bogen wurden zwei schwere dorische Säulenpaare eingestellt (Abb. 101 und 102). Auf ihnen lagert ein auch für die beiden anderen Bogenöffnungen charakteristischer Segmentbogen. Zwischen den Säulenpaaren fand ein massives Brunnenbecken auf achteckigem Sockel Aufstellung (Abb. 103). Im Inneren des Durchgangs wurde überdies ein umlaufender Metopen-Triglyphen-Fries angebracht.

Das hervorstechende Merkmal des gesamten Gebäudes besteht zweifellos in seiner Zweiteilung in einen durch ionische Stilformen geprägten Ober- und den durch die dorische Ordnung charakterisierten Unterbau. Da die von Arens zu Baubeginn vorgelegten Entwürfe eine weitgehende Umsetzung erfahren haben, ist hier zum einen auf dessen Beeinflussung durch die sogenannten französischen „Revolutionsklassizisten" zu verweisen, welche die basislosen griechisch-dorischen Säulen um 1800 zum Signum moderner Baukunst werden ließen. Zum anderen kann von einem wesentlichen Einfluß Goethes auf die Gestalt des Römischen Hauses ausgegangen werden, dem nicht nur an der Umsetzung einer an Frankreich geschulten Architekturauffassung gelegen war, sondern der am Sommerhaus des

83 Siehe ausführlich Ines Boettcher: *Johann Heinrich Meyer und die künstlerische Ausgestaltung im Römischen Haus*, in: Beyer 2001, S. 63–74 und jüngst auch den Artikel *Der Genius des Ruhms*, in: *Ereignis Weimar* 2007, S. 250f. Das Gemälde Meyers fand später seinen Platz in der Mitte des Deckenspiegels im Rokokosaal der Herzogin Anna Amalia Bibliothek, wo es am 2. September 2004 dem Brand der Bibliothek zum Opfer fiel.

Herzogs zugleich seine eigene Auseinandersetzung mit der antiken Baukunst visualisierte. Die häufig für die Anordnung der Stilformen am Römischen Haus bemühte Erklärung, daß hier die Verbindung eines neueren Baus mit älteren Resten vorgetäuscht werden solle, um die Überwindung der dorischen durch die ionische Ordnung zu verdeutlichen, entspricht einer eher konventionellen Sichtweise und greift entschieden zu kurz.[84] Vielmehr bedeutete der Bau des Römischen Hauses für Goethe die Möglichkeit, seine in Italien unternommenen Architekturstudien im Sinne einer gewandelten Antikenrezeption praktisch umzusetzen.[85]

Goethes Reise durch Italien war von zwei großen baukünstlerischen Erlebnissen bestimmt, die seine Architekturauffassung entscheidend prägten. In Norditalien begegnete er dem Werk Andrea Palladios (1508–1580), das ihn zu einer systematischen Beschäftigung mit der Technik und Formensprache von Architektur – nicht zuletzt der Säulenordnungen – und zur Lektüre der Bücher Vitruvs anregte. Die zweite zentrale Erfahrung war der Anblick der griechischen Tempel im süditalienischen Paestum.

Ende September 1786 hatte Goethe in Padua eine Faksimile-Ausgabe der *Quattro libri dell' architettura* (1570) von Palladio erworben; wenige Tage danach begann er mit Vitruvs *Zehn Bücher[n] über die Baukunst* auch dessen großes römisches Vorbild zu studieren.[86] Palladio hat ihm nicht nur „den Weg in alle Kunst und Leben geöffnet“[87], sondern auch die Tür zur Antike aufgestoßen. Palladios Aneignung der Antike galt ihm fortan als vorbildliches Modell, wie die akkumulierte Vielfalt der baukünstlerischen Formen und Fertigkeiten für die Anforderungen der Gegenwart zu nutzen war, ohne im Stadium der einfachen Nachahmung zu verharren.[88] Der

---

84 Vgl. exemplarisch Jericke/Dolgner 1975, S. 151f. Die Autoren sehen in Goethes Einfluß einen „Nachklang aus der Periode des empfindsamen Sich-Versenkens in Altes und Fernes“. Ebd., S. 151. Vgl. auch Ewald 1999, S. 398; Forssman 1999, S. 74; Kruft 1982, S. 283.

85 Vgl. Andreas Beyer: *Dorisch in Weimar – Zu Goethes architektonischem Lehrgebäude*, in: Beyer 2001, S. 11–24.

86 Zu Palladio siehe Goethe, *Italienische Reise*; MA 15, S. 68. Am Tag der Palladio-Erwerbung berichtet Goethe auch vom botanischen Garten in Padua, der seinen Studien zur Pflanzengestalt und der Suche nach der Urpflanze neue Nahrung gab. In einem direkten Sinn stehen schon kurz nach der Ankunft in Italien botanische und baukünstlerische Bestrebungen nebeneinander. Ebd., S. 69f. – Zu Vitruv: Der lateinische Urtext des Werkes des augusteischen Architekten und Ingenieurs Vitruvius, die einzige überlieferte antike Quellenschrift zur Architekturtheorie, war 1537 in Venedig in italienischer Übersetzung erschienen: *Regole generali di architettura sopra le cinque maniere degli edifici*. Ende Oktober 1786 vermerkt Goethe: „Seitdem ich in Vitruv und Palladio gelesen, wie man Städte bauen, Tempel und öffentliche Gebäude stellen müsse, habe ich einen großen Respekt vor solchen Dingen.“ MA 15, S. 134. Über sein Studium Palladios und Vitruvs vgl. auch den Brief Goethes an Carl August, Rom 3. November 1786; *Briefwechsel Carl August – Goethe*, S. 76f. – Vgl. weiterhin Christian Bracht: Artikel *Andrea Palladio (eigentlich Andrea di Pietro della Gondola) (1508–1580) I quattro libri dell' architettura [...]. In Venetia, Apresso Dominico de' Franceschi 1570*, in: Schuster/Gille 1999, S. 313.

87 Goethe, *Tagebuch der Italienischen Reise für Frau von Stein 1786*; MA 3.1, S. 7–158, hier S. 104.

88 Vgl. Bisky 2000, S. 75. Zu Goethes Palladio-Rezeption siehe auch Einem 1972, S. 132–155; Forssman 1997, S. 80f.; ders. 1999, S. 56ff.; Keller 1971, S. 7f.; Martin 1977; Wirth 1961, Sp. 346ff., 354.

Architekt griff auf antike Gestaltungs- und Dekorationsprinzipien zurück, um diese entsprechend seines baukünstlerischen Entwurfs frei zu kombinieren. Diese Verbindung aus Nachahmung und Erfindung hat Goethes mit identifikatorischem Enthusiasmus als eine Kunst rezipiert, in der innere Gesetzmäßigkeit und freie Gestaltung zusammentreffen.

Ein Zeugnis der fortdauernden Auseinandersetzung Goethes mit Palladio liefert sein 1795 verfaßter Aufsatz *Baukunst*, der wegen seiner Suche nach zeitlos gültigen Begriffen zur Charakterisierung eines Bauwerks laut Erik Forssman einen „Vorläufer der Kunstgeschichte in Grundbegriffen" darstellt.[89] Goethe arbeitet hier die Bedeutung von Material, Zweck und ästhetischer Wirkung in der Baukunst heraus und integriert sie in ein stufenweise aufgebautes, entwicklungsgeschichtlich fundiertes System. Seine Ausführungen über den Charakter von Bauwerken verraten den Einfluß der französischen Theorie einer *architecture parlante*, die ihm durch die Schriften Marc-Antoine Laugiers (1713–1769) vertraut war.[90]

Der deutlichste Beweis des französischen Einflusses auf die deutsche Architekturtheorie findet sich in der 1785 anonym erschienenen Schrift *Untersuchungen über den Charakter der Gebäude*, welche die Grundgedanken der „Revolutionsarchitekten" aufgreift und somit die schnelle Ausbreitung der in Paris entwickelten Ideen durch Europa dokumentiert.[91] Ihrem Verfasser zufolge besteht die Aufgabe der Architektur darin, den Zustand des Menschen zu schildern und seine Bedürfnisse widerzuspiegeln. Er erläutert, wie durch den angemessenen Einsatz formaler Mittel, etwa von Treppen, Dachformen, Tür- und Fenstergrößen, die Wirkung eines Gebäudes und damit sein Charakter zum Ausdruck kommt. Auch der Gebäudeumriß und die landschaftliche Situation, in der ein Bauwerk plaziert ist, werden mit dessen Charakter in Verbindung gebracht.

89 Forssman 1999, S. 87. – An Meyer schrieb Goethe: „Durch einen äußern Anlaß bin ich bewogen worden über die Baukunst Betrachtungen anzustellen und habe versucht mir die Grundsätze zu entwickeln nach welchen ihre Werke beurtheilt werden können." Johann Wolfgang Goethe an Johann Heinrich Meyer, Weimar 16. November 1795; *Briefwechsel Goethe – Meyer*, Bd. 1, S. 147. Der zu Goethes Lebzeiten nicht veröffentlichte Aufsatz ist Teil der Vorarbeiten zu einer Kunst- und Kulturgeschichte Italiens, die Goethe und Meyer zusammen schreiben wollten. Das Werk wäre ein Gegenstück zu Winckelmanns *Geschichte der Kunst des Altertums* geworden. Es wurde jedoch nicht vollendet. Vgl. Einem 1972, S. 142f.

90 Laugier verfaßte den *Essai sur l' Architecture* (Paris 1753, deutsch 1756) und die *Observations sur l' Architecture* (Paris 1765). Goethe hatte sich mittels seiner Schriften die *caractère*-Lehre angeeignet, die vor allem von den „Revolutionsarchitekten" vertreten wurde und sich in den 1780er Jahren auch in Deutschland verbreitete. Vgl. Kruft 1982, S. 287; ders. 1991, S. 170ff.

91 Siehe *Untersuchungen über den Charakter der Gebäude*. Vgl. dazu Kruft 1991, S. 214f.; Schönwälder 1995, S. 127–142; Schütte 1989. Schönwälder vermutet mit stichhaltigen Argumenten Erdmannsdorff als Autor des 1785 in Dessau veröffentlichten Traktats. Vgl. ebd., S. 138ff. – Siehe auch das Kapitel *Zum Begriff des „Charakteristischen" in der kunsttheoretischen Diskussion um 1800*, in: Schönwälder 1995, S. 116–127. – Die Anwendung wirkungsästhetischer Prinzipien auf die Baukunst und die Ausdifferenzierung des Charakterbegriffs ab etwa 1780 erfolgte nicht zuletzt in Anlehnung an die zeitgenössische Gartentheorie. Vgl. dazu Schepers 1980, S. 169.

Goethes zehn Jahre später entstandener *Baukunst*-Aufsatz liest sich in mancherlei Hinsicht wie eine Fortschreibung der Thesen des Anonymus von 1785. Die *Untersuchungen* gehörten zum Bestand der herzoglichen Bibliothek, so daß man Goethes Kenntnis des Textes voraussetzen darf. Goethe vertritt eine vergleichbare Wirkungsästhetik, indem er die Architektur als Raumschöpfung propagiert, die nicht allein für das Auge, sondern für den Sinn der mechanischen Bewegung des Körpers arbeiten müsse:

> Wir fühlen eine angenehme Empfindung, wenn wir uns im Tanze nach gewissen Gesetzen bewegen; eine ähnliche Empfindung sollten wir bei jemand erregen können, den wir mit verbundenen Augen durch ein wohlgebautes Haus hindurch führen. Hier tritt die schwere und complizirte Lehre von den Proportionen ein, wodurch der Character des Gebäudes und seiner verschiedenen Theile möglich wird.[92]

Goethe betrachtet die Lehre von den Proportionen erstmals unter dem Gesichtspunkt der Raumwirkung.[93] Der wohlproportionierte Raum dient dem höheren Zweck einer sinnlich-harmonischen Wirkung, welche die Baukunst zu erzielen habe.

Den höchsten Zweck der Architektur sieht Goethe in der „Fiction", wenn er – auch darin den „Revolutionsarchitekten" ähnlich – Poesie in der Baukunst fordert: „es ist dieses der poetische Theil der Baukunst, in welchem die Fiction eigentlich wirkt."[94] Die Lehre von der Fiktion sei notwendig, „um gewissen Puristen zu begegnen, die auch in der Baukunst gern alles zu Prosa machen möchten."[95] Der Begriff „Fiction" steht für den ideellen Entwurf eines Werkes, der sich in der Dialektik von Aneignung und Verfremdung entfaltet.[96] Zu ihrem unübertroffenen Meister hat Goethe Palladio erkoren, weshalb der *Baukunst*-Aufsatz schließlich in einer Würdigung des italienischen Architekten kulminiert.[97]

Goethes Text weist einen deutlichen Bezug zum aktuellen baukünstlerischen Geschehen in Weimar – dem Römischen Haus und dem Schloß – auf. Mit der Anordnung von Säulen, Piedestalen und vorgelegten Stufen hatte er sich bereits angesichts des römischen Minerva-Tempels in Assisi beschäftigt, dessen Wiedergabe durch Palladio er an dieser Stelle nicht mit der Realität übereinstimmen sah (Abb. 104).[98] Jetzt nahm er die Problematik in seine Abhandlung auf und gab die unterschiedlichen Lösungen auch zeichnerisch in Grund- und Aufrissen wieder (Abb.

92 Goethe, *Baukunst* 1795; MA 4.2, S. 53–61, hier S. 54.

93 Vgl. Bisky 2000, S. 70–76; Einem 1972, S. 105ff.

94 Goethe, *Baukunst* 1795; MA 4.2, S. 53–61, hier S. 54.

95 Ebd., S. 56.

96 Vgl. Bisky 2000, S. 73; Kommentar zu *Baukunst* 1795, in: MA 4.2., S. 952–961, hier S. 953.

97 Im Dezember 1795 schreibt Goethe bewundernd: „Je mehr man den Palladio studiert, je unbegreiflicher wird einem das Genie, die Meisterschaft, der Reichthum, die Versatilität und Grazie dieses Mannes." Johann Wolfgang Goethe an Johann Heinrich Meyer, Weimar 30. Dezember 1795; *Briefwechsel Goethe – Meyer*, Bd. 1, S. 168.

98 Vgl. Goethe, *Italienische Reise*; MA 15, S. 134ff. Goethe übersah, daß Palladio nicht selten die antiken Vorbilder korrigierte, d.h. in seinem Sinne umformte und idealisierte.

105). Im folgenden widmete er seine Aufmerksamkeit den verschiedenen Entwürfen Palladios für den Eingangsbereich von Stadtgebäuden und Landhäusern. Seinen Villen um Vicenza hatte Palladio häufig einen – meist sechssäuligen – ionischen Portikus vorgelagert; die berühmteste unter ihnen, die sogenannte *La Rotonda*, hatte Goethe im September 1786 besucht.[99] Seine intensive Auseinandersetzung mit dem Vicentiner Baumeister, die er in Italien begann und in den 1790er Jahren in Weimar erneut aufnahm, legt den Schluß nahe, daß der ionische Säulenportikus am Römischen Haus ohne den konkreten Bezugspunkt der Villenbauten Palladios nicht zu denken ist.

Das Sockelgeschoß des Römischen Hauses mit seinen signifikanten dorischen Säulen wurde hingegen durch Goethes Erlebnis der griechischen Tempel in Süditalien inspiriert.[100] Den archaischen Tempelbauten hatte der Reisende aus Weimar zunächst mit unverhohlener Ablehnung gegenüber gestanden. „Der erste Eindruck", so schrieb er später in der *Italienischen Reise* über seinen ersten Besuch in Paestum, „konnte nur Erstaunen erregen. Ich befand mich in einer völlig fremden Welt." Und er verleugnete nicht, daß ihm „diese stumpfen, kegelförmigen, enggedrängten Säulenmassen lästig, ja furchtbar" erschienen waren.[101] Erst mit der Weiterreise nach Sizilien und nachdem er andere Reste griechischer Architektur gesehen hatte, begann Goethes allmähliche Annäherung an die Ästhetik der basislosen dorischen Säulen. Zwei Monate nach dem ersten Verweilen in Paestum besuchte er den Ort erneut und schrieb enthusiasmiert an Herder, es sei dies „die letzte und, fast möcht' ich sagen, herrlichste Idee, die ich nun nordwärts vollständig mitnehme."[102] Die beiden Bemerkungen Goethes sind als Anfangs- und Endpunkt eines in acht Wochen durchlaufenen Prozesses ästhetischer Selbsterziehung immer wieder zitiert worden. Daß Goethe jene „herrlichste Idee" fortan als Fluchtpunkt seines klassizistischen Architekturverständnisses begriff und zugleich für ihre praktische Umsetzung sorgte, gilt es an der Gestalt des Römischen Hauses zu verdeutlichen.

Wenn ihm die über zweitausendjährigen Tempel von Paestum zunächst wie das Zeugnis einer archaischen Dumpfheit erschienen waren, so offenbart sich hier der an Winckelmann geschulte Blick Goethes. Winckelmann hatte den um 1750 wiederentdeckten Tempelbauten der griechischen Kolonie Poseidonia im Vorbericht seiner *Anmerkungen über die Baukunst der Alten* (1761) eine erste wissenschaftliche Einschätzung zuteil werden lassen.[103] Er würdigte die Bauten als älteste Zeugnisse griechischer Architektur und leitete so zu einer historischen Kunstbetrachtung an.

---

99 Ebd., S. 62ff.

100 Zu Goethes Wahrnehmung der griechischen Tempel vgl. Beyer, wie Anm. 85; Forssman 1999, S. 68f.; Kruft 1982, S. 283ff.; Albert Meier: *„eine wahre Wiedergeburt"*, in: Schuster/Gille 1999, S. 337–342; Miller 1986, S. 256f.; Pevsner 1971, S. 117–127; Rosenblum 1969, S. 146ff.; Wegner 1993, S. 90f. Wenig hilfreich dagegen Ewald 1999.

101 Goethe, *Italienische Reise*; MA 15, S. 272–275.

102 Ebd., S. 393.

103 Vgl. Christian Bracht: Artikel *Christoph Heinrich Kniep (1755–1825). Poseidon-Tempel von Paestum*, in: Schuster/Gille 1999, S. 350; Kruft 1991, S. 210f.

Allerdings gewann sein Architekturverständnis keine deutlichen Umrisse, da die nackten Travertin-Quader der Ruinen von Paestum kaum mit seinen Erkenntnissen über die römische Architektur in Einklang zu bringen waren und ihn folglich irritieren mußten.[104] Dem bei Winckelmann hinter der wissenschaftlichen Akkuratesse nur verhalten geäußerten Befremden verlieh Goethe bei seinem ersten Besuch in Paestum explizit Ausdruck. Obgleich er sich mit der Architektur Palladios erst in Italien bewußt auseinandergesetzt hatte, war sein Kunstempfinden doch von Kindheit an palladianisch, das heißt durch eine von Palladio umgedeutete Baukunst der Antike und durch das mit Palladios Augen gesehene Rom der Kaiserzeit, geprägt worden. Seine Reise nach Paestum und Sizilien erschütterte Goethe bis in die Grundfesten, da sein Bild von der Antike, dem er nicht zuletzt seine dichterische Existenz verpflichtet sah, offensichtlich zu revidieren war. Der Anblick der größten erhaltenen Reste griechischer Baukunst, die als ungemessene, zyklopische und fremdartige Relikte jede palladianische Gesinnung von sich abwiesen, führte schließlich die entscheidende Wendung in seinem Architekturverständnis herbei.

In Agrigent erschienen Goethe die schlankeren Säulen des Concordia-Tempels, der zugleich der besterhaltene dorische Tempel überhaupt ist, im Verhältnis zu denen von Paestum „wie Göttergestalt zum Riesenbilde".[105] Die Ruinen des Jupiter-Tempels beschrieb er hingegen als „weit gestreckt, wie die Knochenmasse eines Riesengerippes". So stritten in ihm Annäherung und Befremden, während er die Bauwerke ganz unmittelbar und gleichsam körperlich erschloß: „von der Kannelierung der Säule [...] kann dies einen Begriff geben, daß ich, darin stehend, dieselbe als eine kleine Nische ausfüllte, mit beiden Schultern anstoßend."[106] Die von Goethe in seinen wissenschaftlichen Studien immer wieder erprobte Vorgehensweise, aus der Beobachtung des charakteristischen Details Folgerungen für das grundlegende Gesetz abzuleiten, erwies sich auch für das Verständnis der griechischen Bauwerke als produktiv. In Sizilien bündelten sich die verschiedenen Bestrebungen des Reisenden zu einer Suche nach dem Griechischen schlechthin: Er las Homers *Odyssee* und arbeitete an einem Dramenentwurf zum *Nausikaa*-Stoff; zur Auseinandersetzung mit der griechischen Architektur kam der griechische Mythos, und hinter dem homerischen Garten des Alkinoos tat sich vor Goethe ein „Weltgarten" auf, der noch den lange gehegten Gedanken an die Urpflanze in sich aufnahm.[107]

Auf seinen Erkundungen in Sizilien wurde Goethe von dem Zeichner Christoph Heinrich Kniep (1755–1825) begleitet, der die antiken Bauwerke in einer Reihe von Veduten festhielt.[108] Kniep ging mit äußerster Genauigkeit, gewissermaßen mit ar-

104 Vgl. Miller 1986, S. 242, 255f.

105 Goethe, *Italienische Reise*; MA 15, S. 340.

106 Ebd.

107 Siehe ebd., S. 327.

108 Zu Kniep vgl. Bracht, wie Anm. 103; Kruft 1970; Striehl 1998. Vgl. auch die kenntnisreiche Rezension von Thomas Weidner: *Georg Striehl, Der Zeichner Christoph Heinrich Kniep (1755–1825). Landschaftsauffassung und Antikenrezeption, Hildesheim/Zürich/New York 1998*, in: *Kunstchronik* 2/2000, S. 59–63.

chäologischem Blick zu Werke, so daß der Formenvorrat der dorischen Tempel zugleich für die von Goethe nach der Reise verfaßten kunsttheoretischen Schriften, aber auch für die künftigen Weimarer Bauaufgaben zur Anschauung konserviert wurde. Kniep lebte seit 1782/83 als Landschafts- und Portraitzeichner in Neapel, wo er dem Künstlerkreis um Hackert angehörte.[109] Seine Tempel-Darstellungen folgen in Technik und künstlerischem Anspruch dem Vorbild Hackerts, der die Tempel von Agrigent bereits 1785 in einem Gemälde wiedergegeben und damit auch Goethes Sizilienerlebnis vorgeprägt hatte. Es bedurfte dieses Erlebnisses, um nach der Rückkehr beim zweiten Besuch in Paestum die dorischen Säulen als „herrlichste Idee“ zu betrachten, die Goethe in den Norden mitnehmen wollte. Diesmal war Kniep an seiner Seite, der den Poseidon-Tempel mit präzisem Strich aufgenommen und später als Aquarell ausgeführt hat (Abb. 106).

Seine Reise nach Sizilien hatte in Goethe die Erkenntnis reifen lassen, daß er sich in seiner Auseinandersetzung mit dem Griechischen eine Welt anzuverwandeln suchte, die unwiderruflich vergangen und für den Beschauer fremd geworden war.[110] Auch begriff er jede nur antiquarische Empfindung als obsolet, weshalb er fortan in Theorie und Praxis dafür eintrat, das Erbe der Griechen durch gestaltende Umbildung für die Gegenwart fruchtbar zu machen. Eine Wiedererweckung der Antike erklärte er ausdrücklich zur Illusion. Die lebendige Anschauung von Kunst und Natur in Italien hatte Goethe auch von der geschichtlichen Kunstbetrachtung Winckelmanns immer weiter entfernt.[111] Seine Suche nach grundlegenden Gesetzmäßigkeiten in Kunst und Natur folgte einer organischen anstelle der historischen Kunstauffassung: Die Gesetze der Kunst – als der höchsten Steigerungsform der Natur – sind demnach nicht der Geschichte unterworfen, sondern mit denen der Natur identisch. So wird auch die Baukunst für Goethe zu einer „andren Natur“, deren Bedingungen und Gesetze er wie objektive Naturgesetze zu bestimmen sucht. Bereits im Januar 1787 hatte er, noch in Rom weilend, die für ihn entscheidende Erkenntnis schreibend vorweggenommen: „Ich habe eine Vermutung, daß sie [die griechischen Künstler, S.M.W.] nach eben den Gesetzen verfuhren, nach welchen die Natur verfährt und denen ich auf der Spur bin.“[112] Die Spur vertiefte sich, und der nachitalienische Goethe sah in den Formprinzipien der griechischen Kunstwerke die Gesetze der lebendigen Natur ausgedrückt.

Ein genaues Verständnis der Vollkommenheit griechischer Baukunst hatte schon Piranesi bewiesen, als er 1778 die Tempel von Paestum in einem graphischen Zyklus vergegenwärtigte.[113] Die Radierungen waren Piranesis letztes Werk, das noch einmal seine unermüdliche Auseinandersetzung mit Kunst und Natur be-

---

109 Vgl. Miller 1997, S. 44.

110 Vgl. Miller 1986, S. 258f.

111 Vgl. Osterkamp 1996, S. 579.

112 Goethe, *Italienische Reise*; MA 15, S. 200.

113 Giovanni Battista Piranesi: *Différentes vues de quelques Restes de trois grands Edifices qui subsistent encore dans le milieu de l'ancienne Ville de Pesto autrement Posidonia qui est située dans la Lucanie*, Rom 1778. Vgl. Miller 1994, S. 354–364.

zeugt: Die in teilweise dramatischer Schrägsicht dargestellten Säulen treten dicht an den Betrachter heran und offenbaren jedes ihrer präzise gezeichneten Details. Zugleich ähneln die Säulenwälder der Natur, indem sie sich aus der flachen Umgebung so mächtig hervorheben, als seien sie zusammen mit der Landschaft geschaffen und beide zu einer schöpferischen Einheit geformt worden. Piranesi krönte sein Lebenswerk, indem er die stets erneuerte Vorstellung der Architektur als Landschaft nun am Beispiel der erhabensten griechischen Bauwerke vortrug. Mit dieser Sichtweise dürfte er sowohl die Zeichnungen Knieps als auch die ästhetische Annäherung Goethes erheblich beeinflusst haben.

Mit seiner in Italien entwickelten Kunstauffassung verabschiedete Goethe zum einen das Prinzip der einfachen Nachahmung antiker Bauwerke, wie es beispielsweise Erdmannsdorff in den Tempeln der Wörlitzer Parkanlagen vielfach umgesetzt hatte. Sein in Paestum und Sizilien erlangtes tieferes Verständnis für die griechische Architektur verwehrte sich einem nachschaffenden Ehrgeiz, der jener anderen, fremden, von eigener Harmonie und Schönheit geprägten Welt nie gerecht werden konnte. Zum anderen trat er in Gegensatz zu den zentralen Intentionen seines früheren Leitbildes Winckelmann und hob dessen geschichtliche Kunstbetrachtung in einem übergeordneten Erfahrungsbereich auf, in dem die Kluft zwischen Natur und Kunst, zwischen Realem und Idealem, überwunden wurde.

Architekten wie Erdmannsdorff oder auch Carl Gotthard Langhans (1732–1808), der Erbauer des Brandenburger Tors in Berlin, hatten den dorischen Stil des *greek revival* in England studiert.[114] Ihre Entwürfe orientierten sich an den von Stuart und Revett aufgenommenen *Antiquities of Athens*, insbesondere an der maßstabgerechten Rekonstruktion der Propyläen auf der Akropolis.[115] Unter dem Eindruck des mehrbändigen Stichwerks begann die späthellenistische, augusteische Antike Winckelmanns um 1790 allgemein an Verbindlichkeit einzubüßen angesichts der archaischeren Zeugnisse griechischer Baukunst.[116] Für das Brandenburger Tor in Berlin setzte sich Langhans darüber hinaus mit der Architekturauffassung Ledoux' auseinander – ein Beispiel, an dem der immense Einfluß Englands und Frankreichs auf die Entwicklung des dorischen Stils in Deutschland deutlich wird.[117]

Am Römischen Haus in Weimar zeigt sich hingegen eine Unmittelbarkeit der Aneignung griechischer Baukunst, die für Goethe in Süditalien zum beinahe existenziellen Erlebnis geworden war. Die architekturtheoretischen Debatten in Paris, London und Rom lieferten gleichsam die Folie, vor der sich Goethes eigene, an seiner organischen Auffassung von Kunst und Natur ausgerichtete Antikenrezeption entfalten konnte. Ebenso wie die Vorlagen und Quellen architektonischer Gestal-

---

114 Vgl. Wegner 1993, S. 83ff.

115 Die Rekonstruktion erschien im zweiten, 1787 veröffentlichten Band des Stichwerks. Sie trägt die Unterschrift „Pub. 20 April 1787 by J. Stuart.", wurde also genau zu der Zeit aufgenommen, als Goethe und Kniep in Sizilien weilten und dort ihre Annäherung an die griechische Architektur dokumentierten.

116 Vgl. S. Schneider 2002, S. 106.

117 Vgl. Wegner 1993, S. 88f.

tung unterscheiden sich auch die in den Landschaftsgärten realisierten Bauwerke: Die dorischen Tempel in den Parkanlagen von Gotha und Wörlitz, beide aus England inspiriert, zeugen mit ihren schlanken Säulen eher von den Mustern Palladios als von einem vertieften Griechenverständnis.[118] Zwar gilt der Minerva-Tempel in Gotha als erster Bau mit basisloser griechischer Dorica in Deutschland (Abb. 56). Doch stellt sich bei seinem Anblick kein Empfinden der Klarheit und Strenge griechischer Tempelbauten ein. In Wörlitz steht die dorische Ordnung des Flora-Tempels gleichberechtigt in stilistischer Vielfalt neben dem römischen Pantheon und dem Gotischen Haus.

Die ersten wirklich aus Paestum angeregten Säulen finden sich in der Sockelzone des Römischen Hauses. Ihre mächtigen, basislosen dorischen Schäfte scheinen halb in den Boden gesunken, wodurch die starke Entasis betont wird. Selbst die paestischen Tempel wirken angesichts der gedrungenen Proportionierung dieser Säulen, als gehörten sie einem dekadenten Spätstil an.[119] Trotz der unmittelbaren Anregung war mit der Dorica am Weimarer Ilmhang keine archäologisch getreue Detailbildung intendiert, sondern die Suche nach den elementarsten, den ursprünglichen Architekturformen. In den griechischen Tempeln hatte Goethe die Architektur erblickt, welche durch ihre klaren, grundlegenden Formen der Natur am nächsten ist. Die Tempelbauten von Paestum, Agrigent und Segesta bildeten fortan ein verbindliches Ideal, das überzeitlich, weil auf die Natur selbst gegründet war.

Die Suche nach einfachen, natürlichen Bauformen erweist sich als kennzeichnend für den grundlegenden Wandel in der Architekturauffassung des ausgehenden 18. Jahrhunderts. Die Abkehr von der bloßen Nachahmung sowie eine fundierte geschichtliche und normative Betrachtung der überlieferten Zeugnisse antiker Baukunst zeitigten Entwürfe, die nicht mehr als *greek revival*, sondern als Wegbereiter moderner Architektur aufzufassen sind. Einzelne architektonische Elemente, wie am Römischen Haus die dorischen Säulen und der Segmentbogen, wurden aus ihrem überlieferten Kontext gelöst und nun als Teile eines frei verfügbaren Formenvorrats verstanden, der den neuen funktionalen Aufgaben der Architekten entsprach.[120] Speziell die dorische Säule konnte nun jenseits des archäologischen Ordnungssystems eingesetzt werden, so daß sie anstelle eines historischen Stils fortan ein architektonisches Prinzip verkörperte.[121] Reduziert auf ihre eigentliche Funktion als Stütze, steht die Dorica für das neue Ideal der Klarheit, Zweckmäßigkeit und Logik der Konstruktion. Am Römischen Haus vermittelt neben den dorischen Säulen und ihren weit vorspringenden Kämpferplatten auch der Segmentbogen eine in die architektonische Moderne vorausweisende, auf das Wesentliche reduzierte Sachlichkeit. Die gewandelte Architekturauffassung der 1790er Jahre konvergiert

118 Vgl. Lutz 1991, S. 158ff.; Pevsner 1971, S. 172f.

119 Vgl. Rosenblum 1969, S. 146f.

120 Vgl. Busch 1993, der diesen frei verfügbaren Formenvorrat als Entwurf einer aus sich selbst verständlichen Kunst und damit als Signum der Moderne analysiert und mit dem Terminus des Sentimentalischen verknüpft.

121 Vgl. Wegner 1993, S. 90ff.

mit jener Wendung vom Subjektiven zum Objektiven, die Goethes klassizistische Kunstanschauung generell kennzeichnet.

Ihre Ästhetik der reinen Form verbanden allen voran die französischen „Revolutionsklassizisten" mit grundlegenden Überlegungen zum Nützlichkeitsaspekt der Architektur.[122] Vergleichbare Ambitionen leiteten auch Goethe, als er in den Bauformen des Römischen Hauses die herzoglichen Ansprüche an ein angemessenes Sommerhaus mit seiner klassizistischen Ästhetik zu verbinden suchte. In einem Brief an Meyer unterstrich er die Notwendigkeit eingehender Reflexion über die Baukunst,

> denn nirgends ist das erste Bedürfniß und der höchste Zweck so nah verbunden: des Menschen Wohnung ist sein halbes Leben, der Ort, wo er sich niederläßt, die Luft, die er einathmet, bestimmen seine Existenz, unzählige Materialien, die uns die Natur anbietet, müssen zusammen gebracht und genutzt werden, wenn ein Gebäude von einiger Bedeutung aufgeführt werden soll.[123]

Goethes Vorstellung der Architektur als Einheit von Konstruktion, Funktion und Gestaltung standen höfische Bedürfnisse entgegen, die ihn nicht selten zu polemischen Äußerungen über das Baugeschehen veranlaßten. Letztlich erweist sich die architektonische Formensprache des Römischen Hauses insofern als symptomatisch für Goethes Wirken in Weimar, als er hier abermals zum einen Hofkunst schaffen und zum anderen seine eigene Kunstauffassung durchsetzen wollte. Daß diese Intentionen noch um 1800 den sprichwörtlichen zwei Seiten einer Medaille gleichkamen, bezeugen die Vorder- und die Rückseite des Römischen Hauses.

Der Westgiebel mit seinem ionischen Säulenportikus entsprach in seiner Eleganz und Gefälligkeit den Bedürfnissen fürstlicher Repräsentation, wobei die zurückgenommene Ornamentik – zwei rechteckige Wandfelder sind lediglich durch Festons geschmückt – zugleich der landschaftlichen Umgebung des Gebäudes gerecht wird. Allerdings weist auch die Ionica ungewohnt gedrungene Proportionen auf und korrespondiert somit den massiven dorischen Säulen im Sockelgeschoß. Für die beiden Säulenordnungen wurde geltend gemacht, daß Goethe und Arens hier die historische Abfolge der Stile veranschaulichen wollten. „Denn wie die Jahrhunderte sich aus dem Ernsten in das Gefällige bilden, so bilden sie den Menschen mit, ja sie erzeugen ihn so", hatte Goethe in diesem Sinne in der *Italienischen Reise* formuliert.[124] Hier ist allerdings anzumerken, daß Goethe speziell seinen Reisebericht über Neapel und Sizilien für die Veröffentlichung im Jahre 1817 stark redigiert und im Sinne der seit den 1790er Jahren entfalteten normativen Ästhetik akzentu-

---

122 Siehe exemplarisch Étienne-Louis Boullée: Manuskript *Considérations sur l'importance et l'utilité d'architecture*; Bibliothèque Nationale, Paris. Vgl. Rosenblum 1969, S. 147, Anm. 2. Zur Rezeption der französischen Architekten in Deutschland vgl. Klaus Jan Philipp: *Rendezvous bei Boullée. Pariser Architektur im Urteil deutscher Architekten um 1800*, in: Wegner 2000, S. 109–128.

123 Johann Wolfgang Goethe an Johann Heinrich Meyer, Weimar 30. Dezember 1795; *Briefwechsel Goethe – Meyer*, Bd. 1, S. 169.

124 Goethe, *Italienische Reise*; MA 15, S. 272.

iert hat. In die Passage über die Tempel von Paestum sind spätere Lektüreerfahrungen, etwa die des sizilianischen Reisetagebuchs von Richard Payne Knight, eingeflossen.[125] Goethes Schilderung liegt eine geschichtsphilosophisch fundierte Sicht zugrunde, in der jener ursprüngliche Eindruck des Befremdens angesichts der paestischen Säulen geglättet erscheint.

Unzweifelhaft verweist der ionische Portikus auf die römische Architektur, während dem Betrachter im Hinabsteigen auf das Niveau des Sockelgeschosses ein noch früherer Moment der klassischen Baukunst vor Augen geführt wird. Die dorische Säule der griechischen Tempelbauten aber war um 1800 zum maßgeblichen Symbol moderner Architektur avanciert. So stehen die dorische und die ionische Ordnung am Römischen Haus in erster Linie für die höfische bzw. eine kompromißlos moderne Architekturauffassung, die an *einem* Gebäude vergegenwärtigt wurden.

Für das Giebelfeld über der westlichen Vorhalle hatte Arens zunächst ein schlichtes, schildähnliches Relief-Medaillon mit einer Darstellung der schlangentränkenden Hygieia vorgesehen (Abb. 94). Möglicherweise ist der Architekt nicht nur durch die künftige Funktion des Sommerhauses als Ort der Rekreation zu diesem Motiv – der Göttin der Gesundheit – inspiriert worden, sondern auch durch die Nähe des Schlangensteins, der am Felshang nördlich des Römischen Hauses den Genius des Ortes beschwört. Doch kam anstelle dieses Entwurfs das von Meyer konzipierte, den gesamten Giebel ausfüllende Relief einer Nemesis zur Ausführung, das ein zeitgenössischer Besucher des Parks wie folgt beschrieben hat:

> An dem Portal ist ein Basrelief, wodurch der Herzog gleichsam die Norm seiner Regierung angibt: Nemesis auf einem Drachenwagen. Links Genien, die ein Tropäum zu errichten sich mühen. Aber Nemesis reicht ihnen den messenden (die Kriegsübel, die Leiden der Menschheit messenden) Arm hin. Rechts Genien, die ein gewaltiges Füllhorn emporheben; es gelingt ihnen: es steht. Ihnen reicht Nemesis den Kranz des Friedens.[126]

Diese Interpretation folgt Herders bereits 1786 erschienenen Aufsatz *Nemesis. Ein lehrendes Sinnbild*, der Nemesis als „Göttin des Maasses und Einhalts" und als „Feindin allen Uebermuths und Uebermaaßes in menschlichen Dingen" charakterisiert, „die, sobald sie dieses gewahr wird, das Rad kehret, und ein Gleichgewicht herstellt."[127] Glück und Recht in gleicher Weise zu verteilen und jegliches Übermaß zu vermeiden – diese von den griechischen Dichtern aufgestellten Maximen suchte

125 Das 1777 entstandene Reisetagebuch Payne Knights über Paestum und Sizilien war Goethe besonders vertraut, da er den Text 1810 übersetzt und in seine Hackert-Biographie aufgenommen hat. Vgl. Kruft 1982, S. 283; Weidner 1998, S. 154ff.

126 Morgenstern 1797, S. 63f. – Im Jahre 1819 wurde das von Klauer geschaffene Relief durch den bis heute erhaltenen Giebelschmuck des seit 1817 in Weimar lebenden Bildhauers Johann Peter Kauffmann ersetzt: Das Relief zeigt einen geflügelten Genius, der die allegorischen Figuren der Wissenschaft und Kunst sowie Acker- und Gartenbau beschirmt.

127 Herder, *Sämtliche Werke*, Bd. XV, 1888, S. 395–428, hier S. 413. Vgl. auch Joachim Berger: *Carl August als Bauherr und Bewohner des Römischen Hauses*, in: Beyer 2001, S. 25–39, hier S. 36; Jericke/Dolgner 1975, S. 157f.

der Weimarer Herzog in seiner Regierung zu verwirklichen. Daß Siege vor allem durch Maßhalten und Beständigkeit zu erreichen waren, hatte er in den zurückliegenden zwei Jahrzehnten seines politischen Wirkens wiederholt erfahren. Mitte der 1790er Jahre ermüdet aus dem Feldzug gegen das revolutionäre Frankreich zurückgekehrt, sorgte sich Carl August in der folgenden Zeit verstärkt um Frieden für sein eigenes Land.[128] Im Giebelrelief seines Sommerhauses verzichtete er auf das herrschaftliche Wappen, um stattdessen diesem Streben emblematisch Ausdruck zu verleihen.

Auch für die Ausgestaltung des unteren Durchgangs zeichnet Johann Heinrich Meyer verantwortlich. An der durchgehenden westlichen Wand brachte er 1798 über einer steinernen Sitzbank das Fresko *Apoll und die neun Musen* an, dessen Vorlage er in einem Gemälde des Raffael-Schülers Giulio Romano im Palazzo Pitti in Florenz fand.[129] Der Tanz der Musen, von Apoll auf seiner Lyra begleitet, bildet den Hauptteil eines umlaufenden Bildfrieses, den römische und griechische Gottheiten sowie mythologische Szenen in den Bogenzwickeln ergänzen. Darüber befinden sich der farbig gestaltete Metopen-Triglyphen-Fries und eine mit antikisierender Kassettenmalerei versehene Decke. Dabei ist der Durchgang nur auf den ersten Blick wie ein Innenraum gestaltet: Die eingestellten dorischen Säulen erzielen keine raumschaffende Wirkung, auch bilden sie keine direkte Einheit mit dem Metopen-Triglyphen-Fries. Die bewußte Dekomposition eigentlich zusammenhängender Bauteile entspricht der modernen Architekturauffassung, derzufolge kein griechischer Tempel nachgebildet, sondern dessen grundlegende Idee vermittelt werden sollte. Die Anordnung der einzelnen Bauteile im Sockelgeschoß des Römischen Hauses beweist, daß der Formenvorrat griechischer Baukunst für den Architekten um 1800 frei verfügbar geworden war.

Trotzdem Goethe hinsichtlich der Planung und Ausführung des Bauprojekts weitgehende Entscheidungen zu treffen befugt war, fand er im Fortgang des Baugeschehens immer wieder Anlaß zur Kritik. Im Zusammenhang verschiedener Änderungswünsche des Herzogs an den architektonischen Entwürfen ist häufig sein Brief an Meyer zitiert worden, in dem er klagt:

> Das Römische Haus wird mit jedem Tage unrömischer und die Seite der Luft- und Hühnertreppe immer abscheulicher, je fertiger alles darum herum wird. Die Gegenseite nach Belvedere zu sieht indessen, auf oder ab, so ruhig und vernünftig aus, daß man sich wirklich daran erfreuen kann.[130]

Mit der „Luft- und Hühnertreppe“ ist jene Treppe an der Nordseite des Gebäudes gemeint, die bereits 1792 von Arens entworfen und dementsprechend ausgeführt worden war (Abb. 97 und 107). Seine Änderungswünsche äußerte Carl August je-

128 Vgl. Borchmeyer 1994, S. 248; Hartung 1923, S. 201f.; Tümmler 1975, S. 4ff.

129 Siehe dazu ausführlich Boettcher, wie Anm. 83, S. 70ff.; Jericke/Dolgner 1975, S. 147; *Weimarer Klassikerstätten*, S. 277.

130 Johann Wolfgang Goethe an Johann Heinrich Meyer, Weimar 8. August 1796; *Briefwechsel Goethe – Meyer*, Bd. 1, S. 310f.

doch erst ab 1793, auch betrafen sie zumeist die künstlerische Ausstattung seines zukünftigen Sommerhauses.[131]

Daß Goethe die Klarheit der von jedem architektonischen Zusatz freien Südseite des Gebäudekörpers bevorzugte, leuchtet unmittelbar ein. Warum er die über einem weiten Bogen zum Hauptgeschoß aufsteigende Freitreppe an der Nordseite nicht schon im Entwurf korrigierte, scheint hingegen nicht mehr zu klären.[132] In Italien hatte Goethe eine vergleichbare Treppe gezeichnet (Abb. 108).[133] Der rundbogige Durchgang mit Rustikaquaderung ist hier viel schmaler gehalten, die Treppenwangen liegen höher, so daß insgesamt der Eindruck einer massiven Architektur entsteht. Auf der unteren Balustrade ruht eine Sphinx, während oben ein kugelförmig geschnittenes Bäumchen den Bereich der Terrasse und des Hauses ankündigt. Vermutlich durch die weitläufigen Villengärten in Frascati und Castel Gandolfo angeregt, setzte sich Goethe hier zugleich mit der Frage des Übergangs von der Architektur in den Garten auseinander.

Schon beim „Stein des guten Glücks“ in seinem Garten am Ilmhang hatte Goethe 1777 eine auf das Wesentliche reduzierte Formensprache, eine die Grundformen geometrischer Körper betonende Denkmalauffassung durchgesetzt. Zwanzig Jahre später achtet er auf eine Übertragung dieser Prinzipien in die Architektur des Römischen Hauses, das durch seinen klaren tektonischen Aufbau und den dorischen Stil ein signifikantes Beispiel moderner Baukunst um 1800 verkörpert.

Als der junge Berliner Architekt Friedrich Gilly (1772–1800) im August 1798, unterwegs zu einer Studienreise nach Paris, in Weimar Station machte und das Römische Haus besichtigte, interessierte er sich vor allem für die architektonische Innovation im Sockelgeschoß des Gebäudes (Abb. 109).[134] Seine Skizze gibt mit den stumpfen dorischen Säulen, den vorspringenden Kämpferplatten, den Segmentbögen und dem in zweifacher Ansicht aufgenommenen Brunnen die speziellen Merkmale dieser Architektur sehr genau wieder. Gilly wurde zum wirkungsvollsten Vertreter des dorischen Klassizismus in Deutschland, dessen kühne Entwürfe den Bedeutungswandel der dorischen Ordnung eindrucksvoll belegen: War die Dorica nach Auslegung der vitruvianischen Regeln im 18. Jahrhundert dem Einfachen, Derben, Männlichen zugeordnet und vornehmlich für niedere Bauaufgaben verwendet worden, avancierte sie am Ende des Jahrhunderts – wie am Römischen Haus sichtbar geworden ist – zum Symbol des Ernsten und Erhabenen. Gilly aber kehrte die Konvention ins Gegenteil, indem er das Einfache zum höchsten Ideal

131 Vgl. Lutz 1991, S. 161; Wietek 1962, S. 168.

132 Jericke/Dolgner begründen die Notwendigkeit der Treppe mit der Anordnung der Innenräume, was aber ihre von Goethe kritisierte Gestalt nicht erklärt. Vgl. Jericke/Dolgner 1975, S. 150f. u. 160f. In einer früheren Publikation zum Römischen Haus führt Jericke die Treppe fälschlich auf eine Idee Carl Augusts zurück. Vgl. Jericke 1967, S. 11f. Diese Meinung wurde wiederholt übernommen, z.B. von Biedrzynski 1992, S. 332.

133 Zu Goethes Zeichnung vgl. Maisak 2001, S. 166.

134 Zu Gilly vgl. Beyer, wie Anm. 85, S. 22; Pevsner 1971, S. 172f.; Philipp, wie Anm. 122, S. 125ff.; Rosenblum 1969, S. 128; Wegner 1993, S. 90.

bestimmte und riesige Monumente entwarf, die – wie im Fall seines Entwurfs zu einem Nationaldenkmal zu Ehren Friedrichs des Großen – von dorischen Tempeln bekrönt werden (Abb. 110). In Gillys Plänen erscheint die dorische Ordnung als Inbegriff einer neuen, leidenschaftlich erstrebten künstlerischen Vollkommenheit.

7.2.3. Repräsentation und Privatheit. Carl August im Römischen Haus

Als Carl August im Winter 1792/93 aus dem fernen Feldlager briefliche Anweisungen für den Bau des Römischen Hauses erteilte, dachte er vor allem an einen individuellen Rückzugsort, welchen er nach den jahrelangen Kriegszügen mehr und mehr ersehnte. Das im Sommer 1797 feierlich in Besitz genommene Gebäude diente dem Herzog jedoch nicht nur als abgelegenes Refugium, sondern ebenso als eine „Residenz im Kleinen", wie Joachim Berger treffend formuliert (Abb. 111).[135]

Schon von der frühesten Bauphase an hatte Carl August detaillierte Vorstellungen zur Ausstattung des Römischen Hauses geäußert, zunächst hinsichtlich technischer Fragen wie beispielsweise der Kamine, später vor allem zur künstlerischen Ausgestaltung der einzelnen Räume.[136] Diese wurden entsprechend der fürstlichen Ansprüche komfortabel eingerichtet und erhielten überdies ein von Goethe wiederholt kritisiertes prunkvolles Interieur, das sie auch repräsentativen Zwecken dienstbar machte.[137] Ohnehin war das Private eng ans öffentliche Leben des Herzogs gebunden und von der höfischen Repräsentation nicht strikt zu trennen. Von einem Privatissimum kann insofern keine Rede sein, als selbst die Landschaftsaquarelle, welche die Wände in Carl Augusts Schlafzimmer zierten, in einer Reisebeschreibung gewürdigt wurden.[138]

---

135 Berger, wie Anm. 127, S. 38 und passim.

136 Vgl. Boettcher, wie Anm. 83, S. 69f.; Jericke 1967, S. 11; Jericke/Dolgner 1975, S. 148; Müller-Harang, wie Anm. 82, S. 85.

137 Vgl. erneut den regen brieflichen Austausch Goethes und Meyers über die Ausstattung des Römischen Hauses. Beispielhaft ist die Äußerung Meyers: „Es scheint mir an der Zeit zu seyn, zu dem Römischen Haus ein Muster vorzuzeichnen und dem Mann der Geschmäcke zu zeigen, daß es noch andere als die seinen gibt." Johann Heinrich Meyer an Johann Wolfgang Goethe, Florenz 18. September 1796; *Briefwechsel Goethe – Meyer*, Bd. 1, S. 339. – Die prunkvolle Einrichtung wurde in mehreren zeitgenössischen Berichten teilweise kritisch hervorgehoben, exemplarisch von Friedrich von Oertel: „Neuerlich hat der Herzog [...] ein römisches Haus mit viel Pracht und Festigkeit aufführen lassen, so daß es Jahrhunderten trotzt. In den Zimmern sind die schönsten Gemählde aufgestellt, und an den Sopha's, Vorhängen, ist asiatischer Luxus angebracht." [Oertel] 1800, S. 68. Joseph Rückert berichtet: „An der Lage und äußern Gestalt dieses sehenswürdigen Gebäudes hat der strengste Geschmack vielleicht nur wenig auszusetzen; gewiß aber stößt er sich an der hier und da hervorstechenden Pracht des Innern, neben der einfachern Schönheit, – an der bizarren Verschwisterung des Hofes mit der Natur." Rückert 1969 (1800), S. 25.

138 Siehe Morgenstern 1798, S. 74.

Durch die westliche Säulenvorhalle gelangt man in ein Vestibül, welches die gesamte Breite des Gebäudes durchmißt.[139] Seitliche bogenförmige Abschlüsse und eine gewölbte Kassettendecke verleihen dem ursprünglich als Speisezimmer gedachten Raum einen festlichen Charakter. Hier fand das von Meyer kopierte Gemälde *Der Genius des Ruhms* seinen Platz. An der Nordseite des Hauses schließen sich zwei weitere gewissermaßen offizielle Räume an: das durch seine Größe ausgezeichnete Blaue Zimmer, welches über die Freitreppe direkt mit dem Park verbunden ist, und das Gelbe Zimmer, das die Raumfolge nach Süden umlenkt. An der Südseite folgen drei kleinere, einfach ausgestattete Zimmer und das Treppenhaus, welches wieder ins Vestibül führt. Das Blaue und das Gelbe Zimmer, benannt nach den Farben ihrer kostbaren Seidentapeten, dienten als repräsentatives Empfangs- und Arbeitszimmer des Herzogs. Der Bauherr hatte die Räume so planen und einrichten lassen, daß sie auch kleine bis mittlere Gesellschaften aufnehmen konnten. Damit entsprach das Römische Haus nicht nur seinem Bedürfnis nach einem persönlichen Ruhe- und Arbeitsort abseits des höfischen Zeremoniells, sondern es bot auch angemessenen Raum, um eine exklusive Gesellschaft zu versammeln. „Abends im Römischen Hause mit einer Gesellschaft Franzosen und Engländer", vermerkt Goethe beispielsweise im April 1798 im Tagebuch.[140] Auch das preußische Königspaar wurde bei seinem Besuch in Weimar im Juli 1799 zunächst im Fürstenhaus empfangen, am folgenden Abend aber in einem ausgewählten Kreis hochgestellter Gäste im Römischen Haus bewirtet.[141]

Neben dieser exklusiven höfischen Geselligkeit nutzte der Herzog das Römische Haus auch für Regierungsgeschäfte. Im Gelben Zimmer widmete er sich dem Aktenstudium oder empfing seine Regierungsbeamten zum vertraulichen Gespräch. Goethes Tagebücher belegen eine Vielzahl morgendlicher Unterredungen im Römischen Haus, bei denen er Carl August unter anderem über den fortschreitenden Schloßbau unterrichtete.[142] Auch Herder sollte sich im „neuen Haus", wie das Römische Haus auch genannt wurde, einfinden, da der Herzog „über mancherlei Gegenstände" mit ihm sprechen wollte.[143]

Daß der Herzog nicht, wie von Joseph Rückert gefordert, nur als Mensch in seinem Park anwesend war, daß er „Kronen, Fürstenhüte, Hofpracht und eitles Glanzwerk" in seinem Gartendomizil keineswegs von sich abschüttelte, wird vor allem an den offiziell-repräsentativen Anlässen deutlich, die Carl August im Römischen Haus beging.[144] Hervorzuheben ist hier das fünfzigjährige Regierungsjubiläum des Souveräns im September 1825, als der Herzog auf den Stufen der Säulenvorhalle

139 Vgl. Jericke/Dolgner 1975, S. 150; *Weimarer Klassikerstätten*, S. 274.

140 Goethe, *Tagebücher*, Bd. II/1, S. 240.

141 Vgl. Berger, wie Anm. 127, S. 30.

142 Vgl. Goethe, *Tagebücher*, Bd. II/1, S. 244, 252, 257.

143 Carl August an Johann Gottfried Herder, Weimar im Frühjahr 1798; *Briefwechsel Carl August – Knebel/Herder*, S. 139.

144 Rückert 1969 (1800), S. 25.

des Römischen Hauses die Glückwünsche der Weimarer Bürger entgegennahm.[145] Erst im Anschluß an diese morgendliche Gratulation seiner Residenzstadt empfing Carl August im Schloß die Abgesandten auswärtiger Höfe und andere politische Würdenträger zur Jubiläumsfeier. Im Juni 1828, als der Herzog im Alter von 70 Jahren starb, wurde seine Leiche in den schwarz ausgeschlagenen Räumen des Römischen Hauses bis zur Überführung in die Hofkirche und zur Beisetzung in der Fürstengruft aufgebahrt. Die Feier des Regierungsjubiläums und das Totenbett Carl Augusts zeigen nicht nur, daß dem herzoglichen Gartenhaus auch bei hohen offiziellen Anlässen eine überaus wichtige Rolle zuteil wurde. Diese Ereignisse veranschaulichen vor allem, wie wichtig Carl August das Gebäude im Park gewesen ist, als welch zentralen Teil seines fürstlichen Selbstverständnisses er das Römische Haus empfand.

Eine Mischung aus Zurückgezogenheit und ausgewählter Gesellschaft hatte der Herzog bereits in seiner vorherigen Retraite im Park, dem „Kloster" am Steilhang der Ilm, gepflegt. Der frühere Rückzugsort war aus einer theatralischen Inszenierung hervorgegangen, entsprach aber in seiner Schlichtheit den rousseauischen Idealen und in seinem einsiedlerischen Charakter der Natursehnsucht des jungen Herzogs. Die zunächst eher zufällig am Ilmhang entstandene Anlage bildete jahrelang einen von Carl August geschätzten Zufluchtsort, der auch häufig für vertrauliche Unterredungen oder kleinere Festtafeln genutzt wurde. Insofern steht das zwanzig Jahre nach dem „Kloster" eingeweihte Römische Haus für eine inhaltliche Kontinuität in der Regierungs- und Lebenspraxis des Landesherrn.[146]

So wie sich der Park in zwei Jahrzehnten weiter nach Süden in die Landschaft vorgeschoben hatte, fand auch das herzogliche Gartenhaus seinen Platz zwar am gleichen Ilmhang, jedoch weiter südlich – und damit zugleich in größerer Entfernung zur Stadt und zur Residenz. Während das „Kloster" im Gehölz der „Kalten Küche" verborgen lag, wurde das Römische Haus oberhalb des Steilufers situiert und ermöglicht einen weiten Blick über die Flußaue (Abb. 112). Bei aller inhaltlichen Kontinuität verrät schon die Lage des Römischen Hauses im Vergleich zum „Kloster" das in zwanzig Jahren innen- und außenpolitischen Wirkens gesteigerte Standesbewußtsein des Herzogs. Zugleich wurde das Gebäude gartenkünstlerisch in den unter Bertuchs Anleitung gestalteten oberen Parkteil eingebunden und als dessen ästhetischer Fluchtpunkt hervorgehoben. Das „Kloster" hatte in den Jahren nach 1778 den Ausgangspunkt für die Entstehung des Landschaftsgartens gebildet und beansprucht schon aus diesem Grund eine Schlüsselstellung im Park an der Ilm. Mit dem Römischen Haus aber erreichte die Parkentwicklung um 1800 nicht

145 Vgl. Berger, wie Anm. 127, S. 31.

146 Das „Kloster" war im Jahre 1800 zwar mehr oder weniger ungenutzt, aber komplett eingerichtet, wie eine Notiz anläßlich des Diebstahls mehrerer Teile des Interieurs bezeugt. Polstermöbel und ein Mahagoni-Tisch verweisen auf die früheren Aufenthalte des Herzogs, der seine „Einsiedelei" mit einiger Bequemlichkeit hatte ausstatten lassen – womit die Retraite einmal mehr auf das Römische Haus vorausweist. Siehe ThHStAW: HMA 4329, Bl. 1–3.

nur in bau- und gartenkünstlerischer Hinsicht ihren Höhepunkt, sondern auch bezüglich ihrer funktionalen Bestimmung durch den Herzog.

Zu einer starken Verdichtung des Wegenetzes im Umkreis des neuen Gartenhauses war es schon während dessen Bauzeit gekommen.[147] Vor dem Säulenportikus mündet der vom Parkeingang herführende Breite Weg in einen weiträumigen Vorplatz, auf dem mühelos einige Kutschen Platz fanden. Der Breite Weg verbindet das Römische Haus mit der Stadt und dem Schloß und bereitet den nahenden Besucher allmählich auf das zu erwartende Architekturerlebnis vor (Abb. 113 und 114). Zudem deuten die antikisierenden Monumente in der Nähe des Parkeingangs auf die Rezeption römischer und griechischer Bauformen und Mythen voraus. Das mächtige Brunnenbecken mit der Ildefonsogruppe korrespondiert dem im Sockelgeschoß des Römischen Hauses aufgestellten Brunnen.[148] Bei den Ausgrabungen etruskischer Siedlungen in Italien hatte man mehrere dieser schweren Steinwannen mit den simulierten ringförmigen Griffen geborgen, die im Zuge der Antikenbegeisterung auch in Deutschland bekannt und vielfach nachgearbeitet wurden. Goethe hat in Italien einen solchen Brunnen skizziert und das Motiv so nach Weimar gebracht (Abb. 115). An der Baustelle des Römischen Hauses fertigten Steinmetze beide Brunnentröge zur gleichen Zeit aus Sandsteinblöcken; einen von ihnen transportierte man schließlich zu seinem Aufstellungsort am Parkeingang. Auch die Orangerie am Steinschen Haus fand ein Pendant in der Nähe des neuen herzoglichen Gartendomizils: Die Archivakten vermerken, daß für eine Orangerie am Römischen Haus siebzehn Kübel hergestellt, Postamente gesetzt und Pflanzentransporte aus Belvedere vorgenommen wurden.[149] Den Eindruck südlicher Landschaft verstärkten die im oberen Parkteil vermehrt angepflanzten sogenannten Lombardischen Pappeln, welche die nicht winterharten Zypressen ersetzen. Der Breite Weg verbindet den durch die Pompejianische Bank und den Ildefonsobrunnen ausgezeichneten Parkeingang mit dem Römischen Haus, das auf diese Weise nicht nur einen repräsentativen Zugang erhält, sondern zugleich mit dem gesamten oberen Parkbereich eine ästhetische Einheit bildet.

Beide Rückzugsorte Carl Augusts, das „Kloster" und das Römische Haus, spiegeln verläßlich den gartentheoretischen Kontext ihrer jeweiligen Entstehungszeit. Das „Kloster" war eine schlichte Holzhütte in waldiger Umgebung, zu der ein schmaler Weg führte, die jedoch in keinem konzeptuellen Zusammenhang zu den anderen vereinzelten Gartenszenen am Ilmhang stand. Solche kleinräumigen Anlagen vornehmlich melancholischen Charakters – Einsiedeleien, Grotten, Kapellen und Ruinen – hatte Hirschfeld wiederholt zur Nachahmung empfohlen und stets in vergleichbaren landschaftlichen Partien situiert. Im Gegensatz dazu findet sich die solide Architektur des Römischen Hauses inmitten einer weitläufigen Parklandschaft, die durch großzügig geschwungene Wege, abwechslungsreiche Gehölz-

147 Vgl. A. Schneider 2001, S. 111–114.
148 Vgl. ebd., S. 115.
149 ThHStAW: B 8586, Nr. 1706; B 8663, Bl. 25; B 8664, Nr. 207.

gruppen und bewußte Sichtbeziehungen charakterisiert wird und einer übergeordneten ästhetischen Konzeption folgt. Diese Gestaltungsweise ist den landschaftsgärtnerischen Prinzipien Lancelot Browns und einer klassizistischen Kunstauffassung verpflichtet.

Neben der exponierten Lage im Park wird das Römische Haus durch seine streng kubische Form gekennzeichnet; der einfache stereometrische Baukörper kommt ohne Flügelbauten und Risalite aus und erhebt sich umso klarer über dem felsig-zerklüfteten Ilmhang. Die seitlichen Fassaden mit den einfachen Rechteckfenstern zeigen konsequent klassizistische Gestaltungsprinzipien und weisen das Gebäude als Nutzarchitektur aus. Die realistische Bestimmung des Hauses – für die persönlichen Wohnbedürfnisse des Herzogs, vertrauliche Amtsgeschäfte sowie exklusive höfische Geselligkeit und Repräsentation – steht symptomatisch für einen neuen, um 1800 durchgesetzten Wirklichkeitsanspruch der Architektur im Landschaftsgarten: Anstelle der früheren Staffagearchitekturen wurden jetzt Bauten von archäologischer Genauigkeit und historischer Wahrscheinlichkeit errichtet.[150] So betonte Goethe trotz aller Kritik am Römischen Haus, man könne „das Gartenhaus Durchl. des Herzogs [...] das erste Gebäude nennen das im Ganzen in dem reinern Sinne der Architektur aufgeführt wird".[151] Was er in seinen theoretischen Schriften über die Architektur formulierte, fand eine praktische Analogie im Bau des Römischen Hauses. Proportion und Grundrißgestaltung der herzoglichen Sommerwohnung entsprachen, wie im Aufsatz *Baukunst* gefordert, dem „Sinn der mechanischen Bewegung des menschlichen Körpers".[152] Und der im Gartenkunst-Schema *Über den Dilettantismus* beklagten „Neigung zu Kartenhaus-Architektur" setzt Goethe mit dem Römischen Haus „den Begriff solider Baukunst" entgegen.[153]

In demselben Jahr 1797, als Carl August das Römische Haus im Park in Besitz nahm, wurde der Wiederaufbau des Schlosses intensiviert. Zwar hatte man bekanntlich 1789 mit den Bauarbeiten an der Residenz begonnen, doch folgte den ersten, nach Arens' Entwürfen ausgeführten Schritten bald eine lange Phase der Stagnation. Anfang der 1790er Jahre ging der Schloßbau wegen der unruhigen politischen Lage nur schleppend voran, zumal der Krieg die ohnehin begrenzten finanziellen Ressourcen des Herzogtums stark belastete. In seinem Brief an Goethe, der die Vollmachten zum Bau des Römischen Hauses enthielt, hatte Carl August mit Nachdruck erklärt, daß er aus Kostengründen sämtliche Bauvorhaben zurückstellen müsse.[154] Diese Festlegung betraf auch das Schloß, während das Römische

---

150 Vgl. Buttlar 1990, S. 13. – Vgl. dagegen Doris Herzog, die das Römische Haus noch aus der Sichtweise Hirschfelds betrachtet und als Staffagebau im Park definiert. Doris Herzog: *Das Römische Haus und die zeitgenössische Architekturtheorie*, in: Beyer 2001, S. 48–62, hier S. 56.

151 Goethe, *Über die verschiednen Zweige der hiesigen Tätigkeit* [November 1795]; MA 4.2, S. 872–883, hier S. 875.

152 Goethe, *Baukunst* 1795; MA 4.2, S. 53–61, hier S. 54.

153 Goethe, *Über den Dilettantismus*; MA 6.2, S. 151–176, hier S. 166.

154 Vgl. Carl August an Johann Wolfgang Goethe, Frankfurt/M. 27. Dezember 1792; *Briefwechsel Carl August – Goethe*, S. 168.

Haus ausdrücklich davon ausgenommen wurde.[155] Selbst vor dem Neubau der Residenz räumte der Herzog seinem Gartenhaus also Priorität ein.[156]

Als Kursachsen und seine Verbündeten im August 1796 dem preußisch-französischen Friedensabkommen von Basel beitraten, begann für Weimar jene zehn Jahre währende Zeit des Friedens, die von zahllosen Autoren als Blütezeit der Weimarer Klassik beschrieben worden ist. Im Juni 1797 bewilligte der Herzog beträchtliche Mittel für den Schloßbau, „da Wir [...] den Bau Unseres Residenz-Schlosses lebhaft fortzusetzen resolvirt haben".[157] Daß die Wiedererrichtung des Schlosses nun forciert wurde, liegt aber nicht allein an der Entspannung der politischen Situation. Zur gleichen Zeit sandte Carl August den Kammerherrn von Wolzogen nach Petersburg, um die eheliche Verbindung des Erbprinzen Carl Friedrich mit der Tochter des Zaren Pauls I. von Rußland, der Großfürstin Maria Pawlowna, in die Wege zu leiten. Die im Januar 1800 erfolgte offizielle Bekanntgabe der in Aussicht stehenden Heirat unterstrich die Notwendigkeit, den Wiederaufbau der Residenz zügig zu vollenden.[158]

Carl August hatte also zunächst mit Nachdruck den Bau des Römischen Hauses vorangetrieben. Mit dessen Fertigstellung gewann er gewissermaßen einen eigenen Ort, um sich von dort aus um den Schloßbau und die Heiratsvorbereitungen, das heißt um die Sicherung der sachsen-weimarischen Dynastie zu sorgen. Der feierliche Wiedereinzug in die Residenz im August 1803 stand folgerichtig ganz im Zeichen der bevorstehenden Hochzeit des Erbprinzen mit der russischen Zarentochter.[159] Der Herzog hatte mit seinem Gartenhaus einen Rückzugsort in bewußter Distanz zum Schloß geschaffen. Er suchte Abstand vom Zentrum des Hofes, und er begab sich dafür ins Zentrum des Parks. Mißt man das Engagement Carl Augusts an den tradierten fürstlichen Bauaufgaben, so erscheint der Herzog weniger als Architekt, denn als Gärtner und Gartenkünstler. Dem berühmten Beispiel des römischen Kaisers Diokletian, der sich nach der Abdankung in seine Villa in Spalato zurückzog und dort – die Herrschermacht verachtend – zum leidenschaftlichen Gärtner wurde, ist Carl August gleichwohl nicht gefolgt. Er verband bis zum Ende seines Lebens den regierenden, auch außenpolitisch ambitionierten Herzog und

155 Die Kosten für den Bau des Römischen Hauses waren freilich wesentlich überschaubarer als die für das Schloß aufzuwendenden Mittel. Bei seinem Ausscheiden aus der Parkverwaltung errechnete der Schatullier Bertuch 1796 für das Römische Haus Baukosten von etwa 22.000 Talern, zu denen noch 5000 Taler hinzukamen. Zum Vergleich: Beim Einzug in das wiedererrichtete Schloß im August 1803 hatte dieses Bauprojekt eine Gesamtsumme von rund 690.000 Talern verschlungen. Vgl. Jericke/Dolgner 1975, S. 108, 147f.

156 Vgl. Berger, wie Anm. 127, S. 35.

157 ThHStAW: B 8905, Bl. 90.

158 Vgl. ThHStAW: B 8905, Bl. 136ff.

159 ThHStAW: HA E Nr. 52, S. 112f., 133; B 9072. Die Verlobung zwischen Carl Friedrich und Maria Pawlowna wurde im August 1803 in Petersburg vollzogen. Die Hochzeit fand am 3. August 1804 statt; der feierliche Einzug Maria Pawlownas in Weimar erfolgte am 9. November 1804. Siehe dazu ThHStAW: HA E Nr. 53, S. 249–255.

den Gärtner in einer Person, wie noch die Aufbahrung seiner Leiche im Gartenhaus zeigt.

Gerade die Tatsache, daß Carl August das Römische Haus nicht nur als persönliches Refugium nutzte, sondern hier eine fast allen höfischen Funktionen gerecht werdende „Residenz im Kleinen“ etablierte, erweist sich als bedeutungsvoll: Dem geschäftigen Treiben am Hof setzte der Herzog eine eigene, gleichsam konzentrierte Lebens-, Arbeits- und Repräsentationsform entgegen. Im Römischen Haus konnte er das Maß des angewendeten Zeremoniells selbst bestimmen, den Umgang mit den Regierungsbeamten individueller gestalten und das persönliche Leben dem Rhythmus der Natur annähern. Während das repräsentative Blaue Zimmer nach Norden und damit dem Schloß zugewandt ist, betonen die nach Süden gerichteten privateren Räume die Entfernung von der Residenz. Das Arbeitszimmer vermittelt sowohl räumlich als auch funktional zwischen beiden Bereichen und eröffnet einen weiten Blick über das Ilmtal, der zum Symbol für den politischen Weitblick des aufgeklärten Herzogs wird. Das Römische Haus bot Carl August somit einen Rückzugsort von aller höfischen Geschäftigkeit und erlaubte zugleich die Demonstration seines fürstlichen Selbstverständnisses, seiner Macht und Souveränität.

Die zentrale Stellung des Römischen Hauses im Selbstverständnis des Fürsten bezeugt ein 1805 entstandenes ganzfiguriges Portrait Carl Augusts von Ferdinand Jagemann (1780–1820). Es zeigt den Herzog im Freien, an einen Felsblock gelehnt, der von Blumen und einem Bach umgeben ist und damit die Naturverbundenheit des Dargestellten suggeriert (Abb. 116). Im Hintergrund des lebensgroßen Bildnisses ragen links das Römische Haus und die Kirche von Oberweimar hervor, rechts ist am Horizont die Kuppel des Schlosses Belvedere auszumachen. Neben der Figur Carl Augusts fällt der Blick des Betrachters umgehend auf das von seiner Gestalt halb verdeckte Sommerhaus, das der Herzog offensichtlich als wichtigen Bestandteil seiner Selbstdarstellung begreift. Bereits zehn Jahre zuvor hatte Johann Friedrich August Tischbein (1750–1812) ein Portrait der Herzogin Luise gemalt, das die regierende Fürstin in einem kostbar ausgestatteten Innenraum wiedergibt, vor einer Fensterbrüstung sitzend, mit einem kleinen Buch in der Hand (Abb. 117). Hinter ihr geben aufwendig drapierte rote Vorhänge den Ausblick in eine heitere Landschaft und auf den Westgiebel des Römischen Hauses frei. Im Bildnis Luises erscheint der Säulenportikus als ein Symbol höfischer Lebenswelt und repräsentativen Kunstgeschmacks, ähnlich der antiken Vase am rechten Bildrand. Eine unmittelbarere Identifikation mit dem Gebäude verrät zweifellos das Portrait Carl Augusts: Es zeigt die nur durch die Fensterachsen gegliederte Nordseite des Römischen Hauses, und anstelle jeglichen Ornaments bilden zarte Blumen und Sträucher den Kontrast zur schlichten Architekturform. Die unprätentiöse Darstellung läßt jeden ostentativ inszenatorischen Aufwand vermissen und unterstreicht die enge, seinem – im wahrsten Sinne – bodenständigen Wesen entsprechende Bindung des Herzogs an den Park.

Die Portraits Carl Augusts und Luises verweisen auf ein weiteres Gemälde, das neben der Meyerschen Kopie von Carraccis *Genius des Ruhms* die bildkünstlerische Ausstattung des Römischen Hauses bestimmte.[160] Es handelt sich um ein Portrait Anna Amalias, das Angelika Kauffmann (1741–1807) 1789 während des römischen Aufenthalts der Herzogsmutter geschaffen hatte (Abb. 118). Das Gemälde, an prominenter Stelle im Blauen Zimmer plaziert, bildet das ideelle Zentrum des Römischen Hauses: Anna Amalia sitzt gegenüber einer Minerva-Büste, neben der die von ihr protegierten Künste mit deutlichen Verweisen auf die in Weimar versammelten Geistesgrößen vergegenwärtigt sind.[161] Das römische Kolosseum im Hintergrund ist nicht nur eine Reminiszenz der Weimarer Italienreisenden; es evoziert zugleich die Verknüpfungen der Weimarer Kultur mit Rom, die nicht zuletzt im Namen und der Gestalt des herzoglichen Sommerhauses anschaulich werden. Unverkennbare formale Anklänge verbinden Tischbeins oben erwähntes Portrait der regierenden Herzogin Luise mit dem Bildnis ihrer Schwiegermutter Anna Amalia. Während ihre Vorgängerin im Amt als „erste Dame" des Staates mit dem Kolosseum im Hintergrund dargestellt wurde, erscheint im Bild der gegenwärtigen Fürstin die zeitgenössische Aneignung römischer Architektur. Erinnert sei auch an die Pompejianische Bank, die mit einem anderen Bildnis Anna Amalias verknüpft ist und wiederum nicht nur auf die Affinität der Herzogsmutter zu Italien verweist, sondern auch erneut den Bogen von der römischen Antike ins klassizistische Weimar spannt. Die Bank am Parkeingang und das Römische Haus gründen auf einer im Süden gewonnenen künstlerischen Inspiration und einem Formenbewußtsein, die den oberen Parkbereich, aber auch den gesamten Landschaftsgarten im Ilmtal geprägt haben. Trotz seiner ambivalenten Haltung zur Gartenkunst tritt Goethe hier immer wieder als *spiritus rector* in Erscheinung, der das gartenkünstlerische Engagement und den Wunsch des Herzogs nach einem Rückzugsort im Park mit seinen klassizistischen Maximen zu verbinden wußte.

7.3. Architektur und Landschaft. Das Römische Haus und das Ilmtal

Die Lage des Römischen Hauses im Landschaftsgarten wird nicht allein durch seine Einbettung in den ästhetischen Kontext des oberen Parkbereichs bestimmt. Im wahrsten Sinne herausragend ist sein Standort vom Ilmtal aus gesehen, da sich die helle, der rustizierten Sockelzone kontrastierende Beletage hoch über das westliche Steilufer zu erheben scheint. Während sich die ionische Säulenvorhalle auf dem Bodenniveau oberhalb des Hangs befindet und der Baukörper hier eingeschossig

160 Die Portraits Carl Augusts und Luises befanden sich in der herzoglichen Bibliothek bzw. im Schloß in Weimar.

161 Vgl. Hermann Mildenberger: *Angelika Kauffmanns Bildnis der Anna Amalia Herzogin von Sachsen-Weimar-Eisenach*, in: Beyer 2001, S. 75–81.

ist, nutzte Arens das stark abfallende Gelände zur Ausbildung eines Untergeschosses. Der Oberbau schiebt sich über die äußerste Kante des Steilhangs und wird zum weithin sichtbaren Blickpunkt der Flußaue. Das Römische Haus fungiert somit als Bindeglied zwischen dem oberen Parkteil und dem Ilmtal. Zugleich entsteht beim Betrachter der Eindruck, daß er es hier mit zwei eigenständigen Bauwerken unterschiedlichen Charakters zutun hat: Der eleganten ionischen Tempelfront, die dem Zweck höfischer Repräsentation entspricht, steht der schlichte klassizistische Ostgiebel auf dem dorischen Sockelgeschoß entgegen. Dabei unterstreicht die Kühnheit der baulichen Konstruktion über dem Steilhang die unbedingte Modernität dieser Architektur.

Obgleich die schriftlichen Quellen darüber schweigen, ist mit hoher Wahrscheinlichkeit davon auszugehen, daß die Wahl des Standorts für das Römische Haus auf Goethe zurückgeht. Bereits zehn Jahre vor der Grundsteinlegung hatte Goethe den Platz am südlichen Ende der „Kalten Küche" akzentuiert, indem er 1782 an einem Felsen am Fuß des Steilhangs sein Epigramm *Einsamkeit* anbringen ließ. Indem er an die Nymphen als Bewohnerinnen der einstmals unwirtlichen Gegend erinnerte, verwies er zugleich auf den mythischen Urgrund, welcher Jahre später gleichsam zum Fundament des Römischen Hauses werden sollte. Mit dem Epigramm hatte sich Goethe bekanntlich von der frühen Phase seines gartenkünstlerischen Wirkens im Ilmtal verabschiedet, um sich anstelle der ästhetischen einer naturwissenschaftlichen Sicht auf den Garten zuzuwenden. Zehn Jahre später kehrte er mit dem Bau des Römischen Hauses an die gleiche Stelle in den Park zurück und verwirklichte für den Herzog ein Gartenhaus als Rückzugsort, wie er selbst ihn seit langem auf der anderen Seite der Ilm besaß.

Die Eindrücke seiner Italienreise bestimmten nicht nur die bauliche Gestalt des Römischen Hauses, sondern auch Goethes Sicht auf die umliegende landschaftliche Formation. „Über Landschaft und Architektur habe ich diese Zeit her ernstlich nachgedacht", schreibt Goethe unter dem Datum August 1787 in der *Italienischen Reise*.[162] Von seiner Auseinandersetzung mit der Architektur innerhalb eines gegebenen landschaftlichen Kontextes zeugen mehrere Zeichnungen, welche die Lage eines antiken Tempels in waldiger Umgebung, an einem See oder über einem Tal wiedergeben (Abb. 119 und 120). Die Wirkmächtigkeit kontrastierender Landschaftsformationen wird dabei durch die Architektur noch gesteigert: Der Tempelbau betont den erhabenen Charakter der Anhöhe ebenso wie die heitere Ruhe der sich unter ihm ausbreitenden Ebene. Während ihres Aufenthalts in Sizilien hielt auch Goethes Reisebegleiter Kniep die Lage verschiedener Tempel in der Landschaft auf Skizzenblättern fest. Daß Goethe sich neben dem Studium der architektonischen Formen immer zugleich dem landschaftlichen Ambiente der antiken Bauten widmete, zeigen nicht zuletzt seine Aufzeichnungen über die Besichtigung des Tempels von Segesta, in denen es im Anschluß an eine eingehende Baubeschreibung heißt:

162 Goethe, *Italienische Reise*; MA 15, S. 469.

> Die Lage des Tempels ist sonderbar: am höchsten Ende eines weiten, langen Tales, auf einem isolierten Hügel, aber doch noch von Klippen umgeben, sieht er über viel Land in eine weite Ferne, aber nur ein Eckchen Meer.[163]

Immer wieder begegnet die topographische Situation der mit einer felsigen Anhöhe kontrastierenden Tallandschaft, über die sich die Architektur – eine weite Aussicht eröffnend – erhebt. In Rom waren es – ebenfalls in antiker Tradition – zahlreiche Villen der Renaissance, die, von römischen Adligen und hochrangigen Kardinälen in Auftrag gegeben, an den hervorragendsten Plätzen der Tiberlandschaft erbaut wurden. Goethe zeichnete die auf dem Monte Mario gelegene, ab 1518 nach Entwürfen Raffaels für den Kardinal Giulio de' Medici (den späteren Papst Clemens VII.) errichtete Villa Madama, deren Standort am Hang oberhalb des Tibers abermals auf das Weimarer Römische Haus über dem Ilmtal vorausweist (Abb. 121).[164]

Während die Architektur des Römischen Hauses Goethes Auseinandersetzung mit Palladio und den griechischen Tempelbauten widerspiegelt, ist die Lage des Gebäudes am Rand des Ilmtals durch das Erlebnis italienischer Landschaften inspiriert (Abb. 122). Der nach Süden sich erstreckende Tiefenzug der Ilmaue wird durch den hell über der Hangkante aufragenden Giebel noch verstärkt. Durch die kühne Lage des Römischen Hauses über dem Steilhang heben sich Architektur und Landschaft deutlich voneinander ab; sie sind nicht organisch miteinander verwoben, sondern behaupten eine jeweils eigene Sphäre. Dabei setzt das Gebäude schon aus der Ferne einen deutlichen Akzent in der Landschaft, ohne dem Betrachter sogleich die architektonischen Details zu offenbaren. Wer beim Nähertreten die dorischen Säulen im Untergeschoß wahrnimmt, wird über den Eindruck südlicher Landschaft hinaus die Charakteristika der erhabensten griechischen Bauwerke erkennen.

Daß Goethe in der italienischen Landschaft das gültige Bild der Natur zu erblikken glaubte, verdankt sich nicht zuletzt seiner Rezeption der Gemälde Lorrains. Sowohl der arkadischen als auch der heroischen Landschaft hatte Lorrain in seinen Werken jenen übergeordneten Ausdruck von Schönheit verliehen, in dem Goethe die innere Gesetzlichkeit der Natur in „höchste[r] Wahrheit"[165] aufgehoben fand. Nach Weimar zurückgekehrt, suchte Goethe sowohl sein unmittelbares Erlebnis südlicher Landschaft als auch die in Lorrains Gemälden geschauten Ideallandschaften in der Ilmaue lebendig werden zu lassen.[166] Die italienische Landschaft wurde von Goethe gleichsam ins Ilmtal projiziert, wobei kein idealisierter, sondern

---

163 Ebd., S. 333. Die Schilderung entspricht dem ursprünglichen Eintrag ins Reisetagebuch, dessen Passage über Segesta erhalten ist: Siehe WA III/1, S. 341.

164 Siehe dazu jüngst auch Gert-Dieter Ulferts: *Carl August, Goethe und das Römische Haus*, in: *Ereignis Weimar* 2007, S. 246.

165 Goethe, *Gespräche mit Eckermann*, 10. April 1829; MA 19, S. 321.

166 Zum Ideal der italienischen Landschaft vgl. Krönig/Wegner 1997, S. 167; Maisak 1981, S. 134. Zu den zugrunde liegenden epischen Stilisierungen der Ideallandschaft seit der antiken Poesie und Rhetorik siehe Curtius 1993 (1948), S. 191–209.

ein wiedererlebbarer Zustand beschworen werden sollte, der die Natur mit dem Ideal versöhnt. Der in der Ilmaue vorherrschende Baumbestand unterstützt die von Goethe intendierte Sehweise vortrefflich: Bereits um 1790 waren unter Bertuchs Ägide auf den Wiesen Ulmen und Pappeln sowie am Flußufer Erlen und Weiden gepflanzt worden, so daß die kontrastierenden Umrisse der Bäume an die Pinien und Zypressen südlicher Landschaften denken lassen.[167] Die unterschiedlichen Landschaftsformen des Weimarer Flußtals erfuhren durch das Römische Haus eine Steigerung ihrer Wirkung und ließen die Aura einer idealen Landschaft zumindest erahnen. Die kunsttheoretische Auseinandersetzung um erlebte Wirklichkeit und Fiktion, wie sie Goethe nicht zuletzt anhand der Landschaftsbilder Lorrains und Hackerts veranschaulichte, fand ihre direkte Entsprechung in der Weimarer Ilmaue, die sich ihrerseits zum Bild formte.

Mit der Architektur und der Situierung des Römischen Hauses über dem Ilmtal erhob Goethe das Bild der südlichen Ideallandschaft zum dominanten Landschaftscharakter im Weimarer Park. In den Jahren zuvor hatte Carl August – beispielsweise mit der Errichtung der drei Säulen – einzelnen landschaftlichen Partien ein antikisierendes Gepräge verliehen. Nun übertrug Goethe die Bilder des Südens in die Weimarer Ilmaue, die erst mit dem vollendeten Römischen Haus zum topographischen und ideellen Zentrum der Parklandschaft avancierte.

Über einen seiner Besuche im öffentlichen Garten von Palermo hatte Goethe enthusiastisch notiert: „Man sah keine Natur mehr, sondern nur Bilder, wie sie der künstlichste Maler durch Lasieren auseinander gestuft hätte."[168] Seine Äußerung erweist sich als symptomatisch für eine ästhetische Sicht, in der die Erscheinungen der Natur und ihre Erhöhung zur gemalten Ideallandschaft als wesentliche Bezugsgrößen fungieren. Von einem Garten bzw. den künstlerischen Prinzipien der Gartenkunst ist dagegen bei Goethe nicht die Rede. Ihnen hatte er in seiner Auseinandersetzung mit dem Dilettantismus eine „phantastische und sentimentalische Nullität" bescheinigt.[169] Der von Goethe positiv hervorgehobene Aspekt der Gartenkunst, „Ideales im Realen" vorzustellen, bezieht sich auf die Natur in ihrer idealen Erscheinung, welche im Landschaftsgarten anschaulich werden soll.[170] In der empirisch wahrnehmbaren Natur verbirgt sich die unveränderliche Struktur der Naturgesetze, die in ihrer Wirkungsweise zu erkennen für Goethe das eigentliche Movens auch in der Gartenkunst ist. Deshalb ersetzt er den Begriff des Gartens durch den der Natur. Der Blick aus den Fenstern des Römischen Hauses ins Ilmtal öffnet sich für Goethe nicht in den Landschaftsgarten, sondern in die Natur, die hier als alleinige schöpferische Kraft präsent ist.

Den Gesetzen der Natur stehen die Gesetze der Kunst gegenüber, welche in der Architektur des Römischen Hauses, insbesondere in den paestischen Säulen, bei-

167 Vgl. Jäger 1978, S. 343; A. Schneider 2001, S. 116.
168 Goethe, *Italienische Reise*; MA 15, S. 299.
169 Goethe, Paralipomena *Über den Dilettantismus*; WA I/47, S. 300.
170 Ebd.

spielhaft zum Ausdruck kommen. Nicht zufällig finden sich diese Insignien des modernen Architekturverständnisses gerade auf der dem Ilmtal zugewandten Seite des Gebäudes. Die nunmehr frei verfügbaren Formen der Architektur korrespondieren hier mit den vielfältigen Formen der Natur. Das komplexe künstlerische Programm des Römischen Hauses repräsentiert zugleich die höchste Stufe der Kunst, die der Natur somit nicht nur eigengesetzlich gegenübersteht, sondern sich im ideellen Entwurf von Aneignung und Verfremdung sowie in ihrer sinnlich-sittlichen Wirkung über diese – im direkten und übertragenen Sinne – erhebt.[171] Die Natur fungiert damit nicht zuletzt als Raum für den Ausdruck moderner Kunstauffassung: Goethes „italienische" Zeichnungen und seine Auseinandersetzung mit vergleichbaren topographischen Gegebenheiten in der Weimarer Ilmaue verraten eine beinahe abstrakte Sicht auf die landschaftlichen Formationen und die darin plazierte Architektur. Im Blick auf die Tallandschaft und den über ihr thronenden Tempelbau – der Sicht gleichsam aus der Ferne auf einen ausgedehnten landschaftlichen Zug – erfaßt Goethe den physiognomischen Gesamtcharakter der Gegenstände. Dem steht seine Beobachtung einzelner Merkmale, das heißt die Aufmerksamkeit für das Detail der Pflanzenbildung gegenüber. Während er in Weimar in den 1790er Jahren seine italienischen Studien von Architektur und Landschaft fruchtbar macht, münden seine intensiven pflanzenkundlichen Beobachtungen in die Gründung des Botanischen Gartens in Jena.

Der großräumige Landschaftsgarten, der das Weimarer Ilmtal um 1800 durchzieht, entspricht mit seinen charakteristischen Elementen – den Wiesen und Baumgruppen, dem Fluß und dem felsigen Uferhang, den waldigen Partien und nicht zuletzt seiner realen, bewohnbaren Architekur – den Maßgaben expressiver Gartenkunst, wie sie zuerst Lancelot Brown zu höchster Vollendung geführt hatte. Goethes Sicht auf die Landschaft scheint den Brownschen Maximen bezüglich der Verteilung geologischer und vegetabiler Massen, der Komposition von Farben und Linien sowie nicht zuletzt der Lichtführung, eng verwandt zu sein. Doch läßt sich Goethe auch hier nicht auf die Prinzipien landschaftlicher Gartenkunst festlegen, da er keinem noch so natürlich geschwungenen Weg folgt, sondern ganz unabhängig von den Wegen die Auenlandschaft überblickt. Hatte er im Garten von Palermo „keine Natur mehr, sondern nur Bilder" gesehen, befand er in seinem von kritischen Tönen dominierten Dilettantismus-Schema über die Gartenkunst, diese vermöge immerhin „ein Bild aus der Wirklichkeit zu machen".[172] Die Ideen, welche Natur und Kunst immanent sind, suchte Goethe mit dem Römischen Haus über dem Ilmtal sichtbar werden zu lassen. In einem Bild, wie es ihm im Süden wiederholt vor Augen gestanden hatte, hob er im Weimarer Park Architektur und Landschaft in vollkommener Weise auf.

Goethe hat das Römische Haus in zwei Zeichnungen festgehalten, welche die Eingangsseite des Gebäudes und den dahin führenden Breiten Weg wiedergeben

171 Vgl. Goethe, *Baukunst* 1795; MA 4.2, S. 54.
172 Goethe, *Über den Dilettantismus*; MA 6.2, S. 166.

(Abb. 123 und 124). Auch mit der Einbettung des herzoglichen Sommerhauses in den oberen Parkteil hat sich Goethe demzufolge auseinandergesetzt. Der niedrige Bewuchs deutet auf ein frühes Entstehungsdatum der Zeichnungen hin, die vermutlich um 1792–1794, also während der Bauzeit geschaffen wurden. Die in Feder und Tusche eher flüchtig ausgeführten Blätter scheinen explizit dafür angelegt, eine räumliche Vorstellung von Park und Architektur zu vermitteln. Auch diese Ansicht ist wohl durch einen süditalienischen Landschaftseindruck vorgeprägt worden, wie eine Goethe zugeschriebene, heute verschollene Zeichnung vermuten läßt (Abb. 125). Der *Tempel an einer Felsenküste* wird diesmal nicht vom Tal, sondern vom oberen Ende des Steilhangs aus dargestellt; die schroffe Felskante überdeckt im Mittelgrund der Zeichnung ein junger Baum, der den Gedanken an einen Park anklingen läßt. Die abermalige Ähnlichkeit in der Topographie ist evident.

Der dorischen und der ionischen Säulenordnung am Römischen Haus korrespondieren der untere bzw. der obere Bereich des Parks an der Ilm. Zwischen dem Römischen Haus und der wiederhergestellten Residenz erstreckt sich der Park in nahezu seiner gesamten Ausdehnung. In der Mitte zwischen beiden und in markanter Sichtbeziehung zum Römischen Haus liegt auf der anderen Seite des Flusses Goethes Gartenhaus, so daß Fürst und Dichter – beide mittlerweile in fortgeschrittenem Lebensalter – in einen direkten Dialog treten, der das Schloß als Zentrum des höfischen Lebens abseits stehen läßt. Die Lage der beiden Gebäude spiegelt dabei trotz aller Vertrautheit der Konversation deutlich den jeweiligen gesellschaftlichen Stand ihrer Besitzer wider. Vom Römischen Haus auf dem Hang blickt man „nach unten" ins Tal zum Gartenhaus Goethes. Gleichwohl ist letzterer durch seinen maßgeblichen Einfluß auf die Gestalt des herzoglichen Sommerhauses auch in diesem präsent.

Der obere und der untere Parkbereich vermitteln dem Betrachter einen jeweils ganz unterschiedlichen Eindruck. Von der Stadt her kommend streift der Besucher auf dem Breiten Weg gleichsam die verschiedenen Etappen höfischer Geselligkeit: Nahe des Steinschen Hauses in den Park eintretend, wird er an der „Schnecke" vorbei zum Gotischen Salon und schließlich zum Säulenportikus des Römischen Hauses geführt. Die großzügig geschwungenen Wege waren von Blumenrabatten gesäumt, Pyramidenpappeln zum Rondell gruppiert, einheimische mit nordamerikanischen Gehölzen in ungewöhnlicher Vielfalt kombiniert. Dem Betrachter bot sich ein großräumiger Landschaftsgarten Brownscher Prägung mit dem Römischen Haus als architektonischem Höhepunkt.

Auch der untere Parkteil wird von dem Gebäude über dem Steilhang der Ilm geprägt, wenngleich sich dem Betrachter hier ein ganz anderes Bild offenbart. Vom Stern her kommend folgt er dem Fluß in südlicher Richtung, um in der weiten Auenlandschaft eine nahezu ungestaltete Natur vorzufinden. Anstelle gartenkünstlerischer Gestaltung dominiert hier das Zusammenspiel unterschiedlicher landschaftlicher Formationen, deren Wirkung durch die Architektur noch erhöht wird.

Zwischen dem unteren und dem oberen Parkteil vermittelt die Partie am Uferhang, die „Kalte Küche". Sie ist einem *belt walk* vergleichbar, der den Blick ins Tal und zu weiter entfernten Punkten in der Landschaft eröffnet. Zudem nahm die Geschichte des Parks hier mit der Felsentreppe und dem „Kloster“ ihren Anfang, während der Weg durch den dichten Gehölzgürtel nun bis zum Römischen Haus führt und einen weiteren Zugang zur herzoglichen Sommerwohnung bildet. Die Verbindung des oberen mit dem unteren Parkbereich steht zugleich symptomatisch für das Zusammenspiel von Theorie und Praxis bei der Entstehung des Weimarer Landschaftsgartens: Das kunsttheoretische und naturwissenschaftliche Konzept Goethes sind darin ebenso ablesbar wie die *repraesentatio maiestatis*, das heißt die Repräsentationsansprüche und Rückzugsbedürfnisse eines Herzogs, der selbst eine weitgehende inhaltliche Kontinuität in der Parkgestaltung gewährleistete. Seinem „Hofkünstler“[173] Goethe aber ermöglichte dieser Herzog, seine jeweiligen künstlerischen Vorstellungen weithin umzusetzen, wie die beiden Architekturen des Luisenklosters und des Römischen Hauses exemplarisch verdeutlichen. Die klassizistische Klarheit, von der die Gestalt des Römischen Hauses nicht zuletzt durch Goethes Einfluß geprägt ist, entsprach überdies Carl Augusts eigenem ästhetischen Profil. Auf dem Höhepunkt seiner Entwicklung um 1800 vermag der Landschaftsgarten im Ilmtal sowohl die nuancierte Auffassung Goethes über Natur und Kunst als auch die herzoglichen Interessen und Ansprüche in einem harmonischen Gesamtbild zu vereinen. Unterschiedliche Intentionen ergaben hier ein im besten Sinne gemeinsames Werk Goethes und Carl Augusts.

7.4. Das Residenzschloß. Ein Festsaal öffnet sich zum Park

Der Name des Hamburger Architekten Johann August Arens ist in Weimar nicht allein mit dem Römischen Haus, sondern vor allem mit dem Wiederaufbau des Schlosses verbunden. Arens war der erste in einer Reihe von Architekten, die für den Schloßbau gewonnen werden konnten, schließlich aber doch nicht für längere Zeit an Weimar zu binden waren.[174] Ihm folgten der Stuttgarter Nikolaus Friedrich Thouret (1767–1845) sowie der Berliner Heinrich Gentz (1766–1811). Goethes Autorität in baukünstlerischen Fragen ließ bekanntlich nur Architekten zu, die sich in Rom und Paris die Ideale klassizistischer Baugesinnung angeeignet hatten, was auf alle drei Baumeister zutraf.[175] Er selbst wurde zum organisatorischen und künst-

173 Zum Begriff des Hofkünstlers siehe Martin Warnke, der die Freiheit des Künstlers am Hof als entscheidende Voraussetzung für dessen Emanzipation auf dem Weg zum selbständigen, modernen Künstler beschreibt. Vgl. Warnke 1996.

174 Zum Wiederaufbau des Schlosses und den beteiligten Architekten siehe ausführlich Bothe 2000, S. 38–111. Siehe auch Gerd-Dieter Ulferts: *Phönix aus der Asche. Der Wiederaufbau des Weimarer Residenzschlosses nach dem Brand von 1774*, in: *Ereignis Weimar* 2007, S. 88f.

175 Zu Gentz' Studien in Rom, London und Paris siehe Michael Bollé: *Vom Tagebuch zum Lehrbuch. Aspekte zu Lernen und Lehren von Heinrich Gentz*, in: Wegner 2000, S. 129–163.

lerischen Leiter, mithin zur entscheidenden Instanz über das gesamte Baugeschehen.[176]

Bereits in der ersten Zusammenkunft der Schloßbaukommission im März 1789 kündigte Goethe, der auf Geheiß des Herzogs auch hier den Vorsitz innehatte, das baldige Eintreffen Arens' in Weimar an.[177] „Wir haben wenigstens diese Tage her uns mit dem Schloßbauplane so ernstlich beschäftigt als ob wir dem friedlichen Reiche Salomons entgegen sähen", läßt Goethe Carl August wissen, und weiter: „Arens hat uns recht schön aufs Klare geholfen und wir können den ersten Schritt mit Zutrauen und gutem Muth wagen."[178] Freilich war man – schon aus finanziellen Gründen – darauf angewiesen, auf die alte Bausubstanz zurückzugreifen und die weitgehend erhaltenen Außenmauern beizubehalten, so daß die Wiedererrichtung im wesentlichen den Baumaßen der barocken Dreiflügelanlage folgte. Besonders stark zerstört war der dem Park zugewandte Ostflügel, über dessen Neugestaltung Anfang 1791 entschieden wurde.[179] Wie Rolf Bothe nachgewiesen hat, traf Goethe mit Carl August und Arens bereits zu diesem frühen Zeitpunkt sehr weitreichende Festlegungen, die auch die Anlage der Innenräume und speziell des künftigen Festsaales detailliert bestimmten.[180] So ordnete Goethe die zur Ilm gelegenen sogenannten Marmorzimmer dem Festsaal zu, der durch diese Nebenräume eine direkte Verbindung zum Park erhalten sollte.[181] Auch über die Gestaltung der Ostfassade vermittelt das Protokoll der Schloßbaukommission schon im Mai 1791 präzise Angaben.[182] Arens weilte zu diesem Zeitpunkt zum letzten Mal in Weimar; Goethes Hoffnung, der Architekt möge das Baugeschehen weiterhin vor Ort begleiten, erfüllte sich nicht. Doch arbeitete man in den folgenden Jahren bis 1797 nach den Plänen, die Arens im Frühjahr 1792 vorgelegt hatte. Sein Entwurf zur Ostfassade des Schlosses zeigt verschiedene Varianten einer Säulengalerie im *piano nobile*: eine geschlossene Fensterfront mit vorgelegten Säulen oder eine offene Kolonnade (Abb. 126). Zur Ausführung gelangte die offene Kolonnade, die im Gegensatz zur geschlossenen Fassade eine wechselseitige Durchdringung von Außen- und Innenraum ermöglicht (Abb. 127). Die toskanischen Säulen auf Piedestalen und die flachen Balustraden in den Zwischenräumen entsprechen Arens' Entwurfszeichnung, während das Giebeldreieck über der Mittelachse und das Rundbogenfenster im Obergeschoß nicht ausgeführt wurden.

Die dem Park zugewandte Fassade und Teile eines neuen Treppenhauses im Ostflügel entstanden noch Anfang der 1790er Jahre. Auch der Grundriß und die

176 Vgl. Dolgner 1996, S. 64.

177 ThHStAW: B 8905, Bl. 18; B 8907, Bl. 2–5. Das von Goethe angefertigte Protokoll der Sitzung ist abgedruckt in MA 3.2, S. 405–408 und in Ewald 1999, S. 434ff.

178 Johann Wolfgang Goethe an Carl August, Weimar 6. Februar 1790; *Briefwechsel Carl August – Goethe*, S. 148.

179 Vgl. Bothe 2000, S. 42.

180 Vgl. Bothe 1995, S. 33; ders. 2000, S. 44.

181 ThHStAW: B 8919, Bl. 42.

182 Ebd., Bl. 55.

Anlage des Festsaales gehen auf Arens zurück, so daß der ab 1798 in Weimar tätige Nikolaus Thouret sich gänzlich der Innenausstattung des Saales und der angrenzenden Räume widmen konnte. Die Fertigstellung des Festsaales und der Ausbau des Treppenhauses oblag schließlich Heinrich Gentz, der im Dezember 1800 von Thouret die Bauleitung am Schloß übernahm und den Innenausbau bis zum fürstlichen Einzug 1803 vollendete.[183] Vor allem bei der Anlage und Organisation des Treppenhauses bewies Gentz seine profunde Kenntnis der modernen französischen und englischen Architektur.[184] Die Rezeption englisch-palladianischer Treppenhäuser prägt seinen Entwurf ebenso wie die griechischer Tempel in Süditalien.[185] Durch den großzügigen Raum führt die Treppe auf eine dorische Säulenloggia zu, die in Form und Anordnung auf die Propyläen der Akropolis verweist. Die dorischen Säulen erheben das Treppenhaus zur Vorhalle der gesamten Schloßarchitektur. Hatten Arens und Goethe mit den basislosen paestischen Säulen am Römischen Haus die dorische Ordnung gewissermaßen in Weimar eingeführt, entfaltete sie sich nun an prominentester Stelle in der wiedererrichteten Residenz.[186]

Für die plastische Ausgestaltung des Treppenhauses konnte mit dem jungen Christian Friedrich Tieck (1776–1851) ein weiterer Berliner Künstler gewonnen werden. Die drei großen, von Tieck ausgeführten Relieffelder bilden zusammen mit vier Statuen und dem umlaufenden Metopen-Triglyphen-Fries ein komplexes ikonographisches Programm, das dem Fürsten als Lenker eines blühenden Staatswesens, in dem Künsten und Wissenschaften ein hoher Rang zukommt, huldigt. Seine politische Aussage im Kontext des Zeitgeschehens legt nahe, daß das Bildprogramm des Treppenhauses von Carl August und Goethe gemeinsam erdacht worden ist.[187] Der Schloßbau begann gleichzeitig mit der französischen Revolution, gegen die beide eine entschiedene Abneigung hegten. Mittels einer durch die Antike bestimmten Kunst propagierten sie das Ideal eines aufgeklärten Staates, der des gewaltsamen Umsturzes nicht bedarf. Im ikonographischen Programm dieser Vorhalle ist der Herzog mit den Leistungen seiner Regierungszeit auch dann präsent, wenn er selbst sich ins Römische Haus im Park zurückzieht.

Über das Treppenhaus erreicht man den Festsaal des Schlosses, für welchen Gentz „die wohl prächtigsten ionischen Säulen des Klassizismus" geschaffen hat.[188] Der Vorschlag einer umlaufenden Säulengalerie geht vermutlich auf Goethe zurück; die reichen ionischen Kapitelle gelten dagegen als Gentzsche Schöpfung.[189]

---

183 Vgl. Bothe 1995, S. 41f.; ders. 2000, S. 48–51, 65ff.

184 Vgl. Rolf Bothe: *Gentz oder Goethe, das ist hier die Frage. Anmerkungen zu Treppenhaus und Festsaal im Weimarer Schloß*, in: Wegner 2000, S. 165–190, hier S. 172f.

185 Gentz hat die Tempel als erster Architekt genau vermessen und erforscht. Vgl. Bothe, wie Anm. 184, S. 170.

186 Vgl. Beyer, wie Anm. 85, S. 22f., der weitere Beispiele des Dorischen in Weimar anführt.

187 Vgl. dazu ausführlich Bothe 2000, S. 77f.

188 Michael Bollé, wie Anm. 175, S. 160.

189 Vgl. ebd. u. Bothe 2000, S. 80.

Sie sind denen des Erechtheions auf der Akropolis nachempfunden und damit griechischer Provenienz. Die Ionica folgt gemäß der tradierten Architekturlehre nicht nur als Steigerung auf die Dorica im Treppenhaus, sondern unterstreicht auch den eleganten Charakter des Festsaales. Ein an den Wänden umlaufender Greifenfries zitiert überdies den Tempel des Antoninus und der Faustina in Rom, womit auch die römische Kaiserzeit im Weimarer Schloß anklingt. Abermals verfügten Goethe und Gentz hier souverän über die verschiedenen Elemente der antiken Kulturen, die sie – den künstlerischen Maximen des Klassizismus entsprechend – zu einem neuen, überzeitlich gültigen Ideal verbanden, in dem Goethes Stilbegriff zufolge das „Wesen der Dinge" anschaulich wird.[190]

Der Festsaal öffnet sich in einen hellen Nebenraum mit zwei Seitenkabinetten, deren Fensterfront zum Park weist. Der in zarten Farbtönen ausgemalte Raum ist nach Gentz' Vorgaben dekoriert worden: In die Wandpfeiler wurde grünes Weinlaub aus Kunstmarmor eingelegt, während über den Fenster- und Türleibungen ein Fries mit Fruchtgirlanden sowie Satyr- und Mänadenmasken verläuft. Satyrn und Blumenranken zieren auch die stuckierte Decke, die einer römischen Grabdekoration des zweiten Jahrhunderts n. Chr. folgt. Rolf Bothe hat nachweisen können, daß es Goethe und Meyer waren, welche die Vorlage des erst 1785 entdeckten Grabes für die etwa gleichformatige Decke im Weimarer Schloß empfahlen.[191] Der lichtdurchflutete Raum scheint mit seiner milden Farbigkeit und den floralen Motiven in die Ilmlandschaft überzuleiten, die sich vor seinen Fenstern erstreckt. Die Natur erhält gleichsam Einlaß in die festlichsten Räume der neuen Residenz.

Eine ähnliche Verschmelzung von Innen- und Außenraum offenbart das Schloß auch an der Fassade des Ostflügels. Die dem Hauptgeschoß vorgelegte Kolonnade erinnert an die zum Garten geöffneten Loggien zahlreicher italienischer Villen der Renaissance, deren Bauformen und Dekoration wiederum das Ideal der antiken Villa zu erneuern suchten. Die schöpferische Neugestaltung unter Einbeziehung antiker Vorbilder und Prinzipien hatten sich auch Goethe, Arens und Gentz zum Ziel gesetzt. Wie schon am Römischen Haus, so ist auch am Weimarer Schloß die aus dieser modernen Architekturauffassung entstandene Fassade dem Park zugewandt. Die neue Fassade eröffnet abermals einen Dialog zwischen Architektur und Landschaft, zwischen Kunst und Natur.

Georg Melchior Kraus hat das wiedererrichtete Schloß 1805 in einer Radierung festgehalten (Abb. 128). Die Darstellung lenkt den Blick neben dem monumentalen Baukörper auf die Sternbrücke, welche in die Mittelachse des Ostflügels mündet. Durch die massive Brücke war schon die Residenz des 17. Jahrhunderts mit der landschaftlichen Umgebung verbunden worden. Es ist eine barocke Wegachse, welche hier auf die moderne klassizistische Fassadengestaltung trifft. Der eigentliche Park verläuft hingegen parallel zum Schloß und folgt dem Lauf der Ilm. Kraus' Radierung verdeutlicht zum einen, wie der Park in seiner ausgedehnten Längsach-

190 Goethe, *Einfache Nachahmung der Natur, Manier, Stil*; MA 3.2, S. 188.
191 Vgl. Bothe 2000, S. 88f.

se sozusagen am Schloß vorbeiführt. Zum anderen zeigt sie den neugeschaffenen Übergang vom Gebäude in den Landschaftsgarten an der Südseite, wo der Park im Sinne Reptons bis an die offene Dreiflügelanlage herangeführt worden war. Die Vegetation reicht hier beinahe bis an die Mauern des Schlosses, wodurch ein nahtloser Übergang in den angrenzenden Park möglich wird. In unmittelbarer Nähe der Architektur dominiert die gartenkünstlerische Gestaltung mit Blumen und Sträuchern, während der landschaftliche Zug des Ilmtals die Natur im Sinne Goethes – das heißt ohne Zutun des Menschen – verkörpert und der Kunst als autonomes Gegenbild korrespondiert.

Im Jahre 1808 schuf Franz Ludwig Güssefeld einen *Plan des Herzoglichen Parks*, der den gesamten Landschaftsgarten samt seiner Beziehung zum Schloß und zur Stadt wiedergibt (Abb. 129).[192] Daß der Plan in gewissem Sinne nicht mehr der gartenkünstlerischen Epoche Carl Augusts zugehörig ist, mag seine Zueignung an die Erbprinzessin Maria Pawlowna verdeutlichen. Der Park an der Ilm durchmißt die Flußaue von der Kegelbrücke im Norden bis nach Oberweimar im Süden; er ist deutlich nach oberem und unterem Parkteil unterschieden. Die vormaligen barokken Anlagen – Stern und Welscher Garten – sind teilweise noch immer in ihrer früheren Gestalt erkennbar, was den Gesamteindruck des Landschaftsgartens nicht schmälert, sondern akzentuiert. Der Ausgangspunkt der landschaftlichen Parkgestaltung, die „Kalte Küche“, trennt als schmaler Gehölzstreifen das Ilmtal vom oberen Parkbereich. In diesem sind die dunklen „Lustwälder“ klar von den hellen Wiesenflächen unterschieden; nahe des Römischen Hauses überwiegen die hellen Partien. Die Gestaltung wird freier und großzügiger, je weiter sich der Park nach Süden von der städtischen Bebauung entfernt. Auch die kühne Lage des Römischen Hauses über dem Tal, eingebettet in die weiträumige Auenlandschaft, vermochte Güssefeld in seinem Plan zu visualisieren.

Vor allem aber zeigt er, wie der Park mit den umliegenden landschaftlichen Partien verschmilzt, wie er im Nordosten ins waldige Gebiet des Webicht übergeht und im Süden in die oberweimarischen Wiesen mündet. Während der obere Parkbereich ein abgeschlossenes Dreieck formt, ist dem natürlichen Zug des Ilmtals jede Begrenzung fremd. Dies unterstreicht der kleinere *Plan der Gegend zwischen Weimar, Belvedere und Tieffurth*, den Güssefeld seiner Darstellung rechts oben beigegeben hat (Abb. 130). Dieser Plan vergegenwärtigt noch einmal den Plan des *Webicht mit der anliegenden Gegend*, den derselbe Kartograph dreißig Jahre zuvor aufgenommen hatte und der bereits eine ähnliche landschaftsübergreifende Sicht wiedergibt (Abb. 20). Wie in seiner früheren Darstellung bezieht Güssefeld neben Tiefurt auch das Webicht und das Weimarer Ilmtal in seinen Plan ein, setzt diesen aber bis nach Belvedere fort und verfolgt den Lauf der Ilm weiter nach Südosten bis ins Dörfchen Taubach. Der durchgehend gezeichnete Flußlauf beschwört noch einmal Carl Augusts seit Mitte der 1780er Jahre gehegten Gedanken an einen ausgedehnten Grünzug, eine kontinuierliche Parklandschaft, die von Belvedere bis

192 HAAB, Kartensammlung, Ha 1:15a.

nach Tiefurt reicht. Dieses Vorhaben hatte der Herzog während der langwierigen Bauarbeiten am Schloß aufgegeben und sein gartenkünstlerisches Engagement auf die Partien zwischen der Residenz und dem Römischen Haus konzentriert.[193] In der Weimarer Ilmaue aber eröffnet sich dem Betrachter um 1800 ein großräumig aufgefaßtes Gartenkunstwerk, dessen expressive Naturbilder durch meisterhafte Beispiele klassizistischer Architektur in ihrer Ausstrahlung vervollkommnet werden.

193 Vgl. Heß 2001, S. 58; Huschke 1951, S. 102f.

Schluß

Der Wiedereinzug in die Residenz im Jahre 1803 schließt den Bogen der Parkentstehung, die einen ihrer Ausgangspunkte im Schloßbrand von 1774 hatte. Die Fertigstellung des Schlosses ist das Symbol für den Fortbestand der Dynastie. Zugleich stellt sie aber auch das Ereignis dar, in dem die Entwicklung des herzoglichen Parks kulminiert. Bereits fünf Jahre zuvor hatte der Park mit der Vollendung des Römischen Hauses seine eigentliche Funktion und seinen künstlerischen Gesamtplan erhalten: Er präsentiert sich nun als Memoriallandschaft des Fürsten, der seiner Regierungszeit mit dem Landschaftsgarten ein im wahrsten Sinne wegweisendes Denkmal setzt. Wurde Carl August im Bildprogramm des Treppenhauses der wiederhergestellten Residenz als kunstsinniger Souverän gefeiert, liefert er selbst mit dem unter seiner Ägide entstandenen Park den Ausweis seiner Modernität in ästhetischen Fragen.

Der Park an der Ilm verkörpert ein Erinnerungsfeld, das ohne jegliches allegorisches Beiwerk auskommt. Seine frühen Anlagen, wie die Felsentreppe oder das Luisenkloster, entsprangen spontanen Inszenierungen aus Anlässen des Gedenkens oder der Geselligkeit und tragen einen Charakter, der es ihnen nun erlaubte, „geschichtlich“ zu werden, das heißt einen Platz in der Geschichte Carl Augusts und damit eine dauernde Funktion im Landschaftsgarten einzunehmen. Obgleich als einzelne, tableauhaft komponierte Bilder entworfen, erfüllen diese frühen Anlagen nicht die Merkmale emblematischer Gartenkunst im Sinne Whatelys. Ihre Schöpfer verzichteten weitgehend auf die Mittel der ikonographischen oder literarischen Allusion, so daß die Gartenszenen keiner gelehrten Entschlüsselung bedurften, sondern den Betrachter entsprechend der sensualistischen Wirkungsästhetik unmittelbar in den Bann ihres Stimmungsgehaltes zogen. Dieser Stimmungsgehalt resultierte von Beginn an aus einem bewußten Umgang mit den Elementen der Landschaft, dem Material der Natur. Noch ehe die natürlichen Gegebenheiten des Ilmtals gezielt in den Dienst einer übergreifenden Parkkonzeption gestellt wurden, lenkten die unverbundenen „ästhetischen Bilder“ (Goethe) den Blick auf Felsformationen und Waldpartien, die der Hofgesellschaft als Aufenthaltsort jenseits der überlieferten barocken Lustgärten erschlossen wurden.

Grundsätzlich repräsentiert der Weimarer Park ein Kunstwerk, das durch seinen ausgeprägten Wirklichkeitssinn hervorsticht. Weder Goethe noch dem Herzog ging es in ihrer Gartenschöpfung um die Evokation ferner Wunschräume und versunkener Wunschzeiten. Die frühe, empfindsame Phase der Parkentwicklung ist gerade durch ihren steten Zusammenhang zur Bühnenpraxis und zum Liebhabertheater dem gegenwärtigen Leben am Hofe verbunden. Goethe als Regisseur des Liebhabertheaters entwarf jene Bühnenszenerien, die im frühen Landschaftsgarten konstitutiv für die Entwicklung des bildhaften Sehens in der Natur waren. Selbst die ephemeren Spektakel, welche umso wirkungsvollere Bilder hervorbrachten, da sie das gesamte Spektrum der Natur*schauspiele* einbeziehen konnten, gewannen Realität im flüchtigen Augenblick, als Inszenierung für den Moment – und gaben danach gewissermaßen die Landschaft wieder frei für einen neuen Modus gartenkünstlerischer Gestaltung.

Beinahe nahtlos scheinen sich Ende der 1770er Jahre die theatralischen Inszenierungen und die im Ilmtal verbildlichten „dichterischen Visionen" (Wieland) mit der herzoglichen Lebenswelt zu verbinden, woraus das eigentliche gartenkünstlerische Engagement Carl Augusts erwächst. Das „Kloster" hat durch die Weise, in welcher der Herzog es bald nach seiner Einweihung zu nutzen begann, nämlich als durchaus ernstgenommenen Aufenthalts- und Rückzugsort in den Sommermonaten, den erst für das Römische Haus beanspruchten Realitätscharakter bereits vorweggenommen.[1] Der ästhetische Blick Carl Augusts resultierte aus unmittelbarer Naturerfahrung, wie er sie beispielsweise in den Wäldern um Ilmenau und auf der mit Goethe unternommenen Reise in die Schweiz aufnehmen konnte. Das Erleben von Landschaft – weniger die Besichtigung von Gärten – blieb auch für die gartenkünstlerischen Intentionen Carl Augusts bestimmend. So ist als eines der herausragenden Merkmale des Weimarer Parks zu beobachten, daß Architekturen und Monumente hier verhältnismäßig sparsam eingesetzt wurden. Verglichen etwa mit den Anlagen in Wörlitz, Schwetzingen oder Hohenheim, die den ideellen Kosmos ihrer Schöpfer in zahlreichen Staffagebauten oder skulpturalen Werken veranschaulichen, besticht der Park im Ilmtal durch seine Konzentration auf die Ausdruckswerte der Landschaft. Dieser Tendenz entspricht, daß Carl August seit Mitte der 1780er Jahre die Absicht verfolgte, den gesamten landschaftlichen Zug des Ilmtals und die Gegend von Belvedere bis nach Tiefurt in eine durchgehende Parklandschaft zu verwandeln. Obgleich der Herzog diesen Plan später fallen ließ, steht er doch für einen gestalterischen Impetus, dem die größeren Zusammenhänge näher sind als jene kleinräumige Vorgehensweise, die für die ersten Jahre der Parkentwicklung in der bisherigen Forschungsliteratur ausschließlich reklamiert wurde. Auch die um 1780 entstandenen Pläne Güssefelds belegen einen frühen landschaftsübergreifenden Blick, dem zwar keine detaillierte gartenkünstlerische Konzeption zu entnehmen ist, wohl aber der furiose Entwurf des späteren Landschaftsgartens innewohnt.

Die in den 1780er Jahren errichteten Denkmäler und Architekturen, so zum Beispiel der dem Dessauer Fürsten zugeeignete Große Stein oder der dem höfischen Vergnügen vorbehaltene Gotische Salon, betonen mit ihrer konkreten Bezugnahme und ihrer unmittelbaren Nutzfunktion den Realitätsanspruch des Weimarer Parks. Auch die mythologischen Anklänge in Goethes Epigramm *Einsamkeit* und dem Schlangenstein beschwören keine entfernte, mythologisch-allegorische Wunschwelt, sondern beziehen sich direkt auf den Charakter der wald- und felsreichen Partie am Ilmufer, die zugleich den Nukleus des Landschaftsgartens darstellt. Gotische und klassizistische Stilformen bestehen nebeneinander und verweisen ebenfalls nicht in imaginäre Wunschräume, sondern auf die gegenwärtige

1 Zum Realitätscharakter des Landschaftsgartens vgl. Buttlar 1990.

kunsttheoretische Auseinandersetzung Goethes oder die vom Herzog verfolgten politischen Tendenzen. Als Carl August wegen seiner außenpolitischen Aktivitäten für längere Zeit Weimar den Rücken gekehrt und Goethe sich von der „neumodische[n] Parksucht“ distanziert hatte, sorgte der als Parkoberverwalter eingesetzte Bertuch für die Kontinuität in der Entwicklung der landschaftlichen Anlagen. Mit dem oberen Parkteil entstand unter seiner Leitung ein Garten Brownscher Stilrichtung, der in seiner Klassizität auf jene Architektur vorausweist, in der die gesamte Parkentwicklung ihren Höhepunkt findet.

Der in der Gartenliteratur namhaft gemachte Paradigmenwechsel vom empfindsamen zum klassischen Landschaftsgarten wird in Weimar mit dem Bau des Römischen Hauses evident. Während die emblematische Gestaltungsweise im Ilmtal wegen des Realitätscharakters der ohnehin sparsam plazierten Monumente und Architekturen nahezu organisch in dem expressiven Gartenkunstwerk der 1790er Jahre aufging, markiert die Fertigstellung des Römischen Hauses eine deutliche Zäsur. In der Lage und Gestalt des herzoglichen Sommerhauses manifestiert sich ein grundlegend neues Verständnis im Verhältnis von Architektur und Landschaft. Mit seinem in Süditalien geschulten Blick hat Goethe die in der Weimarer Flußaue vorgefundenen landschaftlichen Gegebenheiten genutzt und in den Dienst seiner klassizistischen Auffassung von Kunst und Natur gestellt.

Wenn Goethe im Garten von Palermo ausgerufen hatte, daß er keine Natur mehr sähe, sondern nur Bilder, so gilt dies in Weimar für die große Überschaulandschaft, die sich aus den Fenstern des Römischen Hauses zu *einem* Bild formt. Hatte der Betrachter im Ilmtal zunächst einzeln komponierte Gartenbilder rezipiert, weitete sich sein Blick später über bewußt angelegte Sichtachsen in die Ferne, etwa zum Oberweimarer Kirchturm. Aus den Fenstern des Römischen Hauses überblickte er nun die gesamte Parklandschaft in der Vielfalt ihrer natürlichen Formen. Es ist ein Panoramablick über die ganze Ilmaue, der den Betrachter in die Bildwirklichkeit einschließt, während das Bild doch „als ganzes unberührbar“ bleibt.[2]

Die Aussicht aus einer an erhöhter Stelle gelegenen Villa in die Landschaft ist eine Erfindung der römischen Antike und war sowohl sakral als auch militärisch konnotiert.[3] Seneca schrieb über die von Marius, Pompeius und Cäsar angelegten Villen: „Sie aber errichteten sie auf dem obersten Kamm der Berge. [...] Vom hoch gelegenen Fenster aus erschien das in der Länge und Breite unterworfene Land. Blick auf!, welche Lage sie sich ausgesucht haben, über welchem Gelände sie ihre Bauten hochführten.“[4] Die Inszenierung der antiken Villen im Gelände wurde häufig durch aufwendige Substruktionsbauten architektonisch pointiert. So bedeutete die hochgelegene Villa der römischen Antike die bauliche Realisation eines Herrschaftsgestus, dessen Subjekt in der Villa stellvertretend präsent war.

2 Ebd., S. 13.
3 Vgl. Zimmermann 1989, S. 17ff.
4 Seneca, *Ad Lucilium Epistulae Morales,* 51, 11; zitiert nach Zimmermann 1989, S. 17f.

Der seit der Antike tradierten politisch-hierarchischen Konnotation der hochgelegenen Villa entspricht der ästhetische Paradigmenwechsel in der Landschaftsauffassung um 1800. Das Bild der Landschaft, welches bislang auf einen Ausschnitt beschränkt war, wird von der Entgrenzung abgelöst.[5] Der ganze Raum soll in seiner Kontinuität erfaßt und dabei jegliche Partialisierung vermieden werden. Den Panoramablick in die weite Landschaft spiegeln zahlreiche Rundgemälde wider, deren erstes Beispiel der irische Maler Robert Barker 1789 in Glasgow und Edinburgh vorstellte. Goethe hatte diesen Blick – nach dem Vorbild Hackerts und Knieps – zunächst als Zeichner in Italien eingeübt, ehe er ihn auf das landschaftliche Kontinuum des Weimarer Ilmtals übertrug.[6] Somit erschließt die Aussicht aus den nach Osten gelegenen Fenstern des Römischen Hauses nicht nur die Weite der Ilmaue, sondern auch die klassizistische Landschaftsauffassung: Aus einer nach modernsten ästhetischen Prinzipien gestalteten Architektur, dem Römischen Haus oder dem Schloß, schaut der Betrachter in eine Landschaft, die – ohne das gestalterische Eingreifen des Menschen – für sich selbst stehen kann. Er blickt vom Rand des Parks und aus erhöhter Position ins Tal, auf Wiesen und Baumgruppen mit ihrer unterschiedlichen Lichtwirkung und auf das mäandernde Band des Flusses. Künstlich geschaffene Anlässe des Erinnerns sind nun ebenso entbehrlich wie jeder inszenatorische Aufwand, da sich die Natur selbst am wirkungsvollsten inszeniert. Zudem ermöglicht das panoramatische Sehen einen distanzierten Blick, der von keiner Subjektivität getrübt wird. Es ist nicht zufällig ein Blick, wie ihn die zu dieser Zeit sich entwickelnden objektiven Wissenschaften benötigen.[7]

Dem formalen Wandel in der gartenkünstlerischen Gestaltung steht auf seiten Carl Augusts eine inhaltliche Kontinuität gegenüber, die beim funktionalen Zuschnitt des „Klosters" ihren Ausgang nimmt und im Realitätscharakter des Römischen Hauses ihren sprechendsten Beweis findet. Beiden Architekturen kommt eine Schlüsselstellung in der Parkgeschichte zu, da sie gewissermaßen Anfangs- und Endpunkt seiner Entwicklung unter Carl August verkörpern und auf den Herzog als eigentlichen Gartenschöpfer verweisen. Der Weg durch den Park, vom Schloß zum Römischen Haus, mußte Carl August wie ein Spaziergang durch die zurückliegenden fünfundzwanzig Jahre erscheinen. Indem er seine eigene Geschichte durchwandert, wächst auch den Denkmälern und Architekturen, welche seinen Weg säumen, eine dauernde Funktion im Gesamtkonzept des Landschaftsgartens zu. Im Römischen Haus angekommen, kann der Souverän aus dessen Fenstern mit der gesamten Ilmaue auch gleichsam die Zeit seiner Regierung überschauen. Von hier aus öffnet sich der Blick panoramatisch ins Tal und ins Weite.

---

5 Vgl. Hofmann 1995, S. 351ff. In der Malerei steigert sich die Entgrenzung bis zu einem extremen Weitwinkelbild wie Caspar David Friedrichs *Mönch am Meer*. Zum panoramatischen Sehen vgl. auch Gamper 1998, S. 162–167.

6 Vgl. Maisak 2001, S. 24; Oettermann 1980, S. 22ff.

7 Vgl. Oettermann 1980, S. 13.

An diesem Ort weiß der Herzog den Landschaftsgarten zwischen sich und der Residenz; hier mag ihm ein Rückzug mit weitem Blick ins Offene gelingen.

Der Weimarer Park ist schrittweise entstanden und spiegelt in einer Entwicklung von zweieinhalb Jahrzehnten die ästhetischen Diskussionen der Zeit. Daß die früheren Phasen der Parkentwicklung im inhaltlichen Gesamtplan des Landschaftsgartens aufgingen und somit die „ästhetischen Bilder" Goethes in der großräumigen Parklandschaft um 1800 einen beständigen Platz einnahmen, wirft noch einmal ein Licht auf den Gartengestalter Goethe. Die von Goethe geforderte Einheit im konzeptionellen Geist des Anlagenschöpfers wird letztlich durch Carl August garantiert. Im Rückblick ist es Goethes eigenes gartenkünstlerisches Engagement, sind es die in der übergeordneten Ganzheit versammelten Zeugnisse seines Wirkens, die den sukzessiven Wandel der ästhetischen Maximen im Park dokumentieren. Dabei läßt sich am Ende feststellen, daß Goethe nie wirklich als *Gartenkünstler* die Entwicklung des Parks geprägt hat. Wenn er mit der Felsentreppe, dem „Kloster" und nächtlichem Fackelspiel den auslösenden Impuls für die landschaftliche Gartenkunst im Ilmtal gab, dann in seiner Funktion als Dichter und Theaterregisseur, mithin in seiner Aufgabe als Inszenator höfischer Geselligkeit. Es war auch der *Dichter* Goethe, der sich mit dem Epigramm *Einsamkeit* 1782 von der Parkgestaltung zurückzog. Und es ist mit dem Naturforscher und Kunsttheoretiker vor allem der *Wissenschaftler* Goethe, der zehn Jahre später ins Ilmtal zurückkehrt, um dort sein neugewonnenes Verständnis von Architektur und Landschaft praktisch umzusetzen und mit dem Römischen Haus das ideelle Zentrum des Parks erst zu schaffen. Die zeitgenössische Dialektik, derzufolge das ästhetische Paradigma von einer naturwissenschaftlichen Tendenz abgelöst wird, während die Naturwissenschaften ihrerseits verstärkt dem ästhetischen Paradigma unterliegen, wird in Goethes Wirken im Weimarer Park und im Jenaer Botanischen Garten gebündelt.

Die von Goethe in seiner klassizistischen Ästhetik propagierte Trennung zwischen Natur und Kunst folgte letztlich dem Ziel, eine oszillierende Bewegung zwischen beiden und eine bewußte wechselseitige Bezugnahme zu ermöglichen. So vereinen sich die häufig divergierenden gartenkünstlerischen Absichten Goethes und Carl Augusts, wenn es darum geht, sowohl ästhetische als auch naturwissenschaftliche Denk- und Wahrnehmungsmuster im Park an der Ilm gestalterisch umzusetzen. Aus dem Spannungsfeld zwischen künstlerischem Ideal und pragmatischen Erwägungen, zwischen Gartentheorie und Parkpraxis erwuchs ein weiträumiger klassizistischer Landschaftsgarten, in dem die einstige Spontaneität des Augenblicks zu einem objektiven Ausdruck gefunden hat. Insofern es ein Signum des modernen Kunstwerks ist, gegensätzliche und nicht selten widersprüchliche Intentionen zu einer Synthese zu führen, kommt dem von Carl August und Goethe geschaffenen Landschaftsgarten im Ilmtal unverkennbar der Rang höchster ästhetischer Modernität zu.

Anhang

Ausgewählte Quellen zur Geschichte des Weimarer Parks an der Ilm aus dem Thüringischen Hauptstaatsarchiv Weimar

Großherzogl. Sächs. Hausarchiv Abt. E Nr. 27: Fourierbuch auf das Jahr 1778

Bl. 52: „Heute als den 11. Juni wurde das Abfeuren der hiesigen Infanterie gehalten auf dem Felde vor dem Jacobs Thor, und Mittags speißten Durchl. Herrschaften mit Sämtl. Gh. Officiers unter einem G' Zeldt bey dem Welschen Garten, nach Tafel wurde Ball gehalten und Abends wurde wieder allda gespeißet [...]."

Bl. 53: 12. Juni: „Heute wurde im Stern gespeißet, nach Tafel war wiederum Ball, und Abends war wieder Tafel unterm Zelte!"
Sonnabend mittag, 13. Juni: „Speißte Durchl. Herrschaft mit sämtl. Dames und Cavaliers bey Durchl. Prinz Constantin in Tiefurth."

Bl. 54: 15. Juni: „Heute nach Tafel fuhren Durchl. Herrschaften Sämtl. nach Bellvedere es war allda Ball gehalten und Abends war auch oben gespeißet!"

Bl. 58: „Mittwoch Mittag den 24. Juni wurde im Stern gespeißet und war eine Fürstl. Tafel
1. Durchl. Herzog, 2. Durchl. Herzogin [...]."
„Freitag Mittag den 26. Juni wurde im Stern gespeißet [...]."
„Sonnabend Mittag den 27. Juni Fürstl. Tafel im Stern [...]."

Bl. 60: 1. Juli: „[...] Mittags hatten Sämtl. Gh. Officiers die Gnade mit Durchl. Herzog auf dem Exerzierplatz unter dem G'Zelt an Fürstl. Tafel zu speißen!"
„Donnerstag Mittag den 2. Juli Fürstl. Tafel zu Belvedere [...]. Heute speißten Durchl. Herrschaften auf Bellvedere, nach der Tafel wurde ein Sternscheibenschießen gehalten, nach dem Schießen war Ball und Abends war wieder Tafel, nach aufgehobener Tafel ging alles wieder nach der Stadt zurück und war also dieser Tag vergnügt beschlossen!"

Bl. 61: „Freitag Mittag den 3. Juli Fürstl. Tafel im Welschen Garten, in der Schnecke [...]."
„Sonnabend den 4. Juli Mittag Fürstl. Tafel in der Schnecke [...]."

Bl. 62: „Dienstag Mittag den 7. Juli speißten Durchl. Herrschaft in Ettersburg [...]."
„Mittwoch Mittag den 8. Juli Fürstl. Tafel im Welschen Garten [...]."

Bl. 63: „Donnerstag Mittag den 9. Juli Fürstl. Tafel im Neuen Louisen Closter [...]. Heute wurde der Höchsterfräul. Nahmenstag unßerer Durchl. Herzogin folgendermaßen celleberiret, es war Ordentl. Tafel [...] sodann es war Durchl. Herzogin zum Vergnügen ins Geheim bey dem Pulffer-Turm eine Anlage eines alten Closters verfertiget, darneben ein Platz alwo Fürstl. Tafel gehalten wurde, oben darüber in den Busch war die Music verborgen; um 2 Uhr gingen Durchl. Herrschaft an Tafel, Durchl. Herzogin wußten nicht anders es würde im Stern gespeißet! Da Durchl. Herzogin aber an die Schloß-Brücke kahmen wurde Sie von 6 Closter Brüdern empfangen. Solche waren 1. Durchl. Herzog 2. Durchl. Prinz Constantin 3. Herr Oberstallmeister von Stein 4. H. Kammerh. v. Seckendorff 5. H. Hauptmann v. Knebel 6. H. Geh. Leg. Gehde. Solche hielten eine Anrede an Durchl. Herzogin und führeten Sie ins Closter ein, darinnen war eine Tafel serviret mit 6 irdenen Tellern und dergl. Schüsseln benebst bleyernen Löffeln die Closter Brüder hielten wieder eine kleine Rede an Durchl. Herzogin und speißeten allda eine Bier Kalteschale, nun wurde die Closter Glocke geläutet zum Zeigen an Fürstl. Tafel, die Thüre wurde geöffnet und Durchl. Herzogin sahen mit Verstaunen eine schöne Fürstl. Tafel serviret wobey sich eine Music mit Trompeten und Pauken hören ließe; Abends war allda wiederum Tafel gehalten und alsdan dieser freudige Tag mit einer Abend Music beschloßen [...]."

„Freitag Mittag den 10. Juli Fürstl. Tafel bey dem Closter [...]."
„Sonnabend Mittag den 11. Juli Fürstl. Tafel am Closter [...]."

Bl. 64: „Sonntag Mittag den 12. Juli speißeten Durchl. Herrschaft in Tiefurth [...]."
„Montag Mittag den 13. Juli Fürstl. Tafel bey dem Closter [...]."

B 8534: Rechnung über Einnahme und Ausgabe Geld auch Materialien wegen der auf die von Serenissimo gnädigst anbefohlner Anleg- und Unterhaltung derer neuen und bereits vorhandenen Anlagen in und an den Stern, Welschen Garten und Kalte Küche aufgewendeten Baukosten auf die Zeit von 1. Jan. bis ultm. Decbr. 1785. gefertiget von Georg Christoph Steffany

Einnahmen aus der Fürstl. Cammer-Casse für das Jahr 1785: 1500 Rthl.

Bl. 2v./3r.: „Summarischer Extract über Ausgabe-Geld": „Auf den Exercier-Platz, incl. auf den Parc und Eremitage [12 gr] / Auf den Welschen Garten und Zubehör [95 th 19 gr] / Auf die Kalte Küche und Zubehör als [...] Herzogs Bad, Auf die neu gefertigten Rohr-Decken [78 th 7 gr] / Auf den Stern und darinnen befindl. Anlagen, näml.: Auf die Befriedigung des Sterns, Auf die eiserne Walze, Auf die Fähre [61 th 10 gr] / Auf die neuen und künstlichen Anlagen beym Stern und Litter, als [...] die neuen Anlagen [...] die Anlagen oberhalb des Sterns, Auf das neu angelegte

Preßwerck am Floßgraben, Auf die Grotte und Zubehör [945 th 20 gr] / Auf Brükken und Stege, nehml. [...] Auf die Brücke beym Dux Garten, [...] Auf die neu angelegte Brücke bey den Oberweimar. Wiesen [10 th 5 gr] / Auf Modell Arbeit [1 th 18 gr] / Auf die neu acquirirten Gärten beym Stern [31 th 19 gr] / Auf den neu angelegten Weg von der Jenai. Chaussee bis an die Oberweimar. Wiese [400 th 11 gr] [...] Summa Summarum der gantzen Ausgabe 1689 Rthl 14 gr 3 4/5 pf."

Bl. 8: „AusgabeGeld / Cap.I / Auf den Exercier Platz incl. auf den Parc und Eremitage"

Bl. 14r./v.: „[...] Grotte und Zubehör, und zwar a) Auf die Verschönerung. 8 Rthl 4 gr dem Steinhauer Dornberger vor 2 Stück Steine zu einer Figur incl. Arbeitslohn [...] 22. Jul. 1785 [...] b) Auf Transportirung eines Stück Felsen. [...]"

Bl. 17: „Auf die neu acquirirten Gärten beym Stern. 30 Rthl sind dem Fürstl. Gärtner Gentsch von Abtragung des Berges und zu planiren bezahlt worden den 10. Septbr. 1785."

B 8538: Rechnung über Einnahme und Ausgabe bey Hochfürstl. Parcke zu Weimar bestehend aus dem Welschen Garten, Plantage am Jägerhause, Schießhause, dem Stern, der Kalten Küche, dem Duxgarten, Gärten und Feldern am Sterne, dem Rothhäuser Garten und Flosplatze und sämmtlichen darauf verwandten Bau-, Anlage, und Unterhaltungskosten vom 1. Januar bis ultim. December 1787.

Bl. 3v.: Einnahme aus Zahlung der Fürstl. Kammer in die Plantagen-Kasse für 1787: 2294 Taler. Weitere Einnahmen aus dem Ertrag des Welschen Gartens und weiterer Grundstücke. Summe aller Einnahmen: 2577 Taler [Bl. 6].

Bl. 8: März/April 1787: Arbeit am Bassin im Welschen Garten, neues Espalier im Welschen Garten, Dekoration des Welschen Garten-Saals.

Bl. 9: 14. April: Transport des Steins in die Kalte Küche. [9v.] 40 Taler an „Hofbildhauer Klauer für die Bildhauerarbeit eines antiquen Altars in die Kalte Küche." Desweiteren Ausgaben „für Berkaische Sandsteine zu Vasen und Schrifttafen (sic) in den Stern."

Bl. 10v.: 2. Juni: „Reparatur der hölzernen Brücke über die Ilm beym Fischerhause". 9. Juni: Material, um die Brücke weiß anzustreichen.

Bl. 11ff.: im Sommer 1787 Arbeiten am „Gothischen Gebäude", Bautagelohn, Zimmerarbeit, Malerarbeit. „9 Rthl 22 gr Farben und Firniß zum Anstreichen der Brükke am Duxgarten", „8 gr für Farben zum Gothischen Gebäude", „2 Rthl Maurerlohn an der Freitreppe daran"

Bl. 11v.: „1 Rthl 8 gr Steinmetzlohn für Einsetzung der Schrifttafeln in den großen Stein"

Bl. 12: „1 Rthl 7 gr Für Schlosserarbeit zu den 2 Schrifttafeln in der Kalten Küche", „4 Rthl 20 gr Steinmetz-Lohn an der Freytreppe am Gothischen Gebäude", „Reparatur der Wasserkunst im Stern", „2 Rthl 9 gr Für Maurerlohn bey Einsetzung der Inscriptions-Tafeln in der Kalten Küche", „26 Rthl Für Bildhauerarbeit an 2 antiquen Vasen nebst piedestale im Welschen Garten, Hrn. Hofbildhauer Klauer"

Bl. 12v.: 6. Oktober 1787: „104 Rthl Herrn Hofbildhauer Klauer für Bildhauerarbeit der vier Statuen von Holz auf die vier Ecken des Daches am Gothischen Gebäude"

Bl. 13: 7. Dezember: „4 Rthl 12 gr Für Schlosserarbeit der 4 neuen eisernen [13v.] Geländer auf beyden Freytreppen des Gothischen Gebäudes", „24 Rthl 1 gr 6 pf Für 210 lb. (?) Leinöhl à 2 gr 9 pf zum Vorrathe zum Anstreichen der Canapees, Brücken, Espaliers und dergl. in künftigen Frühjahr"

Bl. 13v.: „194 Rthl 5 gr 9 pf Für sämmtl. Bau-Materialien so vom 1. Januar bis ultim. Dec. a. c. von Fürstl. Cammer aus den Fürstl. Bau-Vorräthen für die Plantagen abgegeben worden."

Bl. 14v.: „1 Rthl 6 gr Für Sandgrabelohn zu den Promenaden in der Kalten Küche"

Bl. 15: 16. Juni: „3 Rthl Für Sandgraben auf der alten Schantze zu den Wegen", „neue Chaussee bey der Hof-Fischerey"

ebda.: 14. Juli: „9 Rthl 4 gr Für Tagelohn die Brandstätte des ehemaligen rothen Hauses zu planiren"

Bl. 16: Anfang November: „Tagelohn in der Plantage am Belvederschen Wege"

Bl. 16v.: „50 Rthl für Abtragung und Planirung des ganzen Abhanges unter dem Reichertschen Garten über der Kalten Küche, im Accord mit den Gebrüdern Zugbaum"

Bl. 18: „12 $^1/_2$ Schock Baum-Pfähle zur neuen Obst-Plantage im Welschen Garten", „185 Rthlr 6 gr Hrn. Hofgärtner Reichert in Belvedere für sämmtl. zur neuen Obst-Plantage im Welschen Garten gelieferte junge Bäume, als auch für anderes ausländisches Gehölze zu Behuf der Plantage; vom 19. April 1785 bis 26. Febr. 1787 geliefert", „6 Schock gerodeter Selbstwuchs zu Bepflanzung der neuen Bosquets im Welschen Garten"

Bl. 18v.: „Tagelohn für Löcher zu Satz-Bircken am Belvederschen Wege zu machen, den 24. Nov."

Bl. 20v.: „21 gr Buchbinderlohn die 1786er Rechnung und Belege zu binden, den 27. Febr."

Bl. 21: „9 Rthl Denen Pflasterern Arbeiterlohn für das Mosaique Pflaster in der Grotte im Stern, den 15. Dec.", „12 gr Für 6 Karrn löcherichte Tuff-Steine zur Einfassung der Quelle in der Grotte", „20 gr Grundzins für 20 Karrn Tuff-Sand in die Kalte Küche, den 29. Dec."

Bl. 22: „Recapitulatio. Ca. 940 Rthl Baukosten, ca. 849 Rthl Gartentagelohn und Handarbeiten, ca. 354 Rthl Baumschulen und Pflanzungen, ca. 33 Rthl Oeconomie im Welschen Garten, ca. 16 Rthl Gartenmöbel incl. der Fähren und Kähne, ca. 16 Rthl Gartengeräte, ca. 255 Rthl Extraordinarie und Insgemein. Summe aller Ausgaben ca. 2466 Reichstaler."

B 8541: Acta privata die Herzogl. Plantagen betr. 1787/1788

Bl. 9: „Actum Weimar d. 3.Octbr. 1787.
Dato wurde Endes Unterschriebenen von Serenissimo [...] außer Führung der Plantagen Cassa [...] auch die specielle Aufsicht über den ganzen fürstl. Parck und die darinn zu machenden Arbeiten, Baue und Anlagen gnädigst aufgetragen; jedoch mit zugleich beygefügtem gnäd. Befehle, daß bey Bau und andern Kunstarbeiten darinnen der Hr. Rath Kraus mit zu Rathe gezogen werden solle. [...] F.J.Bertuch"

Bl. 10: „Actum Weimar d. 4. Octbr. 1787.
Dato geruhten Serenissimus Clem. Regens mit Endes Unterzeichneten, dem Hr. Rath Kraus, und dem Hofgärtner Gentsch den Englischen Garten zu durchgehen, und folgende Befehle für höchstdero Abwesenheit in diesem Winter und kommendem Frühjahre zu ertheilen.
1. Soll das vordere Ende der großen Lindenallee, en Demilune, mit Ital. Papeln und Gebüsch zugepflanzt werden.
2. Soll die alte Gartenwand bis an die Koppenfeldische Scheune weggerissen, und der Schutt davon im Garten verbraucht werden.
3. Soll die Obst Plantage mit jungen Stämmen rekrutirt werden.
4. Sollen an die hintere Freytreppe der Goth. Kapelle zwey leichte eiserne Geländer kommen.

5. Desgleichen Läden auf den Abricosenkasten, im Fall es nötig ist. Die Abricosenstämme dazu werden von Ettersburg genommen.
6. Soll die vordere Freytreppe an der Goth. Kapelle der hinteren gleich gemacht werden.
7. Sollen Löwen Masken aus welchen die Rinnen laufen, an das Gebäude kommen.

[10v.] 8. Sollen die 3 Plätze an der Goth. Kapelle mit hohen Bäumen und der Rand mit blühenden Gesträuchen bepflanzt werden;
9. desgl. der Platz nach der Obst Plantage zu mit sämtl. Acacien.
10. An den großen Stein soll mehr Erde geführt un Licium Europ. gepflanzt werden.
11. Die Tiefung rechter Hand des Weges am Keller soll mit Gebüsch bepflanzt werden.
12. Die ganze ungleiche Fläche unter Reichardts Garten bis an die Kalte Küche soll en Glacis aplanirt, und das tiefe Loch ausgefüllt werden.
13. Die 4 bewußten Aussichten am Kloster sollen immer offen erhalten werden.
14. Desgl. die aus dem Sterne nach der Kloster Treppe.
15. Die Kanapees im Stern sollen im Winter verwahrt und reparirt werden.
16. An den kleinen Busch am Ausflusse des Läuter Bachs, soll ein Basrelief von Hr. Klauer kommen.
17. An die Linden am Floß Platze sollen Stangen kommen, um die Fußwege abzuschneiden.
18. Die Nordseite des Schallthor Dammes soll mit Gesträuch und Kastanien bepflanzt werden.
[11] 19. Die Grotte soll sowohl nebenherum als oben schön bepflanzt u. ausgeputzt werden.
20. Hr. Rath Kraus soll ein Mosaik Pflaster von schwarz u. weißen Kieseln für die Grotte angeben.
21. Von folgenden Gewächsen
a) Aristolochia arborescens
b) Menispermum
c) Vitis labrusca
soll eine Parthie Pflanzen verschrieben werden.
22. Die 4 Statuen der Tempelherren sollen jezt noch nicht auf das Goth. Gebäude aufgesetzt werden, sondern bis zu Serenissimi Zurückkunft stehen bleiben.
23. Der Schnee soll im Winter fleißig vom Dache des Goth. Gebäudes weggeschafft werden.
24. Im Duxgarten soll eine kleine Verkrümmung der Wege nach Absteckung gemacht werden.
25. Es soll so viel als möglich Tuff Sand in Vorrath angefahren werden.“

Bl. 12f.: Carl August handschriftlich:
„Instruction für den Legat. Rath Bertuch in betreff des Garten Wesens im Parck zu Weimar.
Der Legat. Rath Bertuch hat
1) die Rechnung über das Garten Wesen des Parcks zu führen, die Gelder dazu aus der Cammer zu Weimar zu folge derer jedesmal eigenhändig von Mir authorisierten Quittungen zu erheben, und solche an die Gärtner Gentsch u. Bleydorn nach denen von ihnen wöchentlich einzureichenden Zetteln auszuzahlen.
2) diese Zettel genau durchzugehen, die Arbeit für welche solche gemacht sind, im Fall der Noth zu revidiren, um zu eruiren ob die Kostenansätze zu hoch oder billig angesetzt wurden, erforderl. falls auch solche zu moderiren.
3) diejenigen Arbeiten machen zu lassen, welche ich ihm zum Behuf des Gartenwesens vorschreiben werde; Aufsicht zu führen daß sie gut, zweckmäßig u. mit möglichster Ersparung der Kosten geschehe,
4) das Fröhner- u. Frohntags Verzeichnis an das hiesige Amt einzuschicken, damit die Frohnen welche zufolge des recesses von denen Dorfschaften im Welschen Garten u. dazugehörigen Stücken zu leisten sind, auch geleistet werden; wohl Acht zu haben daß das Amt die Fröhner ordentl. ausschreibe u. stelle; die fehlenden bey der [12v.] Behörde aber anzuzeigen, ferner auch dafür zu sorgen daß denen Fröhnern nicht mehr als sie zu leisten schuldig sind, zugemuthet, auch diese von denen Gärtnern ordentlich, ernstlich, aber doch billig behandelt werden.
5) Über die drey Gärtner Reichert, Gentsch und Bleydorn die Aufsicht zu führen, daß solche in besonderen Aufträgen, sowohl die Ich ihnen zum Behuf des Garten Wesens zu Weimar neu ausgeben werde, als auch in denen zu ihrem Dienst gewöhnl. gehörigen Geschäften ihre Schuldigkeit genau verrichten.
6) dahin zu sehen, daß keine Uneinigkeit zwischen Gentschen und Bleydornen entstehe, keine Grobheiten und Schabernack unter ihnen gegeneinander vorfalle; überhaupt auf ihren Lebenswandel acht zu haben, in so ferne solcher auf ihre Dienstverrichtungen Einfluß haben könnte.
7) Über dasjenige Bauwesen die Aufsicht u. Rechnung zu führen, welches in denen Districkten die der Parck einschließt vorfallen können, auch hierbey auf Oeconomie bey jeder Gelegenheit zu sehen, und nicht zuzugeben, daß alte, noch in etwas brauchbare Bau-Materialien verschleudert und verschleppt werden, sondern daß solche gehöriger Maaßen verschlossen und zu anderm Gebrauch aufgehoben werden.
[13] 8) hat er die bey denen Baulichkeiten im Parck vorstellenden und zu bezahlenden Zettel genau durchzugehen, solche erforderl. Falles zu moderiren, und sie ordentl. zu bezahlen.
9) Keinen Wochen-, Bau-, Arbeits-Zettel, oder wie sie sonst Nahmen haben mögen, für die im Parck geschehenen Arbeiten zu bezahlen, ehe er mir solche vorgelegt hat und sie durch meine Signatur approbirt worden. Sollte ich einige Zeit von hier abwesend seyn, so werde ich Ihm die Summe Geldes bestimmen und solche an ihn baar oder durch schriftliche Anweisungen an die Cammer auszahlen, über

welche er, so lange die Abwesenheit dauert, disponiren kann. Als dann die von ihm bezahlten und authorisierten Zettel gelten sollen, insoferne solche nicht in Summa das von mir bestimmte Geld-Quantum übersteigen.
10) Überhaupt in allen Stücken die zum Garten Wesen, denen damit verknüpften Bauten, schon existierenden Anlagen und Gebäuden, in so ferne der Parck zu Weimar sie in sich schließe, gute Aufsicht zu führen, dahin Sorge zu tragen daß die Gärtner ordentl., treu, fleißig, vorschriftsmäßig ihre Aufträge verrichten, überall auf Reinlichkeit sehn und ebenfalls wieder auf ihre Untergebenen ein wachsames Auge haben.
11) Richtige Inventaria zu halten und halten zu lassen über diejenigen Holz-, Stein-, Eisen- und andern Geräthschaften, welche im Parck und denen dazu gehörigen Gebäuden vorhanden sind, und dahin so viel möglich zu sehn und sehn zu lassen, daß sie nicht muthwillig verdorben, vernichtet oder gar veruntreut werden.
12) Endlich bey jeder Vorfallenheit an Mich schriftlich oder mündlich zu berichten, [13v.] auch Mir Rapport abzustatten, wie er diejenigen Aufträge erfüllt hat, die ich ihm im Allgemeinen oder Besonderen, das Garten-Wesen des Parcks oder die dahin gehörigen Baulichkeiten betr. gegeben habe.
Weimar, den 5. Mart. 1788."

Bl. 16ff.: 5. März 1788: „Instructionen" des Herzogs Carl August an die Hofgärtner Bleydorn, Gentzsch und Reichert.
[16] „Der Gärnter Bleydorn hat von dem Gärtner Gentsch den oberen Theil des Welschen Gartens von der großen Lindenallee an bis an das Jägerhaus, den oberen Schießhausgarten [...], nebst allen Gebäuden, den neu aplanirten Rasen Platz unter dem Reichertschen Garten, und alle übrigen Plätze so oberhalb der Kalten Küche liegen zu übernehmen und dieselben nach des Hofgärtners Reicherts Anweisung mit möglichstem Fleiße zu bearbeiten [...]."

[17] „Der Hofgärtner Gentsch hat, wegen überhandnehmender Arbeiten im Parcke
1) an den Gärtner Bleydorn die zu Anlegung neuer Baumschulen bestimmte obere Hälfte des Welschen Gartens von der großen Lindenallee an bis hinauf an das Jägerhaus, den Schießhausgarten nebst dazugehörigen Gebäuden im Schießhaushofe, desgleichen den neu aplanirten Rasen Platz unter dem Reichertschen Garten bis an die Sand Vorraths-Gräben, so wie alle Plätze so oberhalb der Kalten Küche nach dem Belvederer Weg zu liegen abzugeben, und sich um deren Bearbeitung nicht mehr zu bekümmern; dagegen unter seiner Aufsicht und Bearbeitung zu behalten die untere Hälfte des Welschen Gartens unterhalb und mit der großen Lindenallee, die untere Hälfte des Schießhausgartens, den Sandplatz, die ganze Kalte Küche, den Duxgarten, den ganzen Stern, die Gärten und Äcker über dem Stern und Floßplatz [17v.] und den Rothhäuser Garten, und für deren Bearbeitung möglichst besorgt zu seyn [...]."

[18] „Der Hofgärtner Reichert zu Belvedere hat die Special-Aufsicht über das Gartenwesen im fürstl. Parcke zu Weimar, insoferne solches dem Gärtner Bleydorn zur Bearbeitung übergeben worden, zu übernehmen, und darauf zu sehen daß die auf Meinen Befehl darin gemachten oder noch zu machenden neuen Anlagen mit möglichster Oekonomie, jedoch gut und tüchtig gemacht werden [...].“

B 8555: Garten-Arbeits-Memorandum pro 1792

Bl. 2: „Garten Arbeit. Von 2. bis 7.ten Januar.
I. 1) Im Welschen Garten auf der Schnecke Säulen und Schalhölzer einzuziehen wird continuiret.
2) Steine zu den neuen Gebäude zu hauen und Grund zu graben wird continuiret.
3a) Mit der neuen Chausee wird continuiret.
b) In der K. Küche mit den Troll Karre Bergsand auf die Wege zu fahren wird continuirt.
c) In den Steinischen Hof Baumlöcher zu machen und engl. Hölzer zu pflanzen.
d) Mit den neuen Wegen auf den Sandplatz und Welschen Garten wird angefangen.
e) Die Wege in Welschen Garten, K. Küche, Stern, Rothäuser Garten u. beym Fürstenhause zu reinigen.
f) Für unterschiedliche kleine Arbeiten.
4) Im Steinbruche zu brechen.
5a) Tuffsand u. Steine auf die neue Chausee und Berg Sand von Süßenborn im Welschen Garten zu fahren.
b) Steine zu den neuen Gebäude anzufahren.
6) Bergsand von Süßenborn in die K. Küche lt. Acord. anzufahren.
II. Beym Hofgärtner Bleydorn
7a) In den Baumschulen [...] wird continuirt.
b) Den Erdenhaufen um zuarbeiten.“

Bl. 3: 9.–14.1.1792: „Mit den neuen Wegen am Badehause wird angefangen.“

Bl. 5: 23.–28.1.1792: „Die Wege auf der Oberweim. Wiese am Badehause zu machen.“

Bl. 7: 6.–11.2.1792: „Tuffsteine auf die neue Chausee u. Bergsand von Süßenb. und Umpferstedt auf die neuen Chauseen u. engl. Wege anzufahren.“

Bl. 11: 5.–10.3.1792: „Tuffsand u. Steine auf die neuen Chauseen u. Bergsand von Süßenborn auf die neuen Wege über der K. Küche anzufahren. Tuffsteine zu den neuen Gebäude anzufahren wird contin. [...] Bergsand von Süßenborn und Umpferstedt auf die neuen Chauseen über der K. Küche anzufahren wird continuirt.“

Bl. 12: 12.–15.3.1792: „Mit der Capelle am Gotischen Gebäude wird der Anfang gemacht."

Bl. 15: 2.–7.4.1792: „Steine zu den neuen Gebäude zu hauen und Grund zu graben wird continuiret. Mit der Maurerarbeit im Grund wird der Anfang gemacht."

Bl. 16: 9.–14.4.1792: „Engl. Hölzer und Obstbäume in den Parck zu pflanzen."

Bl. 17: 16.–21.4.1792: „Steine zu den römischen neuen Hause und den Erdbogen im Grund heraus zu mauern desgl. Ancker in Grund zu legen wird contin. Mit der Steinhauer-Arbeit an der Quadratur mit Facetten wird continuirt. laut Accord."

Bl. 19: 30.4.–5.5.1792: „Mit der Maurer-Arbeit im Grund an den römisch. Hause wird continuirt. Mit der Steinhauer Arbeit am Römisch. Hause wird continuiret."

Bl. 22: 21.–26.5.1792: „1) Das Wasser Rad an der Wasser-Kunst wieder zu guten Stand zu setzen. 2a) Mit der Maurer Arbeit am römisch. Hause wird continuiret. b) die Säulen aufzustellen an den römisch. Hause. c) Mit der Steinhauer Arbeit an den Säulen, und an der Quadratur wird continuiret."

Bl. 24: 4.–9.6.1792: „An den neuen Chauseen die Rasenplätze zu planiren und Heusaamen zu säaen wird continuiret."

Bl. 25: 11.–16.6.1792: „Den Bogen in die Gothische Capelle zu machen u. auszutünchen. An den römisch. Hause die Lauf-Brücke an die andre Seite zu machen. [...] Mit der Maurer Arbeit im Grund u. an den Pfeilern am römisch. Hause wird continuiret."

Bl. 26: 18.–23.6.1792: „Ein Gerüste zu Aufbauung der Pfeiler an den römisch. Hause zu machen. [...] Von Seeberg (?) Sandplatten zu holen zu den Capitälern auf die Säulen zum römischen Hause."

Bl. 27: 25.–30.6.1792: „Das Bogengerüste am römisch. Hause zu stellen. [...] Mit der Steinhauer Arbeit an den Säulen u. an den Capitälern wird contin."

Bl. 29: 9.–14.7.1792: „[...] mit den Bogenstücken mit Facetten zu hauen wird angefangen."

Bl. 30: 16.–21.7.1792: „Das Bogengerüste am römisch. Hause zu stellen u. Schablonen über den Gurtbogen zu machen. [...] Mit der Steinhauer Arbeit an den Bogenstücken wird angefangen."

Bl. 33: 6.–11.8.1792: „Mit der Maurer Arbeit im Grund, an den Portal [...] zu den römisch. Hause wird contin. Mit der Steinhauer Arbeit an den Portal zu den römisch. Hause wird contin."

Bl. 35: 20.–25.8.1792: „In Welschen Garten die Boscagen zu schneiden."

Bl. 37: 3.–8.9.1792: „Die Gothische Capelle äußerlich mit Öhlfarbe anzustreichen wird contin. An den neuen Chauseen die engl. Parthien und die Blumen Rabatten von Unkraut zu reinigen wird continuiret. In der Kalten Küche Gras zu hauen."

Bl. 40: 24.–29.9.1792: „Große Sand Quader von Bercka zu den Portal zum römisch. Hause anzufahren."

Bl. 43: 15.–20.10.1792: „An den neuen Chauseen Baumlöcher zu machen und engl. Hölzer zu pflanzen wird continuiret. An der Schloßbrücke die Boscagen zu schneiden."

Bl. 48: 9.–24.11.1792: „Mit der Steinhauer Arbeit an den Portals übern Durchgang wird continuiret. Auf das aufgeführte Portal ein Dach zu machen."

Bl. 49: 26.11.–1.12.1792: „Das Fenster Holtz zum römisch. Hause zu spalten."

Bl. 51: 10.–15.12.1792: „Mit der Steinhauer Arbeit an den Thürgewänden in das Souterrain zum römisch. Hause wird der Anfang gemacht."

Bl. 52: 17.–22.12.1792: „Mit den neuen Wegen in Reicherds Garten wird angefangen."

B 8560: Garten-Arbeits Memorandum pro 1793

Bl. 11: 4.–9.3.1793: „In Reicherds Garten durch die Mauer Thüren zu brechen, und Pfeiler aufzumauern wird contin."

Bl. 14: 25.–30.3.1793: „Mit den neuen Wegen in Reicherds Garten wird contin. An den neuen Wegen in Reicherds Garten engl. Gehölze zu pflanzen wird contin. Die Canapees, Tische u. Stühle mit Öhlfarbe anzustreichen. [...]"

Bl. 15: 1.–6.4.1793: „Mit der Maurer-Arbeit am Römisch. Hause wird den 2. April 93 wieder der Anfang gemacht."

Bl. 18: 22.–27.4.1793: „Mit den Sohlbänken in das Souterrain zum Römisch. Hause wird contin. [...] An den neuen Wegen u. Chauseen die Blumen-Rabatten zu graben u. die engl. Bosquets zu reinigen."

Bl. 19: 29.4.–4.5.1793: „[...] mit den Hauptgurtgesimse wird contin. [...] Im Dux-Garten u. an der Ilm die Ellern u. Weiden auszupuzen wird contin."

Bl. 20: 6.–11.5.1793: „Mit den Hauptmauern zum Souterrain in das Römisch. Haus wird contin."

Bl. 21: 13.–18.5.1793: „Eine Laufbrücke in das Souterrain zum Römisch. Hause zu machen."

Bl. 22: 20.–25.5.1793: „Auf die Blumen-Rabatten Sommer-Gewächse zu pflanzen."

Bl. 30: 15.–20.7.1793: „Das Bogengerüste zum Römisch. Hause zu machen."

Bl. 33: 5.–10.8.1793: „In Welschen Garten die Schnecke zu schneiden.
II. Beym Gärtner Diettrich. In den Baumschulen zu graben u. die engl. Pflanzungen von Unkraut zu reinigen."

Bl. 35: 19.–24.8.1793: „Von Seebergen Sandquader zum Capitals auf die Säulen zum römisch. Hause [...]."

Bl. 36: 26.–31.8.1793: „In den Welschen Garten die Hecken bey der Schnecke zu schneiden."

Bl. 37: 2.–7.9.1793: „Mit Zuwölbung des Souterrains zum römisch. Hause wird contin."

Bl. 39: 16.–21.9.1793: „Die Aussichten im Park auszuhauen."

Bl. 41: 30.9.–5.10.1793: „Mit der neuen Chausee am römisch. Hause wird contin."

Bl. 43: 14.–19.10.1793: „Mit der Aufmauerung der Sternmauer an den Gewölben zum Souterrain in das römisch. Haus wird contin. [...] Die Mauer am Botanisch. Garten auszubessern."

Bl. 45: 28.10.–2.11.1793: „Engl. Gehölze auf den Horn zu pflanzen."

Bl. 46: 4.–9.11.1793: „Mit der Steinhauer Arbeit an den Aufsatzgesimse zum römisch. Hause wird contin."

Bl. 50: 25.–30.11.1793: „Tuffsteine zur Bell Etage auf das Souterrain zum römisch Hause zu hauen wird contin. Mit der Steinhauer Arbeit an den Aufsatz Gesimse u. den Schaftgesimse wird contin."

Bl. 52: 9.–14.12.1793: „Am römisch Hause die neu gepflanzten engl. Hölzer zu graben."

Bl. 54: 23.–28.12.1793: „[...] mit den obern Fenster-Sohlbänken wird der Anfang gemacht."

B 8564: Garten-Memorandum pr. 1794

Bl. 2: 30.12.1793–4.1.1794: „Die Modelltreppe am römisch. Hauße zu machen. Tuffsteine zur Bell Etage auf das Souterrain zum römisch. Hauße zu hauen wird contin. Mit der Steinhauerarbeit an den obern Schaftgesimse w. contin. u. mit den obern Fenster Sohlbänken wird der Anfang gemacht. Am römisch. Hauße die neu gepflanzten engl. Hölzer zu graben wird contin. [...]"

Bl. 6: 27.1.–1.2.1794: „Mit der Steinhauerarbeit an den Fenster-Gewänden wird contin."

Bl. 10: 24.2.–1.3.1794: „An der alten Jenaischen Strase Löcher zu machen u. engl. Hölzer anzupflanzen wird contin."

Bl. 12: 10.–16.3.1794: „Mit der Steinhauerarbeit an den Thürgewänden u. an den Ionisch Capital wird contin. [...] In Welschen Garten Bircken anzupflanzen wird contin. [...]"

Bl. 15: 31.3.–5.4.1794: „Mit Aufbauung der Beletage auf das Souterrain zum R. Hauße wird der Anfang gemacht. [...] Die Weiden unter der K. Küche am Erdenfall zu köpfen, u. Holzschlag im Stern wird contin. [...]"

Bl. 17: 14.–19.4.1794: „Die Blumen Rabatten an den neuen Chauseen zu graben w. contin. Am Ende der K. Küche engl. Hölzer zu pflanzen. [...]"

Bl. 26: 16.–21.6.1794: „Im Garten beym Meridian Hause an der Mauer ein Espalier zu machen. [...]"

Bl. 33: 4.–9.8.1794: „Mit Aufmauerung der BelEtage u. Zurichtung der Balken zum Römisch Hauße wird contin. [...]"

Bl. 37: 1.–6.9.1794: „Mit der Mauer Arbeit wo die Säulen zu stehen kommen wird contin. u. die Zimmerleute richten an der Zulage zum 3. Sept. an den Römisch Hauße. [...]"

Bl. 38: 8.–13.9.1794: „Mit der Zimmer Arbeit an den Stufen, den Gerüste zum Säulen, u. das Dach zu schalen wird contin. Mit der Steinhauer Arbeit an den Capidälen u. Fronton-Gesimß wird contin. [...] Große Sandquader zum Fronton von Berka u. Stufen von Seebergen an das Römisch Hauß anzufahren."

Bl. 40: 22.–27.9.1794: „Das Dach mit Schiefer zu decken wird der Anfang gemacht."

Bl. 42: 6.–11.10.1794: „Mit der Maurer Arbeit an den Ionischen Säulen zum Römisch Hauße wird contin."

Bl. 49: 24.–29.11.1794: „Mit der Maurer u. Putz Arbeit in den Zimmern zum Röm. Hauße wird contin. [...]"

Bl. 50: 1.–6.12.1794: „An den neuen Chauseen Baumlöcher zu machen u. engl. Hölzer zu pflanzen wird contin. [...] An der Belved. Chausee an den neu gemachten Wege Barrieren zu machen. [...] Große Sandquader von Berka zu Bogen-Stücken u. Podest-Platten zum Peristyl von Seebergen anzufahren. [...]"

B 8569: Garten-Arbeits-Memorandum pr. 1795

Bl. 2: 5.–10.1.1795: „Mit der Maurer u. Tüncher Arbeit in den Zimmern zum Römisch Hause wird continuiret. [...]"

Bl. 3: 12.–17.1.1795: „Auf die neue Chausee am Römisch Hause Sand zu fahren. [...]"

Bl. 7: 9.–14.3.1795: „Mit der Zimmer Arbeit die Bogen im Speiße Zimmer zu machen wird contin. Mit der Steinhauer Arbeit die Bank im Durchgang zu machen wird contin. [...]"

Bl. 10: 30.3.–4.4.1795: „Den Grund zur neuen Treppe auszuschlagen wird contin. [...]"

Bl. 12: 13.–18.4.1795: „Die Rosenlaube wieder in guten Stand zu setzen. [...]"

Bl. 15: 3.–9.5.1795: „Die Treppe im Souterrain zu machen. [...] Alabaster-Gyps zum Camin in das Römisch Hauß zu holen. [...]"

Bl. 20: 8.–13.6.1795: „Mit der Steinhauer Arbeit an der Freytreppe u. der Verzierung im Fronton wird contin. Die Treppe im Souterrain und die Lagenhölzer in der Beletage zu hauen.“

Bl. 21: 15.–20.6.1795: „Die Treppe im Souterrain und die Bogen zur Freytreppe zu machen wird cont.“

Bl. 22: 22.–27.6.1795: „Die große Thür von Eisenach zum Römisch Hauß zu holen.“

Bl. 23: 29.6.–4.7.1795: „Das Römisch Hauß mit Öhlfarbe anzustreichen.“

Bl. 25: 13.–18.7.1795: „An den neuen Chauseen am Römisch Hauße die Blumen Rabatten zu graben.“

Bl. 28: 3.–8.8.1795: „Mit der Steinhauer Arbeit an der Freytreppe u. mit Zurichtung der Rohen Steinplatten zum Fußboden wird contin.“

Bl. 36: 28.9.–3.10.1795: „Zum Römisch Hauße Farben zu reiben.“

Bl. 37: 5.–10.10.1795: „[...] Farben zu reiben u. die Decken in den Zimmern anzustreichen. [...] Mit den neuen Stollen wird contin. [...]“

B 8589: Rechnung über Einnahme- und Ausgabe Geld bey der Herzogl. Parc- und Plantagen Caße aufs Jahr vom 1. April 1798 bis ultim. Merz 1799, geführt von Ludwig Ludecus

Gliederung der Ausgaben: „A) Herzogl. Parc und Plantagen. Cap.I Auf Gärten, Plantagen und Anlagen. a) Auf die Unterhaltung der Anlagen im Parc. b) Auf die Forst-Plantage. c) Auf die Obst-Plantage. d) Auf die Veränderung der Anlagen im Stern, und zwar auf die Ausfüllung des Floßgrabens, Abtragung der Dämme. / Cap.II Auf Pflanzen, Gewächse, Zwiebeln und Sämereyen. / Cap. III Auf Treibehäuser und Mistbeete. / Cap. IV An Bau und Reparaturkosten. a) Auf die im Herzogl. Parc gelegenen Gebäude excl. des Römischen Hauses. 1) Auf das sogenannte Steinische Haus, in Rücksicht der darinnen befindlichen Garten-Zimmer. 2) Auf die Gothische Cappelle oder Sallon. 3) Aufs Meridian Haus. 4) Aufs vormalige Schießhaus. 5) Auf das Closter. 6) Auf die Clause. 7) Auf das Badehaus. 8) Auf den neuen Pavillon am Schießhause. b) Auf neue Anlagen. 1) Auf den Garten hinterm Fürstenhaus. 2) Auf die Schnecke und Lindenhütte. 3) Auf die Wasserkunst im Stern. 4) Auf den Brunnen beim Steinischen Haus. 5) Auf die Röhrenfahrt im Parc. 6) Auf den Brunnen und Röhrenfahrt am Römischen Hause. 7) Auf die Orangerie vor dem Römischen und Steinischen Haus. 8) Auf den Spiegelbrunnen und den dabey befindlichen zwey Blumenkörben. [...] c) Auf die Anschaffung der Bau Geräthschaften und Inventarien Stücke. d) Auf Modells. / Cap. V Auf Parc Meubles und Gartengerätschaften. / Cap. VI Auf Chausseen, Alleen, Wege und Hänge. a) Auf die Chausseen und Wege im Parc. b) Auf die Alleen und Wege im Webicht. / Cap. VII Auf Barrieren und Befriedigung des Parcs. / Cap. VIII Auf Brücken, Schleusen, Fähren und Kähne. 1) Auf die neue Stern Brücke. 2) Auf die sogenannte Dux Brükke. 3) Auf die Brücke beym Badehaus. 4) Auf die Brücke bey der ehemal. Hoffischerey. 5) Auf die par force Brücken im Webicht. 6) Auf die Sandfahr Brücke. 7) Auf die alte Sternbrücke. [...] 10) Auf Ufer Befriedigung. / Cap. IX Auf Steinbrüche. / Cap. X Auf den neuen Stollen. / Cap. XI Auf den Felsenkeller und [...] im Stollen. / Cap. XII Auf den Erdenwall am Steinbruch. / Cap. XIII Auf den Schwansee. / Cap. XIV Auf Besoldungen und Deputate. / Cap. XV Auf den Garten Baustall. / Cap. XVI Auf Extraordinaria und Insgemein. B) Auf das Römische Haus. Cap. I Auf Bau- und Reparaturkosten. / Cap. II Auf das Meublement. / Cap. III Auf die Verheitzung. / Cap. IV Extraordinaria und Insgemein.“

Aus dem *Journal des Luxus und der Moden*

Jg. 12, 1797, H. 6, S. 321f.: Antike Brunnenverzierung

Eine wahre Zierde des fürstlichen Parks zu Weimar ist der erst im vorigen Jahre unter einem mahlerischen Laubdache seitwärts beym Eingange des Parks angebrachte Brunnen, wovon in diesem Stücke Fig. 18. eine Abbildung geliefert wird. Das aus Seeberger Sandstein zierlich verfertigte Wasserbecken hat die Form eines alten Sarkophags und ruht auf zwey Stufen. Durch seine natürliche helle Steinfarbe sticht es gut gegen das dahinterstehende Piedestal, von eben diesem Sandsteine gearbeitet, ab. Dieß ist röthlich angestrichen und inkrustirt, und dadurch in eine dem Auge gefällige Harmonie zur bronzofarbenen Gruppe gebracht, die auf diesen Würfel aufgestellt ist. Diese Gruppe, gewöhnlich, aber ohne hinlänglichen Grund, Castor und Pollux genannt, ist ein wahres Meisterstück in der Ausführung, aus gegossenem Eisen, von der durch Antiken dieser Art rühmlichst gekannten Eisenfabrik des Hr. Grafen von Einsiedel zu Mückenberg. Sollte ein Liebhaber die Kostbarkeit eines solchen Gusses scheuen, der jedoch, verhältnismäßig und auf Dauer und Schönheit des Werkes selbst Rücksicht genommen, äußerst billig ist; so ließe sich eben diese oder eine ähnliche Gruppe aus der Kunstfabrik unseres Herrn Hofbildhauers Klauer in gebrannter Toreutika, die man auch bronzirt haben kann, sehr gut an dessen Stelle setzen. In dem aus großen Steinplatten zusammengefügten Piedestal ist der Wasserkasten von Eichenholz, in welchem auf dem Wasser eine Platte aus zusammengefügten Korktafeln mit Bley überlegt in der Absicht angebracht ist, damit sie durch ihren Druck das Wasser mit mehrerer Stärke aus der Muschel über die platte kupferne Zunge hervortreibe.

Es versteht sich von selbst, daß diese gefällige Brunnenform auch in Höfen, auf öffentlichen Plätzen und überall, wo sie geschickt angelehnt wird, mit gutem Erfolg nachgebildet werden kann.

Jg. 15, 1800, H. 4, S. 208f.: Ein Blumensitz von geschmackvoller Form

In englischen Gärten hat man gern ohnweit des Wohnhauses einen angenehmen Platz, wo sich eine kleine Gesellschaft des Morgens zum Frühstück und des Abends zum Thee versammeln, sich hinsetzen, und die Reize der Natur und der freundlichen Gesellschaft genießen kann. Ein solches Plätzchen, das gleichsam das Boudoir des Gartens ist, schmückt man gern mit den schönsten Blumen des Gartens und des Treibhauses, und es erlaubt nicht nur, sondern es fordert sogar mehr und sorgfältigere Verzierung von der Kunst, als andere größere Parthien des Gartens. Die Anlage davon richtet sich immer nach dem Orte, den man dazu wählt, seinen nahen Umgebungen, von Pflanzungen, Gebäuden, oder nach einer schönen Aussicht, die man dabey benutzen kann; kurz, die Formen davon sind so verschieden und mannichfaltig, als die Parthien eines Engl. Gartens selbst; und ein geschickter Gartenkünstler wird, wenn er erst das Local kennt, um die schickliche Form nicht verlegen seyn.

Eine der geschmackvollsten Formen für einen solchen lieblichen Blumensitz ist gewiß die in dem hiesigen Herzogl. Parke ausgeführte Anlage, davon wir hierbey (Taf. 12) die Ansicht liefern. Sie besteht in einem 24 Fuß weiten und 12 Fuß tiefen Halbzirkel, welcher 3 Stufen hoch über den Erdboden erhaben, und mit einer dekorirten Brüstungsmauer von gehauenen Sandsteinen umgeben ist. Innen herum läuft ein hölzerner Sitz, der auf Tragsteinen ruht, und sich vorne hinter zwey starken steinernen Greifenklauen, welche gleichsam die Armlehnen davon machen, endiget. Ueber der Bank läuft eine schön *en Basrelief* gearbeitete Bande, mit einer Blumenarabeske herum. Auf die Pfeiler der Mauer, welche Ausladungen haben, kann man die schönsten und prächtigsten Treibhauspflanzen, jede in ihrem Flor, in schön geformten und verzierten Blumentöpfen, entweder aus der hiesigen Klauerschen, oder aus der Höhlerschen Fabrik in Berlin setzen, und auf diese Art die Schönheiten der Natur und Kunst mit einander verbinden. Dieser Blumensitz ist an einem der Hauptwege des Parks angelegt, und in eine schöne Parthie der Pflanzungen hineingeschnitten, so daß er durch dieselbe eine angenehme grüne Rückwand und Schatten erhält. Man kann auch einen solchen Blumensitz in einer Entfernung von etwa 4 Fuß, mit einem sogenannten Rosenmantel, oder einem Espalier von der Tapetenrose (*Rosa turbinata*), welche 18 bis 20 Fuß hoch steigt, umgeben, welches eine überaus schöne Wirkung thut.

F.J. Bertuch.

Gedruckte Quellen (bis 1850)

Die hier verzeichneten Quellen wurden vor 1850 verfaßt. Maßgeblich ist jeweils die Zeit der Entstehung, nicht das Erscheinungsdatum. Bei verschiedenen Werken derselben Verfasser sind diese in der Reihenfolge ihrer Entstehung angegeben. Nach Möglichkeit sind die Vornamen der Autoren ausgeschrieben. Periodika werden unter ihrem Titel aufgeführt, nicht nach dem Herausgeber. Einzelne Artikel aus den Zeitschriften sind nicht gesondert verzeichnet; ihre Angaben finden sich in den Fußnoten.

1. Verzeichnis der zitierten Goethe-Ausgaben sowie Quellen zu Goethe

WA: Goethes Werke, 4 Abteilungen, 133 Bde., hrsg. im Auftrag der Großherzogin Sophie von Sachsen, Weimar 1887–1919 [Weimarer Ausgabe]

MA: Johann Wolfgang von Goethe, Sämtliche Werke nach Epochen seines Schaffens, 21 Bde., hrsg. v. Karl Richter in Zusammenarbeit mit Herbert G. Göpfert, Norbert Miller, Gerhard Sauder und Edith Zehm, München 1985–1998 [Münchner Ausgabe]

FA: Johann Wolfgang Goethe, Sämtliche Werke. Briefe, Tagebücher und Gespräche. Vierzig Bände, hrsg. v. Hendrik Birus, Dieter Borchmeyer, Karl Eibl u.a., Frankfurt/M. 1987–1999 [Frankfurter Ausgabe]

Johann Wolfgang Goethe: Tagebücher. Historisch-kritische Ausgabe, hrsg. v. Jochen Golz, Bd. I/1 Text. 1775–1787, Bd. I/2 Kommentar 1775–1787, Bd. II/1 Text. 1790–1800, hrsg. v. Edith Zehm, Bd. II/2 Kommentar 1790–1800, hrsg. v. Wolfgang Albrecht u. Edith Zehm, Stuttgart/Weimar 1998/2000 [Goethe, *Tagebücher*]

Corpus der Goethezeichnungen, Bd. I–VII, bearb. v. Gerhard Femmel, Leipzig 1958–1973 [*Corpus der Goethezeichnungen*]

Goethe: Begegnungen und Gespräche, hrsg. v. Ernst Grumach u. Renate Grumach, Bd. I–VI, Berlin 1965–1999 [Goethe, *Begegnungen und Gespräche*]

Goethes Gespräche. Eine Sammlung zeitgenössischer Berichte aus seinem Umgang. Aufgrund der Ausgabe und des Nachlasses von Flodoard Freiherrn von Biedermann ergänzt und herausgegeben von Wolfgang Herwig, 4 Bde., Zürich/Stuttgart 1965–1972 [*Goethes Gespräche*]

Goethes Leben von Tag zu Tag. Eine dokumentarische Chronik in acht Bänden, bearbeitet von Robert Steiger und Angelika Reimann, Zürich/München 1982–1996 [*Goethes Leben von Tag zu Tag*]

Goethe in vertraulichen Briefen seiner Zeitgenossen 1749–1832, 3 Bde., zusammengestellt von Wilhelm Bode, revidierte Neuausgabe Berlin 1999 [1918–1923] [*Goethe in Briefen seiner Zeitgenossen*]

Johann Peter Eckermann: Gespräche mit Goethe in den letzten Jahren seines Lebens, Berlin/Weimar 1982 [Eckermann, *Gespräche mit Goethe*]

Goethes Briefwechsel mit Johann Heinrich Meyer, hrsg. v. Max Hecker, 4 Bde., Weimar 1917–1932 [*Briefwechsel Goethe – Meyer*]

2. Weitere Quellen und Periodika

[Ackermann, E.W.]: Weimar's Park, gefeiert von einem alten Staatsdiener, am Vorabend von Weimar's goldnem Fürstentage, den 2ten September 1825, Weimar 1825 [Ackermann 1825]

Allgemeines Teutsches Gartenmagazin oder gemeinnützige Beiträge für alle Theile des praktischen Gartenwesens, hrsg. v. Friedrich Justin Bertuch, Weimar 1.1804–8.1811 [*Allgemeines Teutsches Gartenmagazin*]

Becker, Wilhelm Gottlieb: Das Seifersdorfer Thal, Leipzig/Dresden 1792 [Becker 1792]

Becker, Wilhelm Gottlieb (Hrsg.): Der Plauische Grund bei Dresden, mit Hinsicht auf Naturgeschichte und schöne Gartenkunst, Nürnberg 1799 [Becker 1799]

Böttiger, Karl August: Reise nach Wörlitz 1797. Aus der Handschrift bearbeitet und kommentiert von Erhard Hirsch, Staatl. Schlösser und Gärten Wörlitz, Oranienbaum und Luisium 1970 [Böttiger 1970 (1797)]

Böttiger, Karl August: Literarische Zustände und Zeitgenossen. Begegnungen und Gespräche im klassischen Weimar, Berlin 1998 [Leipzig 1838] [Böttiger 1998 (1838)]

[Carl August]: Briefe des Herzogs Carl August von Sachsen-Weimar an seine Mutter, die Herzogin Anna Amalia (Oktober 1774 bis Januar 1807), hrsg. v. Alfred Bergmann, Jena 1938 [*Briefwechsel Carl August – Anna Amalia*]

[Carl August]: Briefwechsel des Herzogs Carl August mit Goethe, 3 Bde., hrsg. v. Hans Wahl, 1. Bd. 1775–1806, Berlin 1915 [*Briefwechsel Carl August – Goethe*]

[Carl August]: Politischer Briefwechsel des Herzogs und Großherzogs Carl August von Weimar, hrsg. v. Willy Andreas, bearb. v. Hans Tümmler, Bd. 1, 1778–1790, Stuttgart 1954 [*Politischer Briefwechsel Carl August*]

[Carl August]: Briefe des Herzogs Karl August an die Herzogin Luise von der Schweizerreise. Mitgeteilt von Hans Wahl, in: Jb. der Goethe-Gesellschaft 11, 1925, S. 112–138 [*Briefwechsel Carl August – Luise*]

[Carl August]: Briefe des Herzogs Karl August von Sachsen-Weimar-Eisenach an Knebel und Herder, hrsg. v. Heinrich Düntzer, Leipzig 1883 [*Briefwechsel Carl August – Knebel/Herder*]

[Carl August]: Carl August von Weimar in seinen Briefen, hrsg. v. Hans Wahl u. Dora Zenk, Weimar 1915 [*Briefwechsel Carl August*]

[Carl August]: Carl Augusts Begegnungen mit Zeitgenossen. Ein Bild seiner Persönlichkeit in Briefen und Berichten, Tagebuchaufzeichnungen und Selbstzeug-

nissen, gesammelt und herausgegeben von Alfred Bergmann, Weimar 1933 [*Carl August in Briefen und Tagebüchern*]
Chambers, William: Ueber die orientalische Gartenkunst, Gotha 1775 [A Dissertation on Oriental Gardening, London 1772 (Reprint London 1972)] [Chambers 1775]
Collection of Etruscan, Greek and Roman Antiquities from the Cabinet of [...] William Hamilton, Tome I–IV, Naples 1766/1767 [Hamilton, *Collection*]
De Ligne, Charles Joseph: Der Garten zu Beloeil nebst einer kritischen Uebersicht der meisten Gärten Europens, Dresden 1799 (Reprint Wörlitz 1995) [De Ligne 1799]
De Lille, Jacques: Die Gärten. Ein Lehrgedicht in vier Gesängen, übers. v. Christian Friedrich Traugott Voigt, Leipzig 1796 [De Lille 1796]
Dietrich, Friedrich Gottlieb (Hrsg.): Oekonomisch-botanisches Garten-Journal, herausgegeben von Fr. G. Dietrich, Fürstl. Sachsen-Weimarischer Hofgärtner, der Forst- und Jagdkunde zu Waltershausen ordentliches Mitglied. Mit einem illuminirten Kupfer. Ersten Bandes Zweites Heft. Eisenach 1798 [Dietrich 1798]
Dietrich, Friedrich Gottlieb: Die Weimarische Flora oder Verzeichniß der im Herzoglichen Park in Weimar befindlichen Bäume, Sträucher und Stauden, Eisenach 1800 [Dietrich 1800]
Dietrich, Friedrich Gottlieb: Vollständiges Lexicon der Gärtnerei und Botanik oder alphabetische Beschreibung vom Bau, Wartung und Nutzen aller in- und ausländischen, ökonomischen, officinellen und zur Zierde dienenden Gewächse, 30 Bde., Weimar 1802–1840 [Dietrich 1802ff.]
Dietrich, Friedrich Gottlieb: Der Wintergärtner oder Anweisung die beliebtesten Modeblumen oder Zierpflanzen, ohne Treibhäuser, Kellern und andern Behältern zu überwintern, oder für den offenen Garten vorzubereiten, Berlin 1808 [Dietrich 1808]
Dietrich, Friedrich Gottlieb: Beschreibung der vorzüglichen Gärten in und bey Eisenach und ihrer schönen Gegend nebst einem Verzeichniß der im Herzoglichen Carthausgarten zu Eisenach vorräthigen Pflanzen, 3. Aufl. Eisenach 1811 [Dietrich 1811]
[Dohna-Schlobitten, Wilhelm zu]: Fünf Tage in Weimar. Aus dem Reisetagebuche des Burggrafen Wilhelm zu Dohna-Schlobitten 1798, mitgeteilt von Chr. Krollmann, in: Goethe-Jb., Bd. XXXI, 1910, S. 59–70 [Dohna-Schlobitten 1798]
Gartenkalender auf das Jahr 1782 [–1789], hrsg. v. Christian Cay Lorenz Hirschfeld, Kiel und Braunschweig 1782–1789 [*Gartenkalender auf das Jahr 1782ff.*]
Grohmann, Johann Christian August: Beschreibung des englischen Gartens zu Wörlitz bei Dessau, in: Taschenbuch für Gartenfreunde, hrsg. v. Wilhelm Gottlieb Becker, Leipzig 1795 [J.Chr.A. Grohmann 1795]
Grohmann, Johann Christian August: Neue Theorie der schönen Gartenkunst, 1. und 2. Theil, Leipzig 1797 [J.Chr.A. Grohmann 1797]
[Grohmann, Johann Gottfried]: Schöne Gartenkunst, Phantasien und Grundsätze über die ländliche Natur nach Marnezia von Johann Gottfried Grohmann, Her-

ausgeber des Ideenmagazins für Liebhaber von Gärten, Leipzig o.J. [1792] [J.G. Grohmann 1792]

Herder, Johann Gottfried: Sämtliche Werke, hrsg. v. Bernhard Suphan, 33 Bde., Berlin 1877–1913 [Herder, *Sämtliche Werke*]

Heydenreich, Karl Heinrich: Philosophische Grundsätze über die Nachahmung der landschaftlichen Natur in Gärten, in: ders.: Originalideen über die kritische Philosophie. Nebst einem pragmatischen Anzeiger der wichtigsten Schriften der philosophischen Literatur, 1. Band, Leipzig 1793, S. 195–230 [Heydenreich 1793]

Hirschfeld, Christian Cay Lorenz: Das Landleben, Leipzig 1771 [1768] [Hirschfeld 1771]

Hirschfeld, Christian Cay Lorenz: Anmerkungen über die Landhäuser und die Gartenkunst, Frankfurt/Leipzig 1779 [Leipzig 1773] [Hirschfeld 1779]

Hirschfeld, Christian Cay Lorenz: Theorie der Gartenkunst, Leipzig 1775 [Hirschfeld 1775]

Hirschfeld, Christian Cay Lorenz: Ueber die Verwandtschaft der Gartenkunst und der Malerey, in: Gothaisches Magazin der Künste und Wissenschaften, Bd. 1, H. 1, Gotha 1776, S. 41–58 [Hirschfeld 1776]

Hirschfeld, Christian Cay Lorenz: Widerlegung des herrschenden Begriffs von den chinesischen Gärten, in: Gothaisches Magazin der Künste und Wissenschaften, Bd. 1, H. 3, Gotha 1777, S. 245–258 [Hirschfeld 1777]

Hirschfeld, Christian Cay Lorenz: Theorie der Gartenkunst, Bd. 1–5, Leipzig 1779–1785 (Reprint in zwei Bänden, Hildesheim 1985) [Hirschfeld, *Theorie*]

[Hirschfeld, Christian Cay Lorenz]: Beschreibungen von Gärten zur Ehre deutscher Kunst und deutschen Geschmacks, Altona 1785 [Hirschfeld 1785]

Hirschfeld, Christian Cay Lorenz (Hrsg.): Kleine Gartenbibliothek, Kiel 1790 [Hirschfeld 1790]

Hogarth, William: The Analysis of Beauty, London 1753 (Reprint: Menston 1971) [Hogarth 1753]

Home, Henry: Elements of Criticism, 3 Bde., Edinburgh 1762–1765, dt: Grundsätze der Kritik, übers. v. Joh. Nikolaus Meinhard, 2 Bde., Frankfurt/Leipzig 1775 [dt. EA 1763/66; 2. Aufl. Leipzig 1772] [Home 1775]

Ideenmagazin für Liebhaber von Gärten, Englischen Anlagen und für Besitzer von Landgütern, um Gärten und ländliche Gegenden, sowohl mit geringem als auch mit großem Geldaufwand nach den originellsten Englischen, Gothischen, Sinesischen Geschmacksmanieren zu verschönern und zu veredeln, hrsg. v. Johann Gottfried Grohmann, Leipzig 1796–1806 [*Ideenmagazin für Liebhaber von Gärten*]

Jagemann, Cristiano Giuseppe: Descrizione di Tiffort, Villa di S.A.S. Anna Amalia Duchessa Vedova di Sassonia Weimar ed Eisenach [...], Weimar 1787 [Jagemann 1787]

Journal des Luxus und der Moden, hrsg. v. Friedrich Justin Bertuch, Weimar 2.1787–27.1812 [*Journal des Luxus und der Moden*]

Kant, Immanuel: Kritik der Urteilskraft [1790], hrsg. v. Gerhard Lehmann, Stuttgart 1963 [Kant 1963 (1790)]

[Klebe, Friedrich Albrecht]: Historisch-statistische Nachrichten von der berühmten Residenzstadt Weimar, Elberfeld 1800, Reprint Leipzig 1975 [Klebe 1800]

[Knebel, Karl Ludwig von]: Karl Ludwig von Knebels literarischer Nachlaß und Briefwechsel, hrsg. v. Karl August Varnhagen von Ense u. Theodor Mundt, 3 Bde., Leipzig 1835/36 [2., unveränd. Aufl. 1840] [*Briefwechsel Knebel*]

[Knebel, Karl Ludwig von]: Zur deutschen Literatur und Geschichte. Ungedruckte Briefe aus Knebels Nachlaß, hrsg. v. Heinrich Düntzer, 2 Bde., Nürnberg 1858 [*Briefe aus Knebels Nachlaß*]

Kraus, Georg Melchior: Aussichten und Parthien des Herzoglichen Parks bey Weimar. Folge von 16 Radierungen in 6 Heften, Weimar 1788–1805 [Kraus 1788ff.]

[Küttner, Carl Gottlob]: Reise durch Deutschland, Dänemark, Schweden, Norwegen und einen Theil von Italien, in den Jahren 1797, 1798, 1799. Erster Theil, Leipzig 1801 [Küttner 1801]

Kurze Theorie der empfindsamen Gartenkunst, oder Abhandlung von denen Gärten nach dem heutigen Geschmack, o.A., Leipzig 1786 [*Kurze Theorie der empfindsamen Gartenkunst*]

Le Pitture Antiche D'Ercolano E Contorni Incise Con Qualche Spiegazione, Tom. I–VIII, Napoli 1757–1792 [*Le Pitture Antiche D'Ercolano*]

Les plus beaux Monuments de Rome Ancienne, Tom. I/II, Rome 1761–1770 [*Monuments de Rome Ancienne*]

Lessing, Gotthold Ephraim: Wie die Alten den Tod gebildet: eine Untersuchung von Gotthold Ephraim Lessing, Berlin 1769 [Lessing 1769]

Lyncker, Karl Frhr. von: Am weimarischen Hofe unter Amalien und Karl August, hrsg. v. Marie Scheller, Berlin 1912 [Lyncker, *Erinnerungen*]

Magazin für Freunde des guten Geschmacks der bildenden und mechanischen Künste, Manufacturen und Gewerbe, hrsg. v. Johann Christian August Grohmann, Leipzig 1.1795–5.1799/1800 [*Magazin für Freunde des guten Geschmacks*]

Medicus, Friedrich Kasimir: Beyträge zur schönen Gartenkunst, Mannheim 1782 [Medicus 1782]

Montfaucon, Bernard de: L'Antiquité expliquée et representée en figures, Tom. I–V, Paris 1719–1724 [Montfaucon 1719ff.]

Morgenstern, Karl: Besuche in Weimar und Jena 1797 und 1798, mitgeteilt von Kurt Schreinert, in: Goethe. Viermonatsschrift der Goethe-Gesellschaft, N.F. des Jb.s, Bd. 4, 1939, S. 60–91 [Morgenstern 1797/98]

Moritz, Karl Philipp: Ueber die bildende Nachahmung des Schönen, Braunschweig 1788 [Moritz 1788]

Nicolai, Friedrich: Versuch über die Beschuldigungen welche dem Tempelherrenorden gemacht worden, und über dessen Geheimniß; Nebst einem Anhange über das Entstehen der Freymaurergesellschaft, Erster Theil, Berlin und Stettin 1782 [Nicolai 1782]

[Oertel, Friedrich von]: Briefe eines ehrlichen Mannes bey einem wiederholten Aufenthalt in Weimar, o.O. 1800 [Oertel 1800]

Reichard, Christian: Land- und Gartenschatz, Bd. 1–6, Erfurt 1753–1755 [Reichard 1753ff.]

Reil, Friedrich: Leopold Friedrich Franz, Herzog und Fürst von Anhalt-Dessau nach Seinem Wirken und Wesen, Dessau 1845 [Reil 1845]

Repton, Humphry: Sketches and Hints on Landscape Gardening, London 1794 [Repton 1794]

Repton, Humphry: Observations on the Theory and Practice of Landscape Gardening, London 1803 [Repton 1803]

Rode, August: Beschreibung des Fürstlichen Anhalt-Dessauischen Landhauses und Englischen Gartens zu Wörlitz, Dessau 1788, erweiterte Ausgabe 1798 [Rode 1798]

Rode, August: Das gothische Haus zu Wörlitz, nebst anderen Ergänzungen der Beschreibung des Herzoglichen Landhauses und Gartens zu Wörlitz, Dessau 1814 [Rode 1814]

Rückert, Joseph: Bemerkungen über Weimar 1799, hrsg. v. Eberhard Haufe, Weimar 1969 [zuerst in: *Der Genius der Zeit. Ein Journal*, hrsg. v. August Hennings, Altona 1800] [Rückert 1969 (1800)]

Schiller, Friedrich: Werke, Nationalausgabe, Weimar 1943ff. [Schiller, *Werke*]

[Schmid, Ernst August]: Der Park bey Weimar. Eine Schilderung, Weimar 1792 [Schmid 1792]

[Schoch, Johann Georg]: Versuch einer Anleitung zu Anlegung eines Gartens im englischen Geschmack, Leipzig 1794 [Schoch 1794]

[Schumann, Wilhelm]: Beschreibung und Gemälde des Herzoglichen Parks bey Weimar und Tiefurt, besonders für Reisende. Aus den Annalen der Gärtnerey, Erfurt 1797 [Schumann 1797]

Stuart, James/Revett, Nicholas: The Antiquities of Athens, Vol. I–IV, London 1762–1816 [Stuart/Revett 1762ff.]

Sulzer, Johann Georg: Allgemeine Theorie der Schönen Künste, 1.–4.Theil, Leipzig 1786/87 [1771–1774] [Sulzer 1786/87]

Taschenbuch für Garten-Freunde, hrsg. v. Wilhelm Gottlieb Becker, Leipzig 1.1795–5.1799 [*Taschenbuch für Garten-Freunde*]

Taschenbuch für Natur- und Gartenfreunde, Tübingen (Cotta) 1795–1806 [*Taschenbuch für Natur- und Gartenfreunde*]

Taschenkalender auf das Jahr 1795 für Natur- und Gartenfreunde, Tübingen (Cotta) 1794 [*Taschenkalender für Natur- und Gartenfreunde*]

Untersuchungen über den Charakter der Gebäude; über die Verbindung der Baukunst mit den schönen Künsten und über die Wirkungen, welche durch dieselben hervorgebracht werden sollen, o.A., Leipzig 1788 [1785] (Faksimile-Neudruck der Ausgabe Leipzig 1788, mit einer Einführung von Hanno-Walter Kruft, Nördlingen 1986) [*Untersuchungen über den Charakter der Gebäude*]

Verzeichnis der Toreutica-Waare der Klauerschen Kunst-Fabrick zu Weimar, No. 1, mit Kupfern, Weimar 1792 [Klauer, *Verzeichnis*]

Von der geraden und krummen Linie in der Gärtnerey, o.A., in: Annalen der Gärtnerey, Bd. 1, St. 1, Erfurt 1795, S. 67–80 [*Von der geraden und krummen Linie*]

Wachsmuth, Wilhelm: Weimars Musenhof in den Jahren 1772 bis 1807. Historische Skizze, Berlin 1844 (Nachdruck 1982) [Wachsmuth 1844]

Waitz, Richard: Der herzogliche Park zu Gotha von seiner Entstehung bis auf die jetzige Zeit, Gotha 1849 [Waitz 1849]

Walpole, Horace: Über die englische Gartenkunst, übers. v. August Wilhelm Schlegel [1800], hrsg. v. Frank Maier-Solgk, Heidelberg 1994 [Essay on Modern Gardening, London 1771] [Walpole 1994 (1771)]

Watelet, Claude-Henri: Des Herrn Watelet Versuch über die Gaerten. Aus dem Französischen, Leipzig 1776 [Essai sur les jardins, Paris 1774] [Watelet 1776]

Weimarer Wöchentliche Anzeigen, Weimar 1775ff. [*Weimarer Wöchentliche Anzeigen*]

Whately, Thomas: Betrachtungen über das heutige Gartenwesen, durch Beyspiele erläutert, Leipzig 1771 (Reprint, hrsg. v. C.A. Wimmer, Rüsselsheim 1992) [Observations on Modern Gardening, London 1770] [Whately 1771]

[Wieland, Christoph Martin]: Wielands Briefwechsel, Bd. 1–17, hrsg. v. d. Berlin-Brandenburgischen Akademie der Wissenschaften, Berlin 1963–2003 [*Briefwechsel Wieland*]

[Winckelmann, Johann Joachim]: Gedanken über die Nachahmung der griechischen Werke in der Malerey und Bildhauerkunst, Stuttgart 1995 [2. Aufl., Dresden/Leipzig 1756] [Winckelmann 1995 (1756)]

Winckelmann, Johann Joachim: Anmerkungen über die Baukunst der Alten, Dresden 1762 (Reprint Baden-Baden/Strasbourg 1964) [Winckelmann 1762]

Zedler, Johann Heinrich: Grosses vollständiges Universal-Lexikon aller Wissenschaften und Künste, Halle/Leipzig 1732–1754 (Reprint Graz 1993–1999) [Zedler 1732ff.]

Literatur (nach 1850)

Ahrendt, Dorothee/Aepfler, Gertraud: Goethes Gärten in Weimar, Leipzig 1994 [Ahrendt/Aepfler 1994]

Ahrendt, Dorothee: „Mozart und den Musen". Das Mozartdenkmal im Tiefurter Park, in: Weimarer Heimat, 5/1993, S. 61–66 [Ahrendt 1993]

Ahrendt, Dorothee: Vom Einzelnen zum Ganzen – Der Park an der Ilm im Jahre 1790, in: Anna Amalia, Carl August und das Ereignis Weimar. Jahrbuch der Klassik Stiftung Weimar 2007, hrsg. v. Hellmut Th. Seemann, Göttingen 2007, S. 304–310 [Ahrendt 2007]

Alewyn, Richard/Sälzle, W.: Das große Welttheater. Die Epoche der höfischen Feste in Dokument und Deutung, Hamburg 1959 [Alewyn/Sälzle 1959]

Alex, Reinhard/Kühn, Peter: Schlösser und Gärten um Wörlitz, Leipzig 1995 [Alex/Kühn 1995]

Alex, Reinhard: Friedrich Wilhelm von Erdmannsdorff – Wegbereiter des künstlerischen Fortschritts, in: Friedrich Wilhelm von Erdmannsdorff (1736–1800) zum 250. Geburtstag, Ausst.-Kat., Wörlitz 1986, S. 6–15 [Alex 1986]

Alt, Peter-André: Schiller. Leben – Werk – Zeit, Bd. I/II, München 2000 [Alt 2000]

Andreas, Willy: Carl August von Weimar. Ein Leben mit Goethe 1757–1783, Stuttgart 1953 [Andreas 1953]

Anz, Thomas: Der schöne und der häßliche Tod. Klassische und moderne Normen und literarische Diskurse über den Tod, in: Klassik und Moderne. Die Weimarer Klassik als historisches Ereignis und Herausforderung im kulturgeschichtlichen Prozeß, hrsg. v. Karl Richter und Jörg Schönert, Stuttgart 1983, S. 409–432 [Anz 1983]

Apel, Friedmar: Der lebendige Blick. Goethes Kunstanschauung, in: Schulze, Sabine (Hrsg.): Goethe und die Kunst, Ausst.-Kat., Ostfildern 1994, S. 571–578 [Apel 1994]

Ariés, Philipp: Geschichte des Todes, München 1980 [Ariés 1980]

Ästhetische Grundbegriffe. Historisches Wörterbuch in sieben Bänden. Hrsg. von Karlheinz Barck u.a., Bd. 1–4, Stuttgart/Weimar 2000–2002 [*Ästhetische Grundbegriffe*]

Bachmann, Erich: Anfänge des Landschaftsgartens in Deutschland, in: Zeitschrift für Kunstwissenschaft, Bd. V, H. 2, Berlin 1951, S. 203–228 [Bachmann 1951]

Balet, Leo/Gerhard, E.: Die Verbürgerlichung der deutschen Kunst, Literatur und Musik im 18. Jahrhundert. Herausgegeben und eingeleitet von Gert Mattenklott, Frankfurt a. M./Berlin/Wien 1973 [1936] [Balet 1973 (1936)]

Balzer, Georg: Goethe als Gartenfreund, München 1966 [Balzer 1966]

Baßler, Moritz (Hrsg.): Von der Natur zur Kunst zurück: neue Beiträge zur Goethe-Forschung, Tübingen 1997 [Baßler 1997]

Bauer, Joachim/Müller, Gerhard: „Des Maurers Wandeln, es gleicht dem Leben". Tempelmaurerei, Aufklärung und Politik im klassischen Weimar, Rudolstadt 2000 [Bauer/Müller 2000]

Bechstein, R.: Schlösser und Gärten in Altweimar, Weimar 1936 [Bechstein 1936]

Bechtoldt, Frank-Andreas/Weiss, Thomas (Hrsg.): Weltbild Wörlitz. Entwurf einer Kulturlandschaft, Wörlitz 1996 [Bechtoldt/Weiss 1996]

Beck, August: Ernst der Zweite. Herzog zu Sachsen-Gotha und Altenburg, Pfleger und Beschützer der Wissenschaft und Kunst, Gotha 1854 [Beck 1854]

Beck, August: Geschichte der Stadt Gotha, Gotha 1870 [Beck 1870]

Beck, Herbert u.a. (Hrsg.): Mehr Licht. Europa um 1770. Die bildende Kunst der Aufklärung, Ausst.-Kat., München 1999 [Beck 1999]

Berger, Joachim (Hrsg.): Der „Musenhof" Anna Amalias. Geselligkeit, Mäzenatentum und Kunstliebhaberei im klassischen Weimar, Köln/Weimar/Wien 2001 [Berger 2001]

Berger, Joachim: Anna Amalia von Sachsen Weimar-Eisenach (1739–1807). Denk- und Handlungsräume einer „aufgeklärten" Herzogin, Heidelberg 2003 [Berger 2003]

Berger, Joachim/Grün, Klaus-Jürgen (Hrsg.): Geheime Gesellschaft. Weimar und die deutsche Freimaurerei, Ausst.-Kat., München/Wien 2002 [Berger/Grün 2002]

Beyer, Andreas: „Die Kunst ist deshalb da, daß man sie sehe, nicht davon spreche, als höchstens in ihrer Gegenwart", in: Schuster, Gerhard/Gille, Caroline (Hrsg.): Wiederholte Spiegelungen. Weimarer Klassik 1759–1832. Ständige Ausst. d. Goethe-Nationalmuseums, 2 Bde., München/Wien 1999, S. 405–412 [Beyer 1999]

Beyer, Andreas (Hrsg.): Das Römische Haus in Weimar, München/Wien 2001 [Beyer 2001]

Biedrzynski, Effi: Goethes Weimar. Das Lexikon der Personen und Schauplätze, Zürich 1992 [Biedrzynski 1992]

Biskop, Gunter Max: Goethe und die Weimarer Park- und Landschaftsgestaltung, in: Wissenschaftliche Zeitschrift der Bauhaus-Universität Weimar, Jg. 42, H. 2/3, 1996, S. 127–136 [Biskop 1996]

Bisky, Jens: Poesie der Baukunst. Architekturästhetik von Winckelmann bis Boisserée, Weimar 2000 [Bisky 2000]

Bitzer, Hermann: Goethe über den Dilettantismus, Bern 1969 [Bitzer 1969]

Blumenberg, Hans: „Nachahmung der Natur." Zur Vorgeschichte der Idee des schöpferischen Menschen, in: ders.: Wirklichkeiten in denen wir leben. Aufsätze und eine Rede, Stuttgart 1981, S. 55–103 [Blumenberg 1981]

Bode, Wilhelm: Goethes Leben im Garten am Stern, Berlin 1909 [Bode 1909]

Bojanowski, Eleonore von: Louise, Großherzogin von Sachsen-Weimar und ihre Beziehungen zu den Zeitgenossen, Stuttgart 1903 [Bojanowski 1903]

Borchert, Angela/Dressel, Ralf (Hrsg.): Das *Journal des Luxus und der Moden*: Kultur um 1800, Heidelberg 2004 [Borchert/Dressel 2004]

Borchmeyer, Dieter: Weimarer Klassik. Portrait einer Epoche, Weinheim 1994 [Borchmeyer 1994]

Borsò, Vittoria: Der Rück-Blick auf die Antike. Formen der Vermittlung zwischen Kunst und Natur, in: Witte, Bernd/Ponzi, Mauro (Hrsg.): Goethes Rückblick auf die Antike. Beiträge des deutsch-italienischen Kolloquiums Rom 1998, Berlin 1999, S. 9–20 [Borsò 1999]

Bothe, Rolf: Der Festsaal im Weimarer Schloß, Weimar 1995 (Ettersburger Hefte 3) [Bothe 1995]

Bothe, Rolf: Dichter, Fürst und Architekten. Das Weimarer Residenzschloß vom Mittelalter bis zum Anfang des 19. Jahrhunderts, Ostfildern 2000 [Bothe 2000]

Boyle, Nicholas: Goethe. Der Dichter in seiner Zeit, Bd. 1: 1749–1790, München 1995 [Boyle 1995]

Breckwoldt, Michael: „Das Landleben" als Grundlage für eine Gartentheorie. Eine literaturhistorische Analyse der Schriften von Christian Cay Lorenz Hirschfeld, München 1995 [Breckwoldt 1995]

Bredekamp, Horst: Vicino Orsini und der Heilige Wald von Bomarzo. Ein Fürst als Künstler und Anarchist, 2 Bde., Worms 1985 [Bredekamp 1985]

Brilli, Attilio: Als Reisen eine Kunst war. Vom Beginn des modernen Tourismus: Die „Grand Tour", Berlin 1997 [Brilli 1997]

Bruford, W.H.: Die gesellschaftlichen Grundlagen der Goethezeit, Weimar 1936 [Bruford 1936]

Burkhardt, Carl August Hugo: Die Entstehung des Parks in Weimar, Weimar 1907 [Burkhardt 1907]

Bursche, Stefan: Die Tafel als imaginiertes Paradies, in: Gartenfeste. Das Fest im Garten. Gartenmotive im Fest, hrsg. v. Hildegard Wiewelhove, Ausst. Kat., Bielefeld 2000, S. 149–155 [Bursche 2000]

Busch, Werner/Beyrodt, Wolfgang u.a.(Hrsg.): Kunsttheorie und Kunstgeschichte des 19. Jahrhunderts in Deutschland. Texte und Dokumente, 3 Bde., Stuttgart 1982–1985 [Busch/Beyrodt 1982ff.]

Busch, Werner: Die „große, simple Linie" und die „allgemeine Harmonie" der Farben. Zum Konflikt zwischen Goethes Kunstbegriff, seiner Naturerfahrung und seiner künstlerischen Praxis auf der italienischen Reise, in: Goethe-Jahrbuch, 105, 1988, S. 144–164 [Busch 1988]

Busch, Werner: Das sentimentalische Bild. Die Krise der Kunst im 18. Jahrhundert und die Geburt der Moderne, München 1993 [Busch 1993]

Busch, Werner: Der Berg als Gegenstand von Naturwissenschaft und Kunst. Zu Goethes geologischem Begriff, in: Schulze, Sabine (Hrsg.): Goethe und die Kunst, Ausst.-Kat., Ostfildern 1994, S. 485–497 [Busch 1994]

Busch, Werner (Hrsg.): Landschaftsmalerei, Berlin 1997 (Geschichte der klassischen Bildgattungen in Quellentexten und Kommentaren, Bd. 3) [Busch 1997]

Busch-Salmen, Gabriele/Salmen, Walter/Michel, Christoph: Der Weimarer Musenhof. Dichtung, Musik und Tanz, Gartenkunst, Geselligkeit, Malerei, Stuttgart 1998 [Busch–Salmen u.a. 1998]

Buttlar, Adrian von: Der englische Landsitz 1715–1760. Symbol eines liberalen Weltentwurfs, Mittenwald 1982 [Buttlar 1982]

Buttlar, Adrian von: Der Landschaftsgarten. Gartenkunst des Klassizismus und der Romantik, Köln 1989 [Buttlar 1989]

Buttlar, Adrian von: Gedanken zur Bildproblematik und zum Realitätscharakter des Landschaftsgartens, in: Die Gartenkunst, Jg. 2, H. 1, 1990, S. 7–16 [Buttlar 1990]

Buttlar, Adrian von: Das Grab im Garten. Zur naturreligiösen Deutung eines arkadischen Gartenmotivs, in: „Landschaft" und Landschaften im achtzehnten Jahrhundert, hrsg. v. Heinke Wunderlich, Heidelberg 1995, S. 79–119 [Buttlar 1995]

Buttlar, Adrian von: Das "Nationale" als Thema der Gartenkunst des 18. und frühen 19. Jahrhunderts, in: Gröning, Gert/Schneider, Uwe (Hrsg.): Gartenkultur und nationale Identität. Strategien nationaler und regionaler Identitätsstiftung in der deutschen Gartenkultur, Worms 2001, S. 21–34 [Buttlar 2001]

Clark, H.F.: Eighteenth Century Elysiums. The Role of ‚Association' in the Landscape Movement, in: Journal of the Warburg and Courtauld Institute, 6, 1943, S. 165–189 [Clark 1943]

Clark, Kenneth: Landscape into Art, London 1976 [Clark 1976]

Coffin, David: The English Garden. Meditation and Memorial, Princeton 1994 [Coffin 1994]

Conrady, Karl Otto: Goethe. Leben und Werk, 2 Bde., Frankfurt a. M. 1988 [Conrady 1988]

Crämer, Ulrich: Carl August von Weimar und der Deutsche Fürstenbund 1783–1790, Wiesbaden 1961 [Crämer 1961]

Curtius, Ernst Robert: Europäische Literatur und lateinisches Mittelalter, Tübingen/Basel 1993 [1948] [Curtius 1993 (1948)]

De Jong, Erik A.: Gegensatz oder Zusammenhang? Gedanken zum Verhältnis zwischen Natur und Kunst in der klassischen Gartentheorie, in: Die Gartenkunst, Jg. 9, H. 2, 1997, S. 239–255 [De Jong 1997]

Deetjen, Werner: Auf Höhen Ettersburgs, Weimar 1993 [1924] (Ettersburger Hefte 1) [Deetjen 1993 (1924)]

Der Kleine Pauly. Lexikon der Antike in fünf Bänden, München 1979 [*Der Kleine Pauly*]

Dochnahl, Friedrich Jakob: Bibliotheca Hortensis. Vollständige Gartenbibliothek oder Alphabetisches Verzeichnis aller Bücher, welche über Gärtnerei [...] von 1750–1860 in Deutschland erschienen sind, Nürnberg 1861 [Dochnahl 1861]

Doebber, Adolph: Das Schloss in Weimar. Seine Geschichte vom Brande 1774 bis zur Wiederherstellung 1804, Jena 1911 (Zs. des Vereins für Thüringische Geschichte und Altertumskunde, N.F., 3. Supplementheft) [Doebber 1911]

Doktor, Wolfgang: Die Kritik der Empfindsamkeit, Bern/Frankfurt a. M. 1975 [Doktor 1975]

Doktor, Wolfgang/Sauder, Gerhard (Hrsg.): Empfindsamkeit. Theoretische und kritische Texte, Stuttgart 1976 [Doktor/Sauder 1976]

Dolgner, Dieter: Die Architektur des Klassizismus in Deutschland, Dresden 1971 [Dolgner 1971]
Dolgner, Dieter: Dessau-Wörlitz, Goethe und die Architektur des Weimarer Klassizismus, in: Friedrich Wilhelm von Erdmannsdorff (1736–1800). Leben – Werk – Wirkung, Wörlitz 1987, S. 117–130 [Dolgner 1987]
Dolgner, Dieter: Weimarer Klassizismus, in: Wissenschaftliche Zeitschrift der Bauhaus-Universität Weimar, Jg. 42, H. 2/3, 1996, S. 59–69 [Dolgner 1996]
Dönike, Martin: Pathos, Ausdruck und Bewegung. Zur Ästhetik des Weimarer Klassizismus 1796–1806, Berlin/New York 2005 [Dönike 2005]
Dülmen, Andrea van: Das irdische Paradies. Bürgerliche Gartenkultur der Goethezeit, Köln/Weimar/Wien 1999 [Dülmen 1999]
Düntzer, Heinrich: Goethe und Karl August. Studien zu Goethes Leben, Leipzig 1888 [Düntzer 1888]
Ebersbach, Volker: Carl August von Sachsen-Weimar-Eisenach. Goethes Herzog und Freund, Köln/Weimar/Wien 1998 [Ebersbach 1998]
Einem, Herbert von: Goethe-Studien, München 1972 [Einem 1972]
Einem, Herbert von: Deutsche Malerei des Klassizismus und der Romantik. 1760 bis 1840, München 1978 [Einem 1978]
Eisold, Norbert: Das Dessau-Wörlitzer Gartenreich. Der Traum von der Vernunft, Rostock 2000 [Eisold 2000]
Elias, Norbert: Die höfische Gesellschaft. Untersuchungen zur Soziologie des Königtums und der höfischen Aristokratie, Neuwied/Berlin 1969 [Elias 1969]
Elias, Norbert: Engagement und Distanzierung. Arbeiten zur Wissenssoziologie I, Frankfurt a. M. 1990 [Elias 1990]
Emblemata. Handbuch zur Sinnbildkunst des XVI. und XVII. Jahrhunderts. Hrsg. von Arthur Henkel und Albrecht Schöne, Stuttgart 1967 [*Emblemata*]
Erkenbrecher, Hans/Roob, Helmut (Hrsg.): Die Residenzstadt Gotha in der Goethe-Zeit, Bucha bei Jena 1998 [Erkenbrecher/Roob 1998]
Erpenbeck, John: „...die Gegenstände der Natur an sich selbst..." Subjekt und Objekt in Goethes naturwissenschaftlichem Denken seit der italienischen Reise, in: Goethe-Jahrbuch, 105, 1988, S. 212–233 [Erpenbeck 1988]
Eusterschulte, Anne: Nachahmung der Natur. Zum Verhältnis ästhetischer und wissenschaftlicher Naturwahrnehmung in der Renaissance, in: Breidbach, Olaf (Hrsg.): Natur der Ästhetik – Ästhetik der Natur, Wien/New York 1997, S. 19–53 [Eusterschulte 1997]
Ewald, Rainer: Goethes Architektur. Des Poeten Theorie und Praxis, Weimar 1999 [Ewald 1999]
Facius, Friedrich: Alte Gartenkunst in Thüringen, in: Forschungen zur Thüringischen Landesgeschichte, Weimar 1958, S. 295–327 [Facius 1958]
Facius, Friedrich: Wilhelmsthal bei Eisenach. Eine Parkschöpfung der Carl-August- und der Carl-Alexander-Zeit, in: Facius, Friedrich u.a. (Hrsg.): Geistiger Umgang mit der Vergangenheit. Studien zur Kultur- und Staatengeschichte, Festschrift für Willy Andreas, Stuttgart 1962, S. 23–54 [Facius 1962]

Forssman, Erik: Dorisch, jonisch, korinthisch. Studien über den Gebrauch der Säulenordnungen in der Architektur des 16.–18. Jahrhunderts, Stockholm 1961 [Forssman 1961]

Forssman, Erik (Hrsg.): Palladio. Werk und Wirkung, Freiburg/Br. 1997 [Forssman 1997]

Forssman, Erik: Goethezeit. Über die Entstehung des bürgerlichen Kunstverständnisses, München/Berlin 1999 [Forssman 1999]

Gamper, Michael: „Die Natur ist republikanisch." Zu den ästhetischen, anthropologischen und politischen Konzepten der deutschen Gartenliteratur im 18. Jahrhundert, Würzburg 1998 [Gamper 1998]

Gassner, August: Goethe als Eisläufer, Bern 1990 [Gassner 1990]

Geburtig, Gerd Peter: Frühe Neugotik in Weimar, in: Wissenschaftliche Zeitschrift der Bauhaus-Universität Weimar, Jg. 42, H. 2/3, 1996, S. 137–144 [Geburtig 1996]

Geese, Walter: Gottlieb Martin Klauer. Der Bildhauer Goethes, Leipzig 1935 [Geese 1935]

Genius huius Loci. Weimar. Kulturelle Entwürfe aus fünf Jahrhunderten, Ausst.-Kat., Weimar 1992 [*Genius huius Loci* 1992]

Gerndt, Siegmar: Idealisierte Natur. Die literarische Kontroverse um den Landschaftsgarten des 18. und frühen 19. Jahrhunderts in Deutschland, Stuttgart 1981 [Gerndt 1981]

Geschichtliche Grundbegriffe. Historisches Lexikon zur politisch-sozialen Sprache in Deutschland. Hrsg. von Otto Brunner u.a., Bd. 1, Stuttgart 1972 [*Geschichtliche Grundbegriffe*]

Goethe-Handbuch. Hrsg. von Hans-Dietrich Dahnke u. Regine Otto, Bd. 4.1/4.2, Stuttgart/Weimar 1998 [*Goethe-Handbuch*]

Goethes Bibliothek. Katalog, bearbeitet von Hans Ruppert, Weimar 1958 [*Goethes Bibliothek*]

Goethes Gartenhaus im Park an der Ilm. Beiträge zur Baugeschichte, Restaurierung und Neueinrichtung 1996, Weimar 1996 [*Goethes Gartenhaus*]

Goethe-Wörterbuch. Hrsg. von der Berlin-Brandenburgischen Akademie der Wissenschaften u.a., Bd. 1–3, Stuttgart/Berlin/Köln 1978–1998 [*Goethe-Wörterbuch*]

Gombrich, Ernst H.: Goethe und die Kunstgeschichte. Der Beitrag Johann Heinrich Meyers, in: Gastspiele. Aufsätze eines Kunsthistorikers zur deutschen Sprache und Germanistik, Wien/Köln/Weimar 1992, S. 51–67 [Gombrich 1992]

Gothein, Marie Luise: Geschichte der Gartenkunst, 2 Bde., Jena 1926 [Gothein 1926]

Gundolf, Friedrich: Goethe, Berlin 1916 [Gundolf 1916]

Günther, Harri (Hrsg.): Gärten der Goethezeit, Leipzig 1993 [Günther 1993]

Günther, Harri: Tiefurt, Anna Amalia und die Gartendenkmalpflege, in: Arbeitskreis Historische Gärten der Deutschen Gesellschaft für Gartenkunst und Landschaftspflege e.V., Jahresbericht 1994, Berlin 1995, S. 7–22 [Günther 1995]

Günther, Hubertus: Stilpluralismus in Wörlitz. Verwendung und Bedeutung der Stile, in: Heiterkeit und Munterkeit der Durchsichten. Festschrift für Erhard Hirsch, hrsg. v. Jörn Garber, Dessau 1999, S. 12–30 [Günther 1999]

Günzel, Klaus: Das Weimarer Fürstenhaus. Eine Dynastie schreibt Kulturgeschichte, Köln/Weimar/Wien 2001 [Günzel 2001]

Güse, Ernst-Gerhard/Oppel, Margarete (Hrsg.): Georg Melchior Kraus. Aussichten und Parthien des Herzogl. Parks bey Weimar, Begleitheft zur Ausstellung der Klassik Stiftung Weimar im Schloß Tiefurt, Weimar 2006 [Güse/Oppel 2006]

Habermas, Jürgen: Strukturwandel der Öffentlichkeit. Untersuchungen zu einer Kategorie der bürgerlichen Gesellschaft, Neuwied/Berlin 1962 [Habermas 1962]

Hallbaum, Franz: Der Landschaftsgarten. Sein Entstehen und seine Einführung in Deutschland durch Friedrich Ludwig von Sckell 1750–1823, München 1927 [Hallbaum 1927]

Hammerschmidt, Valentin/Wilke, Joachim: Die Entdeckung der Landschaft. Englische Gärten des 18. Jahrhunderts, Stuttgart 1990 [Hammerschmidt/Wilke 1990]

Harksen, Sibylle: Die Zeichnungen von Johann August Eyserbeck für Potsdam und Berlin, in: Wieder wandelnd im alten Park. Beiträge zur Geschichte der Gartenkunst für Harri Günther zum 65. Geburtstag, Potsdam 1993, S. 17–28 [Harksen 1993]

Hartmann, Günter: Die Ruine im Landschaftsgarten. Ihre Bedeutung für den frühen Historismus und die Landschaftsmalerei der Romantik, Worms 1981 [Hartmann 1981]

Hartung, Fritz: Das Großherzogtum Sachsen unter der Regierung Carl Augusts 1775–1828, Weimar 1923 [Hartung 1923]

Heckscher, William S.: Goethe im Banne der Sinnbilder. Ein Beitrag der Emblematik, in: Jahrbuch der Hamburger Kunstsammlungen, Bd. 7, 1962, S. 35–54 [Heckscher 1962]

Hennebo, Dieter: Goethes Beziehungen zur Gartenkunst seiner Zeit, in: Jahrbuch des Freien Deutschen Hochstifts, Tübingen 1979, S. 90–119 [Hennebo 1979]

Herzog, Günter: Hubert Robert und das Bild im Garten, Worms 1989 (Grüne Reihe. Quellen und Forschungen zur Gartenkunst, Bd. 13) [Herzog 1989]

Heß, Ulrich: Der Weimarer Park, in: Mitteldeutsches Jahrbuch für Kultur und Geschichte, Bd. 8, Köln/Weimar/Wien 2001, S. 49–64 [Heß 2001]

Hirsch, Erhard: Die Zeichnungen Georg Melchior Kraus' um 1783 und nach ihnen ausgeführte Stiche für das beabsichtigte Gartenwerk über Wörlitz, in: Das Schöne mit dem Nützlichen. Die Dessau-Wörlitzer Kulturlandschaft, Wörlitz 1987, S. 12–21 [Hirsch 1987]

Historisches Wörterbuch der Philosophie. Hrsg. von Joachim Ritter und Karlfried Gründer, 11 Bde., Basel/Stuttgart 1971ff. [5/6, 1980/1984]

[*Historisches Wörterbuch der Philosophie*]
Hoffmann, Alfred: Der Landschaftsgarten. Geschichte der deutschen Gartenkunst, Bd. 3, Hamburg 1963 [Hoffmann 1963]
Hofmann, Werner: Das entzweite Jahrhundert. Kunst zwischen 1750 und 1830, München 1995 [Hofmann 1995]
Hölz, Christoph (Hrsg.): Interieurs der Goethezeit. Klassizismus, Empire, Biedermeier, Augsburg 1999 [Hölzl 1999]
Hosäus, Friedrich Wilhelm: Großherzog Carl August und Goethe in ihren Beziehungen zu Herzog Leopold Friedrich Franz von Anhalt-Dessau, in: Mittheilungen des Vereins für Anhaltische Geschichte und Alterthumskunde, Bd. 1, H. 6, 1877, S. 505–531 [Hosäus 1877]
Hummel, Siegbert: Goethe und die Chinoiserie, in: Goethe-Jahrbuch, 105, 1988, S. 366–369 [Hummel 1988]
Hunt, John Dixon/Willis, Peter (Hrsg.): The Genius of Place: The English Landscape Garden 1620–1820, Cambridge/Mass. 1988 [Hunt/Willis 1988]
Hunt, John Dixon: Gardens and the Picturesque. Studies in the History of Landscape Architecture, Cambridge/Mass. 1992 [Hunt 1992]
Huschke, Wolfgang: Das Tempelherrenhaus im Weimarer Park, in: Zeitschrift des Vereins für Thüringische Geschichte und Altertumskunde, N.F. Bd. 34, 1940, S. 278–288 [Huschke 1940]
Huschke, Wolfgang: Die Geschichte des Parkes von Weimar, Weimar 1951 [Huschke 1951]
Huschke, Wolfgang/Vulpius, Wolfgang: Park um Weimar. Ein Buch von Dichtung und Gartenkunst, Weimar 1955 [Huschke/Vulpius 1955]
Huschke, Wolfgang: Genealogische Streifzüge durch das klassische Weimar, in: Staat und Gesellschaft im Zeitalter Goethes, Festschrift für Hans Tümmler, hrsg. v. Peter Berglar, Köln/Wien 1977, S. 61–93 [Huschke 1977]
Hüttel, Richard: Ritter im Landschaftsgarten, in: Wissenschaftliche Zeitschrift der Bauhaus-Universität Weimar, Jg. 42, H. 2/3, 1996, S. 145–153 [Hüttel 1996]
Jäger, Jürgen: Der Park an der Ilm in Weimar. Gartenhistorisch-gartenarchitektonische Analyse und Konzeption für seine Wiederherstellung, in: Impulse 1/1978, S. 337–351 [Jäger 1978]
Jäger, Jürgen: Parkkunstwerk – Erinnerungsstätte – Naturraum. 150 Jahre Auseinandersetzung um das Bild der Weimarer Parkanlagen, in: Bollenbeck, Georg u.a. (Hrsg.): Weimar – Archäologie eines Ortes, Weimar 2001, S. 176–184 [Jäger 2001]
Jamme, Christoph: Vom „Garten des Alcinous" zum „Weltgarten". Goethes Begegnung mit dem Mythos im aufgeklärten Zeitalter, in: Goethe-Jahrbuch, 105, 1988, S. 93–114 [Jamme 1988]
Jericke, Alfred/Dolgner, Dieter: Der Klassizismus in der Baugeschichte Weimars, Weimar 1975 [Jericke/Dolgner 1975]
Jericke, Alfred: Das Römische Haus, Weimar 1967 [Jericke 1967]

Johanser, Konrad E.: Die Ruine. Elementartopos der Romantik, Berlin 1987 [Johanser 1987]
John, Jürgen (Hrsg.): Kleinstaaten und Kultur in Thüringen vom 16. bis 20. Jahrhundert, Weimar/Köln/Wien 1994 [J. John 1994]
John, Timo: Adam Friedrich Oeser (1717–1799). Ein unbekannter Gartenkünstler, in: Die Gartenkunst, Jg. 11, H. 2, 1999, S. 285–307 [T. John 1999]
John, Timo: Adam Friedrich Oeser (1717–1799). Studie über einen Künstler der Empfindsamkeit, Beucha 2001 [T. John 2001]
Juranek, Christian: England ist auch in Weimar, in: Arbeitskreis Historische Gärten der Deutschen Gesellschaft für Gartenkunst und Landschaftspflege e.V., Jahresbericht 1994, Berlin 1995, S. 23–51 [Juranek 1995]
Kahler, Manfred: Goethes Gartenhaus in Weimar, Weimar 1983 [Kahler 1983]
Kahler, Marie-Luise/Maul, Gisela: Alle Gestalten sind ähnlich. Goethes Metamorphose der Pflanzen, Weimar 1991 [Kahler/Maul 1991]
Kaiser, Paul: Das Haus am Baumgarten, Weimar 1980 (Weimarer Schriften zur Heimatgeschichte und Naturkunde, Heft 32) [Kaiser 1980]
Kehn, Wolfgang: Christian Cay Lorenz Hirschfeld 1742–1792. Eine Biographie, Worms 1992 [Kehn 1992]
Kehn, Wolfgang: Ästhetische Landschaftserfahrung und Landschaftsgestaltung in der Spätaufklärung: Der Beitrag von Christian Cay Lorenz Hirschfelds Gartentheorie, in: „Landschaft" und Landschaften im achtzehnten Jahrhundert, hrsg. v. Heinke Wunderlich, Heidelberg 1995 (Beiträge zur Geschichte der Literatur und Kunst des 18. Jahrhunderts, Bd. 13), S. 1–23 [Kehn 1995]
Keller, Harald: Goethe, Palladio und England, München 1971 [Keller 1971]
Keller, Harald: Die Kunst des 18. Jahrhunderts, Propyläen Kunstgeschichte, Frankfurt a. M./Berlin 1990 [Keller 1990]
Keudell, Elise von: Goethe als Benutzer der Weimarer Bibliothek. Ein Verzeichnis der von ihm entliehenen Werke, Weimar 1931 [Keudell 1931]
Kießmann, Rudolf: Wörlitz und Weimar, Dessau 1934 [Kießmann 1934]
Klassik Stiftung Weimar/Sonderforschungsbereich 482 „Ereignis Weimar-Jena. Kultur um 1800" der FSU Jena (Hrsg.): Ereignis Weimar. Anna Amalia, Carl August und das Entstehen der Klassik 1757–1807, Ausst.-Kat., Leipzig 2007 [*Ereignis Weimar* 2007]
Klauß, Jochen: Der „Kunschtmeyer". Johann Heinrich Meyer: Freund und Orakel Goethes, Weimar 2001 [Klauß 2001]
Klibansky, Raymond/Panofsky, Erwin/Saxl, Fritz: Saturn und Melancholie. Studien zur Geschichte der Naturphilosophie und Medizin, der Religion und der Kunst, Frankfurt a. M. 1992 [Klibansky u.a. 1992]
Kluckert, Ehrenfried: Gartenkunst des Barock, in: Toman, Rolf (Hrsg.): Die Kunst des Barock. Architektur, Skulptur, Malerei, Köln 1997, S. 152–161 [Kluckert 1997]
Knoche, Michael: „Ein ganz anderer Geist war über Hof und Stadt gekommen", in: Schuster, Gerhard/Gille, Caroline (Hrsg.): Wiederholte Spiegelungen. Weima-

rer Klassik 1759–1832. Ständige Ausst. d. Goethe-Nationalmuseums, 2 Bde., München/Wien 1999, S. 35–44 [Knoche 1999]
Knorr, Birgit: Georg Melchior Kraus (1737–1806). Maler – Pädagoge – Unternehmer. Biographie und Werkverzeichnis, Diss., Friedrich-Schiller-Universität Jena 2003, Typoskript [Knorr 2003]
Kockel, Valentin: Die Grabbauten vor dem Herkulaner Tor in Pompeji, Mainz 1983 [Kockel 1983]
Koopmann, Helmut: Dilettantismus. Bemerkungen zu einem Phänomen der Goethezeit, in: Holtzhauer, Helmut/Zeller, Bernhard (Hrsg.): Studien zur Goethezeit. Festschrift für Lieselotte Blumenthal, Weimar 1968, S. 178–208 [Koopmann 1968]
Koselleck, Reinhart: Das achtzehnte Jahrhundert als Beginn der Neuzeit, in: Herzog, Reinhart/Koselleck, Reinhart (Hrsg.): Epochenschwelle und Epochenbewußtsein, München 1987, S. 269–282 [Koselleck 1987]
Krönig, Wolfgang/Wegner, Reinhard: Jakob Philipp Hackert. Der Landschaftsmaler der Goethezeit, Köln/Weimar/Wien 1997 [Krönig/Wegner 1997]
Kruft, Hanno-Walter: Goethe und Kniep in Sizilien, in: Jahrbuch der Sammlung Kippenberg N.F., 2/1970, S. 201–327 [Kruft 1970]
Kruft, Hanno-Walter: Goethe und die Architektur, in: Pantheon, N.S., 40/1982, S. 282–289 [Kruft 1982]
Kruft, Hanno-Walter: Geschichte der Architekturtheorie. Von der Antike bis zur Gegenwart, München 1991 [Kruft 1991]
Krüger, Renate: Das Zeitalter der Empfindsamkeit. Kunst und Kultur des späten 18. Jahrhunderts in Deutschland, Leipzig 1972 [Krüger 1972]
Kunst, Hans-Joachim: Delineatio des Canals und Fürstlichen Lustgartens zu Weimar, in: Berns, Jörg Jochen/Ignasiak, Detlef (Hrsg.): Frühneuzeitliche Hofkultur in Hessen und Thüringen, Erlangen/Jena 1993, S. 313–322 [Kunst 1993]
Laß, Heiko/Schmidt, Maja: Belvedere und Dornburg. Zwei Lustschlösser des Herzogs Ernst August von Sachsen-Weimar, Petersberg 1999 [Laß/Schmidt 1999]
Laue, Natalia: Der Triumph der Künste. Aspekte und Studien zum Schloßpark von Tiefurt (1776–1806), Magisterarbeit, Friedrich-Schiller-Universität Jena 2000, Typoskript [Laue 2000]
Lauterbach, Iris: Feste und Geselligkeiten in deutschen Gärten des 18. Jahrhunderts, in: Luciani, Domenico (Hrsg.): Il governo del paesaggio e del giardino. Garten – Landschaft – Wahlverwandtschaften. Un itinerario nell'area germanica, Treviso/Milano 1993, S. 63–81 [Lauterbach 1993]
Lepenies, Wolf: Das Ende der Naturgeschichte. Wandel kultureller Selbstverständlichkeiten in den Wissenschaften des 18. und 19. Jahrhunderts, München/Wien 1976 [Lepenies 1976]
Lichtenstern, Christa: Metamorphosen in der Kunst des 19. und 20. Jahrhunderts, Bd. 1–2, Weinheim 1990/92 [Lichtenstern 1990/92]

Liess, Reinhard: Die Natur-Kunst-Analogie Goethes und die Vollendung des Kunstwerks in sich selbst, in: Fruh, C. u.a. (Hrsg.): Kunstgeschichte, aber wie?, Berlin 1989, S. 83–107 [Liess 1989]

Linnebach, Andrea: ‚Der Rasen ist Tisch und Stuhl zugleich' – Höfische Gartenfeste der Aufklärungszeit, in: Gartenfeste. Das Fest im Garten. Gartenmotive im Fest, hrsg. v. Hildegard Wiewelhove, Ausst. Kat., Bielefeld 2000, S. 103–118 [Linnebach 2000]

Lipp, Wilfried: Natur – Geschichte – Denkmal. Zur Entstehung des Denkmalbewußtseins der bürgerlichen Gesellschaft, Frankfurt a. M./New York 1987 [Lipp 1987]

Lovejoy, Arthur O.: Die große Kette der Wesen. Geschichte eines Gedankens, Frankfurt a. M. 1985 [The great chain of being, 1936] [Lovejoy 1985 (1936)]

Lovejoy, Arthur O.: The first Gothic Revival and the return to nature, in: Modern Language Notes, 47/1932, S. 419–446 [Lovejoy 1932]

Lutz, Thomas: Die Wiederentdeckung der Tempel von Paestum. Ihre Wirkung auf die Architektur und Architekturtheorie besonders in Deutschland, Bamberg 1991 [Lutz 1991]

Mähler, Bernd/Weigel, Heinrich: Gärten, Parke und parkähnlich gestaltete Täler und Waldpartien im Kreis Eisenach, Eisenach 1985 (Eisenacher Schriften zur Heimatkunde, Heft 33) [Mähler/Weigel 1985]

Maier-Solgk, Frank: Nachwort, in: Horace Walpole: Über die englische Gartenkunst, übers. v. August Wilhelm Schlegel [1800], hrsg. v. Frank Maier-Solgk, Heidelberg 1994, S. 79–95 [Maier-Solgk 1994]

Maier-Solgk, Frank/Greuter, Andreas: Landschaftsgärten in Deutschland, Stuttgart 1997 [Maier-Solgk 1997]

Maisak, Petra: Arkadien. Genese und Typologie einer idyllischen Wunschwelt, Frankfurt a. M./Bern 1981 [Maisak 1981]

Maisak, Petra: Natur – Gefühl – Genie. Die frühe Begegnung mit der Kunst, in: Schulze, Sabine (Hrsg.): Goethe und die Kunst, Ausst.-Kat., Ostfildern 1994, S. 220–229 [Maisak 1994]

Maisak, Petra: Goethes Zeichnungen und Radierungen. Bestandskatalog, Freies Deutsches Hochstift/Frankfurter Goethe-Museum, Frankfurt a. M. 1998 [Maisak 1998]

Maisak, Petra: Johann Wolfgang Goethe. Zeichnungen, 2. Aufl. Stuttgart 2001 [Maisak 2001]

Martin, Günther: Goethe und Palladio – Fiktion klassischer Architektur, in: Jahrbuch des Freien Deutschen Hochstifts, Tübingen 1977, S. 61–82 [Martin 1977]

Matsche-von Wicht, Betka: Das Grabmal im Landschaftsgarten, in: Wie die Alten den Tod gebildet, Ausst.-Kat., Bonn 1979, S. 45–56 [Matsche-von Wicht 1979]

Maurer, Michael: Aufklärung und Anglophilie in Deutschland, Göttingen 1987 [Maurer 1987]

Mildenberger, Hermann (Hrsg.): Geheimster Wohnsitz. Goethes italienisches Museum, Ausst.-Kat., Weimar/Berlin 1999 [Mildenberger 1999]

Miller, Norbert: Winckelmann und der Griechenstreit. Überlegungen zur Historisierung der Antiken-Anschauung im 18. Jahrhundert, in: Gaehtgens, Thomas W. (Hrsg.): Johann Joachim Winckelmann (1717–1768), Hamburg 1986, S. 239–264 [Miller 1986]

Miller, Norbert: Der Dichter ein Landschaftsmaler, in: Schulze, Sabine (Hrsg.): Goethe und die Kunst, Ausst.-Kat., Ostfildern 1994, S. 379–407 [Miller 1994a]

Miller, Norbert: Archäologie des Traums. Versuch über Giovanni Battista Piranesi, München 1994 [Miller 1994b]

Miller, Norbert: „Die Regeln des großen Stils aus der schönen italiänischen Natur": Jakob Philipp Hackert und die Entstehung der Landschaft nach der Natur, in: Miller, Norbert/Nordhoff, Claudia (Hrsg.): Lehrreiche Nähe. Goethe und Hakkert, München/Wien 1997, S. 10–46 [Miller 1997]

Miller, Norbert: Der Wanderer. Goethe in Italien, München 2002 [Miller 2002]

Mosser, Monique/Teyssot, Georges: Die Gartenkunst des Abendlandes. Von der Renaissance bis zur Gegenwart, Stuttgart 1993 [Mosser/Teyssot 1993]

Müller, Gerhard: Freimaurerei und politische Führungseliten. Die *Strikte Observanz* in den thüringischen Staaten (1764–1782), in: Geheime Gesellschaft. Weimar und die deutsche Freimaurerei, hrsg. v. Joachim Berger u. Klaus-Jürgen Grün, Ausst.-Kat., München/Wien 2002, S. 169–175 [G. Müller 2002]

Müller, Ulrich: Die Bildhaftigkeit der Natur, in: Breidbach, Olaf (Hrsg.): Natur der Ästhetik – Ästhetik der Natur, Wien/New York 1997, S. 83–100 [U. Müller 1997]

Müller, Ulrich: Klassischer Geschmack und gotische Tugend. Der englische Landsitz Rousham, Worms 1998 [U. Müller 1998]

Müller, Ulrich: „Ziehet das Genie des Orts zu Rathe; [...] es mahlet, indem ihr pflanzet, und zeichnet Entwürfe, indem ihr anleget", in: Schuster, Gerhard/Gille, Caroline (Hrsg.): Wiederholte Spiegelungen. Weimarer Klassik 1759–1832. Ständige Ausst. d. Goethe-Nationalmuseums, 2 Bde., München/Wien 1999, S. 271–280 [U. Müller 1999]

Müller, Ulrich: Friedrich Justin Bertuch und die landschaftliche Gartenkunst, in: Kaiser, Gerhard R./Seifert, Siegfried (Hrsg.): Friedrich Justin Bertuch (1747–1822). Verleger, Schriftsteller und Unternehmer im klassischen Weimar, Tübingen 2000, S. 607–628 [U. Müller 2000a]

Müller, Ulrich: Sehnsuchtslandschaft Tempe, in: Wegner, Reinhard (Hrsg.): Deutsche Baukunst um 1800, Köln/Weimar/Wien 2000, S. 27–51 [U. Müller 2000b]

Müller, Ulrich/Polianski, Igor J.: Goethe im Garten der Botanik, in: Klaus Manger (Hrsg.): Goethe und die Weltkultur, Heidelberg 2003, S. 239–269 [Müller/Polianski 2003]

Müller-Wolff, Susanne: Artikel „Gotische Kapelle im Herzoglichen Park bei Weimar", in: Geheime Gesellschaft. Weimar und die deutsche Freimaurerei, hrsg. v. Joachim Berger u. Klaus-Jürgen Grün, Ausst.-Kat., München/Wien 2002, S. 196–197 [Müller-Wolff 2002]

Müller-Wolff, Susanne: Über Englische Gärten, französische Landsitze und den „Park bey Weimar". Die Gartenkunst im *Journal des Luxus und der Moden*, in: Borchert, Angela/Dressel, Ralf (Hrsg.): Das *Journal des Luxus und der Moden*: Kultur um 1800, Heidelberg 2004, S. 227-242 [Müller-Wolff 2004]

Neumann, Peter Horst: Die Sinngebung des Todes als Gründungsproblem der Ästhetik. Lessing und der Beginn der Moderne, in: Merkur 390, 1980, S. 1071–1080 [Neumann 1980]

Neutsch, Bernhard: Pompeiana in Weimar, in: Andreae, Bernard/Kyrieleis, Helmut (Hrsg.): Neue Forschungen in Pompeji, Recklinghausen 1975, S. 317–325 [Neutsch 1975]

Niedermeier, Michael: Goethe und die „Revolution" in der Gartenkunst seiner Zeit, in: Günther, Harri (Hrsg.): Gärten der Goethezeit, Leipzig 1993, S. 9–27 [Niedermeier 1993]

Niedermeier, Michael: Der Parktempel in Gotha – ein früher Erdmannsdorff-Bau?, in: Heiterkeit und Munterkeit der Durchsichten. Festschrift für Erhard Hirsch, hrsg. v. Jörn Garber, Dessau 1999, S. 131–140 [Niedermeier 1999]

Niedermeier, Michael: „Die ganze Erde wird zu einem Garten." Gedächtniskonstruktionen im frühen deutschen Landschaftsgarten zwischen Aufklärung und Geheimnis, in: Bollenbeck, Georg u. a. (Hrsg.): Weimar – Archäologie eines Ortes, Weimar 2001, S. 120–175 [Niedermeier 2001]

Niedermeier, Michael: Goethe und der steinige Weg wissenschaftlicher Erkenntnis, in: Gegenworte. Zeitschrift für den Disput über Wissen, H. 9, 2002, S. 83–86 [Niedermeier 2002]

Niehr, Klaus: Gotikbilder – Gotiktheorien. Studien zur Wahrnehmung und Erforschung mittelalterlicher Architektur in Deutschland zwischen ca. 1750 und 1850, Berlin 1999 [Niehr 1999]

Oettermann, Stephan: Das Panorama. Die Geschichte eines Massenmediums, Frankfurt a. M. 1980 [Oettermann 1980]

Osterkamp, Ernst: Goethe als Leser Johann Joachim Winckelmanns, in: Ars naturam adiuvans. Festschrift für Matthias Winner, hrsg. v. Victoria von Flemming u. Sebastian Schütze, Mainz 1996, S. 572–582 [Osterkamp 1996]

Osterkamp, Ernst: Nachwort, in: Johann Wolfgang Goethe, Über Laokoon (1798). Nachdruck der Ausgabe von 1896 mit einem Nachwort von Ernst Osterkamp, Stuttgart/Weimar 1998, S. 1–34 [Osterkamp 1998]

Otto, Regine/Rudnik, Christa: Karl Ludwig von Knebel – Goethes „alter Weimarischer Urfreund". Seine Persönlichkeit und sein literarischer Nachlaß, in: Golz, Jochen (Hrsg.): Das Goethe- und Schiller-Archiv 1896–1996, Weimar/Köln/Wien 1996, S. 293–320 [Otto/Rudnik 1996]

Panofsky, Erwin: Studies in Iconology, New York 1939 [Panofsky 1939]

Panofsky, Erwin: *Et in Arcadia ego.* Poussin und die Tradition des Elegischen (1936), in: ders.: Sinn und Deutung in der bildenden Kunst, Köln 1978, S. 351–377 [Panofsky 1978]

Patze, Hans/Schlesinger, Walter (Hrsg.): Geschichte Thüringens, Bd. 6, Kunstgeschichte und Numismatik in der Neuzeit, Köln/Wien 1979 [Patze/Schlesinger 1979]

Pevsner, Nikolaus: Architektur und Design. Von der Romantik zur Sachlichkeit, München 1971 [Pevsner 1971]

Pfotenhauer, Helmut: Vorbilder. Antike Kunst, klassizistische Kunstliteratur und „Weimarer Klassik“, in: Voßkamp, Wilhelm (Hrsg.): Klassik im Vergleich. Normativität und Historizität europäischer Klassiken, Stuttgart/Weimar 1993, S. 42–61 [Pfotenhauer 1993]

Pfotenhauer, Helmut u.a. (Hrsg.): Klassik und Klassizismus (Bibliothek der Kunstliteratur, Bd. 3), Frankfurt a. M. 1995 [Pfotenhauer 1995]

Philipp, Klaus Jan: Um 1800: Architekturtheorie und Architekturkritik in Deutschland zwischen 1790 und 1810, Stuttgart 1997 [Philipp 1997]

Piatti, Barbara: Rousseaus Garten. Eine kleine Kulturgeschichte der St. Petersinsel, Basel 2001 [Piatti 2001]

Pleticha, Heinrich (Hrsg.): Das klassische Weimar. Texte und Zeugnisse, München 1983 [Pleticha 1983]

Pochat, Götz: Geschichte der Ästhetik und Kunsttheorie, Köln 1986 [Pochat 1986]

Polianski, Igor J.: Der außerordentliche Garten. Zur Geschichte des Herzoglichen Botanischen Gartens zu Jena, in: Müller, Gerhard u.a. (Hrsg.): Die Universität Jena. Tradition und Innovation um 1800, Stuttgart 2001, S. 205–219 [Polianski 2001]

Polianski, Igor J.: „Die Kunst, die Natur vorzustellen“. Die Ästhetisierung der Pflanzenkunde um 1800 und Goethes Gründung des botanischen Gartens zu Jena im Spannungsfeld kunsttheoretischer und botanischer Diskussionen der Zeit, Jena/Köln 2004 [Polianski 2004]

Quilitzsch, Uwe: Bertuch und das Dessau-Wörlitzer Gartenreich, in: Kaiser, Gerhard R./Seifert, Siegfried (Hrsg.): Friedrich Justin Bertuch (1747–1822). Verleger, Schriftsteller und Unternehmer im klassischen Weimar, Tübingen 2000, S. 269–277 [Quilitzsch 2000]

Rave, Paul Ortwin: Gärten der Goethezeit. Vom Leben in Kunst und Natur, Leipzig 1941 [Rave 1941]

Rave, Paul Ortwin: Die Aufklärung und das neue Naturgefühl. Der Landschaftsgarten, in: ders.: Schriften über Künstler und die Kunst, hrsg. v. Stephan Waetzoldt, Stuttgart 1994, S. 339–349 [Rave 1994a]

Rave, Paul Ortwin: Rheinsberg, auch Remusberg. Ein Musensitz in der Mark, in: ders.: Schriften über Künstler und die Kunst, hrsg. v. Stephan Waetzoldt, Stuttgart 1994, S. 321–329 [Rave 1994b]

Redslob, Edwin: Goethes Beziehung zur Gartenkunst, Berlin 1968 [Redslob 1968]

Reimann, Christian: Zur Beschwörung des Altertums in Wörlitz: Mythos, Vision und Tatsachen, in: Die Gartenkunst, Jg. 11, H. 2, 1999, S. 308–314 [Reimann 1999]

Riederer, Jens: Aufgeklärte Sozietäten und absolutistischer Staat im Herzogtum Sachsen-Weimar-Eisenach. Zur politischen Kultur eines Kleinstaates, in: John, Jürgen (Hrsg.): Kleinstaaten und Kultur in Thüringen vom 16. bis 20. Jahrhundert, Weimar/Köln/Wien 1994, S. 233–256 [Riederer 1994]

Ritter, Joachim: Landschaft. Zur Funktion des Ästhetischen in der modernen Gesellschaft, in: ders.: Subjektivität. Sechs Aufsätze, Frankfurt a. M. 1974, S. 141–163 [Ritter 1974]

Rode, August/Ross, Hartmut/Trauzettel, Ludwig: Der Englische Garten zu Wörlitz, Berlin/München 1994 [Rode/Ross/Trauzettel 1994]

Roethlisberger, Marcel: Claude Lorrain. The Paintings, Critical Catalogue, 2 Bde., New Haven 1961 [Roethlisberger 1961]

Rosenblum, Robert: Transformations in Late Eighteenth Century Art, Princeton U.P. 1969 [Rosenblum 1969]

Ross, Hartmut: Die Kulturkreise Sachsen-Weimar-Eisenach und Anhalt-Dessau im Vergleich, in: John, Jürgen (Hrsg.): Kleinstaaten und Kultur in Thüringen vom 16. bis 20. Jahrhundert, Weimar/Köln/Wien 1994, S. 221–231 [Ross 1994]

Saltzwedel, Johannes: „Die Consequenz der Natur tröstet schön über die Inconsequenz der Menschen“, in: Schuster, Gerhard/Gille, Caroline (Hrsg.): Wiederholte Spiegelungen. Weimarer Klassik 1759–1832. Ständige Ausst. d. Goethe-Nationalmuseums, 2 Bde., München/Wien 1999, S. 199–208 [Saltzwedel 1999]

Scheidig, Walther: Das Schloß in Weimar, Weimar 1955 [Scheidig 1955]

Schepers, Wolfgang: C.C.L. Hirschfelds *Theorie der Gartenkunst* (1779–85) und die Frage des ‚deutschen Gartens‘, in: Park und Garten im 18. Jahrhundert. Colloquium der Arbeitsstelle 18. Jahrhundert, Gesamthochschule Wuppertal, Heidelberg 1978, S. 83–92 [Schepers 1978a]

Schepers, Wolfgang: Zu den Anfängen des Stilpluralismus im Landschaftsgarten und dessen theoretischer Begründung in Deutschland, in: Brix, Michael/Steinhauser, Monika (Hrsg.): „Geschichte allein ist zeitgemäß“. Historismus in Deutschland, Gießen 1978, S. 73–92 [Schepers 1978b]

Schepers, Wolfgang: Hirschfelds *Theorie der Gartenkunst* 1779–1785, Worms 1980 [Schepers 1980]

Schmidt, Alfred: Goethes herrlich leuchtende Natur. Philosophische Studie zur deutschen Spätaufklärung, München 1984 [Schmidt 1984]

Schmidt, Alfred: Stichwort „Natur“, in: Goethe-Handbuch, Bd. 4.2, Stuttgart/Weimar 1998, S. 755–776 [Schmidt 1998]

Schneider, Angelika: Friedrich Justin Bertuch – ein Beförderer der Gartenkunst, in: Kaiser, Gerhard R./Seifert, Siegfried (Hrsg.): Friedrich Justin Bertuch (1747–1822). Verleger, Schriftsteller und Unternehmer im klassischen Weimar, Tübingen 2000, S. 629–657 [A. Schneider 2000]

Schneider, Angelika: Die Parkpartien am Römischen Haus, in: Beyer, Andreas (Hrsg.): Das Römische Haus in Weimar, München/Wien 2001, S. 110–131 [A. Schneider 2001]

Schneider, Angelika: Ein „...ungemein plaisante[s] Glashaus". Das Tempelherrenhaus in Weimar – Metamorphosen eines Gewächshauses, in: Orangerien – Von fürstlichem Vermögen und gärtnerischer Lust. Schriftenreihe des Arbeitskreises Orangerien in Deutschland e.V., Bd. 4, Lampertswalde 2002, S. 95–107 [A. Schneider 2002]

Schneider, Sabine M.: Klassizismus und Romantik – Zwei Konfigurationen der *einen* ästhetischen Moderne. Konzeptuelle Überlegungen und neuere Forschungsperspektiven, in: Jahrbuch der Jean-Paul-Gesellschaft, 37, 2002, S. 86–128 [S. Schneider 2002]

Schnitzler, Günter/Schramm, Gottfried (Hrsg.): Ein unteilbares Ganzes. Goethe: Kunst und Wissenschaft, Freiburg 1997 [Schnitzler/Schramm 1997]

Schönwälder, Jürgen: Ideal und Charakter. Untersuchungen zu Kunsttheorie und Kunstwissenschaft um 1800, München 1995 [Schönwälder 1995]

Schulze, Sabine (Hrsg.): Goethe und die Kunst, Ausst.-Kat., Ostfildern 1994 [Schulze 1994]

Schuster, Gerhard (Hrsg.): Der Sammler und die Seinigen. Handzeichnungen aus Goethes Besitz, München/Wien 1999 [Schuster 1999]

Schuster, Gerhard/Gille, Caroline (Hrsg.): Wiederholte Spiegelungen. Weimarer Klassik 1759–1832. Ständige Ausst. d. Goethe-Nationalmuseums, 2 Bde., München/Wien 1999 [Schuster/Gille 1999]

Schütte, Ulrich: Aufklärung, Empfindsamkeit und die Krise der Architektur um 1800. Zu den *Untersuchungen über den Charakter der Gebäude* von 1785, in: Hofmann, Werner/Warnke, Martin (Hrsg.): Idea. Jahrbuch der Hamburger Kunsthalle, VIII/1989, S. 57–74 [Schütte 1989]

Sckell, Otto: 200 Jahre Belvedere. Ein Rückblick auf seine Entwicklung unter besonderer Berücksichtigung seiner Gartenkunst, Weimar 1928 [Sckell 1928]

Sedlmayr, Hans: Verlust der Mitte. Die bildende Kunst des 19. und 20. Jahrhunderts als Symptom und Symbol der Zeit, Salzburg 1948 [Sedlmayr 1948]

Sengle, Friedrich: Das Genie und sein Fürst. Die Geschichte der Lebensgemeinschaft Goethes mit dem Herzog Carl August von Sachsen-Weimar-Eisenach. Ein Beitrag zum Spätfeudalismus und zu einem vernachlässigten Thema der Goetheforschung, Stuttgart/Weimar 1993 [Sengle 1993]

Sigel, Brigitt: „Wo man geht und steht, ist ein Landschaftsbild". Zur Wahrnehmung von Kulturlandschaft, in: Die Gartenkunst, Jg. 12, H. 1, 2000, S. 74–80 [Sigel 2000]

Simmel, Georg: Philosophische Kultur. Gesammelte Essais, Berlin 1998 [Leipzig 1911] [Simmel 1998 (1911)]

Speler, Ralf-Torsten: Erdmannsdorff, Palladio und England, in: Friedrich Wilhelm von Erdmannsdorff (1736–1800) zum 250. Geburtstag, Ausst.-Kat., Wörlitz 1986, S. 27–38 [Speler 1986]

Steiner, Walter/Kühn-Stillmark, Uta: Friedrich Justin Bertuch. Ein Leben im klassischen Weimar zwischen Kultur und Kommerz, Köln/Weimar/Wien 2001 [Steiner/Kühn-Stillmark 2001]

Stempel, Karin: Geschichtsbilder im frühen englischen Garten, 2 Bde., Münster 1982 [Stempel 1982]

Striehl, Georg: Der Zeichner Christoph Heinrich Kniep (1755–1825). Landschaftsauffassung und Antikenrezeption, Hildesheim/Zürich/New York 1998 [Striehl 1998]

Sühnel, Rudolf: Der englische Landschaftsgarten auf dem Hintergrund der Geistes- und Gesellschaftsgeschichte des 18. Jahrhunderts, in: Park und Garten im 18. Jahrhundert. Colloquium der Arbeitsstelle 18. Jahrhundert, Gesamthochschule Wuppertal, Heidelberg 1978, S. 11–15 [Sühnel 1978]

Sühnel, Rudolf: Der englische Landschaftsgarten in Wörlitz als Gesamtkunstwerk der Aufklärung, Heidelberg 1997 [Sühnel 1997]

Tausch, Harald: Die Entfernung der Antike. Carl Ludwig Fernow im Kontext der Kunsttheorie um 1800, Tübingen 2000 [Tausch 2000]

Thimm, Günther: Gärten und Parks in Thüringen, Marburg 1992 [Thimm 1992]

Thimm, Günther: Fürst Pückler-Muskau und die Landschaftsgartenkunst in Thüringen, in: Thüringisches Landesamt für Denkmalpflege (Hrsg.): Für die Praxis. Aus der Arbeit des Landesamtes 1 /1994, Bad Homburg/Leipzig 1994, S. 117–125 [Thimm 1994]

Thimm, Günther: Die Parkanlagen um Schloß Friedenstein in Gotha, in: Das Bauzentrum, Bd. 43, H. 7/1995, S. 34–43 [Thimm 1995]

Thomae, Walter: Thüringische Kunstgeschichte, Jena 1953 [Thomae 1953]

Tille, Armin: Die Parkgärtner von 1788, in: Vimariensia für Max Hecker, Weimar 1930, S. 7–16 [Tille 1930]

Többicke, Peter: Höfische Erziehung – Grundsätze und Struktur einer pädagogischen Doktrin des Umgangsverhaltens, nach den fürstlichen Erziehungsinstruktionen des 16. bis zum 18. Jahrhundert, Darmstadt 1983 [Többicke 1983]

Toman, Rolf (Hrsg.): Klassizismus und Romantik. Architektur, Skulptur, Malerei, Zeichnung 1750–1848, Köln 2000 [Toman 2000]

Trapp, Joseph B.: The Grave of Vergil, in: Journal of the Warburg and Courtauld Institute, 47, 1984, S. 1–31 [Trapp 1984]

Trauzettel, Ludwig: Das Gartenreich von Wörlitz und Dessau, in: Günther, Harri (Hrsg.): Gärten der Goethezeit, Leipzig 1993, S. 45–75 [Trauzettel 1993]

Trauzettel, Ludwig: Wörlitz, Goethe und die Gartenkunst. Gedanken zu den gartenhistorischen Wechselbeziehungen zwischen Wörlitz und Weimar, in: Weiss, Thomas (Hrsg.): Dessau und Weimar. Zum 250. Geburtstag von Johann Wolfgang von Goethe, Ausst.-Kat., Wörlitz 1999, S. 51–57 [Trauzettel 1999]

Trotha, Hans von: „Angenehme Empfindungen". Medien einer populären Wirkungsästhetik im 18. Jahrhundert vom Landschaftsgarten bis zum Schauerroman, München 1999 [Trotha 1999a]

Trotha, Hans von: Der englische Garten. Eine Reise durch seine Geschichte, Berlin 1999 [Trotha 1999b]

Trunz, Erich: Der Schlangenstein, in: Goethe-Jahrbuch, 100, 1983, S. 127–144 [Trunz 1983]

Tümmler, Hans: Das klassische Weimar und das große Zeitgeschehen, Köln 1975 [Tümmler 1975]

Tümmler, Hans: Carl August von Weimar, Goethes Freund. Eine vorwiegend politische Biographie, Stuttgart 1978 [Tümmler 1978]

Tümmler, Hans: Weimar, Wartburg, Fürstenbund 1776–1820, Bad Neustadt 1995 [Tümmler 1995]

Uerscheln, Gabriele/Kalusok, Michaela: Kleines Wörterbuch der europäischen Gartenkunst, Stuttgart 2001 [Uerscheln/Kalusok 2001]

Umbach, Maiken: The politics of sentimentality and the german *Fürstenbund*, 1779–1785, in: The Historical Journal, 41/3, 1998, S. 679–704 [Umbach 1998]

Vaget, Hans Rudolf: Dilettantismus und Meisterschaft. Zum Problem des Dilettantismus bei Goethe: Praxis, Theorie, Zeitkritik, München 1971 [Vaget 1971]

Ventzke, Marcus (Hrsg.): Hofkultur und aufklärerische Reformen in Thüringen. Die Bedeutung des Hofes im späten 18. Jahrhundert, Köln/Weimar/Wien 2002 [Ventzke 2002]

Venuti, Roberto: „L'eterna menzogna del connubio tra natura e arte..." Il ‚grande stile' nell'estetica goethiana dei „Propilei", in: Chiarini, Paolo u. a. (Hrsg.): La città delle parole. Lo sviluppo del moderno nella letteratura tedesca, Napoli 1993, S. 59–72 [Venuti 1993]

Vulpius, Wolfgang: Der Goethepark in Weimar, Weimar 1962 [Vulpius 1962]

Vulpius, Wolfgang: Goethe in Thüringen. Stätten seines Lebens und Wirkens, Rudolstadt 1990 [Vulpius 1990]

Wahl, Hans: Neun Parkzeichnungen Goethes, Berlin 1921 [Wahl 1921]

Walther, Kuno: Genio huius loci. Eine Parkstudie, Weimar 1897 [Walther 1897]

Warnke, Martin: Die Freiheit der Natur als politische Freiheit, in: ders.: Politische Landschaft. Zur Kunstgeschichte der Natur, München 1992, S. 89–105 [Warnke 1992]

Warnke, Martin: Hofkünstler. Zur Vorgeschichte des modernen Künstlers, Köln 1996 [Warnke 1996]

Wegmann, Nikolaus: Diskurse der Empfindsamkeit. Zur Geschichte eines Gefühls in der Literatur des 18. Jahrhunderts, Stuttgart 1988 [Wegmann 1988]

Wegner, Reinhard: Pompeji in Ansichten Jakob Philipp Hackerts, in: Zeitschrift für Kunstgeschichte, 55, 1992, S. 66–96 [Wegner 1992]

Wegner, Reinhard: Die Anfänge des dorischen Stils in Deutschland, in: Architektur, Kunst- und Kulturgeschichte in Nord- und Westdeutschland, Bd. 3, 1993, S. 83–94 [Wegner 1993]

Wegner, Reinhard (Hrsg.): Deutsche Baukunst um 1800, Köln/Weimar/Wien 2000 [Wegner 2000]

Weidner, Thomas: Jakob Philipp Hackert. Landschaftsmaler im 18. Jahrhundert, Band 1, Berlin 1998 [Weidner 1998]

Weidner, Thomas: Rezension der Neuedition von: Friedrich Wilhelm von Erdmannsdorff, Kunsthistorisches Journal einer fürstlichen Bildungsreise nach Ita-

lien 1765/66, München/Berlin 2001, in: Kunstchronik, 7/2002, S. 338–343 [Weidner 2001]
Weiland, Werner: Der „Stein des guten Glücks" im Garten am Stern. Überlegungen zu Goethes Tagebucheintrag: „Agathe Tyche gegründet!", in: Goethe-Jahrbuch, 103, 1986, S. 344–361 [Weiland 1986]
Weimarer Klassikerstätten. Geschichte und Denkmalpflege. Hrsg. von Jürgen Beyer und Jürgen Seifert, Bad Homburg/Leipzig 1997 [*Weimarer Klassikerstätten*]
Weiss, Thomas (Hrsg.): Dessau und Weimar. Zum 250. Geburtstag von Johann Wolfgang von Goethe, Ausst.-Kat., Wörlitz 1999 [Weiss 1999]
Welsch, Wolfgang: Ästhetisches Denken, Stuttgart 1990 [Welsch 1990]
Wenzel, Michael: Adam Friedrich Oeser. Theorie und Praxis in der Kunst zwischen Aufklärung und Klassizismus, Weimar 1999 [Wenzel 1999]
Wertheim, Ursula: Über den Dilettantismus, in: dies.: Goethe-Studien, Berlin/Weimar 1990, S. 33–57 [1960] [Wertheim 1990 (1960)]
Wietek, Gerd: Der Hamburger Architekt Johann August Arens (1757–1806) als Baumeister Goethes, in: Bewahren und Gestalten. Festschrift für Günther Grundmann, Hamburg 1962, S. 165–176 [Wietek 1962]
Wimmer, Clemens Alexander: Geschichte der Gartentheorie, Darmstadt 1989 [Wimmer 1989]
Wirth, Irmgard: Stichworte „Architektur" und „Architekturtheorie", in: Goethe-Handbuch, Bd. I, Stuttgart 1961, Sp. 341–355 [Wirth 1961]
Wittkower, Rudolf: Allegorie und der Wandel der Symbole in Antike und Renaissance, Köln 1983 [Wittkower 1983]
Wolf, Norbert Christian: Streitbare Ästhetik. Goethes kunst- und literaturtheoretische Schriften 1771–1789, Tübingen 2001 [Wolf 2001]
Wölfflin, Heinrich: Kunstgeschichtliche Grundbegriffe. Das Problem der Stilentwicklung in der neueren Kunst, München 1947 [1915] [Wölfflin 1947 (1915)]
Zimmermann, Reinhard: Künstliche Ruinen. Studien zu ihrer Bedeutung und Form, Wiesbaden 1989 [Zimmermann 1989]

Verzeichnis der Abbildungen

1 *Grundriß von Belvedere unter der Regierung der Höchstselb. Herzogin Anna Amalia.* Kolorierte Kopie eines verschollenen Originals. KSW

2 Anna Amalia von Sachsen-Weimar-Eisenach: Schloß Ettersburg. Radierung nach einem Aquarell von Konrad Westermayr, 190 x 240 mm. KSW GNM Graphische Sammlung, Inv.-Nr. KGr/02918

3 Johann Friedrich Lossius: *Grundriß und Cavalier-Perspektive der Fürstl. Sächsischen Residenz-Stadt Weimar*, 1785. Detail mit dem Garten des Wittumspalais. KSW

4 Anna Amalia von Sachsen-Weimar-Eisenach: Chinesischer Pavillon im Garten am Wittumspalais, um 1785. Pinselzeichnung, aquarelliert, 350 x 423 mm. KSW, Inv.-Nr. KHz/01891

5 Grundriß des Welschen Gartens, um 1800. Feder, aquarelliert. Rekonstruktion des Zustands vor 1714. KSW GNM, Inv.-Nr. Gr. 481/1983

6 Ernst August Baum: *Entwurf wie der in allhiesigen Wellschen-Garten befindliche obere Theil zu einen Englischen-Garten nebst einen Orangerie-Platz und Gewaechs-Hauß anzulegen*, 1774. Feder, aquarelliert, 590 x 440 mm. KSW GNM Graphische Sammlung, Inv.-Nr. KHz 1984/00260

7 Johann Wolfgang Goethe: Felsentreppe im Weimarer Park, 1778. Bleistift, grau laviert, auf blauem, stockfleckigem Papier, 249 x 348 mm. KSW GNM, Inv.-Nr. GGz/1923. Corpus I, 178

8 Johann Wolfgang Goethe: Schloß Wörlitz, 1778. Bleistift, grau laviert, 320 x 508 mm. KSW GNM Graphische Sammlung, Inv.-Nr. GGz/962 B. Corpus I, 197

9 Georg Melchior Kraus: *Am Stern*, 1777/78. Feder in Grau, Pinsel, aquarelliert, 274 x 455 mm. Städelsches Kunstinstitut Frankfurt/M., Inv.-Nr. 5769

10 Johann Wolfgang Goethe: Die Floßbrücke im Weimarer Park, um 1777. Kohle, Spuren von Weißhöhung mit Kreide, blaugraues Papier, 320 x 530 mm. KSW GNM Graphische Sammlung, Inv.-Nr. GGz/965 b. Corpus I, 195

11 Johann Wolfgang Goethe: Luisenkloster im Weimarer Park, um 1778. Bleistift, Tuschfeder, Tuschlavierung, auf grauem, stockfleckigem Papier, 283 x 390 mm. KSW GNM Graphische Sammlung, Inv.-Nr. GGz/1285. Corpus I, 204

12 Johann Wolfgang Goethe: Luisenkloster und Floßbrücke im Weimarer Park, um 1778. Pinsel in Grau, schwarze Kreide, auf blaugrauem Papier, 272 x 343 mm. KSW GNM, Inv.-Nr. GGz/1939. Corpus I, 225

13 Franz Ludwig Güssefeld: Parkanlagen in der „Kalten Küche“ und angrenzende Grundstücke, Grundriß und Längsschnitt, 1782. Feder in Schwarz, aquarelliert, 530 x 366 mm. KSW GNM Graphische Sammlung, Inv.-Nr. KHz/03212

14 Einsiedelei, in: Christian Cay Lorenz Hirschfeld: „Theorie der Gartenkunst“, Bd. 3, 1780, S. 108

15 Georg Melchior Kraus: Die Fischerin, 1782. Aquarell, 220 x 346 mm. KSW, Inv.-Nr. KHz
16 „Stein des guten Glücks". Foto SMW, 2002
17 MOBILE FIT FIXUM, in: Otto van Veen: „Emblemata sive symbola", Brüssel 1624
18 ARS NATURAM ADJUVANS, in: Andrea Alciati: „Emblemata", Antwerpen 1564
19 Franz Ludwig Güssefeld: *Das Webicht mit der anliegenden Gegend*, 1778. KSW HAAB, Kartensammlung. Detail: *Ilmtal*
20 Franz Ludwig Güssefeld: *Das Webicht mit der anliegenden Gegend*, 1778. KSW HAAB, Kartensammlung
21 Franz Ludwig Güssefeld: *Plan von der Gegend zwischen Weimar und Belvedere*, 1782. KSW HAAB, Kartensammlung
22 Franz Ludwig Güssefeld: *Plan von der Fürstl. Saechsischen Residenz Stadt Weimar*, 1782. Feder mit Tusche. KSW HAAB, Kartensammlung
23 Wilhelm Zimmermann: *Situation einer Gegend nahe bei Weimar*, 1784. Feder und Pinsel, laviert und aquarelliert, 320 x 420 mm. KSW GNM, Inv.-Nr. KHz 1983/00479
24 *Grundriß über den Herrschafftl. Garten und anliegende Fürstl. Grundstücke zu Tiefurth*, 1776/77. ThHStAW: B 8457 a, Bl. 8
25 Adam Friedrich Oeser: Skizzen zum Großen Stein. Graphit, schwarze Kreide, Rötel, 416 x 340 mm. KSW GNM Graphische Sammlung, Inv.-Nr. GGz/1162
26 Georg Melchior Kraus: *Bey Tiefurth*, 1787. Radierung, koloriert, 358 x 247 mm (Platte). KSW GNM Graphische Sammlung, Inv.-Nr. KGr/02400
27 Der Große Stein. Foto SMW, 2002
28 Georg Melchior Kraus: Der Große Stein, 1787. Aquarell und schwarze Kreide, 322 x 457 mm. KSW Graphische Sammlung, Inv.-Nr. KK 908
29 Conrad Horny: Künstliche Ruine im Weimarer Park; Rückseite: *Nach Natur und dem Parc 1787*. Feder und Pinsel in Braun. KSW Graphische Sammlung, Inv.-Nr. KK 1610 RS
30 Künstliche Ruine. Foto SMW, 2002
31 Einsiedelei, heutiger Zustand: Borkenhäuschen. Künstliche Ruine. Foto SMW, 2002
32 Gleichenwappen an der künstlichen Ruine. Foto SMW, 2002
33 Spitzbogenfragment mit Sonnenuhr an der künstlichen Ruine. Foto SMW, 2002
34 Conrad Horny: Im Weimarer Park unterhalb der Ruine, 1786. KSW Graphische Sammlung, Inv.-Nr. KK 1482
35 Conrad Horny: Künstliche Ruine im Weimarer Park. KSW Graphische Sammlung, Inv.-Nr. KK 1610
36 Johann Christoph Carl Gentzsch: Entwurf zur Umgestaltung des Welschen Gartens, 1785. Feder und Pinsel, laviert. KSW GNM Graphische Sammlung, Inv.-Nr. KHz 1984/00261

37 Grotte mit Sphinx im Stern. Foto SMW, 2002

38 Georg Melchior Kraus: *Grotte des Sphinx*, 1797. Aus: „Aussichten und Parthien des Herzogl. Parks bey Weimar", Heft 6, Blatt II. Radierung, koloriert, 203 x 305 mm (Blatt). KSW GNM Graphische Sammlung, Inv.-Nr. KGr/03152

39 Johann Christoph Carl Gentzsch: *Weimar*, 1784. Aquarell, 345 x 520 mm. KSW GNM, Inv.-Nr. KHz 1991/00087

40 Schlangenstein, im Park aufgestellte Kopie. Foto SMW, 2002

41 Giovanni Battista Piranesi: Innenansicht des antiken Bacchustempels, Detail. In: „Varie Vedute di Roma Antica e Moderna", Roma 1745

42 Opferaltar mit Schlange, in: „Le Pitture Antiche D'Ercolano E Contorni Incise Con Qualche Spiegazione", Tom. I, Napoli 1757, Tav. XXXVIII

43 Georg Melchior Kraus: *Gothische Kapelle im Herzogl. Parck bey Weimar*, 1798. Aus: „Aussichten und Parthien des Herzogl. Parks bey Weimar", Heft 4, Blatt I. Radierung, koloriert, 218 x 322 mm. KSW GNM, Inv.-Nr. KGr/03157

44 Martin Gottlieb Klauer: Ritter vom Tempelorden, 1787. Eichenholz, gefaßt, Höhe 1650 mm, Breite 640 mm, Tiefe 300 mm. KSW GNM, Bestand Plastik, Inv.-Nr. KPl/00599

45 Ruine des Dioskurentempels auf dem Forum Romanum, Rom. Foto SMW, 2001

46 Georg Melchior Kraus: Die drei Säulen auf dem Rothäuser Berg. Aquarell. KSW Graphische Sammlung, Inv.-Nr. KK 846

47 Georg Melchior Kraus: Die drei Säulen am Rothäuser Berg beim Weimarer Schloß. Aquarell. KSW Graphische Sammlung, Inv.-Nr. KK 851

48 Ruine des Dioskurentempels, in: Bernard de Montfaucon: « L' Antiquité expliquée et representée en figures », Bd. II/1, Paris 1719, Tav. XXIII/2

49 Ruinenberg im Park Sanssouci, Potsdam. Foto Rainer Gaertner, Berlin

50 Ruinenberg im Park Sanssouci, Potsdam. Blick vom Schloß. Foto SMW, 2003

51 Franz Kobell: Italienische Landschaft mit Sonnenaufgang. Feder mit Tusche, Pinsel in Dunkelbraun, 164 x 203 mm. KSW Graphische Sammlung, Inv.-Nr. KK 2183

52 Johann Wolfgang Goethe: Ideallandschaft mit Tempelruine, 1787. Bleistift, Pinsel in Braun, braun laviert, 116 x 302 mm. Freies Deutsches Hochstift/ Frankfurter Goethe-Museum, Frankfurt/M., Inv.-Nr. 13057. Corpus VI B, 76

53 Georg Melchior Kraus: *An der Klause im Herzogl. Parck bey Weimar*, 1788. Aus: „Aussichten und Parthien des Herzogl. Parks bey Weimar", Heft 1, Blatt II. Radierung, koloriert, 242 x 360 mm (Blatt). KSW GNM Graphische Sammlung, Inv.-Nr. KGr/02399

54 Johann Friedrich Lossius: *Plan von denen im Fürstlichen Parc zu Weimar befindlichen Promenade-Plaezen als im ehemaligen Welschen Garten im Sterne in der kalten Küche und auf denen Ober-Weimarischen Wiesen*, 1790. Detail. KSW HAAB, Kartensammlung

55 Südlicher Abschluß der künstlichen Ruine. Foto SMW, 2002

56 Dorischer Tempel im herzoglichen Park zu Gotha, in: Christian Cay Lorenz Hirschfeld, „Theorie der Gartenkunst“, Bd. 4, 1782, S. 236
57 Rudolf Eyserbeck: Park und Anlagen beim Schloß Friedenstein, 1795. Thüringisches Staatsarchiv Gotha
58 Charles Gore: Schloß Friedenstein in Gotha. Graphit, Feder in Schwarz, Pinsel, aquarelliert, laviert, 144 x 305 mm. KSW GNM Graphische Sammlung, Inv.-Nr. KHz 0/1976
59 Georg Melchior Kraus: Ansicht des Schlosses zu Wörlitz, 1783. Zeichnung, gestochen von Clemens Kohl, 315 x 444 mm. KSW GNM Graphische Sammlung, Inv.-Nr. KGr 64/1930
60 Georg Melchior Kraus: Partie im Park zu Wörlitz, 1783. Zeichnung, gestochen von Clemens Kohl, 319 x 450 mm (Blatt). KSW GNM Graphische Sammlung, Inv.-Nr. KGr 901/1959
61 Johann Wolfgang Goethe: Der „Stein“ im Park zu Wörlitz, 1794. Bleistift, Sepialavierung, 235 x 368 mm. KSW GNM Graphische Sammlung, Inv.Nr. 1205. Corpus IVa, 322
62 Plan der westlichen und mittleren Teile des Wörlitzer Gartens, 1784. Kupferstich von Israel Salomon Probst nach Johann Christian Neumark, 530 x 460 mm. Staatliche Schlösser und Gärten Wörlitz – Oranienbaum – Luisium, Inv.-Nr. II–354
63 Georg Melchior Kraus: *Aussicht am oberen Eingange in den Herzogl. Parck bey Weimar*, 1788. Aus: „Aussichten und Parthien des Herzogl. Parks bey Weimar“, Heft 1, Blatt I. Radierung, koloriert, 304 x 435 mm (Blatt). KSW GNM Graphische Sammlung, Inv.-Nr. KGr/02972
64 Georg Melchior Kraus: *Aussicht von der Knüppelbank nach dem Sterne*, 1793. Aus: „Aussichten und Parthien des Herzogl. Parks bey Weimar“, Heft 2, Blatt I. Aquatintaradierung, 194 x 257 mm. KSW GNM Graphische Sammlung, Inv.-Nr. KGr/03153
65 Georg Melchior Kraus: *Ansicht der Bogenbrücke auf den Wiesen*, 1793. Aus: „Aussichten und Parthien des Herzogl. Parks bey Weimar“, Heft 2, Blatt III. Aquatintaradierung, 201 x 261 mm (Blatt). KSW GNM Graphische Sammlung, Inv.-Nr. KGr/02402
66 Georg Melchior Kraus: *Felsen Treppe bey der Stern Brücke im Herzl. Parck bey Weimar*, 1794. Aus: „Aussichten und Parthien des Herzogl. Parks bey Weimar“, Heft 3, Blatt IV. Radierung, koloriert, 222 x 367 mm. KSW GNM Graphische Sammlung, Inv.-Nr. KGr 1991/00145
67 Georg Melchior Kraus: *Durchsicht der Schloßbrücke im Herzogl. Parck bey Weimar*, 1799. Aus: „Aussichten und Parthien des Herzogl. Parks bey Weimar“, Heft 4, Blatt IV. Aquatintaradierung, koloriert, 247 x 329 mm (Blatt). KSW GNM Graphische Sammlung, Inv.-Nr. KGr/03155
68 Georg Melchior Kraus: *Ansicht der Sternbrücke*, 1793. Aus: „Aussichten und Parthien des Herzogl. Parks bey Weimar“, Heft 2, Blatt II. Radierung, kolo-

riert, 203 x 265 mm (Blatt). KSW GNM Graphische Sammlung, Inv.-Nr. KGr/03156

69 Georg Melchior Kraus: *Aus dem Stern in Weymar*, 1789/90. Feder in Grau, Braun und Schwarz, aquarelliert, 445 x 351 mm (Blatt). KSW GNM Graphische Sammlung, Inv.-Nr. KHz/01643

70 Georg Melchior Kraus: *Der obere Seiten Eingang zur Schnecke im Herzl. Parck bey Weimar*, 1794. Aus: „Aussichten und Parthien des Herzogl. Parks bey Weimar", Heft 3, Blatt III. Radierung, koloriert, 265 x 378 mm. KSW GNM Graphische Sammlung, Inv.-Nr. KGr 1983/00509

71 Borkenhäuschen im Weimarer Park, in: Johann Gottfried Grohmann (Hrsg.): „Ideenmagazin für Liebhaber von Gärten [...]", Bd. 3, H. 27, Taf. I, Leipzig 1800

72 Schlangenstein und Bogenbrücke im Weimarer Park, in: Johann Gottfried Grohmann (Hrsg.): „Ideenmagazin für Liebhaber von Gärten [...]", Bd. 3, H. 31, Taf. II, Leipzig 1800

73 Sphinxgrotte im Weimarer Park, in: Johann Gottfried Grohmann (Hrsg.): „Ideenmagazin für Liebhaber von Gärten [...]", Bd. 3, H. 32, Taf. VII, Leipzig 1801

74 Gotischer Salon im Weimarer Park, in: Johann Gottfried Grohmann (Hrsg.): „Ideenmagazin für Liebhaber von Gärten [...]", Bd. 3, H. 34, Taf. V, Leipzig 1801

75 Johann Friedrich Lossius: *Plan von denen im Fürstlichen Parc zu Weimar befindlichen Promenade-Plaezen als im ehemaligen Welschen Garten im Sterne in der kalten Küche und auf denen Ober-Weimarischen Wiesen*, 1790. KSW HAAB, Kartensammlung

76 Johann Friedrich Lossius: Detail des vorigen Plans mit Parkvedute

77 Johann Valentin Blaufuß: *Karte über den Herzoglichen Park zu Weimar*, 1799. KSW HAAB, Kartensammlung

78 Ildefonsogruppe – Castor und Pollux (Nachguß), 1796. Eisen, H 1800 mm, Stadt Weimar. Foto Roland Dreßler, Weimar

79 Castor und Pollux, in: „Collection of Etruscan, Greek and Roman Antiquities from the Cabinet of [...] William Hamilton", Neapel 1767, Bd. IV, Taf. 9

80 *Antike Brunnenverzierung*, in: Friedrich Justin Bertuch (Hrsg.): „Journal des Luxus und der Moden", H. 6, 1797, Taf. 18

81 Johann Heinrich Meyer: Entwurf zu einem Denkmal für die Schauspielerin Christiane Becker-Neumann (1778–1797). Graphit, Feder mit Sepia, laviert, 165 x 94 mm. KSW GNM Graphische Sammlung, Inv.-Nr. GHz Z 594

82 Johann Heinrich Meyer: Euphrosyne-Denkmal. Kupferstich, in: „Taschenbuch auf das Jahr 1800 für Natur- und Gartenfreunde", Tübingen 1800

83 Euphrosyne-Denkmal, im Park aufgestellte Kopie, 1912. Foto SMW, 2002

84 Pompejanische Bank. Foto SMW, 2002

85 Pompejanische Bank, Detail. Foto SMW, 2002

86 Johann Heinrich Wilhelm Tischbein: Herzogin Anna Amalia am Grabmal der Priesterin Mammia in Pompeji, 1789. Öl auf Holz, 725 x 545 mm. KSW GNM, Inv.-Nr. GGe/250
87 Johann Heinrich Wilhelm Tischbein: Landschaft mit Grabmal der Priesterin Mammia in Pompeji, um 1789. Feder in Grau, 207 x 299 mm. KSW GNM Graphische Sammlung, Inv.-Nr. GHz 0710/0002
88 Jakob Philipp Hackert: Ansicht der Gräber vor dem Herkulaner Tor in Pompeji, 1793. Deckfarben und Gouache auf Papier, 584 x 850 mm. KSW GNM Graphische Sammlung, Inv.-Nr. KHz/02883
89 Johann Friedrich Rudolf Steiner: Entwurf zur Pompejanischen Bank im Park an der Ilm, 1797. Feder in Schwarz, aquarelliert. KSW GNM Graphische Sammlung
90 Carl August von Sachsen-Weimar-Eisenach: Handschriftliche Notiz mit Zeichnung, ohne Datum. ThHStAW: HA A XIX, Nr. 10a v.
91 Carl August von Sachsen-Weimar-Eisenach: Handschriftliche Notiz mit Skizze, ohne Datum. ThHStAW: HA A XIX, Nr. 10a r.
92 Johann August Arens: *Project d'une Maison de Campagne*, 1788. Feder und Pinsel, koloriert. KSW GNM
93 Johann Wolfgang Goethe: Grund- und Aufrisse von Gartenhäusern, 1787/88. Bleistift, Tinte, 350 x 414 mm. KSW GNM, Inv.-Nr. GGz/1491. Corpus IVb, 097
94 Johann August Arens: Entwurf zum Römischen Haus, Westgiebel mit Portikus, 1792. Feder und Pinsel, 315 x 450 mm. KSW GNM, Inv.-Nr. KHz 1592
95 Johann August Arens: Entwurf zum Römischen Haus, Ostgiebel mit Sockelzone, 1792. Feder und Pinsel, 310 x 440 mm. KSW GNM, Inv.-Nr. KHz 1593
96 Johann August Arens: Entwurf zum Römischen Haus, Nordseite, 1792. Feder, 323 x 460 mm. KSW GNM, Inv.-Nr. KHz 1594
97 Johann August Arens: Entwurf zum Römischen Haus, Aufriß des Westgiebels, 1792. Feder, 323 x 460 mm. KSW GNM, Inv.-Nr. KHz 1597
98 Römisches Haus, Nordseite. Foto SMW, 2002
99 Römisches Haus, Westgiebel. Foto SMW, 2002
100 Römisches Haus, Ostgiebel. Foto SMW, 2002
101 Römisches Haus, Sockelzone mit Durchgang von Süden. Foto SMW, 2002
102 Römisches Haus, Sockelzone, dorische Säulen im östlichen Bogen. Foto SMW, 2002
103 Römisches Haus, Sockelzone, Brunnen im östlichen Bogen. Foto SMW, 2002
104 Andrea Palladio: Aufriß des Minerva-Tempels in Assisi. In: „I quattro libri dell' architettura", 1570
105 Johann Wolfgang Goethe: Krepis an der Frontseite des Antentempels, 1795. Illustration im Manuskript zu dem Aufsatz „Baukunst" 1795. Bleistift, Feder mit Tinte, Sepialavierung auf grauem Papier, 160 x 80 mm. KSW GSA, XLV, 6, Bl. 8. Corpus VIa, 154

106 Christoph Heinrich Kniep: Poseidon-Tempel von Paestum, 1787. Aquarell auf Papier, 660 x 990 mm. KSW GNM Graphische Sammlung, Inv.-Nr. KHz/03353
107 Römisches Haus, Freitreppe an der Nordseite. Foto SMW, 2002
108 Johann Wolfgang Goethe: Garten und Terrassentreppe mit Sphinx, 1787. Bleistift, Aquarell, auf weißem Papier, mit braunschwarz getöntem Rahmen, 123 x 173 mm. KSW GNM Graphische Sammlung, Inv.-Nr. 1949. Corpus II, 287
109 Friedrich Gilly: Römisches Haus in Weimar, 1798. Foto KSW
110 Friedrich Gilly: Entwurf für einen Palast. Bezeichnung: *nach Bondhorg Architekt v. Paris 88*
111 Georg Melchior Kraus: *Das Römische Haus im Herzogl. Parck bey Weimar*, 1798. Radierung, koloriert, 222 x 319 mm. KSW GNM Graphische Sammlung, Inv.-Nr. DGr
112 Georg Melchior Kraus: *Ansicht des Römischen Hauses von der Wiesen-Brücke*, 1799. Aus: „Aussichten und Parthien des Herzogl. Parks bey Weimar", Heft 4, Blatt II. Aquatintaradierung auf Papier, 222 x 314 mm. KSW GNM Graphische Sammlung, Inv.-Nr. KGr/02401
113 Römisches Haus, Ansicht des Säulenportikus vom Breiten Weg. Foto SMW, 2002
114 Römisches Haus, Ansicht der Nordseite vom Breiten Weg. Foto SMW, 2002
115 Johann Wolfgang Goethe: Skizze mit Steinwanne und weiteren steinernen Fragmenten, 1787. Bleistift auf weißem Papier, 303 x 460 mm. KSW GNM Graphische Sammlung, Inv.-Nr. GGz. Corpus II, 088
116 Ferdinand Jagemann: Bildnis des Herzogs Carl August von Sachsen-Weimar-Eisenach, 1805. Öl auf Leinwand, 1970 x 1410 mm. KSW HAAB, Inv.-Nr. KGe/00707
117 Johann Friedrich August Tischbein: Bildnis der Herzogin Luise von Sachsen-Weimar-Eisenach, 1795. Öl auf Leinwand. KSW Schloßmuseum
118 Angelika Kauffmann: Bildnis der Herzogin Anna Amalia von Sachsen-Weimar-Eisenach, 1788/89. Original verschollen, seit 1928 Kopie von J. Rolletschek. KSW Römisches Haus
119 Johann Wolfgang Goethe: Tempel an einem See, 1786. Schwarze Kreide, Kohle, Deckweißhöhung auf braunem Papier, 197 x 316 mm. KSW GNM Graphische Sammlung, Inv.-Nr. GGz/1256. Corpus II, 037
120 Johann Wolfgang Goethe: Tempel an einem See, 1787. Bleistift, Feder mit Tusche, Sepialavierung. KSW GNM Graphische Sammlung, Inv.-Nr. GGz/325. Corpus II, 118
121 Johann Wolfgang Goethe: Villa Madama und Tiberlandschaft, 1786/87. Bleistift, Schraffiertechnik, 138 x 230 mm. KSW GNM Graphische Sammlung, Inv.-Nr. GGz/0290. Corpus II, 248
122 Ilmtal und Römisches Haus. Foto René Menges, Hamburg

123 Johann Wolfgang Goethe: Das Römische Haus im Park. Feder mit Tusche. KSW GNM Graphische Sammlung, Inv.-Nr. GGz/1166v. Corpus IVa, 266v
124 Johann Wolfgang Goethe: Das Römische Haus im Park, um 1794. Feder mit Tusche, Tuschlavierung, 105 x 167 mm. KSW GNM Graphische Sammlung, Inv.-Nr. GGz/1166. Corpus IVa, 266
125 Johann Wolfgang Goethe (zugeschrieben): Tempel an einer Felsenküste, 1787/88 (?). Feder, laviert. Original verschollen. Corpus VIb, 089
126 Johann August Arens: Entwurf zur Ostfassade des Schlosses mit alternativen Vorschlägen für eine Säulengalerie, 1792. Feder, laviert. KSW, Inv.-Nr. PK 180
127 Das Schloß in Weimar, Blick von der Sternbrücke auf die Ostfassade. Foto Roland Dreßler, Weimar 1999
128 Georg Melchior Kraus: Ansicht des Weimarer Schlosses von Südosten, 1805. Radierung, koloriert, 394 x 610 mm (Blatt). KSW GNM Graphische Sammlung, Inv.-Nr. GGr
129 Franz Ludwig Güssefeld: *Plan des Herzoglichen Parks bey Weimar*, 1808. KSW HAAB, Kartensammlung
130 Franz Ludwig Güssefeld: *Plan der Gegend zwischen Weimar, Belvedere und Tieffurth*, 1808. Detail des vorigen Plans. KSW HAAB, Kartensammlung

Verzeichnis der benutzten Archive, Handschriften-sammlungen und Graphischen Sammlungen

Thüringisches Hauptstaatsarchiv Weimar (ThHStAW)
Stadtarchiv Weimar
Herzogin Anna Amalia Bibliothek Weimar (HAAB)
Goethe-Schiller-Archiv Weimar (GSA)
Goethe-Nationalmuseum Weimar (GNM)
Graphische Sammlung der Klassik Stiftung Weimar (KSW)
Städelsches Kunstinstitut, Frankfurt/Main
Freies Deutsches Hochstift/Goethe-Museum, Frankfurt/Main
Universitätsbibliothek Leipzig (UBL)
Sächsische Landesbibliothek Dresden (SLBD)
Thüringisches Staatsarchiv Gotha

Abkürzungen und Siglen

Corpus	Corpus der Goethezeichnungen, bearb. v. Gerhard Femmel, Bd. I-VII, Leipzig 1958–1973
FA	Johann Wolfgang Goethe, Sämtliche Werke. Briefe, Tagebücher und Gespräche. Vierzig Bände, hrsg. v. Hendrik Birus, Dieter Borchmeyer, Karl Eibl u.a., Frankfurt/M. 1987–1999 [Frankfurter Ausgabe]
GNM	Goethe-Nationalmuseum Weimar
GSA	Goethe-Schiller-Archiv Weimar
HA	Hausarchiv
HAAB	Herzogin Anna Amalia Bibliothek Weimar
HMA	Hofmarschallamt
MA	Johann Wolfgang von Goethe, Sämtliche Werke nach Epochen seines Schaffens, 21 Bde., hrsg. v. Karl Richter in Zusammenarbeit mit Herbert G. Göpfert, Norbert Miller, Gerhard Sauder und Edith Zehm, München 1985-1998 [Münchner Ausgabe]
SLBD	Sächsische Landesbibliothek Dresden
KSW	Klassik Stiftung Weimar
ThHStAW	Thüringisches Hauptstaatsarchiv Weimar
UBL	Universitätsbibliothek Leipzig
WA	Goethes Werke, 4 Abteilungen, 133 Bde., hrsg. im Auftrag der Großherzogin Sophie von Sachsen, Weimar 1887–1919 [Weimarer Ausgabe]

Register

Aufgenommen wurden historische Personen, die im Haupttext und in den Fußnoten erwähnt werden, mit Ausnahme Goethes und des Herzogs Carl August.

A

Addison, Joseph 90, 107, 115
Alberti, Leon Battista 192
Alciati, Andrea 62
Anna Amalia, Herzogin von Sachsen-Weimar-Eisenach 19f., 22, 29, 31, 33, 35, 38f., 58f., 71, 85, 90–92, 94–99, 101, 127, 129, 133f., 138, 166, 178, 226, 231, 242, 250-253, 259, 288, 308
Arens, Johann August 171, 181, 199, 282, 284–288, 297–299, 305, 309, 314–317
Aristophanes 99
Aristoteles 232, 237, 239
Auch, Johann Adolf 264
August, Prinz von Sachsen-Gotha-Altenburg 131
Augusta, Prinzessin von Sachsen-Gotha-Altenburg, Princess of Wales 116
Auguste, Gräfin zu Stolberg 22, 32f., 97f.
Augustus (Gaius Octavius), römischer Kaiser 105

B

Bacon, Francis 106, 140
Barker, Robert 323
Basedow, Johann Bernhard 21
Batsch, August Karl 141, 278f.
Baum, Ernst August 28, 163
Becker, Christiane 246–249
Becker, Wilhelm Gottlieb 218, 225, 258, 266
Beckford, William 217
Bertuch, Friedrich Justin 16f., 99, 175–186, 199, 205, 208, 210, 218, 242, 244, 253f., 256, 266, 271, 275, 276, 279, 284, 286, 303, 306, 311, 322
Blaufuß, Johann Valentin 222f.
Bleidorn, Hofgärtner 88, 150, 178f.
Boccaccio, Giovanni 89
Böttiger, Karl August 182, 185, 196–198, 229, 246
Boisserée, Sulpiz 165
Boucher, François 205
Boullée, Étienne-Louis 64, 297
Brühl, Gräfin Christiane von 258
Bridel, Philippe-Sirice 69
Brown, Lancelot 112f., 183, 187, 193, 274, 282, 312, 305, 313, 322
Brunner, Johann Sebastian 155
Brunnquell, Daniel Wilhelm 85
Bünau, Graf Heinrich von 97
Burlington, Lord, eigentlich Richard Boyle, 3. Earl von Burlington 109, 111

C

Carl Friedrich, Prinz von Sachsen-Weimar-Eisenach 306
Carl Philipp Theodor, Kurfürst von Pfalz und Bayern 228
Carracci, Annibale 230, 288, 308
Catull (Gaius Vallerius Catullus) 91
Chambers, William 44, 108, 115–117, 126, 182
Chodowiecki, Daniel Nikolaus 21
Christian, Prinz von Hessen 40
Cicero, Marcus Tullius 174
Constantin, Prinz von Sachsen-Weimar-Eisenach 21, 29, 33, 39, 48, 52, 70, 82, 87f., 90f., 93, 98
Cooper, Anthony Ashley 106
Cotta, Johann Friedrich 71, 202, 218, 247, 254, 257, 259, 265, 280

D

De Lille, Jacques 68
Diderot, Denis 209, 255
Dietrich, Friedrich Gottlieb 141, 271, 277–280, 282
Diokletian (Gaius Aurelius Valerius Diocletianus), römischer Kaiser 306
Döll, Friedrich Wilhelm 153, 188, 247, 288
Dorothea (Sophie Dorothea Maria), Herzogin von Sachsen-Weimar 79
Dughet, Gaspard 230f.

E
Ebel, Johann Gottfried 69
Eckermann, Johann Peter 34, 235, 250, 310
Einsiedel, Friedrich Hildebrand von 24, 100
Einsiedel, Graf zu Mückenberg 242
Erdmannsdorff, Friedrich Wilhelm von 11, 44, 86, 91, 164f., 186, 188, 191–193, 195, 199, 202, 251, 286, 290, 295
Ernst II., Herzog von Sachsen-Gotha-Altenburg 113, 131, 150, 187–190, 192
Ernst August I., Herzog von Sachsen-Weimar-Eisenach 19, 22, 167, 281
Ernst August II. Constantin, Herzog von Sachsen-Weimar-Eisenach 19, 83

Eyserbeck, Johann August 199
Eyserbeck, Johann Friedrich 12, 193
Eyserbeck, Johann Rudolf 188, 199

F
Ferdinand IV., König von Neapel 234
Fernow, Carl Ludwig 202
Forster, Georg 70, 194
Friedrich II. (der Große), König von Preußen 89, 167, 148
Friedrich, Caspar David 232
Fritsch, Jakob Friedrich von 24f., 132f.
Füßli, Johann Heinrich 73, 75, 240

G
Gentz, Heinrich 314, 316f.
Gentzsch, Carl Heinrich 25, 41, 51, 79, 88, 156, 177–179, 248, 271
Gentzsch, Johann Christoph Carl 150, 155, 271, 274
Georg I., Herzog von Sachsen-Meiningen 128–130
Gianini, Gräfin, Oberhofmeisterin der Herzogin Luise von Sachsen-Weimar-Eisenach 54
Gilly, Friedrich 300f.
Gleichen, Graf Ludwig von 144,147, 150, 167
Göchhausen, Luise von 98
Göttling, Carl Wilhelm 239
Götze, Friedrich Wilhelm 185
Görtz, Graf Johann Eustachius 21
Gore, Charles 189
Greuze, Jean Baptiste 205
Grohmann, Johann Christian August 15, 225, 265–269
Grohmann, Johann Gottfried 68, 218–221, 224, 243–245
Güssefeld, Franz Ludwig 55, 81–88, 92, 143, 154, 318, 321

H
Hackert, Jakob Philipp 234–236, 252f., 284, 294, 298, 311, 323
Händel, Georg Friedrich 227
Hamilton, Sir William 191, 195, 242, 252
Hancarville, Pierre François de 242
Haller, Albrecht von 69
Haverfield, John 113, 187, 190
Heinrich, Prinz von Preußen 89
Hennings, August 216, 227
Herder, Johann Gottfried 35, 78, 93f., 130, 133, 154, 161, 171, 202, 229, 231, 292, 298, 302
Heydenreich, Karl Heinrich 224f., 262, 265
Hirschfeld, Christian Cay Lorenz 13, 16, 23f., 45f., 53f., 56, 61, 70, 72f., 73, 78, 89, 100, 102–104, 114–128, 135, 137, 139, 145–147, 153, 182f., 188f., 195f., 205f., 208, 216, 218, 221, 224–228, 262, 266–268, 273, 287, 304f.
Hogarth, William 124, 276
Home, Henry 115, 117
Homer 293
Horaz (Quintus Horatius Flaccus) 90f., 107, 214
Horny, Conrad 137f., 144f.
Humboldt, Alexander von 279
Humboldt, Wilhelm von 259

I
Iffland, August Wilhelm 69

J
Jacobi, Friedrich Heinrich 31, 70, 161
Jagemann, Ferdinand 307
Johann Georg II., Fürst von Anhalt-Dessau 149
Joseph II., Kaiser des Heiligen Römischen Reiches Deutscher Nation, König von Ungarn und Böhmen 138

K

Kalb, Karl Alexander von, Kammerpräsident zu Sachsen-Weimar 27f., 34, 79
Kant, Immanuel 15, 225, 239, 257, 265f., 268
Karl Eugen, Herzog von Württemberg 258
Karl Friedrich, Fürst von Baden 148
Karl Heinrich August, Graf von Lindenau 168
Karoline, Landgräfin von Hessen-Darmstadt 134
Kauffmann, Angelika 308
Kauffmann, Johann Peter 298
Kent, William 108–110, 112f., 115, 192, 275
Klauer, Martin Gottlieb 74, 95,134, 152f., 158, 160–162, 164,166, 183f., 210f., 242, 250, 254, 272, 288, 298
Klebe, Friedrich Albrecht 209–212, 242, 254
Knebel, Karl Ludwig von 29, 35, 39, 41, 63f., 77f., 80, 82, 87–100, 102, 124, 129–131, 133–135, 140, 151, 154, 156, 171f., 178, 237, 302, 327
Kniep, Christoph Heinrich 292–295, 309, 323
Knight, Richard Payne 275, 298
Knobelsdorff, Georg Wenzeslaus von 170
Kobell, Ferdinand 171
Kobell, Franz 171, 173
Körner, Christian Gottfried 239f., 257
Kohl, Clemens 185
Kraus, Georg Melchior 24, 45, 50f., 60, 86, 99f., 102, 134f., 137, 152, 154, 169f., 173, 175, 177f., 183–185, 193, 199f., 205–211, 216, 218, 222–224, 226f., 280
Kreuchauf, Franz Wilhelm 61
Krohne, Gottfried Heinrich 19, 281
Küttner, Carl Gottlob 69, 87, 189, 217

L

Langhans, Carl Gotthard 295
Laßberg, Christiane Henriette von 40–42, 76, 136, 248
Laugier, Marc-Antoine 290
Lavater, Johann Caspar 70, 73f., 77, 98, 136, 141, 161,194
Le Brun, Charles 54
Ledoux, Claude-Nicolas 64, 295
Leibniz, Gottfried Wilhelm 117
Lenné, Peter Joseph 11
Le Notre, André 221
Leopold III. Friedrich Franz, Fürst von Anhalt-Dessau 14, 18, 42f., 43, 86, 91, 96, 113, 129, 131, 133, 136f., 142, 148f., 157f., 164f., 167f., 185, 191–198, 200f., 259, 321
Leopold, Herzog von Braunschweig 134f.
Lessing, Gotthold Ephraim 23, 241
Lichtenberg, Georg Christoph 189
Ligne, Charles Joseph de 196
Linné, Carl von 141, 194, 227, 278
Locke, John 105f.
Lorrain, Claude 108–110, 170f., 230, 234–236, 310f.
Lossius, Johann Friedrich 181, 221f.
Luise, Herzogin von Sachsen-Weimar-Eisenach 21, 33, 38, 40, 49, 65, 70, 130, 134f., 286, 307f.
Ludecus, Johann August 95, 102
Lukrez (Titus Lucretius Carus) 90
Lully, Jean-Baptiste 54
Lyncker, Karl Wilhelm von 39f., 42

M

Maréchal, Pierre Sylvain 160
Maria Pawlowna, Großfürstin von Russland 306, 318
Matthisson, Friedrich von 69
Medici, Giulio de, römischer Kardinal (späterer Papst Clemens VII.) 310
Meinhard, Johann Nikolaus 115
Merck, Johann Heinrich 31–33, 45–48, 50, 57–60, 77, 82, 87, 92, 98f., 132, 185
Merian, Caspar 28
Meyer, Johann Heinrich 202, 224f., 239f., 243f., 247f., 250, 254–257, 260, 273, 282, 284, 288, 290f., 297–299, 301f., 308, 317
Montfaucon, Bernard de 89, 170, 194
Möser, Justus 65, 70
Moser, Friedrich Karl Ludwig von 70
Molière, Jean Baptiste 54
Moritz, Karl Philipp 14, 238, 239, 268
Mozart, Wolfgang Amadeus 250
Müller, G., Theologe 89

N

Neumark, Johann Christian 44, 197

O
Oeser, Adam Friedrich 13, 24f., 36f., 60f., 63f., 91f., 97–99, 133–136
Oeser, Friederike 127
Oertel, Friedrich von 228, 301
Otto Ferdinand, Freiherr von Loeben 174

P
Palladio, Andrea 142, 198, 269, 290–293, 296, 310
Paul I., Zar von Russland 306
Petrarca, Francesco 89
Piles, Roger de 108
Piranesi, Giovanni Battista 85, 159, 294f.
Platon 62, 237
Plinius d. J. 253
Plinius Secundus d. Ä. 159
Pope, Alexander 89f., 107f., 111, 115
Poussin, Nicolas 36, 108, 170f., 230f., 234
Price, Sir Uvedale 275
Properz (Sextius Propertius) 90f.
Pückler-Muskau, Fürst Hermann von 11
Pythagoras von Samos 62

R
Racine, Jean 54
Raffael (Raffael Santi) 310
Rapp, Gottlob Heinrich 265
Reichard, Christian 176
Reichard, Heinrich August Ottokar 188f.
Reichert, Johann Friedrich 32, 79 82, 157, 178–181, 222, 271, 279
Repton, Humphry 274–277, 318
Revett, Nicholas 188, 254, 259, 295
Richter, Johann Adolph 19
Richter, Johann Moritz 26, 28
Rode, August 44, 149, 185, 195, 197, 200, 224
Romano, Giulio 299
Rosa, Salvator 108, 234
Rousseau, Jean-Jacques 36, 52, 65, 96, 70, 87, 94, 141, 185, 303
Rückert, Joseph 18f., 87, 215–217, 227, 301f.
Rumford, Benjamin Thompson, Graf von 228

S
Sannazaro, Jacopo 105
Sartorius, Georg Christian 281
Schiller, Friedrich 11, 16, 225f., 239f., 249, 254, 257–265, 267, 272
Schlegel, August Wilhelm 104
Schmid, Ernst August 213f.
Schmidt, Johann Christoph, Hofrat 31, 50, 156, 223
Schoch, Johann Georg 193, 199
Schoch, Johann Gottlieb 186
Schoch, Johann Leopold d. Ä. 193, 197
Schröter, Corona 93, 99, 246
Schröter, Johann Hieronymus 265
Schumann, Wilhelm 135, 205, 208–113, 224, 228, 229
Schuricht, Christian Friedrich 282, 287
Schwarz, August Christian Wilhelm 209, 226
Sckell, Friedrich Ludwig von 11, 279
Sckell, Johann Conrad 279, 281
Sckell, Louis 85
Seckendorff, Sigmund 52, 327
Seidel, Philipp 32
Seneca (Lucius Annaeus Seneca) 322
Serlio, Sebastiano 108
Shenstone, William 89f.
Spinoza, Baruch 142, 161
Stein, Charlotte von 32f., 38f., 41, 43, 45, 47, 58, 64, 70f., 73, 86f., 99, 129, 133, 140, 142, 161, 180, 189, 231, 236, 248, 270, 289
Steiner, Johann Friedrich Rudolf 163, 253
Sterne, Lawrence 23
Stuart, James 188, 254, 259, 295
Sulzer, Johann Georg 117f., 128

T
Temple, Sir Richard 109
Thouret, Nikolaus Friedrich 314, 316
Tieck, Christian Friedrich 316
Tischbein, Johann Friedrich August 307
Tischbein, Johann Heinrich d. Ä. 205
Tischbein, Johann Heinrich Wilhelm 252, 253, 284
Tobler, Georg Christoph 141

V
Veen, Otto van 62
Vent, Christoph Gottlob 271
Vergil (Publius Vergilius Maro) 89f., 97, 102, 158f., 214

Vernet, Claude-Joseph 209
Villoison, Jean Baptiste Gaspard d' Ansse 95
Vitruv (Marcus Vitruvius Pollio) 289, 300
Voigt, Christian Gottlob 245, 285

W

Walpole, Horace 104, 110, 112–114, 148, 164f., 186
Watelet, Claude-Henri 122
Weigl, Joseph 246
Westermayr, Konrad 94
Whately, Thomas 12, 111f., 115f.
Wieland, Christoph Martin 31, 33, 46–48, 50, 57–59, 82f., 92–94, 98f., 101f., 127, 132, 219, 321
Wilhelm IV., Herzog von Sachsen-Weimar-Eisenach 28f.
Wilhelm IX., Landgraf von Hessen-Kassel 168
Wilhelm Ernst, Herzog von Sachsen-Weimar-Eisenach 22
Wille, Johann Georg 205
Winckelmann, Johann Joachim 191, 194, 201f., 233, 292f., 295
Wolf, Caspar 72f.
Wolff, Christian 117
Wolzogen, Wilhelm von, Sachsen-Weimarischer Kammerherr 306
Wyttenbach, Jakob Samuel 72f.

Z

Zeiher, Johann Ernst 111
Zimmermann, Wilhelm 84f., 152

Das Register wurde zusammengestellt von Susanne Zielke.